오르비학원은

모든 시스템이 수험생 중심으로 더 강화됩니다.

모든 시설이 최고의 결과가 나올 수 있도록 설계됩니다.

집중을 위해 오르비학원이 수험생 옆으로 다가갑니다.

오르비학원과 시작하면

원하는 대학문이 가장 빠르게 열립니다.

출발의 습관은 수능날까지 계속됩니다.
형식적인 상담이나
관리하고 있다는 모습만 보이거나
학습에 전혀 도움이 되지 않는
보여주기식의 모든 것을 배척합니다.

쓸모없는 강좌와 할 수 없는 계획을 강요하거나
무모한 혹은 무리한 스케줄로
1년의 출발을 무의미하게 하지 않습니다.
형식은 모방해도 내용은 모방할 수 없습니다.

개인의 능력을 극대화 시킬 모든 계획이 오르비학원에 있습니다.

기출의 파급효과

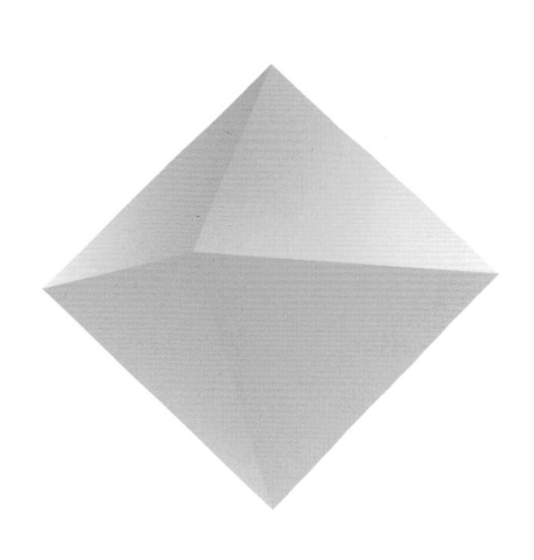

과탐 영역

생명과학 I (하)

생명과학 I (하)

기출의 파급효과

생명과학 I (하)

저자의 말

“도서의 COLOR & MANUAL”

FOR 1등급 :

1등급인 학습자들의 궁극적인 학습 방향은 반드시 **“킬러와 신유형에 대한 대비”**와 **“안정적인 시험지 운영”**, 이 두 가지가 되어야 합니다. 전자는 N제, 후자는 실전 모의고사가 Main Contents가 될 것입니다.

문항의 트렌드가 계속 바뀌고 추론형 문항의 난도가 꾸준히 어려워지는 생명과학1의 과목적 특성상, 기출의 다회독은 안정적인 1등급 학습자들에 한해서는 추천하지 않습니다. N제와 모의고사는 기출 문항을 Base로 하여 추론의 난도와 자료를 재조합하여 만드므로, **기출을 따로 공부하지 않더라도 기출의 선지, 조건, 자료, 문항 구성들을 꾸준히 새로운 형태로 접할 수 있기 때문입니다.** 이미 1등급인 학습자들이 기출만으로 얻을 수 있는 것은 굉장히 제한적입니다.

[기출의 파급효과 생명과학1]은 이런 학습자들에게 “COMPACT한 보조 개념서”의 역할을 합니다. 핵심적인 기출 문항들을 바탕으로 정리한 실전 개념의 GUIDELINE을 통해 과하지 않은 선에서 COMPACT하게 실전 개념을 재정비하기를 바랍니다.

FOR 2&3등급 :

2~3등급인 학습자들은 **“특정 문제 유형들에 대한 약점”**이 분명히 존재할 것입니다. 약점이 존재하는 가장 큰 이유는 **추론형 문제, 소위 킬러/준킬러 문제들에 대한 유의미한 방법론의 결여입니다.**
해당 학습자들의 학습 방향은 약점이 되는 유형들에 대한 극복이 되어야 합니다.

[기출의 파급효과 생명과학1]은 UNIT-PART-THEME의 도서 구성을 바탕으로 각 THEME에 대한 IDEA/GUIDELINE/METHOD의 단계적 해석을 제시합니다. [기출의 파급효과 생명과학1]에서 기출 문제 유형들에 대한 분석을 바탕으로 한 효율적인 GUIDELINE과 METHOD를 통해 약점 유형의 극복에 대한 도움을 얻기를 바랍니다.

FOR 4등급 이하 :

4등급 이하인 학습자들의 가장 큰 문제점 중 하나는 **“절대적인 학습량 부족”**입니다.

학습자도 본인 스스로가 개념이 약하다는 것을 알고 있을 것입니다. 다른 과목이 전부 안정적이고 생명과학1에만 시간 투자를 할 것이 아니라면 개념 강의로의 회귀는 추천하지 않습니다. **생명과학1 성적 상승을 위한 1순위 Contents는 당연히 기출이어야 합니다.**

[기출의 파급효과 생명과학1]은 생명과학1을 관통하는 핵심적인 기출 문항들을 통해 실전 개념의 GUIDELINE을 제시합니다. 모든 개념이 문항으로 직결되는 것이 아니며 문항의 유형에 따라 어떻게 학습해야 하는지도 달라집니다.
개념형, 자료해석형, 추론형으로 문항의 유형을 나누고 유의미한 기출 문항을 선별하여 예제와 유제로 각각 수록하였습니다. [기출의 파급효과 생명과학1]을 통해 생명과학1의 주요 기출 문항들을 학습하고 “어디까지 알아야 하는가”와 “어떻게 풀 것인가”에 대한 GUIDELINE을 얻어가기를 바랍니다.

파급의 기출효과

cafe.naver.com/spreadeffect
파급의 기출효과 NAVER 카페

기출의 파급효과 시리즈는 기출 분석서입니다. 기출의 파급효과 시리즈는 국어, 수학, 영어, 물리학 1, 화학 1, 생명과학 1, 지구과학 1, 사회 · 문화가 예정되어 있습니다.

준킬러 이상 기출에서 얻어갈 수 있는 '꼭 필요한 도구와 태도'를 정리합니다.

'꼭 필요한 도구와 태도' 체화를 위해 관련도가 높은 준킬러 이상 기출을 바로바로 보여주며 체화 속도를 높입니다. 단시간 내에 점수를 극대화할 수 있도록 교재가 설계되었습니다.

학습하시다 질문이 생기신다면 '파급의 기출효과' 카페에서 질문을 할 수 있습니다.

교재 인증을 하시면 질문 게시판을 이용하실 수 있습니다.

기출의 파급효과 팀 소속 오르비 저자분들이 올리시는 학습자료를 받아보실 수 있습니다.
위 저자 분들의 컨텐츠 질문 답변도 교재 인증 시 가능합니다.

더 궁금하시다면 https : //cafe.naver.com/spreadeffect/15에서 확인하시면 됩니다.

모킹버드

mockingbird.co.kr
수능 대비 온라인 문제은행

모킹버드는 수능 대비에 초점을 맞춘 문제은행 서비스입니다. AI 문항 추천 알고리즘을 통해 이용자의 학습에 최적화된 맞춤형 모의고사를 제공하여 효율적인 수능 성적향상을 목표로 합니다. **수학, 과탐을 서비스 중입니다.**

문항 제작과 검수에 기출의 파급효과 팀뿐만 아니라 지인선 님을 포함한 시대/강대/메가 컨텐츠 팀에서 근무하였고 여러 문항 공모전에서 수상한 이력이 있는 여러 문항 제작자들이 함께 하였습니다.
웹 개발과 알고리즘 개발에는 서울대 컴공, 카이스트 전산학부 출신 개발자들이 참여하였습니다.

모킹버드를 통해 싸고 맛좋은 실모를 온라인으로 뽑아 풀어보고,
AI 문항 추천 알고리즘 기술의 도움을 받아 학습 효율을 극대화해보세요.
가입만 해도 기출은 무제한 무료 이용 가능하고, 자작 실모 1회도 무료로 제공됩니다.

Unit

04

유전

Part

01 유전 정보와 염색체

❙ 유전의 기본 Base

유전 단원은 정말 큰 진입장벽이 존재한다. 생명과학1의 학습자라면 모두 공감할 수 있을 것이다.
교육과정 내에서 설명하는 개념과 실제로 출제되는 문항 사이의 괴리가 정말 크다.
생명과학1을 정말 좋아하고 꾸준히 공부해온 필자도 생명과학보다는 논리 퍼즐 같다는 느낌을 강하게 받는다.

생명과학1 총 스무 문항 중 다음 여섯 개의 유형이 한 문항씩 출제된다.

세포 주기 / 핵형 분석 / 감수 분열 / 여러 가지 유전 / 가계도 분석 / 돌연변이의 추가

여섯 문항이 전부 어렵지는 않다. 세포 주기 유형의 경우 개념형 유형으로 분류되고, 핵형 분석 유형의 경우 추론적인 요소가 강화되고 있으나 킬러/준킬러 유형으로 분류되기에는 조금 가볍다는 느낌이 없지 않다.

문제는 감수 분열, 여러 가지 유전, 가계도 분석, 돌연변이의 추가 유형이다.
각 유형의 특징도 뚜렷하고 난도도 어렵지만, 제시되는 자료와 문항 구성적인 측면에서 매번 신유형이 출제된다.
학습자로서는 공략이 상당히 어렵고 시간 투자가 많이 필요한 유형들이다.

UNIT 4. 유전은 4개의 PART로 구성되어 있다.
주로 추론형 유형으로 출제되는 유전 단원이지만 개념적인 요소도 존재한다. 지엽적인 개념이 출제되지도 않고, 개념으로 출제되는 문항은 세포 주기 유형 정도이므로 크게 힘 줄 필요는 없다고 판단했다.
따라서, 개념적인 요소를 PART 1. 유전의 기본 Base에서는 별도의 METHOD 없이 GUIDELINE으로 정말 필요한 기본 개념만을 다룬다.

세포 주기 유형을 제외한 다른 유전 문항들을 PART 2, 3, 4에서 하나씩 구체적으로 다루겠다. 개념적으로 Base가 어느 정도 있는 학습자는 기본 개념을 가볍게 체크한다는 느낌 정도로 PART 1을 다뤄주었으면 한다.

IDEA.

유전 단원의 기본 개념을 간단하게 정리하고 넘어가기 위한 PART이다.
유전 단원에서 추론형 문항들이 100m 달리기 시합이라면 정리할 개념은 어떻게 걷는지 정도를 알려준다.
즉, 개념만으로는 유전 단원의 문제들을 공략할 수 없다.

이번 PART는 추론형 문항과는 별도로, 개념형으로 출제되는 세포 주기 유형의 문항들을 풀며
개념을 가볍게 정리하는 정도의 느낌이다. 본격적인 유전 문항의 풀이는 PART 2부터 다루겠다.

GUIDELINE.

염색체와 유전자

(1) 염색체

염색체는 세포 안에 존재하며 DNA와 히스톤 단백질로 구성되어 있다.
염색체의 구조와 구성은 개념형 문항으로 자주 출제된다.

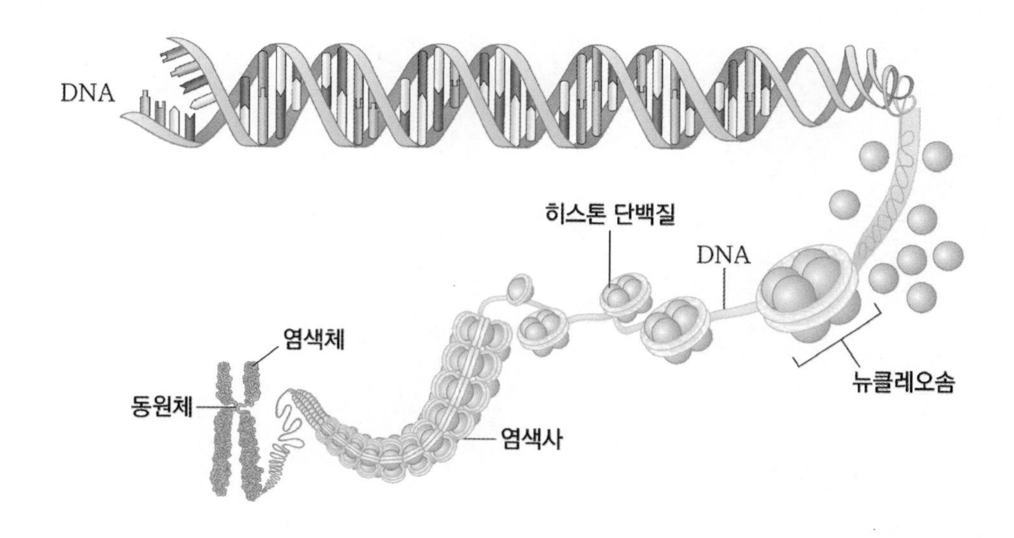

염색체의 구성과 관련된 기본 용어의 정의는 다음과 같다.
아주 자세히 알 필요는 없지만, 용어 간의 구분은 확실히 할 수 있어야 한다.
특히 뉴클레오타이드와 뉴클레오솜을 헷갈리지 않도록 주의하자.

뉴클레오타이드	• DNA를 구성하는 기본 단위이다.
DNA	• 수많은 뉴클레오타이드들이 이중 나선구조를 이루며 꼬여 있다. • 하나의 DNA에는 많은 유전자들이 존재한다.
뉴클레오솜	• 뉴클레오솜은 염색체와 염색사를 구성하는 기본 단위이다. • DNA와 히스톤 단백질로 구성되어 있다.
염색사	• 뉴클레오솜이 실 형태로 모여 있는 복합체이다. • 평상시 염색사 형태로 존재하다 세포 분열시 분리하기 쉽도록 응축하여 염색체가 된다.
염색체	• 세포 분열시 염색사가 응축되어 형성된다. • 염색체의 중심부에 동원체가 존재한다. • 수많은 DNA들을 포함하므로 하나의 염색체에는 여러 개의 유전자가 함께 존재한다.

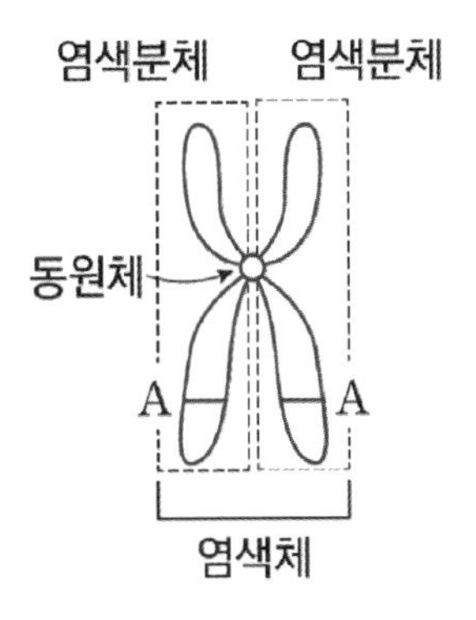

염색체에서 움푹 들어간 부분을 동원체라고 한다.
세포 분열시 동원체에 방추사가 붙어 염색체의 분리를 돕는다.

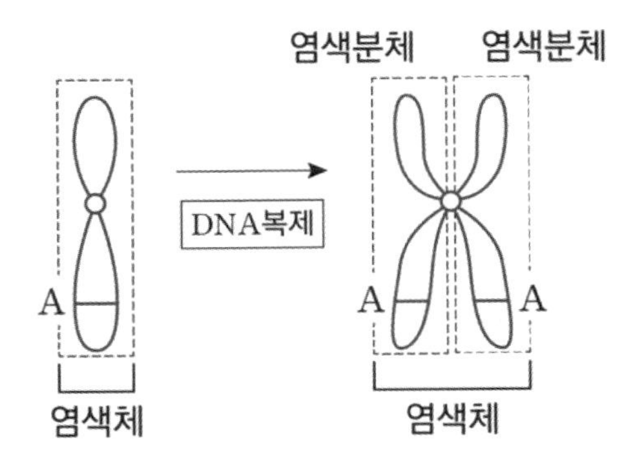

염색체를 구성하는 막대 모양의 가닥을 염색분체라고 한다.
DNA 복제 후의 응축된 염색체에는 2개의 염색분체가 존재한다.
DNA 복제 전에는 염색체로 응축되지 않으므로 염색 분체를 정의하지 않는다.
한 염색체 내의 염색분체에 존재하는 유전자는 항상 동일하다.

(2) 유전자

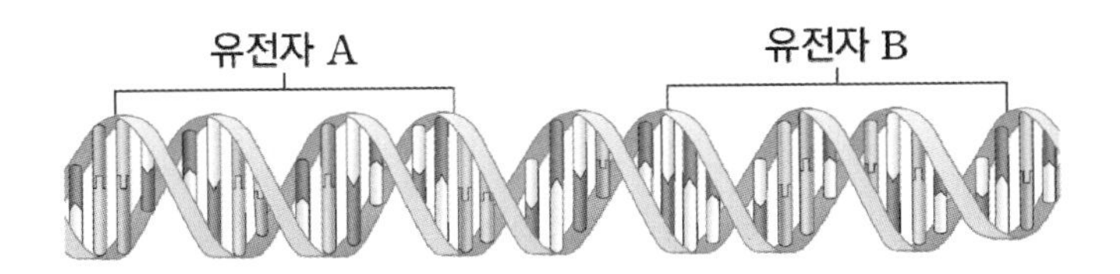

유전자는 DNA에서 개체의 유전 정보가 들어있는 특정 부분으로, 유전자마다 정해진 위치가 존재한다.
예를 들어, ABO 혈액형을 결정하는 유전자는 9번 염색체에 존재한다.

유전체는 한 생물이 가진 모든 DNA에 저장된 유전 정보 전체이다. 정의 정도만 알고 있으면 된다.

상동 염색체와 대립유전자

(1) 상동 염색체

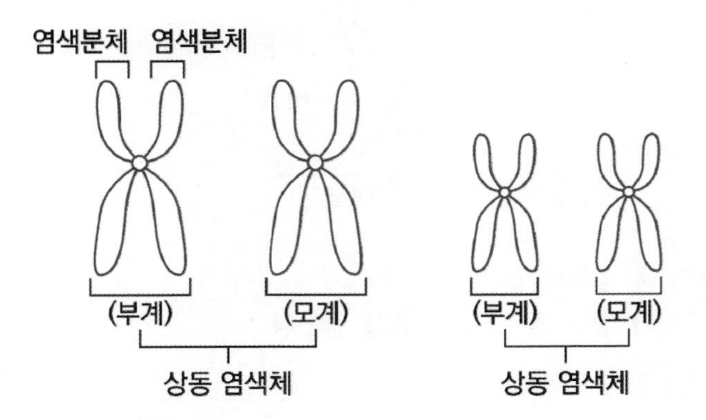

체세포에서 크기와 모양이 같은 한 쌍의 염색체를 상동 염색체라고 한다.
X 염색체와 Y 염색체는 크기와 모양이 같지 않지만, 상동 염색체이다.
상동 염색체는 부모에게서 하나씩 물려받는다.

하나의 염색체 안에서 염색분체끼리의 대립유전자의 종류는 항상 동일하지만, 상동 염색체끼리는 부계와 모계로부터 하나씩 받은 것이므로 대립유전자의 종류가 같을 수도, 다를 수도 있다.

(2) 대립유전자

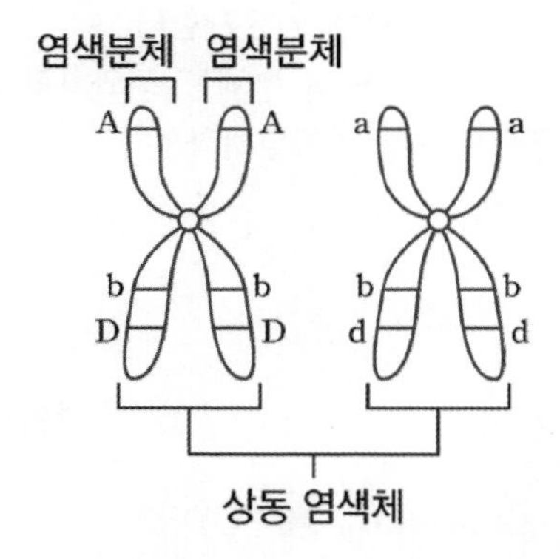

어떤 형질을 결정하는 유전자(ex. ABO 혈액형 유전자)는 염색체 상에서 정해진 위치에 존재한다.
상동 염색체의 같은 위치에 있는 유전자를 대립유전자라고 하며, 같은 형질을 결정한다.
위 예시에서는 A와 a, B와 b, D와 d가 대립유전자이다.

핵형과 핵상

핵형과 핵상은 문항에서 자주 묻는 선지 중 하나이다. 정의를 정확하게 아는 것이 중요하다.

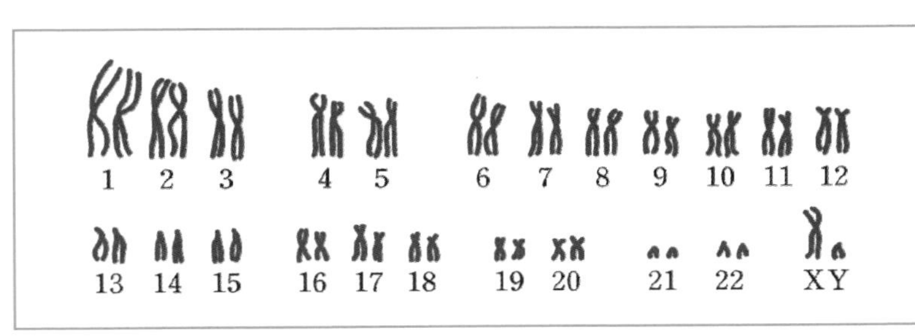

[사람(남자) 체세포의 핵형 분석]

핵형은 객관적인 염색체의 수, 모양, 크기를 의미한다.
두 세포를 비교할 때, 모든 염색체의 수, 모양, 크기가 같으면 두 세포는 핵형이 동일하다고 판단한다.

사람은 총 23쌍의 상동 염색체와 46개의 염색체를 가진다.
44개의 상염색체는 크기순으로 1번부터 22번까지 22쌍 존재하고,
성별에 따라 여자는 XX, 남자는 XY의 성염색체를 가진다.
참고로 사람의 경우 X 염색체가 Y 염색체보다 무조건 크다.

핵형 분석은 관찰의 용이성을 위해 체세포 분열 중기의 세포를 이용한다.

세포의 핵상은 2n과 n으로 구분된다.
염색체의 실제 개수와 무관하게 세포 내에 상동 염색체 쌍이 존재하면 2n, 그렇지 않으면 n이다.
핵상이 n인 세포는 반드시 생식세포 분열(감수 분열) 과정에서 나타나는 세포이다.

보통 핵상 뒤에 염색체 수를 써서 표현하는데, 사람의 2n 세포는 $2n=46$, n 세포는 $n=23$이다.

세포 주기

세포 주기에 대해 묻는 문항은 시험에서 반드시 출제되는 유형이다.
지엽적인 개념보다는 자주 묻는 몇몇 주요 개념들이 돌아가며 나오는 편이고, 나오는 자료도 거의 비슷하다.
개념을 가볍게 정리하되 주요 개념에 대해서는 확실하게 암기하자.

(1) 세포 주기

세포 주기는 간기와 분열기로 구분된다.
S기에 대해 특히 자주 묻는다. DNA가 복제되는 시기는 S기임을 기억하자.

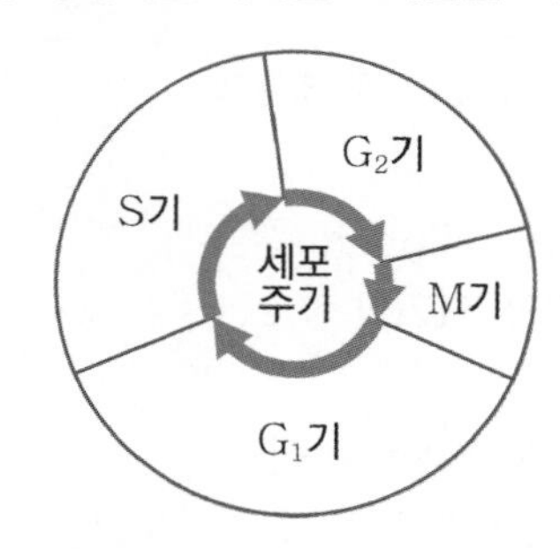

시기		특징
간기	G_1기	세포 구성 물질 합성, 세포 생장
	S기	DNA가 복제되어 DNA 상대량이 두 배가 됨
	G_2기	방추사 합성에 필요한 재료 등 분열기에 필요한 단백질이 합성되며 분열을 준비
분열기	M기	• 핵막 소실, 염색사가 염색체로 응축 • 전기, 중기, 후기, 말기로 구분

comment

세포 주기의 대부분은 간기가 차지하고, 그렇기에 간기인 세포의 수가 많다고 알려져 있습니다.
다만 한 가지 아셨으면 좋겠는 부분은 모든 세포의 세포 주기가 동일하지는 않다는 점입니다.
다음은 2022 수능특강에서 출제한 자료입니다. 상피 세포와 골수 세포의 세포 주기가 다릅니다!

세포 종류	시간		
	G_1기	S기	G_2기+M기
상피 세포	9	12	3
골수 세포	2	12	4

세포마다 세포 주기가 다른 점은 직접적인 출제 범위라고 보기는 어렵지만, 자료를 함께 제시한다면 출제가 불가능해 보이지는 않아요. 세포 주기에 대해서는 자료에 따라 유연하게 판단하도록 하고, 너무 단정해서 생각하지 않도록 합시다 :D

(2) 세포 주기와 DNA 상대량

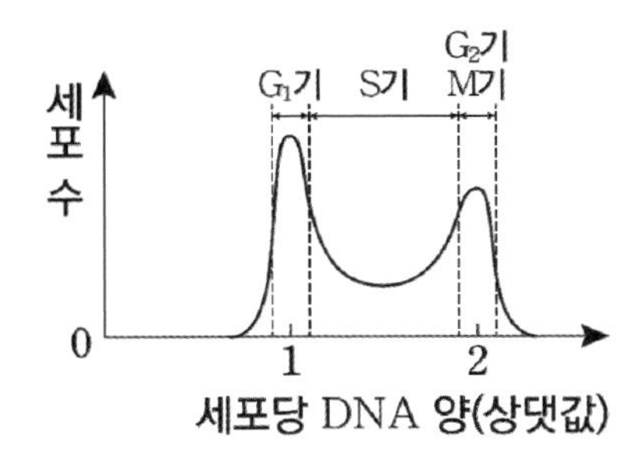

가장 자주 제시되는 자료는 DNA 상대량당 세포 수 그래프이다.
세포 수는 각 시기에 소요되는 시간에 비례한다.
M기도 완전히 분열하기 전까지는 DNA 상대량이 두 배로 복제되었다고 판단한다.
정상 세포 주기를 방해하는 물질을 처리하여 이 그래프 자료를 변형해서 출제한 문제들을 유제에 실어놓았으니, 확인하고 넘어갈 수 있도록 하자.

세포분열

(1) 체세포 분열

1개의 체세포(모세포)가 완전히 동일한 2개의 체세포(딸세포)로 나누어지는 과정이다.
발생과 생장, 무성생식 등의 과정에서 일어난다.
정자, 난자를 만드는 과정을 제외하고는 전부 체세포 분열이다.
참고로 체세포 분열은 대부분 추론형 문항으로 출제되지 않는다.

시기			특징
M기	전기		• 핵막이 소실되고 염색체가 응축된다. • 방추사가 동원체에 붙는다.
	중기		• 염색체가 세포 중앙(적도판)에 배열된다. • 핵형 분석에 주로 쓰인다.
	후기		• 염색 분체가 분리된다.
	말기		• 핵막이 다시 나타나고, 염색체가 염색사로 풀어진다. • 세포질 분열이 일어난다.

체세포 분열에서 상동 염색체는 분리되지 않는다.
상동 염색체 쌍이 항상 존재하므로 세포의 핵상은 항상 $2n$ 이다.
체세포 분열의 결과로 모세포와 유전자 구성, 염색체 수, DNA 양이 같은 두 개의 딸세포가 생성된다.
체세포 분열에서의 DNA 상대량의 변화는 다음과 같다.

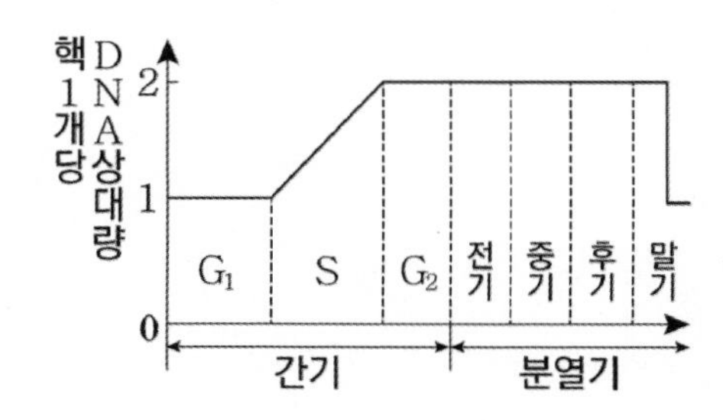

가끔 선지로 '□시기의 세포에 히스톤 단백질이 존재한다.'가 나오는데,
히스톤 단백질은 DNA와 함께 뉴클레오솜을 구성하기 때문에
염색사의 응축 여부와 상관 없이 모든 시기에 항상 존재한다.

(2) 생식세포 분열

시기		특징	
감수 1분열	전기	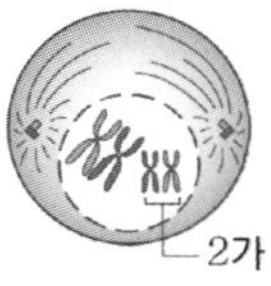 2가 염색체	• 핵막이 소실되고 염색체가 응축된다. • 상동 염색체끼리 접합하여 2가 염색체가 생성된다. • 방추사가 2가 염색체의 동원체에 붙는다.
	중기	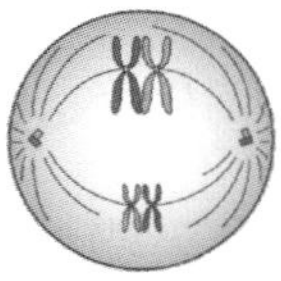	• 2가 염색체가 세포 중앙(적도판)에 배열된다.
	후기	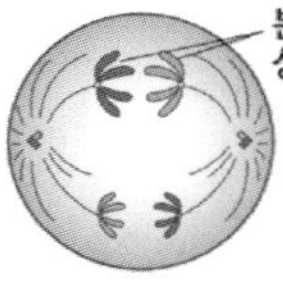 분리 중인 상동염색체	• 상동 염색체가 분리된다.
	말기	 핵상이 n인 딸핵 (대립유전자 구성이 서로 다를 수 있음)	• 세포질이 분열된다. • 핵상이 2n에서 n으로 변한다.
감수 2분열	전기		• 방추사가 동원체에 부착된다.
	중기	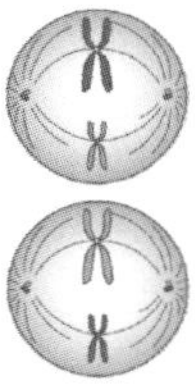	• 염색체가 세포 중앙(적도판)에 배열된다.
	후기	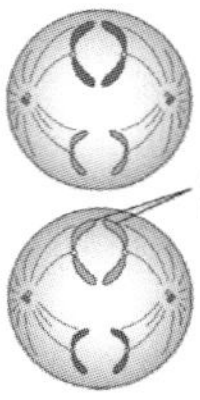 분리 중인 염색 분체	• 염색 분체가 분리된다.
	말기	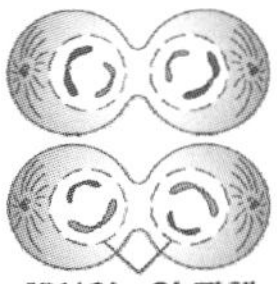 핵상이 n인 딸핵 (대립유전자 구성이 같음)	• 세포질이 분열된다. • 감수 2분열 종료 후 생식세포 4개가 형성된다.

간기(G_1→S→G_2) → 감수 1분열 → 감수 2분열

감수 1분열 전에만 간기를 거치고, **감수 1분열과 감수 2분열 사이에는 간기를 거치지 않는다.**

감수 1분열에서 **상동 염색체가 분리**되어 이후의 세포에는 상동 염색체 쌍이 존재하지 않으므로 **핵상이 2n에서 n으로 변한다.** 체세포 분열과 달리 감수 1분열 이후 생성된 2개의 딸세포는 **서로 유전자 구성이 다르다.**

감수 2분열에서는 **염색 분체가 분리**되어 각각의 세포에서 두 개의 딸세포가 형성된다.

감수 분열의 결과, **하나의 모세포에서 핵상이 n인 생식세포 4개가 생성된다.**
감수 분열에서의 DNA 상대량의 변화는 다음과 같다.

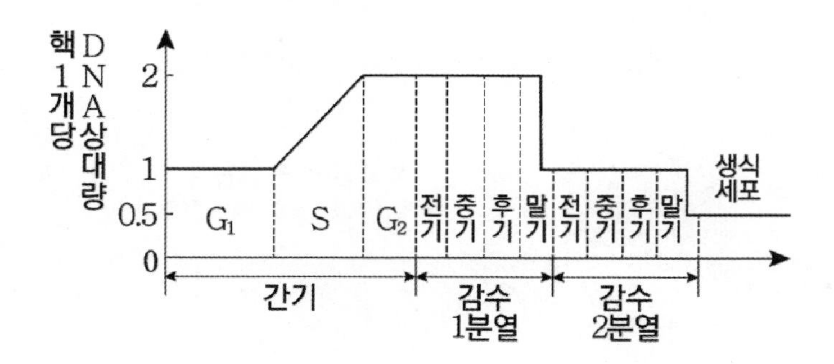

체세포 분열과 감수 분열의 차이점을 아래와 같이 정리할 수 있다.

구분	체세포 분열	감수 분열
분열 횟수	1회, 염색 분체 분리	2회, 상동 염색체가 분리된 이후 염색 분체 분리
2가 염색체의 형성	[1]X	○, 감수 1분열 전기에 형성
상동 염색체의 접합	X	○
딸세포의 수(핵상)	2개(2n)	4개(n)

1) 정말 많이 묻는데도 가끔 보면 이런 거 틀려오는 친구들도 있다.
선지에 '2가 염색체가 형성된다'가 보이면 혹시 체세포 분열은 아닌지 확인하자.

감수 분열은 시험지에서 보통 준킬러 추론형 유형으로 출제된다.
1등급을 노리는 학습자라면 근수축, 흥분의 전도를 비롯한 준킬러 유형은 반드시 마스터해야 한다.
GUIDELINE에서는 기본적인 감수 분열의 Base만 다뤄보자.

감수 분열 과정에서 염색체와 유전자는 다음과 같이 이동한다.

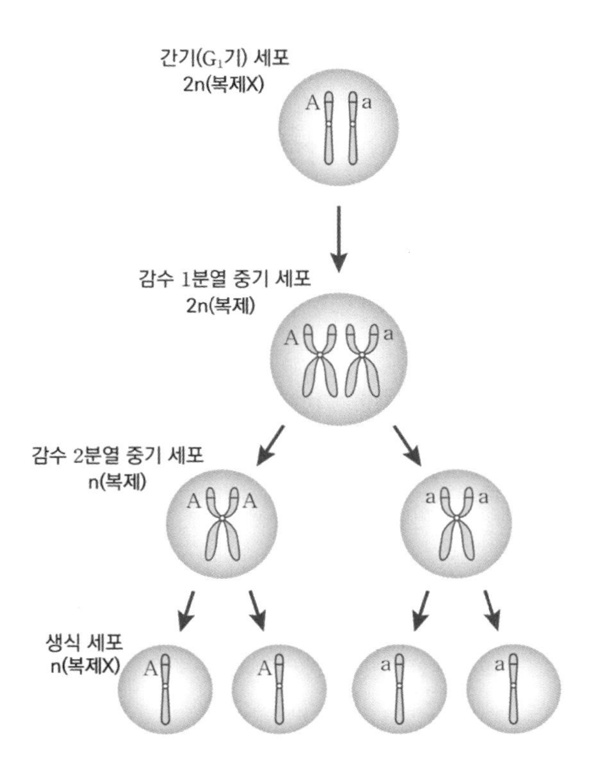

이때 같은 핵상의 세포에서도 두 개의 단계로 나눠지기에 구분이 필요하다.
일반적으로 핵상 뒤에 DNA 상대량을 붙여 구분한다.

세포	G_1기 세포	감수 1분열 중기	감수 2분열 중기	생식세포
핵상	2n(복제X)	2n(복제)	n(복제)	n(복제X)

감수 분열 과정에서 핵상과 DNA 상대량은 다음과 같이 변한다.

핵상 변화	염색체 수/DNA 상대량	특징
2n(복제X) → 2n(복제)	일정/'2' → '4'	S기를 거쳐 DNA가 복제됨
2n(복제) → n(복제)	절반으로 감소/'4' → '2'	상동 염색체가 분리됨
n(복제) → n(복제X)	일정/'2' → '1'	염색 분체가 분리됨

유전자형과 표현형

유전자형과 표현형은 정의에 대해서 직접적으로 묻거나 하는 개념은 아니다.
하지만 거의 모든 유전 추론형 문제의 조건들이 표현형과 유전자형에 대한 조건으로 구성되어 있으므로,
각각의 정의와 구분은 유전 문항을 풀기 위한 필수 조건이라고 할 수 있다.

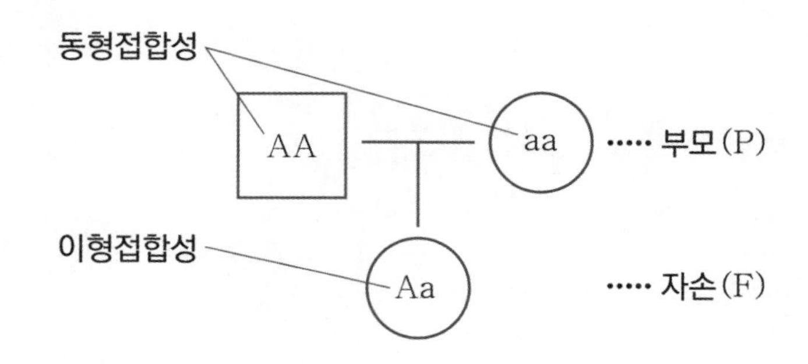

유전자형	개체가 가지는 대립유전자를 기호화하여 나타낸 것 (Ex AO, Bb)
표현형	개체가 가지는 대립형질 (Ex A형, 유전병 ㉠ 발현)

유전자형과 표현형의 구분이 헷갈릴 수 있다.
종성 유전[2]을 제외하면 유전자형이 같으면 표현형이 같지만,
표현형이 같다고 유전자형이 같은 것은 아니니 명심하자.

유전자형의 대립유전자 구성에 따라서는 동형 접합성/이형 접합성으로 나눌 수 있다.

동형 접합성	유전자형의 대립유전자 종류가 같은 경우 (Ex AA, aa)
이형 접합성	유전자형의 대립유전자 종류가 다른 경우 (Ex Aa)

comment

대문자로 표시되는 대립유전자가 항상 우성 형질을 나타내는 것은 아니다.
문제에서 우열을 제시해주지 않을 때가 종종 있는데, 이 경우 자료 해석을 통해 결정하면 된다.
실수하지 않도록 문제를 잘 살피고 넘어가자.

2) 종성 유전이란, 유전자가 상염색체에 존재함에도 성별에 따라 유전자의 발현이 달라지는 유전 형질을 의미한다.

사람의 유전

사람의 유전을 다음 두 가지 기준으로 분류해볼 수 있다.

- 어떠한 형질을 결정하는 대립유전자가 한 쌍인가, 여러 쌍인가?
- 어떠한 형질을 결정하는 대립유전자가 상염색체에 존재하는가, 성염색체에 존재하는가?

첫 번째 기준으로 나눈 표를 살펴보자.

단일 인자 유전	한 쌍의 대립유전자에 의해 결정되는 유전 *복대립 유전 : 3개 이상의 대립유전자 한 쌍에 의해 결정되는 유전
다인자 유전	여러 쌍의 대립유전자에 의해 결정되는 유전

두 번째 기준에선 크게 두 종류로 나눌 수 있다.

상염색체 유전	대립유전자가 상염색체에 존재하는 유전
성염색체 유전	대립유전자가 성염색체(X or Y 염색체)에 존재하는 유전

추가적으로 대립유전자의 우열 관계가 명확한지에 따라서 완전 우성 유전과 중간 유전으로 나누기도 한다.
문제에서 '유전자형이 다르면 표현형이 다르다'는 표현은 중간 유전을 의미한다.

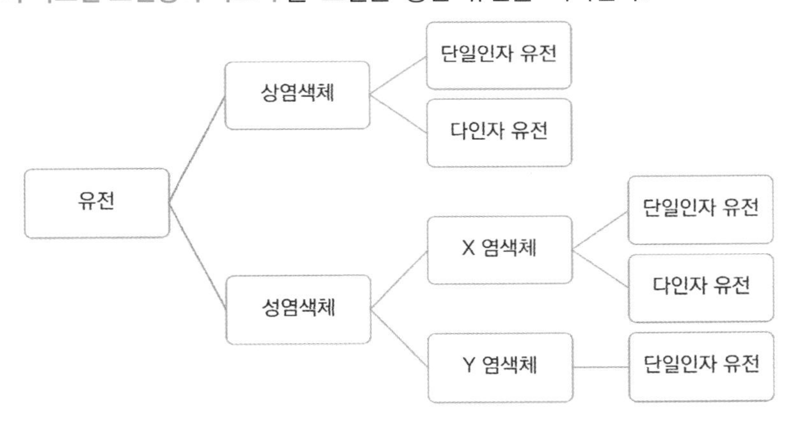

위 조직도는 상염색체와 성염색체 유전을 최초 기준으로 분류한 것이다.

문제를 풀 때 추가로 고려해야 할 분류 기준이 있다.
교육과정에선 빠졌지만, 직접적인 언급만 없을 뿐 문제로 출제되니 꼭 알아두고 넘어가자.

독립	서로 다른 대립유전자 쌍이 서로 다른 상동 염색체에 존재하는 경우
연관	서로 다른 대립유전자 쌍이 서로 같은 상동 염색체에 존재하는 경우

유전자 돌연변이

DNA 염기서열의 변화로 나타나는 돌연변이이다.
유전자 돌연변이는 염색체 돌연변이와 달리 염색체의 구조나 수에는 이상이 없으므로 핵형 분석을 통한 관찰이 어렵다.

유전자 돌연변이에 의한 유전병

유전병	질환 및 특징
낫 모양 적혈구 빈혈증	• 유전자 이상으로 비정상 헤모글로빈이 생성되고, 이들이 결합하여 적혈구가 낫 모양으로 변한다. • 낫 모양 적혈구는 정상 적혈구에 비해 산소 운반 능력이 떨어져 빈혈을 일으킨다.
헌팅턴 무도병	• 신경계가 파괴되면서 몸의 움직임 통제가 불가능해지고, 지적 장애를 일으킨다.
낭성 섬유증	• 점액이 과도하게 분비되어 호흡이 거칠어지고 폐에 감염이 자주 발생하게 된다.

이외에도 교육과정에서는 페닐케톤뇨증, 알비노증, 혈우병도 함께 소개되어있다.

염색체 돌연변이

염색체 돌연변이는 염색체 구조 이상 돌연변이와 염색체 수 이상 돌연변이로 나눌 수 있다.
유전자 돌연변이와 달리 핵형 분석을 통해 대부분의 염색체 돌연변이를 발견할 수 있다.

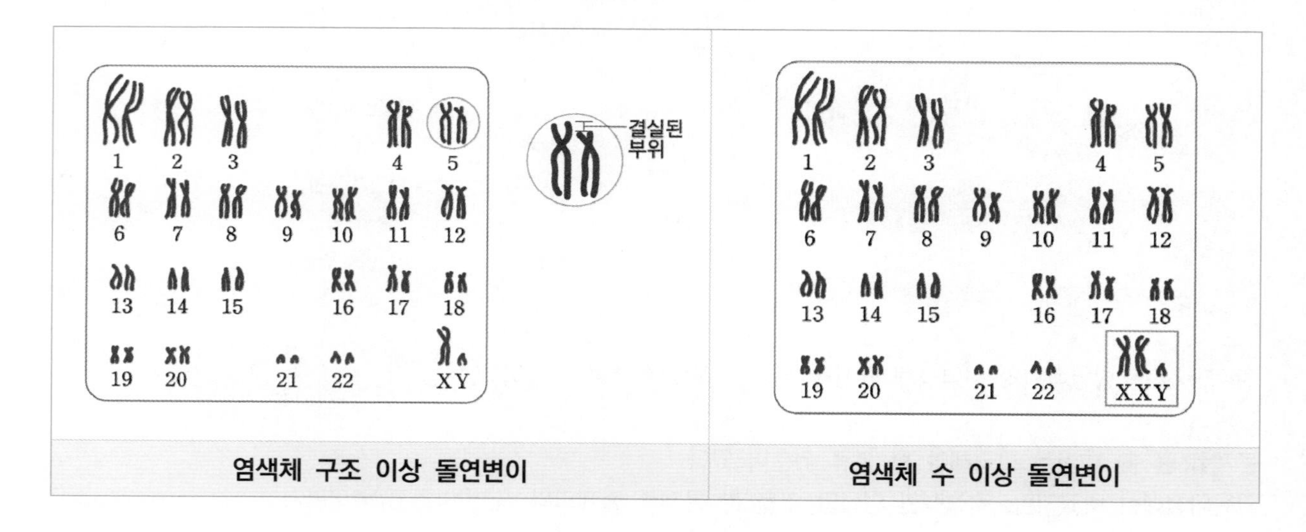

염색체 구조 이상 돌연변이 | 염색체 수 이상 돌연변이

(1) 염색체 구조 이상 돌연변이

염색체 일부가 없어지거나 변화가 생기는 돌연변이이다.
염색체 구조 이상은 결실, 역위, 중복, 전좌 4가지로 구분한다.

염색체 구조 이상 돌연변이		특징
결실	ABCDEF → ABDEF	염색체 일부가 없어지는 돌연변이이다.
역위	ABCDEF → ACBDEF	염색체 일부가 떨어진 후 다른 위치의 같은 염색체에 붙는 돌연변이이다.
중복	ABCDEF → ABBCDEF	염색체 일부가 반복되어 나타나는 돌연변이이다.
전좌	ABCDEF, VWXYZ → VCDEF, ABWXYZ	염색체 일부가 떨어진 후 상동 염색체가 아닌 다른 염색체에 붙는 돌연변이이다.

(2) 염색체 수 이상 돌연변이

염색체의 개수가 정상보다 많거나 적은 돌연변이이다.
염색체 수 이상의 대부분이 감수 분열 과정에서 염색체 비분리에 의해 발생한다.
염색체 수가 변하기 때문에 핵상도 $2n-1$, $n+1$ 등으로 표시한다.

염색체 비분리

염색체 비분리는 생식세포 형성 과정에서 염색체가 분리되지 않아 각각의 염색체 혹은 염색분체가 두 개의 딸세포로 나뉘어 들어가지 않는 현상이다. 염색체 비분리가 일어나면 딸세포의 염색체 개수가 정상적으로 분리된 딸세포와 달라질 수 있다.

염색체 비분리는 감수 1분열과 감수 2분열에서 각각 일어날 수 있으며, 추론형 문제의 선지에서는 어느 시기에 비분리가 일어났는지 묻기도 한다. 각각의 경우에 대해서 자세히 살펴보자.

(1) 감수 1분열에서 염색체 비분리가 일어난 경우

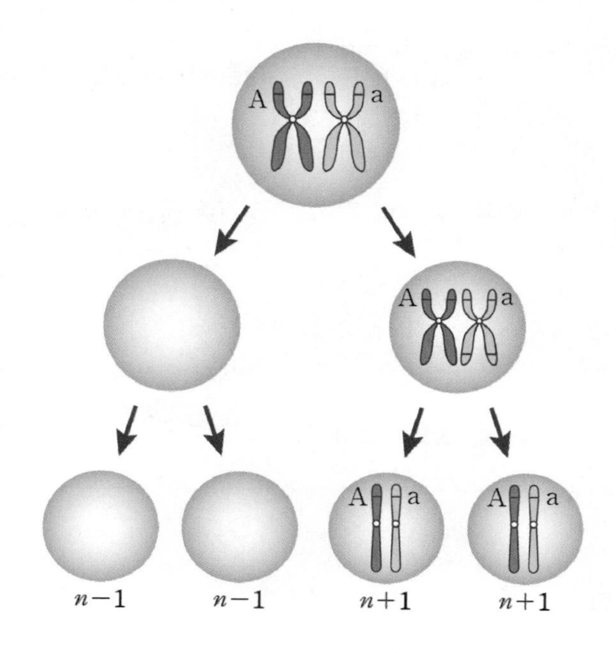

염색체 비분리가 감수 1분열에서 1회 일어난 경우, 형성된 생식세포는 모두 비정상적인 염색체 개수를 가진다. 그림에서는 감수 1분열에서 염색체 비분리가 일어나 한 쌍의 상동 염색체가 모두 오른쪽 딸세포로 들어갔다. 감수 2분열에서는 정상적으로 염색체가 나뉘어 들어가서 오른쪽 2개의 생식세포는 대립유전자 A와 a를 모두 갖는다.

(2) 감수 2분열에서 염색체 비분리가 일어난 경우

감수 2분열에서 염색체 비분리가 1회 일어나면, 염색체 비분리가 일어나지 않은 딸세포에선 정상적인 생식세포가 형성된다. 그림에선 오른쪽 딸세포의 감수 2분열 과정에서 염색체 비분리가 일어나 한 개의 생식세포가 대립유전자 a를 두 개 갖는다.

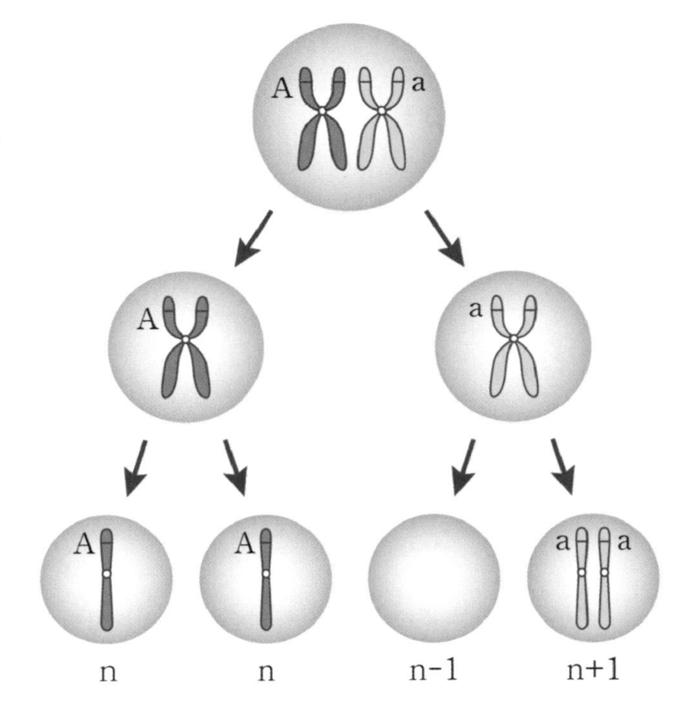

염색체 돌연변이에 의한 유전병

(1) 염색체 구조 이상 돌연변이

유전병	이상이 생긴 염색체	특징
고양이 울음 증후군	5번 염색체	5번 염색체의 결실로 인해 나타나는 유전병이다.
만성 골수성 백혈병	9, 22번 염색체	9번과 22번 염색체 간 전좌로 인해 나타나는 유전병이다.

잘 출제되지 않는 내용이다. 가볍게만 살펴보자.

(2) 염색체 수 이상 돌연변이

유전병	이상이 생긴 염색체	특징
다운 증후군	21번 염색체	3개의 21번 염색체를 가진다.
클라인펠터 증후군	성염색체 (XXY)	성염색체로 XXY를 가진다.
터너 증후군	성염색체 (X)	성염색체로 X를 가진다.

Part

01 유제

01 2015학년도 6월 평가원 5번

그림 (가)는 사람 체세포의 세포 주기를, (나)는 어떤 암 환자의 동일한 조직에서 분리한 정상 세포와 암세포의 배양 시간에 따른 세포 수를 나타낸 것이다. ㉠~㉢은 각각 G_1, G_2, S기 중 하나이다.

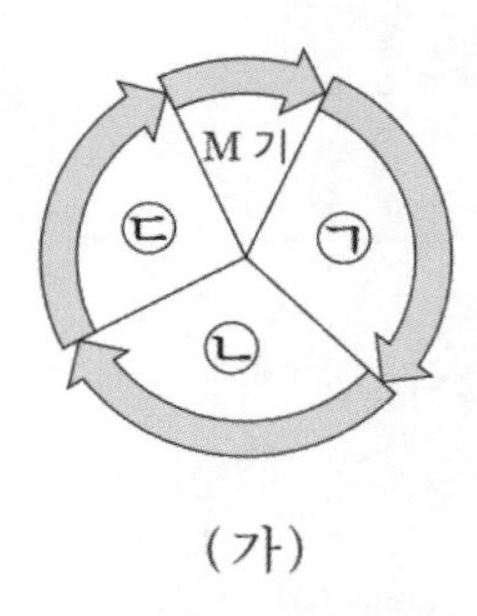

(가)

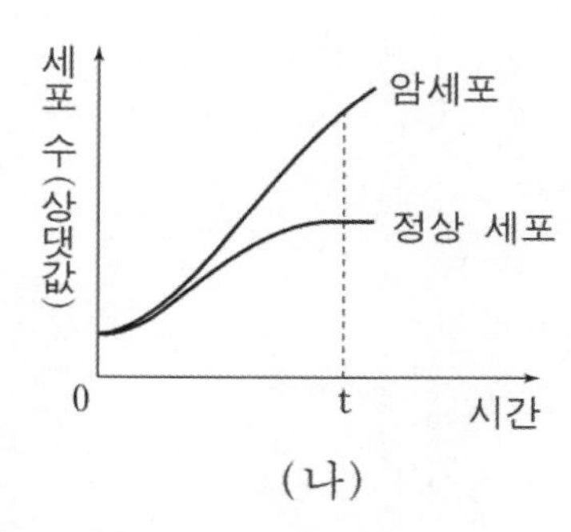

(나)

이에 대한 설명으로 옳은 것만을 <보기>에서 있는 대로 고르시오.

<보 기>

ㄱ. (가)의 M기에서 상동 염색체가 분리된다.
ㄴ. 암세포의 세포 주기에는 ㉡ 시기가 없다.
ㄷ. t일 때 세포 증식 속도는 암세포가 정상 세포보다 빠르다.

02 2016학년도 9월 평가원 9번

다음은 세포 주기에 대한 실험이다.

[실험 과정]

(가) 어떤 동물의 체세포를 배양하여 집단 A와 B로 나눈다.

(나) 집단 A와 B 중 집단 B에만 물질 X를 처리하여 단백질 Y의 기능을 저해하고, 두 집단을 동일한 조건에서 일정 시간 동안 배양한다.

(다) 두 집단의 세포를 동시에 고정한 후, 각 집단의 세포당 DNA 양을 측정하여 DNA 양에 따른 세포 수를 그래프로 나타낸다.

[실험 결과]

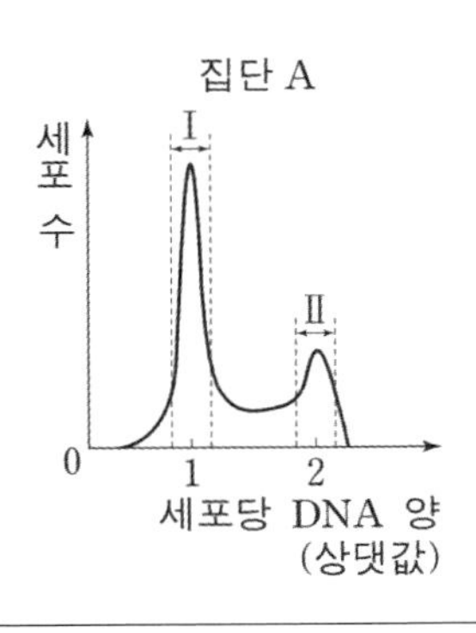

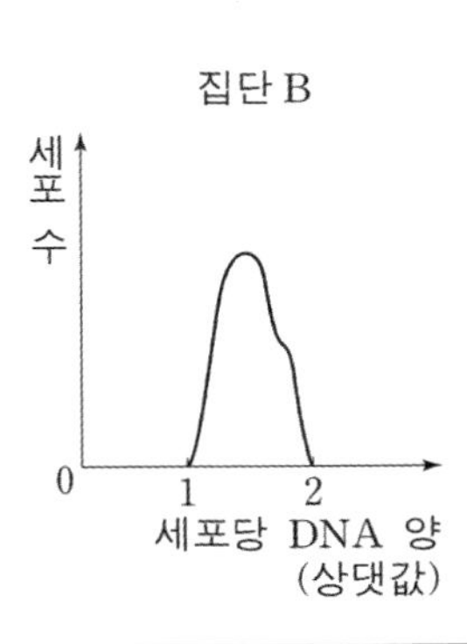

이에 대한 설명으로 옳은 것만을 <보기>에서 있는 대로 고르시오.

<보 기>

ㄱ. 집단 A의 세포 주기에서 G_2기보다 G_1기가 길다.

ㄴ. 방추사가 나타난 세포 수는 구간 II에서보다 구간 I에서가 많다.

ㄷ. 단백질 Y의 기능이 저해된 집단 B는 G_1기에서 S기로의 전환이 억제된다.

03 2017학년도 6월 평가원 4번

다음은 어떤 사람의 핵형 분석 결과를 나타낸 것이다.

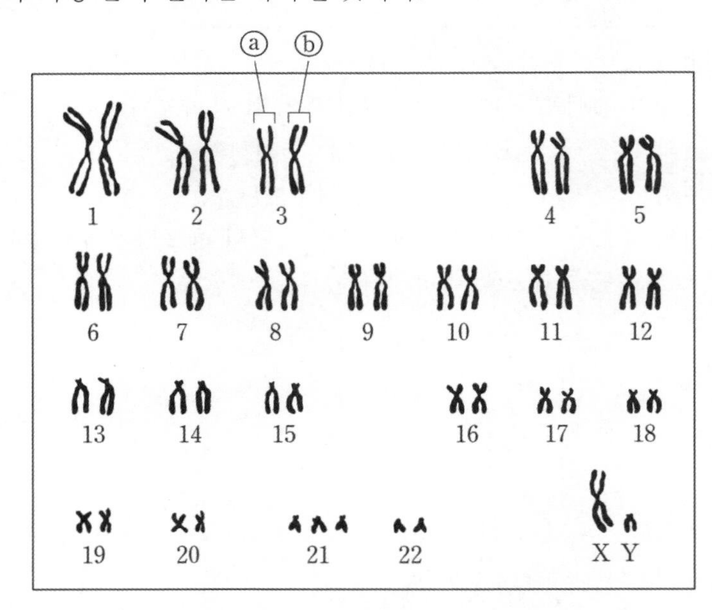

이에 대한 설명으로 옳은 것만을 <보기>에서 있는 대로 고르시오.

<보 기>

ㄱ. ⓐ는 ⓑ의 상동 염색체이다.
ㄴ. 이 핵형 분석 결과에서 ABO식 혈액형을 알 수 있다.
ㄷ. 이 핵형 분석 결과에서 관찰되는 상염색체의 염색 분체 수는 45개이다.

04 2017학년도 6월 평가원 5번

그림 (가)는 어떤 동물의 체세포 Q를 배양한 후 세포당 DNA 양에 따른 세포 수를, (나)는 Q의 세포 주기를 나타낸 것이다. A~C는 각각 G_1, G_2, S기 중 하나이다.

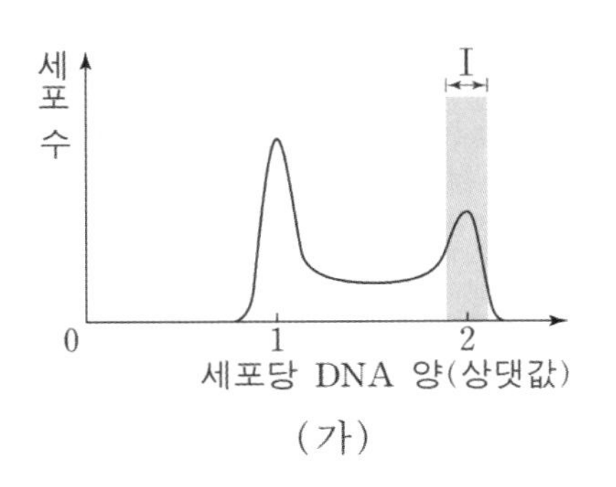

(가)

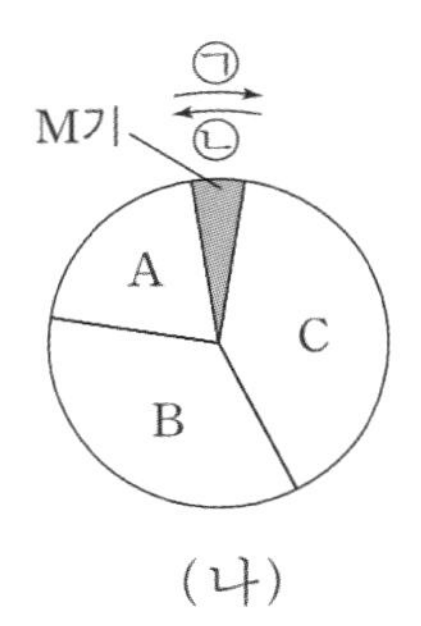

(나)

이에 대한 설명으로 옳은 것만을 <보기>에서 있는 대로 고르시오.

<보 기>

ㄱ. 구간 I에는 염색 분체의 분리가 일어나는 시기의 세포가 있다.
ㄴ. C 시기에 핵막이 소실된다.
ㄷ. 세포 주기는 ㉠ 방향으로 진행된다.

05 2017학년도 9월 평가원 13번

그림 (가)는 동물 P에서 체세포의 세포 주기를, (나)는 P의 체세포 분열 과정 중 어느 한 시기에서 관찰되는 세포를 나타낸 것이다. ㉠~㉢은 각각 G_2기, M기, S기 중 하나이다.

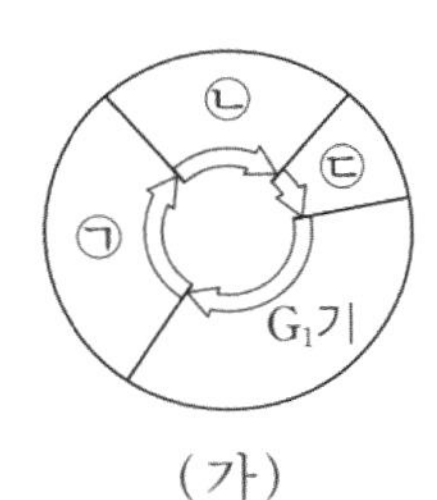

(가)

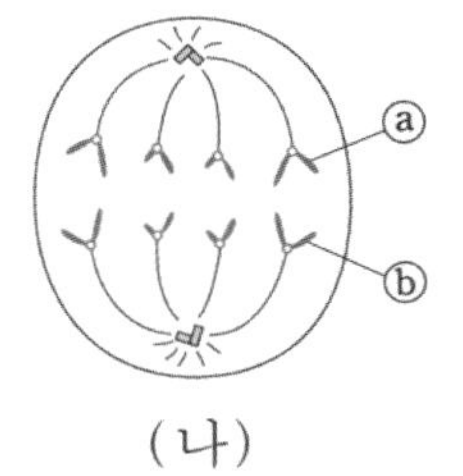

(나)

이에 대한 설명으로 옳은 것만을 <보기>에서 있는 대로 고르시오. (단, 돌연변이는 고려하지 않는다.)

<보 기>

ㄱ. (나)는 ㉠ 시기에 관찰된다.
ㄴ. 핵상은 G_1기의 세포와 ㉡ 시기의 세포가 같다.
ㄷ. ⓐ와 ⓑ는 부모에게서 각각 하나씩 물려받은 것이다.

06 2018학년도 6월 평가원 5번

다음은 세포 주기에 대한 실험이다.

[실험 과정]

(가) 어떤 동물의 체세포를 배양하여 집단 A와 B로 나눈다.

(나) A와 B 중 B에만 방추사 형성을 억제하는 물질을 처리하고, 두 집단을 동일한 조건에서 일정 시간 동안 배양한다.

(다) 두 집단에서 같은 수의 세포를 동시에 고정한 후, 각 집단에서 세포당 DNA 양을 측정하여 DNA 양에 따른 세포 수를 그래프로 나타낸다.

[실험 결과]

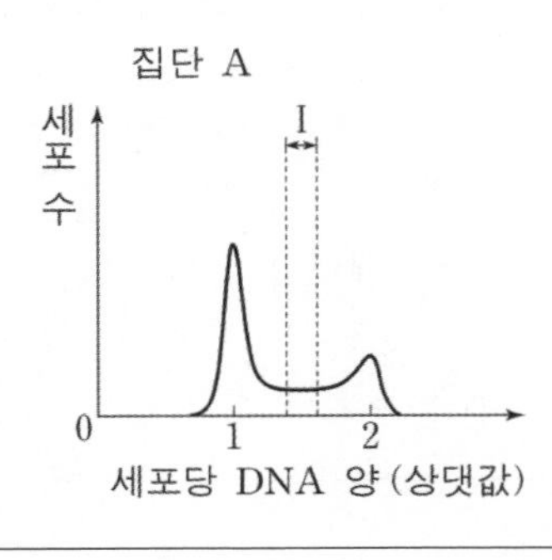

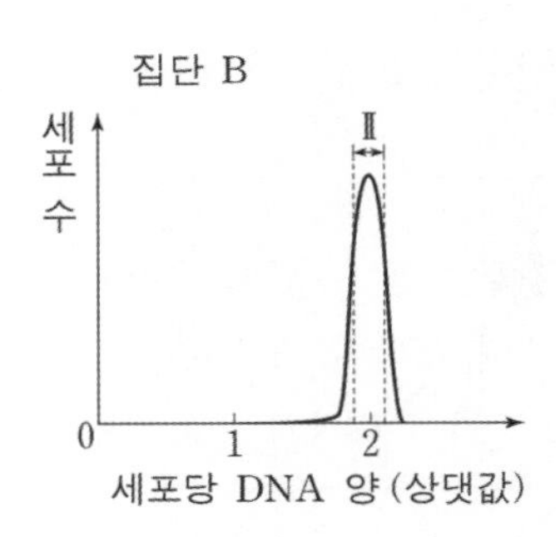

이에 대한 설명으로 옳은 것만을 <보기>에서 있는 대로 고르시오.

<보 기>

ㄱ. 구간 I에는 핵막을 가진 세포가 있다.

ㄴ. 집단 A에서 G_2기의 세포 수가 G_1기의 세포 수보다 많다.

ㄷ. 구간 II에는 염색 분체가 분리되지 않은 상태의 세포가 있다.

07 2018학년도 9월 평가원 12번

그림 (가)는 핵상이 $2n$인 식물 P에서 체세포가 분열하는 동안 핵 1개당 DNA 양을, (나)는 P의 체세포 분열 과정 중에 있는 세포들을 나타낸 것이다. P의 특정 형질에 대한 유전자형은 Rr이며, R와 r는 대립유전자이다.

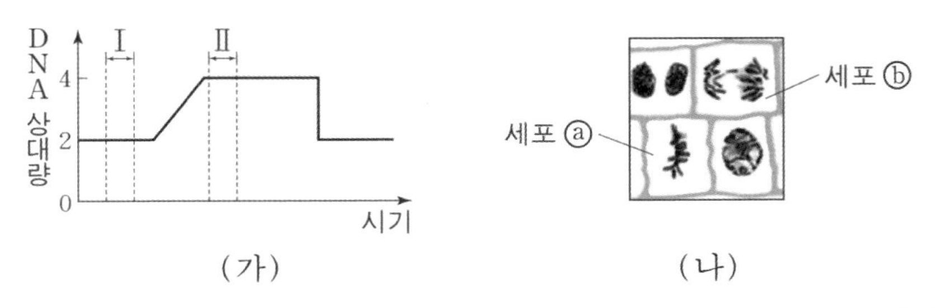

(가) (나)

이에 대한 설명으로 옳은 것만을 <보기>에서 있는 대로 고르시오. (단, 돌연변이는 고려하지 않는다.)

<보 기>

ㄱ. 세포 1개당 R의 수는 I 시기의 세포와 ⓑ가 같다.
ㄴ. II 시기에서 핵상이 $2n$인 세포가 관찰된다.
ㄷ. ⓐ에는 2가 염색체가 있다.

08 2019학년도 6월 평가원 7번

그림 (가)는 사람에서 체세포의 세포 주기를, (나)는 사람의 체세포에 있는 염색체의 구조를 나타낸 것이다. ㉠~㉢은 각각 G_1기, G_2기, M기 중 하나이다.

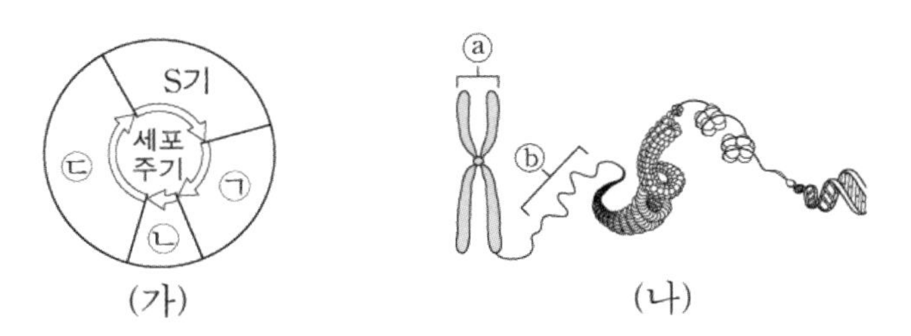

(가) (나)

이에 대한 설명으로 옳은 것만을 <보기>에서 있는 대로 고르시오.

<보 기>

ㄱ. ㉠ 시기에 2가 염색체가 관찰된다.
ㄴ. ⓑ가 ⓐ로 응축되는 시기는 ㉡이다.
ㄷ. 핵 1개당 DNA 양은 ㉢ 시기 세포가 ㉠ 시기 세포의 2배이다.

09 2019학년도 9월 평가원 12번

그림은 어떤 동물의 체세포를 배양한 후 세포당 DNA 양에 따른 세포 수를 나타낸 것이다.

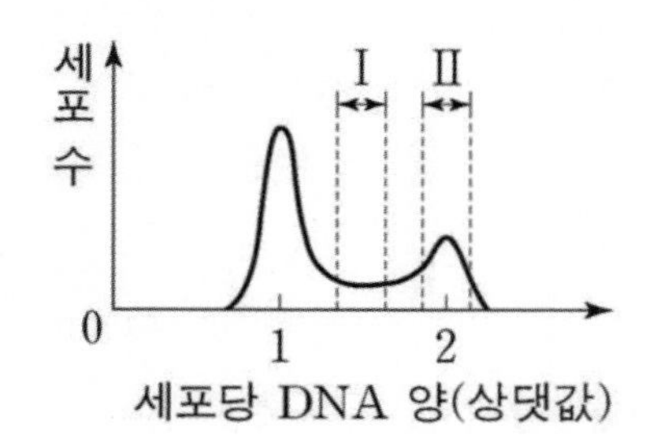

이에 대한 설명으로 옳은 것만을 <보기>에서 있는 대로 고르시오.

<보 기>

ㄱ. 구간 I에는 DNA 복제가 일어나는 세포가 있다.

ㄴ. 구간 II에는 핵막이 소실된 세포가 있다.

ㄷ. $\frac{G_1\text{기 세포 수}}{G_2\text{기 세포 수}}$의 값은 1보다 크다.

10 2019학년도 수능 8번

그림 (가)는 어떤 동물($2n=4$)의 체세포 Q를 배양한 후 세포당 DNA 양에 따른 세포 수를, (나)는 Q의 체세포 분열 과정 중 ㉠ 시기에서 관찰되는 세포를 나타낸 것이다. 이 동물의 특정 형질에 대한 유전자형은 Rr이며, R와 r는 대립유전자이다.

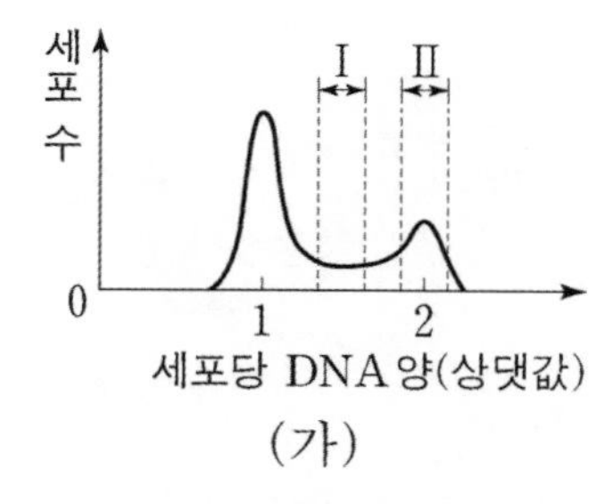

(가)

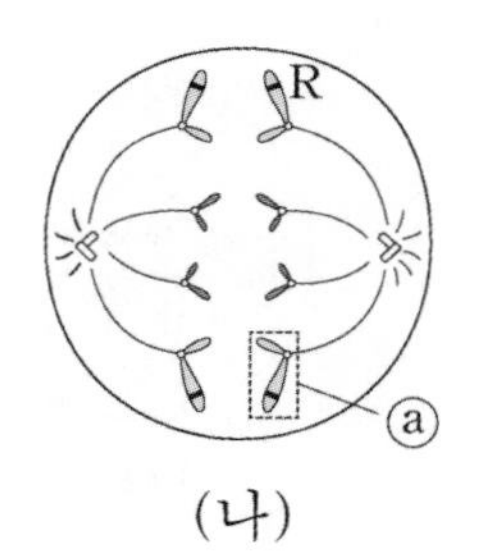

(나)

이에 대한 설명으로 옳은 것만을 <보기>에서 있는 대로 고르시오. (단, 돌연변이와 교차는 고려하지 않는다.)

<보 기>

ㄱ. 구간 I에는 간기의 세포가 있다.

ㄴ. 구간 II에는 ㉠ 시기의 세포가 있다.

ㄷ. ⓐ에는 대립유전자 R가 있다.

11 2020학년도 6월 평가원 5번

그림 (가)는 어떤 동물($2n=6$)의 세포가 분열하는 동안 핵 1개당 DNA 양을, (나)는 이 세포 분열 과정의 어느 한 시기에서 관찰되는 세포를 나타낸 것이다. 이 동물의 특정 형질에 대한 유전자형은 Rr이며, R와 r는 대립유전자이다.

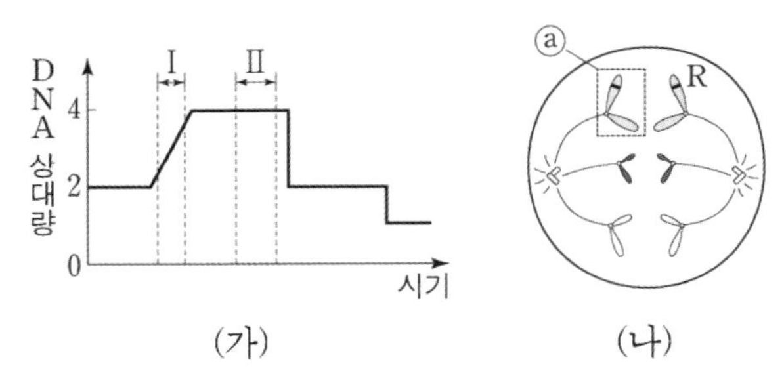

(가) (나)

이에 대한 설명으로 옳은 것만을 <보기>에서 있는 대로 고르시오. (단, 돌연변이와 교차는 고려하지 않는다.)

<보 기>

ㄱ. ⓐ에는 R가 있다.
ㄴ. 구간 I에서 2가 염색체가 관찰된다.
ㄷ. (나)는 구간 II에서 관찰된다.

12 2020학년도 9월 평가원 12번

그림은 사람에서 체세포의 세포 주기를 나타낸 것이다. ㉠~㉢은 각각 G_2기, M기, S기 중 하나이다.

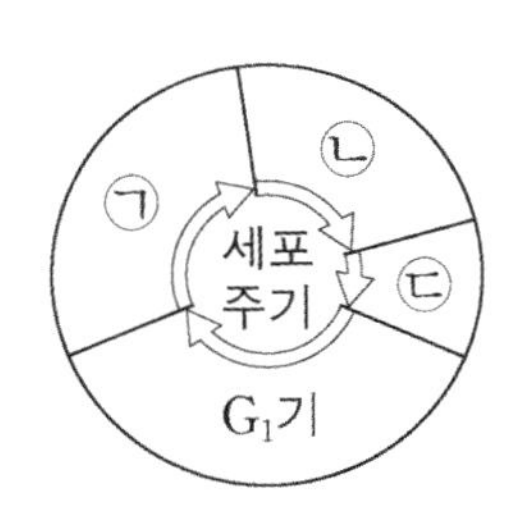

이에 대한 설명으로 옳은 것만을 <보기>에서 있는 대로 고르시오.

<보 기>

ㄱ. ㉠ 시기에 핵막이 소실된다.
ㄴ. 세포 1개당 $\frac{\text{㉡시기의 DNA 양}}{G_1\text{기의 DNA 양}}$의 값은 1보다 크다.
ㄷ. ㉢ 시기에 2가 염색체가 관찰된다.

13 2020학년도 수능 5번

그림 (가)는 사람의 체세포를 배양한 후 세포당 DNA 양에 따른 세포 수를, (나)는 체세포에 있는 염색체의 구조를 나타낸 것이다.

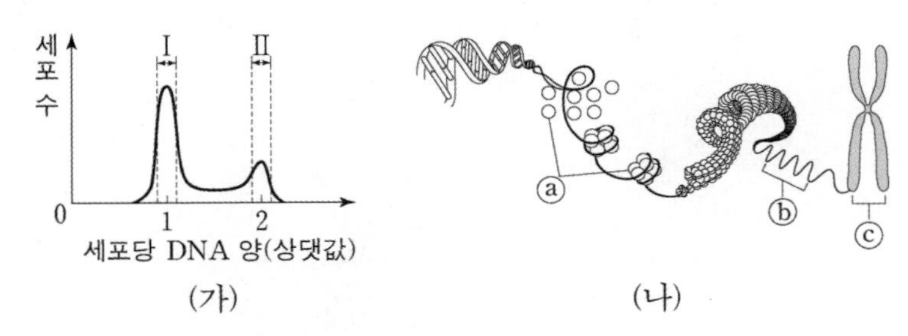

(가) (나)

이에 대한 설명으로 옳은 것만을 <보기>에서 있는 대로 고르시오.

<보 기>

ㄱ. 구간 I에 ⓐ가 들어 있는 세포가 있다.
ㄴ. 구간 II에 ⓑ가 ⓒ로 응축되는 시기의 세포가 있다.
ㄷ. 핵막을 갖는 세포의 수는 구간 II에서가 구간 I에서보다 많다.

14 2021학년도 6월 평가원 10번

그림은 사람 체세포의 세포 주기를 나타낸 것이다. ㉠~㉢은 각각 G_2기, M기(분열기), S기 중 하나이다.

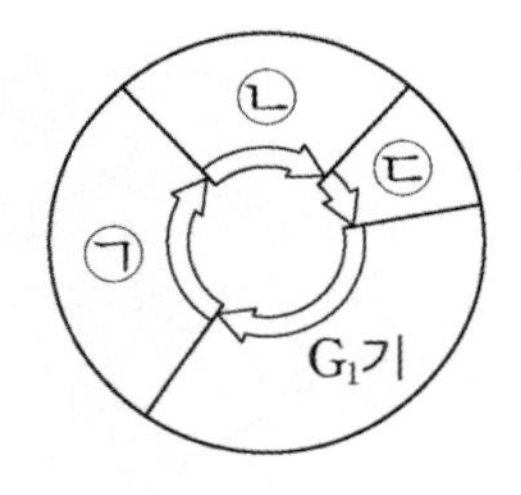

이에 대한 설명으로 옳은 것만을 <보기>에서 있는 대로 고르시오.

<보 기>

ㄱ. ㉠ 시기에 DNA가 복제된다.
ㄴ. ㉡은 간기에 속한다.
ㄷ. ㉢ 시기에 상동 염색체의 접합이 일어난다.

15 2021학년도 9월 평가원 13번

그림 (가)는 어떤 동물의 체세포 Q를 배양한 후 세포당 DNA 양에 따른 세포 수를, (나)는 Q의 체세포 분열 과정 중 ㉠ 시기에서 관찰되는 세포를 나타낸 것이다.

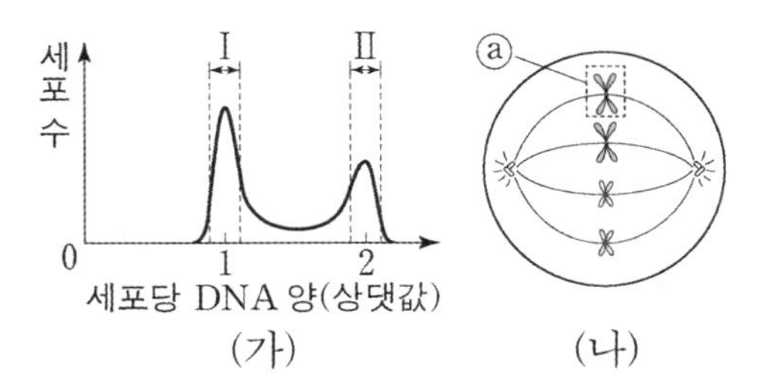

(가) (나)

이에 대한 설명으로 옳은 것만을 <보기>에서 있는 대로 고르시오.

<보 기>

ㄱ. ⓐ에는 히스톤 단백질이 있다.
ㄴ. 구간 II에는 ㉠ 시기의 세포가 있다.
ㄷ. G_1기의 세포 수는 구간 II에서가 구간 I에서보다 많다.

16 2021학년도 수능 9번

그림 (가)는 사람 A의 체세포를 배양한 후 세포당 DNA 양에 따른 세포 수를, (나)는 A의 체세포 분열 과정 중 ㉠ 시기의 세포로부터 얻은 핵형 분석 결과의 일부를 나타낸 것이다.

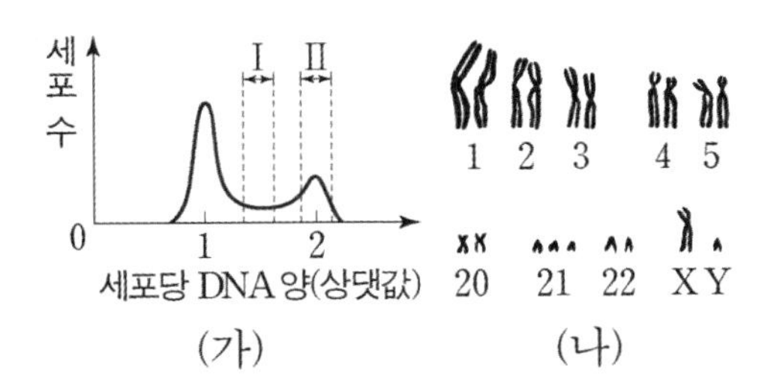

(가) (나)

이에 대한 설명으로 옳은 것만을 <보기>에서 있는 대로 고르시오.

<보 기>

ㄱ. 구간 I에는 핵막을 갖는 세포가 있다.
ㄴ. (나)에서 다운 증후군의 염색체 이상이 관찰된다.
ㄷ. 구간 II에는 ㉠ 시기의 세포가 있다.

17 2022학년도 6월 평가원 3번

그림 (가)는 동물 A$(2n=4)$ 체세포의 세포 주기를, (나)는 A의 체세포 분열 과정 중 어느 한 시기에 관찰되는 세포를 나타낸 것이다. ㉠~㉢은 각각 G_2기, M기(분열기), S기 중 하나이다.

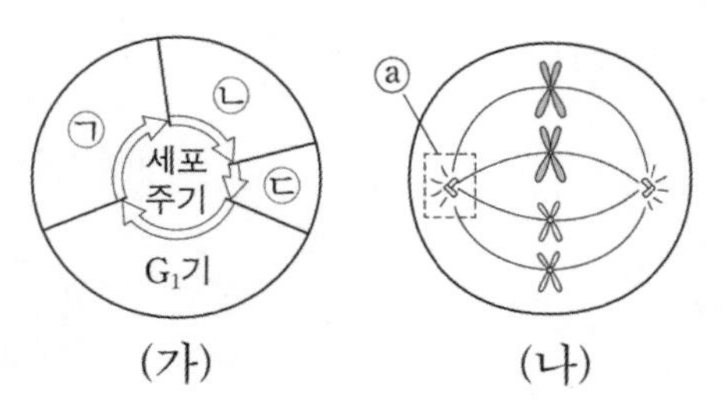

(가) (나)

이에 대한 설명으로 옳은 것만을 <보기>에서 있는 대로 고르시오.

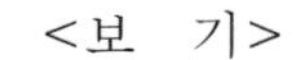

<보 기>

ㄱ. ㉠ 시기에 DNA 복제가 일어난다.

ㄴ. ⓐ에 동원체가 있다.

ㄷ. (나)는 ㉢ 시기에 관찰되는 세포이다.

18 2022학년도 9월 평가원 12번

표는 어떤 사람의 세포 (가)~(다)에서 핵막 소실 여부와 DNA 상대량을 나타낸 것이다. (가)~(다)는 체세포의 세포 주기 중 M기(분열기)의 중기, G_1기, G_2기에 각각 관찰되는 세포를 순서 없이 나타낸 것이다. ㉠은 '소실됨'과 '소실 안 됨' 중 하나이다.

세포	핵막 소실 여부	DNA 상대량
(가)	㉠	1
(나)	소실됨	?
(다)	소실 안 됨	2

이에 대한 설명으로 옳은 것만을 <보기>에서 있는 대로 고르시오. (단, 돌연변이는 고려하지 않는다.)

<보 기>

ㄱ. ㉠은 '소실 안 됨'이다.

ㄴ. (나)는 간기의 세포이다.

ㄷ. (다)에는 히스톤 단백질이 없다.

19 2022학년도 수능 3번

그림 (가)는 식물 P($2n$)의 체세포가 분열하는 동안 핵 1개당 DNA 양을, (나)는 P의 체세포 분열 과정에서 관찰되는 세포 ⓐ와 ⓑ를 나타낸 것이다. ⓐ와 ⓑ는 분열기의 전기 세포와 중기 세포를 순서 없이 나타낸 것이다.

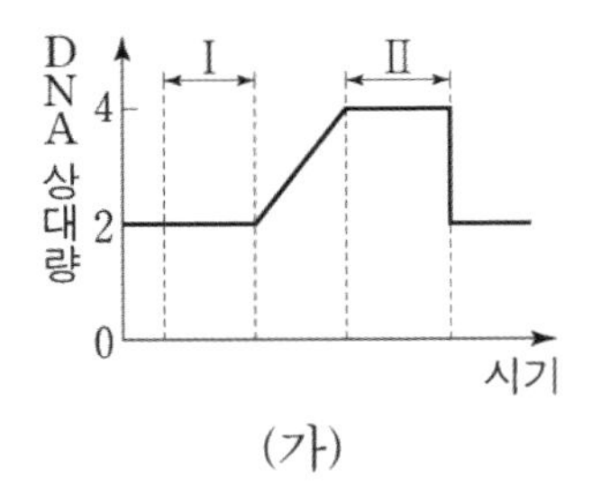

(가)

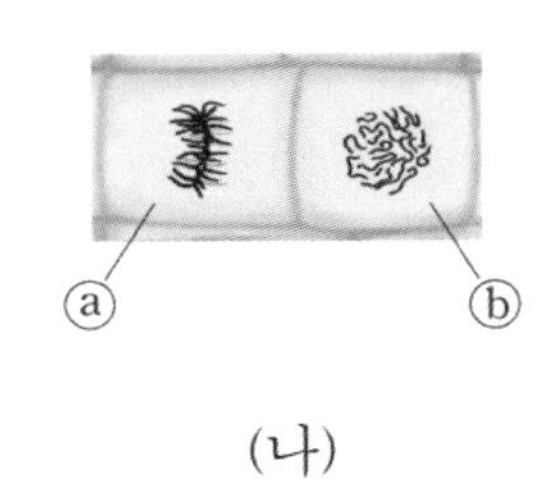

(나)

이에 대한 설명으로 옳은 것만을 <보기>에서 있는 대로 고르시오.

<보 기>

ㄱ. I과 II 시기의 세포에는 모두 뉴클레오솜이 있다.
ㄴ. ⓐ에서 상동 염색체의 접합이 일어났다.
ㄷ. ⓑ는 I 시기에 관찰된다.

20 2023학년도 6월 평가원 4번

그림 (가)는 동물 P($2n=4$)의 체세포가 분열하는 동안 핵 1개당 DNA 양을, (나)는 P의 체세포 분열 과정의 어느 한 시기에서 관찰되는 세포를 나타낸 것이다.

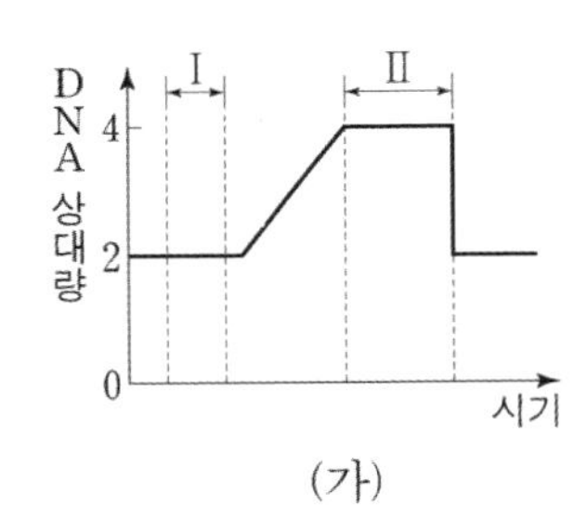

(가)

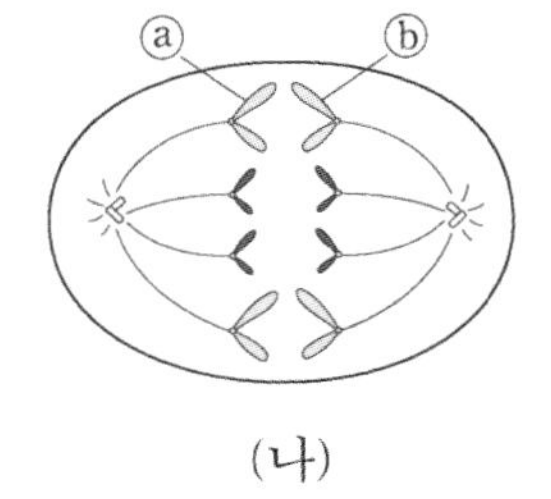

(나)

이에 대한 설명으로 옳은 것만을 <보기>에서 있는 대로 고르시오. (단, 돌연변이는 고려하지 않는다.)

<보 기>

ㄱ. 구간 I에는 2개의 염색 분체로 구성된 염색체가 있다.
ㄴ. 구간 II에는 (나)가 관찰되는 시기가 있다.
ㄷ. ⓐ와 ⓑ는 부모에게서 각각 하나씩 물려받은 것이다.

21 2023학년도 9월 평가원 6번

다음은 세포 주기에 대한 실험이다.

[실험 과정 및 결과]

(가) 어떤 동물의 체세포를 배양하여 집단 A와 B로 나눈다.

(나) A와 B 중 B에만 G_1기에서 S기로의 전환을 억제하는 물질을 처리하고, 두 집단을 동일한 조건에서 일정 시간 동안 배양한다.

(다) 두 집단에서 같은 수의 세포를 동시에 고정한 후, 각 집단의 세포당 DNA 양에 따른 세포 수를 나타낸 결과는 그림과 같다.

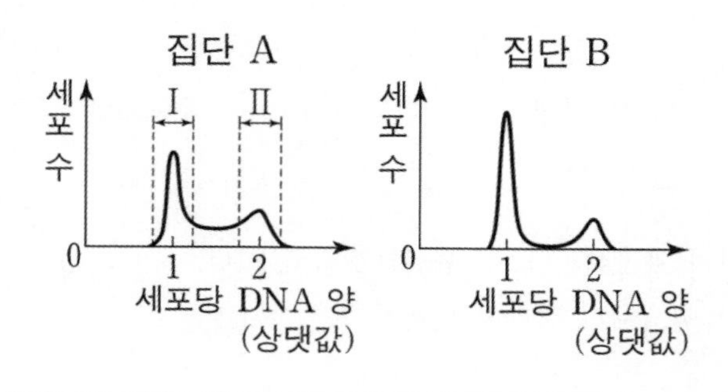

이에 대한 설명으로 옳은 것만을 <보기>에서 있는 대로 고르시오.

<보 기>

ㄱ. (다)에서 $\frac{\text{S기 세포 수}}{G_1\text{기 세포 수}}$는 A에서가 B에서보다 작다.

ㄴ. 구간 I에는 뉴클레오솜을 갖는 세포가 있다.

ㄷ. 구간 II에는 핵막을 갖는 세포가 있다.

22 2023학년도 수능 6번

표 (가)는 사람의 체세포 세포 주기에서 나타나는 4가지 특징을, (나)는 (가)의 특징 중 사람의 체세포 세포 주기의 ㉠~㉣에서 나타나는 특징의 개수를 나타낸 것이다. ㉠~㉣은 G_1기, G_2기, M기(분열기), S기를 순서 없이 나타낸 것이다.

특징
• 핵막이 소실된다. • 히스톤 단백질이 있다. • 방추사가 동원체에 부착된다. • ⓐ 핵에서 DNA 복제가 일어난다.

(가)

구분	특징의 개수
㉠	2
㉡	?
㉢	3
㉣	1

(나)

이에 대한 설명으로 옳은 것만을 <보기>에서 있는 대로 고르시오.

<보 기>

ㄱ. ㉠ 시기에 특징 ⓐ가 나타난다.
ㄴ. ㉢ 시기에 염색 분체의 분리가 일어난다.
ㄷ. 핵 1개당 DNA 양은 ㉡ 시기의 세포와 ㉣ 시기의 세포가 서로 같다.

Part

02 세포 분열

이번 PART부터는 별도의 GUIDELINE은 다루지 않으며 본격적으로 유전 문항이 출제되는 방식과 구체적인 METHOD를 다룬다. 출제되는 문항은 두 문항으로, 핵형 분석 유형과 감수 분열 유형이 있다.
특히 감수 분열 유형은 주요 준킬러 문항으로 출제되고 이를 어려워하는 학습자도 많기에 그 내용을 차분하게 정리하고 문항으로 연습하는 것이 중요하다.

이번 PART는 다음 두 개의 THEME로 구성된다.

❶ THEME 01 : 핵형 분석
❷ THEME 02 : 감수 분열

THEME마다 그 특징이 매우 뚜렷하므로 하나씩 잘 정리하도록 하고, 예제와 유제를 꼭 전부 다루길 바란다. 또, 꾸준히 복습하는 것이 매우 중요하다. 어느 정도 정리가 되면 추가적인 N제 등을 통해 많은 문항을 풀며 연습했으면 한다.

THEME 01. 핵형 분석

IDEA.

핵형 분석은 저번 교육과정부터 지금까지 꾸준히 출제되어왔던 주요 자료해석형 유형이다.
모든 시험에 반드시 출제되지는 않는다.
염색체와 핵형에 대해 묻는 가벼운 개념형 문항으로 출제되기도 한다.
추론의 깊이가 깊지 않아 어려워하는 학습자가 많지 않고 시험지에서도 간단하게 풀고 넘어갈 수 있는 유형이지만, 최근의 흐름에서는 문항 구성이 다양해지고 풀이의 호흡도 길어지고 있다.

METHOD를 통해 구체적인 사고 순서를 점검하고, 기존의 평가원 문항들을 차례대로 풀어보며
STANDARD한 구성에 익숙해지자. 최근의 트렌드에 맞춰 문항의 Variation 요소도 정리해두었으니
확인하고 넘어가기를 바란다.

METHOD #0. 【핵형 분석】 문항 분석

기존의 【핵형 분석】 유형의 문항 구성은 다음과 같다.

(1) 서로 같거나 다른 종의 개체 2~3마리와 세포 2~5개가 제시됨
(2) 각 세포의 염색체의 수, 모양, 크기가 모두 공개됨
(3) 특정 개체의 유전자형이 일부 공개될 수 있음
(유전자형의 제시는 하나의 종에 대해서만 가능하다.)

→ 각 개체의 종, 성별, 세포를 Matching

주어진 자료를 바탕으로 각 개체의 종, 성별, 세포를 Matching 하면 된다.
기본적으로 주어지는 자료는 각 세포의 핵형에 대한 정보다.
문항에 따라 각 개체의 유전자형이 일부 공개되어 조건으로 쓰일 수 있다.

그러나 평가원에서 【핵형 분석】의 문항 구성에도 variation을 주기 시작했다.
그렇게 변화된 대표적인 문항 구성은 다음과 같다.

(1) 서로 같거나 다른 종의 개체 2~3마리와 세포 2~5개가 제시됨
(2) 각 세포의 염색체의 수, 모양, 크기가 모두 공개됨 → 일부가 미공개됨 : [220914], [231116]
(3) 유전자형이 일부 공개될 수 있음 → 핵형보다 유전자형 중심의 사고가 강화됨 : [220619]

→ 각 개체의 종, 성별, 세포를 Matching

Main 자료인 핵형이 일부 미공개됨으로서 추론적인 요소가 강화된 문제가 두 차례나 출제되었고,
2022학년도 6월 평가원 모의고사에서는 핵형보다 유전자형이 문제 풀이의 주요 사고 과정이었다.
이와 같은 변화에 대하여 【핵형 분석】 유형의 올바른 사고 순서를 정립하고 평가원 전 문항을 정리했으니
예제와 유제를 풀어보며 충분히 연습하자.

METHOD #1. 세포 분석

개체의 종, 성별, 세포를 각각 Matching 하기 위해 먼저 주어진 자료를 정리하자.
자료에서 유의미하게 사용할 수 있는 정보는 염색체의 수, 모양, 크기를 바탕으로 한 핵형이다.
핵형을 통해 각 세포에 대하여 정리하자.

11. 그림은 서로 다른 종인 동물($2n=?$) A~C의 세포 (가)~(라) 각각에 들어 있는 모든 염색체를 나타낸 것이다. (가)~(라) 중 2개는 A의 세포이고, A와 B의 성은 서로 다르다. A~C의 성염색체는 암컷이 XX, 수컷이 XY이다.

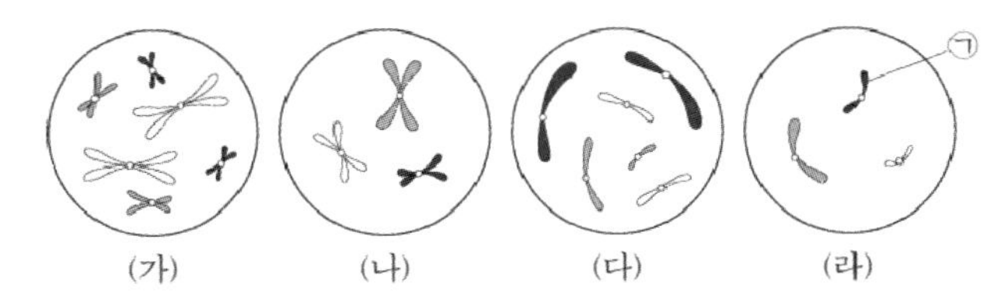

(1) 가장 큰 염색체를 비교하자. 가장 큰 염색체가 다른 색이거나 크기가 다른 세포들은 서로 다른 종이다.

(2) 마지막으로 Y 염색체의 유무를 같은 종에서 다른 세포와의 비교를 통해 확인한다.
Y 염색체가 확인되면 XY 다.[3)]
2n 세포에서 서로 다르게 생긴 상동 염색체 쌍이 있는 경우에는 Y 염색체를 바로 확인할 수 있다.[4)]

판단 기준 (염색체의 수, 모양, 크기)	
가장 큰 염색체의 색은 무엇인가?	종 구분
Y 염색체가 존재하는가?	성 결정

유전자형 조건이 있다면 Case가 제한된다. 이 문항에서 유전자형에 대한 조건은 존재하지 않는다.

판단 기준 (유전자형)	
특정 대립유전자가 존재할 수 있는가?	정보 없음

다음과 같이 세포에 대해 정리하자.

구분	종	성
(가)	흰색	XX
(나)	회색	?
(다)	검은색	XY
(라)	회색	XY

3) X 염색체의 유무는 성을 결정해주지 않는다.

4) 참고로 지금까지는 X와 Y는 모양은 달라도 염색체 색은 같게 제시되었다.

METHOD #2. 개체 분석

구분	종	성
(가)	흰색	XX
(나)	회색	?
(다)	검은색	XY
(라)	회색	XY

정리한 세포에 대한 정보와 문제의 조건을 바탕으로 개체를 분석하자.
(가)~(라) 중 2개는 A의 세포이고, A와 B의 성은 서로 다르다.

구분	세포	종	성
A	(나), (라)	회색	XY
B	(가)	흰색	XX
C	(다)	검은색	XY

예제(1) 2019학년도 6월 평가원 6번

그림은 세포 (가)~(마) 각각에 들어 있는 모든 염색체를 나타낸 것이다. (가)~(마)는 각각 서로 다른 개체 A, B, C의 세포 중 하나이다. A와 B는 같은 종이고, B와 C는 수컷이다. A~C는 $2n=8$이며, A~C의 성염색체는 암컷이 XX, 수컷이 XY이다.

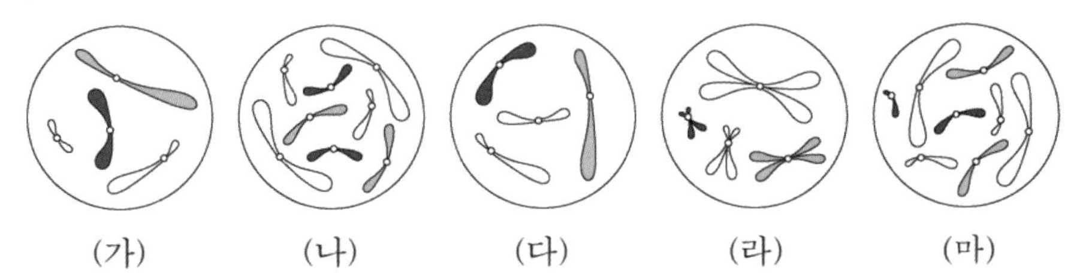

(가) (나) (다) (라) (마)

이에 대한 설명으로 옳은 것만을 <보기>에서 있는 대로 고르시오. (단, 돌연변이는 고려하지 않는다.)

〈보 기〉

ㄱ. (라)는 B의 세포이다.
ㄴ. (가)와 (다)는 같은 개체의 세포이다.
ㄷ. 세포 1개당 $\frac{\text{X염색체 수}}{\text{상염색체 수}}$의 값은 (나)가 (마)의 2배이다.

METHOD #1. 세포 분석

핵형 자료를 바탕으로 세포를 먼저 분석하자. 유전자형에 대한 조건은 존재하지 않으므로 염색체의 수, 모양, 크기를 바탕으로 판단한다.

구분	종	성
(가)	회색	XY
(나)	흰색	XX
(다)	회색	?
(라)	흰색	XY
(마)	흰색	XY

→ 세포 (가)와 (라)의 성이 XY로 결정되는 이유 : (마)에서 '흰색' 종의 Y 염색체의 모양을 확인할 수 있고, '회색' 종에 해당하는 (가)와 (다)의 비교를 통해 상동 염색체 중 모양이 서로 다른 흰색 염색체를 확인할 수 있다. 즉, (가)와 (라) 같은 n세포 에서는 다른 세포와의 비교를 통해 Y 염색체의 유무를 알 수 있다.

METHOD #2. 개체 분석

추가 조건을 바탕으로 세포와 개체를 Matching 하자.
A와 B는 같은 종이고, B와 C는 성이 XY다.

세포 분석에서 (나)가 '흰색' 종에서 성이 XX인 개체의 세포임을 알 수 있었다.
B와 C는 XY이므로 (나)는 A의 세포이다. A와 B는 같은 종이므로 B는 '흰색' 종의 XY 개체이다.

개체에 대해 정리하자.

구분	성	종	세포
A	XX	흰색	(나)
B	XY	흰색	(라), (마)
C	XY	회색	(가), (다)

ㄱ. (라)는 B의 세포이다. (○)
ㄴ. (가)와 (다)는 모두 C의 세포이다. (○)
ㄷ. $2n=8$이므로 세포 1개당 $\frac{\text{X 염색체 수}}{\text{상염색체 수}}$의 값은 (나)가 $\frac{1}{3}$, (마)가 $\frac{1}{6}$이다. (○)

정답 : ㄱ, ㄴ, ㄷ

예제(2) 2022학년도 9월 평가원 14번

그림은 동물($2n=6$) I~III의 세포 (가)~(라) 각각에 들어 있는 모든 염색체를 나타낸 것이다. I~III은 2가지 종으로 구분되고, (가)~(라) 중 2개는 암컷의, 나머지 2개는 수컷의 세포이다. I~III의 성염색체는 암컷이 XX, 수컷이 XY이다. 염색체 ⓐ와 ⓑ 중 하나는 상염색체이고, 나머지 하나는 성염색체이다. ⓐ와 ⓑ의 모양과 크기는 나타내지 않았다.

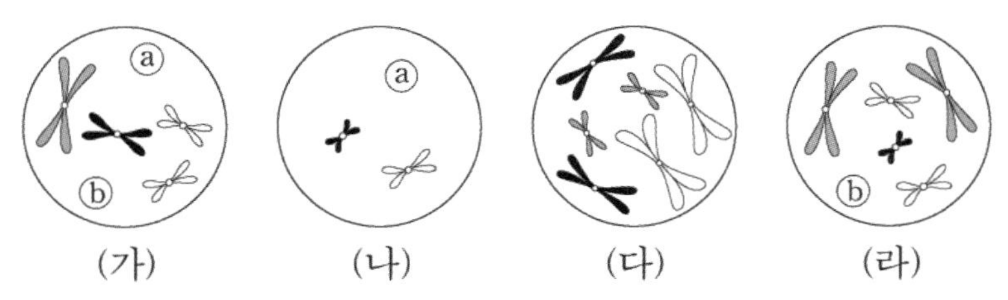

이에 대한 설명으로 옳은 것만을 <보기>에서 있는 대로 고르시오. (단, 돌연변이는 고려하지 않는다.)

〈보 기〉

ㄱ. ⓑ는 X 염색체이다.
ㄴ. (나)는 암컷의 세포이다.
ㄷ. (가)를 갖는 개체와 (다)를 갖는 개체의 핵형은 같다.

METHOD #1. 세포 분석

핵형 자료를 바탕으로 세포를 먼저 분석하자.
염색체 ⓐ와 ⓑ가 공개되지 않아, 완벽하게 세포를 분석하기 어렵다.
다만, (가), (나), (라)는 모두 ⓐ 혹은 ⓑ가 존재하므로, 같은 종임을 알 수 있다.
서로 다른 종의 개체에는 같은 염색체가 존재할 수 없기 때문이다.
두 가지 종으로 구분된다고 하였으므로 종은 모두 결정된다.

세포에 대해 알 수 있는 부분을 정리하자.

구분	종	성
(가)	회색	?
(나)	회색	?
(다)	흰색	XX
(라)	회색	?

(가), (나), (라)를 '회색' 종으로 결정지을 수 있는 것은 (라)를 보았을 때,
ⓑ는 검은색 염색체가 되어야 함을 알 수 있기에
(라)의 종에 대해서 크기가 가장 큰 염색체는 회색 염색체가 되는 것이다.

성염색체를 포함한 일부 염색체가 공개되지 않았으므로 ⓐ와 ⓑ를 결정하여 성염색체를 따져야 한다.
'회색' 종의 세포 (가), (나), (라) 간의 비교를 통해 검은색 염색체가 서로 모양이 다름을 알 수 있으므로,
검은색 염색체는 성염색체이다. (나)와 (라)에는 Y 염색체가 존재한다.[5]

(가)~(라) 중 2개는 암컷의, 나머지 2개는 수컷의 세포라는 점을 이용하여 세포에 대해 정리하자.

구분	종	성
(가)	회색	XX
(나)	회색	XY
(다)	흰색	XX
(라)	회색	XY

5) 사람이 아니기 때문에 무조건 X 염색체가 Y 염색체보다 크다고 단정지을 수는 없으나, X 염색체가 Y 염색체보다 더 크다고 전제한다.

METHOD #2. 개체 분석

개체에 대해 정리하자.

	종	세포
개체	회색	(가)
개체	회색	(나), (라)
개체	흰색	(다)

마지막으로, ⓐ와 ⓑ를 결정하자.
(라)에서 수컷의 $2n$ 세포이므로 XY를 모두 가져야 한다. ⓑ는 '회색' 종의 X 염색체이다.
ⓐ는 상염색체이다. '회색' 종에서 크기가 가장 큰 회색 염색체에 해당한다.

ㄱ. ⓑ는 X 염색체이다. (○)
ㄴ. (나)는 수컷의 세포이다. (X)
ㄷ. (가)를 갖는 개체와 (나)를 갖는 개체는 종은 같으나 성이 서로 다르므로 핵형이 다르다. (X)

정답 : ㄱ

예제(3) 2023학년도 수능 16번

다음은 핵상이 $2n$인 동물 A~C의 세포 (가)~(라)에 대한 자료이다.

- A와 B는 서로 같은 종이고, B와 C는 서로 다른 종이며, B와 C는 체세포 1개당 염색체 수는 서로 다르다.
- (가)~(라) 중 2개는 암컷의, 나머지 2개는 수컷의 세포이다. A~C의 성염색체는 암컷이 XX, 수컷이 XY이다.
- 그림은 (가)~(라) 각각에 들어 있는 모든 상염색체와 ㉠을 나타낸 것이다. ㉠은 X 염색체와 Y 염색체 중 하나이다.

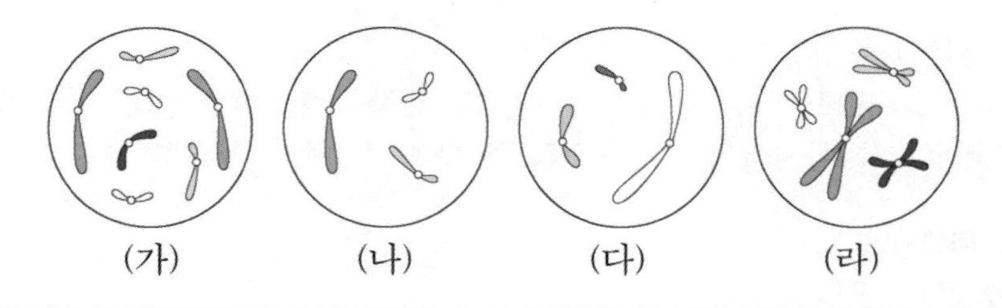

(가) (나) (다) (라)

이에 대한 설명으로 옳은 것만을 <보기>에서 있는 대로 고르시오. (단, 돌연변이는 고려하지 않는다.)

<보 기>

ㄱ. ㉠은 Y 염색체이다.
ㄴ. (가)와 (라)는 서로 다른 개체의 세포이다.
ㄷ. C의 체세포 분열 중기의 세포 1개당 상염색체의 염색 분체 수는 8이다.

METHOD #1. 세포 분석

문제에서 X 염색체와 Y 염색체 중 하나와 모든 상염색체가 제시되었다.
핵형 자료를 바탕으로 세포를 먼저 분석하자.

구분	종	성
(가)	회색	?
(나)	회색	?
(다)	흰색	?
(라)	회색	?

X 염색체와 Y 염색체 중 무엇을 나타낸 것인지 모르기 때문에 이전까지의 문제들과는 다르게 성별에 대한 판단을 바로 내리기 어렵다. 개체 분석 단계에서 추가 조건을 활용하여 판단을 이어가겠다.

METHOD #2. 개체 분석

추가 조건을 이용하여 개체에 대해 정리하자.
(가), (나), (라)는 같은 종의 개체에서 얻은 세포이고, (다)는 다른 종의 개체에서 얻은 세포이다.
따라서 (다)는 C의 세포이다.

(가)에서 검은색의 염색체는 크기와 모양이 같은 상동 염색체 없이 하나만 제시되어 있으므로 가장 검은색의 염색체가 성염색체이다. 이 염색체(㉠)이 Y 염색체라면, Y 염색체가 나타난 (가)와 (라)는 모두 수컷의 세포가 되고, 문제의 조건에 의해 (나)와 (다)는 모두 암컷의 세포가 된다. (나)와 (다)는 모두 핵상이 n인데, 현재 가정에 의해서는 X 염색체를 나타내지 않았기 때문에 두 세포를 갖는 개체는 종이 다름에도 $n=3$으로 핵상이 같게 된다. 이는 종이 다르면 체세포 1개당 염색체 수가 다르다는 문제의 조건에 모순이다. 따라서 ㉠은 X 염색체이다.

(가)는 핵상이 $2n$인데 X 염색체가 하나만 나타나 있으므로, 성염색체 구성이 XY임을 알 수 있다.
(나)는 핵상이 n인데 성염색체가 나타나 있지 않으므로, Y 염색체가 숨겨져 있음을 알 수 있다.
(가)와 (나)가 수컷의 세포이므로, 나머지 (다)와 (라)는 모두 암컷의 세포이다.

구분	종	성	세포
A, B	회색	XX, XY	(가), (나), (라)
C	흰색	XX	(다)

A와 B는 체세포 1개당 염색체 수가 8이고, C는 체세포 1개당 염색체 수가 6이다.
풀이에서 A와 B의 세포 구분은 필요하지 않고, 구분할 수 없다.

ㄱ. ㉠은 X 염색체이다. (X)

ㄴ. (가)는 수컷의 세포이고, (라)는 암컷의 세포이다. (○)

ㄷ. C의 체세포 분열 중기의 세포에는 4개의 상염색체가 있고 각 염색체는 2개의 염색 분체를 갖는다. 따라서 C의 체세포 분열 중기의 세포 1개당 상염색체의 염색 분체 수는 8이다. (○)

정답 : ㄴ, ㄷ

memo

Part

02 유제(1)

01 2014학년도 수능 4번

그림 (가)와 (나)는 각각 동물 A($2n=6$)와 B($2n=?$)의 어떤 세포에 들어 있는 모든 염색체를 모식적으로 나타낸 것이다. A와 B의 성염색체는 XY이다.

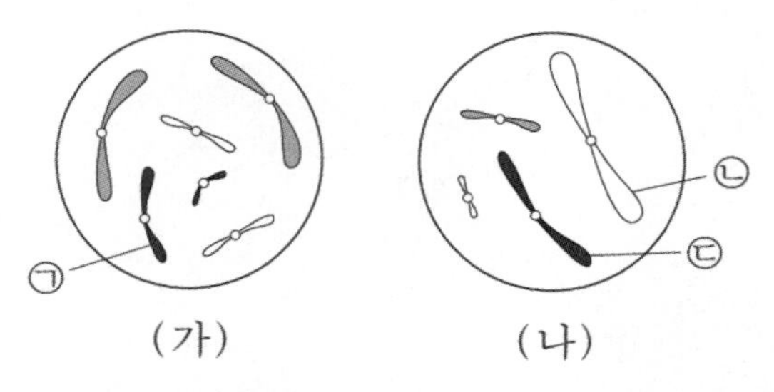

이에 대한 설명으로 옳은 것만을 <보기>에서 있는 대로 고르시오. (단, 돌연변이는 고려하지 않는다.)

<보 기>

ㄱ. ㉠은 성염색체이다.
ㄴ. ㉡은 ㉢의 상동 염색체이다.
ㄷ. A와 B의 생식 세포에 들어 있는 염색체 수는 같다.

02 2016학년도 9월 4번

그림은 동물 A의 분열 중인 세포 (가)와 동물 B의 생식 세포 (나)에 들어 있는 모든 염색체를 나타낸 것이다. A와 B는 같은 종이고 성이 다르며, 수컷의 성염색체는 XY, 암컷의 성염색체는 XX이다.

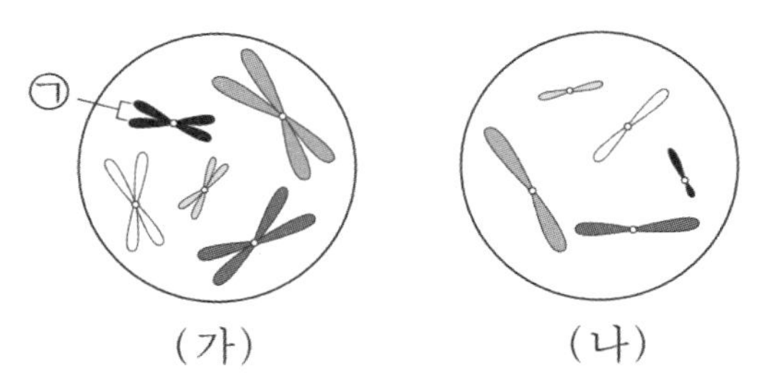

이에 대한 설명으로 옳은 것만을 <보기>에서 있는 대로 고르시오. (단, 돌연변이는 고려하지 않는다.)

<보 기>

ㄱ. ㉠은 성염색체이다.

ㄴ. A의 체세포 분열 중기의 세포 1개당 염색 분체 수는 20이다.

ㄷ. (가)로부터 형성된 생식 세포와 (나)가 수정되어 자손이 태어날 때, 이 자손이 수컷일 확률은 $\frac{1}{2}$이다.

03 2016학년도 수능 7번

그림은 세포 (가)~(마) 각각에 들어 있는 모든 염색체를 나타낸 것이다. 서로 다른 개체 A, B, C는 2가지 종으로 구분되며, 모두 $2n=6$이다. (가)는 A의 세포이고 (나)는 B의 세포이며, (다), (라), (마) 각각은 B와 C의 세포 중 하나이다. A~C의 성염색체는 암컷이 XX, 수컷이 XY이다.

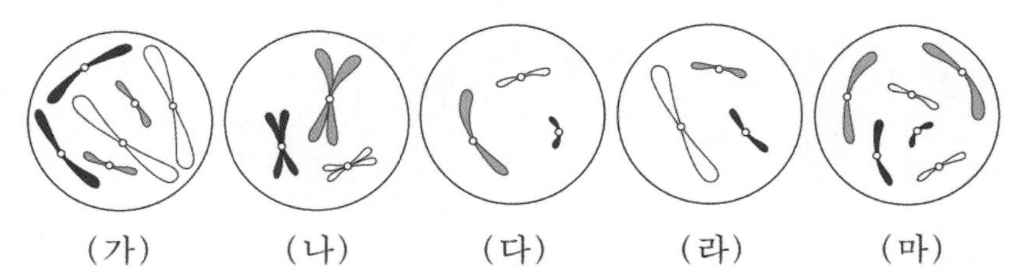

(가) (나) (다) (라) (마)

이에 대한 설명으로 옳은 것만을 <보기>에서 있는 대로 고르시오. (단, 돌연변이는 고려하지 않는다.)

<보 기>

ㄱ. (가)와 (라)는 같은 종의 세포이다.
ㄴ. B와 C는 성이 다르다.
ㄷ. (라)는 B의 세포이다.

04 2017학년도 6월 평가원 8번

그림은 세포 (가)~(라) 각각에 들어 있는 모든 염색체를 나타낸 것이다. 서로 다른 개체 A, B, C는 2가지 종으로 구분되며, 모두 $2n=8$이다. (가)는 A의 세포이고 (나)는 B의 세포이며, (다)와 (라)는 각각 B의 세포와 C의 세포 중 하나이다. A~C의 성염색체는 암컷이 XX, 수컷이 XY이다.

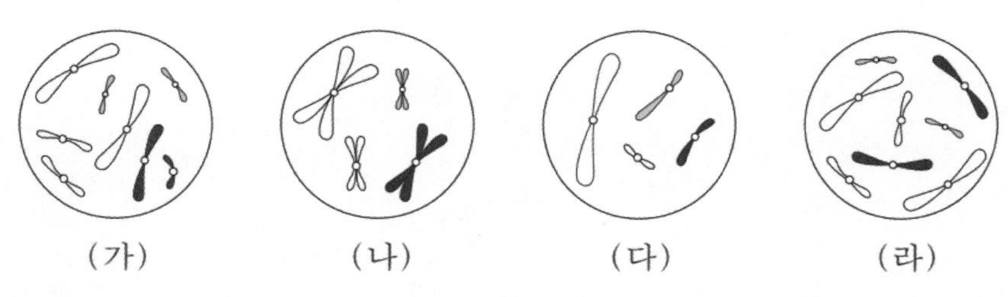

(가) (나) (다) (라)

이에 대한 설명으로 옳은 것만을 <보기>에서 있는 대로 고르시오. (단, 돌연변이는 고려하지 않는다.)

<보 기>

ㄱ. (가)와 (라)는 같은 종의 세포이다.
ㄴ. X 염색체의 수는 (라)가 (나)의 2배이다.
ㄷ. B와 C의 핵형은 같다.

05 2017학년도 수능 4번

그림은 세포 (가)와 (나) 각각에 들어 있는 모든 염색체를 나타낸 것이다. (가)와 (나)는 각각 동물 A($2n=4$)와 동물 B($2n=?$)의 세포 중 하나이다.

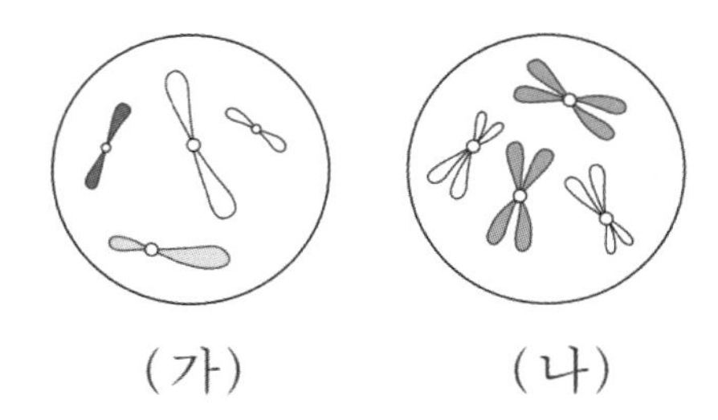

(가) (나)

이에 대한 설명으로 옳은 것만을 <보기>에서 있는 대로 고르시오. (단, 돌연변이는 고려하지 않는다.)

<보 기>

ㄱ. (가)의 핵상은 n이다.

ㄴ. (나)는 B의 세포이다.

ㄷ. B의 감수 1분열 중기의 세포 1개당 염색 분체 수는 8이다.

06 2018학년도 6월 평가원 4번

그림은 세포 (가)~(다) 각각에 들어 있는 모든 염색체를 나타낸 것이다. (가)~(다) 각각은 개체 A($2n=6$)와 개체 B($2n=?$)의 세포 중 하나이다. A와 B의 성염색체는 암컷이 XX, 수컷이 XY이다.

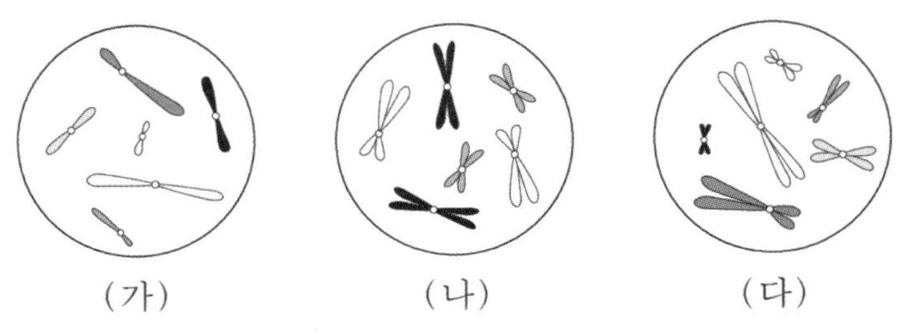

(가) (나) (다)

이에 대한 설명으로 옳은 것만을 <보기>에서 있는 대로 고르시오. (단, 돌연변이는 고려하지 않는다.)

<보 기>

ㄱ. (가)는 A의 세포이다.

ㄴ. B는 수컷이다.

ㄷ. B의 감수 1분열 중기 세포 1개당 염색 분체 수는 12이다.

07 2018학년도 수능 3번

그림은 동물 I의 세포 (가)와 동물 II의 세포 (나)에 들어 있는 모든 염색체를 나타낸 것이다. I과 II는 같은 종이며, 수컷의 성염색체는 XY, 암컷의 성염색체는 XX이다. I과 II의 특정 형질에 대한 유전자형은 모두 Aa이며, A와 a는 대립유전자이다.

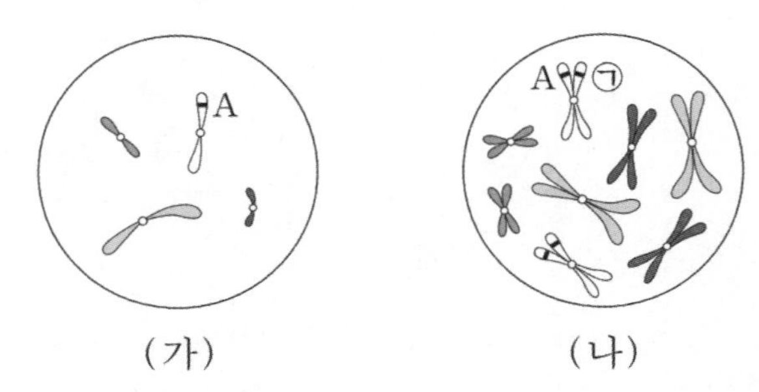

(가) (나)

이에 대한 설명으로 옳은 것만을 <보기>에서 있는 대로 고르시오. (단, 돌연변이는 고려하지 않는다.)

<보 기>

ㄱ. I과 II는 성이 다르다.
ㄴ. ㉠은 대립유전자 a이다.
ㄷ. II의 감수 1분열 중기 세포 1개당 2가 염색체의 수는 16이다.

08 2019학년도 수능 5번

그림은 같은 종인 동물($2n=6$) I과 II의 세포 (가)~(라) 각각에 들어 있는 모든 염색체를 나타낸 것이다. (가)~(라) 중 1개만 I의 세포이며, 나머지는 II의 G_1기 세포로부터 생식 세포가 형성되는 과정에서 나타나는 세포이다. 이 동물의 성염색체는 암컷이 XX, 수컷이 XY이다.

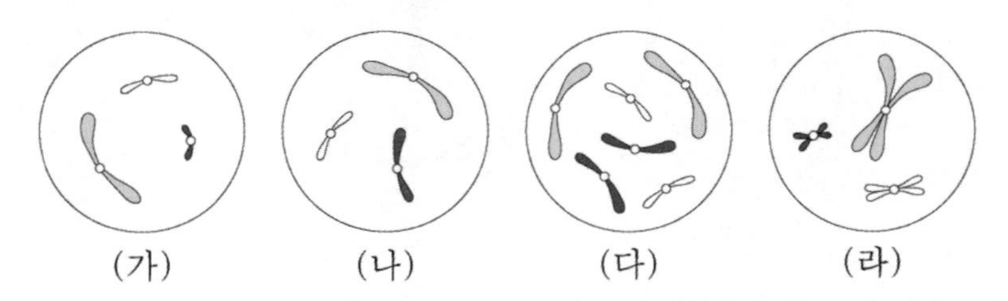

(가) (나) (다) (라)

이에 대한 설명으로 옳은 것만을 <보기>에서 있는 대로 고르시오. (단, 돌연변이는 고려하지 않는다.)

<보 기>

ㄱ. (가)는 세포 주기의 S기를 거쳐 (라)가 된다.
ㄴ. (나)와 (라)의 핵상은 같다.
ㄷ. (다)는 II의 세포이다.

09 2020학년도 9월 평가원 13번

그림은 같은 종인 동물($2n=6$) I과 II의 세포 (가)~(라) 각각에 들어 있는 모든 염색체를 나타낸 것이다. (가)~(라) 중 2개는 I의 세포이고, 나머지 2개는 II의 세포이다. 이 동물의 성염색체는 암컷이 XX, 수컷이 XY이다. 이 동물 종의 특정 형질은 대립유전자 A와 a, B와 b에 의해 결정되며, I의 유전자형은 AaBB이고, II의 유전자형은 AABb이다. ㉠은 B와 b 중 하나이다.

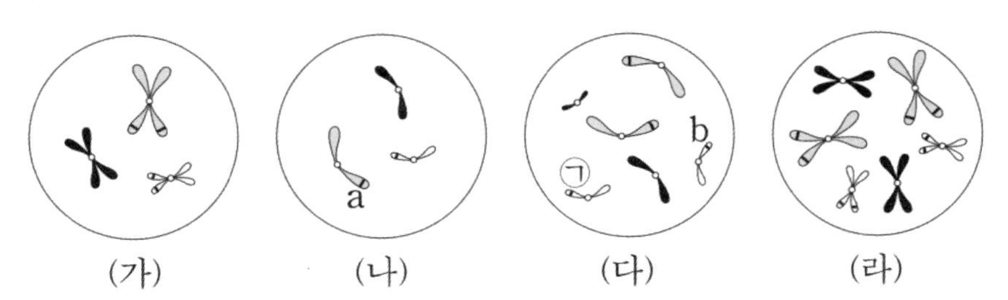

(가) (나) (다) (라)

이에 대한 설명으로 옳은 것만을 <보기>에서 있는 대로 고르시오. (단, 돌연변이는 고려하지 않는다.)

<보 기>

ㄱ. ㉠은 B이다.
ㄴ. (가)와 (다)의 핵상은 같다.
ㄷ. (라)는 II의 세포이다.

10 2020학년도 수능 3번

그림은 같은 종인 동물($2n=?$) I과 II의 세포 (가)~(다) 각각에 들어 있는 모든 염색체를 나타낸 것이다. (가)~(다) 중 1개는 I의 세포이며, 나머지 2개는 II의 세포이다. 이 동물의 성염색체는 암컷이 XX, 수컷이 XY이다. A는 a와 대립유전자이고, ㉠은 A와 a 중 하나이다.

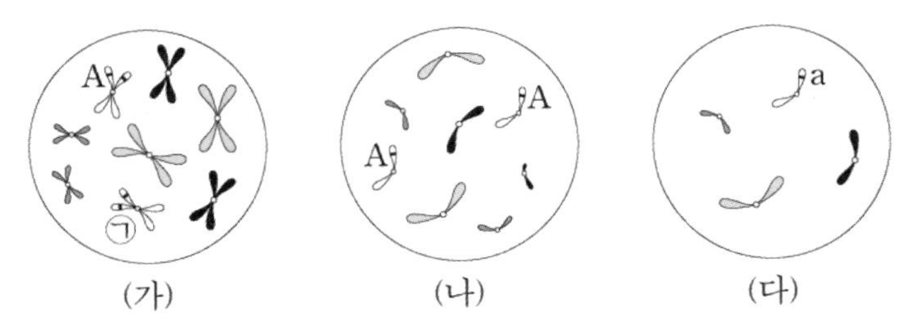

(가) (나) (다)

이에 대한 설명으로 옳은 것만을 <보기>에서 있는 대로 고르시오. (단, 돌연변이는 고려하지 않는다.)

<보 기>

ㄱ. ㉠은 A이다.
ㄴ. (나)는 II의 세포이다.
ㄷ. I의 감수 2분열 중기 세포 1개당 염색 분체 수는 8이다.

11 2021학년도 6월 평가원 9번

그림은 세포 (가)와 (나) 각각에 들어 있는 모든 염색체를 나타낸 것이다. (가)와 (나)는 각각 동물 A($2n=6$)와 동물 B($2n=?$)의 세포 중 하나이다.

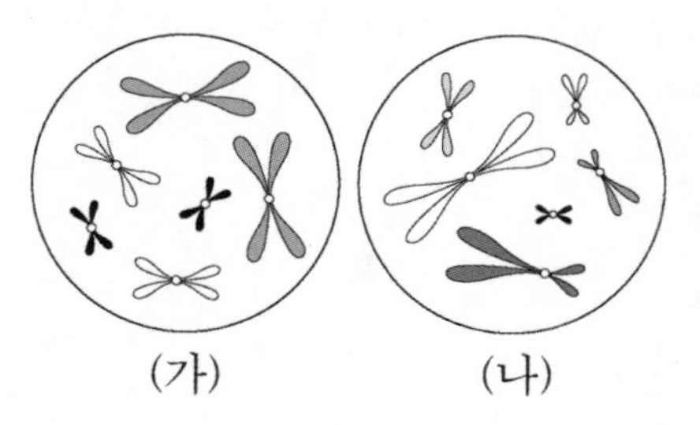

이에 대한 설명으로 옳은 것만을 <보기>에서 있는 대로 고르시오. (단, 돌연변이는 고려하지 않는다.)

<보 기>

ㄱ. (가)는 A의 세포이다.
ㄴ. (가)와 (나)의 핵상은 같다.
ㄷ. B의 체세포 분열 중기의 세포 1개당 염색 분체 수는 12이다.

12 2021학년도 수능 6번

그림은 서로 다른 종인 동물 A($2n=?$)와 B($2n=?$)의 세포 (가)~(다) 각각에 들어 있는 염색체 중 X 염색체를 제외한 나머지 염색체를 모두 나타낸 것이다. (가)~(다) 중 2개는 A의 세포이고, 나머지 1개는 B의 세포이다. A와 B는 성이 다르고, A와 B의 성염색체는 암컷이 XX, 수컷이 XY이다.

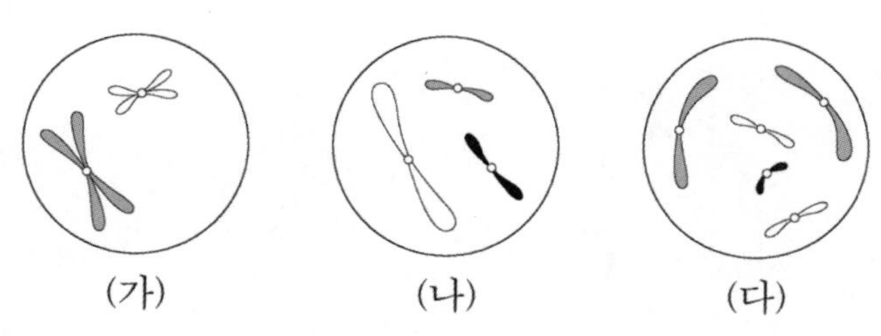

이에 대한 설명으로 옳은 것만을 <보기>에서 있는 대로 고르시오. (단, 돌연변이는 고려하지 않는다.)

<보 기>

ㄱ. (가)와 (다)의 핵상은 같다.
ㄴ. A는 수컷이다.
ㄷ. B의 체세포 분열 중기의 세포 1개당 염색 분체 수는 16이다.

13 2022학년도 수능 11번

그림은 서로 다른 종인 동물($2n=?$) A~C의 세포 (가)~(라) 각각에 들어 있는 모든 염색체를 나타낸 것이다. (가)~(라) 중 2개는 A의 세포이고, A와 B의 성은 서로 다르다. A~C의 성염색체는 암컷이 XX, 수컷이 XY이다.

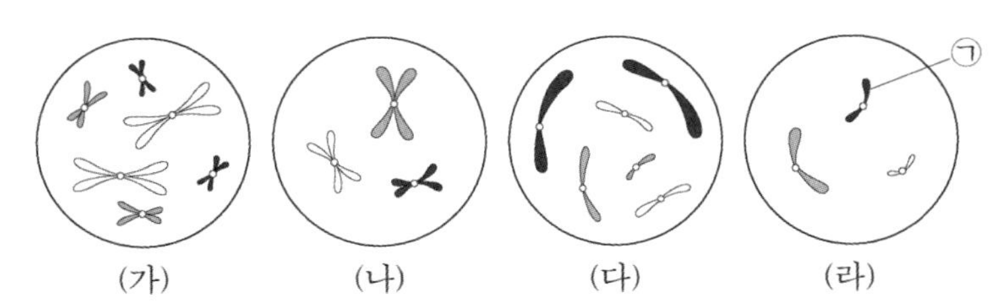

이에 대한 설명으로 옳은 것만을 <보기>에서 있는 대로 고르시오. (단, 돌연변이는 고려하지 않는다.)

<보 기>

ㄱ. (가)는 C의 세포이다.

ㄴ. ㉠은 상염색체이다.

ㄷ. $\frac{\text{(다)의 성염색체 수}}{\text{(나)의 염색 분체 수}}=\frac{2}{3}$이다.

14 2023학년도 6월 평가원 13번

그림은 동물 세포 (가)~(라) 각각에 들어 있는 모든 염색체를 나타낸 것이다. (가)~(라)는 각각 서로 다른 개체 A, B, C의 세포 중 하나이다. A와 B는 같은 종이고, A와 C의 성은 같다. A~C의 핵상은 모두 $2n$이며, A~C의 성염색체는 암컷이 XX, 수컷이 XY이다.

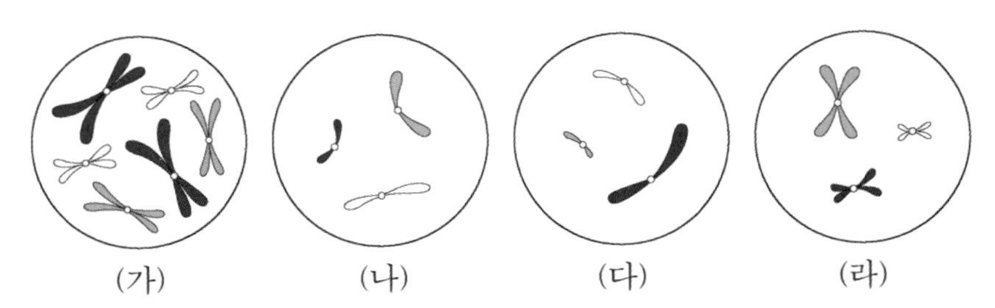

이에 대한 설명으로 옳은 것만을 <보기>에서 있는 대로 고르시오. (단, 돌연변이는 고려하지 않는다.)

<보 기>

ㄱ. (가)는 B의 세포이다.

ㄴ. (다)를 갖는 개체와 (라)를 갖는 개체의 핵형은 같다.

ㄷ. C의 감수 1분열 중기 세포 1개당 염색 분체 수는 6이다.

15 2024학년도 9월 평가원 15번

다음은 핵상이 2n인 동물 A~C의 세포 (가)~(다)에 대한 자료이다.

- A와 B는 서로 같은 종이고, B와 C는 서로 다른 종이며, B와 C의 체세포 1개당 염색체 수는 서로 다르다.
- B는 암컷이고, A~C의 성염색체는 암컷이 XX, 수컷이 XY이다.
- 그림은 세포 (가)~(다) 각각에 들어 있는 모든 상염색체와 ㉠을 나타낸 것이다. (가)~(다)는 각각 서로 다른 개체의 세포이고, ㉠은 X 염색체와 Y 염색체 중 하나이다.

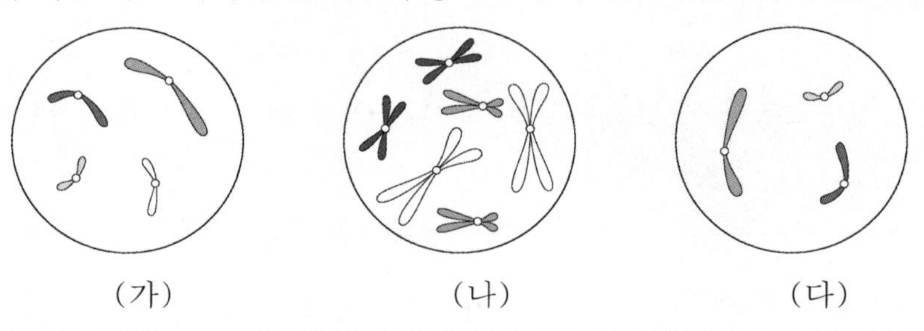

(가) (나) (다)

이에 대한 설명으로 옳은 것만을 <보기>에서 있는 대로 고르시오. (단, 돌연변이는 고려하지 않는다.)

<보 기>

ㄱ. ㉠은 X 염색체이다.
ㄴ. (가)와 (나)는 모두 암컷의 세포이다.
ㄷ. C의 체세포 분열 중기의 세포 1개당 $\frac{\text{상염색체 수}}{\text{X 염색체 수}}$=3이다.

16 2025학년도 6월 평가원 9번

그림은 핵상이 $2n$인 동물 A~C의 세포 (가)~(라) 각각에 들어있는 모든 상염색체와 ㉠을 나타낸 것이다. A~C는 2가지 종으로 구분되고, ㉠은 X염색체와 Y염색체 중 하나이다. (가)~(라) 중 2개는 A의 세포이고, A와 C의 성은 같다. A~C의 성염색체는 암컷이 XX, 수컷이 XY이다.

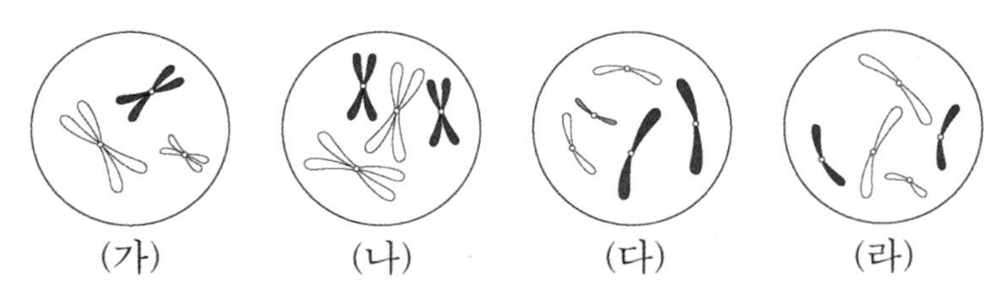

이에 대한 설명으로 옳은 것만을 <보기>에서 있는 대로 고르시오. (단, 돌연변이는 고려하지 않는다.)

<보 기>

ㄱ. ㉠은 X염색체이다.

ㄴ. (가)는 A의 세포이다.

ㄷ. 체세포 분열 중기의 세포 1개당 $\frac{\text{X염색체 수}}{\text{상염색체 수}}$는 B가 C보다 작다.

17 2025학년도 9월 평가원 13번

그림은 세포 (가)~(다) 각각에 들어있는 모든 염색체를 나타낸 것이다. (가)~(다)는 개체 A~C의 세포를 순서 없이 나타낸 것이고, A~C의 핵상은 모두 $2n$이다. A와 B는 서로 같은 종이고, B와 C는 서로 다른 종이다. A~C 중 B만 암컷이고, A~C의 성염색체는 암컷이 XX, 수컷이 XY이다. 염색체 ㉠과 ㉡ 중 하나는 성염색체이고, 나머지 하나는 상염색체이다. ㉠과 ㉡의 모양과 크기는 나타내지 않았다.

이에 대한 설명으로 옳은 것만을 <보기>에서 있는 대로 고르시오. (단, 돌연변이는 고려하지 않는다.)

<보 기>

ㄱ. ㉠은 X염색체이다.

ㄴ. (나)와 (다)의 핵상은 같다.

ㄷ. (가)의 $\frac{\text{염색 분체 수}}{\text{X염색체 수}} = 6$이다.

18 2025학년도 수능 18번

어떤 동물 종($2n=6$)의 유전 형질 ㉮는 2쌍의 대립유전자 H와 h, T와 t에 의해 결정된다. 표는 이 동물 종의 개체 P와 Q의 세포 I~IV에서 H와 t의 DNA 상대량을 더한 값(H+t)과 h와 t의 DNA 상대량을 더한 값(h+t)을, 그림은 세포 (가)와 (나) 각각에 들어 있는 모든 염색체를 나타낸 것이다. (가)와 (나)는 각각 I~IV 중 하나이고, ㉠과 ㉡은 X염색체와 Y염색체를 순서 없이 나타낸 것이며, ㉠과 ㉡의 모양과 크기는 나타내지 않았다. P는 수컷이고 성염색체는 XY이며, Q는 암컷이고 성염색체는 XX이다.

세포	H+t	h+t
I	3	1
II	0	2
III	?	0
IV	4	?

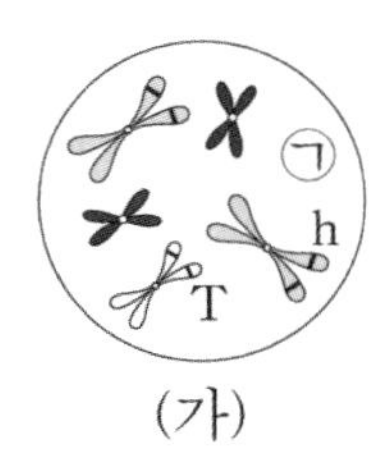

(가)

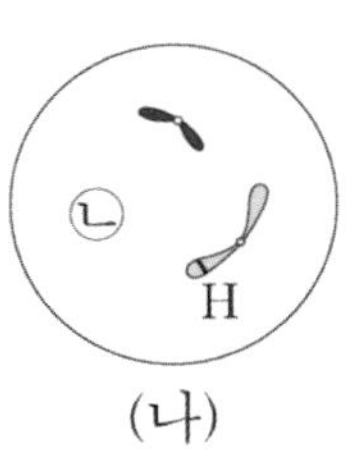

(나)

이에 대한 설명으로 옳은 것만을 <보기>에서 있는 대로 고르시오. (단, 돌연변이와 교차는 고려하지 않으며, H, h, T, t 각각의 1개당 DNA 상대량 1이다.)

<보 기>

ㄱ. (나)는 P의 세포이다.
ㄴ. I과 III의 핵상은 같다.
ㄷ. T의 DNA 상대량은 II에서와 IV에서가 서로 같다.

THEME 02. 감수 분열

IDEA.

이번 THEME는 생명과학1의 대표적인 준킬러 유형인 감수 분열이다.
여기서부터가 본격적인 '유전 파트'의 시작이라고 할 수 있다.

이번 유형은 준킬러 유형 중에서도 특히 힘들어하는 학습자들이 많은데, 그 이유는 문항 구성이 정말 다양하고 쓰이는 논리가 상당히 빽빽하기 때문이다.
THEME 안에서도 나눌 수 있는 유형이 많은 데다가 정제된 논리로 깔끔하게 풀어내는 것과 적당히 끼워맞추며 푸는 풀이 간의 차이가 굉장히 두드러진다.

특히 문항 구성 별로 '어떻게 접근할 것인가', '어떤 논리로 풀어낼 것인가'에 대한 고민이 분명히 필요하다.
METHOD와 평가원 기출 문항들을 통해 이를 연습하고, 명확한 사고 순서와 Tool을 갖추자.

comment

Q. 유전 파트는 스킬이 중요하다고 들었어요. METHOD가 원래 풀던 방법과 충돌하면 어쩌죠?

A. 생명과학1에서 강사 혹은 교재 간의 방법론적인 차이가 학습자들의 우려 사항 중 하나임을 잘 알고 있습니다. METHOD가 지향하는 방향성은 특정 방법론과의 충돌에 있지 않습니다. 원래 풀던 방법이 존재하거나 특정 강사의 풀이법을 따라가고자 하는 학습자도 분명히 논리 점검/강화의 도구로 METHOD를 사용할 수 있습니다.

METHOD는 기본적으로 기출 문항의 구성과 흐름을 분석하여 제작됩니다. 그리고 그 초점은 기출 문항에 가장 적합한 Compact한 "명제, 표기법, 사고 순서"에 있습니다. 확고한 풀이법과 방법론을 갖춘 학습자도 METHOD와 비교해보며 어떤 사고가 더 평가원의 논리에 적합한지 점검해보시기를 바랍니다. METHOD에서 얻어갈 부분이 있다면 명제든, 표기법이든, 사고 순서든 선택적으로 필요한 부분을 사용하셨으면 좋겠습니다.

METHOD #0. 【감수 분열】 유형의 문항 구성

감수 분열 유형의 문항 구성

그림은 유전자형이 EeFFHh인 어떤 동물에서 G_1기의 세포 I로부터 정자가 형성되는 과정을, 표는 세포 ㉠~㉣의 세포 1개당 유전자 e, F, h의 DNA 상대량을 나타낸 것이다. ㉠~㉣은 I~IV를 순서 없이 나타낸 것이고, E는 e와 대립유전자이며, H와 h와 대립유전자이다.

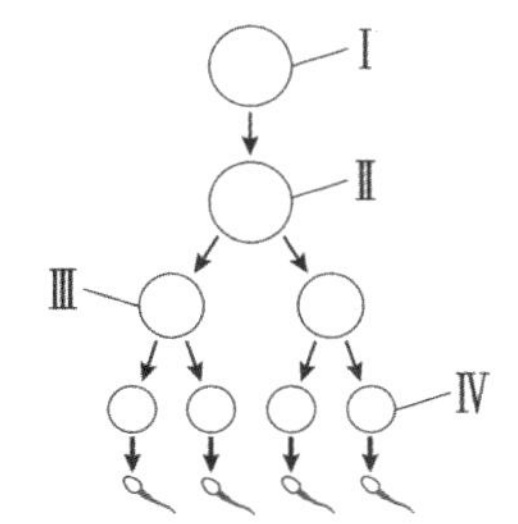

세포	DNA 상대량		
	e	F	h
㉠	ⓐ	1	1
㉡	1	2	ⓑ
㉢	2	ⓒ	0
㉣	ⓓ	?	2

감수 분열 유형은 문항 구성의 variation이 상당히 다양한데, 가장 기본적인 구성은 다음과 같다.

(1) 어떤 개체의 세포가 3~4개 제시됨

(2) 2~3개의 대립유전자 쌍이 제시됨

(3) 표 or 막대 그래프가 제시됨

→ 세포, 개체, 유전자에 대해 분석

평가원에서는 기본적인 문항 구성에서 variation을 주어 출제한다.
문항 구성의 variation에 따라 성립하는 명제와 추론 방법이 달라진다. 구체적으로 분석해보자.

〈 문항 구성의 Variation 〉

(1) 어떤 개체의 세포가 3~4개 제시됨
→ 한 감수 분열 과정에서 나타나는 세포 OR
특정 생식 세포 형성과정과 무관한 무작위 세포가 제시됨

(2) 2~3개의 대립유전자 쌍이 제시됨
→ 대립유전자(알파벳)을 기호(㉠)로 숨길 수 있음

(3) 표 or 막대 그래프가 제시됨
→ DNA 상대량(숫자) or 유전자의 유무(○, X)로 제시됨

→ 세포, 개체, 유전자에 대해 분석

comment

Tip) 감수 분열이 유독 더 어려운 학습자에게.

항상 강조하지만, 추론형 문항에서 적당히 끼워맞추거나 찍는 풀이는 가장 지양해야 할 풀이입니다. 비록 실전에서는 찍어서라도 맞히면 그만이지만, 연습할 때는 정확하게 풀고 논리를 타이트하게 가져가는 연습을 해야 합니다.

감수 분열 문제를 빠르고 정확하게 풀기 위해서는 크게 두 가지 전제가 필요합니다.

(1) 기본적인 명제의 숙지 (2) 상황마다 사용할 명제의 판단

감수 분열에서는 기본적으로 사용할 수 있는 명제의 종류가 굉장히 많습니다. 문제를 정말 잘 푸는 학습자들은 정확한 명제를 머릿속에 온전히 가지고 있으며, 상황별로 어떤 명제를 써야 할지를 자연스럽게 알고 있습니다.

이를 위해서 가장 먼저 필요한 것은 기본적인 명제를 완벽하게 숙지하는 것입니다. 역이 성립하지 않는 명제가 많기 때문에 대략적으로만 알고 있어서는 안 되며, 정확한 명제를 완벽하게 숙지해야 합니다.

이를 바탕으로 처음에는 문항에 명제를 하나하나 전부 적용해보며 연습하는 것이 좋습니다.
어떤 상황에서 어떤 명제가 어떤 형태로 적용되는지 천천히 경험을 쌓아야만 시험지에서 빠르고 안정적으로 감수 분열 문항을 해결할 수 있을 것입니다. METHOD에서도 이러한 학습을 돕고자 명제를 분류하고 넘버링하여 상황별 숙지가 용이하도록 했습니다. 꼭 잘 외웁시다.

(1) 세포

문항 구성의 Variation 중 가장 중요한 부분은 제시하는 세포의 Type이다.

가장 흔히 제시되는 발문은 "어떤 G_1기의 세포로부터 정자/난자/생식세포가 형성되는 과정"에서 나타나는 세포이다. 이때는 일반적으로 생식세포 형성과정의 그림도 함께 제시된다. 이 경우를 Type 1이라고 하겠다.

생식세포 형성과정이라는 워딩 없이 "사람 I의 세포 (가)~(다)"와 같은 발문이 등장하기도 한다.
Type 1과 달리 특정 생식세포 형성과정 내의 세포들이라는 제한 없이 무작위의 세포를 제시할 수 있다.
이에 따라 동시에 등장할 수 없는 세포들이 함께 제시될 수 있다.
이때는 일반적으로 생식세포 형성과정의 그림이 제시되지 않는다. 이 경우를 Type 2라고 하겠다.

세포	Type 1	Type 2
발문	"어떤 G_1기의 세포로부터 정자/난자/생식세포가 형성되는 과정"에서 나타나는 세포	"사람 I의 세포"
특징	특정 생식세포 형성과정 내에서 세포를 Matching	특정 생식세포 형성과정 내로 제한되지 않음

(2) 대립유전자

자료에서 대립유전자 쌍을 공개할 수도, 숨길 수도 있다. 대립유전자 쌍을 숨기는 경우 Matching 해야 한다.

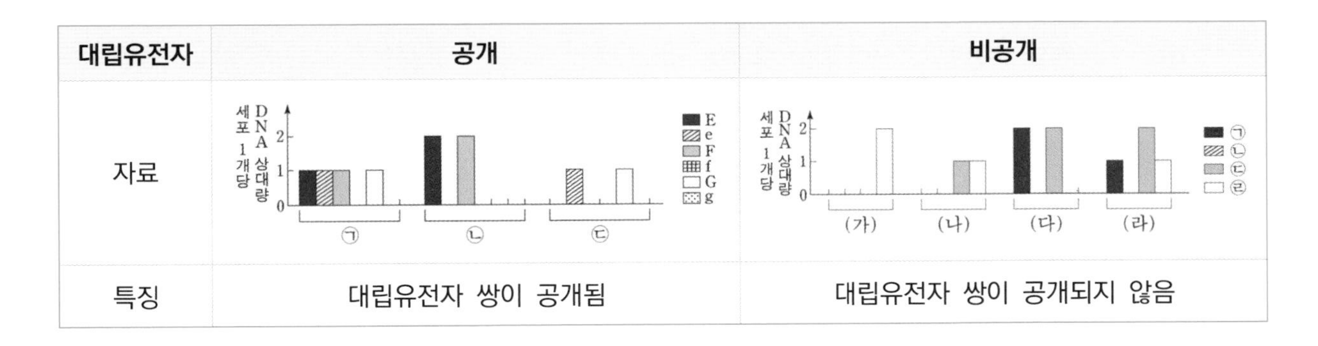

대립유전자	공개	비공개
자료		
특징	대립유전자 쌍이 공개됨	대립유전자 쌍이 공개되지 않음

대립유전자 쌍을 Matching 하기 위해서는 후술할 〈DNA 상대량에 관한 명제〉, 〈유전자의 유무에 관한 명제〉를 적절히 활용해야 한다.

(3) DNA 상대량

자료에서 DNA 상대량을 공개할 수도, 비공개할 수도 있다. 비공개하는 경우는 DNA의 양을 숫자로 제시하지 않고 미지수로 두거나 유전자의 유무만 제시된다. 이때는 〈DNA 상대량에 관한 명제〉를 사용할 수 없다.

<table>
<tr><th>DNA 상대량</th><th>숫자로 공개</th><th>유무만 공개</th></tr>
<tr><td>자료</td><td>
<table>
<tr><th rowspan="2">세포</th><th colspan="4">DNA 상대량</th></tr>
<tr><th>H</th><th>h</th><th>T</th><th>t</th></tr>
<tr><td>㉠</td><td>1</td><td>?</td><td>1</td><td>1</td></tr>
<tr><td>㉡</td><td>2</td><td>2</td><td>ⓐ</td><td>2</td></tr>
<tr><td>㉢</td><td>2</td><td>0</td><td>0</td><td>?</td></tr>
<tr><td>㉣</td><td>1</td><td>ⓑ</td><td>1</td><td>0</td></tr>
</table>
</td><td>
<table>
<tr><th rowspan="2">유전자</th><th colspan="2">Ⅰ의 세포</th><th colspan="2">Ⅱ의 세포</th></tr>
<tr><th>(가)</th><th>(나)</th><th>(다)</th><th>(라)</th></tr>
<tr><td>㉠</td><td>×</td><td>○</td><td>×</td><td>×</td></tr>
<tr><td>㉡</td><td>×</td><td>×</td><td>×</td><td>○</td></tr>
<tr><td>㉢</td><td>○</td><td>○</td><td>×</td><td>○</td></tr>
<tr><td>㉣</td><td>○</td><td>○</td><td>○</td><td>×</td></tr>
</table>
(○: 있음, ×: 없음)
</td></tr>
<tr><td>특징</td><td>DNA 상대량을 공개함</td><td>유전자의 유무는 알 수 있으나
DNA 상대량을 알 수 없음</td></tr>
</table>

comment

Tip) 감수 분열 문항의 대립유전자에 관하여.

지금까지 평가원에서는 감수 분열 문항을 '복대립 유전'으로 제시해오지 않았습니다.

그렇기에 모든 명제의 base가 복대립 유전에서는 성립하지 않을 수 있습니다.
감수 분열에서는 기본적으로 표현형에는 관심이 없기에 단일인자/다인자는 크게 상관이 없지만,
복대립 유전이 제시되는 경우 일부 명제는 논리적 오류가 됩니다.

출제 가능성의 측면에서 봤을 때, 앞으로 출제될 가능성은 충분히 있어 보입니다. 감수 분열에서 복대립의 제시는 기출 문항의 큰 구성을 깨지 않으면서 새로운 Variation을 주는 방식이고 사설에서도 종종 보이는 부분이기 때문입니다.

다만, 아직 출제된 적이 없기에 이를 정리하기 위해서는 기출의 틀을 너무 크게 넘어야 하고,
사실상 기출 분석의 color와 동떨어지는 경향이 있기에 METHOD에는 담지 않았습니다.

혹시라도 이러한 미출제 요소에 대한 대비를 원하는 학습자께서는 기출 학습을 마친 뒤,
N제와 실전 모의고사의 학습을 추천합니다.
적중의 의미보다는 새로운 문항 구성에 대한 대응력을 기르는 측면에서 도움이 될 것입니다.

METHOD #0. 【감수 분열】 유형의 명제

(1) 명제 : DNA 상대량에 관한 명제

(a) 어떤 유전자의 DNA 상대량은 해당 유전자가 존재하는 염색분체 수와 일치한다.

(b) 어떤 유전자의 DNA 상대량은 0, 1, 2, 4 중 하나이다.[6]

(c) 어떤 유전자의 DNA 상대량이 4이면 세포의 핵상은 2n(복제)다.[7]

(d) 어떤 유전자의 DNA 상대량이 2이면 세포의 핵상은 n(복제X)가 아니다.

(e) 어떤 유전자의 DNA 상대량이 1이면 세포의 핵상은 2n(복제X)이거나 n(복제X)이다.

(f) DNA 상대량이 4인 유전자의 대립유전자는 반드시 DNA 상대량이 0이다.

(g) DNA 상대량이 2인 유전자와 DNA 상대량이 1인 유전자는 대립유전자가 될 수 없다.

(h) 대립유전자 쌍의 DNA 상대량의 합이 다르면 (ex. $A+a=2$, $B+b=1$)
세포의 핵상은 2n이고, 남자의 세포이며, 합이 적은 쪽은 성염색체에 존재하는 유전자이다.

(2) 명제 : 유전자의 유무에 관한 명제

(a) 대립유전자가 두 종류(ex. A와 a) 존재하면 세포의 핵상은 2n이다.
→ 절반보다 많은 종류의 유전자가 존재하면 반드시 2n 세포이다.

(a') 세포의 핵상이 n이면 → 대립유전자가 두 종류 존재할 수 없다.[8]
→ 하나의 n세포에 동시에 존재하는 두 유전자는 대립유전자 쌍이 아니다.

(b) 대립유전자가 하나도 존재하지 않으면 그 유전자는 상염색체에 존재하지 않는다.

---

6) 각 유전자의 1개당 DNA 상대량은 1이라고 전제한다.

7) 감수 분열에서 특히 주의해야 할 것은 명제를 '정확하게' 알고 있어야 한다는 것이다.
역이 성립하지 않는 명제가 많으므로 주의하자.

8) (a)와 (a')은 대우 관계이다.

(3) 명제 : 감수 분열에 관한 기본 전제

(a) 세포가 어떤 유전자를 갖지 않으면 그 이후에 분열한 세포도 그 유전자를 갖지 않는다.

(a') n 세포가 갖는 유전자는 반드시 2n 세포도 가진다.

comment

Q. 명제가 너무 많고 복잡해요! 다 외우는 것밖에는 방법이 없을까요?

A. 생명과학1 실전 경험이 많이 있는 분들은 아시겠지만, 생각보다 주어진 시간이 매우 짧습니다. 모든 문항을 다 풀기 위해서는 감수 분열 정도의 위상을 가지는 문항은 정말 많아야 3분 안쪽으로 해결해야 합니다.

기본적인 명제의 숙지가 안 된 채로 어떤 감수 분열 문항을 만나도 3분 내로 해결 가능하다면 안 외우셔도 됩니다만 쉽지 않은 일입니다. 문항을 보자마자 반사적으로 사용해야 하는 명제가 튀어나오도록 외우고 연습하는 일만이 해결법이라고 생각합니다.

한 번 어렵기 시작하면 한없이 어려운 유형이 된다는 걸 저도 알고 있지만, 위와 같은 방식으로 극복해낸 학습자들도 정말 많습니다. 충분히 외우고 연습하셨으면 좋겠습니다.

METHOD #0. 【감수 분열】 Type 1의 해석

Type 1에서는 어떤 G_1기 세포로부터 생식세포가 형성되는 과정 내의 세포들을 Matching 하게 된다.
상염색체의 유전자, 성염색체의 유전자, 상염색체에 연관된 유전자에서 각각 어떻게 유전자가 배치되는지 정리해보자.

(1) 예시 #1. 상염색체의 유전자

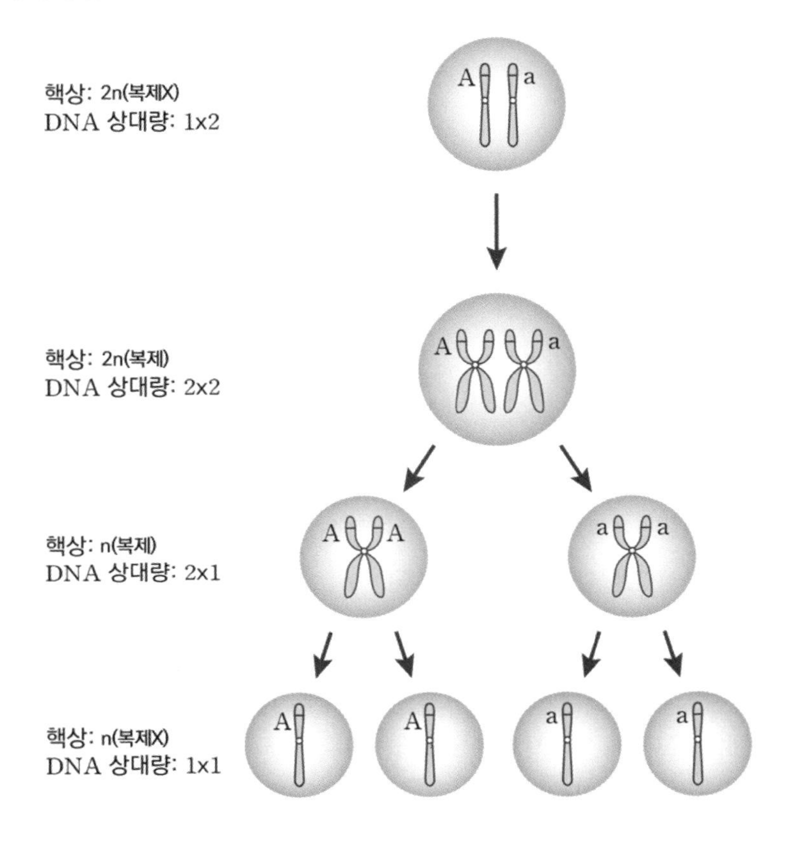

그림의 감수 분열 상황을 살펴보자.

2n(복제X) → 2n(복제)에서는 항상 모든 유전자의 DNA 상대량이 2배가 됨을 알 수 있다.
2n(복제) → n(복제)에서는 상동 염색체의 분리가 일어나므로 유전자가 무작위로 쪼개진다.

그림에서는 왼쪽 세포에 A가, 오른쪽 세포에 a가 쪼개져 들어갔다.

n(복제) → n(복제X) 과정에서는 염색 분체의 분리가 일어나므로 항상 DNA 상대량이 절반으로 감소한다.

(2) 예시 #2. 성염색체의 유전자

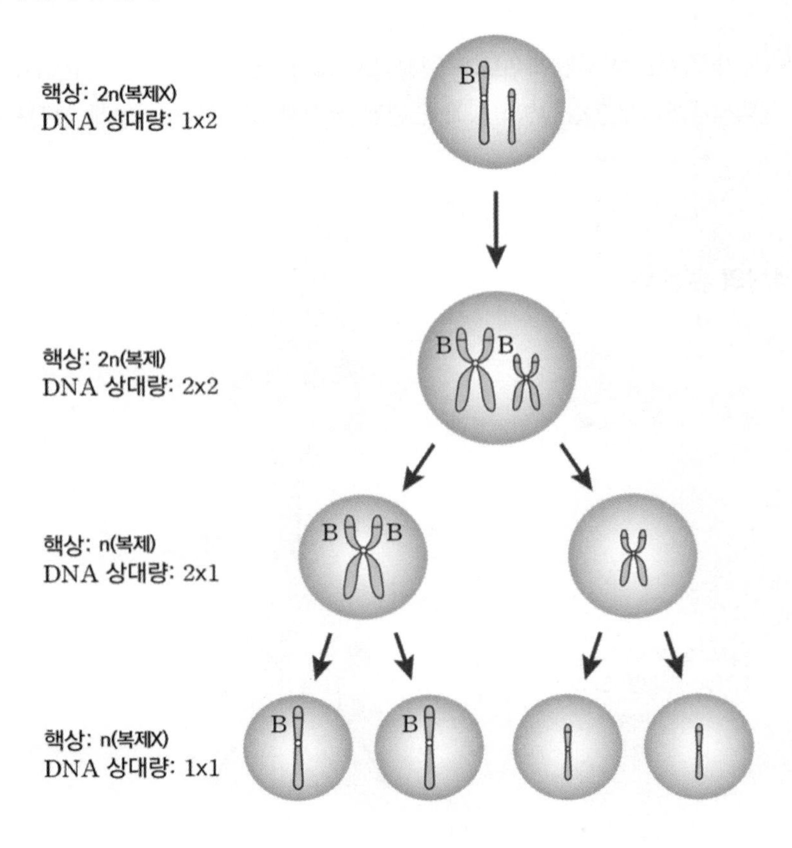

성염색체는 상염색체와 달리 성별을 함께 고려해야 한다.
그림은 남자에서 X 염색체에 대립유전자가 존재하는 경우이다.
X 염색체의 대립유전자는 Y 염색체에는 존재하지 않는다.
따라서 상동 염색체 분리에서 Y 염색체를 가지는 쪽의 n세포는 대립유전자를 가지지 못하므로 X 염색체에 존재하는 대립유전자의 DNA 상대량이 모두 0이다.

참고로 여자의 경우 성염색체가 XX이므로 상염색체와 분열 과정에서 차이가 없다.

(3) 예시 #3. 상염색체에 연관된 유전자

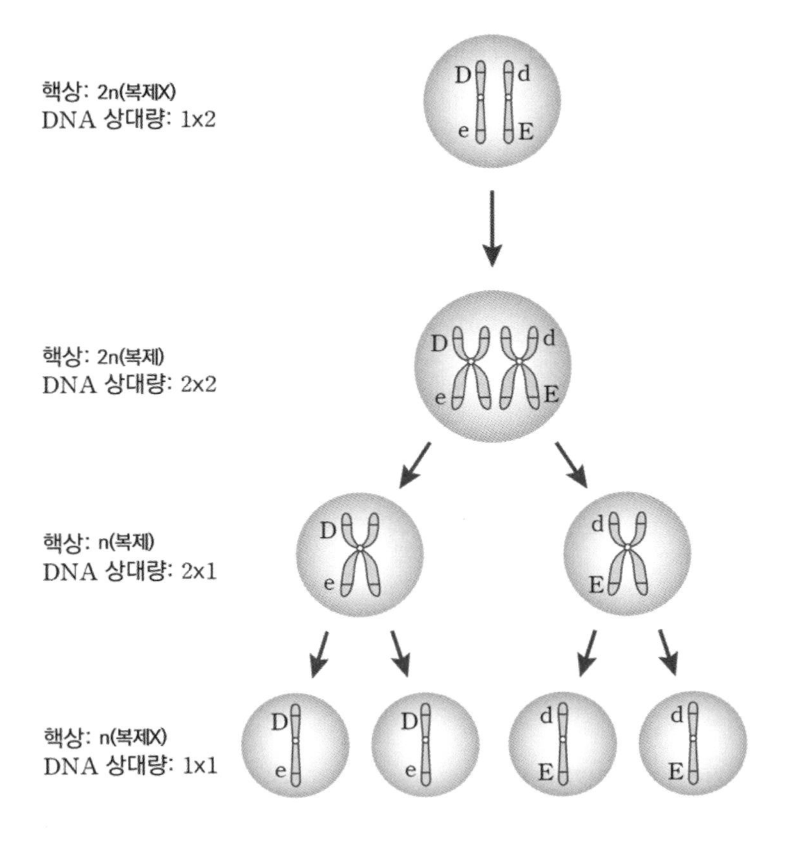

그림에서는 서로 다른 대립유전자가 같은 염색체에 연관되어 있다.
이때는 분열 과정에서 서로 다른 유전자들이 함께 움직이므로 주의하자.
예를 들어, 그림의 상황에서 n 세포에 D와 E는 함께 존재할 수 없다.

서로 다른 대립유전자가 같은 염색체에 연관되어 있는 경우,
위와 같이 생성될 수 있는 n 세포의 Case가 고정되므로 어떻게 연관되어 있는가를 자료를 통해 따져야 한다.

METHOD #1. 문항 구성 확인 & 조건 정리

감수 분열 문항을 자연스럽고 깔끔하게 풀기 위해서는 문항에 어떤 명제와 도구를 사용할 수 있는지를 판단해야 한다. 이를 위해 3가지 Variation이 각각 어떻게 제시되었는지를 판단한다.

지금까지 평가원에서 출제된 적 있는 문항 구성의 Variation은 다음과 같다.

구분	세포 Type	대립유전자	DNA 상대량	예제
Case A	Type 1	공개	숫자로 공개	예제 (1)
Case B	Type 1	비공개	복합적으로 공개	예제 (2)
Case C	Type 2	공개	숫자로 공개	예제 (3)
Case D	Type 2	비공개	숫자로 공개	예제 (4)
Case E	Type 2	비공개	유무만 공개	예제 (5)
Case F	Type 2	공개	복합적으로 공개	예제 (6)

(1) Case A.

예제(1) 2021학년도 6월 평가원 19번

그림은 유전자형이 AaBbDD인 어떤 사람의 G_1기 세포 I로부터 생식 세포가 형성되는 과정을, 표는 세포 (가)~(라)가 갖는 대립유전자 A, B, D의 DNA 상대량을 나타낸 것이다. (가)~(라)는 I~IV를 순서 없이 나타낸 것이고, ㉠+㉡+㉢=4이다.

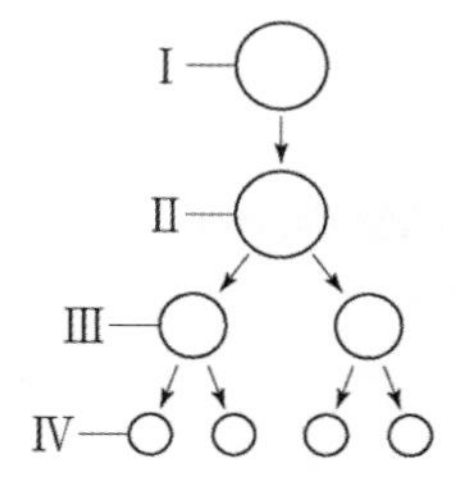

세포	DNA 상대량		
	A	B	D
(가)	2	㉠	?
(나)	2	㉡	㉢
(다)	?	1	2
(라)	?	0	?

가장 기본적인 문항 구성으로,
Type 1에서 대립유전자와 DNA 상대량을 모두 공개하는 형태로 출제되고 있다.
감수 분열 그림과 발문의 "어떤 사람의 G_1기 세포 I로 부터 생식세포가 형성되는 과정"을 통해 Type 1임을 알 수 있다.

명제로 〈DNA 상대량에 관한 명제〉를 사용하여 추론하자.

(2) Case B.

예제(2) 2023학년도 수능 7번

사람의 유전 형질 ㉮는 2쌍의 대립유전자 A와 a, B와 b에 의해 결정된다. 그림은 사람 P의 G_1기 세포 I로부터 정자가 형성되는 과정을, 표는 세포 (가)~(라)에서 대립유전자 ㉠~㉢의 유무와 a와 B의 DNA 상대량을 나타낸 것이다. (가)~(라)는 I~IV를 순서 없이 나타낸 것이고, ㉠~㉢은 A, a, b를 순서 없이 나타낸 것이다.

세포	대립유전자			DNA 상대량	
	㉠	㉡	㉢	a	B
(가)	×	×	○	?	2
(나)	○	?	○	2	?
(다)	?	?	×	1	1
(라)	○	?	?	1	?

(○: 있음, ×: 없음)

Type 1에 해당하는데, 대립유전자를 공개하지 않았고 DNA 상대량도 일부만 공개하는 형태로 출제되었다.

일부 대립유전자의 DNA 상대량을 알 수 있으므로 〈DNA 상대량에 관한 명제〉를 사용하고, 대립유전자를 Matching 하기 위해 〈유전자의 유무에 관한 명제〉도 함께 사용하여 추론하자.

(3) Case C.

예제(3) 2023학년도 6월 평가원 7번

어떤 동물 종($2n$)의 유전 형질 (가)는 대립유전자 A와 a에 의해, (나)는 대립유전자 B와 b에 의해 (다)는 대립유전자 D와 d에 의해 결정된다. 표는 이 동물 종의 개체 ㉠과 ㉡의 세포 I~IV 각각에 들어 있는 A, a, B, b, D, d의 DNA 상대량을 나타낸 것이다. I~IV 중 2개는 ㉠의 세포이고, 나머지 2개는 ㉡의 세포이다. ㉠은 암컷이고 성염색체가 XX이며, ㉡은 수컷이고 성염색체가 XY이다.

세포	DNA 상대량					
	A	a	B	b	D	d
I	0	?	2	?	4	0
II	0	2	0	2	?	2
III	?	1	1	1	2	?
IV	?	0	1	?	1	0

Case C는 Type 2에서 대립유전자와 DNA 상대량을 모두 공개하는 문항 구성이다.
생식세포 그림이 없고, 발문에서 생식세포 형성과정이라는 언급 없이 "세포 I~IV"로 정의하므로 Type 2이다.

DNA 상대량을 알 수 있으므로 명제로 〈DNA 상대량에 관한 명제〉를 사용하여 추론하자.

(4) Case D.

예제(4) 2019학년도 수능 13번

어떤 동물 종($2n=6$)의 유전 형질 ⓐ는 2쌍의 대립유전자 H와 h, T와 t에 의해 결정된다. 그림은 이 동물 종의 세포 (가)~(라)가 갖는 유전자 ㉠~㉣의 DNA 상대량을 나타낸 것이다. 이 동물 종의 개체 I에서는 ㉠~㉣의 DNA 상대량이 (가), (나), (다)와 같은 세포가, 개체 II에서는 ㉠~㉣의 DNA 상대량이 (나), (다), (라)와 같은 세포가 형성된다. ㉠~㉣은 H, h, T, t를 순서 없이 나타낸 것이다. 이 동물 종의 성염색체는 암컷이 XX, 수컷이 XY이다.

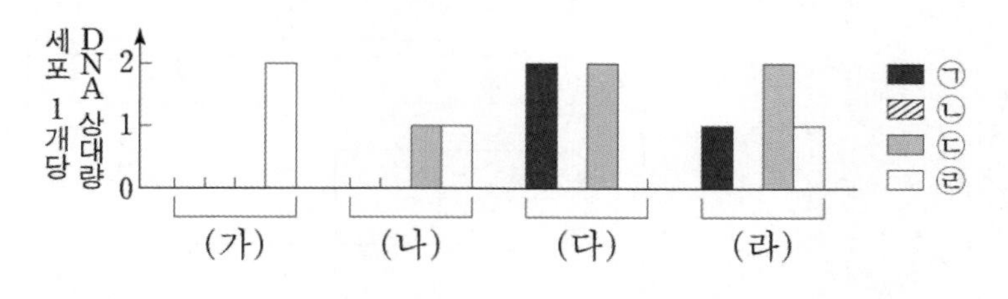

Case D는 Type 2에서 DNA 상대량을 공개하고 대립유전자 쌍을 공개하지 않는 문항 구성이다.

대립유전자 쌍을 공개하지 않는 문항 구성에서는 대립유전자도 Matching해야 한다.
구체적인 사고 순서는 다음과 같다.

(1) 핵상 분석 → (2) 대립유전자 쌍 분석 → (3) 개체 분석

DNA 상대량을 알 수 있으므로 명제로 〈DNA 상대량에 관한 명제〉를 사용하되, 대립유전자 쌍을 Matching 하기 위해 〈유전자의 유무에 관한 명제〉도 적절히 함께 사용하여 추론하자.

(5) Case E.

예제(5) 2023학년도 9월 평가원 8번

사람의 유전 형질 ㉮는 1쌍의 대립유전자 A와 a에 의해, ㉯는 2쌍의 대립유전자 B와 b, D와 d에 의해 결정된다. ㉮는 유전자의 상염색체에, ㉯의 유전자는 X 염색체에 있다. 표는 남자 P의 세포 (가)~(다)와 여자 Q의 세포 (라)~(바)에서 대립유전자 ㉠~㉥의 유무를 나타낸 것이다. ㉠~㉥은 A, a, B, b, D, d를 순서 없이 나타낸 것이다.

대립유전자	P의 세포			Q의 세포		
	(가)	(나)	(다)	(라)	(마)	(바)
㉠	×	?	○	?	○	×
㉡	×	×	×	○	○	×
㉢	?	○	○	○	○	○
㉣	×	ⓐ	○	○	×	○
㉤	○	○	×	×	×	×
㉥	×	×	×	?	×	○

(○: 있음, ×: 없음)

Case E는 Type 2에서 DNA 상대량과 대립유전자 쌍을 모두 공개하지 않는 경우이다.

유전자의 유무 만을 알 수 있으므로 명제로 〈유전자의 유무에 관한 명제〉를 사용하여 추론하자.
사고 순서는 Case C와 동일하다.

(6) Case F.

예제(6) 2021학년도 수능 10번

사람의 유전 형질 ⓐ는 3쌍의 대립유전자 H와 h, R와 r, T와 t에 의해 결정되며, ⓐ의 유전자는 서로 다른 3개의 상염색체에 있다. 표는 사람 (가)의 세포 I~III에서 h, R, t의 유무를, 그림은 세포 ㉠~㉢의 세포 1개당 H와 T의 DNA 상대량을 더한 값(H+T)을 각각 나타낸 것이다. ㉠~㉢은 I~III을 순서 없이 나타낸 것이다.

세포	대립유전자		
	h	R	t
I	?	○	×
II	○	×	?
III	×	×	?

(○: 있음, ×: 없음)

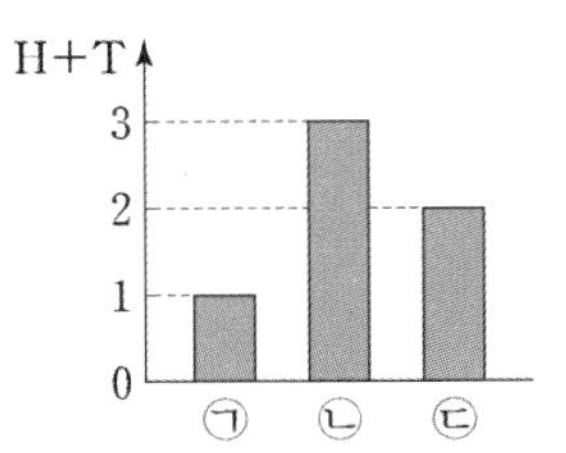

Case F는 Type 2에서 DNA 상대량과 유전자의 유무를 복합적으로 공개하는 경우이다.

DNA 상대량에 대한 자료는 〈DNA 상대량에 관한 명제〉,
유전자의 유무에 대한 자료는 〈유전자의 유무에 관한 명제〉를 각각 적용하여 추론하자.

예제(1) 2021학년도 6월 평가원 19번

그림은 유전자형이 AaBbDD인 어떤 사람의 G_1기 세포 I로부터 생식 세포가 형성되는 과정을, 표는 세포 (가)~(라)가 갖는 대립유전자 A, B, D의 DNA 상대량을 나타낸 것이다. (가)~(라)는 I~IV를 순서 없이 나타낸 것이고, ㉠+㉡+㉢=4이다.

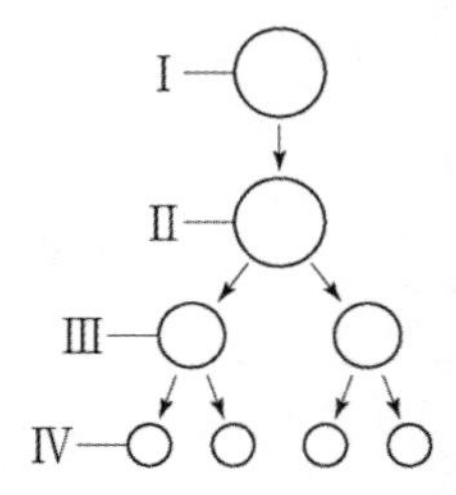

세포	DNA 상대량		
	A	B	D
(가)	2	㉠	?
(나)	2	㉡	㉢
(다)	?	1	2
(라)	?	0	?

이에 대한 옳은 설명만을 <보기>에서 있는 대로 고르시오. (단, 돌연변이와 교차는 고려하지 않으며, A, a, B, b, D 각각의 1개당 DNA 상대량은 1이다. II와 III은 중기의 세포이다.)

<보 기>

ㄱ. (가)는 II이다.

ㄴ. ㉡은 2이다.

ㄷ. 세포 1개당 a의 DNA 상대량은 (다)와 (라)가 같다.

METHOD #1. 조건 정리 & 도구 확인

문항 구성을 확인하자.

세포	DNA 상대량	대립유전자
TYPE 1	숫자로 공개	공개

→ 〈DNA 상대량에 관한 명제〉를 사용하자.

조건을 정리하자.

유전자형 : AaBbDD, 연관 여부 알 수 없음.
㉠ + ㉡ + ㉢ = 4

METHOD #2. 추론

〈DNA 상대량에 관한 명제〉를 통해 세포를 Matching 해보자.

1. 〈DNA 상대량에 관한 명제〉 사용

세포 (다)에는 1과 2가 함께 존재한다.
〈DNA 상대량에 관한 명제〉-(d), (e)에 의하여 (다)는 Ⅰ로 결정된다.

세포 (가), (나)에는 2가 존재한다.
〈DNA 상대량에 관한 명제〉-(d)에 의하여 (가), (나)는 Ⅳ이 될 수 없다.
따라서 남은 (라)가 Ⅳ로 결정된다.

2. 조건 활용

II와 III은 각각 (가)와 (나) 중 하나가 된다. 바로 결정되지 않으므로 남은 조건을 활용하자.

기본적으로 I과 IV에 대해서는 다음과 같이 A, B, D의 DNA 상대량을 결정지을 수 있다.

구분	A	B	D
(가)	2	㉠	?
(나)	2	㉡	㉢
I	1	1	2
IV	1	0	1

유전자형 AaBbDD를 바탕으로 II와 III의 A, B, D의 DNA 상대량을 계산해보면,
II는 (2, 2, 4)의 값을, III은 (2, 0, 2)를 가지게 된다.
이때 ㉠ + ㉡ + ㉢ = 4를 만족하기 위해서는 (가)가 II, (나)가 III이 되어야 한다.
∴ (가)=II, (나)=III

따라서 다음과 같이 DNA 상대량 표를 완성할 수 있다.

구분	A	B	D
(가)	2	2	4
(나)	2	0	2
I	1	1	2
IV	1	0	1

∴ ㉠=2, ㉡=0, ㉢=2

ㄱ. (가)는 II이다. (○)
ㄴ. ㉡은 0이다. (X)
ㄷ. 세포 1개당 a의 DNA 상대량은 (다)가 1이고, (나)가 a를 가지지 않으므로 (라)는 0이다. (X)

예제(2) 2023학년도 수능 7번

사람의 유전 형질 ㉮는 2쌍의 대립유전자 A와 a, B와 b에 의해 결정된다. 그림은 사람 P의 G_1기 세포 I로부터 정자가 형성되는 과정을, 표는 세포 (가)~(라)에서 대립유전자 ㉠~㉢의 유무와 a와 B의 DNA 상대량을 나타낸 것이다. (가)~(라)는 I~IV를 순서 없이 나타낸 것이고, ㉠~㉢은 A, a, b를 순서 없이 나타낸 것이다.

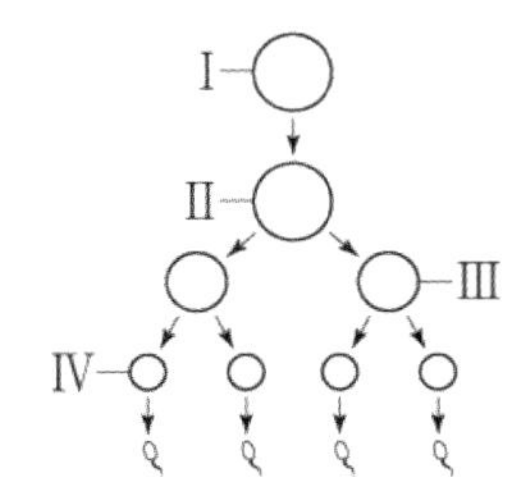

세포	대립유전자			DNA 상대량	
	㉠	㉡	㉢	a	B
(가)	×	×	○	?	2
(나)	○	?	○	2	?
(다)	?	?	×	1	1
(라)	○	?	?	1	?

(○: 있음, ×: 없음)

이에 대한 설명으로 옳은 것만을 <보기>에서 있는 대로 고르시오. (단, 돌연변이와 교차는 고려하지 않으며, A, a, B, b 각각의 1개당 DNA 상대량은 1이다. II와 III은 중기의 세포이다.)

<보 기>

ㄱ. IV에 ㉠이 있다.
ㄴ. (나)의 핵상은 $2n$이다.
ㄷ. P의 유전자형은 AaBb이다.

METHOD #1. 조건 정리 & 도구 확인

문항 구성을 확인하자.

세포	DNA 상대량	대립유전자
TYPE 1	복합적으로 공개	비공개

→ 〈DNA 상대량에 관한 명제〉와 〈감수 분열에 관한 기본 전제〉를 사용하여 핵상을 판단하고 세포를 Matching 하자.

조건을 정리하자.

(가)~(라)는 I~IV를 순서 없이 나타낸 것이고, ㉠~㉢은 A, a, b를 순서 없이 나타낸 것이다.

METHOD #2. 추론

〈감수 분열에 관한 기본 전제〉를 활용하여 세포의 핵상을 판단하자.
세포 I~IV는 모두 하나의 감수 분열 과정에서 나온 세포들이다.
표를 통해 ㉠과 ㉢은 사람 P에게 확정적으로 존재함을 알 수 있기 때문에,
㉠과 ㉢ 중 하나라도 없는 세포는 핵상이 n인 것이다.
따라서 세포 (가), (다)의 핵상은 n이 되어 세포 III, IV의 후보가 되고,
나머지 세포 (나), (라)가 핵상이 $2n$인 세포 I, II의 후보가 된다.

〈DNA 상대량에 관한 명제〉를 통해 세포를 Matching 해보자.

1. 〈DNA 상대량에 관한 명제〉 사용

세포 (가)는 핵상이 n인데 B의 DNA 상대량이 2이다.
〈DNA 상대량에 관한 명제〉-(d)에 의하여 (가)는 III으로 결정된다.
세포 (다)는 IV로 결정된다.

세포 (라)는 핵상이 $2n$인데 a의 DNA 상대량이 1이다.
〈DNA 상대량에 관한 명제〉-(e)에 의하여 (라)는 I로 결정된다.
따라서 남은 (나)가 II로 결정된다.

2. 조건 활용

핵상과 DNA 상대량을 바탕으로 세포를 Matching 했으므로 이제 대립유전자를 파악해야 한다.

그 전에 형질 ㉮의 유전자형에 대해서 파악해본다.
서로 다른 갈래로 나뉜 III과 IV 모두에 B가 존재하고,
I에서 a의 DNA 상대량이 1인 것을 통해 형질 ㉮의 유전자형은 AaBB인 것을 알 수 있다.
즉, 사람 P에게는 b가 존재하지 않는 것이다.

핵상이 n인 (가)에는 ㉢만 존재하는데, B의 DNA 상대량이 2이므로 ㉢은 A 또는 a이다.
핵상이 n인 (다)에서 a의 DNA 상대량이 1인데 ㉢이 존재하지 않으므로 ㉢은 A이다.
∴㉠=a, ㉡=b, ㉢=A

ㄱ. IV에 ㉠(a)가 있다. (○)
ㄴ. (나)의 핵상은 $2n$이다. (○)
ㄷ. P의 유전자형은 AaBB이다. (X)

예제(3) 2023학년도 6월 평가원 7번

어떤 동물 종($2n$)의 유전 형질 (가)는 대립유전자 A와 a에 의해, (나)는 대립유전자 B와 b에 의해 (다)는 대립유전자 D와 d에 의해 결정된다. 표는 이 동물 종의 개체 ㉠과 ㉡의 세포 I~IV 각각에 들어 있는 A, a, B, b, D, d의 DNA 상대량을 나타낸 것이다. I~IV 중 2개는 ㉠의 세포이고, 나머지 2개는 ㉡의 세포이다. ㉠은 암컷이고 성염색체가 XX이며, ㉡은 수컷이고 성염색체가 XY이다.

세포	DNA 상대량					
	A	a	B	b	D	d
Ⅰ	0	?	2	?	4	0
Ⅱ	0	2	0	2	?	2
Ⅲ	?	1	1	1	2	?
Ⅳ	?	0	1	?	1	0

이에 대한 설명으로 옳은 것만을 <보기>에서 있는 대로 고르시오. (단, 돌연변이와 교차는 고려하지 않으며, A, a, B, b, D, d 각각의 1개당 DNA 상대량은 1이다.)

<보 기>

ㄱ. IV의 핵상은 $2n$이다.
ㄴ. (가)의 유전자는 X 염색체에 있다.
ㄷ. ㉠의 (나)와 (다)에 대한 유전자형은 BbDd이다.

METHOD #1. 조건 정리 & 도구 확인

문항 구성을 확인하자.

세포	DNA 상대량	대립유전자
TYPE 2	숫자로 공개	공개

→ ⟨DNA 상대량에 관한 명제⟩와 ⟨유전자의 유무에 관한 명제⟩를 사용하자.

조건을 정리하자.

I~IV 중 2개는 암컷 ㉠의, 나머지 2개는 수컷 ㉡의 세포이다.

METHOD #2. 추론

1. ⟨DNA 상대량에 관한 명제⟩와 ⟨유전자의 유무에 관한 명제⟩ 사용

⟨DNA 상대량에 관한 명제⟩ - (c)를 통해 I가 $2n$(복제) 세포임을 알 수 있다.
I를 갖는 개체의 유전자형은 ????DD임을 알 수 있다.

⟨유전자의 유무에 관한 명제⟩-(a)를 통해 III이 $2n$(복제X) 세포임을 알 수 있다.
III을 갖는 개체의 유전자형은 ?aBbDD임을 알 수 있다.

II에서 d의 DNA 상대량이 2인데, I과 III에서 (다)의 유전자형이 DD인 것으로 판단되었다.
이것은 I, III이 동일한 개체의 세포인 것으로만 설명이 가능하다.

2. 대립유전자 분석

만약 형질 (가)가 상염색체에 존재한다면,
III에서 A의 DNA 상대량은 개체의 성별과 관계없이 1이어야 할 것이다.
그런데 그럴 경우, I에서 A의 DNA 상대량이 0인 것에 모순이 발생한다.
따라서 형질 (가)는 X 염색체에 존재한다.

다른 형질 (나), (다)의 경우를 살펴보면,
(나)에서는 III에서 대립유전자가 쌍으로 존재하므로 상염색체에 존재하는 것이고,
(다)에서는 I에서 D의 DNA 상대량이 4이므로 상염색체에 존재하는 것으로 판단된다.
(다른 성별인 개체의 세포인 II에서 a의 DNA 상대량이 2인 것으로 나왔기 때문에
Y 염색체에 존재할 수는 없다.)

I과 III을 갖는 개체는 수컷인 ㉡이 되고, 나머지 II와 IV를 갖는 개체가 암컷인 ㉠이 된다.

I과 III을 갖는 개체 ㉡의 유전자형은 aYBbDD가 된다.

㉠의 유전자형도 파악해보자.
II, IV에서 우선적으로 ㉠은 a, B, b, D, d를 갖는 것으로 파악된다.
문제의 선지 판단에는 이것만으로도 충분하지만,
전체 유전자형까지도 확인이 가능하다.

IV는 II가 갖는 대립유전자 a, d를 갖지 않고,
〈DNA 상대량에 관한 명제〉 - (e)를 통해 n(복제X)임을 알 수 있다.
㉠은 암컷이므로 형질이 성염색체나 상염색체 중 어디에 존재하는지와 관계없이
(가)~(다)의 대립유전자 중 적어도 하나씩은 세포에 존재해야 한다.
그런데 IV에서 a의 DNA 상대량이 0이므로, A의 DNA 상대량이 1일 것임을 알 수 있다.
따라서 ㉠은 A, a, B, b, D, d 모두를 가지므로 전체 유전자형은 AaBbDd가 된다.

ㄱ. IV의 핵상은 n이다. (X)
ㄴ. (가)의 유전자는 X 염색체에 있다. (○)
ㄷ. ㉠의 (나)와 (다)에 대한 유전자형은 BbDd이다. (○)

예제(4) 2019학년도 수능 13번

어떤 동물 종($2n=6$)의 유전 형질 ⓐ는 2쌍의 대립유전자 H와 h, T와 t에 의해 결정된다. 그림은 이 동물 종의 세포 (가)~(라)가 갖는 유전자 ㉠~㉣의 DNA 상대량을 나타낸 것이다. 이 동물 종의 개체 I에서는 ㉠~㉣의 DNA 상대량이 (가), (나), (다)와 같은 세포가, 개체 II에서는 ㉠~㉣의 DNA 상대량이 (나), (다), (라)와 같은 세포가 형성된다. ㉠~㉣은 H, h, T, t를 순서 없이 나타낸 것이다. 이 동물 종의 성염색체는 암컷이 XX, 수컷이 XY이다.

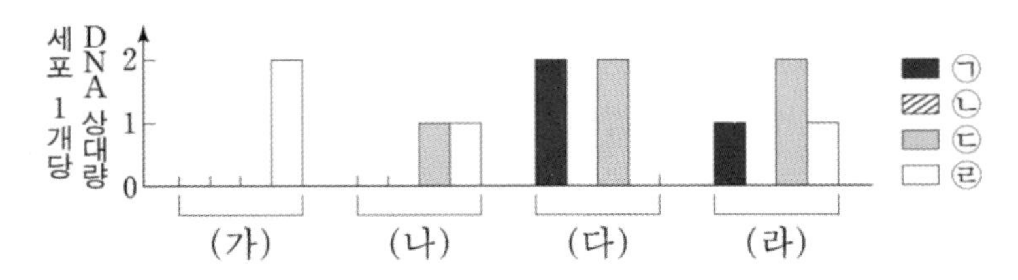

이에 대한 설명으로 옳은 것만을 <보기>에서 있는 대로 고르시오. (단, 돌연변이와 교차는 고려하지 않으며, (가)와 (다)는 중기의 세포이다. H, h, T, t 각각의 1개당 DNA 상대량은 같다.)

<보 기>

ㄱ. ㉠은 ㉣과 대립유전자이다.

ㄴ. (가)와 (다)의 염색 분체 수는 같다.

ㄷ. 세포 1개당 $\frac{\text{X염색체 수}}{\text{상염색체 수}}$는 (라)가 (나)의 2배이다.

METHOD #1. 조건 정리 & 도구 확인

문항 구성을 확인하자.

세포	DNA 상대량	대립유전자
TYPE 2	숫자로 공개	비공개

→ 〈DNA 상대량에 관한 명제〉와 〈유전자의 유무에 관한 명제〉를 사용하여 핵상을 찾고 대립유전자 쌍을 Matching 하자.

조건을 정리하자.

(가)	(나)	(다)	(라)
0/0/0/2	0/0/1/1	2/0/2/0	1/0/2/1

I에서는 (가), (나), (다)와 같은 세포가, II에서는 (나), (다), (라)와 같은 세포가 형성될 수 있다.

METHOD #2. 추론

1. 핵상 분석

〈유전자의 유무에 관한 명제〉 -(a)에서 (라)가 2n 세포임을 알 수 있다.
(〈DNA 상대량에 관한 명제〉 - (d), (e)에서도 동일하게 알 수 있다.)

2. 대립유전자 분석

〈DNA 상대량에 관한 명제〉 - (g)에서 2와 1은 대립유전자가 될 수 없으므로,
(라)에서 ㉢은 ㉠, ㉣의 대립유전자가 될 수 없다.
→ 대립유전자 쌍은 ㉡&㉢, ㉠&㉣이다. II는 ㉠,㉣을 가지고 ㉢을 동형 접합성으로 갖는다.

3. 개체 분석

I에서는 (가), (나), (다)와 같은 세포가 형성된다. 이때 세포 (가)는 ㉡과 ㉢을 모두 갖지 않는다.

〈유전자의 유무에 관한 명제〉 - (b)에서 ㉡과 ㉢을 모두 갖지 않는 상황은 다음과 같은 경우이다.

- I이 수컷 : 세포의 핵상이 n이고 대립유전자가 성염색체에 존재한다.
- I이 암컷 : 대립유전자가 Y 염색체에 존재한다.

이때 대립유전자가 Y 염색체에 존재하면, II에서 ⓒ을 동형 접합성으로 가지므로 모순이다.
(Y 염색체를 두 개 가지는 것은 불가능하기 때문이다.)

→ I은 수컷, ⓛ&ⓒ은 X 염색체에 존재한다.
→ II는 ⓛ을 동형 접합성으로 가지므로 암컷이다.

㉠~㉣이 각각 어떤 유전자인지는 구체적으로 결정되지 않는다. 선지에서도 묻지 않는다.

ㄱ. ㉠은 ㉣과 대립유전자이다. (○)
ㄴ. (가)와 (다)는 모두 n(복제) 상태의 세포이다. 염색 분체 수는 같다. (○)
ㄷ. 세포 1개당 $\frac{\text{X염색체 수}}{\text{상염색체 수}}$는 (라)가 $\frac{2}{4}$, (나)가 $\frac{1}{2}$로 동일하다. (X)

예제(5) 2023학년도 9월 평가원 8번

사람의 유전 형질 ㉮는 1쌍의 대립유전자 A와 a에 의해, ㉯는 2쌍의 대립유전자 B와 b, D와 d에 의해 결정된다. ㉮의 유전자는 상염색체에, ㉯의 유전자는 X 염색체에 있다. 표는 남자 P의 세포 (가)~(다)와 여자 Q의 세포 (라)~(바)에서 대립유전자 ㉠~㉥의 유무를 나타낸 것이다. ㉠~㉥은 A, a, B, b, D, d를 순서 없이 나타낸 것이다.

대립유전자	P의 세포			Q의 세포		
	(가)	(나)	(다)	(라)	(마)	(바)
㉠	×	?	○	?	○	×
㉡	×	×	×	○	○	×
㉢	?	○	○	○	○	○
㉣	×	ⓐ	○	○	×	○
㉤	○	○	×	×	×	×
㉥	×	×	×	?	×	○

(○: 있음, ×: 없음)

이에 대한 설명으로 옳은 것만을 <보기>에서 있는 대로 고르시오. (단, 돌연변이와 교차는 고려하지 않는다.)

<보 기>

ㄱ. ㉠은 ㉥과 대립유전자이다.
ㄴ. ⓐ는 'X'이다.
ㄷ. Q의 ㉯의 유전자형은 BbDd이다.

METHOD #1. 조건 정리 & 도구 확인

문항 구성을 확인하자.

세포	DNA 상대량	대립유전자
TYPE 2	유무만 공개	비공개

→ 〈유전자의 유무에 관한 명제〉를 사용하여 핵상을 찾고 대립유전자 쌍을 Matching 하자.

조건을 정리하자.

㉮는 1쌍의 대립유전자 A와 a에 의해, ㉯는 2쌍의 대립유전자 B와 b, D와 d에 의해 결정된다.
㉮의 유전자는 상염색체에, ㉯의 유전자는 X 염색체에 있다.
P는 남자, Q는 여자이다.
㉠~㉥은 A, a, B, b, D, d를 순서 없이 나타낸 것이다.

METHOD #2. 추론

(1) 핵상 분석

세포 (가)~(바) 중 O가 4개 이상, 즉 절반을 넘는 개수만큼 있는 세포가 존재한다면
그 세포에는 어떤 형질의 대립유전자 '쌍'이 존재하는 것이므로 핵상을 $2n$으로 판단할 수 있는데,
표에서는 해당하는 세포가 없으므로 핵상이 n인 세포를 찾아내는 것으로 시작한다.

어떤 세포가 같은 개체의 다른 세포가 갖는 대립유전자를 가지지 않는다면, 그 세포의 핵상은 n이다.
따라서 (가), (다), (마), (바)의 핵상은 n이다.
〈유전자의 유무에 관한 명제〉 -(a)를 통해 (나), (라)가 2n세포임을 알 수 있다.
나머지 세포들은 2n 세포의 일부 유전자만 가지므로 n 세포이다.

(다)에서 ㉠, ㉢, ㉣을 가지므로 ㉠, ㉢, ㉣은 서로 대립유전자 쌍을 이루지 않는다.
(마)에서 ㉠, ㉡, ㉢을 가지므로 ㉠, ㉡, ㉢은 서로 대립유전자 쌍을 이루지 않는다.
(바)에서 ㉢, ㉣, ㉥을 가지므로 ㉢, ㉣, ㉥은 서로 대립유전자 쌍을 이루지 않는다.
→ 대립유전자 쌍은 ㉠&㉥, ㉡&㉣, ㉢&㉤이다.

(나)에는 ㉢&㉤ 쌍이 존재하고, (라)에는 ㉡&㉣ 쌍이 존재하므로 두 세포의 핵상은 $2n$이다.

(2) 대립유전자 분석

핵상이 n인 (가)에서 ㉠&㉥, ㉡&㉣ 쌍이 존재하지 않는 것을 확인할 수 있다.
㉠&㉥, ㉡&㉣이 ㉯ 형질에 해당하는 B와 b, D와 d인 것이고,
(가)에는 Y 염색체가 존재한다.

ㄱ. ㉠은 ㉥의 대립유전자이다. (○)
ㄴ. (나)의 핵상은 $2n$인데, ㉡&㉣ 쌍에서 ㉡이 없으므로 ㉣이 존재해야 한다. (X)
ㄷ. Q에는 ㉠&㉥, ㉡&㉣ 쌍의 모든 대립유전자가 존재하므로 ㉯ 형질의 유전자형은 BbDd이다. (○)

예제(6) 2021학년도 수능 10번

사람의 유전 형질 ⓐ는 3쌍의 대립유전자 H와 h, R와 r, T와 t에 의해 결정되며, ⓐ의 유전자는 서로 다른 3개의 상염색체에 있다. 표는 사람 (가)의 세포 I~III에서 h, R, t의 유무를, 그림은 세포 ㉠~㉢의 세포 1개당 H와 T의 DNA 상대량을 더한 값(H+T)을 각각 나타낸 것이다. ㉠~㉢은 I~III을 순서 없이 나타낸 것이다.

세포	대립유전자		
	h	R	t
I	?	○	×
II	○	×	?
III	×	×	?

(○: 있음, ×: 없음)

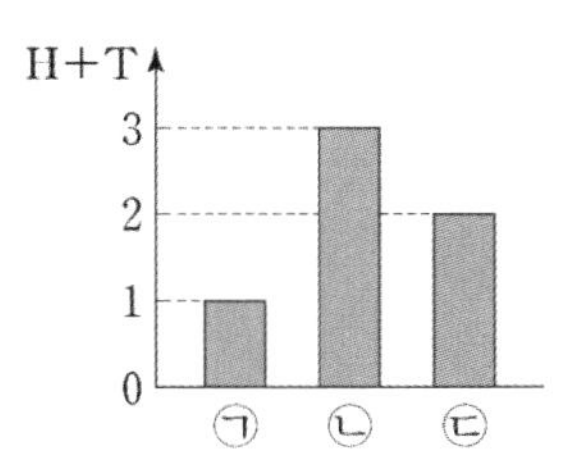

이에 대한 설명으로 옳은 것만을 <보기>에서 있는 대로 고르시오. (단, 돌연변이는 고려하지 않으며, H, h, R, r, T, t 각각의 1개당 DNA 상대량은 1이다.)

〈보 기〉

ㄱ. (가)에는 h, R, t를 모두 갖는 세포가 있다.

ㄴ. II는 ㉠이다.

ㄷ. III의 $\frac{\text{T의 DNA상대량}}{\text{H의 DNA상대량}+\text{r의 DNA상대량}}=1$이다.

METHOD #1. 조건 정리 & 도구 확인

문항 구성을 확인하자.

세포	DNA 상대량	대립유전자
TYPE 2	복합적으로 공개	비공개

→ 〈DNA 상대량에 관한 명제〉와 〈유전자의 유무에 관한 명제〉를 자료에 맞게 사용하여 추론하자.

조건을 정리하자.

유전자는 서로 다른 3개의 상염색체에 존재함.
㉠~㉢은 I~III을 순서 없이 나타낸 것임.

METHOD #2. 추론

1. 유전자형 추론

〈감수 분열에 관한 기본 전제〉 – (a')에서 II와 III이 2n 세포가 아님을 알 수 있다.
2n 세포는 반드시 n 세포가 가지는 유전자를 모두 가져야 하는데, II는 R을, III은 h을 가지지 않기 때문이다.

㉡에서 H+T의 값은 3이고 각 유전자의 DNA 상대량은 0, 1, 2, 4 중 하나이므로 H+T은 2+1과 같은 형태로 구성된다. 어느 쪽이 2인지는 아직 알 수 없다.

〈DNA 상대량에 관한 명제〉 – (d), (e)에서 ㉡이 2n(복제X) 세포임을 알 수 있다.
II와 III이 2n 세포가 아니므로 ㉡은 I이고, I은 2n 세포이다.

2n 세포가 t를 가지지 않으므로 T를 동형 접합성으로 가진다.
I~III에서 h를 가지는 세포도 있고 가지지 않는 세포도 있으므로 H와 h를 동형 접합성으로 가질 수 없다. (동형 접합성이라면 H나 h 중 하나를 반드시 가지거나 아예 갖지 않을 것이다.)

R를 가지는 세포와 가지지 않는 세포가 동시에 존재하므로, 마찬가지로 이형 접합성으로 가진다.
→ 유전자형 : HhRrTT

2. Matching

모든 세포가 T를 가지므로 H+T의 값이 1인 ㉠에서는 H가 존재하지 않는다. ㉠은 II이다.
남은 III은 자동적으로 ㉢이다.

ㄱ. 사람 (가)는 t를 갖지 않는다. (X)

ㄴ. II는 ㉠이다. (○)

ㄷ. III에서는 h와 R가 존재하지 않으므로 H와 r가 존재한다.

$\frac{\text{T의 DNA 상대량}}{\text{H의 DNA 상대량}+\text{r의 DNA 상대량}}=\frac{1}{1+1}=\frac{1}{2}$이다. (X)

Part

02 유제(2)

01 2016학년도 수능 6번

그림 (가)는 같은 종인 동물($2n=6$) I과 II의 세포 ㉠~㉣이 갖는 유전자 A, a, B, b의 DNA 상대량을, (나)는 ㉠~㉣ 중 어떤 세포에 있는 모든 염색체를 나타낸 것이다. A는 a와 대립유전자이며, B는 b와 대립유전자이다. ㉠은 I의 세포이고, ㉡은 II의 세포이다. ㉢과 ㉣은 각각 I과 II의 세포 중 하나이다. I과 II의 성염색체는 암컷이 XX, 수컷이 XY이다.

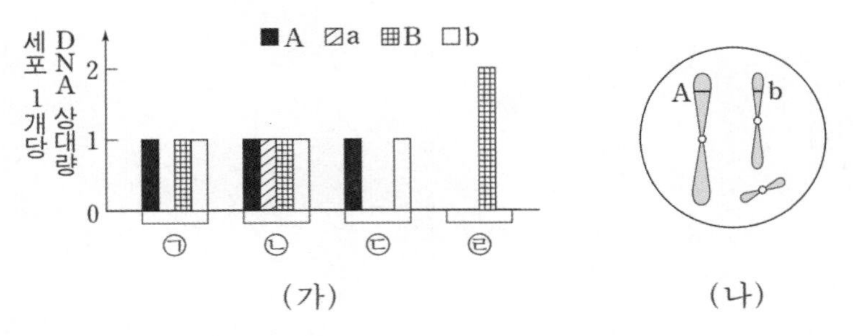

(가) (나)

이에 대한 설명으로 옳은 것만을 <보기>에서 있는 대로 고르시오. (단, 돌연변이는 고려하지 않는다.)

<보 기>

ㄱ. (나)는 ㉠의 염색체를 나타낸 것이다.
ㄴ. ㉢은 II의 세포이다.
ㄷ. ㉣로부터 형성된 생식 세포가 다른 생식 세포와 수정되어 태어난 자손은 항상 수컷이다.

02 2017학년도 9월 평가원 8번

그림은 유전자형이 EEFfGg인 어떤 동물의 세포 I로부터 정자가 형성되는 과정을, 표는 세포 ㉠~㉣의 세포 1개당 대립유전자 E, f, g의 DNA 상대량을 나타낸 것이다. F는 f와 대립유전자이며, G는 g와 대립유전자이다. I~IV는 각각 ㉠~㉣ 중 하나이다.

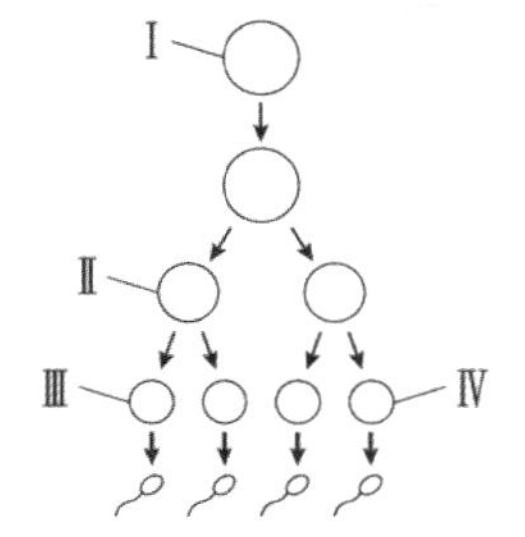

세포	DNA 상대량		
	E	f	g
㉠	2	ⓐ	1
㉡	1	ⓑ	1
㉢	1	1	ⓒ
㉣	2	ⓓ	2

이에 대한 설명으로 옳은 것만을 <보기>에서 있는 대로 고르시오. (단, E, F, f, G, g 각각의 1개당 DNA 상대량은 같고, 돌연변이와 교차는 고려하지 않는다.)

<보 기>

ㄱ. ㉡은 III이다.

ㄴ. ⓐ + ⓑ = ⓒ + ⓓ이다.

ㄷ. 세포 1개당 $\frac{\text{E의 DNA 상대량}}{\text{F의 DNA 상대량} + \text{G의 DNA 상대량}}$은 ㉠이 IV의 2배이다.

03 2018학년도 6월 평가원 10번

어떤 동물의 유전 형질 ⓐ는 3쌍의 대립유전자 D와 d, E와 e, F와 f에 의해 결정된다. 표는 이 동물에서 개체 I과 II의 세포 (가)~(라)가 갖는 유전자 D, d, E, e, F, f 의 DNA 상대량을 나타낸 것이다. (가)~(라) 중 2개는 I의 세포이고, 나머지 2개는 II의 세포이다. I은 암컷이며 성염색체가 XX, II는 수컷이며 성염색체가 XY이다.

세포	DNA 상대량					
	D	d	E	e	F	f
(가)	2	?	㉠	0	?	?
(나)	1	0	1	1	0	?
(다)	㉡	?	0	1	0	0
(라)	㉢	0	1	?	1	1

이에 대한 설명으로 옳은 것만을 <보기>에서 있는 대로 고르시오. (단, 돌연변이와 교차는 고려하지 않으며, D, d, E, e, F, f 각각의 1개당 DNA 상대량은 같다.)

<보 기>

ㄱ. ㉠+㉡+㉢=5이다.
ㄴ. I의 형질 ⓐ에 대한 유전자형은 DDEeFf이다.
ㄷ. II에서 D와 f는 서로 다른 염색체에 존재한다.

04 2018학년도 수능 12번

그림은 유전자형이 EeFFHh인 어떤 동물에서 G_1기의 세포 I로부터 정자가 형성되는 과정을, 표는 세포 ㉠~㉣의 세포 1개당 유전자 e, F, h의 DNA 상대량을 나타낸 것이다. ㉠~㉣은 I~IV를 순서 없이 나타낸 것이고, E는 e와 대립유전자이며, H와 h와 대립유전자이다.

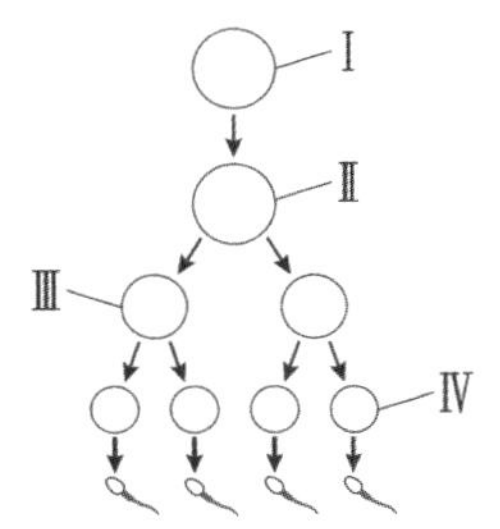

세포	DNA 상대량		
	e	F	h
㉠	ⓐ	1	1
㉡	1	2	ⓑ
㉢	2	ⓒ	0
㉣	ⓓ	?	2

이에 대한 설명으로 옳은 것만을 <보기>에서 있는 대로 고르시오. (단, 돌연변이와 교차는 고려하지 않으며, E, e, F, H, h 각각의 1개당 DNA 상대량은 같다.)

<보 기>

ㄱ. ㉣은 III이다.

ㄴ. ⓐ + ⓑ + ⓒ + ⓓ = 4이다.

ㄷ. IV에서 세포 1개당 $\frac{\text{F의 DNA 상대량}}{\text{E의 DNA 상대량} + \text{H의 DNA 상대량}}$은 1이다.

05 2019학년도 6월 평가원 9번

사람의 유전 형질 ⓐ는 2쌍의 대립유전자 E와 e, F와 f에 의해 결정되며, E와 e는 9번 염색체에, F와 f는 X 염색체에 존재한다. 표는 사람 Ⅰ의 세포 (가)~(다)와 사람 Ⅱ의 세포 (라)~(바)에서 유전자 ㉠~㉣의 유무를 나타낸 것이다. ㉠~㉣은 E, e, F, f를 순서 없이 나타낸 것이다.

유전자	Ⅰ의 세포			Ⅱ의 세포		
	(가)	(나)	(다)	(라)	(마)	(바)
㉠	○	○	○	○	○	×
㉡	○	○	×	○	×	○
㉢	○	×	○	×	×	×
㉣	×	×	×	○	×	○

(○ : 있음, × : 없음)

이에 대한 설명으로 옳은 것만을 <보기>에서 있는 대로 고르시오. (단, 돌연변이와 교차는 고려하지 않는다.)

<보 기>

ㄱ. ㉠은 ㉢의 대립유전자이다.
ㄴ. (라)에는 Y 염색체가 있다.
ㄷ. Ⅰ의 ⓐ에 대한 유전자형은 EeFF이다.

06 2019학년도 9월 평가원 16번

그림은 같은 종인 동물($2n=6$) I과 II의 세포 (가)~(라) 각각에 들어 있는 모든 염색체를, 표는 세포 A~D가 갖는 유전자 H, h, T, t의 DNA 상대량을 나타낸 것이다. (가)~(다)는 I의 난자 형성 과정에서 나타나는 세포이며, (라)는 (다)로부터 형성된 난자가 정자 ⓐ와 수정되어 태어난 II의 세포이다. I의 특정 형질에 대한 유전자형은 HhTT이고, H는 h와 대립유전자이며, T는 t와 대립유전자이다. 이 동물의 성염색체는 암컷이 XX, 수컷이 XY이며, A~D는 (가)~(라)를 순서 없이 나타낸 것이다.

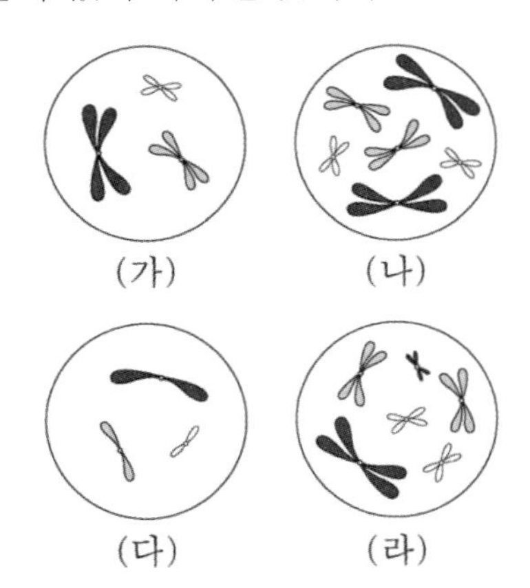

세포	DNA 상대량			
	H	h	T	t
A	2	㉠	?	0
B	1	?	㉡	?
C	㉢	2	2	0
D	0	2	2	0

이에 대한 설명으로 옳은 것만을 <보기>에서 있는 대로 고르시오. (단, 돌연변이와 교차는 고려하지 않으며, H, h, T, t 각각의 1개당 DNA 상대량은 같다.)

<보 기>

ㄱ. ㉠ + ㉡ + ㉢ = 5이다.

ㄴ. C는 (가)이다.

ㄷ. 정자 ⓐ는 T를 갖는다.

07 2019학년도 9월 평가원 18번

사람의 유전 형질 (가)는 대립유전자 E와 e에 의해, (나)는 대립유전자 F와 f에 의해, (다)는 대립유전자 G와 g에 의해 결정된다. (가)~(다) 중 한 가지 형질을 결정하는 유전자는 상염색체에, 나머지 2가지 형질을 결정하는 유전자는 성염색체에 존재한다. 그림은 어떤 사람의 세포 ㉠~ ㉢이 갖는 유전자 E, e, F, f, G, g의 DNA 상대량을 나타낸 것이다.

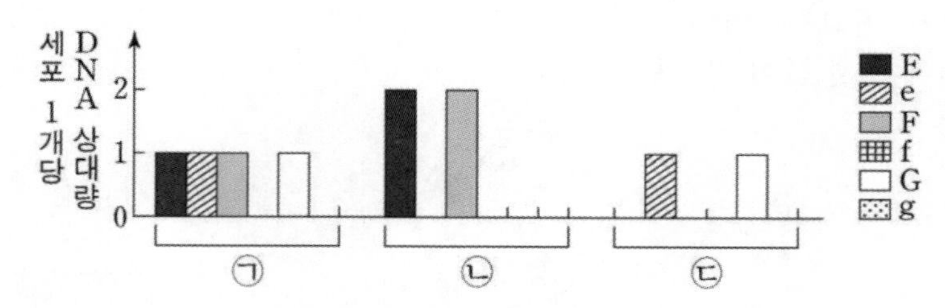

이에 대한 설명으로 옳은 것만을 <보기>에서 있는 대로 고르시오. (단, 돌연변이와 교차는 고려하지 않으며, E, e, F, f, G, g 각각의 1개당 DNA 상대량은 같다.)

<보 기>

ㄱ. ㉠에서 F와 G는 연관되어 있다.
ㄴ. ㉡과 ㉢의 핵상은 같다.
ㄷ. 이 사람의 성염색체는 XX이다.

08 2020학년도 6월 평가원 8번

표는 같은 종인 동물($2n=6$) I의 세포 (가)와 (나), II의 세포 (다)와 (라)에서 유전자 ㉠~㉣의 유무를, 그림은 세포 A와 B 각각에 들어 있는 모든 염색체를 나타낸 것이다. 이 동물 종의 특정 형질은 2쌍의 대립유전자 H와 h, T와 t에 의해 결정되며, ㉠~㉣은 H, h, T, t를 순서 없이 나타낸 것이다. A와 B는 각각 I과 II의 세포 중 하나이고, I과 II의 성염색체는 암컷이 XX, 수컷이 XY이다.

유전자	I의 세포		II의 세포	
	(가)	(나)	(다)	(라)
㉠	×	○	×	×
㉡	×	×	×	○
㉢	○	○	×	○
㉣	○	○	○	×

(○: 있음, ×: 없음)

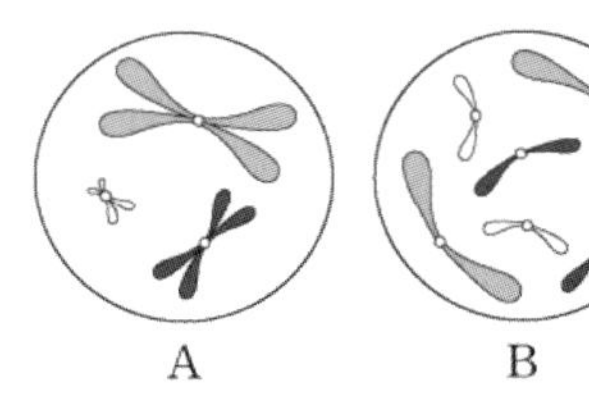

이에 대한 설명으로 옳은 것만을 <보기>에서 있는 대로 고르시오. (단, 돌연변이와 교차는 고려하지 않는다.)

<보 기>

ㄱ. ㉠은 ㉣과 대립유전자이다.
ㄴ. A는 II의 세포이다.
ㄷ. (라)에는 X 염색체가 있다.

09 2020학년도 6월 평가원 16번

사람의 유전 형질 ⓐ는 3쌍의 대립유전자 E와 e, F와 f, G와 g에 의해 결정되며, ⓐ를 결정하는 유전자는 서로 다른 3개의 상염색체에 존재한다. 그림 (가)는 어떤 사람의 G_1기 세포 I로부터 정자가 형성되는 과정을, (나)는 이 사람의 세포 ㉠~㉢이 갖는 대립유전자 E, f, G의 DNA 상대량을 나타낸 것이다. ㉠~㉢은 I~III을 순서 없이 나타낸 것이고, II는 중기의 세포이다.

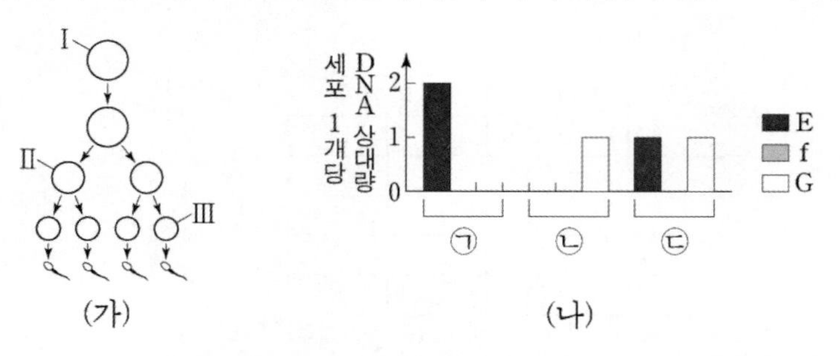

(가) (나)

이에 대한 설명으로 옳은 것만을 <보기>에서 있는 대로 고르시오. (단,돌연변이와 교차는 고려하지 않으며, E, e, F, f, G, g각각의 1개당 DNA 상대량은 같다.)

<보 기>

ㄱ. I에서 세포 1개당 $\frac{\text{E의 DNA 상대량} + \text{G의 DNA 상대량}}{\text{F의 DNA 상대량}}$은 1이다.

ㄴ. II의 염색 분체 수는 23이다.

ㄷ. III은 ㉢이다.

10 2020학년도 9월 평가원 3번

어떤 동물 종($2n=6$)의 특정 형질은 2쌍의 대립유전자 H와 h, T와 t에 의해 결정된다. 표는 이 동물 종의 개체 I의 세포 ㉠~㉣이 갖는 H, h, T, t의 DNA 상대량을, 그림은 I의 세포 P를 나타낸 것이다. P는 ㉠~㉣ 중 하나이다.

세포	DNA 상대량			
	H	h	T	t
㉠	1	?	1	1
㉡	2	2	ⓐ	2
㉢	2	0	0	?
㉣	1	ⓑ	1	0

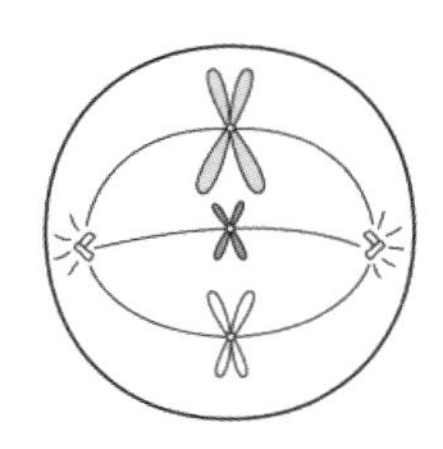

이에 대한 설명으로 옳은 것만을 <보기>에서 있는 대로 고르시오. (단, 돌연변이와 교차는 고려하지 않으며, H, h, T, t 각각의 1개당 DNA 상대량은 같다.)

<보 기>

ㄱ. P는 ㉢이다.

ㄴ. ⓐ + ⓑ = 3이다.

ㄷ. I의 감수 1분열 중기 세포 1개당 염색 분체 수는 12이다.

11 2020학년도 수능 7번

사람의 유전 형질 ⓐ는 2쌍의 대립유전자 H와 h, T와 t에 의해 결정된다. 표는 어떤 사람의 난자 형성 과정에서 나타나는 세포 (가)~(다)에서 유전자 ㉠~㉢의 유무를, 그림은 (가)~(다)가 갖는 H와 t의 DNA 상대량을 나타낸 것이다. (가)~(다)는 중기의 세포이고, ㉠~㉢은 h, T, t를 순서 없이 나타낸 것이다.

유전자	세포		
	(가)	(나)	(다)
㉠	○	○	×
㉡	○	×	○
㉢	×	?	×

(○: 있음, ×: 없음)

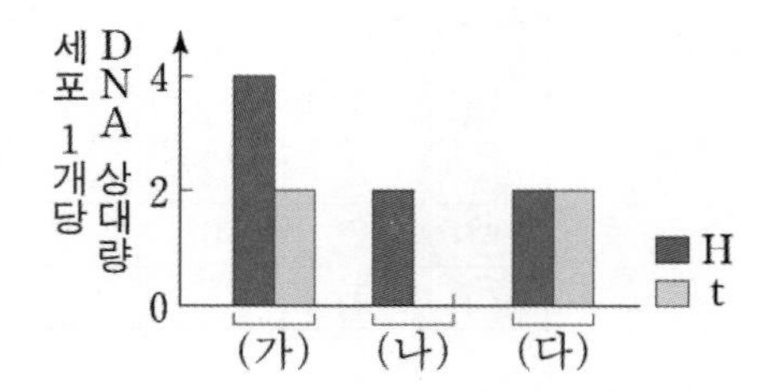

이에 대한 설명으로 옳은 것만을 <보기>에서 있는 대로 고르시오. (단, 돌연변이와 교차는 고려하지 않으며, H, h, T, t 각각의 1개당 DNA 상대량은 1이다.)

<보 기>

ㄱ. ㉡은 T이다.
ㄴ. (나)와 (다)의 핵상은 같다.
ㄷ. 이 사람의 ⓐ에 대한 유전자형은 HhTt이다.

12 2021학년도 9월 평가원 18번

그림은 유전자형이 Aa인 어떤 동물($2n=?$)의 G_1기 세포 I로부터 생식세포가 형성되는 과정을, 표는 세포 ㉠~㉣의 상염색체 수와 대립유전자 A와 a의 DNA 상대량을 더한 값을 나타낸 것이다. ㉠~㉣은 I~IV를 순서 없이 나타낸 것이고, 이 동물의 성염색체는 XX이다.

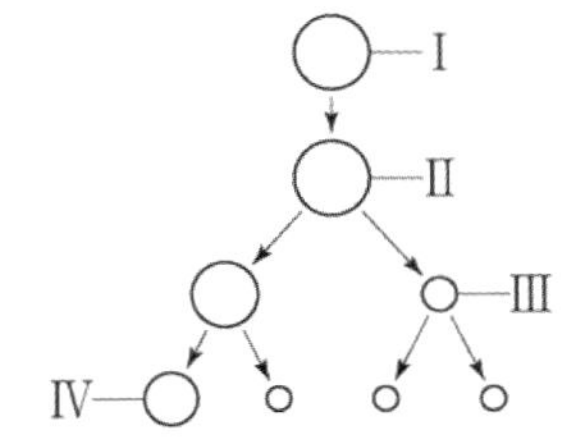

세포	상염색체 수	A와 a의 DNA 상대량을 더한 값
㉠	8	?
㉡	4	2
㉢	ⓐ	ⓑ
㉣	?	4

이에 대한 설명으로 옳은 것만을 <보기>에서 있는 대로 고르시오. (단, 돌연변이는 고려하지 않으며, A와 a 각각의 1개당 DNA 상대량은 1 이다. II와 III은 중기의 세포이다.)

<보 기>

ㄱ. ㉠은 I이다.
ㄴ. ⓐ+ⓑ=5이다.
ㄷ. II의 2가 염색체 수는 5이다.

13 2022학년도 6월 평가원 16번

다음은 사람 P의 세포 (가)~(다)에 대한 자료이다.

- 유전 형질 ⓐ는 2쌍의 대립유전자 H와 h, T와 t에 의해 결정되며, ⓐ의 유전자는 서로 다른 2개의 염색체에 있다.
- (가)~(다)는 생식세포 형성 과정에서 나타나는 중기의 세포이다. (가)~(다) 중 2개는 G_1기 세포 I로부터 형성되었고, 나머지 1개는 G_1기 세포 II로부터 형성되었다.
- 표는 (가)~(다)에서 대립유전자 ㉠~㉣의 유무를 나타낸 것이다. ㉠~㉣은 H, h, T, t를 순서 없이 나타낸 것이다.

대립유전자	세포		
	(가)	(나)	(다)
㉠	×	×	○
㉡	○	○	×
㉢	×	×	×
㉣	×	○	○

(○: 있음, ×: 없음)

이에 대한 설명으로 옳은 것만을 <보기>에서 있는 대로 고르시오. (단, 돌연변이와 교차는 고려하지 않는다.)

<보 기>

ㄱ. P에게서 ㉠과 ㉢을 모두 갖는 생식세포가 형성될 수 있다.
ㄴ. (가)와 (다)의 핵상은 같다.
ㄷ. I로부터 (나)가 형성되었다.

14 2022학년도 6월 평가원 19번

어떤 동물 종($2n=4$)의 유전 형질 ㉮는 2쌍의 대립유전자 A와 a, B와 b에 의해 결정된다. 그림은 이 동물 종의 개체 I의 세포 (가)와 개체 II의 세포 (나) 각각에 들어 있는 모든 염색체를, 표는 (가)와 (나)에서 대립유전자 ㉠, ㉡, ㉢, ㉣ 중 2개의 DNA 상대량을 더한 값을 나타낸 것이다. ㉠~㉣은 A, a, B, b를 순서 없이 나타낸 것이고, I과 II의 ㉮의 유전자형은 각각 AaBb와 Aabb 중 하나이다.

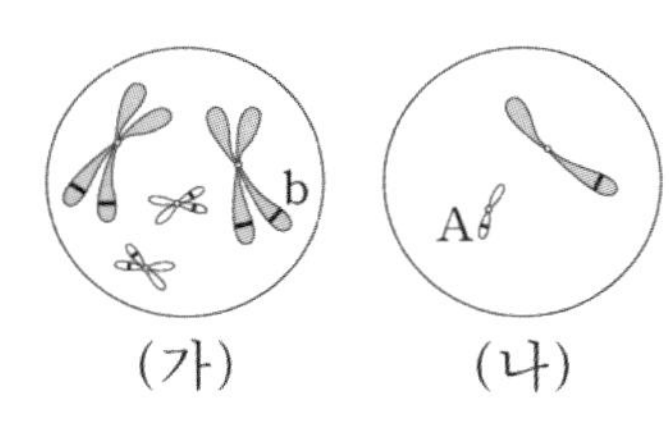

(가)　　(나)

세포	DNA 상대량을 더한 값			
	㉠+㉡	㉠+㉢	㉡+㉢	㉢+㉣
(가)	6	ⓐ	6	?
(나)	?	1	ⓑ	2

이에 대한 설명으로 옳은 것만을 <보기>에서 있는 대로 고르시오. (단, 돌연변이는 고려하지 않으며, A, a, B, b 각각의 1개당 DNA 상대량은 1이다.)

<보 기>

ㄱ. I의 유전자형은 AaBb이다.

ㄴ. ⓐ + ⓑ = 5이다.

ㄷ. (나)에 b가 있다.

15 2022학년도 9월 평가원 10번

사람의 유전 형질 (가)는 상염색체에 있는 대립유전자 H와 h에 의해, (나)는 X 염색체에 있는 대립유전자 T와 t에 의해 결정된다. 표는 세포 I~IV가 갖는 H, h, T, t의 DNA 상대량을 나타낸 것이다. I~IV 중 2개는 남자 P의, 나머지 2개는 여자 Q의 세포이다. ㉠~㉢은 0, 1, 2를 순서 없이 나타낸 것이다.

세포	DNA 상대량			
	H	h	T	t
I	㉢	0	㉠	?
II	㉡	㉠	0	㉡
III	?	㉢	㉠	㉡
IV	4	0	2	㉠

이에 대한 설명으로 옳은 것만을 <보기>에서 있는 대로 고르시오. (단, 돌연변이와 교차는 고려하지 않으며, H, h, T, t 각각의 1개당 DNA 상대량은 1이다.)

<보 기>

ㄱ. ㉡은 2이다.
ㄴ. II는 Q의 세포이다.
ㄷ. I이 갖는 t의 DNA 상대량과 III이 갖는 H의 DNA 상대량은 같다.

16 2022학년도 수능 7번

사람의 유전 형질 (가)는 2쌍의 대립유전자 H와 h, R와 r에 의해 결정되며, (가)의 유전자는 7번 염색체와 8번 염색체에 있다. 그림은 어떤 사람의 7번 염색체와 8번 염색체를, 표는 이 사람의 세포 I~IV에서 염색체 ㉠~㉢의 유무와 H와 r의 DNA 상대량을 나타낸 것이다. ㉠~㉢은 염색체 ⓐ~ⓒ를 순서 없이 나타낸 것이다.

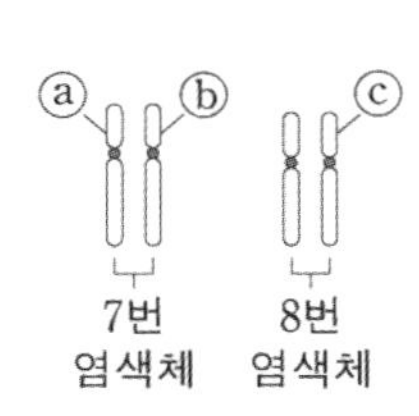

세포	염색체			DNA 상대량	
	㉠	㉡	㉢	H	r
I	×	○	?	1	1
II	?	○	○	?	1
III	○	×	○	2	0
IV	○	○	×	?	2

(○: 있음, ×: 없음)

이에 대한 설명으로 옳은 것만을 <보기>에서 있는 대로 고르시오. (단, 돌연변이와 교차는 고려하지 않으며, H, h, R, r 각각의 1개당 DNA상대량은 1이다.)

<보 기>

ㄱ. I과 II의 핵상은 같다.
ㄴ. ㉡과 ㉢은 모두 7번 염색체이다.
ㄷ. 이 사람의 유전자형은 HhRr이다.

17 2023년 10월 교육청 16번

사람의 유전 형질 (가)는 대립유전자 E와 e에 의해, (나)는 대립유전자 F와 f에 의해, (다)는 대립유전자 G와 g에 의해 결정되며, (가)~(다)의 유전자 중 2개는 서로 다른 상염색체에, 나머지 1개는 X 염색체에 있다. 표는 어떤 사람의 세포 I~III에서 E, e, G, g의 유무를, 그림은 ㉠~㉢에서 F와 g의 DNA 상대량을 더한 값(F+g)을 나타낸 것이다. ㉠~㉢은 I~III을 순서 없이 나타낸 것이고, ㉡에는 X 염색체가 있다.

세포	대립유전자			
	E	e	G	g
I	×	ⓐ	×	?
II	?	○	×	?
III	○	?	?	×

(○: 있음, ×: 없음)

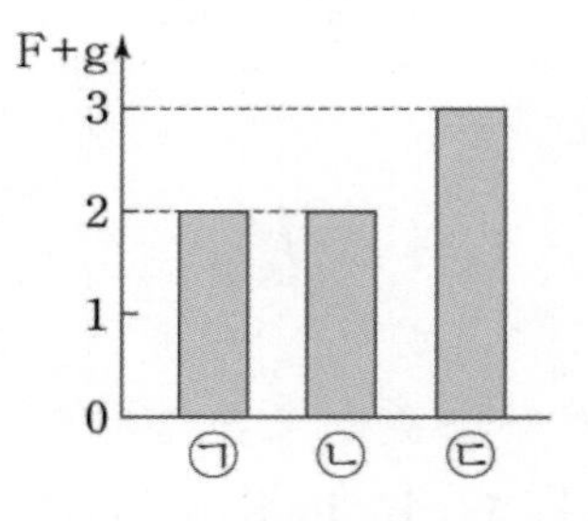

이에 대한 설명으로 옳은 것만을 <보기>에서 있는 대로 고르시오. (단, 돌연변이와 교차는 고려하지 않으며, E, e, F, f, G, g각각의 1개당 DNA상대량은 1이다.)

<보 기>

ㄱ. ⓐ는 '○'이다.

ㄴ. ㉡은 III이다.

ㄷ. II에서 e, F, g의 DNA 상대량을 더한 값은 3이다.

18 2024학년도 6월 평가원 14번

어떤 동물 종($2n=6$)의 유전 형질 ㉮는 2쌍의 대립유전자 A와 a, B와 b에 의해 결정된다. 그림은 이 동물 종의 개체 I과 II의 세포 (가)~(라) 각각에 들어 있는 모든 염색체를, 표는 (가)~(라)에서 A, a, B, b의 유무를 나타낸 것이다. (가)~(라) 중 2개는 I의 세포이고, 나머지 2개는 II세포이다. I은 암컷이고 성염색체는 XX이며, II는 수컷이고 성염색체는 XY이다.

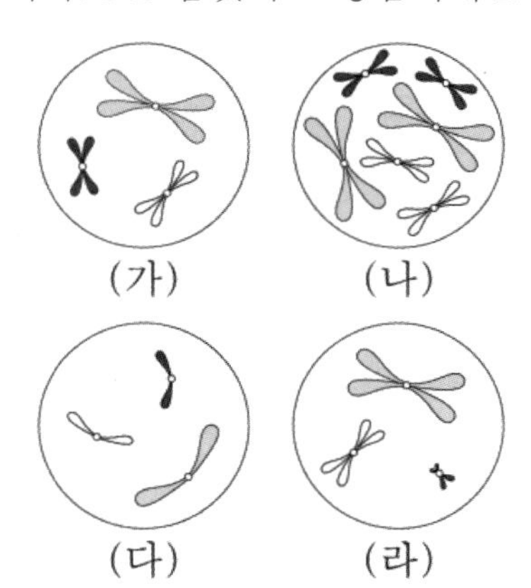

세포	대립유전자			
	A	a	B	b
(가)	○	?	?	?
(나)	?	○	○	×
(다)	○	×	×	○
(라)	?	○	×	×

(○: 있음, ×: 없음)

이에 대한 설명으로 옳은 것만을 <보기>에서 있는 대로 고르시오. (단, 돌연변이와 교차는 고려하지 않는다.)

<보 기>

ㄱ. (가)는 II의 세포이다.

ㄴ. I의 유전자형은 AaBB이다.

ㄷ. (다)에서 b는 상염색체에 있다.

19 2024학년도 9월 평가원 11번

사람의 유전 형질 (가)는 대립유전자 A와 a에 의해, (나)는 대립유전자 B와 b에 의해 결정된다. (가)의 유전자와 (나)의 유전자는 서로 다른 염색체에 있다. 그림은 어떤 사람의 G_1기 세포 I로부터 정자가 형성되는 과정을, 표는 세포 ㉠~㉣에서 A, a, B, b의 DNA 상대량을 더한 값 (A+a+B+b)을 나타낸 것이다. ㉠~㉣은 I~IV를 순서 없이 나타낸 것이고, ⓐ는 ⓑ보다 작다.

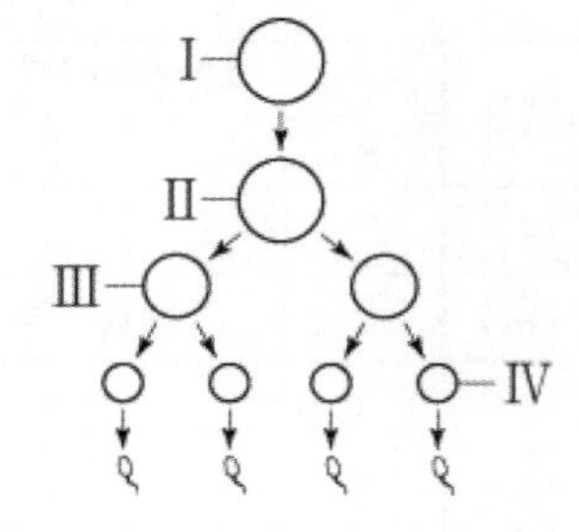

세포	A+a+B+b
㉠	ⓐ
㉡	ⓑ
㉢	1
㉣	4

이에 대한 설명으로 옳은 것만을 <보기>에서 있는 대로 고르시오. (단, 돌연변이는 고려하지 않으며, A, a, B, b 각각의 1개당 DNA 상대량은 1이다. II와 III은 중기의 세포이다.)

<보 기>

ㄱ. ⓐ는 3이다.
ㄴ. ㉡은 III이다.
ㄷ. ㉣의 염색체 수는 46이다.

20 2024학년도 수능 11번

어떤 동물 종($2n=6$)의 유전 형질 ㉠은 대립유전자 A와 a에 의해, ㉡은 대립유전자 B와 b에 의해, ㉢은 대립유전자 D와 d에 의해 결정된다. ㉠~㉢의 유전자 중 2개는 서로 다른 상염색체에, 나머지 1개는 X 염색체에 있다. 표는 이 동물 종의 개체 P와 Q의 세포 I~IV에서 A, a, B, b, D, d의 DNA 상대량을, 그림은 세포 (가)와 (나) 각각에 들어 있는 모든 염색체를 나타낸 것이다. (가)와 (나)는 각각 I~IV 중 하나이다. P는 수컷이고 성염색체는 XY이며, Q는 암컷이고 성염색체는 XX이다.

세포	DNA 상대량					
	A	a	B	b	D	d
I	0	ⓐ	?	2	4	0
II	2	0	ⓑ	2	?	2
III	0	0	1	?	1	ⓒ
IV	0	2	?	1	2	0

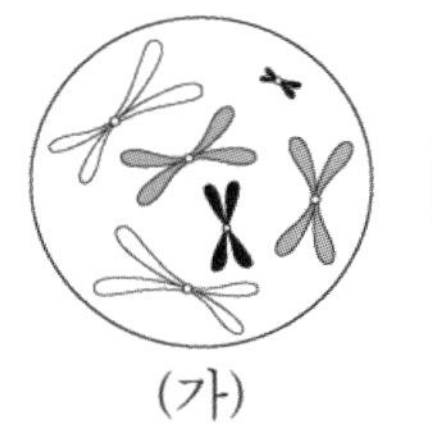
(가)

(나)

이에 대한 설명으로 옳은 것만을 <보기>에서 있는 대로 고르시오. (단, 돌연변이와 교차는 고려하지 않으며, A, a, B, b, D, d 각각의 1개당 DNA 상대량 1이다.)

<보 기>

ㄱ. (가)는 I이다.
ㄴ. IV는 Q의 세포이다.
ㄷ. ⓐ+ⓑ+ⓒ=6이다.

21 2024학년도 수능 15번

사람의 유전 형질 (가)는 서로 다른 상염색체에 있는 2쌍의 대립유전자 H와 h, T와 t에 의해 결정된다. 표는 어떤 사람의 세포 ㉠~㉢에서 H와 t의 유무를, 그림은 ㉠~㉢에서 대립유전자 ⓐ~ⓓ의 DNA 상대량을 나타낸 것이다. ⓐ~ⓓ는 H, h, T, t를 순서 없이 나타낸 것이다.

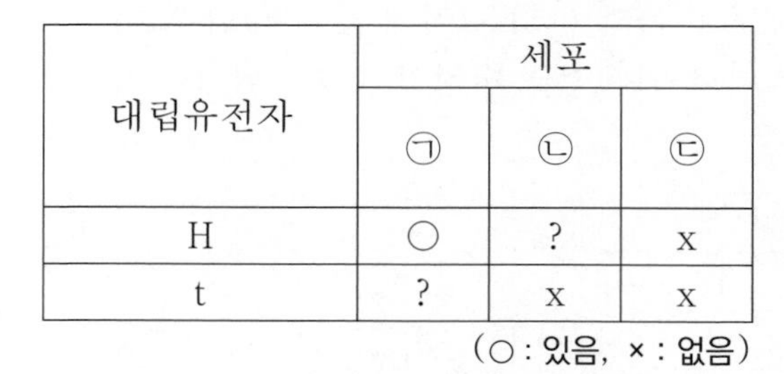

대립유전자	세포		
	㉠	㉡	㉢
H	○	?	x
t	?	x	x

(○ : 있음, × : 없음)

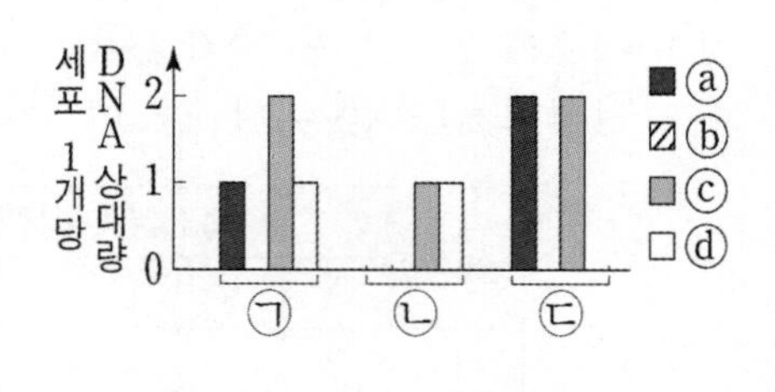

이에 대한 설명으로 옳은 것만을 <보기>에서 있는 대로 고르시오. (단, 돌연변이와 교차는 고려하지 않으며, H, h, T, t 각각의 1개당 DNA 상대량은 1이다.)

<보 기>

ㄱ. ⓐ는 ⓒ와 대립유전자이다.
ㄴ. ⓓ는 H이다.
ㄷ. 이 사람에게서 h와 t를 모두 갖는 생식세포가 형성될 수 있다.

22 2025학년도 9월 평가원 16번

사람의 유전 형질 ㉮는 서로 다른 3개의 상염색체에 있는 3쌍의 대립유전자 A와 a, B와 b, D와 d에 의해 결정된다. 표는 사람 P의 세포 (가)~(다)에서 대립유전자 ㉠~㉣의 유무와 A와 B의 DNA 상대량을 나타낸 것이다. (가)~(다)는 생식세포 형성 과정에서 나타나는 중기의 세포이고, (가)~(다) 중 2개는 G_1기 세포 I로부터 형성되었으며, 나머지 1개는 G_1기 세포 II로부터 형성되었다. ㉠~㉣은 A, a, b, D를 순서 없이 나타낸 것이다.

세포	대립유전자				DNA 상대량	
	㉠	㉡	㉢	㉣	A	B
(가)	×	?	○	○	?	2
(나)	○	×	?	×	?	2
(다)	×	×	○	×	2	?

(○: 있음, ×: 없음)

이에 대한 설명으로 옳은 것만을 <보기>에서 있는 대로 고르시오. (단, 돌연변이와 교차는 고려하지 않으며, A, a, B, b, D, d 각각의 1개당 DNA 상대량은 1이다.)

<보 기>

ㄱ. ㉡은 b이다.
ㄴ. I로부터 (다)가 형성되었다.
ㄷ. P의 ㉮의 유전자형은 AaBbDd이다.

23 2025학년도 수능 14번

사람의 유전 형질 ㉮는 서로 다른 3개의 상염색체에 있는 3쌍의 대립유전자 A와 a, B와 b, D와 d에 의해 결정된다. 표는 사람 P의 세포 (가)~(라)에서 대립유전자 ㉠~㉣의 유무와 a, B, D의 DNA 상대량을 더한 값(a+B+D)을 나타낸 것이고, 그림은 정자가 형성되는 과정을 나타낸 것이다. (가)~(라)는 생식세포 형성 과정에서 나타나는 세포이고, (가)~(라) 중 2개는 G_1기 세포 I로부터 형성되었으며, 나머지 2개는 G_1기 세포 II와 III으로부터 형성되었다. ㉠~㉣은 A, a, b, D를 순서 없이 나타낸 것이고, ⓐ와 ⓑ는 II로부터 형성된 중기의 세포이며, ⓐ는 (가)~(라) 중 하나이다.

세포	대립유전자				a+B+D
	㉠	㉡	㉢	㉣	
(가)	×	○	×	×	4
(나)	×	?	○	×	3
(다)	○	×	○	×	2
(라)	×	?	?	○	1

(○: 있음, ×: 없음)

이에 대한 설명으로 옳은 것만을 <보기>에서 있는 대로 고르시오. (단, 돌연변이와 교차는 고려하지 않으며, A, a, B, b, D, d 각각의 1개당 DNA 상대량은 1이다.)

<보 기>

ㄱ. ㉣은 A이다.

ㄴ. I로부터 (다)가 형성되었다.

ㄷ. ⓑ에서 a, b, D의 DNA 상대량을 더한 값은 4이다.

memo

Part

03 사람의 유전

PART 3. 사람의 유전에서는 시험지에서 킬러 역할을 하는 추론형 문항들이 출제된다.
문항 구성의 Variation이 매우 다양하고 호흡이 길며, 신유형도 빈번하게 출제되어
학습자에게 있어서는 가장 어려운 PART라고 할 수 있다.

난도가 킬러 급인 데다 신유형이 빈번하게 출제된다면
기출 학습만으로 앞으로 출제될 문항에 대응할 수 있을까에 대한 의문점이 남는 것은 사실이다.

그동안 평가원이 킬러 문항을 출제해 온 방식은
(1) 아예 새로운 유형을 제시하거나,
(2) 기존에 출제되었던 유형에서 구성에 Variation을 주고 호흡을 늘리는 방식이었다.

아예 새로운 유형을 제시한다면 어떤 컨텐츠로도 완벽한 대비는 불가능하다.
결국 시험장에서 신유형에 대한 대응 능력은 추론력과 순발력이 결정하는데,
'적중'보다는 '추론 연습'에 의의를 두며 N제와 실전 모의고사를 통해 계속 감각을 끌어올리는 것이 중요하다.

기존에 출제되었던 유형이 강화되는 경우는 기출 학습을 통해 문항 구성마다 가장 효율적인 사고 순서를 갖추어야 한다. 이번 PART에서 기출 학습이 가지는 의미는 "유형의 정복"이 아니라 "기존에 출제되었던 문항 구성의 매뉴얼화"에 있다. 기출 문항의 논리를 바탕으로 필요한 명제와 사고 순서를 숙지하여 앞으로 출제될 논리가 강화된 문항에도 똑같이 적용해낼 수 있어야 한다.

이번 PART는 다음 두 개의 THEME로 구성된다.

❶ THEME 01 : 여러 가지 유전
❷ THEME 02 : 가계도 분석

THEME 01. 여러 가지 유전에서는 사람의 유전에서 표현형/유전자형의 확률과 가짓수의 계산이 Main이 되는 유형을 다룬다. 대표적으로 다인자 문항이 있다. 문항마다 난도 차이가 큰 편이고, 어떤 유전을 다루느냐에 따라 풀이의 방향성이 크게 달라져 확실한 정리가 필요하다.
METHOD를 통해 문항 구성의 Variation을 숙지하고, 선별된 주요 기출 문항들을 통해 충분히 연습하자.

THEME 02. 가계도 분석에서는 사람의 유전에서 가계도와 추가 정보를 통해 가계도 구성원의 유전자 배치를 분석하는 유형을 다룬다. 가계도 그림이 제시되는 게 일반적이지만, 단일 가족(부모와 자손만 있는) 구성에서는 가계도 그림 대신 표로 제시되기도 한다.
거의 모든 시험에서 킬러급 문항으로 출제되고, 꾸준히 자료나 조건의 Variation이 등장하고 있다.
그렇기에 만점을 노리는 경우가 아니라면 결국 킬러 정복을 포기하는 학습자가 많다.
기출을 바탕으로 그 논리와 사고 순서를 익혀 어느 정도 Base를 쌓은 뒤
N제 등의 컨텐츠로 꾸준히 연습하여 킬러 정복에 도전하기를 바란다.

THEME 01. 여러 가지 유전

IDEA.

여러 가지 유전은 예제와 유제 선별에 있어서 가장 큰 고민을 거친 THEME다.
그 이유는 2021학년도부터 교육과정이 바뀌며 그 내용이 가장 크게 수정되었기 때문이다.
학습자가 교육과정이 어떻게 달라졌는지까지 자세히 알 필요는 없지만
앞으로 출제되지 않을 불필요한 유형까지 학습할 이유는 없다.

이번 THEME에서 METHOD와 문항 선별의 가장 큰 목표는 이번 교육과정과 최근의 흐름을 잘 살려서,
가장 어렵고 중요한 문항 구성들에 대한 확실한 분석과 정리를 제시하는 것이다.

METHOD에서는 불필요한 개념과 내용들은 다 쳐냈고,
앞으로 평가원에서 자주 보게 될 구성만을 소개하겠다.
물론, 옛날 교육과정의 문제 중에서도 필요한 부분은 빼놓지 않고 가져왔다.
문항의 구성에 대해 먼저 살펴보고, 예제를 통해 METHOD를 연습하자.

comment

이전 교육과정 문제의 발문에서 사람이 아닌 동물이나 식물의 유전을 다루는 부분은 "사람의 유전" PART의 이름과는 차이가 있는 부분이다.

METHOD #0. 교육과정 변경과 출제 요소

여러 가지 유전에서 문항 선별과 METHOD 구성에서 가장 신경 썼던 부분은 교육과정과 최근 트렌드에 관한 부분이다. 먼저 교육과정의 변화를 간략하게 소개하겠다.

2009 교육과정	2015 교육과정
멘델 법칙을 바탕으로 유전의 기본 원리를 이해한다. (독립의 법칙, 분리의 법칙, 연관, 교차 등의 개념 포함)	내용 삭제

이전 교육과정에서는 "멘델 법칙"에 대한 분명한 언급이 있었고, 멘델 법칙과 그 예외를 직접적으로 이용하여 푸는 "멘델 유전" 유형과 "비멘델 유전" 유형이 각각 따로 출제되었다. 하지만 이번 교육과정에서는 이 내용이 완전히 삭제되어 직접 출제 범위가 아니게 되었고, "멘델 유전" 유형이 출제되지 않고 있다.

이에 따라 문항 선별 기준은 **"교육과정상 출제될 수 있는 유형인가?"**였고,
METHOD에서는 그중에서도 이번 교육과정에서 평가원이 출제한 부분을 집중적으로 다루었다.

METHOD #0. 【여러 가지 유전】 유형의 문항 구성

【여러 가지 유전】에서는 유전 형질에 대한 정보를 표현형과 유전자형의 가짓수, 확률의 형태로 제시한다.

유형의 기본적인 문항 구조는 다음과 같다.

(1) 문항의 Structure

❶ 유전 형질이 제시됨 → 각 유전 형질은 완전 우성/중간/복대립/다인자 중 하나임
→ Ex) (가)~(다) 중 2가지 형질은 각 유전자형에서 **대문자로 표시되는 대립유전자가 소문자로 표시되는 대립유전자에 대해 완전 우성(=완전 우성 유전)**이다. 나머지 한 형질을 결정하는 대립유전자 사이의 **우열 관계는 분명하지 않고, 3가지 유전자형에 따른 표현형이 모두 다르다(=중간 유전).**

❷ 아버지와 어머니 사이에서 자녀가 태어나는 상황이 제시됨
→ Ex) **아버지와 어머니 사이에서 ⓐ가 태어날 때**

❸ 아버지와 어머니의 유전자형과 표현형의 정보가 일부 제시될 수 있음
→ Ex) **유전자형이 AaBbDd인 아버지와 AaBBdd인 어머니**

❹ 태어난 자녀가 가질 수 있는 유전자형과 표현형의 정보가 확률과 가짓수의 형태로 제시됨
→ Ex) ⓐ에게서 나타날 수 있는 **표현형은 최대 8가지**이다.

부모 사이에서 아이가 태어나는 상황에서 부모와 자손에 대한 정보가 일부 제시되고,
이를 통해 유전 형질에 대한 정보를 완벽하게 알아내면 된다.
이를 위해서는 (1) 각 유전 형질의 특징과 사용되는 명제 숙지, (4) 확률과 가짓수에 대한 해석 능력이 필요하다.

문항에서는 어떤 유전 형질들이 등장하느냐에 따라 유형이 나뉜다.
먼저 유전 형질(완전 우성/중간/복대립/다인자) 별로 어떤 논리와 해석이 사용되는지 정리하고,
기출 문항을 통해 논리를 연습해보자.

METHOD #0. 【여러 가지 유전】 유형의 유전 형질 분석

【여러 가지 유전】에서는 어떤 유전 형질이 제시되느냐에 따라 추론의 방향성이 달라진다.
기본적으로 (1) 완전 우성 & 중간 유전, (2) 복대립 유전, (3) 다인자 유전의 유전 형질이 출제된다.
가장 흔히 출제되는 구성은 (3) 다인자 유전이 단독으로 출제되는 경우와 (1) 완전 우성 & 중간 유전과 (2) 복대립 유전이 함께 출제되는 경우이다.

(1) 완전 우성 & 중간 유전

완전 우성 유전과 중간 유전은 모두 상염색체 유전에 해당하여 함께 묶여서 출제되는 경우가 많다.
완전 우성 & 중간 유전의 문항 구성에 대해 간단히 읽어본 다음,
독립으로 출제되는 경우와 연관으로 출제되는 경우 각각의 출제 요소에 대해 정리하자.

완전 우성 & 중간 유전의 문항 구성

다음은 어떤 식물의 유전 형질 ㉠~㉣에 대한 자료이다.

- ㉠은 대립유전자 A와 a에 의해, ㉡은 대립유전자 B와 b에 의해, ㉢은 대립유전자 D와 d에 의해, ㉣은 대립유전자 E와 e에 의해 결정된다.
- ㉠~㉣ 중 3가지 형질은 각 유전자형에서 대문자로 표시되는 대립유전자가 소문자로 표시되는 대립유전자에 대해 완전 우성이다. 나머지 한 형질을 결정하는 대립유전자 사이의 우열 관계는 분명하지 않고, 3가지 유전자형에 따른 표현형이 모두 다르다.
- 유전자형이 AaBbDdEe인 개체를 자가 교배하여 얻은 자손(F_1) 3200 개체의 표현형은 18가지이다.
- 유전자형이 AABbddEe인 개체와 AaBbDDee인 개체를 교배하여 얻은 자손(F_1) 3200 개체의 표현형은 3가지이며, 이 개체들에서 유전자형이 AabbDdEe인 개체가 있다.

❶ 완전 우성 유전이 독립으로 출제되는 경우

"유전 형질 (가)는 상염색체에 있는 대립유전자 A와 a에 의해 결정되고, A는 a에 대해 완전 우성이다."
위와 같은 전제 하에, 다음과 같은 사항들을 정리할 수 있다.

1) [자손에서 나타날 수 있는 **유전자형 가짓수**] ≥ [**표현형 가짓수**]이다.

2) **유전자형 가짓수**의 해석 : 자손의 유전자형 가짓수가..
- **3가지**인 경우 : 부모의 유전자형은 모두 Aa이다.
- **2가지**인 경우 : 부모 중 한 사람의 유전자형은 Aa이고, 나머지 한 사람은 AA와 aa 중 하나이다.
- **1가지**인 경우 : 부모의 유전자형은 모두 동형 접합성이다.

3) **표현형 가짓수**의 해석 : 자손의 표현형 가짓수가..
- **2가지**인 경우 : 부모 중 적어도 한 사람의 유전자형이 Aa이다.
- **1가지**인 경우 : 부모 중 한 사람의 유전자형이 AA이거나, 부모 모두 aa이다.

4) 유전자형과 표현형의 확률에 대한 대전제

확률값으로는 0, $\frac{1}{4}$, $\frac{1}{2}$, $\frac{3}{4}$, 1이 가능하다.

모두 $\frac{k}{2^n}$ 형태인데, 이때 n은 부모에서 존재하는 "이형 접합성 유전자형"의 수이다.

아래의 논리를 통해 이해해보자.

5) **유전자형 확률**의 해석 : 자손의 특정 유전자형에 대한 확률이..
- 1인 경우 : 부모의 유전자형은 모두 동형 접합성이다.
- $\frac{1}{2}$인 경우 : 부모에서 존재하는 이형 접합성 유전자형의 수가 1 이상이어야 한다. 부모 중 한 사람의 유전자형이 Aa이다.
- $\frac{1}{4}$인 경우 : 부모에서 존재하는 이형 접합성 유전자형의 수가 2여야 한다. 부모의 유전자형은 모두 Aa이다.

*자손의 유전자형이 부모와 같을 확률이 0인 경우 : 부모의 유전자형은 각각 AA와 aa이다.

6) **표현형 확률**의 해석 : 자손의 특정 표현형에 대한 확률이..
- 1인 경우 : [A]에 대한 확률이 1이라면, 부모 중 한 사람의 유전자형이 AA이다. [a]에 대한 확률이 1이라면, 부모의 유전자형은 모두 aa이다.
- $\frac{1}{2}$인 경우 : 부모의 유전자형은 각각 Aa와 aa이다.
- $\frac{1}{4}$ 또는 $\frac{3}{4}$인 경우 : 부모의 유전자형은 모두 Aa이다.

❷ 중간 유전이 독립으로 출제되는 경우

“유전 형질 (가)는 상염색체에 있는 대립유전자 A와 a에 의해 결정되고, 대립유전자 사이의 우열 관계는 분명하지 않다.(OR 유전자형이 다르면 표현형이 다르다.)”

위와 같은 전제 하에, 다음과 같은 사항들을 정리할 수 있다. (추가된 논리에는 ** 표시를 해두었다.)

1) [자손에서 나타날 수 있는 **유전자형 가짓수**] ≥ [**표현형 가짓수**]이다.

2) **유전자형 가짓수**의 해석 : 자손의 유전자형 가짓수가..
   - **3가지**인 경우 : 부모의 유전자형은 모두 Aa이다.
   - **2가지**인 경우 : 부모 중 한 사람의 유전자형은 Aa이고, 나머지 한 사람은 AA와 aa 중 하나이다.
   - **1가지**인 경우 : 부모의 유전자형은 모두 동형 접합성이다.

3) **표현형 가짓수**의 해석 : 자손의 표현형 가짓수가..
   - ****3가지**인 경우 : 부모의 유전자형은 모두 Aa이다.
   - **2가지**인 경우 : 부모 중 한 사람의 유전자형은 Aa이고, 나머지 한 사람은 AA와 aa 중 하나이다.
   - **1가지**인 경우 : 부모의 유전자형은 모두 동형 접합성이다.

4) 유전자형과 표현형의 확률에 대한 대전제

   확률값으로는 0, $\frac{1}{4}$, $\frac{1}{2}$, $\frac{3}{4}$, 1이 가능하다.

   모두 $\frac{k}{2^n}$ 형태인데, 이때 n은 부모에서 존재하는 “이형 접합성 유전자형”의 수이다.

5) **유전자형 확률**의 해석 : 자손의 특정 유전자형에 대한 확률이..
   - 1인 경우 : 부모의 유전자형은 모두 동형 접합성이다.
   - $\frac{1}{2}$인 경우 : 부모 중 한 사람의 유전자형이 Aa이다.
   - $\frac{1}{4}$인 경우 : 부모의 유전자형은 모두 Aa이다.

   *자손의 유전자형이 부모와 같을 확률이 0인 경우 : 부모의 유전자형은 각각 AA와 aa이다.

6) **표현형 확률**의 해석 : 자손의 특정 표현형에 대한 확률이..
   - 1인 경우 : $[A]$에 대한 확률이 1이라면, 부모 중 한 사람의 유전자형이 AA이다. [a]에 대한 확률이 1이라면, 부모의 유전자형은 모두 aa이다.
   - $\frac{1}{2}$인 경우 : 부모의 유전자형은 각각 Aa와 aa이다.
   - $\frac{1}{4}$ 또는 $\frac{3}{4}$인 경우 : 부모의 유전자형은 모두 Aa이다.

   **자손의 표현형이 부모와 같을 확률이 0인 경우 : 부모의 유전자형은 각각 AA와 aa이다.

관련 기출 문항은 복대립 유전까지 학습한 뒤 예제 (1)을 통해 연습하자.

❸ 연관되어 출제되는 경우

〈연관된 경우〉

연관 여부를 제시 → **직접 어떤 Case가 나오는지 나열**

연관되어 출제되는 경우는 어떻게 연관이 되어있는지 그 여부를 제시할 확률이 높다.

연관 여부를 알려주지 않아 이를 따져봐야 하는 '연관 추론' 문항이 출제될 수 있는데, 이는 조건을 통해 대립 유전자가 연관되어 있는가의 유무를 먼저 따져야 한다.

〈연관 여부가 제시되지 않은 경우〉

조건을 통해 연관 여부를 추론 → **직접 어떤 Case가 나오는지 나열**

연관된 완전 우성&중간 유전의 문항 구성

다음은 사람의 유전 형질 ㉠과 ㉡에 대한 자료이다.

○ ㉠은 대립유전자 A와 a에 의해 결정되며, A가 a에 대해 완전 우성이다.
○ ㉡을 대립유전자 B와 b에 의해 결정되며, 유전자형이 다르면 표현형이 다르다.
○ 그림 (가)는 남자 P의, (나)는 여자 Q의 체세포에 들어 있는 일부 염색체와 유전자를 나타낸 것이다.

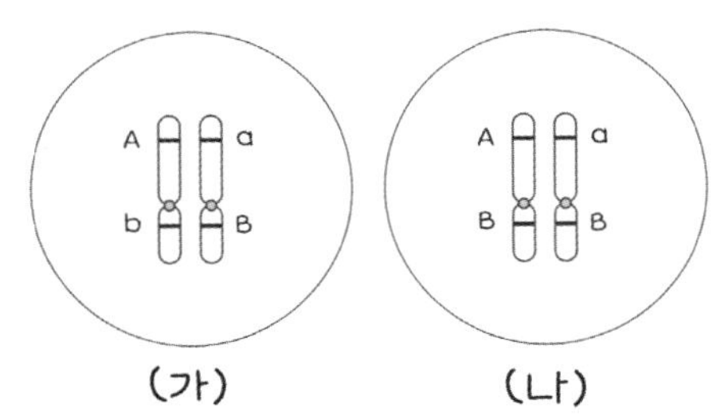

남자 P와 여자 Q 사이에서 자손이 태어날 때, 자손에게서 나타날 수 있는 ㉠과 ㉡에 대한 표현형을 직접 나열해보자.

중간 유전인 ㉡을 먼저 살펴보면, 자손은 BB와 Bb를 가질 수 있다.
이를 바탕으로 ㉠에 대한 표현형을 나타내면 다음과 같다.

(1)	BB	Aa
(2)		aa
(3)	Bb	A_

따라서 위의 그림과 같이 연관되어 있는 상황에서 자손이 태어날 때,
자손에게서 나타날 수 있는 ㉠과 ㉡에 대한 표현형은 최대 3가지이다.

(2) 복대립 유전

복대립 유전의 대표적인 출제 요소는 표현형의 가짓수와 확률을 통해 유전자의 우열을 판단하는 것이다.

〈복대립 유전의 출제 요소〉

표현형의 가짓수와 확률 → 유전자의 우열 판단

❶ 완전 우성인 경우

〈완전 우성 복대립에서 활용 가능한 논리〉

(1) 부모와 다른 표현형이 자손에서 발현되는 경우 자손의 표현형은 최우성 형질이 아니다.

(2) 자손의 표현형이 3가지 나오는 경우 부모와 다른 표현형이 최열성 형질이다.

+α 자손의 표현형이 3가지 나오는 경우 부모에서 겹치는 대립유전자가 최열성 대립유전자이다.

복대립-완전 우성의 문항 구성

다음은 어떤 동물의 깃털 색 유전에 대한 자료이다.

- 깃털 색은 상염색체에 있는 1쌍의 대립유전자에 의해 결정되며, 대립유전자에는 B, C, D가 있다.
- B는 C, D 각각에 대해 완전 우성이고, C는 D에 대해 완전 우성이다.
- 깃털 색의 표현형은 3가지이며, 갈색, 붉은색, 회색이다.
- 갈색 깃털 암컷과 붉은색 깃털 수컷 사이에서 갈색 깃털 자손, 붉은색 깃털 자손, 회색 깃털 자손이 태어났다.
- 붉은색 깃털 암컷과 붉은색 깃털 수컷 사이에서 갈색 깃털 자손과 붉은색 깃털 자손이 태어났다.

위의 예시는 유전자의 우열이 분명한 복대립 유전이다. 조건을 통해 유전자의 우열을 판단해보자.

(1) 유전자의 우열 관계는 B 〉 C 〉 D이다.
(2) 갈색 깃털 개체와 붉은색 깃털 개체 사이에서 갈색, 붉은색, 회색 깃털 개체가 태어날 수 있다.
(3) 붉은색 깃털 개체 사이에서 갈색, 붉은색 깃털 개체가 태어날 수 있다.

(2)에서 자손의 표현형은 3가지이다. 부모는 갈색, 붉은색이므로 부모와 다른 회색이 최열성 형질이다.
→ 회색이 최열성 형질이다.

(3)에서 갈색은 최우성 형질이 아니다.
→ 붉은색이 최우성 형질이다.

B	C	D
붉은색 깃털	갈색 깃털	회색 깃털

대립유전자와 표현형을 연결한 위의 표를 바탕으로 앞서 정리한 논리에서의 "+α"를 설명하겠다.
(2)의 상황을 가져오면, 자손에서 나올 수 있는 표현형을 고려하지 않은 상태에서
부모 중 붉은색 깃털 개체의 유전자형은 [B?]이고 갈색 깃털 개체는 [C?]이다.
그런데 자손에서 회색 깃털 개체가 태어나기 위해서는 부모 모두 대립유전자 D를 가져야 하므로
붉은색 깃털 개체의 유전자형은 [BD], 갈색 깃털 개체는 [CD]로 확정된다.
따라서 부모에서 겹치는 대립유전자 D가 최열성 대립유전자인 것이다.

❷ 공동 우성이 포함된 경우

복대립에 공동 우성이 포함될 수 있다. 이해를 돕기 위해 ABO 유전을 생각해보자. 한 쌍의 대립유전자로 형질이 결정되니 다인자 유전은 아니고, 대립유전자의 종류가 3개 이상이니 복대립 유전이지만, A와 B 사이의 우열이 분명하지 않아 A와 B를 모두 가진 사람은 AB형이 발현된다.

복대립-공동 우성의 경우 가계도에서 주로 출제되지만 여러 가지 유전에서도 출제될 수 있다.
아래에는 대립유전자가 **3개**일 때 공동 우성 복대립 유전에서 활용 가능한 논리를 정리하였다.
현재까지 4개 이상의 대립유전자를 갖는 복대립 유전은 출제된 적이 없고, 없을 것이라 조심히 예상해본다.

〈공동 우성 복대립에서 활용 가능한 논리〉

(1) 표현형의 개수 = 대립유전자의 수 + 공동 우성(=)의 개수
(ex. 대립유전자가 4개고 표현형이 5가지 → 공동 우성(=)이 존재함)

(2) 자손에서 부모와 다른 표현형 2가지가 나오는 경우 부모의 유전자형 구성은
[① ③] X [② ③] 또는 [① ②] X [③ ③]을 따른다.

(3) 자손의 표현형이 4가지 나오는 경우 부모의 유전자형 구성은
[① ③] X [② ③]을 따른다.

복대립- 공동 우성의 문항 구성

다음은 사람의 유전 형질 ㉠에 대한 자료이다.

- ㉠과 ㉡을 결정하는 유전자는 서로 다른 상염색체에 존재한다.
- ㉠은 한 쌍의 대립유전자에 의해 결정되며, 대립유전자에는 D와 D^*가 있다.
- ㉡은 한 쌍의 대립유전자에 의해 결정되며, 대립유전자에는 E, F, G가 있다. 유전자형이 EE인 사람과 EF인 사람의 표현형은 같고, 유전자형이 FG인 사람과 GG인 사람의 표현형은 같다.
- ㉠과 ㉡의 유전자형이 DD^*EF인 여자와 DD^*FG인 남자 사이에서 아이가 태어날 때, 이 아이에게서 나타날 수 있는 표현형은 최대 12가지이다.

위의 예시는 복대립-공동 우성과 완전 우성&중간 유전이 함께 출제된 유형이다. 해석해보자.

(1) 조건을 통해 유전 형질을 정리하자. 다음과 같은 우열 관계가 성립한다.

| D ? D* |, | E > F |, | G > F |

(2) DD^*EF와 DD^*FG 사이에서 태어나는 자손에서 최대 12가지의 표현형이 나온다.

㉡에 대한 우열을 어느 정도 알고 있으므로 먼저 따져보면,
EF, EG, FF, FG와 같은 자손이 태어날 때 E or G > G or E > F라면 최대 3가지의 표현형이 나오고,
E = G > F라면 각각 E, G, EG, F가 발현되어 최대 4가지의 표현형이 나온다.

→ 단일 인자 유전에서 2개의 유전자로는 어떤 우열 관계를 가지더라도 최대 3가지의 표현형 밖에 나오지 못하므로, ㉠에서 3가지 표현형이 나와야 한다.

(3) 다인자 유전

여러 가지 유전 유형의 문항 구성

다음은 사람의 유전 형질 ㉠과 ㉡에 대한 자료이다.

- ㉠은 대립유전자 A와 a에 의해 결정되며, 유전자형이 다르면 표현형이 다르다.
- ㉡을 결정하는 3개의 유전자는 각각 대립유전자 B와 b, D와 d, E와 e를 갖는다
- ㉡의 표현형은 유전자형에서 대문자로 표시되는 대립유전자의 수에 의해서만 결정되며, 이 대립유전자의 수가 다르면 표현형이 다르다.
- 그림 (가)는 남자 P의, (나)는 여자 Q의 체세포에 들어 있는 일부 염색체와 유전자를 나타낸 것이다.

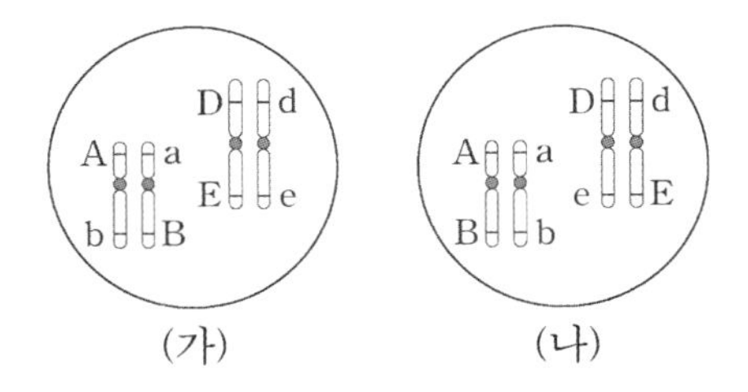

다인자 유전은 독립이냐 연관이냐에 따라 풀이의 방향성이 매우 달라진다.
다인자 유전은 독립인지 연관인지, 연관이라면 어떻게 연관되어 있는지에 대한 Variation도 매우 다양하고 Case도 많이 나와 나열하기도 쉽지 않기에 이를 어려워하는 학습자가 많다.
어떤 문항 구성으로 출제되는지 하나씩 정리해보자.

〈다인자 유전의 문항 구성〉

(1) 다인자 only, 독립 → 다인자 유전이 서로 다른 상염색체에 존재하는 경우
(2) 다인자 only, 연관 → 일부 다인자 유전자가 서로 같은 상염색체에 존재하는 경우
(3) 다인자 with, 연관 → 일부 다인자 유전자가 완전 우성/중간/복대립과 같은 상염색체에 존재하는 경우

다인자 유전의 문항 구성 각각에 대해서는 이어지는 METHOD에서 정리하겠다.

METHOD #0. 【여러 가지 유전】 유형의 기출 분석

구분	완전 우성 & 중간	복대립	다인자	
유형 1	O	O	X	예제 1
유형 1	O	O	X	예제 2
유형 2	X	X	Only, 독립	예제 3
유형 3	O	X	Only, 연관	예제 4
유형 4	With 다인자	X	With, 연관	예제 5

(1) 유형 1 : [완전 우성&중간, 복대립] 유형

첫 번째 유형은 [완전 우성&중간, 복대립] 유형이다.
완전 우성, 중간, 복대립 유전이 출제되며 2015 교육과정이 적용된 9번의 평가원 시험에서 6번 출제되었고,
3번의 수능에 모두 출제되었다.
제시되는 정보는 확률/가짓수 조건이다. 이를 문제 조건에 따라 해석하고 그 결과를 종합해야 한다.

이 유형의 가장 큰 특징은 단일인자 유전으로만 문항이 구성된다는 것이다.
각 형질이 독립으로 제시되는 경우가 지배적이었는데, 유전 형질의 정보를 독립적으로 분석하기만 하면 된다.
앞서 정리한 것처럼 표현형의 가짓수나 확률값이 복잡하지 않아 부담 느끼지 않아도 된다.

2023학년도 수능에서 처음으로 이 유형에 연관이 활용되었는데,
제시된 확률값을 만족하는 유전자 배치를 찾아내는 문제로 설계되었다.
확률값이 유전자형과 그 배치에서 의미하는 바를 이해할 수 있어야 한다.
해당 문제는 유제에 실려있으니 이 점을 챙겨서 학습할 수 있도록 하자.

예제(1) 2021학년도 9월 평가원 11번

다음은 사람의 유전 형질 (가)~(다)에 대한 자료이다.

- (가)~(다)의 유전자는 서로 다른 3개의 상염색체에 있다.
- (가)는 대립유전자 A와 A^*에 의해 결정되며, A는 A^*에 대해 완전 우성이다.
- (나)는 대립유전자 B와 B^*에 의해 결정되며, 유전자형이 다르면 표현형이 다르다.
- (다)는 1쌍의 대립유전자에 의해 결정되며, 대립유전자에는 D, E, F, G가 있고, 각 대립유전자 사이의 우열 관계는 분명하다. (다)의 표현형은 4가지이다.
- 유전자형이 ㉠ AA^*BB^*DE인 아버지와 AA^*BB^*FG인 어머니 사이에서 아이가 태어날 때, 이 아이에게서 나타날 수 있는 표현형은 최대 12가지이다.
- 유전자형이 $AABB^*DF$인 아버지와 AA^*BBDE인 어머니 사이에서 아이가 태어날 때, 이 아이의 표현형이 어머니와 같을 확률은 $\frac{3}{8}$이다.

유전자형이 AA^*BB^*DF인 아버지와 AA^*BB^*EG인 어머니 사이에서 아이가 태어날 때, 이 아이의 표현형이 ㉠과 같을 확률은? (단, 돌연변이는 고려하지 않는다.)

METHOD #1. 유형 확인 & 조건 정리

유형 확인하기

완전 우성 & 중간	복대립	다인자
(가), (나)	(다)	X

[완전 우성&중간, 복대립] 유형이다. 각 조건을 독립적으로 해석하고 결과를 종합하자.

조건 정리하기

(1) 유전자형이 AA^*BB^*DE인 아버지와 AA^*BB^*FG인 어머니 사이에서 아이가 태어날 때, 이 아이에게서 나타날 수 있는 표현형은 최대 12가지이다.

(2) 유전자형이 $AABB^*DF$인 아버지와 AA^*BBDE인 어머니 사이에서 아이가 태어날 때, 이 아이의 표현형이 어머니와 같을 확률은 $\frac{3}{8}$이다.

METHOD #2. 조건 해석 & 결과 종합

1. 조건 해석하기

[완전 우성&중간, 복대립] 유형에서 각 조건은 독립적으로 해석한다.

(1) (가)에서는 2가지, (나)에서는 3가지 표현형이 나온다.

따라서 DE X FG = DF/DG/EF/EG → 2가지 표현형이 나와야 한다.
어떤 형질이 우성이냐에 따라 2가지 표현형이 되는 Case가 너무 많이 발생하므로 일단 Pass하자.

(2) (가)가 같을 확률은 1, (나)가 같을 확률은 $\frac{1}{2}$

DF X DE = DD/DE/DF/EF → DE와 표현형이 같을 확률이 $\frac{3}{4}$

DD/DE/DF/EF → DE와 같을 확률이 $\frac{3}{4}$이므로

DD/DE/DF/EF 중 3개는 DE와 표현형이 같다.
E 〉 D일 때, 조건을 만족하려면 DD/DE/DF/EF 중 E가 발현되는 경우가 세 가지여야 하는데, DD와 DF는 E가 발현될 수 없으므로 모순이다.
D 〉 E이고, 조건을 만족하려면 DD/DE/DF/EF 중 DD, DE, DF는 D가 발현되어야 하므로 D 〉 F이다.

2. 결과 종합하기

D 〉 E, D 〉 F, DF/DG/EF/EG → 2가지 표현형을 종합하여 Data Table을 완성하자.

D 〉 F이므로 DF는 D가 발현되고, EF는 E와 F 중 우성인 형질이 발현될 것이다.
즉, 이미 2가지 표현형이 확정적으로 등장하므로 DG와 EG에서는 새로운 표현형이 등장하면 안 된다.

G 〉 E이거나 G 〉 D이면 반드시 3가지 이상의 표현형이 나와 모순이다.
즉, DF/DG/EF/EG → D & E라는 결론을 얻을 수 있다. (F 〉 E면 3가지 표현형이 나온다.)

종합하면 D 〉 E / D 〉 F / D 〉 G / E 〉 G / E 〉 F 이다.

METHOD #3. Data Table 완성

Data Table :

$A > A^*$	$B = B^*$	$D > E > 3 > 4$

F와 G의 우열은 알 수 없다.

유전자형이 AA^*BB^*DF인 아버지와 AA^*BB^*EG인 어머니 사이에서 아이가 태어날 때,
이 아이의 표현형이 ㉠과 같을 확률은?

→AA^*BB^*DE와 표현형이 같으려면 A, BB^*, D를 가져야 한다.

$\therefore\ \frac{3}{4}\times\frac{1}{2}\times\frac{1}{2}=\frac{3}{16}$

예제(2) 2021학년도 수능 13번

다음은 사람의 유전 형질 (가)~(다)에 대한 자료이다.

- (가)~(다)의 유전자는 서로 다른 3개의 상염색체에 있다.
- (가)는 대립유전자 A와 A^*에 의해 결정되며, A는 A^*에 대해 완전 우성이다.
- (나)는 대립유전자 B와 B^*에 의해 결정되며, 유전자형이 다르면 표현형이 다르다.
- (다)는 1쌍의 대립유전자에 의해 결정되며, 대립유전자에는 D, E, F가 있고, 각 대립유전자 사이의 우열 관계는 분명하다.
- (나)와 (다)의 유전자형이 BB^*DF인 아버지와 BB^*EF인 어머니 사이에서 ㉠이 태어날 때, ㉠에게서 나타날 수 있는 (가)~(다)의 표현형이 최대 12가지이고, (가)~(다)의 표현형이 모두 아버지와 같을 확률은 $\frac{3}{16}$이다.
- 유전자형이 AA^*BBDE인 아버지와 $A^*A^*BB^*DF$인 어머니 사이에서 ㉡이 태어날 때, ㉡의 (가)~(다)의 표현형이 모두 어머니와 같을 확률은 $\frac{1}{16}$이다.

이에 대한 설명으로 옳은 것만을 <보기>에서 있는 대로 고르시오. (단, 돌연변이는 고려하지 않는다.)

〈보 기〉

ㄱ. D는 E에 대해 완전 우성이다.
ㄴ. ㉠이 가질 수 있는 (가)의 유전자형은 최대 3가지이다.
ㄷ. ㉡의 (가)~(다)의 표현형이 모두 아버지와 같을 확률은 $\frac{1}{8}$이다.

METHOD #1. 유형 확인 & 조건 정리

유형 확인하기

완전 우성 & 중간	복대립	다인자
(가), (나)	(다)	X

[완전 우성&중간, 복대립] 유형이다. 각 조건을 독립적으로 해석하고 결과를 종합하자.

조건 정리하기

(1) (나)와 (다)의 유전자형이 BB^*DF인 아버지와 BB^*EF인 어머니 사이에서 ㉠이 태어날 때, ㉠에게서 나타날 수 있는 (가)~(다)의 표현형이 최대 12가지이다.

(2) 이때 (가)~(다)의 표현형이 모두 아버지와 같을 확률은 $\frac{3}{16}$이다.

(3) 유전자형이 AA^*BBDE인 아버지와 $A^*A^*BB^*DF$인 어머니 사이에서 ㉡이 태어날 때, ㉡의 (가)~(다)의 표현형이 모두 어머니와 같을 확률은 $\frac{1}{16}$이다.

METHOD #2. 조건 해석 & 결과 종합

1. 조건 해석하기

[완전 우성&중간, 복대립] 유형에서 각 조건은 독립적으로 해석한다.

(1) (나)에서 3가지가 나오므로 (가)&(다)의 표현형이 4가지가 되어야 한다.
(가)는 유전자형을 알 수 없으므로 직접적인 가짓수를 알 수 없다.
(다)는 최대 3가지, (가)는 최대 2가지가 나오므로,
12가지를 만족시키는 경우의 수는 (가) 2가지, (나) 3가지, (다) 2가지인 경우뿐이다.

즉, DF X EF = DE/DF/EF/FF → 2가지 표현형이다.
이때, F가 3등 대립유전자형이면 3가지 표현형이 나오므로, F는 3등이 아니다.
→ $F \neq 3$

(3) (가)의 표현형이 같을 확률은 $\frac{1}{2}$, (나)의 표현형이 같을 확률 역시 $\frac{1}{2}$이므로,

(다)의 표현형이 어머니와 같을 확률은 $\frac{1}{4}$이다.

DE X DF = DD/DE/DF/EF에서
DD/DE/DF/EF 중 DF를 제외한 3개는 표현형이 DF와 다르다.

DD와 DF가 다르므로 F 〉 D이고, DF와 EF가 다르므로 E 〉 F이다. 즉, E 〉 F 〉 D이다.

(2) 아버지와 ㉠의 (나)의 표현형이 같을 확률은 $\frac{1}{2}$, (다)가 같을 확률도 $\frac{1}{2}$이다.

아버지의 (가)의 표현형은 알 수 없으나, 표현형이 같을 확률이 $\frac{3}{4}$이다.

자손이 2가지 표현형이 나오므로,
Full Set에 따르면 AA^*XAA^*, $AA^*XA^*A^*$ 중 하나이고,
$\frac{3}{4}$을 만족시키는 것은 이 중 AA^*XAA^*이다.

METHOD #3. Data Table 완성

Data Table :

A > A*	B = B*	E > F > D

ㄱ. D는 E에 대해 완전 우성이 아니다. (X)
ㄴ. ㉠이 가질 수 있는 (가)의 유전자형은 최대 3가지이다. (○)
ㄷ. ㉡의 (가)~(다)의 표현형이 모두 아버지와 같을 확률은 $\frac{1}{8}$이다. (○)

(2) 유형 2 : [다인자 only, 독립] 유형

다인자 유전은 대문자의 개수로 형질이 결정된다.
즉, 독립으로 출제되는 경우에서 표현형은 '대문자를 몇 개 줄 수 있는가'에 따라 결정된다.

❶ 표현형의 가짓수

독립으로 출제되는 경우 표현형의 가짓수는 **(이형 접합성의 개수) +1가지**이다.
예를 들어보자.

(1) 부모가 모두 동형 접합성인 경우 : AABBDD x AABBDD → 자손의 표현형은 1가지
(2) 부모가 이형 접합성을 하나 가지는 경우 : AABBDD x AABBDd
→ 자손은 대문자 5 or 6개로 2가지
(3) 부모가 모두 이형 접합성인 경우 : AaBbDd x AaBbDd → 자손은 대문자 0~6개로 7가지

이 논리를 조금만 더 생각해보면 아래의 말을 이해할 수 있다.
부모에서 표현형이 **같을** 경우, 자손에서 나타날 수 있는 표현형의 가짓수는 **홀수**이다.

❷ 특정 표현형이 발현될 확률

동형 접합성 유전자는 항상 같은 유전자를 자손에게 전달하므로(특정 유전자를 전달할 확률이 1이므로) 자손의 표현형의 확률과 무관하다. 어떤 표현형이 발현될 때 확률에 관여하는 것은 이형 접합성만 해당한다.
특정 표현형이 발현될 확률은 다음과 같다.

$\frac{{}_{n}C_{k}}{2^{n}}$, n= (이형 접합성의 개수) k= (대문자를 자손에게 전달할 이형 접합성의 개수)

예를 들어보자.

1) AaBbDd x AaBbDd 에서 대문자가 3개인 자손이 태어날 확률
→ 이형 접합성이 6개이므로 $n=6$. 대문자를 3개 전달해야 하므로 $k=3$.
→ $\frac{{}_{6}C_{3}}{2^{6}}=\frac{5}{16}$

2) AABBDD x AaBbDd 에서 대문자가 4개인 자손이 태어날 확률
→ 이형 접합성은 총 3개이므로 $n=3$. 동형 접합성에서 이미 자손에게 대문자 3개를 확정적으로 전달하므로 대문자가 4개인 자손에게는 이형 접합성에서 대문자를 하나 더 전달해야 한다. $k=1$
→ $\frac{{}_{3}C_{1}}{2^{3}}=\frac{3}{8}$

[다인자가 독립으로 출제되는 경우]

(1) 표현형의 가짓수 → (이형 접합성의 개수) +1
(2) 특정 표현형이 발현될 확률 → $\frac{{}_{n}C_{k}}{2^{n}}$
n= (이형 접합성의 개수) k= (대문자를 자손에게 전달할 이형 접합성의 개수)

아래의 예제에서는 중간 유전의 형질이 같이 출제되었다. 하지만 독립으로 출제되었으니 안심해도 된다. 앞서 서술한 표현형의 가짓수와 확률에 대한 계산에 익숙해질 수 있도록 연습해보자.

예제(3) 2022학년도 9월 평가원 15번

다음은 사람의 유전 형질 (가)와 (나)에 대한 자료이다.

- (가)는 서로 다른 3개의 상염색체에 있는 3쌍의 대립유전자 A와 a, B와 b, D와 d에 의해 결정된다.
- (가)의 표현형은 유전자형에서 대문자로 표시되는 대립유전자의 수에 의해서만 결정되며, 이 대립유전자의 수가 다르면 표현형이 다르다.
- (나)는 대립유전자 E와 e에 의해 결정되며, 유전자형이 다르면 표현형이 다르다. (나)의 유전자는 (가)의 유전자와 서로 다른 상염색체에 있다.
- P와 Q는 (가)의 표현형이 서로 같고, (나)의 표현형이 서로 다르다.
- P와 Q 사이에서 ⓐ가 태어날 때, ⓐ의 표현형이 P와 같을 확률은 $\frac{3}{16}$이다.
- ⓐ는 유전자형이 AABBDDEE인 사람과 같은 표현형을 가질 수 있다.

ⓐ에게서 나타날 수 있는 표현형의 최대 가짓수는? (단, 돌연변이와 교차는 고려하지 않는다.)

METHOD #1. 유형 확인 & 조건 정리

유형 확인하기

완전 우성 & 중간	복대립	다인자
O	X	Only, 독립

다인자 유전이 독립으로 출제되었다. 중간 유전도 함께 출제되었다. 독립이므로 각각 따로 해석하자.

조건 정리하기

(1) P와 Q는 (가)의 대문자 개수가 서로 같고, (나)의 표현형이 서로 다르므로 유전자형이 다르다.

(2) P와 Q 사이에서 ⓐ가 태어날 때, ⓐ의 표현형이 P와 같을 확률은 $\frac{3}{16}$이다.

(3) ⓐ는 유전자형이 AABBDDEE인 사람과 같은 표현형을 가질 수 있다.

METHOD #2. 조건 해석 & 결과 종합

(1) AABBDDEE와 같은 자손이 태어나므로 부모는 모두 A, B, D, E를 가진다.
부모가 모두 E를 가지는데 표현형이 서로 다르므로 한 명은 EE, 다른 한 명은 Ee다.

(2) 부모는 대문자 개수가 서로 같고 A, B, D를 가진다.
자손 ⓐ의 표현형이 P와 같을 확률이 $\frac{3}{16}$라는 조건에서 EE와 Ee사이에서는 각각 $\frac{1}{2}$의 확률로 부모와 같은 자손이 태어남을 고려하면 $\frac{{}_{n}C_{k}}{2^{n}}=\frac{3}{8}$임을 알 수 있는데, 분모가 8이므로 n(이형 접합성의 개수)은 최소 3개이다. (n이 3보다 작으면 분모는 8이 될 수 없다.)

(3) 정보를 종합하면, 부모는 A, B, D에서 최소 3개의 이형 접합성이 존재하고, EE와 Ee를 가지므로 총 4개 이상의 이형 접합성이 존재해야 한다.
부모가 모두 A, B, D, E를 가진다는 점을 함께 고려하면 대문자 개수는 3개 or 4개이다. (5개나 6개는 이형 접합성이 각각 2개, 0개이다.)

(4) 4개인 경우, n=4, k=2이므로 $\frac{{}_{n}C_{k}}{2^{n}}=\frac{3}{8}$이다. 조건에 부합한다. 정답이다.

(5) 3개인 경우, n=6, k=3이므로 $\frac{{}_{n}C_{k}}{2^{n}}=\frac{5}{16}$이다. 조건에 부합하지 않는다.

→ 부모는 각각 대문자 4개를 가지고, 각각 2개의 이형 접합성이 존재한다.

ⓐ에게서 나타날 수 있는 표현형의 최대 가짓수는?
→ 다인자 유전에서는 [이형 접합성의 개수 +1개]이므로 4+1=5가지이다.
→ 중간 유전의 EE x Ee에서 2가지 표현형이 나타날 수 있다.

∴ 10가지

(3) 유형 3 : [다인자 only, 연관] 유형

다인자가 서로 같은 염색체에 연관되어 출제되는 경우 제시된 부모와 자손의 가짓수, 확률 정보를 통해 Case를 추려내어 부모의 유전자형과 연관 상태에 대해 추론해야 한다.
이번 유형에서는 모든 조건에 부합하는 Case를 결정해야 하고, 그 과정에서 부합하지 않는 Case를 걸러내야 하기에 Case의 나열이 풀이에 반드시 수반된다.

문제는 시험지의 여백과 시험 시간이 한정되어 있다는 점이다.
실전에서의 시간적 압박을 줄이고 가시성을 확보하기 위해 최대한 나열을 피하고 정제된 Case로 답을 찾아내야 한다.
이를 위해 제시되는 정보의 종류를 분석하고 어떤 정보를 우선으로 해석하는지 정리하자.

[다인자가 연관되어 출제되는 경우 제시되는 정보]

다음과 같은 정보가 일부 혹은 전부 제시된다.

(1) 자손의 표현형 가짓수 → ⓐ에게서 나타날 수 있는 표현형은 최대 5가지이고

(2) 자손에게 특정 표현형이 나타날 확률 → ⓐ의 표현형이 부모와 같을 확률은 $\frac{3}{8}$이며

(3) 자손이 특정 유전자형을 가질 확률 → ⓐ의 유전자형이 AABbDD일 확률은 $\frac{1}{8}$이다

(4) 부모의 표현형/유전자형 → (가)의 표현형이 서로 같은 P와 Q 사이에서 ⓐ가 태어날 때

→ 제시된 정보에 모두 부합하는 부모의 유전자형/연관 상태를 추려낸다.

정보의 종류가 다양하다 보니 어떤 정보를 어떻게 해석하는지가 풀이의 방향성을 결정한다.
풀이의 방향성이 갈리는 유형이지만, 필자는 다음과 같은 정보의 우선도가 존재한다고 생각한다.

1순위 정보 : 부모의 유전자형/연관 상태에 대해 확정 지을 수 있는 정보

2순위 정보 : Case의 나열에 기준이 되는 정보

3순위 정보 : Case가 모든 조건을 만족하는지 확정하기 위한 귀류에 쓰이는 정보

예제를 통해 어떻게 정보를 사용하고 Case를 나열하는지 정리하자.

〈다인자 only, 연관의 기본 해석〉

아래의 예시 상황은 2022학년도 6월 평가원 14번에서 마지막 조건에 변형을 가한 것이다.
$\frac{1}{8}$을 $\frac{1}{16}$로 바꾼 것인데 아래의 예시 자체에는 풀이에 모순이 발생하지만,
해석의 순서와 문제 조건에서 얻을 수 있는 추론에 관해 설명하고자 함이니 참고하자.
이어지는 예제(4)에서 원래의 문제를 풀 수 있다.

다인자 only, 연관의 예시 상황

다음은 사람의 유전 형질 (가)에 대한 자료이다.

- (가)는 서로 다른 2개의 상염색체에 있는 3쌍의 대립유전자 A와 a, B와 b, D와 d에 의해 결정되며, A, a, B, b는 7번 염색체에 있다.
- (가)의 표현형은 유전자형에서 대문자로 표시되는 대립유전자의 수에 의해서만 결정되며, 이 대립유전자의 수가 다르면 표현형이 다르다.
- (가)의 표현형이 서로 같은 P와 Q 사이에서 ⓐ가 태어날 때, ⓐ에게서 나타날 수 있는 표현형은 최대 6가지이고, ⓐ의 표현형이 부모와 같을 확률은 $\frac{3}{8}$이며, ⓐ의 유전자형이 AABbDD일 확률은 $\frac{1}{16}$이다.

❶ 표현형의 가짓수 조건 해석 – [Max&min 해석]
표현형 가짓수 조건은 가능한 Case를 나열하기 위해 사용한다.
표현형의 가짓수로 자손의 대문자 개수가 몇 개부터 몇 개까지 나타날 수 있는지로 변환하여 사용한다.

예를 들어, 〈자손의 표현형이 6가지 나온다〉 라는 조건을 다음과 같이 해석한다.

1) 자손의 대문자 개수가 6개부터 1개까지 나오거나
2) 자손의 대문자 개수가 5개부터 0개까지 나오거나.

그리고 염색체 단위로 대문자의 개수를 쪼갠다.

예를 들어, 대문자 개수가 1~6개, 즉 자손의 표현형이 6가지 나타나는 경우는 다음과 같이 쪼개진다. 9)

Max 6, min 1	A, a, B, b	D, d
Max/min	4/1	2/0
Max/min	4/0	2/1

9) 대문자 개수가 연속되는 정수로 나온다고 전제한다. 정말 특수한 경우 말고는 연속적으로 나온다.

❷ 표현형의 확률 조건 해석 - [분모로 Case 제한]

⟨자손의 표현형이 부모와 같을 확률은 $\frac{3}{8}$이다⟩라는 조건이 주어졌을 때 확률을 바로 Case로 연결 짓기는 쉽지 않다. 다만 분모를 통해 Case를 제한할 수 있다. 표현형의 확률에서 분모가 8이라는 것은 '대문자 개수가 다른 상동 염색체가 최소 3쌍은 존재한다'로 해석할 수 있다.

❸ 유전자형의 확률 조건 해석 - [분모로 Case 제한&부모의 유전자형 일부 확정]

"자손의 유전자형이 AABbDD일 확률은 $\frac{1}{16}$이다."는 조건에서 알 수 있는 정보는 2가지이다.

1) AABbDD이 등장하므로 부모의 유전자형을 일부 정할 수 있다.
2) 분모가 16이므로 상동 염색체의 유전자 배치는 전부 다르다.

❹ 유전자 배치로부터 각 표현형의 확률을 계산하는 법

독립일 때와 달리 연관에서는 어떻게 유전자가 배치되었냐에 따라 확률이 달라져 공식이 존재하지 않고, 직접 계산해야 한다.

comment

Q. 이해가 잘 안 되는 부분이 있어요!

A. 논리적으로 이해가 안 되는 부분이나 무슨 말인지 잘 모르겠는 경우가 충분히 있을 수 있습니다. 아무래도 논리와 명제를 다루다 보니 아무리 쉽게 풀어쓰려고 노력해도 말하고자 하는 바가 100% 전달되지는 않을 것 같아요.

혹시라도 이해가 잘 안되는 부분이 있다면 먼저 반복해서 읽어보시고, 그래도 잘 이해가 안 되는 부분은 예제와 유제를 풀고 해설을 참고하시면서 학습하신 뒤 다시 한번 읽어보시면 어떨까 싶습니다. 기본적으로 해설과 맥락을 같이하기에 문제를 풀어보시고 다시 읽어보시면 이해하시기에 조금 수월할 것 같아요. 파이팅입니다! :D

예제(4) 2022학년도 6월 평가원 14번

다음은 사람의 유전 형질 (가)에 대한 자료이다.

- (가)는 서로 다른 2개의 상염색체에 있는 3쌍의 대립유전자 A와 a, B와 b, D와 d에 의해 결정되며, A, a, B, b는 7번 염색체에 있다.
- (가)의 표현형은 유전자형에서 대문자로 표시되는 대립유전자의 수에 의해서만 결정되며, 이 대립유전자의 수가 다르면 표현형이 다르다.
- (가)의 표현형이 서로 같은 P와 Q 사이에서 ⓐ가 태어날 때, ⓐ에게서 나타날 수 있는 표현형은 최대 5가지이고, ⓐ의 표현형이 부모와 같을 확률은 $\frac{3}{8}$이며, ⓐ의 유전자형이 AABbDD일 확률은 $\frac{1}{8}$이다.

ⓐ가 유전자형이 AaBbDd인 사람과 동일한 표현형을 가질 확률은? (단, 돌연변이와 교차는 고려하지 않는다.)

METHOD #1. 유형 확인 & 조건 정리

유형 확인하기

완전 우성 & 중간	복대립	다인자
X	X	Only, 연관

다인자가 연관되어 제시되었다. 각 정보를 해석하여 Case를 추려내자.

조건 정리하기

(1) 표현형이 서로 같은 P와 Q
(2) ⓐ에게서 나타날 수 있는 표현형은 최대 5가지
(3) ⓐ의 표현형이 부모와 같을 확률은 $\frac{3}{8}$
(4) ⓐ의 유전자형이 AABbDD일 확률은 $\frac{1}{8}$

METHOD #2. 정보의 우선도 결정

(1) 1순위 정보 : 부모의 유전자형/연관 상태를 결정할 수 있는 정보

ⓐ의 유전자형이 AABbDD일 확률은 $\frac{1}{8}$이라는 조건에서, AABbDD인 자손이 태어날 수 있다는 정보를 끌어내자. 이를 통해 부모에는 반드시 A와 B가 연관된 염색체와 A와 b가 연관된 염색체가 존재한다는 점, 부모가 모두 D를 가진다는 점을 알 수 있다.

부모의 유전자형/연관 상태를 다음과 같이 일부 결정하자. (아버지와 어머니의 구분은 불가능하다.)

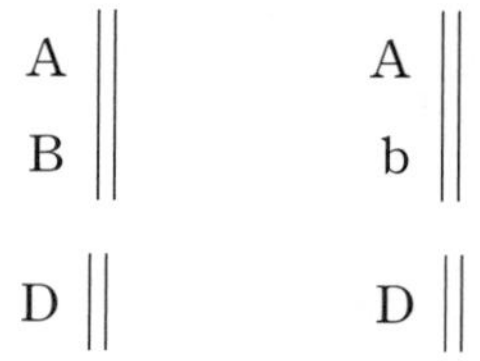

A ‖　　A ‖
B ‖　　b ‖

D ‖　　D ‖

(2) 2순위 정보 : Case 나열의 기준이 되는 정보

자손의 표현형의 가짓수 조건이 제시된 경우는 이를 통해 Case를 나열한다.
(자손의 표현형의 가짓수 조건이 제시되지 않은 경우는 표현형의 확률을 통해 Case를 나열한다.)

최대 5가지의 표현형이 나타나는 경우는 다음과 같이 해석한다. 자손의 대문자의 개수가 연속적인 자연수로 나타나는 경우에서는, MAX값과 min값만을 가지고 해석한다. 그 사이의 값에는 관심이 없다.

Case 1) 대문자 개수가 6개부터 2개까지 나타나는 경우
Case 2) 대문자 개수가 5개부터 1개까지 나타나는 경우
Case 3) 대문자 개수가 4개부터 0개까지 나타나는 경우 - 부모의 유전자형/연관 상태에서 이미 불가능(대문자가 5개인 자손이 나오기 때문이다. AABbDD인 자손이 나오는 순간 불가능하다.)

대문자 개수가 6개부터 2개까지 나타나려면, 4-2/2-0 or 4-1/2-1 or 4-0/2

Case 1)-[1] 4-2/2-0인 경우 → 부모의 표현형이 같아야 함을 같이 고려하고, 각 염색체의 MAX&min을 고려하면 대문자 개수의 배치가 다음과 같은 경우만 가능하다.

2 || 1 　　 1 || 2

1 || 0 　　 1 || 0

Case 1)-[2] 4-1/2-1인 경우 → 마찬가지로 다음과 같은 경우만 가능하다.

2 || 0 　　 1 || 2

1 || 1 　　 1 || 0

Case 1)-[3] 4-0/2인 경우 → 위 염색체에서 대문자 1개짜리 염색체가 있는 순간 4-0까지 나오는 게 불가능하다.

대문자 개수가 5개부터 1개까지 나타나려면, 3-1/2-0 or 3-0/2-1

Case 2)-[1] 3-1/2-0인 경우는 다음과 같다.

2 || 0 　　 1 || 1

1 || 0 　　 1 || 0

Case 2)-[2] 3-0/2-1인 경우는 다음과 같다.

2 || 0 　　 1 || 0

1 || 0 　　 1 || 1

(3) 3순위 정보 : 남은 정보로 Case가 모든 정보를 만족하는지 Check

표현형을 기준으로 나열했을 때 총 4가지 배치가 가능하다. 아직 쓰지 않은 정보는 다음과 같다.

ⓐ의 표현형이 부모와 같을 확률은 $\frac{3}{8}$, ⓐ의 유전자형이 AABbDD일 확률은 $\frac{1}{8}$

(AABbDD가 나타날 수 있다는 조건은 사용했지만 $\frac{1}{8}$이라는 확률은 아직 고려하지 않았다.)

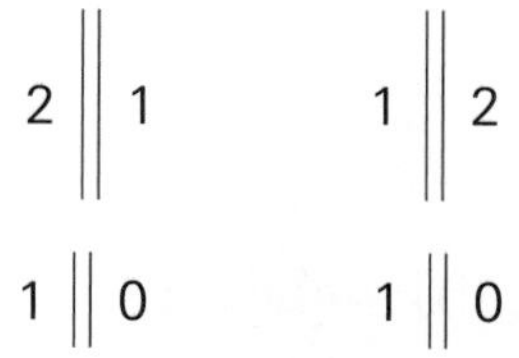

2 || 1 1 || 2

1 || 0 1 || 0

→ 자손의 표현형이 부모와 같을 확률은 $\frac{3}{8}$이다. AABbDD인 자손이 태어날 확률은 부모가 모두 A와 b가 연관된 염색체를 갖는 경우 $\frac{1}{8}$일 수 있다. (○)

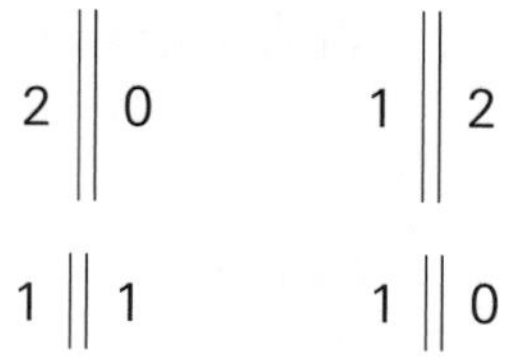

2 || 0 1 || 2

1 || 1 1 || 0

→ 자손의 표현형이 부모와 같을 확률은 $\frac{1}{4}$이다. (X)

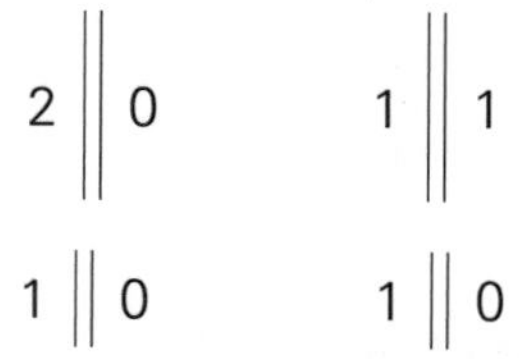

2 || 0 1 || 1

1 || 0 1 || 0

→ 자손의 표현형이 부모와 같을 확률은 $\frac{1}{4}$이다. (X)

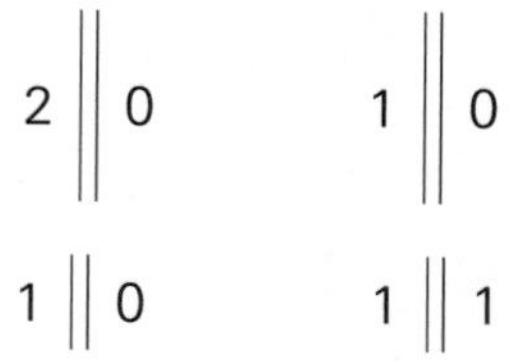

2 || 0 1 || 0

1 || 0 1 || 1

→ 자손의 표현형이 부모와 같을 확률은 $\frac{1}{4}$이다. (X)

부모의 유전자형/연관 상태는 다음과 같다.
문제에서 자손이 대문자 3개를 가질 확률에 대해 묻고 있으므로 사실 유전자형은 필요없다.
대문자 개수만 알면 된다.

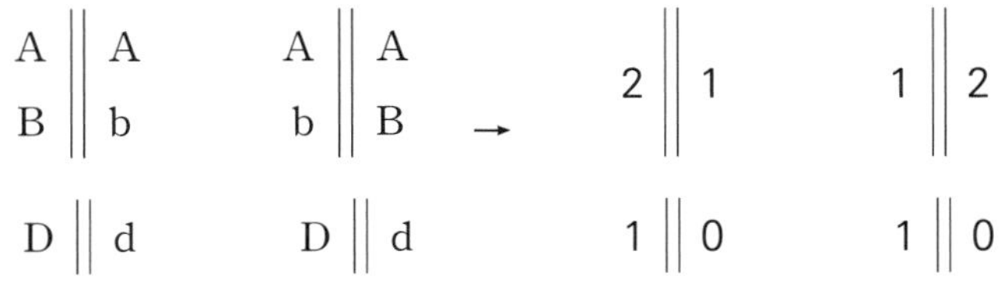

A ‖ A	A ‖ A		2 ‖ 1	1 ‖ 2
B ‖ b	b ‖ B	→		
D ‖ d	D ‖ d		1 ‖ 0	1 ‖ 0

연관된 염색체에서 나올 수 있는 대문자 개수는 (4, 3, 2),
독립된 염색체에서 나올 수 있는 대문자 개수는 (2, 1, 0)이다.

이때 각각의 확률은 둘 다 $\frac{1}{4}$, $\frac{1}{2}$, $\frac{1}{4}$이므로,

자손의 표현형이 3개일 확률은 $\frac{1}{4}\times\frac{1}{2}+\frac{1}{2}\times\frac{1}{4}=\frac{1}{4}$이다.

(4) 유형 4 : [다인자 with, 연관] 유형

다인자가 완전 우성, 중간 유전과 같은 염색체에 연관되어 출제되면 굉장히 까다롭다.
평가원에서 이런 유형이 출제된 것은 2018학년도 9월 모의평가 17번 딱 한 번인데, 당시에 문제가 좋다 나쁘다에 대한 얘기가 굉장히 많았다. 어떻게 연관되어 있는지에 따라 자손의 표현형과 유전자형이 완전히 달라지므로, 주어진 조건(자손의 표현형 가짓수)을 통해 적절히 "유전자형&연관 상태"를 추론해야 한다.

[180917]

(1) 부모의 유전자형&연관 상태 '일부' 제시
→ 그림은 남자 P의 체세포에 들어 있는 일부 염색체와 유전자를 나타낸 것이다.

(2) 자손의 표현형 가짓수에 대한 정보 제시
→ P와 Q 사이에서 ⓐ가 태어날 때, ⓐ에게서 나타날 수 있는 표현형은 최대 10가지이다.

→ 부모의 유전자형&연관 상태로 적합한 Case 찾기

이번 유형은 깔끔한 공식이 존재하지 않는, 답이 되는 Case를 끼워맞춰야하는 문항(통칭 역추론)이다.
당연히 불필요한 Case까지 나열하면 곤란하다. "가능한 최소한의 Case만을 고려해야" 좋은 풀이가 가능하다.
METHOD에서는 Case를 최소한으로 나열하여 푸는 풀이에 집중한다.

평가원에서는 다인자 유전과 중간 유전이 연관된 문항을 출제했다.
다인자 유전과 중간 유전이 연관된 경우 먼저 중간 유전을 기준으로 Case를 나눈다.

중간 유전에서 부모가 모두 이형 접합성인 경우, 자손에게서 나타날 수 있는 유전자형은 (대/대), (대/소), (소/소)로 3가지다. 전체 표현형의 가짓수는 중간 유전과 다인자를 함께 고려해야 하므로 다음과 같다.

중간 유전	AA	Aa	aa	자손의 표현형 가짓수
다인자 유전	a	b	c	a+b+c

이때 반드시 성립하는 조건은 "$a=c$, $a \leq b$"다. 즉, 표현형의 가짓수가 대칭으로 나타난다.
그러므로 자손의 표현형이 10가지라는 조건은 다음 Case 중 하나가 된다.

10가지	AA	Aa	aa	Total
Case 1	1	8	1	10
Case 2	2	6	2	10
Case 3	3	4	3	10

자세한 내용은 예제를 통해 확인하자.

예제(5) 2018학년도 9월 평가원 17번

다음은 사람의 유전 형질 (가)와 (나)에 대한 자료이다.

- (가)는 대립유전자 A와 a에 의해 결정되며, 유전자형이 다르면 표현형이 다르다.
- (나)를 결정하는 데 관여하는 3개의 유전자는 서로 다른 2개의 상염색체에 있으며, 3개의 유전자는 각각 대립유전자 B와 b, D와 d, E와 e를 갖는다.
- (나)의 표현형은 유전자형에서 대문자로 표시되는 대립유전자의 수에 의해서만 결정되며, 이 대립유전자의 수가 다르면 표현형이 다르다.
- 그림은 어떤 남자 P의 체세포에 들어 있는 일부 염색체와 유전자를 나타낸 것이다.

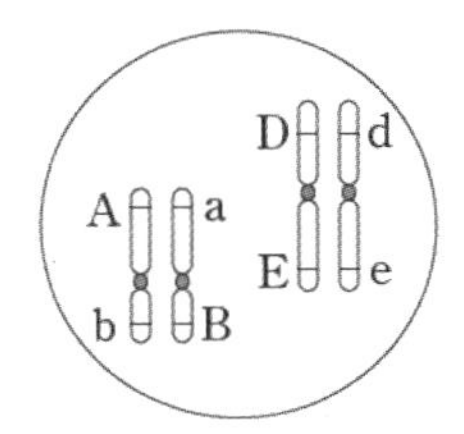

- 어떤 여자 Q에서 (가)와 (나)의 표현형은 P와 같다. P와 Q 사이에서 ⓐ가 태어날 때, ⓐ에게서 나타날 수 있는 표현형은 최대 10가지이다.

이에 대한 설명으로 옳은 것만을 <보기>에서 있는 대로 고르시오. (단, 돌연변이와 교차는 고려하지 않는다.)

<보 기>

ㄱ. (나)의 유전은 다인자 유전이다.
ㄴ. Q는 A와 b가 연관된 염색체를 갖는다.
ㄷ. ⓐ에서 (가)와 (나)의 표현형이 부모와 같을 확률은 $\frac{3}{10}$이다.

METHOD #1. 유형 확인 & 조건 정리

유형 확인하기

완전 우성 & 중간	복대립	다인자
With 다인자	X	With, 연관

중간 유전과 다인자가 연관되어 제시되었다. 각 정보를 해석하여 Case를 추려내자.

조건 정리하기

(1) 표현형이 서로 같은 P와 Q
(2) ⓐ에게서 나타날 수 있는 표현형은 최대 10가지
(3) 남자 P의 유전자형 및 연관 여부

METHOD #2. 조건 해석

(1) P, Q의 (가)에 대한 유전자형이 모두 이형 접합성이므로,
자손의 중간 유전 표현형을 기준으로 Case를 분류하자.

P와 Q의 자손인 ⓐ에게서 나타날 수 있는 표현형이 최대 10가지라는 조건에서
다음과 같이 Case를 정리할 수 있다.

구분	AA	Aa	aa
1)	1	8	1
2)	2	6	2
3)	3	4	3

Case 1)에서 남자 P의 생식세포의 D,d와 E, e에 대한 유전자형이 적어도 2가지 이상 나오므로
AA와 aa에서 1가지가 불가능하다.

Case 2)에서 남자 P의 염색체에서 D‖d, E‖e 를 살펴보면 이미 2가지 경우의 수가 존재한다.

따라서 ⓐ의 (가)의 유전자형이 동형 접합성일 때 Case가 2가지가 되려면
여자 Q는 D,d와 E, e가 연관된 염색체에서 대문자로 표시되는 대립유전자 합이 같아야 한다.
이때 문제 조건에서 여자 Q는 대문자로 표시되는 대립유전자를 3개 가지므로,
가능한 경우를 나타내면 다음과 같다.

A‖a　　D‖d, e‖E

A와 a, B와 b의 연관 상태와 관계 없이 ⓐ의 (가)의 유전자형이 이형 접합성일 때 Case가 6가지가 나올 수 없다.

따라서 문제의 조건에 맞는 경우는 Case 3)임을 알 수 있다.

(2) (3, 4, 3)에 맞는 경우를 Matching 해보자.

우선 ⓐ의 유전자형이 AA, aa인 경우, 다인자의 표현형이 3가지이다.
여자 Q의 염색체의 D와 E 합을 모두 나열해서 판단해보자.

합 0	(0/0)	2가지
합 1	(1/0)	4가지
합 2	(2/0)	3가지
	(1/1)	2가지
합 3	(2/1)	4가지

남자 P의 D와 E 합이 (2/0)이므로, 3가지가 되기 위해선 여자 Q의 합이 (2/0)인 경우뿐이다.

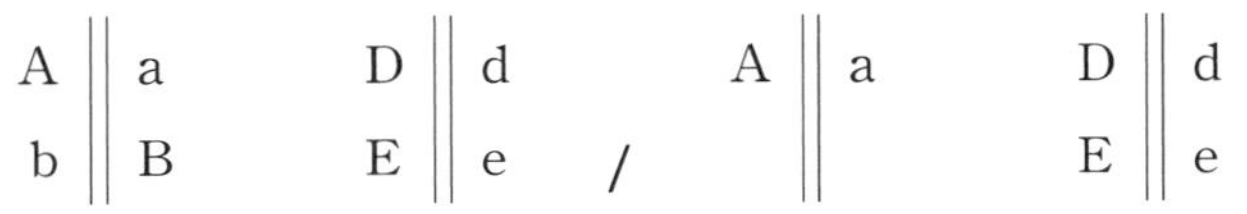

A ‖ a　　D ‖ d　　/　　A ‖ a　　D ‖ d
b ‖ B　　E ‖ e　　　　　 ‖　　　E ‖ e

문제 조건에 따라 여자 Q의 대문자로 표시되는 대립유전자의 합이 3인데 이미 2개가 존재하므로, B를 한 개만 가져야 한다.

유전자형이 Aa일 때 4가지 경우가 나오는 Case를 찾아보면 다음과 같이 확정할 수 있다.

A ‖ a　　D ‖ d　　/　　A ‖ a　　D ‖ d
b ‖ B　　E ‖ e　　　　B ‖ b　　E ‖ e

ㄱ. (나)의 유전은 다인자 유전이다. (○)
ㄴ. Q는 A와 B가 연관된 염색체를 갖는다. (X)
ㄷ. ⓐ에서 (가)와 (나)의 표현형이 부모와 같기 위해선 (가)에 대한 유전자형이 Aa여야 하는데, 이때 어떠한 경우든 (나)에서 대문자로 표시되는 대립유전자 개수가 짝수이므로 3개를 가질 수 없다. 따라서 확률은 0이다. (X)

Part

03 유제(1)

01 2015학년도 9월 평가원 15번

어떤 동물에서 형질 ㉠은 한 쌍의 대립유전자에 의해, 형질 ㉡은 세 쌍의 대립유전자에 의해 결정된다. 그림 (가)는 ㉠의, (나)는 ㉡의 표현형에 따른 개체수를 나타낸 것이다. ㉡의 표현형은 유전자형에서 대문자로 표시되는 대립유전자의 수에 의해서만 결정되며, 이 대립유전자의 수가 다르면 ㉡의 표현형이 다르다. A, E, F, G 유전자는 서로 다른 상염색체에 있다.

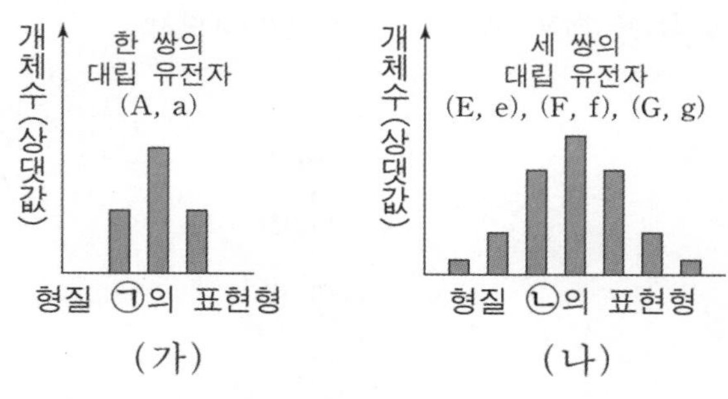

이에 대한 설명으로 옳은 것만을 <보기>에서 있는 대로 고르시오. (단, 돌연변이와 교차는 없으며, 각 형질에서 그림에 나타난 표현형만을 고려한다.)

<보 기>

ㄱ. ㉠에 대한 대립유전자 사이의 우열 관계는 분명하지 않다.

ㄴ. ㉡의 유전은 복대립 유전이다.

ㄷ. ㉡의 유전자형이 EeFfGg인 개체와 eeffgg인 개체 사이에서 자손이 태어날 때, 이 자손에게서 나타날 가능성이 있는 표현형은 최대 7가지이다.

02 2016학년도 6월 평가원 13번

다음은 사람의 눈 색 유전에 대한 자료이다.

> ○ 눈 색을 결정하는 데 관여하는 2개의 유전자는 서로 다른 상염색체에 있으며, 2개의 유전자는 각각 대립유전자 A와 a, 대립유전자 B와 b를 갖는다.
> ○ 눈 색의 표현형은 유전자형에서 대문자로 표시되는 대립유전자의 수에 의해서만 결정되며, 대문자로 표시되는 대립유전자가 많을수록 더 짙은 색을 나타낸다.

이 자료에 대한 설명으로 옳은 것만을 <보기>에서 있는 대로 고르시오. (단, 돌연변이는 고려하지 않는다.)

<보 기>

ㄱ. A와 a 사이, B와 b 사이의 우열 관계는 분명하지 않다.
ㄴ. 유전자형이 AaBb와 aabb인 부모 사이에서 아이가 태어날 때, 이 아이에게서 나타날 수 있는 눈 색 표현형은 최대 4가지이다.
ㄷ. 유전자형이 모두 AaBb인 부모 사이에서 아이가 태어날 때, 부모보다 눈 색이 더 짙은 아이가 태어날 확률은 $\frac{3}{8}$이다.

03 2016학년도 9월 평가원 11번

다음은 사람의 유전 형질 ㉠과 ㉡에 대한 자료이다.

- ㉠과 ㉡을 결정하는 유전자는 서로 다른 상염색체에 존재한다.
- ㉠은 한 쌍의 대립유전자에 의해 결정되며, 대립유전자에는 D와 D^*가 있다.
- ㉡은 한 쌍의 대립유전자에 의해 결정되며, 대립유전자에는 E, F, G가 있다. 유전자형이 EE인 사람과 EF인 사람의 표현형은 같고, 유전자형이 FG인 사람과 GG인 사람의 표현형은 같다.
- ㉠과 ㉡의 유전자형이 DD^*EF인 여자와 DD^*FG인 남자 사이에서 아이가 태어날 때, 이 아이에게서 나타날 수 있는 표현형은 최대 12가지이다.

이 자료에 대한 설명으로 옳은 것만을 <보기>에서 있는 대로 고르시오. (단, 돌연변이는 고려하지 않는다.)

<보 기>

ㄱ. ㉡의 유전은 다인자 유전이다.

ㄴ. ㉠의 유전자형이 DD인 사람과 DD^*인 사람의 표현형은 서로 다르다.

ㄷ. ㉠과 ㉡의 유전자형이 DD^*EG인 부모 사이에서 아이가 태어날 때, 이 아이의 표현형이 부모와 같을 확률은 $\frac{1}{4}$이다.

04 2017학년도 6월 평가원 18번

다음은 어떤 동물의 유전 형질 ㉠과 ㉡에 대한 자료이다.

> ◦ ㉠은 3쌍의 대립유전자 A와 a, B와 b, D와 d에 의해 결정된다.
> ◦ ㉠의 표현형은 유전자형에서 대문자로 표시되는 대립유전자의 수에 의해서만 결정되며, 이 대립유전자의 수가 다르면 ㉠의 표현형이 다르다.
> ◦ ㉡은 대립유전자 E와 e에 의해 결정되며, E는 e에 대해 완전 우성이다.
> ◦ A, B, D, E 유전자는 각각 서로 다른 상염색체에 있다.

이에 대한 설명으로 옳은 것만을 <보기>에서 있는 대로 고르시오. (단, 돌연변이는 고려하지 않는다.)

<보 기>

ㄱ. 유전자형이 AaBbDdEe인 개체에서 형성될 수 있는 생식세포의 유전자형은 최대 14가지이다.
ㄴ. 유전자형이 AaBbDdEe인 개체와 aabbddee인 개체 사이에서 자손(F_1)이 태어날 때, 이 자손에게서 나타날 수 있는 표현형은 최대 8가지이다.
ㄷ. 유전자형이 AaBbDdEe인 암수를 교배하여 자손(F_1)이 태어날 때, 이 자손의 표현형이 부모와 같을 확률은 $\frac{5}{32}$이다.

05 2017학년도 수능 14번

다음은 사람의 유전 형질 (가)와 (나)에 대한 자료이다.

- (가)를 결정하는 데 관여하는 3개의 유전자는 서로 다른 2개의 상염색체에 있으며, 3개의 유전자는 각각 대립유전자 A와 a, B와 b, D와 d를 갖는다.
- (가)의 표현형은 유전자형에서 대문자로 표시되는 대립유전자의 수에 의해서만 결정되며, 이 대립유전자의 수가 다르면 (가)의 표현형이 다르다.
- (나)를 결정하는 유전자는 (가)를 결정하는 유전자와 서로 다른 상염색체에 존재한다. (나)는 1쌍의 대립유전자에 의해 결정되며, 대립유전자에는 E, F, G가 있다.
- (나)의 표현형은 4가지이며, (나)의 유전자형이 EG인 사람과 EE인 사람의 표현형은 같고, 유전자형이 FG인 사람과 FF인 사람의 표현형은 같다.
- (가)와 (나)의 유전자형이 각각 AaBbDdEF인 부모 사이에서 ㉠이 태어날 때, ㉠에게서 나타날 수 있는 표현형은 최대 9가지이다.

㉠에서 (가)와 (나)의 표현형이 부모와 같을 확률은? (단, 돌연변이와 교차는 고려하지 않는다.)

06 2018학년도 6월 평가원 12번

다음은 어떤 동물의 깃털 색 유전에 대한 자료이다.

- 깃털 색은 상염색체에 있는 1쌍의 대립유전자에 의해 결정되며, 대립유전자에는 B, C, D가 있다.
- B는 C, D 각각에 대해 완전 우성이고, C는 D에 대해 완전 우성이다.
- 깃털 색의 표현형은 3가지이며, 갈색, 붉은색, 회색이다.
- 갈색 깃털 암컷과 ㉠ <u>붉은색 깃털 수컷</u> 사이에서 갈색 깃털 자손, 붉은색 깃털 자손, 회색 깃털 자손이 태어났다.
- 붉은색 깃털 암컷과 붉은색 깃털 수컷 사이에서 갈색 깃털 자손과 붉은색 깃털 자손이 태어났다.

이에 대한 설명으로 옳은 것만을 <보기>에서 있는 대로 고르시오. (단, 돌연변이는 고려하지 않는다.)

<보 기>

ㄱ. 깃털 색 유전은 다인자 유전이다.
ㄴ. 유전자형이 BC인 개체의 깃털 색은 붉은색이다.
ㄷ. ㉠의 깃털 색 유전자형은 BD이다.

07 2018학년도 수능 15번

다음은 사람의 유전 형질 ㉠과 ㉡에 대한 자료이다.

- ㉠을 결정하는 3개의 유전자는 각각 대립유전자 A와 a, B와 b, D와 d를 가진다.
- ㉡을 결정하는 3개의 유전자는 각각 대립유전자 E와 e, F와 f, G와 g를 가진다.
- ㉠을 결정하는 유전자는 ㉡을 결정하는 유전자와 서로 다른 상염색체에 존재한다.
- ㉠과 ㉡의 표현형은 각각 유전자형에서 대문자로 표시되는 대립유전자의 수에 의해서만 결정되며, 이 대립유전자의 수가 다르면 표현형이 다르다.
- ㉠과 ㉡의 유전자형이 AaBbDdEeFfGg인 부모 사이에서 ⓐ가 태어날 때, ⓐ에게서 나타날 수 있는 ㉠의 표현형은 최대 4가지이고, ㉡의 표현형은 최대 7가지이다.
- ⓐ에서 ㉡의 유전자형이 eeffgg일 확률은 $\frac{1}{16}$이다.

이 자료에 대한 설명으로 옳은 것만을 <보기>에서 있는 대로 고르시오. (단, 돌연변이와 교차는 고려하지 않는다.)

<보 기>

ㄱ. ⓐ의 부모 중 한 사람은 A, B, D가 연관된 염색체를 가진다.
ㄴ. ㉡을 결정하는 유전자는 서로 다른 3개의 상염색체에 있다.
ㄷ. ⓐ에서 ㉠과 ㉡의 표현형이 모두 부모와 다를 확률은 $\frac{3}{4}$이다.

08 2019학년도 9월 평가원 17번

다음은 어떤 식물의 유전 형질 ㉠~㉣에 대한 자료이다.

- ㉠은 대립유전자 A와 a에 의해, ㉡은 대립유전자 B와 b에 의해, ㉢은 대립유전자 D와 d에 의해, ㉣은 대립유전자 E와 e에 의해 결정된다.
- ㉠~㉣ 중 3가지 형질은 각 형질을 결정하는 대립유전자 사이의 우열 관계가 분명하다. ⓐ 나머지 한 형질을 결정하는 대립유전자 사이의 우열 관계는 분명하지 않고, 3가지 유전자형에 따른 표현형이 모두 다르다.
- ⓑ 유전자형이 AaBbDdEe인 개체를 자가 교배하여 자손(F_1)을 얻을 때, 이 자손이 ㉠~㉣ 중 적어도 3가지 형질에 대한 유전자형을 이형 접합으로 가질 확률은 $\frac{5}{16}$이다.
- 유전자형이 AabbDdee인 개체와 AabbddEe인 개체를 교배하여 얻은 자손(F_1) 1600 개체의 표현형은 8가지이고, 유전자형이 aaBbddEe인 개체와 ⓒ AabbDDEe인 개체를 교배하여 얻은 자손(F_1) 1600 개체의 표현형은 12가지이다.

이에 대한 설명으로 옳은 것만을 <보기>에서 있는 대로 고르시오. (단, 돌연변이와 교차는 고려하지 않는다.)

<보 기>

ㄱ. ⓐ는 ㉣이다.
ㄴ. ⓑ에서 A와 E는 서로 다른 염색체에 존재한다.
ㄷ. ⓑ와 ⓒ를 교배하여 자손(F_1)을 얻을 때, 이 자손의 표현형이 ⓑ와 같을 확률은 $\frac{3}{16}$이다.

09 2019학년도 수능 11번

다음은 어떤 식물의 유전 형질 ㉠~㉣에 대한 자료이다.

- ㉠은 대립유전자 A와 a에 의해, ㉡은 대립유전자 B와 b에 의해, ㉢은 대립유전자 D와 d에 의해, ㉣은 대립유전자 E와 e에 의해 결정된다.
- ㉠~㉣ 중 3가지 형질은 각 유전자형에서 대문자로 표시되는 대립유전자가 소문자로 표시되는 대립유전자에 대해 완전 우성이다. ⓐ 나머지 한 형질을 결정하는 대립유전자 사이의 우열 관계는 분명하지 않고, 3가지 유전자형에 따른 표현형이 모두 다르다.
- 유전자형이 ⓑ AaBbDdEe인 개체를 자가 교배하여 얻은 자손(F_1) 3200 개체의 표현형은 18가지이다.
- 유전자형이 AABbddEe인 개체와 AaBbDDee인 개체를 교배하여 얻은 자손(F_1) 3200 개체의 표현형은 3가지이며, 이 개체들에서 유전자형이 ⓒ AabbDdEe인 개체가 있다.

이에 대한 설명으로 옳은 것만을 <보기>에서 있는 대로 고르시오.

<보 기>

ㄱ. ⓐ는 ㉢이다.

ㄴ. ⓑ에서 B와 e는 연관되어 있다.

ㄷ. ⓑ와 ⓒ를 교배하여 자손(F_1)을 얻을 때, 이 자손의 표현형이 ⓒ와 같을 확률은 $\frac{3}{16}$이다.

10 2020학년도 6월 15번

다음은 어떤 동물의 몸 색 유전에 대한 자료이다.

- 몸 색은 상염색체에 있는 1쌍의 대립유전자에 의해 결정되며, 대립유전자에는 A, B, D, E가 있고, 각 대립유전자 사이의 우열 관계는 분명하다.
- 몸 색의 표현형은 4가지이며, 갈색, 회색, 검은색, 붉은색이다.
- 유전자형이 AD인 개체와 BD인 개체의 몸 색은 서로 같고, 유전자형이 AE인 개체, ㉠ BB인 개체, BE인 개체는 몸 색이 각각 서로 다르다.
- 회색 몸 암컷과 검은색 몸 수컷을 교배하여 자손(F_1) 800개체를 얻었다. 이 자손의 표현형에 따른 비는 검은색 : 붉은색 = 1 : 1 이다.
- 갈색 몸 암컷과 ㉡ 붉은색 몸 수컷을 교배하여 자손(F_1) 800개체를 얻었다. 이 자손의 표현형에 따른 비는 ⓐ 붉은색 : 회색 : 갈색 = 2 : 1 : 1 이다.

이에 대한 설명으로 옳은 것만을 <보기>에서 있는 대로 고르시오. (단,, 돌연변이는 고려하지 않는다.)

<보 기>

ㄱ. ㉠의 몸 색은 갈색이다.

ㄴ. ㉡의 유전자형은 AB이다.

ㄷ. ⓐ의 수컷과 유전자형이 DE인 암컷을 교배하여 자손(F_1)을 얻을 때, 이 자손이 붉은색 몸을 가질 확률은 $\frac{1}{4}$이다.

11 2020학년도 9월 평가원 14번

다음은 사람의 유전 형질 ㉠과 ㉡에 대한 자료이다.

- ㉠을 결정하는 데 관여하는 3개의 유전자는 상염색체에 있으며, 3개의 유전자는 각각 대립유전자 A와 a, B와 b, D와 d를 가진다.
- ㉠의 표현형은 유전자형에서 대문자로 표시되는 대립유전자의 수에 의해서만 결정되며, 이 대립유전자의 수가 다르면 표현형이 다르다.
- ㉡은 대립유전자 E와 e에 의해 결정되며, E는 e에 대해 완전 우성이다.
- ㉠과 ㉡의 유전자형이 AaBbDdEe인 부모 사이에서 ⓐ가 태어날 때, ⓐ에게서 나타날 수 있는 표현형은 최대 11가지이고, ⓐ가 가질 수 있는 유전자형 중 aabbddee가 있다.

ⓐ에서 ㉠과 ㉡의 표현형이 모두 부모와 같을 확률은? (단, 돌연변이와 교차는 고려하지 않는다.)

12 2020학년도 9월 평가원 17번

다음은 사람의 유전 형질 ㉠~㉢에 대한 자료이다.

- ㉠~㉢을 결정하는 유전자는 모두 상염색체에 있다.
- ㉠은 대립유전자 A와 A*에 의해 결정되며, A는 A*에 대해 완전 우성이다.
- ㉡은 대립유전자 B와 B*에 의해 결정되며, B와 B* 사이의 우열 관계는 분명하지 않고 3가지 유전자형에 따른 표현형은 모두 다르다.
- ㉢은 1쌍의 대립유전자에 의해 결정되며, 대립유전자에는 D, E, F가 있다. ㉢의 표현형은 4가지이며, ㉢의 유전자형이 DD인 사람과 DE인 사람의 표현형은 같고, 유전자형이 EF인 사람과 FF인 사람의 표현형은 같다.
- ㉠~㉢의 유전자형이 각각 AA*BB*DE와 AA*BB*EF인 부모 사이에서 ⓐ가 태어날 때, ⓐ에서 ㉠~㉢의 유전자형이 모두 이형 접합성일 확률은 $\frac{3}{16}$이다.

이에 대한 설명으로 옳은 것만을 <보기>에서 있는 대로 고르시오. (단, 돌연변이와 교차는 고려하지 않는다.)

<보 기>

ㄱ. 유전자형이 DE인 사람과 DF인 사람의 ㉢에 대한 표현형은 같다.
ㄴ. ㉠의 유전자와 ㉡의 유전자는 서로 다른 염색체에 존재한다.
ㄷ. ⓐ에게서 나타날 수 있는 ㉠~㉢의 표현형은 최대 24가지이다.

13 2020학년도 수능 12번

사람의 유전 형질 (가)~(다)에 대한 자료이다.

- (가)~(다)를 결정하는 유전자는 모두 상염색체에 있다.
- (가)는 대립유전자 A와 a에 의해, (나)는 대립유전자 B와 b에 의해, (다)는 대립유전자 D와 d에 의해 결정된다.
- (가)~(다) 중 2가지 형질은 각 유전자형에서 대문자로 표시되는 대립유전자가 소문자로 표시되는 대립유전자에 대해 완전 우성이다. 나머지 한 형질을 결정하는 대립유전자 사이의 우열 관계는 분명하지 않고, 3가지 유전자형에 따른 표현형이 모두 다르다.
- 유전자형이 ㉠ AaBbDd인 아버지와 AaBBdd인 어머니 사이에서 ⓐ가 태어날 때, ⓐ에게서 나타날 수 있는 표현형은 최대 8가지이다.

ⓐ에서 (가)~(다) 중 적어도 2가지 형질에 대한 표현형이 ㉠과 같을 확률은? (단, 돌연변이와 교차는 고려하지 않는다.)

14 2021학년도 6월 평가원 14번

다음은 사람의 유전 형질 ㉠과 ㉡에 대한 자료이다.

- ㉠은 대립유전자 A와 a에 의해 결정되며, 유전자형이 다르면 표현형이 다르다.
- ㉡을 결정하는 3개의 유전자는 각각 대립유전자 B와 b, D와 d, E와 e를 갖는다
- ㉡의 표현형은 유전자형에서 대문자로 표시되는 대립유전자의 수에 의해서만 결정되며, 이 대립유전자의 수가 다르면 표현형이 다르다.
- 그림 (가)는 남자 P의, (나)는 여자 Q의 체세포에 들어 있는 일부 염색체와 유전자를 나타낸 것이다.

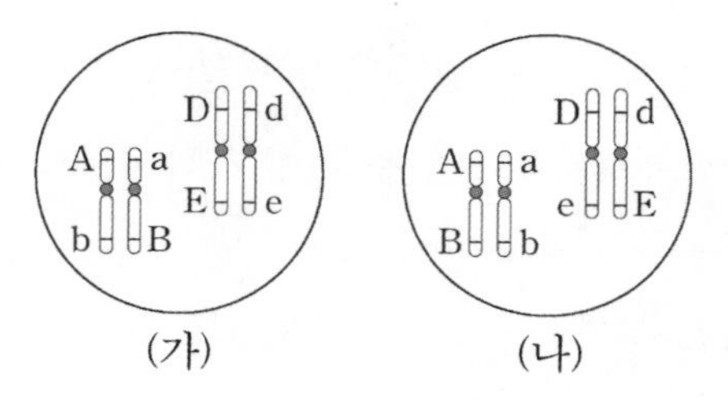

P와 Q 사이에서 아이가 태어날 때, 이 아이에게서 나타날 수 있는 표현형의 최대 가짓수는? (단, 돌연변이와 교차는 고려하지 않는다.)

15 2022학년도 수능 16번

다음은 사람의 유전 형질 ㉠~㉢에 대한 자료이다.

○ ㉠은 대립유전자 A와 a에 의해, ㉡은 대립유전자 B와 b에 의해 결정된다.

○ 표 (가)와 (나)는 ㉠과 ㉡에서 유전자형이 서로 다를 때 표현형의 일치 여부를 각각 나타낸 것이다.

㉠의 유전자형		표현형 일치 여부
사람1	사람2	
AA	Aa	?
AA	aa	×
Aa	aa	×

(○ : 일치함, × : 일치하지 않음)

(가)

㉡의 유전자형		표현형 일치 여부
사람1	사람2	
BB	Bb	?
BB	bb	×
Bb	bb	×

(○ : 일치함, × : 일치하지 않음)

(나)

○ ㉢은 1쌍의 대립유전자에 의해 결정되며, 대립유전자에는 D, E, F가있다.

○ ㉢의 표현형은 4가지이며, ㉢의 유전자형이 DE인 사람과 EE인 사람의 표현형은 같고, 유전자형이 DF인 사람과 FF인 사람의 표현형은 같다.

○ 여자 P는 남자 Q와 ㉠~㉢의 표현형이 모두 같고, P의 체세포에 들어 있는 일부 상염색체와 유전자는 그림과 같다.

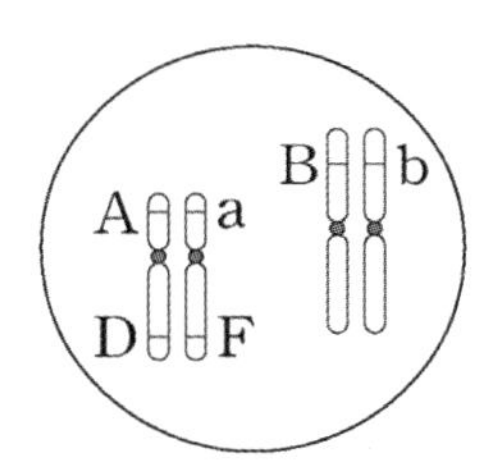

○ P와 Q 사이에서 ⓐ가 태어날 때, ⓐ의 ㉠~㉢의 표현형 중 한 가지만 부모와 같을 확률은 $\frac{3}{8}$이다.

이에 대한 설명으로 옳은 것만을 <보기>에서 있는 대로 고르시오. (단, 돌연변이와 교차는 고려하지 않는다.)

<보 기>

ㄱ. ㉡의 표현형은 BB인 사람과 Bb인 사람이 서로 다르다.

ㄴ. Q에서 A, B, D를 모두 갖는 정자가 형성될 수 있다.

ㄷ. ⓐ에게서 나타날 수 있는 표현형은 최대 12가지이다.

16 2023학년도 6월 평가원 15번

다음은 사람의 유전 형질 (가)~(다)에 대한 자료이다.

- (가)~(다)의 유전자는 서로 다른 3개의 상염색체에 있다.
- (가)는 대립유전자 A와 a에 의해, (나)는 대립유전자 B와 b에 의해, (다)는 대립유전자 D와 d에 의해 결정된다. A, B, D는 a, b, d에 대해 각각 완전 우성이며, (가)~(다)는 모두 열성 형질이다.
- 표는 남자 P와 여자 Q의 유전자형에서 B, D, d의 유무를 나타낸 것이고, 그림은 P와 Q 사이에서 태어난 자녀 I~III에서 체세포 1개당 A, B, D의 DNA 상대량을 더한 값 (A+B+D)을 나타낸 것이다.

사람	대립유전자		
	B	D	d
P	×	×	○
Q	?	○	×

(○: 있음, ×: 없음)

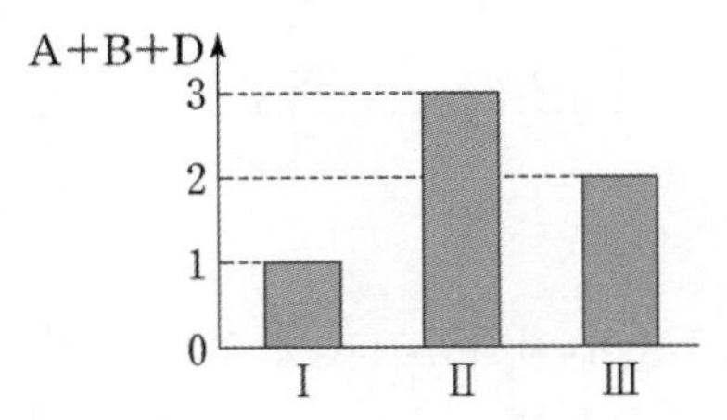

- (가)와 (나) 중 한 형질에 대해서만 P와 Q의 유전자형이 서로 같다.
- 자녀 II와 III은 (가)~(다)의 표현형이 모두 같다.

이에 대한 설명으로 옳은 것만을 <보기>에서 있는 대로 고르시오. (단, 돌연변이는 고려하지 않으며, A, a, B, b, D, d 각각의 1개당 DNA 상대량은 1이다.)

<보 기>

ㄱ. P와 Q는 (나)의 유전자형이 서로 같다.

ㄴ. II의 (가)~(다)에 대한 유전자형은 AAbbDd이다.

ㄷ. III의 동생이 태어날 때, 이 아이의 (가)~(다)의 표현형이 모두 III과 같을 확률은 $\frac{3}{8}$이다.

17 2023학년도 9월 평가원 17번

다음은 사람의 유전 형질 ㉠~㉢에 대한 자료이다.

- ㉠~㉢의 유전자는 서로 다른 3개의 상염색체에 있다.
- ㉠은 1쌍의 대립유전자에 의해 결정되며, 대립유전자에는 A, B, D가 있다. ㉠의 표현형은 4가지이며, ㉠의 유전자형이 AD인 사람과 AA인 사람의 표현형은 같고, 유전자형이 BD인 사람과 BB인 사람의 표현형은 같다.
- ㉡은 대립유전자 E와 E^*에 의해 결정되며, 유전자형이 다르면 표현형이 다르다,
- ㉢은 대립유전자 F와 F^*에 의해 결정되며, F는 F^*에 대해 완전 우성이다.
- 표는 사람 I~IV의 ㉠~㉢의 유전자형을 나타낸 것이다.

사람	I	II	III	IV
유전자형	$ABEEFF^*$	ADE^*E^*FF	$BDEE^*FF$	$BDEE^*F^*F^*$

- 남자 P와 여자 Q 사이에서 ⓐ가 태어날 때, ⓐ에게서 나타날 수 있는 ㉠~㉢의 표현형은 최대 12가지이다. P와 Q는 각각 I~IV 중 하나이다.

ⓐ의 ㉠~㉢의 표현형이 모두 I과 같을 확률은? (단, 돌연변이는 고려하지 않는다.)

18 2023학년도 수능 9번

다음은 사람의 유전 형질 (가)~(라)에 대한 자료이다.

- (가)는 대립유전자 A와 a에 의해, (나)는 대립유전자 B와 b에 의해, (다)는 대립유전자 D와 d에 의해, (라)는 대립유전자 E와 e에 의해 결정된다. A는 a에 대해, B는 b에 대해, D는 d에 대해, E는 e에 대해 각각 완전 우성이다.
- (가)~(라)의 유전자는 서로 다른 2개의 상염색체에 있고, (가)~(다)의 유전자는 (라)의 유전자와 다른 염색체에 있다.
- (가)~(라)의 표현형이 모두 우성인 부모 사이에서 ⓐ가 태어날 때, ⓐ의 (가)~(라)의 표현형이 모두 부모와 같을 확률은 $\frac{3}{16}$이다.

ⓐ가 (가)~(라) 중 적어도 2가지 형질의 유전자형을 이형 접합성으로 가질 확률은? (단, 돌연변이와 교차는 고려하지 않는다.)

19 2023년 3월 교육청 13번

다음은 사람의 유전 형질 (가)에 대한 자료이다.

○ 상염색체에 있는 1쌍의 대립유전자에 의해 결정된다. 대립유전자에는 A, B, D가 있으며, 표현형은 4가지이다.
○ 유전자형이 AA인 사람과 AB인 사람은 표현형이 같고, 유전자형이 AD인 사람과 DD인 사람은 표현형이 다르다.
○ 유전자형이 AB인 아버지와 BD인 어머니 사이에서 ㉠이 태어날 때, ㉠의 표현형이 아버지와 같을 확률과 어머니와 같을 확률은 각각 $\frac{1}{4}$이다.
○ 유전자형이 BD인 아버지와 AD인 어머니 사이에서 ㉡이 태어날 때, ㉡에서 나타날 수 있는 표현형은 최대 ⓐ 가지이다.

이에 대한 옳은 설명만을 <보기>에서 있는 대로 고르시오. (단, 돌연변이는 고려하지 않는다.)

<보 기>

ㄱ. (가)는 복대립 유전 형질이다.
ㄴ. A는 D에 대해 완전 우성이다.
ㄷ. ⓐ는 3이다.

20 2023년 7월 교육청 10번

다음은 어떤 가족의 유전 형질 (가)와 (나)에 대한 자료이다.

- (가)는 2쌍의 대립유전자 A와 a, B와 b에 의해 결정되며, (가)의 유전자는 서로 다른 2개의 상염색체에 있다.
- (가)의 표현형은 유전자형에서 대문자로 표시되는 대립유전자 수에 의해서만 결정되며, 이 대립유전자의 수가 다르면 표현형이 다르다.
- (나)는 대립유전자 D와 d에 의해 결정되며, D는 d에 대해 완전 우성이다. (나)의 유전자는 (가)의 유전자와 서로 다른 상염색체에 있다.
- 어머니와 자녀 1은 (가)와 (나)의 표현형이 모두 같고, 아버지와 자녀 2는 (가)와 (나)의 표현형이 모두 같다.
- 표는 자녀 2를 제외한 나머지 가족 구성원의 체세포 1개당 대립유전자 ㉠ ~ ㉥의 DNA 상대량을 나타낸 것이다. ㉠ ~ ㉥은 A, a, B, b, D, d를 순서 없이 나타낸 것이다.
- 자녀 2의 유전자형은 AaBBDd이다.

구성원	DNA 상대량					
	㉠	㉡	㉢	㉣	㉤	㉥
아버지	2	0	1	0	2	1
어머니	0	1	0	2	1	2
자녀 1	1	1	1	1	1	1

이에 대한 옳은 설명만을 <보기>에서 있는 대로 고르시오. (단, 돌연변이는 고려하지 않으며, A, a, B, b, D, d 각각의 개당 DNA 상대량은 1이다.)

<보 기>

ㄱ. ㉠은 A이다.

ㄴ. ㉡과 ㉤은 (나)의 대립유전자이다.

ㄷ. 자녀 2의 동생이 태어날 때, 이 아이의 (가)와 (나)의 표현형이 모두 어머니와 같을 확률은 $\frac{1}{4}$이다.

21 2024학년도 6월 평가원 19번

다음은 어떤 가족의 유전 형질 (가)와 (나)에 대한 자료이다.

- (가)는 서로 다른 3개의 상염색체에 있는 3쌍의 대립유전자 A와 a, B와 b, D와 d에 의해 결정된다.
- (가)의 표현형은 유전자형에서 대문자로 표시되는 대립유전자의 수에 의해서만 결정되며, 이 대립유전자의 수가 다르면 표현형이 다르다.
- (나)는 대립유전자 E와 e에 의해 결정되며, 유전자형이 다르면 표현형이 다르다. (나)의 유전자는 (가)의 유전자와 서로 다른 상염색체에 있다.
- P의 유전자형은 AaBbDdEe이고, P와 Q는 (가)의 표현형이 서로 같다.
- P와 Q 사이에서 ⓐ가 태어날 때, ⓐ에게서 나타날 수 있는 (가)와 (나)의 표현형은 최대 15가지이다.

ⓐ가 유전자형이 AabbDdEe인 사람과 (가)와 (나)의 표현형이 모두 같을 확률은? (단, 돌연변이는 고려하지 않는다.)

22 2024학년도 9월 평가원 13번

다음은 사람의 유전 형질 (가)~(다)에 대한 자료이다.

- (가)~(다)의 유전자는 서로 다른 2개의 상염색체에 있다.
- (가)는 대립유전자 A와 a에 의해 결정되며, A는 a에 대해 완전 우성이다.
- (나)는 대립유전자 B와 b에 의해 결정되며, 유전자형이 다르면 표현형이 다르다.
- (다)는 1쌍의 대립유전자에 의해 결정되며, 대립유전자에는 D, E, F가 있다. D는 E, F에 대해, E는 F에 대해 각각 완전 우성이다.
- (가)와 (나)의 유전자형이 AaBb인 남자 P와 AaBB인 여자 Q 사이에서 ⓐ가 태어날 때, ⓐ에게서 나타날 수 있는 (가)와 (나)의 표현형은 최대 3가지이고, ⓐ가 가질 수 있는 (가)~(다)의 유전자형 중 AABBFF가 있다.
- ⓐ의 (가)~(다)의 표현형이 모두 Q와 같을 확률은 $\frac{1}{8}$이다.

ⓐ의 (가)~(다)의 표현형이 모두 P와 같을 확률은? (단, 돌연변이와 교차는 고려하지 않는다.)

23 2024학년도 수능 13번

다음은 사람의 유전 형질 (가)~(다)에 대한 자료이다.

- (가)~(다)의 유전자는 서로 다른 3개의 상염색체에 있다.
- (가)는 대립유전자 A와 a에 의해 결정되며, A는 a에 대해 완전 우성이다.
- (나)는 대립유전자 B와 b에 의해 결정되며, 유전자형이 다르면 표현형이 다르다.
- (다)는 1쌍의 대립유전자에 의해 결정되며, 대립유전자에는 D, E, F가 있다. D는 E, F에 대해, E는 F에 대해 각각 완전 우성이다.
- P의 유전자형은 AaBbDF이고, P와 Q는 (나)의 표현형이 서로 다르다.
- P와 Q 사이에서 ⓐ가 태어날 때, ⓐ가 P와 (가)~(다)의 표현형이 모두 같을 확률은 $\frac{3}{16}$이다.
- ⓐ가 유전자형이 AAbbFF인 사람과 (가)~(다)의 표현형이 모두 같을 확률은 $\frac{3}{32}$이다.

ⓐ의 유전자형이 aabbDF일 확률은? (단, 돌연변이는 고려하지 않는다.)

24 2025학년도 6월 평가원 14번

다음은 사람의 유전 형질 (가)와 (나)에 대한 자료이다.

- (가)의 유전자는 6번 염색체에, (나)의 유전자는 7번 염색체에 있다.
- (가)는 1쌍의 대립유전자에 의해 결정되며, 대립유전자에는 A, B, D가 있다. (가)의 표현형은 4가지이며, (가)의 유전자형이 AA인 사람과 AB인 사람의 표현형은 같고, 유전자형이 BD인 사람과 DD인 사람의 표현형은 같다.
- (나)는 2쌍의 대립유전자 E와 e, F와 f에 의해 결정된다.
- (나)의 표현형은 유전자형에서 대문자로 표시되는 대립유전자의 수에 의해서만 결정되며, 이 대립유전자의 수가 다르면 표현형이 다르다.
- P의 유전자형은 ABEeFf이고, P와 Q는 (나)의 표현형이 서로 같다.
- P와 Q 사이에서 ⓐ가 태어날 때, ⓐ에게서 나타날 수 있는 (가)와 (나)의 표현형은 최대 12가지이다.

ⓐ의 (가)와 (나)의 표현형이 모두 Q와 같을 확률은? (단, 돌연변이와 교차는 고려하지 않는다.)

25 2025학년도 수능 15번

다음은 사람의 유전 형질 (가)와 (나)에 대한 자료이다.

- (가)는 1쌍의 대립유전자에 의해 결정되며, 대립유전자에는 D, E, F가 있다. (가)의 표현형은 3가지이며, 각 대립유전자 사이의 우열 관계는 분명하다.
- (나)는 1쌍의 대립유전자에 의해 결정되며, 대립유전자에는 H, R, T가 있다. (나)의 표현형은 3가지이며, 각 대립유전자 사이의 우열 관계는 분명하다.
- 그림은 남자 I, II와 여자 III, IV의 체세포 각각에 들어있는 일부 염색체와 유전자를 나타낸 것이다. ㉠~㉢은 D, E, F를 순서 없이 나타낸 것이고, ㉣과 ㉤은 각각 H, R, T 중 하나이다.

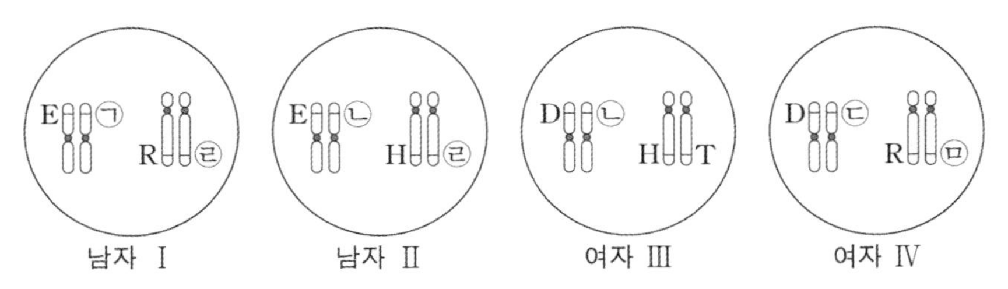

- I과 III 사이에서 아이가 태어날 때, 이 아이가 유전자형이 DDTT인 사람과 (가)와 (나)의 표현형이 모두 같을 확률은 $\frac{9}{16}$이다.
- II와 IV사이에서 ⓐ가 태어날 때, ⓐ에게서 나타날 수 있는 (가)와 (나)의 표현형은 최대 9가지이다.

이에 대한 옳은 설명만을 <보기>에서 있는 대로 고르시오. (단, 돌연변이와 교차는 고려하지 않는다.)

<보 기>

ㄱ. ㉠은 D이다.

ㄴ. H는 R에 대해 완전 우성이다.

ㄷ. ⓐ의 (가)와 (나)의 표현형이 모두 II와 같을 확률은 $\frac{1}{4}$이다.

THEME 02. 가계도 분석

IDEA.

이번 THEME에서는 돌연변이가 포함되지 않은 가계도 문항을 분석한다.
가계도 분석은 생명과학1에서 전통적으로 킬러로 출제되어온 유형이지만,
“가계도”라는 큰 틀이 고정되어 있기 때문에 문항 구성의 Variation은 적은 편이다.

그럼에도 불구하고 가계도 문항이 지금까지 킬러 문항으로 자리매김할 수 있었던 가장 큰 이유는
풀이 호흡이 길기 때문이다. 호흡이 길면 논리를 길게 끌고가야 하고, 문항을 푸는 시간도 오래 걸린다.

따라서 풀이의 호흡이 길다는 점을 제외하면, 일관적인 풀이 Routine을 통해 공략할 수 있는 유형이다.
눈치를 챘겠지만, 이번 Theme에서는 가계도 문제를 분석하는 일관된 Routine에 대해 다루며,
이를 문제에 적용하는 훈련을 한다.

가계도 분석 유형을 완벽히 대비하기 위해서는 객관적으로 기출 학습만으로는 부족하다.
기출 학습을 마무리한 뒤에는 N제 등을 통해 꾸준히 고난도 문항으로 추론 연습을 하고 감을 유지하자.

METHOD #0-1. 【가계도 분석】 유형의 목적

【가계도 분석】 유형은 둘 이상의 유전 형질이 어떤 집안에서 어떠한 방식으로 유전되는가를 다룬다.
어떠한 방식으로 유전되는가에 대해 크게 두 가지를 다룬다.

(1) 해당 형질이 상염색체를 통해 유전되는가? X 염색체[10]를 통해 유전되는가?
(2) 해당 형질이 우성으로 유전되는가? 열성으로 유전되는가?

그렇다면, 예를 들어 유전 형질 (가)가 있을 때, 가능한 경우의 수는 다음과 같다.

형질 (가)	우성 유전	열성 유전
상염색체 유전	상&우성	상&열성
X 염색체 유전	X&우성	X&열성

가능한 경우의 수는 총 4가지이며, 4가지 경우 중 한 가지 경우는 반드시 참이므로
4개의 경우의 수를 나열하면 풀 수 있다.

그러나, 처음에 언급했듯이 [가계도] 유형에서 제시되는 유전 형질은 2가지 형질 이상이고[11],
이를 경우의 수로 나열해 보면 적어도 16가지가 넘으니,
이를 다 나열해서 풀겠다는 생각은 절대 하지 말자.

10) 성염색체 유전을 다룰 때 X 염색체 유전과 Y 염색체 유전을 모두 다뤄야 하지만, Y 염색체 유전의 경우 남자 구성원들에 대해서만 표현형 발현 여부를 논할 수 있어 문항 구성이 매우 단순해진다. 따라서, 아직까지 기출문제로 출제된 사례는 없으며, 이후로도 출제될 가능성은 낮아 보인다. 그렇기에, 본 교재에서는 가계도 유형에 대해서 성염색체 유전은 X 염색체 유전만 다루도록 한다.

11) 물론, [140614]처럼 아주 예전 기출문제에서는 한 가지 형질만 출제되기도 했지만, 최근 5개년 기출문제를 보면 모든 문제가 두 가지 형질 이상이 출제되어왔다.

METHOD #0-2. 【가계도 분석】 유형의 문항 구성원리

[가계도] 유형의 문항은 다음과 같이 구성된다.

(1) 가계도 (or 가계표)
　: 유전 형질의 발현 여부를 가계도 그림 혹은 표 형태로 제시한다.

(2) 추가 조건
　: DNA 상대량, 생식세포 확률 등을 통해 가계도/가계표로 분석되지 않는 내용을 보완한다.

예를 들어보자.

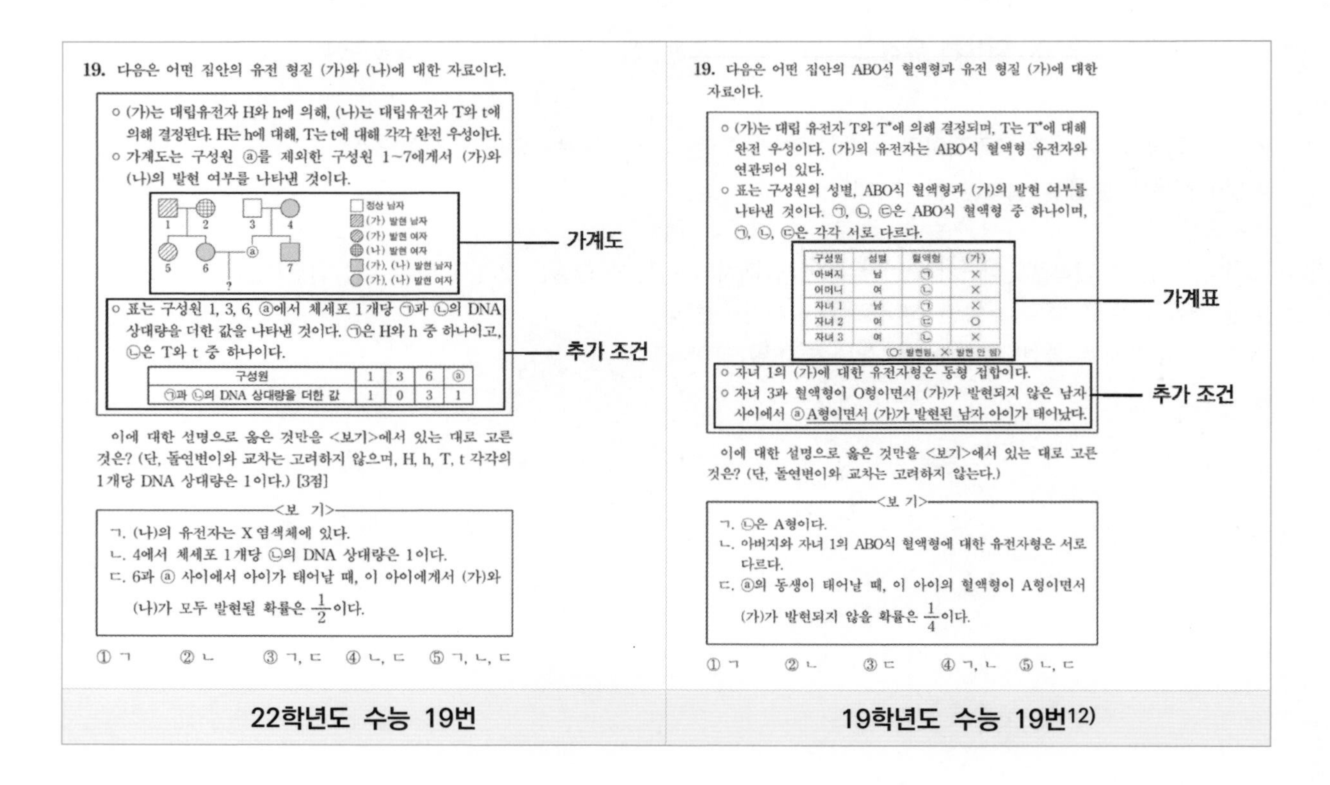

19. 다음은 어떤 집안의 유전 형질 (가)와 (나)에 대한 자료이다.

○ (가)는 대립유전자 H와 h에 의해, (나)는 대립유전자 T와 t에 의해 결정된다. H는 h에 대해, T는 t에 대해 각각 완전 우성이다.
○ 가계도는 구성원 ⓐ를 제외한 구성원 1~7에게서 (가)와 (나)의 발현 여부를 나타낸 것이다.

○ 표는 구성원 1, 3, 6, ⓐ에서 체세포 1개당 ㉠과 ㉡의 DNA 상대량을 더한 값을 나타낸 것이다. ㉠은 H와 h 중 하나이고, ㉡은 T와 t 중 하나이다.

구성원	1	3	6	ⓐ
㉠과 ㉡의 DNA 상대량을 더한 값	1	0	3	1

이에 대한 설명으로 옳은 것만을 <보기>에서 있는 대로 고른 것은? (단, 돌연변이와 교차는 고려하지 않으며, H, h, T, t 각각의 1개당 DNA 상대량은 1이다.) [3점]

<보 기>
ㄱ. (나)의 유전자는 X 염색체에 있다.
ㄴ. 4에서 체세포 1개당 ㉡의 DNA 상대량은 1이다.
ㄷ. 6과 ⓐ 사이에서 아이가 태어날 때, 이 아이에게서 (가)와 (나)가 모두 발현될 확률은 $\frac{1}{2}$이다.

① ㄱ ② ㄴ ③ ㄱ, ㄷ ④ ㄴ, ㄷ ⑤ ㄱ, ㄴ, ㄷ

22학년도 수능 19번

19. 다음은 어떤 집안의 ABO식 혈액형과 유전 형질 (가)에 대한 자료이다.

○ (가)는 대립 유전자 T와 T*에 의해 결정되며, T는 T*에 대해 완전 우성이다. (가)의 유전자는 ABO식 혈액형 유전자와 연관되어 있다.
○ 표는 구성원의 성별, ABO식 혈액형과 (가)의 발현 여부를 나타낸 것이다. ㉠, ㉡, ㉢은 ABO식 혈액형 중 하나이며, ㉠, ㉡, ㉢은 각각 서로 다르다.

구성원	성별	혈액형	(가)
아버지	남	㉠	×
어머니	여	㉡	×
자녀 1	남	㉠	×
자녀 2	여	㉢	○
자녀 3	여	㉡	×

(○: 발현됨, ×: 발현 안 됨)

○ 자녀 1의 (가)에 대한 유전자형은 동형 접합이다.
○ 자녀 3과 혈액형이 O형이면서 (가)가 발현되지 않은 남자 사이에서 ⓐ A형이면서 (가)가 발현된 남자 아이가 태어났다.

이에 대한 설명으로 옳은 것만을 <보기>에서 있는 대로 고른 것은? (단, 돌연변이와 교차는 고려하지 않는다.)

<보 기>
ㄱ. ㉡은 A형이다.
ㄴ. 아버지와 자녀 1의 ABO식 혈액형에 대한 유전자형은 서로 다르다.
ㄷ. ⓐ의 동생이 태어날 때, 이 아이의 혈액형이 A형이면서 (가)가 발현되지 않을 확률은 $\frac{1}{4}$이다.

① ㄱ ② ㄴ ③ ㄷ ④ ㄱ, ㄴ ⑤ ㄴ, ㄷ

19학년도 수능 19번[12]

가계도 문항에서의 Variation은 대부분 '추가 조건'에서 나타난다.
이를 다르게 말하면 '가계도'에서의 Variation은 적은 편이라는 의미이다. 그렇기에, 학습자는 가계도 문항을 풀 때 '가계도'를 정확하게 분석하고 추가조건을 분석하는 순서로 풀어나가는 편이 효율적이겠다.

12) 표 형태의 가계도 문항은 보통 돌연변이 문항으로 출제된다. 본 THEME에서는 "돌연변이가 포함되지 않은" 가계도 문항만을 다루기에, 부득이하게 꽤 지난 기출문제를 예시로 첨부했다.

METHOD #0-1과 #0-2를 종합하면 다음과 같다.

가계도 문제를 풀 때 학습자는

(1) 형질의 염색체 상 위치 - 상염색체 vs 성염색체(X 염색체) (2) 형질의 우열 - 우성 유전 vs 열성 유전

을 판단해야 하며, 이를 판단하는 과정에서

#1 가계도 분석
을 우선하고, 가계도 분석을 마쳤다면 1)과 2) 중 판단되지 않은 내용을

#2 추가 조건
을 분석함으로써 메꿔나가도록 하면 된다.[13)]

이와 같은 판단 과정에 맞춰
METHOD #1에서는 ㉠, 즉 '가계도 분석'에 대한 내용을,
METHOD #2에서는 ㉡, 즉 '추가 조건'에 대한 내용을 다룰 것이다.

13) ㉠과 ㉡은 "우선 순위"가 존재하는 내용이다. 즉, ㉠을 완료한 다음 ㉡을 할 생각을 해야 한다.
그러나, ①과 ② 사이의 우선순위는 존재하지 않는다. 즉, 어떤 문제는 상/성 판단이 우선될 수도 있고, 어떤 문제는 우/열 판단이 우선될 수도 있다. 이는 문제마다 다르니, 문제에 맞게 유연하게 사고해야 한다.

METHOD #1. 가계도 자체의 분석

가계도 자체의 분석은 [Step 1~3] + [Plus]로 분석하도록 한다.

(1) [Step 1] 부모와 표현형이 다른 자손 → 열성 형질[14)]

❶ 부모가 모두 병 → 자손이 정상인 경우 : 병 〉 정상

[증명][15)]
if) 정상이 우성, 병이 열성일 경우
자손은 우성 유전자를 보유하고 있다는 의미이며, 해당 유전자는 부모 중 적어도 한 사람으로부터는 받아야
따라서, 부모 중 적어도 한 사람은 우성 표현형인 정상을 발현해야 한다. → 모순.

❷ 부모가 모두 정상 → 자손이 병인 경우 : 정상 〉 병

증명은 1)에서의 방법과 마찬가지로 하면 된다.
Ex) 흰색 : 정상, 회색 : 병

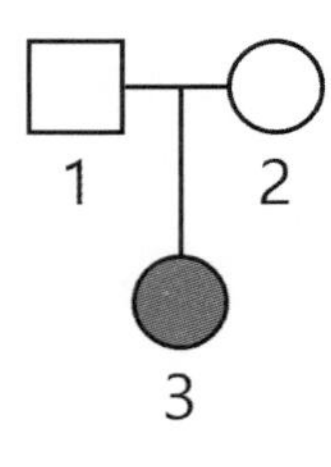

→ 부모인 1, 2가 모두 정상을 발현하는데 자녀인 3에게서 병이 발현되므로 정상이 우성, 병이 열성이다.

14) 가계도에서의 유전 형질은 전부 완전 우성을 전제로 한다. 간혹 사설에서는 중간 유전 포함 가계도를 출제하곤 하지만, 아직 평가원 기출 선에서는 출제된 바가 없으니 본 교재에서는 논하지 않는다.

15) 가계도의 증명은 '귀류'로 한다. 왜냐하면 가계도는 '흑백논리'가 적용되기 때문이다. 즉, 우성이 아니면 열성일 수밖에 없고, X 염색체 유전이 아니면 상염색체 유전일 수밖에 없다. 이는 앞서 METHOD #0에서 충분히 설명하였다.

(2) [Step 2] : [Step 1]에서 얻어낸 정보가 있을 경우 → 상/성 분석

앞선 [Step 1]은 유전 형질의 우성과 열성을 판단하는 과정이다.
만약 [Step 1]에서 얻어낸 정보가 있다면, 즉 우열에 대한 판단을 완료하였다면
METHOD #0에서 말했듯 다음 단계로 넘어가 상/성에 대한 분석을 할 생각을 해야 한다.

❶ [Step 1]에서 병이 열성(정상 〉 병)임을 알아냈을 경우

기준 : 병 여자 (= 열성 발현 여자)
분석 대상 : 기준의 반대 성별 위(아버지)/아래(아들)
분석 내용 : 분석 대상의 표현형(병 or 정상)

만약 분석 대상이 모두 병일 경우 : 상/성 판단 불가
만약 분석 대상 중 한 사람이라도 정상일 경우 : 상염색체 확정

증명을 위해 다음 세 가지 Case를 보자.

> [전제]
> • 형질 (가)는 대립유전자 A와 a에 의해 결정되며, A는 a에 대해 완전 우성이다.
> • A는 정상 대립유전자이고, a는 (가) 발현 대립유전자이다.
> • 정상은 흰색으로 표시되어 있고, (가) 발현은 회색으로 표시되어 있다.

[Case ①] 분석 대상이 모두 (가)가 발현된 경우

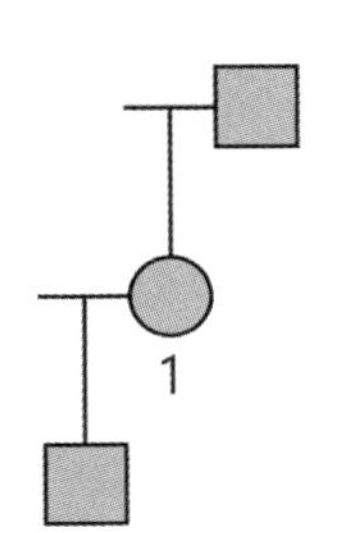

[상염색체 유전이라고 가정시]	[X 염색체 유전이라고 가정 시]
1의 유전자형은 aa이고, 1의 아버지와 1의 아들도 모두 유전자형이 aa이다. 상염색체 유전으로 가정한 것은 만족하지만, 이것만으로 성염색체 유전으로는 해석될 수 없다고 단정할 수 없다.	1의 유전자형은 aa이고, 1의 아버지와 1의 아들은 모두 유전자형이 aY이면 된다. X 염색체 유전으로 가정한 것은 만족하지만, 이것만으로 상염색체 유전으로는 해석될 수 없다고 단정할 수 없다.

즉, [Case ①]에서는 가계도만으로 상/성 확정이 불가능하며,
이를 확정시키기 위해서는 '추가 조건'이 필요하다.

[Case ②] 아들에게서 (가)가 발현되지 않은 경우

[상염색체 유전이라고 가정시]

1의 유전자형은 aa이고,
1의 아버지의 유전자형은 aa이며,
1의 아들의 유전자형은 Aa이다.

상염색체 유전으로 가정한 것은 만족하지만, 이것만으로 성염색체 유전으로는 해석될 수 없다고 단정할 수 없다.

[X 염색체 유전이라고 가정 시]

1의 유전자형은 aa이고,
1의 a를 아버지로부터 물려받았다(aY).

여기까지는 해석에 문제가 없으나, 1이 아들에게 a를 물려줘야 하기에 1의 아들 역시 aY가 되어 (가)가 발현되어야 한다.
따라서 X 염색체 유전이 불가능하다.

→ 상 확정

[Case ③] 아버지에게서 (가)가 발현되지 않은 경우

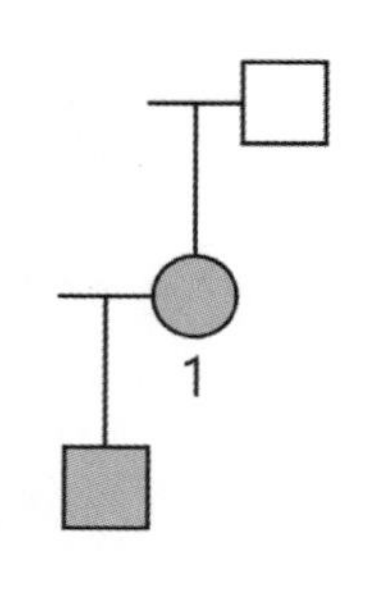

[상염색체 유전이라고 가정시]

1의 유전자형은 aa이고,
1의 아버지의 유전자형은 Aa이며,
1의 아들의 유전자형은 aa이다.

상염색체 유전으로 가정한 것은 만족하지만, 이것만으로 성염색체 유전으로는 해석될 수 없다고 단정할 수 없다.

[X 염색체 유전이라고 가정 시]

1의 유전자형은 aa이고,
1의 a를 아들에게 물려줬다(aY).

여기까지는 해석에 문제가 없으나, 1이 아버지로부터 a를 물려받아야 하기에 1의 아버지 역시 aY가 되어 (가)가 발현되어야 한다.
따라서 X 염색체 유전이 불가능하다.

→ 상 확정

즉, [Case ②, ③]에서는 가계도만으로 상/성 확정이 가능하다.

❷ [Step 1]에서 병이 우성(병 〉 정상)임을 알아냈을 경우

기준 : 병 남자 (= 우성 발현 남자)
분석 대상 : 기준의 반대 성별 위(어머니)/아래(딸)
분석 내용 : 분석 대상의 표현형(병 or 정상)

만약 분석 대상이 모두 병일 경우 : 상/성 판단 불가
만약 분석 대상 중 한 사람이라도 정상일 경우 : 상 확정

[증명]
다음 세 가지 Case를 보자.

> [전제]
> • 형질 (가)는 대립유전자 A와 a에 의해 결정되며, A는 a에 대해 완전 우성이다.
> • A는 발현 대립유전자이고, a는 (가) 정상 대립유전자이다.
> • 정상은 흰색으로 표시되어 있고, (가) 발현은 회색으로 표시되어 있다.

[Case ①] 분석 대상이 모두 (가)가 발현된 경우

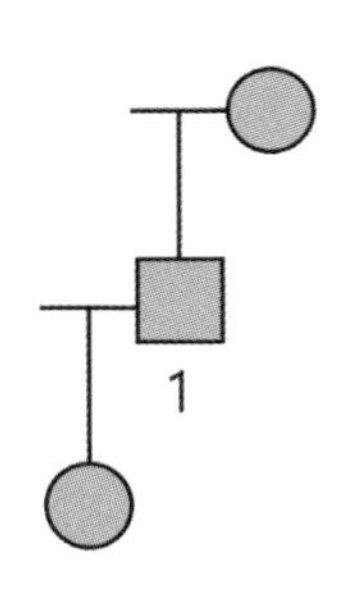

[상염색체 유전이라고 가정시]	[X 염색체 유전이라고 가정 시]
1의 유전자형은 AA OR Aa이고, 1의 어머니와 1의 딸도 모두 유전자형이 AA OR Aa이다. 상염색체 유전으로 가정한 것은 만족하지만, 이것만으로 성염색체 유전으로는 해석될 수 없다고 단정할 수 없다.	1의 유전자형은 AY이고, 1의 어머니와 1의 딸은 모두 유전자형이 AA OR Aa이다. X 염색체 유전으로 가정한 것은 만족하지만, 이것만으로 상염색체 유전으로는 해석될 수 없다고 단정할 수 없다.

즉, [Case ①]에서는 가계도만으로 상/성 확정이 불가능하며,
이를 확정시키기 위해서는 '추가 조건'이 필요하다.

[Case ②] 딸에게서 (가)가 발현되지 않은 경우

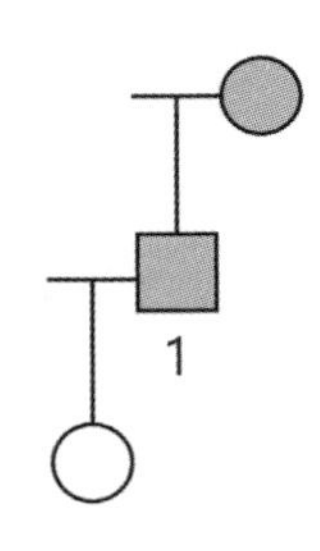

[상염색체 유전이라고 가정시]

1의 어머니의 유전자형이 AA OR Aa,
1의 유전자형이 Aa,
1의 딸의 유전자형이 aa이다.

상염색체 유전으로 가정한 것은 만족하지만, 이것만으로 성염색체 유전으로는 해석될 수 없다고 단정할 수 없다.

[X 염색체 유전이라고 가정 시]

1의 유전자형은 AY이고,
1은 어머니로부터 A를 물려받았다.

여기까지는 해석에 문제가 없으나, 1이 딸에게 A를 물려줘야 하기에 딸 역시 A를 보유하여 (가)가 발현되어야 한다.
따라서 X 염색체 유전이 불가능하다.

→ 상 확정

[Case ③] 어머니에게서 (가)가 발현되지 않은 경우

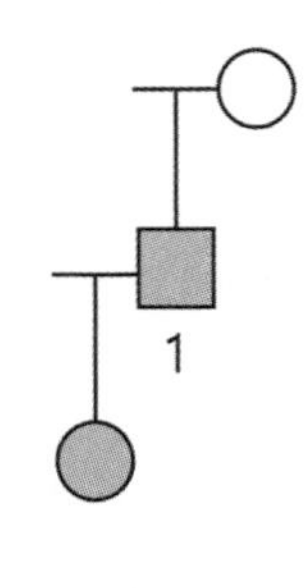

[상염색체 유전이라고 가정시]

1의 딸의 유전자형이 AA OR Aa,
1의 유전자형이 Aa,
1의 어머니의 유전자형이 aa이다.

상염색체 유전으로 가정한 것은 만족하지만, 이것만으로 성염색체 유전으로는 해석될 수 없다고 단정할 수 없다.

[X 염색체 유전이라고 가정 시]

1의 유전자형은 AY이고,
1은 딸에게 A를 물려주었다.

여기까지는 해석에 문제가 없으나, 1이 어머니로부터 A를 물려받아야 하기에 어머니 역시 A를 보유하여 (가)가 발현되어야 한다.
따라서 X 염색체 유전이 불가능하다.

→ 상 확정

즉, [Case ②, ③]에서는 가계도만으로 상/성 확정이 가능하다.
Ex) 흰색 : 정상, 회색 : 병

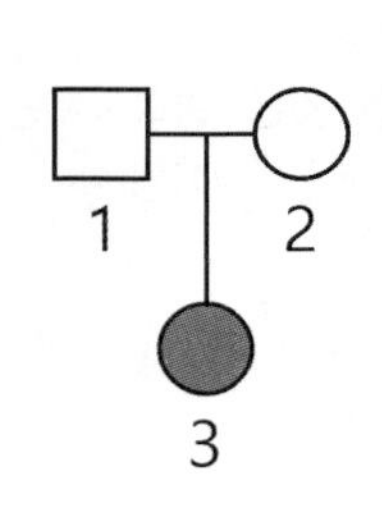

[Step 1] : 부모와 표현형이 다른 자손 찾기
부모인 1, 2가 모두 정상인데 자녀인 3에게서 병이 발현되므로
정상이 우성, 병이 열성이다.

[Step 2] : [Step 1]에서 얻어낸 정보가 있을 경우 상/성 분석
병이 열성이므로, 병 여자 기준에서 아버지/아들을 분석한다.
3의 아버지인 1에게서 정상이 발현되므로, X 염색체 유전이 불가능하다.
∴ 상&열성 유전

comment

[Step 2]의 1)과 2)에서 설명한 내용 중 '한 사람이라도'라는 워딩에 주목합니다.
실전에서 맞닥뜨리게 되는 가계도 문제에서는, 두 형질 이상의 발현 여부가 10명에 가까운 구성원들에게 표기되어 있습니다. 이 상황 속에서 1)과 2)의 [Case ②] 또는 [Case ③]에 해당하는 단 하나의 경우만 찾으면 됩니다.
+안 그래도 복잡한 가계도에서 굳이 Case에 해당하는 여러 경우를 찾을 필요 없습니다. : D

(3) [Step 3] : [Step 1]에서 얻어낸 정보가 없을 경우 → 경우의 수(Case) 제거

난도가 높은 가계도 문제일수록 [Step 1]을 통한 정보 제공을 하지 않는 편이다.
대부분의 학생들은 [Step 1]을 통해 얻어낸 정보가 없을 경우 바로 추가 조건으로 넘어가는 경향이 있는데, 필자는 가능하면 [Step 3]를 통해 Case를 줄인 상태에서 추가 조건으로 넘어가길 권고하는 편이다.

[Step 3]에서 서술할 내용은, 소위 말하는 'X 염색체 귀류법'이다.

'귀류법'이라는 단어를 듣기만 해도 꺼려지는 학생들이 많다는 점 충분히 안다.
그럼에도 가계도 분석 단계에서 이 과정을 거치기를 추천한다.

이유는 다음과 같다.

① 여기서 서술할 귀류법은 다른 귀류법과 달리 눈으로 모순을 판단할 수 있다.
많은 학생들이 귀류법을 꺼려하는 이유는, 잘못된 가정을 했을 경우 지금까지의 풀이를 지우고 새로운 풀이를 다시 전개해나가야 하기 때문이다. 그러나, 여기서 다룰 'X 염색체 귀류법'은 이러한 번거로움 없이 표현형을 체크하는 과정만으로 해결이 된다.

② 'X 염색체 귀류법'을 적용할 타이밍을 학생들이 잘 잡지 못한다.
아마 기출문제에 대한 학습이 어느 정도 이루어진 학생이나, 가계도 관련 수업을 들어본 학생은 'X 염색체 귀류법'이 대충 뭔지는 알 것이다. 그러나, '내용을 아는 것'과 '풀이로써 적용할 수 있는 것'은 다르다. 필자가 TA, 과외 등을 통해 많은 학생들을 만나본 결과, 'X 염색체 귀류법'을 사용해야 할 타이밍을 명확하게 정립해 둔 학생들은 극소수였다. 즉, 도구를 알고도 못 쓸 바에는, 미리 쓰는 것이 더 효율적이다.

③ 문제 풀이의 방향성이 정립된다.
만약 [Step 3]에서 'X&열성 유전이 불가능하다'라는 정보를 얻어냈다면, 이후에 분석하게 될 추가 조건은 이를 기준으로 생각하게 된다. 즉, X&열성 유전은 불가능하니, 추가 조건을 통해 [열성 유전]이라는 것이 결정되면 자연스럽게 '상&열성 유전'이 확정되고, 반대로 추가 조건을 통해 [X 염색체 유전]이라는 것이 결정되면 자연스럽게 'X&우성 유전'이 확정된다.

④ 귀류법[16]을 쓸 때 경우의 수를 줄일 수 있다.
드물지만 출제자가 귀류법을 쓰도록 문제를 설계했을 수도 있다[17]. 이 경우, 만약 [Step3]에서 일부 Case를 제거해 두었다면 직접 해봐야 할 Case가 줄어들기에 조금이나마 효율적인 풀이를 구사할 수 있게 된다.

①~④를 통해 열심히 당위성을 부여하긴 했지만,
결국 결론은 '의심하지 말고 [Step 3]를 적용하기를 추천한다'이다.

16) 여기서 말하는 귀류법은 [Step 3]에서 말하는 'X 염색체 귀류법'이 아닌, 직접 Case 분류를 해서 수기를 통해 검증하는 과정을 말한다.

17) 실제 기출문제 중 귀류법을 써야만 풀리는 문제는 극히 드물다.
다만, 사설에서는 귀류법으로 Case를 제거하는 문제가 종종 출제된다.

[Step 3]의 핵심은, "우열을 가정하고, 가정한 상황에서 X 염색체 유전이 가능한지 불가능한지를 판단하기" 이다. 즉, 우열을 임의로 확정시켜둔 상태에서, 상/성 Case를 좁혀나가는 과정인 셈이다.
이를 완벽하게 이해하기 위해서는 [Step 2]의 내용이 완벽하게 이해가 되어야 하니,
만약 [Step 2]가 잘 숙지되지 않은 학습자는 [Step 2]를 다시 한 번 보고 오길 바란다.

❶ 형질이 열성 유전이라고 가정 - 정상 〉 병

병 여자 기준, 분석 대상(아버지/아들) 중 정상이 있다면 X 염색체 유전이 불가능하다.
→ X&열성 유전이 불가능하다.

병 여자 기준, 분석 대상(아버지/아들)이 모두 병이라면 X 염색체 유전과 상염색체 유전이 모두 가능하다.
→ X&열성 유전과 상&열성 유전 모두 가능하다.

Ex) 흰색 : 정상, 회색 : 병

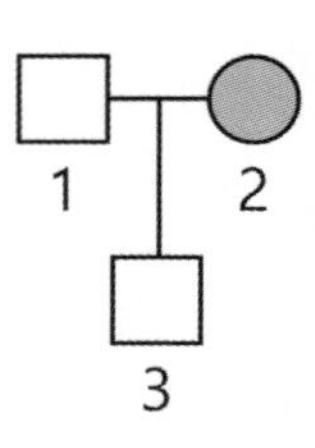

[Step 1] : 부모와 표현형 다른 자손 열성 찾기
얻어낼 수 있는 정보가 없다. 따라서, [Step 3]으로 넘어간다.

[Step 3] : [Step 1]에서 얻어낸 정보가 없을 경우 경우의 수 제거
병이 열성이라고 가정 시, 병 여자(2) 기준으로 아들인 3에게서 병이 발현되지 않으므로, X 염색체 유전은 불가능하다. 따라서 X&열성 유전은 불가능하다.

→ 4가지 Case(상&우성, 상&열성, X&우성, X&열성) 중 'X&열성' Case 제거

❷ 형질이 우성 유전이라고 가정 - 병 〉 정상

병 남자 기준, 분석 대상(어머니/딸) 중 정상이 있다면 X 염색체 유전이 불가능하다.
→ X&우성 유전이 불가능하다.

만약 병 남자 기준, 분석 대상(어머니/딸)이 모두 병이라면 X 염색체 유전과 상염색체 유전이 모두 가능하다.
→ X&우성 유전과 상&우성 유전 모두 가능하다.

ex) 흰색 : 정상, 회색 : 병

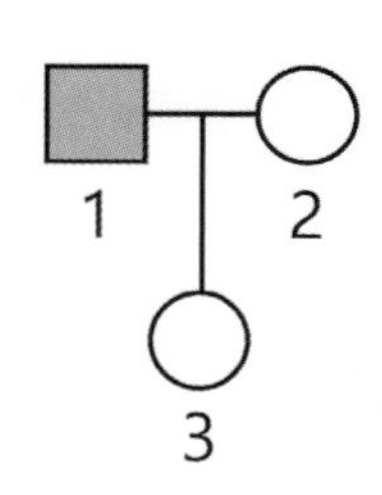

[Step 1] : 부모와 표현형 다른 자손 열성 찾기
얻어낼 수 있는 정보가 없다. 따라서, [Step3]으로 넘어간다.

[Step 3] : [Step 1]에서 얻어낸 정보가 없을 경우 경우의 수 제거
병이 우성이라고 가정 시, 병 남자(1) 기준으로 딸인 3에게서 병이 발현되지 않으므로, X 염색체 유전은 불가능하다. 따라서 X&우성 유전은 불가능하다.

→ 4가지 Case(상&우성, 상&열성, X&우성, X&열성) 중 'X&우성' Case 제거

❸ [Plus] X 염색체 유전이라는 것이 확정되었을 경우

여기서 말할 내용은 앞선 [Step 2, 3]의 반복이다.
다만 앞선 내용과의 차이점은, [Step 2]와 [Step 3]는 우열이 결정된 상태에서 상/성의 판단이고,
[Plus]에서 서술할 내용은 상/성이 결정된 상태에서 우/열의 판단이다.
앞서 말했듯, 결론적으론 [Step 2, 3]의 반복이다. 단지 풀이 순서만 반대일 뿐이다.
그럼에도 불구하고 [Plus]로 따로 나누어 서술하는 이유는,
의외로 많은 학생들이 풀이 순서만 바뀌었음에도 불구하고 잘 구사하지 못하기 때문이다.

간혹가다가 문제에서 X 염색체 유전임을 제시한 경우도 있다.
X 염색체 유전임이 확정되었다면(전제), 우열만 판단하면 된다.
이 과정에서, 다음의 두 경우 중 한 경우는 반드시 성립해야 한다.

1) 병 여자 기준으로 분석 대상(부/자)이 모두 병
2) 병 남자 기준으로 분석 대상(모/녀)이 모두 병

그렇다면, 문제 상황은 다음 세 Case 중 하나이다.
(화살표 우측 내용은 '결론'에 해당하며, 해당 결론의 유도 과정은 하단에 설명해 두었다.)

Case ① : 1)과 2) 중 1)만 만족하는 경우 → X &열성 유전
Case ② : 1)과 2) 중 2)만 만족하는 경우 → X &우성 유전
Case ③ : 1)과 2)를 모두 만족하는 경우 → 확정 불가

구체적으로 Case를 분석해 보자. 다만, 한 가지 주의할 점은, '만족시킨다'에 초점을 맞출 것이 아니라, '만족시키지 않는다'에 초점을 맞춰야 한다. 이에 대한 이유는 하단의 내용을 통해 확인하도록 한다.

Case ①의 경우, 2)를 만족시키지 않는다.
만약 병이 우성 유전한다면, 2)를 반드시 만족해야 한다. 따라서 병이 열성이다.

Case ②의 경우, 1)을 만족시키지 않는다.
만약 병이 열성 유전한다면, 1)을 반드시 만족해야 한다. 따라서 병이 우성이다.

Case ③의 경우, 병을 열성으로 가정해도 모순이 없고, 병을 우성으로 가정해도 모순이 없다.
따라서 이 경우는 가계도만으로는 우열을 확정할 수 없고, 추가 조건을 활용해야 한다.

Ex) 2020학년도 6월 평가원 19번

19. 다음은 어떤 집안의 유전 형질 (가)~(다)에 대한 자료이다.

- (가)는 대립 유전자 H와 H^*에 의해, (나)는 대립 유전자 R와 R^*에 의해, (다)는 대립 유전자 T와 T^*에 의해 결정된다. H는 H^*에 대해, R는 R^*에 대해, T는 T^*에 대해 각각 완전 우성이다.
- (가)의 유전자와 (나)의 유전자 중 하나만 X 염색체에 있다.
- (다)의 유전자는 X 염색체에 있고, (다)는 열성 형질이다.
- 가계도는 구성원 ⓐ를 제외한 나머지 구성원 1~9에게서 (가)와 (나)의 발현 여부를 나타낸 것이다.

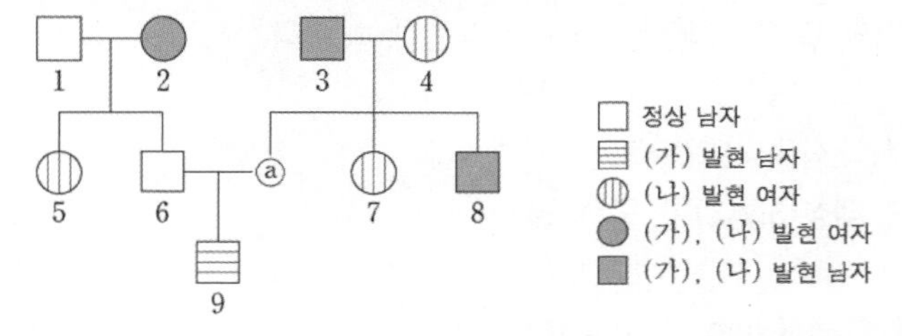

- ⓐ를 제외한 나머지 1~9 중 3, 6, 9에서만 (다)가 발현되었다.
- 체세포 1개당 H의 DNA 상대량은 1과 ⓐ가 서로 같다.

2020학년도 6월 평가원 19번

차근차근 Step에 맞게 가계도를 분석해보자.

[Step 1]

부모와 표현형이 다른 자손이 없다[18]. 따라서 [Step3]로 넘어가자.

[Step 3]

① 형질 (가) 분석

(가)가 열성일 경우 : (가) 발현 여자 기준, 부/자의 표현형을 분석한다.

→ 2의 아들인 6에게서 (가)가 발현되지 않으므로 X&열성 유전 불가.

(가)가 우성일 경우 : (가) 발현 남자 기준, 모/녀의 표현형을 분석한다.

→ 3의 딸인 7에게서 (가)가 발현되지 않으므로[19] X&우성 유전 불가.

∴ (가)는 상염색체 유전, (나)는 X 염색체 유전

② 형질 (나) 분석

X 염색체 유전임이 확정되었기에, [병 여자 기준 부/자 모두 병] 또는 [병 남자 기준 모/녀 모두 병] 중 하나 이상은 반드시 만족해야 한다.

(나) 발현 여자인 2를 기준으로 아들인 6에게서 (나)가 발현되지 않으므로, (나)는 열성 유전이 아니다.

∴ (나)는 X&우성 유전

---

18) 이 예제처럼 여러 형질이 제시된 경우, 형질 단위로 나누어서 분석한다. 즉, (가), (나) 따로 분석한다.

19) (가)가 X&우성 유전이 불가능하다는 정보를 꼭 3과 7을 통해 얻어낼 필요는 없다.
4와 8 등 다른 구성원을 통해 얻어내도 된다. [Step 2]의 Comment에서 서술한 내용을 참고하자.

METHOD #0의 각주에서 '가계도/가계표'에 Variation이 아예 없는 것은 아니라고 했다. 이에 대해 간략하게 언급하고자 한다.

결론부터 말하자면, '가계도/가계표'에서의 Variation은 표현형 발현 여부를 '간접 제시' 형태로 제시하는 것을 말한다[20].

대부분의 기출 문제는 표현형 발현 여부를 직접 제시하였지만, 간혹 표현형 발현 여부를 간접적으로 제시하는 경우도 있다. 이에 대한 구체적인 예시를 보자.

1) 일부 구성원만 표현형 발현 여부 제시

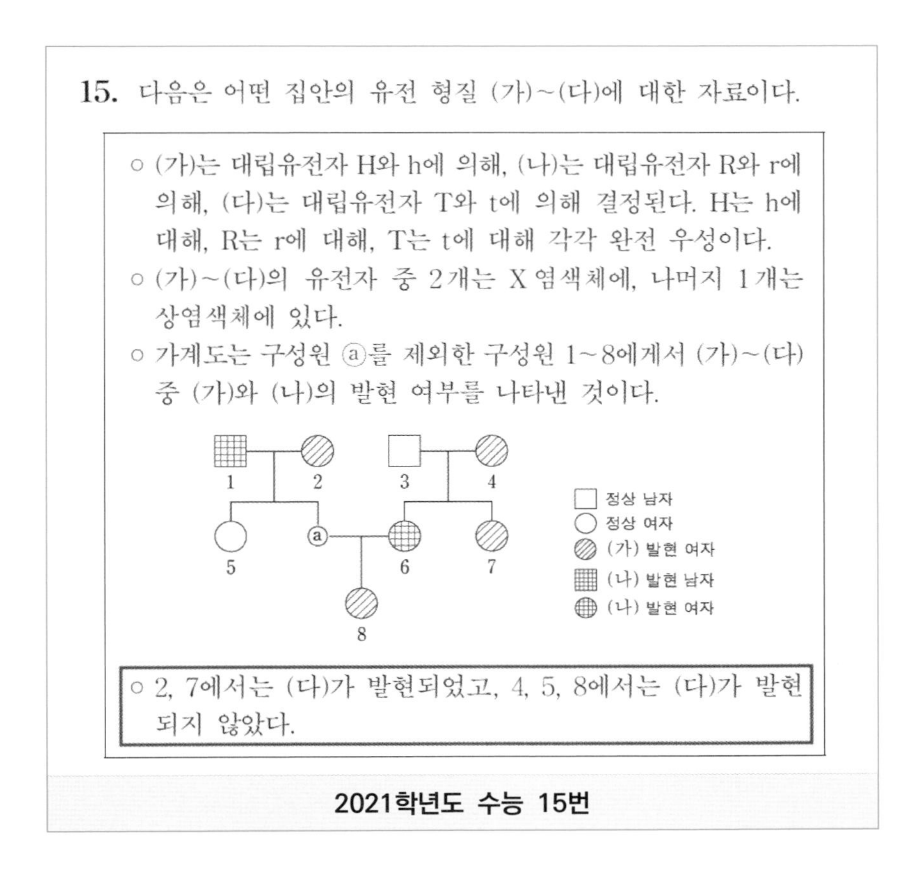
15. 다음은 어떤 집안의 유전 형질 (가)~(다)에 대한 자료이다.

- (가)는 대립유전자 H와 h에 의해, (나)는 대립유전자 R와 r에 의해, (다)는 대립유전자 T와 t에 의해 결정된다. H는 h에 대해, R는 r에 대해, T는 t에 대해 각각 완전 우성이다.
- (가)~(다)의 유전자 중 2개는 X 염색체에, 나머지 1개는 상염색체에 있다.
- 가계도는 구성원 ⓐ를 제외한 구성원 1~8에게서 (가)~(다) 중 (가)와 (나)의 발현 여부를 나타낸 것이다.

- 2, 7에서는 (다)가 발현되었고, 4, 5, 8에서는 (다)가 발현되지 않았다.

2021학년도 수능 15번

문제에서 제시된 구성원 1~8 중 2, 4, 5, 8에 대해서만 (다)의 발현 여부를 제시했다.
즉, 전체 구성원 중 일부 구성원만 표현형 발현 여부를 제시하였다.

20) 물론, 현재까지 기출된 가계도/가계표 Variation을 의미한다. 추후에 평가원에서 간접 제시가 아닌 해괴망측한(?) Variation을 줄 수도 있다.

2) 표현형 발현 여부를 구성원의 수 또는 일치/불일치로 제시

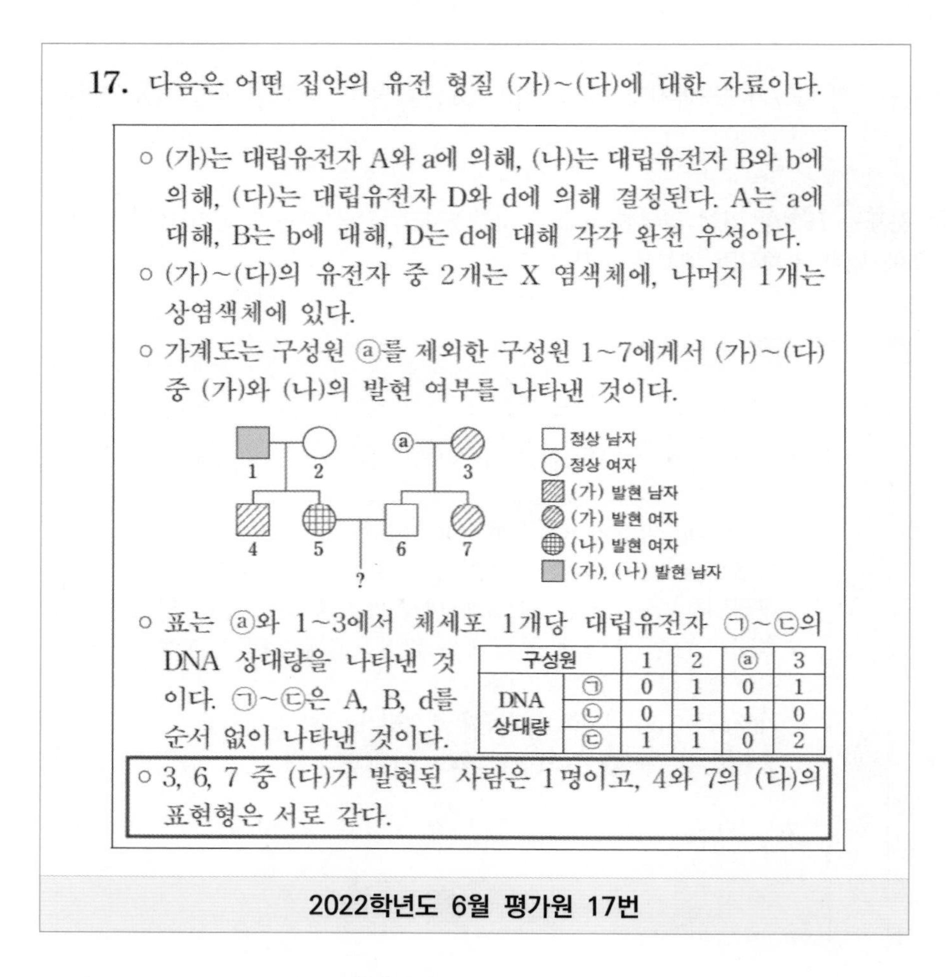

17. 다음은 어떤 집안의 유전 형질 (가)~(다)에 대한 자료이다.

○ (가)는 대립유전자 A와 a에 의해, (나)는 대립유전자 B와 b에 의해, (다)는 대립유전자 D와 d에 의해 결정된다. A는 a에 대해, B는 b에 대해, D는 d에 대해 각각 완전 우성이다.
○ (가)~(다)의 유전자 중 2개는 X 염색체에, 나머지 1개는 상염색체에 있다.
○ 가계도는 구성원 ⓐ를 제외한 구성원 1~7에게서 (가)~(다) 중 (가)와 (나)의 발현 여부를 나타낸 것이다.

○ 표는 ⓐ와 1~3에서 체세포 1개당 대립유전자 ㉠~㉢의 DNA 상대량을 나타낸 것이다. ㉠~㉢은 A, B, d를 순서 없이 나타낸 것이다.

구성원		1	2	ⓐ	3
DNA 상대량	㉠	0	1	0	1
	㉡	0	1	1	0
	㉢	1	1	0	2

○ 3, 6, 7 중 (다)가 발현된 사람은 1명이고, 4와 7의 (다)의 표현형은 서로 같다.

2022학년도 6월 평가원 17번

표현형의 발현 여부를 다음 두 가지 간접 제시법으로 제시하였다.

① 발현된 구성원의 수로 제시 : 3, 6, 7 중 (다) 발현 1명, 정상 2명
② 표현형 일치/불일치로 제시 : 4와 7의 (다) 표현형 일치

이처럼, 평가원/수능 기출문제에서 표현형 발현 여부를 간접 제시함으로써 '가계도' 상에서 Variation을 주기도 한다. 그럼에도 큰 틀은 지금까지 설명해 온 [Step 1~3]와 [Plus]를 벗어나지 않으니, 이에 맞추어 분석하는 연습을 해야 한다.

Ex) 간접 제시에 대한 간단한 예시를 풀어보자.

○ 형질 (가)는 대립유전자 A와 a에 의해 결정되며, A는 a에 대해 완전 우성이다. A는 (가) 발현 대립유전자이고, a는 정상 대립유전자이다.
○ 표는 어머니를 제외한 이 가족 구성원의 성별과 (가)의 발현 여부를 나타낸 것이다.

구성원	아버지	자녀 1	자녀 2	자녀 3
성별	남	여	여	여
(가)	발현됨	?	?	?

○ 자녀 1과 3의 (가)의 표현형은 같고, 자녀 1과 2의 (가)의 표현형은 다르다.

우선, 문제에서 (가)는 우성 유전임을 제시하였다. 따라서, 상/성만 판단하면 된다.

이 문제 상황에서는 [Step 1]을 적용시킬 수 없다. 따라서 [Step 3]로 바로 넘어간다.

아버지의 표현형은 제시하였지만, 자녀의 표현형은 일치/불일치로 제시하였으므로,
이는 '간접 제시' 상황에 해당한다. 즉, 구체적인 자손의 표현형은 알지 못한다.

그럼에도 [Step 3]를 통해 상/성을 판단할 수 있다.
왜냐하면, 만약 (가)가 X 염색체를 통해 유전한다면,
(가)가 발현된 아버지의 딸은 모두 (가)가 발현되어야 하기 때문이다.
즉, 자녀 1~3의 표현형이 모두 일치해야 한다는 의미이다.

따라서, (가)는 상염색체를 통해 유전하며, 아버지의 (가)의 유전자형은 AA가 아닌 Aa[21]임을 알 수 있다.

21) 이 점이 아직 매끄럽게 이해되지 않아도 괜찮다. METHOD #2의 '추가 조건' 중 DNA 상대량 분석을 할 때 구체적으로 다룰 내용이다.

METHOD #2. 추가조건의 분석

많은 학생들이 가계도에서 벽을 느끼는 부분이 바로 추가조건 분석이다. 필자가 학생들을 가르쳐본 결과 상당 수의 학생들이 기출로 학습한 명제들을 단순 암기하여 가계도를 풀어내려고 하나, 변수가 늘어나고 복합적인 요소들이 고려되어야 하는 신규 문항들에서 벽을 느끼고 포기하는 경우가 많았다.

가계도는 절대 암기로 푸는 유형이 아니다. 소수의 핵심 논리를 기반으로 풀이를 전개하는 마치 수학과도 같은 유형이다. METHOD를 통해 가계도 풀이를 관통하는 가계도의 5대 구성요소를 학습하여 어떤 형태의 추가조건이 나오든 해석할 수 있는 능력을 길러보자.

Intro 1 : 가계도 설계의 핵심 요소-표현형을 지정하는 대립유전자, 대립유전자 간의 우열, 표현형 간의 우열

가계도 문제 풀이는 주어진 표현형 정보와 추가조건(주로 상대량 정보)을 해석하여 형질의 우열, 상염색체 유전/성염색체 유전 여부, 연관 여부 등을 추론해야 한다. 추가조건 해석을 통해 밝혀낸 정보를 바탕으로 각 구성원의 유전자형과 유전자 간의 연관 상태 (편의상 가계 정보라고 하겠다)를 파악하는 것이 가계도 문제 풀이의 마무리가 된다.

구성원의 표현형과 추가조건을 엮어서 해석하려면 아래와 같은 정보들이 제시될 필요가 있다.

1) 표현형을 지정하는 대립유전자 : A는 병을 나타내는 대립유전자, a는 정상을 나타내는 대립유전자
2) 대립유전자 간의 우열 : A 〉 a, a 〉 A
3) 표현형 간의 우열 : 병 〉 정상, 정상 〉 병

이 세 가지 요소 중 두 가지를 알면 나머지 한 가지 요소는 자동으로 알 수 있다.
가계도 문항은 이 중 한 가지 이하의 요소만 제시하고 조건을 통해 나머지 요소들을 파악하도록 유도한다.

Ex 1) 2014학년도 수능 17번

○ 유전병 ㉠은 대립 유전자 T와 T*에 의해 결정되며, T와 T*의 우열 관계는 분명하다. T는 정상 유전자이고, T*는 유전병 유전자이다.

2014학년도 수능 17번

Ex 2) 2017학년도 수능 17번

○ ㉠은 대립 유전자 H와 H*에 의해, ㉡은 대립 유전자 T와 T*에 의해 결정된다. H는 H*에 대해, T는 T*에 대해 각각 완전 우성이다.

2017학년도 수능 17번

METHOD에서 주로 다루게 될 최근 기출의 경우, Ex 2)과 같이 대립유전자 간의 우열을 대체로 제시하는 편이다. 그럼에도 위 세 가지 요소 중 정확하게 무엇을 제시했는지 확인하고 문제 풀이에 들어가는 것이 기본이다. 언제 새로운 형식의 문항을 제시할지 모르기 때문이다.

(1) Intro 2 : 조건 분석 Tip

본론으로 들어가기에 앞서, 가계도에서 조건을 어떻게 관찰하고 활용해야 할지를 정리해보겠다.
아무리 다양한 조건해석법을 학습했다고 해도 실전에서 이를 활용하는 것은 완전히 다른 영역이다.
문제를 풀다 보면 “어떤 이유로 지금 그 조건을 해석해야 하나요?”, “갑자기 그 정보를 보고 어떻게 그런 생각을 할 수가 있죠?” 등의 의문을 갖게 될 텐데 이에 대해 가벼운 해답을 얻고 학습에 들어가자.

❶ 귀류 & 정보 추출

n개의 상황에서 $n-1$개의 상황을 소거하여 하나로 확정시키는 귀류
n개의 상황을 총체적으로 관찰하며 활용할 수 있는 명제를 얻어내는 정보 추출

조건 해석 시 이 두 가지를 병행할 줄 알아야 한다.
대개 전자로만 풀이를 전개하고 후자를 활용하는 풀이는 지양해야 하는 경우가 많다. 생명과학1의 킬러 문항들은 부족한 정보를 채워나가면서 하나의 상황으로 수렴시키는 일종의 퍼즐이다. 그러한 측면에서, 제시된 조건을 해석하여 풀이에 활용할 수 있는 정보를 직접 만들어내는 작업은 시간 단축에 상당한 도움이 된다.

아래부터 서술할 METHOD에서 두 가지 풀이를 병행하는 모습을 보여주도록 하겠다.

❷ 변수가 적은 정보에 먼저 주목해보자.

주어진 정보를 최대한 활용하며 풀이를 전개하려면 변수가 적은 정보에 먼저 주목할 필요가 있다.
변수를 줄여야 귀류를 최소화하면서 바로바로 정보를 활용할 수 있기 때문이다.

DNA 상대량 분석과 관련한 예시로 이를 확인해보자.

1) 여자 vs 남자

만약 여자 구성원에 대한 DNA 상대량 정보를 준다면, 사실상 유전자형에 대한 정보를 준 셈이 된다.
왜냐하면 여자는 성염색체, 상염색체와 관계없이 유전자를 쌍으로 갖기 때문이다.
만약 남자 구성원에 대한 DNA 상대량 정보를 준다면, 유전자형에 대한 정보를 일부만 제시한 셈이 된다.
왜냐하면 남자는 유전자를 쌍으로 갖는지(상염색체 유전), 하나만 갖는지(X 염색체 유전) 모르기 때문이다.
그렇기에 변수가 적은 여자 구성원 정보를 우선적으로 관찰해야 한다.

2) 우성 유전자 vs 열성 유전자

만약 열성 유전자의 DNA 상대량 정보를 준다면, 바로 위에서 서술한 바와 같이 남자에 대해서는
상염색체 유전일 경우와 X 염색체 유전일 경우에서 표현형이 달라질 수 있기 때문에 변수가 발생한다.
만약 우성 유전자의 DNA 상대량 정보를 준다면, 사실상 표현형의 정보를 직접적으로 던져준 셈이다.
그렇기에 변수가 더 적은 우성 유전자의 DNA 상대량 정보를 우선적으로 관찰해야 한다.

이처럼 조건 해석은 변수가 적은 정보부터 먼저 시작하여 풀이 전개에 활용할 필요가 있다.

METHOD #2-1. 가계도의 5대 구성요소 활용

(1) 우성 & 열성

우성과 열성은 멘델 법칙의 중요성을 고려할 때, 유전 문항 설계 시 반드시 포함되어야만 하는 요소이다.
출제자가 어떤 식으로 형질의 우열을 결정하도록 설계하는지 알아보도록 한다.

❶ 우열 도출 원리

표현형의 우열은 기본적으로 우성/열성 대립유전자의 DNA 상대량 정보와 표현형 정보가 만나 도출된다.

1) A〉a와 같이 유전자 간의 우열 관계가 분명한 경우

우성 유전자를 갖는 구성원의 표현형을 읽어낸다.
열성 유전자"만" 갖는 구성원의 표현형을 읽어낸다.

Intro에서 언급한 것과 같이 열성 유전자 상대량 정보의 경우 남자일 때 변수가 생긴다.
학습자는 변수가 없는 우성 유전자의 보유 여부에 먼저 주목해서 표현형 정보와 엮어볼 필요가 있겠다.

2) 유전자 간의 우열 관계가 불분명한 경우 → 이형 접합성을 찾아 표현형을 읽어낸다.

동형 접합성을 나타내는 구성원이나 Y 염색체를 가지는 남자와는 달리
이형 접합자는 우성 유전자를 갖는 것이 확실하므로 이형 접합자의 표현형이 곧 우성 표현형임을 알 수 있다.

이처럼 유전자 보유정보와 표현형 정보를 보고 우열을 읽어내는 것이 기본이다.
그러나 알다시피 출제자는 대놓고 각 구성원의 유전자 보유 여부를 제시하지 않는다.
출제자는 다양한 방식으로 유전자 정보를 숨긴다.

❷ 우성 유전자의 유무 패턴 = 표현형 패턴

지금까지 자주 출제된 우열 제시 방식은 구성원 집단의 표현형과 우성 유전자 보유 패턴을 비교하도록 유도하는 것이다. 우성 유전자의 보유 여부 패턴은 표현형이 나타나는 패턴과 일치한다는 특징을 살려서 우열 관계를 도출하거나 표현형-DNA 상대량 정보 Matching에 필요한 정보를 얻어낼 수 있다.

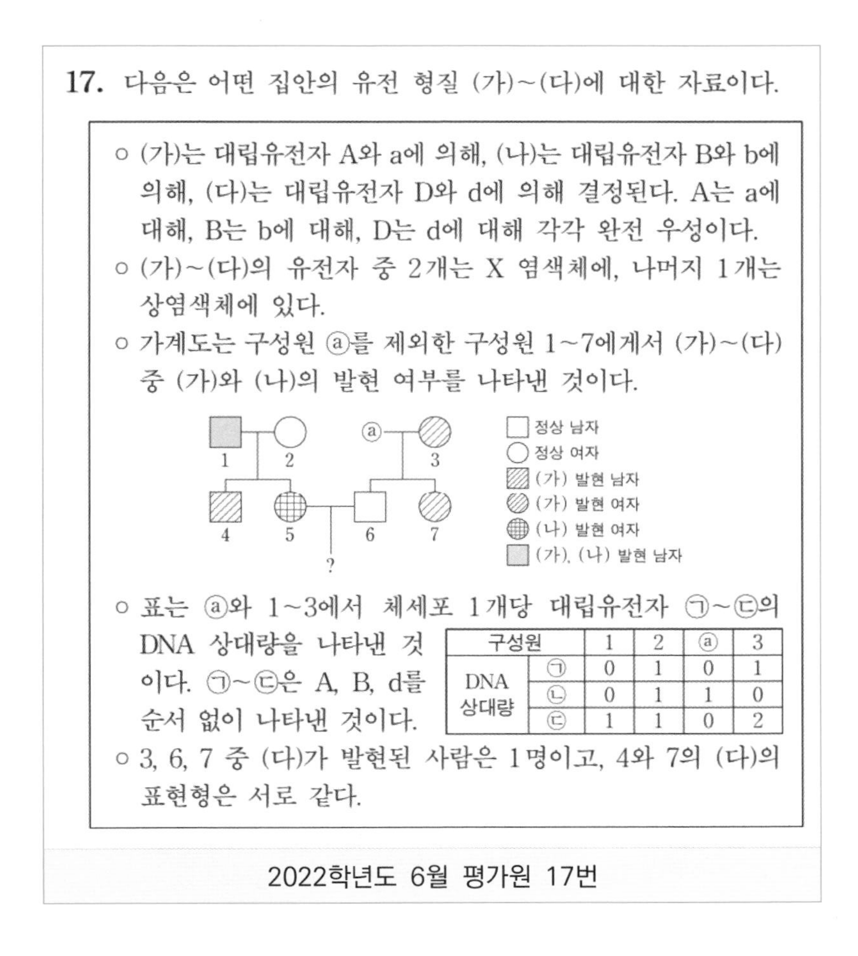

17. 다음은 어떤 집안의 유전 형질 (가)~(다)에 대한 자료이다.

- (가)는 대립유전자 A와 a에 의해, (나)는 대립유전자 B와 b에 의해, (다)는 대립유전자 D와 d에 의해 결정된다. A는 a에 대해, B는 b에 대해, D는 d에 대해 각각 완전 우성이다.
- (가)~(다)의 유전자 중 2개는 X 염색체에, 나머지 1개는 상염색체에 있다.
- 가계도는 구성원 ⓐ를 제외한 구성원 1~7에게서 (가)~(다) 중 (가)와 (나)의 발현 여부를 나타낸 것이다.

- 표는 ⓐ와 1~3에서 체세포 1개당 대립유전자 ㉠~㉢의 DNA 상대량을 나타낸 것이다. ㉠~㉢은 A, B, d를 순서 없이 나타낸 것이다.

구성원		1	2	ⓐ	3
DNA 상대량	㉠	0	1	0	1
	㉡	0	1	1	0
	㉢	1	1	0	2

- 3, 6, 7 중 (다)가 발현된 사람은 1명이고, 4와 7의 (다)의 표현형은 서로 같다.

2022학년도 6월 평가원 17번

구성원 1, 2, 3은 (가) 형질에 대하여 차례로 [병, 정상, 병] 표현형이며, (나) 형질에 대하여 [병, 정상, 정상] 표현형이다.

㉠~㉢ 중에 A, B가 존재하므로 A, B에 대해서는 구성원 1, 2, 3에서 각 형질의 표현형 패턴과 우성 유전자의 유무 패턴이 동일하게 나타나야 한다.

㉠이 우성 유전자라면 유무 패턴은 [무, 유, 유]로 나타날 것이다.
㉡이 우성 유전자라면 유무 패턴은 [무, 유, 무]로 나타날 것이다.
㉢이 우성 유전자라면 유무 패턴은 [유, 유, 유]로 나타날 것이다.

표현형 패턴과 우성 유전자 유무 패턴이 일치하는 것끼리 짝지으면 (가) 형질의 [병, 정상, 병]과 ㉡이 우성 유전자일 때의 [무, 유, 무] 패턴이 일치하므로 ㉡이 A인 것을 알 수 있고, (가) 형질은 정상이 우성이다.
(나) 형질의 [병, 정상, 정상]은 ㉠이 우성 유전자일 때의 [무, 유, 유] 패턴과 일치하므로
㉠이 B이며 (나) 형질은 정상이 우성이다.

(2) 성염색체 유전 & 상염색체 유전

성염색체 유전은 가계도에서 변수를 만들어내기 위해 출제자가 자주 사용하는 도구이다.
성염색체 유전의 존재 자체가 변수를 만들어, 주어진 조건을 풀이에 활용하기 힘들도록 제한하기 때문이다.
또한 성염색체 유전만이 가지는 특수성이 상당히 매력적이기에 상황을 구성할 때 적극적으로 활용된다.

출제자가 성염색체 유전을 제시하는 방식은 다음 두 가지다.

❶ 발문에서 X 염색체 위에 있는 형질이 존재함을 직접 제시

Ex) 2020학년도 6월 평가원 19번

> ○ (가)의 유전자와 (나)의 유전자 중 하나만 X 염색체에 있다.
> ○ (다)의 유전자는 X 염색체에 있고, (다)는 열성 형질이다.
>
> 2020학년도 6월 평가원 19번

❷ 발문에서 따로 언급은 없지만 풀이 과정 중에 성염색체 유전이 존재함을 확인

우리가 주목해야 할 부분은 후자이다. 성염색체 유전의 존재를 제시하기 위한 Setting이 다소 까다롭기 때문이다. 그렇기에 필수적으로 주어져야만 하는 조건이 있고, 이를 미리 알고 있다면 문제를 풀면서 관찰해야 할 정보들을 초점화할 수 있다. 어떤 방식으로 Setting이 이루어지는지 다음 쪽에서부터 알아보자.

1) 성염색체 유전의 존재 확인하기 : 성염색체 유전의 존재를 입증하는 방법은 매우 제한적이다.

출제자가 발문에 성염색체 유전이라고 대놓고 제시하는 경우 외에 DNA상대량 정보와 표현형 정보만을 활용하여서도 성염색체 유전을 제시할 수 있다. 이때, 출제자는 성염색체 유전이 상염색체 유전과는 다른 양상으로 표현형/상대량 정보가 나타남을 학생이 발견할 수 있도록 조건을 구성한다.

출제자는 Y 염색체의 존재를 어떻게든 나타내야 성염색체 유전의 존재를 제시할 수 있다.
여자 구성원의 경우 상염색체든 성염색체든 표현형-DNA 상대량 정보에서 차이가 생기지 않지만,
남자 구성원의 경우 "Y"의 존재로 인해 표현형-DNA 상대량 정보에서 차이가 생긴다.
결국 출제자는 성염색체 유전의 존재를 알리기 위해 Y 염색체의 존재를 어떻게든 제시해야만 한다.

열성 유전자의 DNA 상대량이 1인 상황에서, 상염색체 유전이라면 나머지 대립 유전자로 우성 유전자를 가질 수밖에 없어 열성 표현형은 감춰진다. 그러나 성염색체 유전에서는 Y 염색체가 차지하는 자릿값으로 인해 더 이상 대립 유전자가 들어갈 수 없어 열성 표현형이 발현될 수 있다.
즉, $2n$을 만족하기 위해 가져야만 했던 나머지 대립 유전자를 Y 염색체의 존재로 인해 가지지 않게 되는 것이 성염색체 유전과 상염색체 유전의 결정적인 차이를 만들어낸다고 볼 수 있다.

결국 출제자는 성염색체 유전임을 밝히는 Y 염색체의 존재를 제시하기 위해 남자 구성원의 열성 유전자 상대량 정보를 제시하여야 하고, 표현형-DNA 상대량 정보에서 상염색체 유전과의 유의미한 차이를 확인시켜줘야 한다.
기출에서 어떤 방식으로 성염색체 유전을 제시했는지 살펴보면서 이를 확인해보자.

① **남자 구성원에서 대립유전자의 DNA 상대량 합이 1이다.**

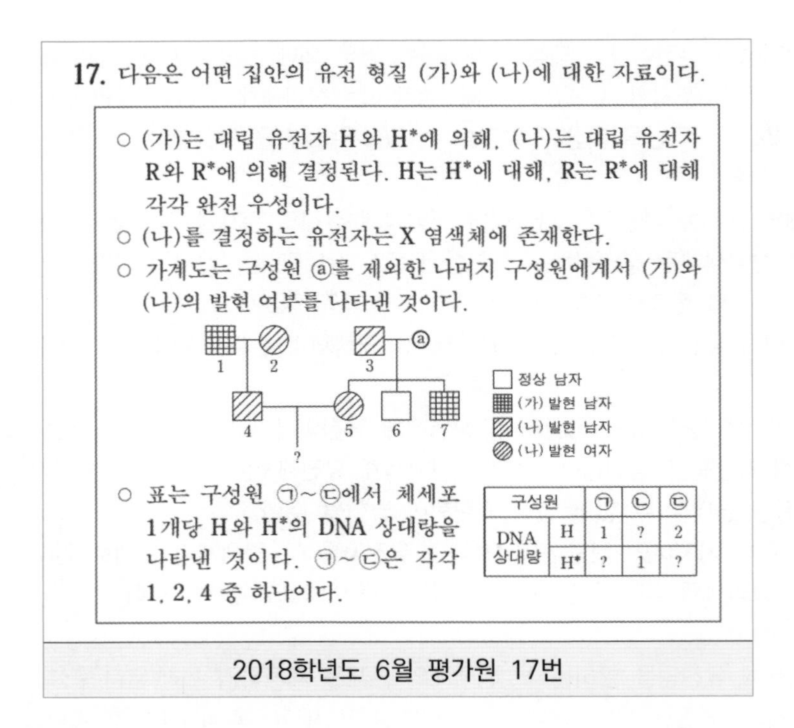
17. 다음은 어떤 집안의 유전 형질 (가)와 (나)에 대한 자료이다.

○ (가)는 대립 유전자 H와 H*에 의해, (나)는 대립 유전자 R와 R*에 의해 결정된다. H는 H*에 대해, R는 R*에 대해 각각 완전 우성이다.
○ (나)를 결정하는 유전자는 X 염색체에 존재한다.
○ 가계도는 구성원 ⓐ를 제외한 나머지 구성원에게서 (가)와 (나)의 발현 여부를 나타낸 것이다.

○ 표는 구성원 ㉠~㉢에서 체세포 1개당 H와 H*의 DNA 상대량을 나타낸 것이다. ㉠~㉢은 각각 1, 2, 4 중 하나이다.

구성원		㉠	㉡	㉢
DNA 상대량	H	1	?	2
	H*	?	1	?

2018학년도 6월 평가원 17번

- (가) 형질에 대하여 구성원 1, 2, 4의 표현형 패턴이 [정상, 병, 병]이므로 구성원 모두가 우성 유전자를 가질 수는 없어 ㉡에서 H의 DNA 상대량은 0이어야 한다. 그런데 이 경우 ㉡에서 H와 H*의 DNA 상대량 합이 1이 되어 ㉡은 남자 구성원이고, (가) 형질은 성염색체 유전인 것으로 확정된다.

② **남자 구성원에서 열성 유전자의 DNA 상대량이 1이며 열성 표현형이 발현되었다.**

이 Case는 남자 구성원에서 발현된 형질이 열성임을 알고 있어야 열성 유전자의 DNA 상대량이 1이라는 정보를 바탕으로 성염색체 유전임을 파악할 수 있다. 상염색체 유전이라면 우성 표현형이 발현되어야 하지만, 성염색체 유전이기에 열성 유전자만 갖게 되어 열성 표현형이 발현된 것이다.
상염색체 유전이라면 유전자형이 Aa이었을 남자는 aY가 된다.

이처럼 남자의 표현형-DNA 상대량 정보를 단독으로 관찰하여 성을 발견할 수 있는 Setting이 있다.
그런데 이뿐만 아니라 구성원 간의 비교를 통해서도 성염색체 유전의 존재를 제시할 수 있다.

③ **열성 유전자 상대량이 같은 두 남녀 구성원의 표현형이 다르다**

상염색체 유전이라면 DNA 상대량 정보가 동일한 두 남녀 간에 표현형에 차이가 생길 요소가 없다.
성염색체 유전일 때만 이 상황이 가능하며, 여성은 이형 접합자이므로 여성의 표현형이 우성이다.

④ **열성 유전자의 DNA 상대량이 0인 남자 구성원과 표현형이 다른 아버지/아들이 존재한다.**

최근 들어 자주 보이는 성염색체 유전의 제시 방식이다. 최소한의 정보로 성염색체 유전을 제시할 수 있으며 익숙하지 않은 형태로 정보를 숨길 수 있기 때문이다.

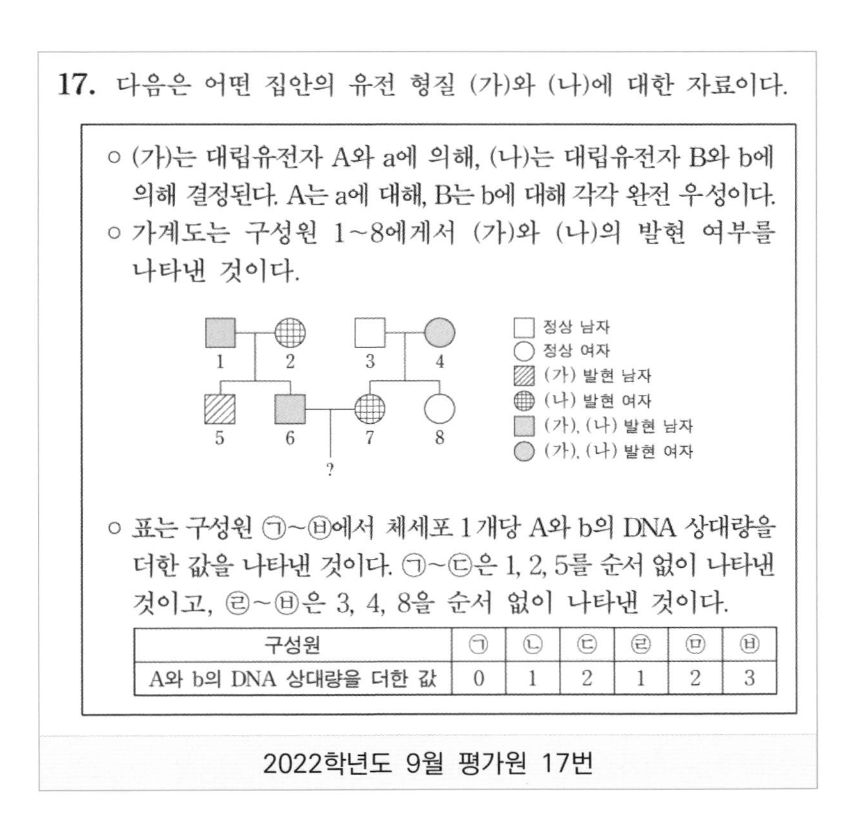
17. 다음은 어떤 집안의 유전 형질 (가)와 (나)에 대한 자료이다.

○ (가)는 대립유전자 A와 a에 의해, (나)는 대립유전자 B와 b에 의해 결정된다. A는 a에 대해, B는 b에 대해 각각 완전 우성이다.
○ 가계도는 구성원 1~8에게서 (가)와 (나)의 발현 여부를 나타낸 것이다.

○ 표는 구성원 ㉠~㉥에서 체세포 1개당 A와 b의 DNA 상대량을 더한 값을 나타낸 것이다. ㉠~㉢은 1, 2, 5를 순서 없이 나타낸 것이고, ㉣~㉥은 3, 4, 8을 순서 없이 나타낸 것이다.

구성원	㉠	㉡	㉢	㉣	㉤	㉥
A와 b의 DNA 상대량을 더한 값	0	1	2	1	2	3

2022학년도 9월 평가원 17번

1-2-5의 관계를 통해 (나)는 열성 유전임을 알 수 있다. ㉠은 b의 DNA 상대량이 0이므로 ㉠은 구성원 1 또는 2 중 하나이다. 이때 ㉠이 2라면 (나)의 유전자형이 BB가 되는데, 2와 표현형이 다른 자손(5)가 있으므로 모순이다. ㉠은 구성원 1이며, 1에서 열성 유전자의 DNA 상대량이 0이면서 1과 표현형이 다른 아들이 있기 때문에 (나)는 성염색체 유전임을 확인할 수 있다.

이로써 기출에서 성염색체 유전을 제시하는 방식에 대해 모두 알아보았다.
연관을 활용한 문제 풀이가 주축이 되는 문항이 아닌 이상
출제자가 성염색체 유전이라는 매력적인 상황을 버리기는 쉽지 않다.

2022학년도 수능 19번 문항처럼 발문에 특별한 언급이 없는 경우,
위에서 서술한 성염색체 유전이 제시될 수 있는 Setting을 고려하여 접근해보자.

2) 성염색체 유전의 특징을 살려 문제 풀이에 활용하기

X 염색체 위에 있는 형질이 존재함을 확인했다면 필요에 따라 성염색체 유전의 특징을 살려서 문제 풀이에 활용할 필요가 있다.

① 남자는 X 염색체를 1개만 갖는다.

성염색체 유전일 때, 여자의 경우 표현형을 안다고 하더라도 유전자형과 연관상태를 바로 파악할 수는 없다. 그러나 남자의 경우 표현형만 읽어내도 곧 그 구성원이 보유하는 유전자의 종류(병/정상)와 해당 염색체에 있는 유전자들의 연관상태까지 파악할 수 있다.
추후에 다루게 되겠지만, 돌연변이 가계표 문항에서 성염색체 연관 세팅이 자주 등장한다. 해당 문항을 풀 때 남자 구성원의 표현형을 보고 가계 정보를 적으면서 풀이를 시작하는 이유는 이와 같은 성염색체 유전 특징을 적극적으로 풀이에 활용하기 위함이다.

② 남↔여, 남↔남 간에 이동하는 염색체가 확정된다.

상염색체 유전의 경우, 각 구성원이 갖는 두 염색체 중 어느 것을 어떤 구성원에게 물려주고 혹은 받았는지 확인하려면 해당 염색체에 있는 유전자들을 관찰하여 확인해야 한다. 그런데 성염색체 유전의 경우, 성별을 결정하는 성염색체의 조합으로 인해 부모-자손 간에 어떤 염색체를 물려주는지 쉽게 파악할 수 있다.

남자는 어머니로부터 X 염색체를 받았고 딸에게 그 X 염색체를 그대로 물려줄 것이며,
여자는 아버지로부터 X 염색체를 받았고 가지고 있는 두 X 염색체 중 하나를 아들에게 물려준다는
염색체 이동정보가 확정적이기 때문이다.

예제(1) 2020학년도 수능 17번

다음은 어떤 집안의 유전 형질 (가)와 (나)에 대한 자료이다.

- (가)는 대립유전자 H와 H^*에 의해, (나)는 대립유전자 T와 T^*에 의해 결정된다. H는 H^*에 대해, T는 T^*에 대해 각각 완전 우성이다.
- (가)의 유전자와 (나)의 유전자는 X 염색체에 연관되어 있다.
- 가계도는 구성원 ⓐ와 ⓑ를 제외한 구성원 1~8에게서 (가)와 (나)의 발현 여부를 나타낸 것이다.

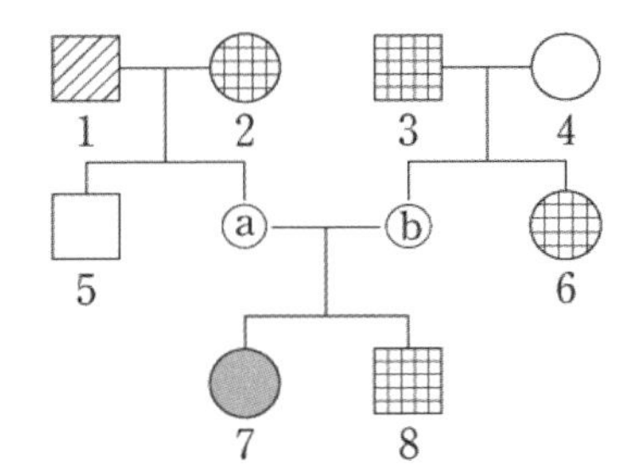

□ 정상 남자
○ 정상 여자
▨ (가) 발현 남자
▦ (나) 발현 남자
⊕ (나) 발현 여자
● (가), (나) 발현 여자

- 표는 구성원 1, 2, 6에서 체세포 1개당 H의 DNA 상대량과 구성원 3, 4, 5에서 체세포 1개당 T^*의 DNA 상대량을 나타낸 것이다. ㉠~㉢은 0, 1, 2를 순서 없이 나타낸 것이다.

구성원	H의 DNA 상대량	구성원	T^*의 DNA 상대량
1	㉠	3	㉠
2	㉡	4	㉢
6	㉢	5	㉡

이에 대한 설명으로 옳은 것만을 <보기>에서 있는 대로 고르시오. (단, 돌연변이와 교차는 고려하지 않으며, H, H^*, T, T^* 각각의 1개당 DNA 상대량은 1이다.)

<보 기>

ㄱ. (가)는 열성 형질이다.

ㄴ. $\frac{\text{7, ⓐ 각각의 체세포 1개당 T의 DNA 상대량을 더한 값}}{\text{4, ⓑ 각각의 체세포 1개당 }H^*\text{의 DNA 상대량을 더한 값}} = 1$이다.

ㄷ. 8의 동생이 태어날 때, 이 아이에게서 (가)와 (나) 중 (나)만 발현될 확률은 $\frac{1}{2}$이다.

METHOD #1. 조건 정리

(가)와 (나)의 유전자는 모두 X 염색체에 존재한다.

METHOD #2. 가계도 분석

(1) 부모가 표현형이 같은데 자손이 다른 경우 : 없다
(2) 엄마-아들/아빠-딸 관계에서 얻을 정보
2와 5의 관계에서 (나)는 성&우성 형질임을 알 수 있다. ((나) 〉 정상)
따라서 3, 4, 5에서 T(정상 유전자)의 DNA 상대량은 각각 0, 2, 1이다.

㉠=0, ㉡=1, ㉢=2인데,
2에서 체세포 1개당 H의 DNA 상대량이 1이고 (가)가 발현되지 않았으므로 (가)는 열성 형질이다. (정상 〉 (가))

ⓐ, ⓑ를 제외한 가계도 구성원의 유전자형을 채우면 다음과 같다.

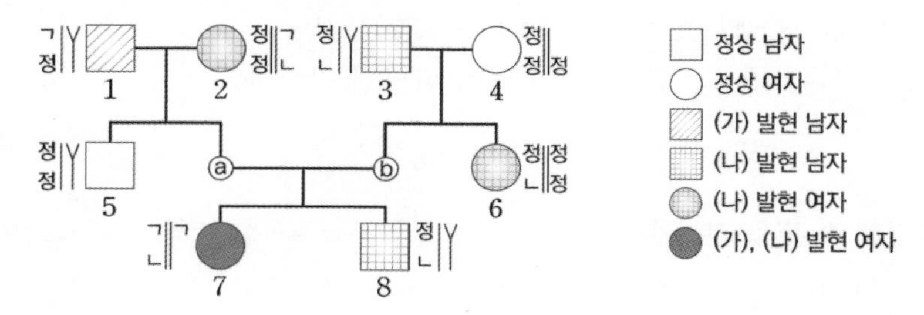

(3) 성염색체 유전의 특징 활용하기
작성한 가계도를 참고했을 때, 8이 갖는 X 염색체는 1세대 구성원 중 3으로부터만 비롯될 수 있다. 3이 갖는 X 염색체는 ⓑ를 통해 8에게 전달되었다. ⓑ는 8에게 X 염색체를 물려주므로 여자이다.

모든 정보를 찾았으니 가계도를 완성하자.

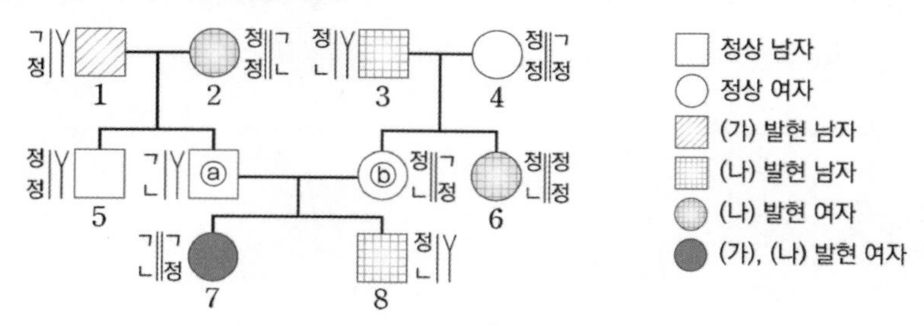

ㄱ. (가)는 열성 형질이다. (○)

ㄴ. $\frac{\text{7, ⓐ 각각의 체세포 1개당 T의 DNA 상대량을 더한 값}}{\text{4, ⓑ 각각의 체세포 1개당 H* 의 DNA 상대량을 더한 값}} = \frac{2}{2} = 1$이다. (○)

ㄷ. 8의 동생이 태어날 때, 이 아이에게서 (가)와 (나) 중 (나)만 발현될 확률은 $\frac{1}{2}$이다. (○)

comment

A/a 표기 vs 병/정상 표기?

가계도 문제를 풀다 보면 문제에 제시된 A, a와 같은 대립유전자를 활용하여 가계 정보를 적어나가는 경우가 있고, 병/정상 표기로 가계 정보를 적는 경우도 있을 것이다. 어떤 상황에 어떤 표기법을 택해야 할지 잘 모르는 학생들이 많기에 이 [Comment]를 준비했다.

1) A/a 표기의 장점

A/a 표기는 가계도 설계의 핵심 요소 (표현형을 지정하는 대립유전자, 대립유전자 간 우열, 표현형 간 우열) 중 대립유전자 간의 우열 정보를 살려서 풀이에 활용할 수 있다는 장점이 있다. 이를 정리하면 다음과 같다.

1. 대립유전자의 보유 여부만 가지고도 표현형의 우열을 추론할 수 있다.

Ex) A/a 표기의 경우, 우성 유전자 보유 시 우성 표현형, 열성 유전자만 보유 시 열성 표현형임을 알 수 있다. 그러나 병/정상 표기의 경우 병 유전자 혹은 정상 유전자만 가지는 상황에서는 표현형의 우열을 알 수 없다.

2. 대립유전자의 우열을 활용한 다양한 명제를 사용할 수 있다.

Ex) A/a 표기의 경우, 상염색체 유전에 대하여 표현형이 서로 다른 부모-자손은 열성 유전자를 공유한다는 명제를 쓸 수 있다. 우성 유전자를 두 개 가지면 표현형이 다른 부모-자손이 있을 수 없다는 명제 또한 사용 가능하다. 병/정상 표기를 사용할 경우 이런 이점을 살리지 못한다.

2) 병/정상 표기의 장점

병/정상 표기의 경우, A/a 표기와 달리 표현형을 보고 보유하는 유전자를 바로 적어낼 수 있다.
이 장점 하나가 몇몇 상황 세팅에서는 굉장히 유용하게 사용될 수 있다.
대표적으로 성연관 문항을 다룰 때이다.

성염색체 연관이 등장하는 기출 문항들을 풀어보면 알겠지만, 평가원은 연관 세팅을 주로 상대량 정보 없이 유전자 세대 간 이동과 접목하여 우열을 도출하는 수단으로 활용하거나, 연관 상태를 고려하여 돌연변이 자손이 어떤 식으로 태어났을지 추론하는 용도로 사용한다.

이때 유전자 이동을 시도하려면 최소한 개체가 어떤 유전자를 갖는지를 알아야 한다.
표현형만 보고 보유하는 유전자를 적어낼 수 있는 병/정상 표기로 유전자 이동을 보다 쉽게 끌어낼 수 있기에 성연관 세팅과 적절하게 어우러져 풀이에 자주 사용된다.

이처럼 각 표기가 갖는 이점을 고려하면서 때에 따라 풀이에 사용할 표기 방법을 달리할 필요가 있다.
예를 들어 대립유전자 간의 관계가 불분명한데 상대량 정보조차 적극적으로 제시하지 않는 문항이 있다면 어떤 표기를 사용할 것인가? 어차피 대립유전자의 우열을 풀이에 활용하지 못한다면,
최소한 각 개체가 보유하는 유전자라도 알려주는 병/정상 표기를 활용하는 것이 나을 것이다.

(3) 우성 동형 불가능

DNA 상대량 정보를 다루다 보면 상염색체 유전에서
우성 동형 접합성(A>a일 때, AA) 여부의 판단이 필요한 경우가 많다.
해가 거듭될수록 평가원은 DNA 상대량 정보를 다양한 방식으로 숨겨서 제시하고 있다.
특정 유전자를 각 구성원이 몇 개나 가지는지를 파악해야 하는 조건이 가장 많이 등장하는데,
이때 우성 동형 불가능 여부를 미리 파악해놓으면 빠른 케이스 처리가 가능하다.
먼저 언제 우성 동형 접합성이 불가능한 상황인지 파악해보자.

❶ 언제 우성 동형 접합성이 불가능할까?

1) 자기 자신과 표현형이 다른 부모-자손이 있는 경우

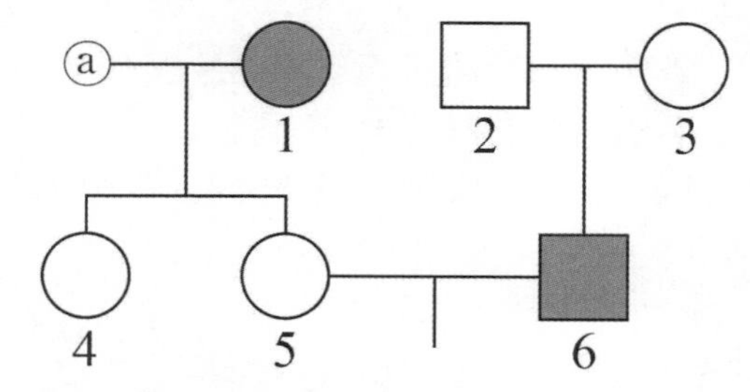

1~6은 모두 자기 자신과 표현형이 다른 부모 혹은 자손이 있으므로 우성 동형 접합성이 불가능하다.

2) 자기 자신의 표현형을 몰라도, 서로 다른 표현형의 부모 혹은 자손이 있는 경우

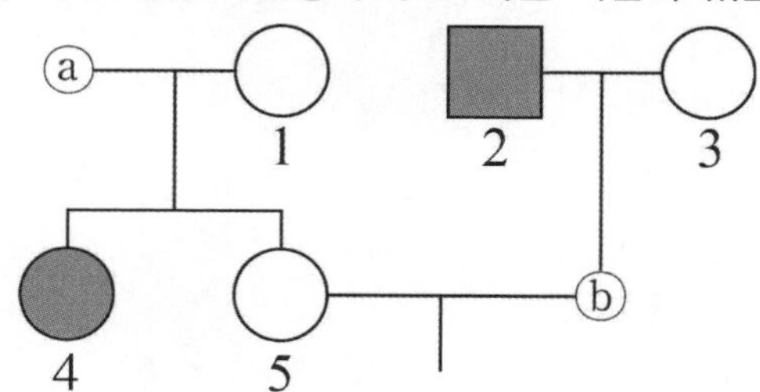

ⓐ, ⓑ의 표현형은 몰라도 부모나 자손에서 표현형이 서로 다르므로 우성 동형 접합성이 불가능하다.

❷ 우성 동형 접합성 불가능 여부의 활용

우성 동형 접합성 불가능 여부는 대체로 다음 상황에서 활용된다.

1) Matching형 조건 → Matching 여부 파악하기

구성원, DNA 상대량 값, 대립유전자의 종류 이 3개 중 1~2개를 변수로 하여 맞추는 Matching형 조건이 기출에 등장하는 빈도가 높아지고 있다. 이때 우성 동형 접합성의 불가능 여부를 활용하면 다양한 정보를 얻을 수 있다. 예시를 통해 파악해보자.

아래는 어떤 집안의 유전 형질 (가)에 대한 자료이다.
(가)는 대립유전자 A, a에 의해 결정되며 A는 a에 대해 완전 우성이다.

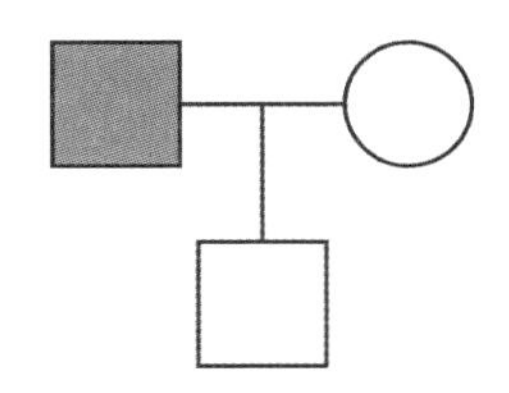

→ 위 상황에서 아버지와 아들은 (가) 형질에 대하여 우성 동형 접합성이 불가능하다. 어머니는 알 수 없다.

Ex 1) 아들에서 A의 DNA 상대량은 ㉠이다. ㉠은 0, 1, 2 중 하나이다
얻을 수 있는 정보 : 아들은 우성 동형 접합성이 불가능하므로 ㉠은 2일 수 없다.

Ex 2) 아버지에서 ㉡의 DNA 상대량은 2이다. ㉡은 A, a 중 하나이다.
얻을 수 있는 정보 : 아버지는 우성 동형 접합성이 불가능하므로 ㉡은 A일 수 없다.

Ex 3) ⓐ의 A DNA 상대량은 2이다. ⓐ는 아버지, 어머니, 아들 중 하나이다.
얻을 수 있는 정보 : 아들과 아버지는 우성 동형 접합성이 불가능하므로 ⓐ는 어머니일 수밖에 없다.

예시 1, 2, 3은 차례로 DNA 상대량 정보, 대립유전자의 종류, 구성원을 Matching 대상으로 둔 상황이다. 이처럼 Matching이 필요한 상황에서 우성 동형 접합성이 불가능한 구성원을 미리 파악하는 것은 변수 처리에 효과적으로 활용될 수 있다.

그런데 다음 상황과 비교해보면 어떨까?

Ex 4) 아들에서 a의 DNA 상대량은 ㉠이다. ㉠은 0, 1, 2 중 하나이다
얻을 수 있는 정보 : ㉠은 1, 2 모두 가능하지만, 성염색체 유전이라면 0도 가능하다.

Ex 5) 아버지에서 ㉡의 DNA 상대량은 0이다. ㉡은 A, a 중 하나이다.
얻을 수 있는 정보 : A도 가능하지만, 성염색체 유전이라면 a도 가능하다.

Ex 6) ⓐ에서 a의 DNA 상대량은 0이다. ⓐ는 아버지, 어머니, 아들 중 하나이다.
얻을 수 있는 정보 : 어머니도 가능하지만, 성염색체 유전이라면 아들과 아버지도 가능하다.

앞서 제시된 예시와 다르게 정보가 명확하게 판단되지 않는 것을 확인할 수 있다. 이와 같은 차이가 발생하는 이유는 상염색체 유전일 때와 달리 성염색체 유전의 경우, a의 DNA 상대량이 0이라는 정보와 A의 DNA 상대량이 2라는 정보가 동치가 아니기 때문이다. 상/성 염색체 유전에 대한 정보가 없는 경우, 여자 구성원의 경우 a를 가지지 않으면 AA라고 할 수 있지만, 남자 구성원의 경우 AA일지, AY일지 확정지을 수 없기 때문에 이와 같은 문제가 발생한다.

결국 열성 유전자 상대량 정보를 다룰 때에는 성/상에 대한 판단이 중요하다.
성염색체 유전이라면 변수가 생긴다는 것을 항상 염두에 두면서 매칭에 우성 동형 불가능 여부를 판단하자.

❸ 열성 유전자의 DNA 상대량이 0 + 우성 동형 접합성의 불가능 → 성염색체 유전의 발견

우성 동형 접합성의 불가능 여부는 성염색체 유전인지를 파악하기 위해 사용될 수도 있다.
평가원이 열성 유전자의 DNA 상대량이 0임을 활용하여 성염색체 유전을 제시하는 방법은 다음과 같다.

1) 우성 동형 접합성이 불가능한 남자 구성원이 있다.
2) 그 남자 구성원에서 우성 동형 접합성이 불가능한 이유는 표현형이 다른 아버지/아들이 있기 때문이다.
   (단, 어머니/딸이면 불가능)
3) 추가로, 그 남자 구성원에서 열성 유전자의 DNA 상대량 값이 0이다.

→ 모순이 발생하지 않으려면 성염색체 유전이어야 한다.

그런데 DNA 상대량 Matching 과정 중에 이를 발견하기 위해서
우성 동형 접합성이 불가능한 이유가 표현형이 다른 아버지/아들 때문인지, 어머니/딸 때문인지를 미리 구분하면서 풀면 풀이가 꼬일 가능성이 매우 크다. 그렇기에 다음과 같은 태도를 가지도록 한다.

1) Targeting하는 구성원들의 우성 동형 접합성 불가능 여부를 미리 찾아놓자.
2) 어떤 구성원이 열성 유전자 상대량이 0일 수밖에 없음을 발견하자.
3) 그 구성원이 남성이며, 우성 동형 접합성이 불가능한 이유가 표현형이 다른 아들/아버지가 있기 때문임을 발견하자.

→ 성염색체 유전임이 확정.

다음 예제를 통해 우성 동형 접합성의 불가능 여부 판단을 적극적으로 활용해보도록 한다.

예제(2) 2023학년도 9월 평가원 16번

다음은 어떤 집안의 유전 형질 (가)와 (나)에 대한 자료이다.

- (가)의 유전자와 (나)의 유전자 중 하나만 X 염색체에 있다.
- (가)는 대립유전자 H와 h에 의해, (나)는 대립유전자 T와 t에 의해 결정된다. H는 h에 대해, T는 t에 대해 각각 완전 우성이다.
- 가계도는 구성원 1~6에게서 (가)와 (나)의 발현 여부를 나타낸 것이다.

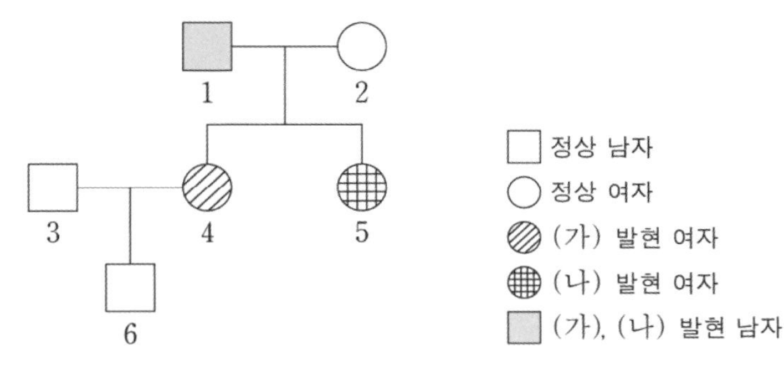

- 표는 구성원 I~III에서 체세포 1개당 H와 ㉠의 DNA 상대량을 나타낸 것이다. I~III은 각각 구성원 1, 2, 5 중 하나이고, ㉠은 T와 t 중 하나이며, ⓐ~ⓒ는 0, 1, 2를 순서 없이 나타낸 것이다.

구성원		I	II	III
DNA 상대량	H	ⓑ	ⓒ	ⓑ
	㉠	ⓒ	ⓒ	ⓐ

이에 대한 설명으로 옳은 것만을 <보기>에서 있는 대로 고르시오. (단, 돌연변이와 교차는 고려하지 않으며, H, h, T, t 각각의 1개당 DNA 상대량은 1이다.)

<보 기>

ㄱ. (가)는 열성 형질이다.

ㄴ. III의 (가)와 (나)의 유전자형은 모두 동형 접합성이다.

ㄷ. 6의 동생이 태어날 때, 이 아이에게서 (가)와 (나)가 모두 발현될 확률은 $\frac{1}{4}$이다.

METHOD #1. 조건 정리

조건을 정리하면, (가)와 (나) 중 하나는 X 염색체, 하나는 상염색체 위에 있다.

METHOD #2. 가계도 분석

(1) 부모가 표현형이 같은데 자손이 다른 경우 : 없다

(2) 엄마-아들/아빠-딸 관계에서 얻을 정보 :
4에서 (가)가 발현되었으나 아들인 6에서 발현되지 않았다. (가)는 성&열성이 아니다.
1에서 (가)가 발현되었으나 딸인 5에서 발현되지 않았다. (가)는 성&우성이 아니다.
1에서 (나)가 발현되었으나 딸인 5에서 발현되지 않았다. (나)는 성&우성이 아니다.

→ (가)는 상염색체 유전이다.

(3) 우성 동형 불가능 명제 활용
1, 2, 5는 (가),(나) 두 형질 모두에 대하여 우성 동형 접합성일 수 없다.
1, 2, 5에서 H=2일 수 없으므로 ⓑ, ⓒ는 2가 아니다.
ⓐ가 2이며 마찬가지로 1, 2, 5에서 T=2일 수 없으므로 ㉠=t이다.
1, 2, 5 중 여성이 두 명이므로 어떤 식으로 I~III에 짝짓든 ⓒ가 0이면 TT인 여성이 등장한다.
ⓒ=1, ⓑ=0.

(4) 우성 유전자 패턴-표현형 연결
H의 보유패턴을 고려할 때, 1, 2, 5중 유일하게 (가) 발현자인 1이 H=1이다. II=1이다.
(가)는 우성유전이다. (가)는 상&우성 형질이다.

(5) 성염색체 유전의 특징 활용
I은 여성인데(구성원 2, 5) I과 II가 t=1이면서 (나) 표현형이 다르므로 (나)는 성염색체 유전이다.
(나)는 성&열성 형질이다. (나) 발현자인 5가 III이며 2가 I이다.

ㄱ. (가)는 우성 형질이다. (X)
ㄴ. III(5)는 hh tt로 (가)와 (나)의 유전자형이 모두 동형 접합성이다. (○)
ㄷ. 3은 hh TY, 4는 Hh Tt이다. 6의 동생이 태어날 때, 이 아이에게서 (가)와 (나)가 모두 발현될 확률은 $\frac{1}{2} \times \frac{1}{4} = \frac{1}{8}$이다. (X)

(4) 가족관계

가족관계는 사실상 가계도의 전부라고 할 수 있을 만큼 중요하다. 유전 단원에서 가장 중요한 개념을 뽑아보자면, 부모가 유전 정보를 대물림하여 종의 지속을 꾀한다는 것이다. 당연히 출제자도 이 요소를 문제설계에 적극적으로 활용한다. 기출에 가족관계가 어떤 방식으로 구현되었는지 직접 확인해보자.

❶ 부모는 자손과 특정 염색체(유전자)를 공유한다.

1) 자손에게 있는 유전자는 부모로부터 비롯된 것이다. 마찬가지로, 3세대 구성원이 갖는 염색체는 1세대, 2세대 구성원으로부터 비롯된 것이다. 즉, **아랫세대가 갖는 유전자는 윗세대도 반드시 가져야 한다.**

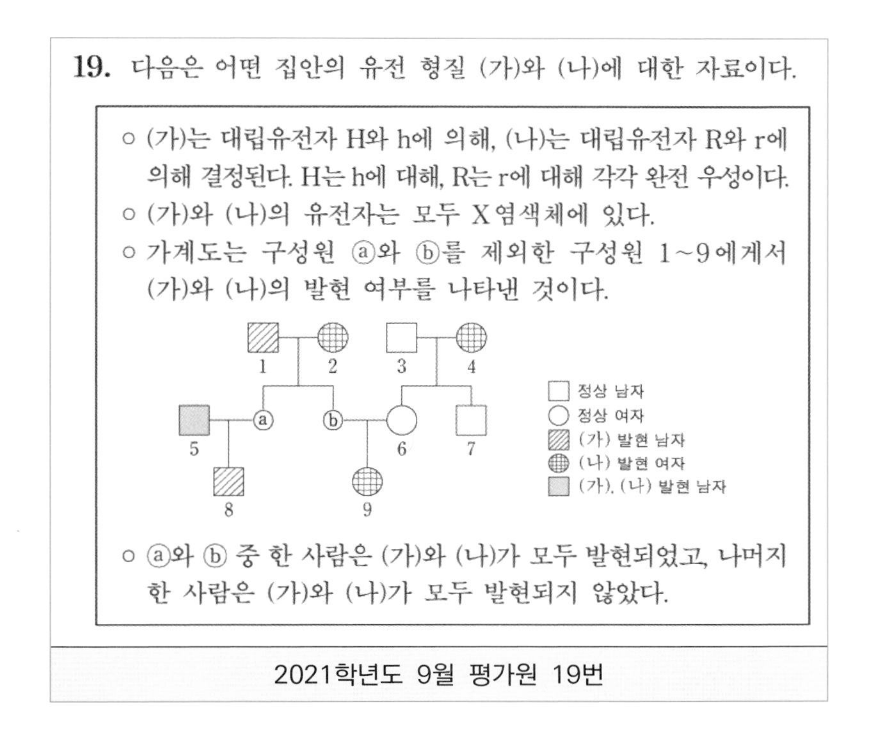

19. 다음은 어떤 집안의 유전 형질 (가)와 (나)에 대한 자료이다.

○ (가)는 대립유전자 H와 h에 의해, (나)는 대립유전자 R와 r에 의해 결정된다. H는 h에 대해, R는 r에 대해 각각 완전 우성이다.
○ (가)와 (나)의 유전자는 모두 X염색체에 있다.
○ 가계도는 구성원 ⓐ와 ⓑ를 제외한 구성원 1~9에게서 (가)와 (나)의 발현 여부를 나타낸 것이다.

○ ⓐ와 ⓑ 중 한 사람은 (가)와 (나)가 모두 발현되었고, 나머지 한 사람은 (가)와 (나)가 모두 발현되지 않았다.

2021학년도 9월 평가원 19번

4-7의 관계에 의해 (나)는 성&열성 유전일 수 없다. 성&우성 유전이다. 9가 갖는 (나) 발현 유전자는 우성 유전자(R)로, 6으로부터 올 수 없다. 가족관계에 의해 반드시 ⓑ로부터 전달받아야 하며, ⓑ가 갖는 R은 2로부터 물려받은 것이다. 즉, 9가 갖는 R은 2로부터 왔음을 알 수 있다.
이를 활용하여 ⓑ는 (가)와 (나)가 모두 발현된 남자임을 확인할 수 있다.

2) 어떤 대립유전자에 대하여 부모와 자손의 DNA 상대량이 각각 2, 0이거나 0, 2일 수 없다.

자명한 사실이다. DNA 상대량이 2인 사람은 동형 접합자이기에 가족관계에 의해 부모와 자식에게 해당 유전자를 무조건 제공해야 한다. 그런데 동형 접합자의 부모 혹은 자식 중에 DNA 상대량이 0인 사람이 있으면 가족관계라는 사실에 모순이다.

❷ 자손이 갖는 두 염색체는 각각 아버지와 어머니로부터 온 것이다.

자손이 갖는 한 염색체가 어머니로부터 온 것이 확정되었다면, 나머지 염색체는 아버지로부터 온 것이므로 아버지가 갖는 염색체도 파악할 수 있다. 그 반대도 마찬가지이다.

특정 구성원이 갖는 두 염색체 중 하나를 제공한 아버지 혹은 어머니를 발견하고,
그 나머지는 다른 한쪽이 제공했음을 확인해가면서 가계 정보를 채워나간다.
가족관계를 활용한 염색체 유전 경로 파악은 가계도 풀이의 기본이라고 할 수 있다.

(5) 연관

연관은 서로 다른 형질의 유전자가 서로 종속됨으로써 특수한 상황을 만들어낸다.

Ex) 형질 (가)는 대립유전자 A, a, (나)는 B, b에 의해 결정된다.
사람 P에서 (가)의 유전자형은 AaBb이다.

① 독립일 때

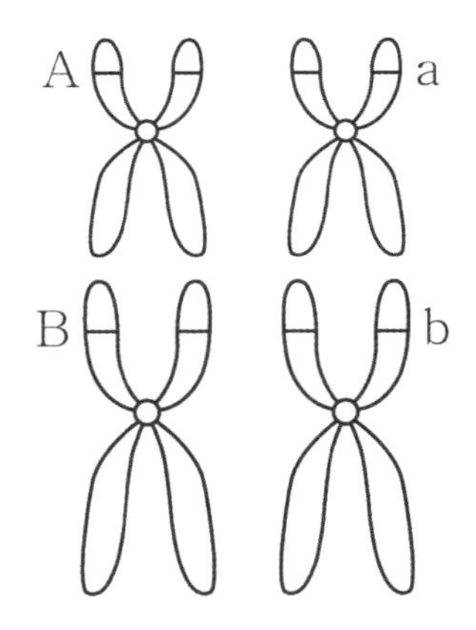

② 연관일 때 : 1)은 상인(AB/ab) 연관, 2)는 상반(Ab/aB) 연관 상태이다.

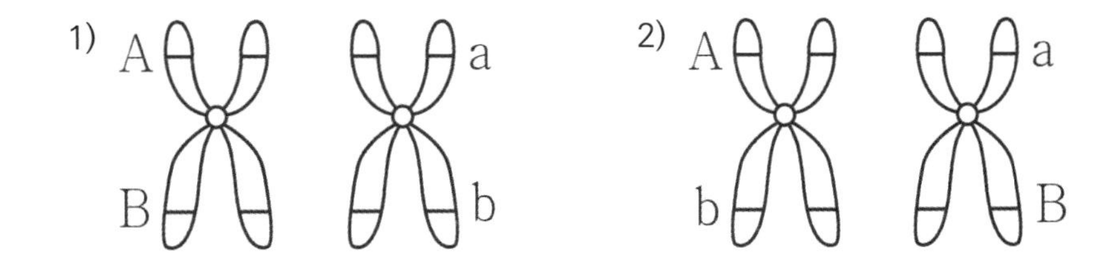

예를 들어, 어머니가 독립 상황일때는 자식이 a를 어머니로부터 받는다고 해서 b를 무조건 받을 필요는 없다. 그러나 어머니가 상인 연관 상황에서는 자식이 어머니로부터 a를 받으면 b를, 상반 연관 상황에서는 B를 무조건 받아야 한다. 연관은 이러한 유전자 간의 종속관계를 만들어낸다.

평가원 기출에서 연관이 만들어내는 종속관계는 주로 형질의 우열을 도출하기 위해 활용된다.
기출 상황을 보면서 직접 알아보자.

❶ 열성 동형 접합자의 완성 : 표현형이 다른 부모-자손은 열성 유전자를 공유한다.

다음의 두 가지 상황을 비교해보자.
왼쪽 가계도는 형질의 우열 판단이 가능하고, 오른쪽 가계도는 불가능하다.

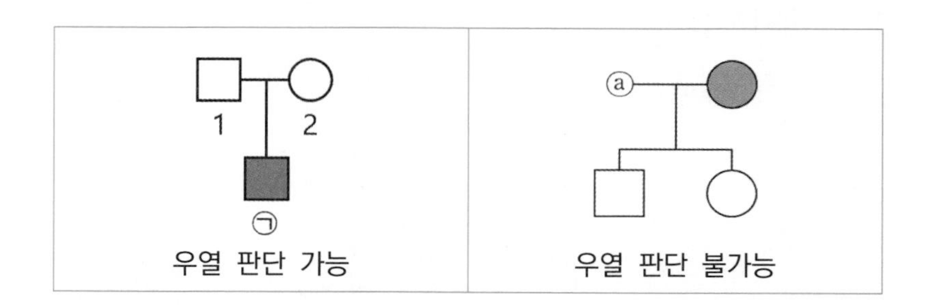

앞서 METHOD #1에서 확인했듯이, 표현형이 다르면 열성 유전자를 공유한다는 점을 활용하여 부모의 표현형이 같고 자식이 부모와 표현형이 다르면 자식의 표현형이 열성임을 증명했다. 상염색체 유전에서 부모와 표현형이 모두 다른 자손의 경우, 자손의 두 염색체 각각에 열성 유전자가 있어야 한다. 자손이 열성 동형 접합자에 열성 표현형임을 확인하여 우열을 판단할 수 있는 것이다. X 염색체 유전의 경우 아들이면 열성 유전자가 있는 염색체를 어머니와 공유하지만, 열성 유전자만 갖는 자손이라는 사실은 다름이 없기 때문에 우열을 파악할 수 있다.

그런데 앞의 그림에서 우열 판단이 불가능한 오른쪽 경우에서는, 어머니에게서 가능한 유전자형으로 이형 접합성과 열성 동형 접합성이 있어 유전자형의 확정이 불가능하다. (어머니의 유전자형이 우성 동형 접합성이면 자손의 표현형은 어머니와 같아야 한다.) 이로 인해 어머니가 갖는 표현형이 우성과 열성 대립유전자 중 무엇에 의해 발현된 것인지 판단할 수 없어 표현형의 우열을 도출할 수 없는 문제가 발생한다.

이때 출제자는 연관된 다른 형질의 대립유전자를 활용하여 이 문제를 해결하도록 유도한다. 앞선 그림에서는 제시되어 있지 않지만, 실제 문제 상황에서는 이렇게 단일 형질로는 판단이 불가능할 경우에 그와 연관된 다른 형질의 표현형을 함께 제시한다. 연관된 다른 형질에 대해서 서로 다른 표현형을 나타내는 자손에게 어머니의 두 염색체가 나뉘어 이동함을 보임으로써 어머니가 열성 동형 접합성인 것으로 판단하도록 한다. 연관의 종속성을 활용하여 어머니가 갖는 두 염색체를 구분시켜준다면 어머니가 열성 유전자만 갖는다는 사실을 보여 우열을 도출해낼 수 있다.

글로 된 설명으로는 윗 문단의 상황을 제대로 이해하기 힘들 수 있다.
다음 쪽의 예제에서 1, 2, 5, ⓐ의 가계도에 이 논리가 담겨있으니 해설을 통해 확인해보도록 하자.

아래의 예제는 수능에 출제되었던 가계도 분석 문항으로, 킬러 수준의 문항은 아니다.
해당 학년도의 수능에서는 17번의 '돌연변이 가계도(복대립 유전)'가 압도적인 킬러의 위상을 가졌다.

문항에서 유전 형질의 연관 여부를 제시했으나, 성/상의 구분을 먼저 해야만 사용할 수 있는 정보다.
차분하게 형질의 성/상을 구분하고, 제시된 연관 여부에 대한 정보를 이용하여 유전 형질에 대해 분석하자.

예제(3) 2021학년도 수능 15번

다음은 어떤 집안의 유전 형질 (가)~(다)에 대한 자료이다.

- (가)는 대립유전자 H와 h에 의해, (나)는 R와 r에 의해, (다)는 대립유전자 T와 t에 의해 결정된다. H는 h에 대해, R는 r에 대해, T는 t에 대해 각각 완전 우성이다.
- (가)~(다)의 유전자 중 2개는 X염색체에, 나머지 1개는 상염색체에 있다.
- 가계도는 구성원 ⓐ를 제외한 구성원 1~8에게서 (가)~(다) 중 (가)와 (나)의 발현 여부를 나타낸 것이다.

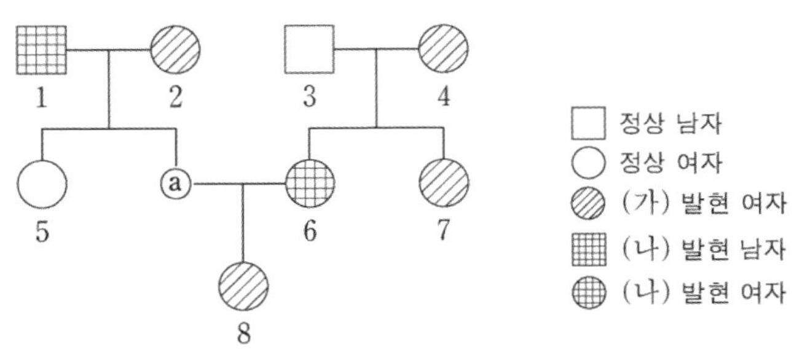

- 2, 7에서는 (다)가 발현되었고, 4, 5, 8에서는 (다)가 발현되지 않았다.

이에 대한 설명으로 옳은 것만을 <보기>에서 있는 대로 고르시오. (단, 돌연변이와 교차는 고려하지 않는다.)

<보 기>

ㄱ. (나)의 유전자는 X염색체에 있다.
ㄴ. 4의 (가)~(다)의 유전자형은 모두 이형 접합성이다.
ㄷ. 8의 동생이 태어날 때, 이 아이에게서 (가)~(다) 중 (가)만 발현될 확률은 $\frac{1}{4}$이다.

METHOD #1. 조건 정리

(가)~(다)의 유전자 중 2개는 X염색체에, 나머지 1개는 상염색체에 있다.

가계도 그림에 (가)와 (나)의 표현형을 제시했고, (다)의 표현형은 문장으로 일부 제시되어 있다.

METHOD #2. 가계도 분석

(1) 부모가 표현형이 같은데 자손이 다른 경우 :
3&4에서 (나)에 대한 표현형이 같고 자손인 7과 다르다. (나)는 열성 형질임을 알 수 있다. (정상 〉 ㄴ)

(2) 엄마-아들/아빠-딸 관계에서 얻을 정보 :
6에서 (나)가 발현되었으나 아버지인 3에서 발현되지 않았다. (나)는 성&열성이 아니다.
1에서 (나)가 발현되었으나 딸인 5에서 발현되지 않았다. (나)는 성&우성이 아니다.
7에서 (가)가 발현되었으나 아버지인 3에서 발현되지 않았다. (가)는 성&열성이 아니다.

→ (나)는 상&열성이다. 나머지 (가)와 (다)는 X 염색체에 연관되어 있다.
→ (가)는 성&우성이다.

(3) (다)의 우/열을 찾으면 모든 유전 형질에 대해 완벽하게 알게 된다.
(다)는 (가)와 함께 X 염색체에 있으므로,
(가)와 연관됨을 이용하여 가계도 구성원의 유전자형을 추적할 수 있다.

(가)에 대한 가계도 구성원의 유전자형을 먼저 채우자.
(가)는 우성 형질이므로 정상인 사람은 ㄱ을 갖지 않는다.

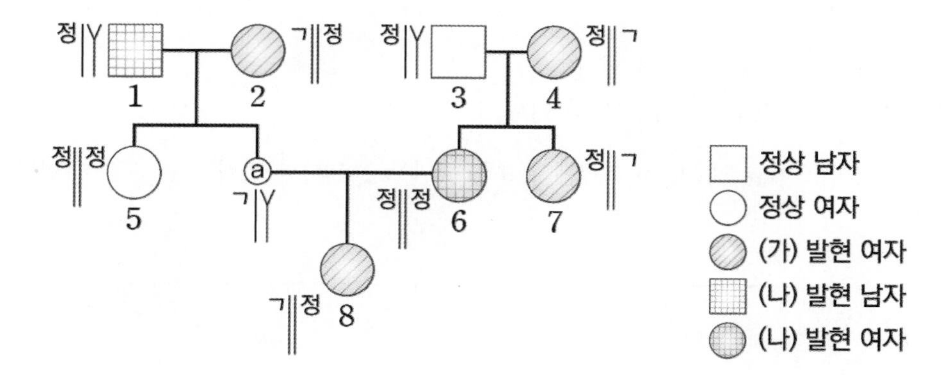

가족관계에 의해 8이 갖는 ㄱ이 있는 X 염색체는 2로부터 비롯되었다.
2와 8에서 (다)의 표현형이 서로 다르므로 t가 이 염색체에 연관되어 있다.

가족관계에 의해 5가 가지고 있는 (나)의 정상 유전자가 있는 X 염색체는 2로부터 비롯되었다.
2와 5에서 (다)의 표현형이 서로 다르므로 t가 이 염색체에 연관되어 있다.
이때 2가 5에게 준 X 염색체와 8에게 준 X 염색체가 서로 다르므로
2는 tt가 되어 (다)는 열성 형질이다. (정상 〉 t)

(5) 성/상, 우/열, 연관 여부를 모두 알아냈으므로 유전 형질을 완벽하게 분석했다.
가계도에 유전자형을 채워 넣자.

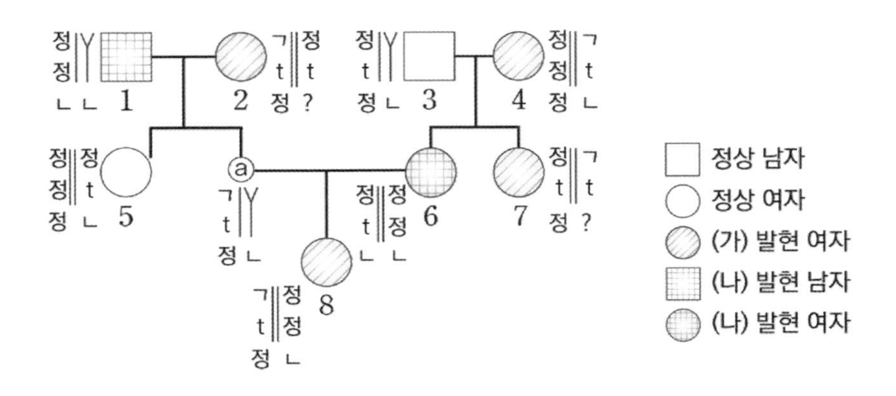

ㄱ. (나)의 유전자는 상염색체에 있다. (X)
ㄴ. 4의 (가)~(다)의 유전자형은 모두 이형 접합성이다. (○)
ㄷ. 8의 동생에서 (가)가 발현되고 (다)가 발현되지 않을 확률은 $\frac{1}{4}$이고,

(나)가 발현되지 않을 확률은 $\frac{1}{2}$이다. 고로, 구하는 확률은 $\frac{1}{8}$이다. (X)

❷ 이형 접합자의 완성

연관을 활용해 이형 접합자를 찾아 우열을 밝히는 방법도 기출에 등장한다. 병/정상 표기를 활용하는 경우 이전 [Comment]에서 언급했듯이 병/정상 유전자의 보유만으로는 표현형의 우열을 알아낼 수 없다. 이형 접합자를 찾아 그 표현형을 읽어내야지만 우열을 도출할 수 있다. 이때 연관을 활용하여 이형 접합자임을 밝힌다. 예제를 통해 확인해보자.

예제(4) 2018학년도 6월 평가원 17번

다음은 어떤 집안의 유전 형질 (가)와 (나)에 대한 자료이다.

- (가)는 대립유전자 H와 H*에 의해, (나)는 대립유전자 R와 R*에 의해 결정된다. H는 H*에 대해, R는 R*에 대해 각각 완전 우성이다.
- (나)를 결정하는 유전자는 X 염색체에 존재한다.
- 가계도는 구성원 ⓐ를 제외한 나머지 구성원에게서 (가)와 (나)의 발현 여부를 나타낸 것이다.

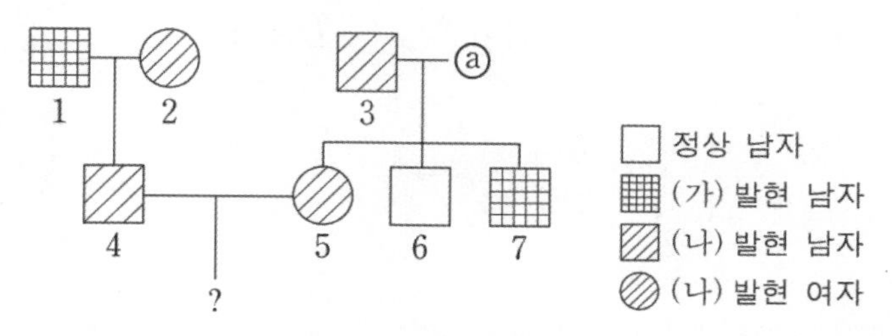

- 표는 구성원 ㉠~㉢에서 체세포 1 개당 H와 H*의 DNA 상대량을 나타낸 것이다. ㉠~㉢은 각각 1, 2, 4 중 하나이다.

구성원		㉠	㉡	㉢
DNA 상대량	H	1	?	2
	H*	?	1	?

이에 대한 설명으로 옳은 것만을 <보기>에서 있는 대로 고르시오. (단, 돌연변이와 교차는 고려하지 않으며, H와 H* 각각의 1개당 DNA 상대량은 같다.)

<보 기>

ㄱ. 구성원 ㉢은 구성원 2이다.

ㄴ. ⓐ에게서 (가)와 (나)가 모두 발현되지 않았다.

ㄷ. 4와 5 사이에서 아이가 태어날 때, 이 아이에게서 (가)와 (나)가 모두 발현될 확률은 $\frac{1}{8}$이다.

METHOD #1. 조건 정리

(나)의 유전자는 X 염색체에 있다. 가계도 그림에 (가)와 (나)의 표현형을 제시하였다.

METHOD #2. 가계도 분석

(1) 부모가 표현형이 같은데 자손이 다른 경우 : 없다.

(2) 엄마-아들/아빠-딸 관계에서 얻을 정보 : 없다.

(3) 우성 유전자 유무-표현형 패턴 비교
우성 유전자에 주목하여 표를 해석해보자. 구성원 1, 2, 4에서 (가)의 표현형 패턴은 [병, 정상, 정상]이다. 구성원 ㉠~㉢의 우성 유전자 유무는 패턴은 [O, ?, O]이다. 둘의 패턴이 일치하려면 우성 유전자의 유무가 [O, X, O]이어야 하며 (가)는 정상이 우성 표현형이어야 한다. ㉡에서 H의 DNA 상대량은 0이며 1이 ㉡이다.

(4) 성염색체 유전 발견
H, H*의 DNA 상대량 합이 1인 구성원이 존재하면 (가)는 성염색체 유전이어야 한다.
㉡의 우성+열성 대립유전자 합이 1이므로 (가)는 성&열성 유전이다. (정상 〉 (가))

(5) 우성 동형 불가능 명제 활용
㉠과 ㉢을 결정해야 한다. ㉢에서 H의 DNA 상대량이 2인 것에서 우성 동형 불가능 명제를 활용할 수 있다. (가)의 표현형이 4와 다른 아버지(1)이 있으므로 우성 동형 접합성이 불가능하다.
㉢은 2이며 ㉠은 4이다.

(6) 연관을 통한 우열 도출
(나)와 관련된 DNA 상대량 정보가 없으므로 연관을 통해 우열을 도출해야 할 것이다. 6과 7에서 (가)의 표현형이 다르므로 두 구성원은 ⓐ로부터 서로 다른 X 염색체를 받았다. 6이 '정정/Y'이고 7이 'ㄱ정/Y'이므로 ⓐ는 '정정/ㄱ정'이다. 5는 ⓐ로부터 X 염색체를 받는데, 둘 중 무엇을 받든 어머니로부터 (나)의 정상 유전자를 받는다. 그런데 5에서 (나)가 발현된 것은 3으로부터 물려받은 (나)의 발현 유전자 때문이고, 5는 이형 접합자인데 (나)가 발현되었으므로 (나)는 성&우성 유전이다.
((나) 〉 정상)

ㄱ. 구성원 ㉢은 구성원 2이다. (○)
ㄴ. ⓐ에게서 (가)와 (나)가 모두 발현되지 않았다. (○)
ㄷ. 4와 5 사이에서 아이가 태어날 때, 이 아이에게서 (가)와 (나)가 모두 발현될 확률은 0이다. (X)

완전 우성 형질을 다루는 가계도는 위의 다섯 가지 요소들을 적절하게 조합하고 다양한 방식으로 정보들을 숨긴 조건으로 문항을 구성할 수 있다. 앞서 언급한 내용을 요약하면 다음과 같다.

우성 & 열성	• 우성 유전자에 주목하기 • 우성 유전자의 패턴을 활용할 수 있는 상황이 등장하면 반응하기
성염색체 & 상염색체	• 성염색체 유전이 만들어지는 Setting을 고려하여 성염색체 유전의 존재를 의심하기 • 성염색체 유전이 존재한다면, 성염색체 유전의 특징을 살려 풀이에 활용하기
우성 동형 불가능	• 우성 동형 불가능 여부를 미리 찾기 • Matching형 조건을 분석할 때와 성염색체 유전임을 밝힐 때 활용하기
가족관계	• 아랫세대에 있는 유전자는 윗세대에도 있음을 고려하기 (필요하다면 1세대와 3세대의 유전자 비교 관찰) • 자손 간 염색체의 비교를 통해 부모가 갖는 염색체(유전자) 파악하기 • 가족관계에 의해 만들어지는 다양한 명제들을 고려하며 풀기
연관	• 정보가 부족하다면 연관을 활용하여 우열을 도출할 수 있음을 고려하기

* 추가정보가 직접적으로 제시된다면 적극적으로 반응하기

이번 예제는 2022학년도 수능에 출제된 가계도 문항이다. 문항 구성이 굉장히 단순하다.
가계도 그림과 함께 DNA 상대량에 관한 조건이 표로 주어져 있다.

가계도 그림에 대한 분석은 어느 정도 익숙해졌을 것이다.
DNA 상대량에 관한 표를 깔끔하게 해석하는 것이 문항의 풀이를 좌우할 것이다. 차분하게 풀어보자.

예제(5) 2022학년도 수능 19번

다음은 어떤 집안의 유전 형질 (가)와 (나)에 대한 자료이다.

○ (가)는 대립유전자 H와 h에 의해, (나)는 대립유전자 T와 t에 의해 결정된다. H는 h에 대해, T는 t에 대해 각각 완전 우성이다.

○ 가계도는 구성원 ⓐ를 제외한 구성원 1~7에게서 (가)와 (나)의 발현 여부를 나타낸 것이다.

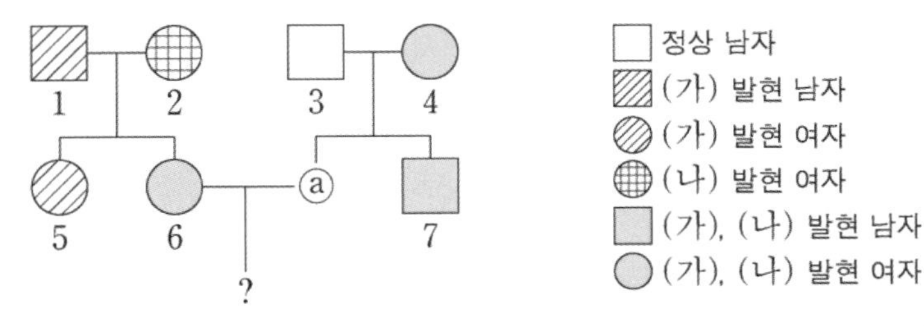

○ 표는 구성원 1, 3, 6, ⓐ에서 체세포 1개당 ㉠과 ㉡의 DNA 상대량을 더한 값을 나타낸 것이다. ㉠은 H와 h 중 하나이고, ㉡은 T와 t 중 하나이다.

구성원	1	3	6	ⓐ
㉠과 ㉡의 DNA 상대량을 더한 값	1	0	3	1

이에 대한 설명으로 옳은 것만을 <보기>에서 있는 대로 고르시오. (단, 돌연변이와 교차는 고려하지 않으며, H, h, T, t 각각의 1개당 DNA 상대량은 1이다.)

<보 기>

ㄱ. (나)의 유전자는 X 염색체에 있다.
ㄴ. 4에서 체세포 1개당 ㉡의 DNA 상대량은 1이다.
ㄷ. 6과 ⓐ 사이에서 아이가 태어날 때, 이 아이에게서 (가)와 (나)가 모두 발현될 확률은 $\frac{1}{2}$이다.

METHOD #1. 조건 정리

조건에서 각 형질에 대한 정보를 많이 제시하지 않았다.
가계도 그림과 DNA 상대량 표로 우/열, 성/상, 연관 여부를 모두 결정해야 한다.

METHOD #2. 가계도 분석

안타깝게도 가계도 그림을 분석해서 얻어낼 수 있는 정보가 많지는 않다.

(1) 부모가 표현형이 같은데 자손이 다른 경우 : 딱히 없다.

(2) 엄마-아들/아빠-딸 관계에서 얻을 정보 :
6에서 (나)가 발현되었으나 아버지인 1에서 발현되지 않았다. (나)는 성&열성 형질이 아니다.

남은 정보는 DNA 상대량에 관한 표뿐이다.

(3) 우성 동형 불가능 명제 활용
6은 ㉠+㉡이 3이므로 ㉠과 ㉡중 하나가 2이다. 그런데 6은 (가), (나) 모두에 대해 우성 동형이 불가능하므로 ㉠, ㉡ 중에 적어도 열성 유전자가 하나 있어야 하며 그것의 DNA 상대량 값이 2이다.

(4) 성염색체 유전의 특징 활용
3은 ㉠+㉡이 0이므로 ㉠과 ㉡이 모두 0이다. 3도 (가), (나) 모두에 대하여 우성 동형이 불가능하며 (3)의 판단을 통해 ㉠, ㉡ 중에 열성 대립유전자가 있다는 것을 확인했으므로
"열성 유전자의 DNA 상대량이 0 + 우성 동형 불가능" 상황이 드러난다.
즉 (가)와 (나) 중에 성염색체 유전이 존재한다.

그런데 3이 (가), (나) 모두에 대하여 정상 표현형이므로 열성 유전자의 DNA 상대량이 0인 형질이 (가)와 (나) 중 무엇이 되든 가계도에서 그 형질을 발현하는 사람은 열성 표현형이다.
즉, 성&열성인 형질이 (가), (나) 중에 존재한다. (나)는 성&열성 형질일 수 없으므로
(가)가 성&열성 형질이다.
㉠이 h이다. 1, 3, 6, ⓐ에서 ㉠(h)의 DNA 상대량은 순서대로 1, 0, 2, 1이다.
㉡의 DNA 상대량은 0, 0, 1, 0이다.

(5) 우열 도출원리 활용
6은 여자이므로 ㉡이 무엇이 되었든 간에 이형 접합자이므로 (나)는 우성 형질이다.
1, 3에서 ㉡의 DNA 상대량이 0이고, (나)가 발현되지 않았으므로 ㉡은 T가 되어야 한다.

(6) 연관의 종속성 활용

(가)와 (나)가 X 염색체에 연관되어 있다면, 1이 갖는 h, t가 연관된 염색체를 5, 6이 받는다. 5, 6에서 (가)의 유전자형이 hh이고 2에서는 Hh이므로 5와 6은 2로부터 같은 염색체를 받는데 (나)의 표현형이 서로 다르므로 모순이다. 따라서 (나)는 상염색체에 존재한다.

ㄱ. (나)의 유전자는 상염색체에 있다. (X)

ㄴ. 4에서 체세포 1개당 ㉡(=T)의 DNA 상대량은 1이다. (○)

ㄷ. 6과 ⓐ 사이에서 아이가 태어날 때, 이 아이에게서 (가)가 발현될 확률은 1이다.

그리고 (나)가 발현될 확률은 $\frac{1}{2}$이다. 따라서 (가)와 (나)가 모두 발현될 확률은 $\frac{1}{2}$이다. (○)

METHOD #2-2. 복대립/다인자 유전 결합 가계도

복대립/다인자 유전을 활용한 가계도 문항을 다룰 때 어려움을 겪는 학생들이 많다. 기본적으로 표현형도 많고, 표현형을 결정하기 위한 유전자형의 종류도 다양하기 때문이다. 그러나 경우의 수가 많은 유형의 경우, 출제자는 상황을 하나로 수렴시키기 위한 강력한 조건들과 정보들을 제시할 수밖에 없다.

복대립/다인자 유전만의 특징에는 무엇이 있고, METHOD #2-1에서 서술한 상황 제한 조건&정보들을 파악하고 분석하는 방법을 학습하여 복대립/다인자 유전 결합 가계도 유형을 대비하도록 한다.

(1) 복대립 유전 결합 가계도

❶ 가계도에 활용되는 복대립 유전의 특징

복대립 유전은 가계도에서 연관을 활용하여 형질의 우열을 판단하기 위한 보조적인 도구로 한정하여 쓰이는 경우가 많았다. 그러나 2021학년도 6월 평가원 17번 문항을 보면 알 수 있듯이 복대립 유전만이 갖는 독특한 우열 관계는 여전히 풀이에 핵심적으로 활용된다.
지금까지 가계도로 출제된 복대립 유전의 우열 관계에 대해 알아보도록 한다.

Case ①. ABO식 혈액형과 같이 우열이 불분명한 경우를 포함 ($A = B > O$)
Case ②. 모든 대립유전자의 우열 관계가 분명 (Ex. $D > E > F > G$)

두 Case에서 나올 수 있는 표현형과 유전자형을 나열해보면 다음과 같다.
Case ①. A형 (AA, AO), B형 (BB, BO) AB형 (AB), O형(OO)
Case ②. [D] (DD, DE, DF, DG), [E] (EE, EF, EG), [F] (FF, FG), [G] (GG)

A가 a에 대해 완전 우성인 단대립 유전과 달리 한 형질의 표현형을 나타낼 수 있는 유전자형의 종류가 상당히 많은 것을 확인할 수 있다. 여러 킬러 유형을 통해 확인했듯이 출제자는 분명히 변수가 적고 정보 확장이 용이한 정보에서 풀이를 시작할 수 있도록 유도할 것이다. 그 후보를 찾아보면 다음과 같다.

1) 표현형에 대응되는 유전자형의 개수가 최소인 표현형

Ex) Case ①에서 AB형과 O형, Case ②에서 [G].

위의 세 가지는 표현형과 유전자형이 일대일 대응되기 때문에 표현형만 알면 바로 유전자형을 적을 수 있다. 특히 O형, [G]와 같이 유전자형이 동형 접합성인 경우, 가족관계를 활용하여 부모나 자손이 갖는 유전자를 일부 확정할 수 있으니 정보 확장에 용이한 정보라고 할 수 있다.

2) **복대립 유전에서 성립하는 우열 관계**

Ex) Case ①에서 A나 B를 갖는 구성원은 O형이 될 수 없다.
Ex) Case ②에서 E를 갖는 구성원은 [F]나 [G]가 될 수 없다. D를 갖는다면 표현형은 [D]가 된다.

단대립 유전에서 우성 유전자의 보유가 표현형을 결정하는 것과 같이 복대립 유전 또한 특정 유전자의 보유 여부를 아는 것만으로도 표현형 후보군을 축소시킬 수 있다.
이렇게 상황을 제한시키는 정보들에 주목하여 문제를 풀어나간 사례들을 아래에 소개하겠다.

17. 다음은 어떤 집안의 유전 형질 (가)에 대한 자료이다.

- (가)는 상염색체에 있는 1쌍의 대립유전자에 의해 결정되며, 대립유전자에는 D, E, F, G가 있다.
- D는 E, F, G에 대해, E는 F, G에 대해, F는 G에 대해 각각 완전 우성이다.
- 그림은 구성원 1~8의 가계도를, 표는 1, 3, 4, 5의 체세포 1개당 G의 DNA 상대량을 나타낸 것이다. 가계도에 (가)의 표현형은 나타내지 않았다.

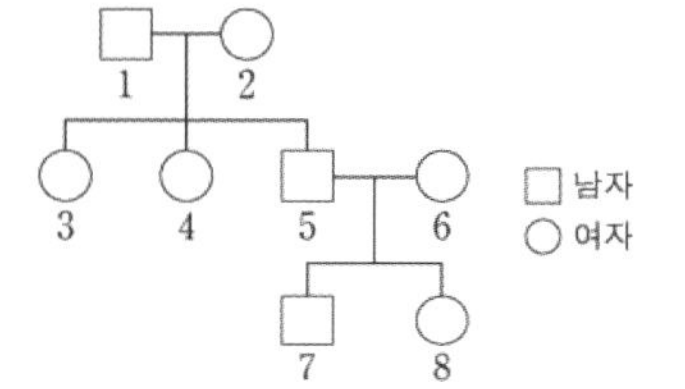

구성원	G의 DNA 상대량
1	1
3	0
4	1
5	0

- 1~8의 유전자형은 각각 서로 다르다.
- 3, 4, 5, 6의 표현형은 모두 다르고, 2와 8의 표현형은 같다.
- 5와 6 중 한 명의 생식세포 형성 과정에서 ⓐ 대립유전자 ㉠이 대립유전자 ㉡으로 바뀌는 돌연변이가 1회 일어나 ㉡을 갖는 생식세포가 형성되었다. 이 생식세포가 정상 생식세포와 수정되어 8이 태어났다. ㉠과 ㉡은 각각 D, E, F, G 중 하나이다.

2021학년도 수능 17번

문항의 추가조건을 해석하면 다음과 같은 명제를 얻을 수 있다.

명제 : D > E > F > G인 상황에서 1~5 가족의 유전자형이 전부 다르다면 부모에게 D, E, F, G가 모두 있으며 부모의 유전자형은 이형 접합성을 나타낸다.
(부모에 존재하는 대립유전자가 3종류 이하이면 1~5 가족의 유전자형이 전부 다를 수 없다.)

증명 : 부모가 가지고 있는 대립유전자의 종류가 세 종류뿐이라면 부모에게서 서로 겹치는 대립유전자가 하나 존재한다. 부모의 유전자형을 각각 $\alpha\beta$, $\beta\gamma$라고 하겠다. 자손에게서 나타날 수 있는 유전자형은 $\alpha\beta$, $\beta\gamma$, $\alpha\gamma$이다. 이렇게 되면 자손에서 부모와 유전자형이 같은 구성원이 존재하므로 5인 가족의 유전자형이 모두 다를 수 없다. 따라서 부모에게 적어도 서로 다른 4종류의 유전자가 존재해야 한다.

3, 4, 5, 6의 표현형이 다르다는 조건을 보자마자 GG의 위치가 어디일지부터 찾으려고 노력해야 한다.
3, 4, 5, 6의 표현형이 모두 다르므로 GG가 반드시 존재해야 하는데,
G의 DNA 상대량 표에서 3, 4, 5의 유전자형이 GG일 수 없음을 확인할 수 있으므로 GG는 6이 된다.

이와 같이 특수한 케이스를 먼저 고려하여 조건을 해석하고 상황을 하나로 몰아가면
복대립 문항에 효과적으로 대처할 수 있을 것이다.

예제(6) 2021학년도 6월 평가원 17번

다음은 어떤 집안의 유전 형질 (가)와 (나)에 대한 자료이다.

○ (가)는 대립유전자 R와 r에 의해 결정되며, R는 r에 대해 완전 우성이다.
○ (나)는 상염색체에 있는 1쌍의 대립유전자에 의해 결정되며, 대립유전자에는 E, F, G가 있다.
○ (나)의 표현형은 4가지이며, (나)의 유전자형이 EG인 사람과 EE인 사람의 표현형은 같고, 유전자형이 FG인 사람과 FF인 사람의 표현형은 같다.
○ 가계도는 구성원 1~9에게서 (가)의 발현 여부를 나타낸 것이다.

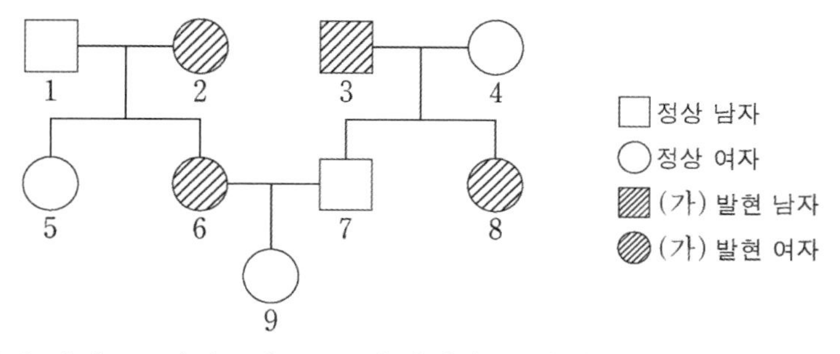

○ $\dfrac{1, 2, 5, 6 \text{ 각각의 체세포 1개당 E의 DNA 상대량을 더한 값}}{3, 4, 7, 8 \text{ 각각의 체세포 1개당 r의 DNA 상대량을 더한 값}} = \dfrac{3}{2}$
○ 1, 2, 3, 4의 (나)의 표현형은 모두 다르고, 2, 6, 7, 9의 (나)의 표현형도 모두 다르다.
○ 3과 8의 (나)의 유전자형은 이형 접합성이다.

이에 대한 설명으로 옳은 것만을 <보기>에서 있는 대로 고르시오. (단, 돌연변이와 교차는 고려하지 않으며, E, F, G, R, r 각각의 1개당 DNA 상대량은 1이다.)

<보 기>

ㄱ. (가)의 유전자는 상염색체에 있다.
ㄴ. 7의 (나)의 유전자형은 동형 접합성이다.
ㄷ. 9의 동생이 태어날 때, 이 아이의 (가)와 (나)의 표현형이 8과 같을 확률은 $\frac{1}{8}$이다.

METHOD #1. 조건 정리

조건이 많다. 차분하게 정리하자.

(1) (가)의 표현형은 그림에서 제시했다.

(2) (나)의 유전자형과 표현형에 대한 정보가 다음과 같이 제시되었다.
→ 1, 2, 3, 4의 (나)의 표현형은 모두 다르고, 2, 6, 7, 9의 (나)의 표현형도 모두 다르다.
→ 3과 8의 (나)의 유전자형은 이형 접합성이다.

(3) DNA 상대량에 관한 정보가 분수로 제시되었다.
→ $\frac{1, 2, 5, 6 \text{ 각각의 체세포 1개당 E의 DNA 상대량을 더한 값}}{3, 4, 7, 8 \text{ 각각의 체세포 1개당 r의 DNA 상대량을 더한 값}} = \frac{3}{2}$

METHOD #2. 가계도 분석

이제 가계도 그림을 보자마자 다음 두 가지를 기계적으로 판단할 수 있어야 한다.

(1) 부모가 표현형이 같은데 자손이 다른 경우 : 딱히 없다.

(2) 엄마-아들/아빠-딸 관계에서 얻을 정보 : 6에서 (가)가 발현되었는데 아버지인 1에서 발현되지 않았으므로, (가)는 성&열성이 아니다.

(3) 이번 문항의 Main 출제 요소는 누가 봐도 (나) 형질이다. (나)에 대해 해석해야 할 조건이 많다. 학습자는 자연스럽게 떠올려야 할 생각은 '(가)를 빨리 처리해버려야겠다.' 정도가 되겠다.

실제로 이번 문제의 큰 풀이의 흐름은 다음과 같다.

(가)가 성염색체 유전임을 확인하여 (나)와 연관되지 않았음을 해석하고
→ (나)에 대해 주어진 정보들을 종합하여 각 가계도 구성원의 유전자형 확정한다.

(4) (가)에 대한 분석 - 분수 꼴 조건 활용
(가)에 대해 가계도 그림 외에 주어진 조건은 분수 조건뿐이다. 이를 활용하여 빠르게 (가)를 처리하자. 안타깝게도 뭔가 바로 보이는 게 없다. 바로 귀류하자.

$\frac{1, 2, 5, 6 \text{ 각각의 체세포 1개당 E의 DNA 상대량을 더한 값}}{3, 4, 7, 8 \text{ 각각의 체세포 1개당 r의 DNA 상대량을 더한 값}} = \frac{3}{2}$를 만족하기 위해서는
3, 4, 7, 8 이 가지는 r의 개수가 2 or 4여야 한다. (분자의 최댓값이 8이므로.)

(가)가 상염색체 유전인 경우, 3, 4, 7, 8이 가지는 r의 개수는 우/열과 관계없이 Rr 2명, rr 2명이 되어 6개다.
→ (가)는 성염색체 유전이고, (2)를 고려하면 성&우성임을 알 수 있다.

(가)에 대한 가계도 구성원의 유전자형은 다음과 같다.

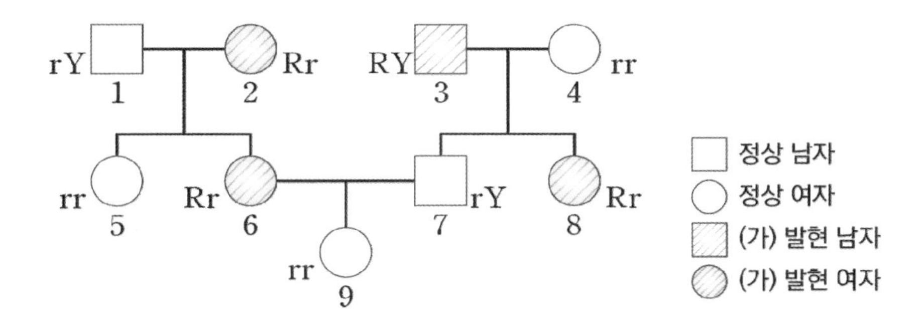

3, 4, 7, 8이 가지는 r의 개수가 4개이므로 1, 2, 5, 6의 E의 개수는 6개여야 한다,

(5) (나)에 대해 사용할 수 있는 조건은 다음과 같다.

-(나)의 표현형은 4가지이며, (나)의 유전자형이 EG인 사람과 EE인 사람의 표현형은 같고, 유전자형이 FG인 사람과 FF인 사람의 표현형은 같다.
-1, 2, 3, 4의 (나)의 표현형은 모두 다르고, 2, 6, 7, 9의 (나)의 표현형도 모두 다르다.
-3과 8의 (나)의 유전자형은 이형 접합성이다.
-1, 2, 5, 6이 가지는 E의 개수는 6개이다.

먼저 (나)의 우열 관계를 파악해보면, E = F 〉 G로 정리된다.
임의의 구성원 4명에게서 (나)의 표현형이 서로 다른 경우는 다음과 같이 유전자형이 구분된다.
EE or EG / FF or FG / EF / GG

구성원 1, 2, 5, 6에 대해서는 '1, 2, 5, 6이 가지는 E의 개수가 6개'가 되고, '1, 2, 3, 4의 (나)의 표현형은 모두 다르고, 2, 6, 7, 9의 (나)의 표현형도 모두 다르다'는 조건을 모두 만족시켜야 한다.
만약 1, 2, 5, 6 중 3명의 유전자형이 EE라면, 어떠한 경우에서도 '1, 2, 3, 4의 (나)의 표현형은 모두 다르고, 2, 6, 7, 9의 (나)의 표현형도 모두 다르다'는 조건을 만족시키지 못한다.
따라서 1, 2, 5, 6 중 2명의 유전자형은 EE이고, 나머지 2명은 E를 하나씩 가진다.

1, 2, 3, 4에서 (나)의 표현형이 모두 다른데, 1과 2가 최소 1개의 E를 가지고 3의 (나)의 유전자형은 이형 접합성이므로 3의 (나)의 유전자형은 FG로 결정된다.
또한, 4의 (나)의 유전자형까지 GG로 결정된다.

3과 4의 (나)의 유전자형이 각각 FG, GG인 상황에서는 7과 8이 가질 수 있는 (나)의 유전자형 역시 FG와 GG 중 하나이다. 그런데 8의 (나)의 유전자형이 이형 접합성이므로 8의 (나)의 유전자형은 FG로 결정된다.

2와 6이 최소 1개의 E를 가지므로 2, 6, 7, 9에서 (나)의 표현형이 모두 다른 조건을 만족하려면 7의 (나)의 유전자형이 GG, 9의 (나)의 유전자형이 FG이어야 한다.
6과 7에서 유전자형을 FG로 갖는 자손이 태어나려면 6의 (나)의 유전자형은 EF이어야 하고, 자동적으로 2의 (나)의 유전자형은 EE가 된다.

조건들을 마저 활용하여 가계도를 완성하면 다음과 같다.

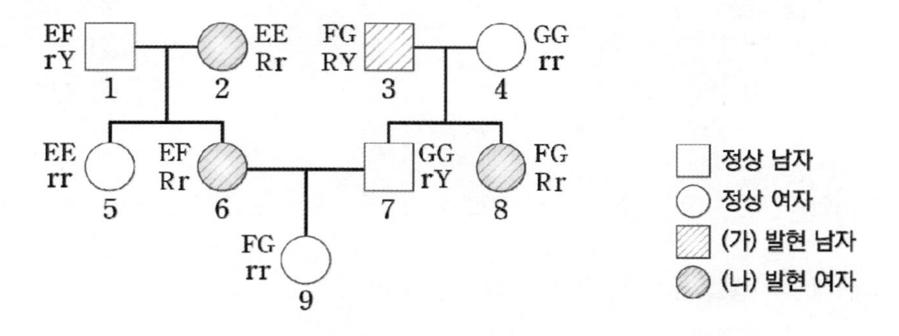

ㄱ. (가)의 유전자는 X 염색체에 있다. (X)
ㄴ. 7의 (나)의 유전자형은 GG로 동형 접합성이다. (○)
ㄷ. 9의 동생이 태어날 때, 8과 (가), (나)의 표현형이 같으려면 (가)의 유전자형이 R[?]이어야 하고, 이 확률은 $\frac{1}{2}$이다. (나)에 대해서는 유전자형이 FG이어야 하고, 이 확률도 $\frac{1}{2}$이다.
따라서 9의 동생이 태어날 때, 이 아이의 (가), (나)의 표현형이 8과 같을 확률은 $\frac{1}{4}$이다. (X)

(2) 다인자 유전 결합 가계도

기출 다인자 유전 문항의 경우, 표현형이 대문자로 표시되는 대립유전자 수(서술의 편의상 대문자 개수라 하겠다.)에 의해서만 결정되는 형질을 다루고 있다. 이러한 다인자 유전의 표현형을 결정하는 방식이 상당히 특이함에 주목할 필요가 있다. 다인자 유전은 단일일자 유전과 다르게 다인자 유전을 결정하는 모든 대립유전자의 유전자형을 결정지어야 표현형을 확정지을 수 있다.
즉, 표현형을 결정지으려면 구성원 각각에 대한 많은 정보가 종합되어야 한다는 것이다.

다인자 유전 표현형의 또 다른 특징 중 하나는 일부 표현형의 경우 표현형과 일대일 대응되는 유전자형이 존재한다는 특징이 있다. 예를 들어 표현형이 대문자 개수가 0개인 구성원의 경우 모든 유전자형이 소문자로만 구성되어야 한다. 이처럼 표현형을 알면 유전자형을 바로 알 수 있는 경우가 존재한다.

다인자 유전 결합 가계도는 복대립 유전 결합 가계도와 마찬가지로 하나의 표현형을 지정하는 유전자형이 다양하기 때문에 가능한 경우의 수가 많다. 앞서 언급한 다인자 유전의 특징은 상황을 크게 제한시키는 조건으로 작용할 수 있기에 이에 주목하여 조건들을 관찰해볼 필요가 있다.
예제를 통해 직접 확인해보도록 한다.

예제(7) 2023학년도 6월 평가원 17번

다음은 어떤 집안의 유전 형질 (가)와 (나)에 대한 자료이다.

- (가)는 대립유전자 E와 e에 의해 결정되며, 유전자형이 다르면 표현형이 다르다. (가)의 3가지 표현형은 각각 ㉠, ㉡, ㉢이다.
- (나)는 3쌍의 대립유전자 H와 h, R와 r, T와 t에 의해 결정된다. (나)의 표현형은 유전자형에서 대문자로 표시되는 대립유전자의 수에 의해서만 결정되며, 이 대립유전자의 수가 다르면 표현형이 다르다.
- 가계도는 구성원 1~8에게서 발현된 (가)의 표현형을, 표는 구성원 1, 2, 3, 6, 7에서 체세포 1개당 E, H, R, T의 DNA 상대량을 더한 값(E+H+R+T)을 나타낸 것이다.

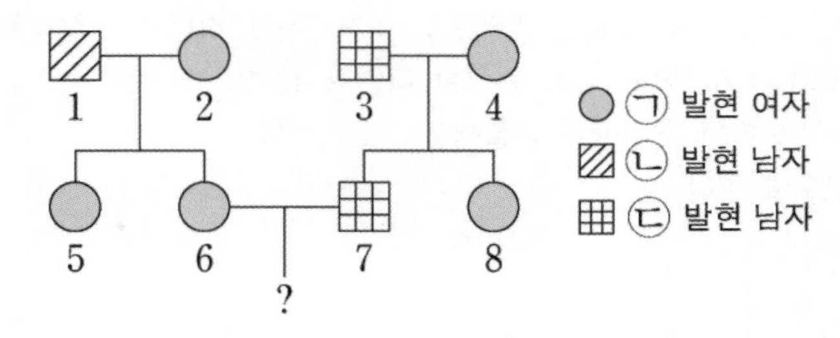

구성원	E+H+R+T
1	6
2	ⓐ
3	2
6	5
7	3

- 구성원 1에서 e, H, R는 7번 염색체에 있고, T는 8번 염색체에 있다.
- 구성원 2, 4, 5, 8은 (나)의 표현형이 모두 같다.

이에 대한 설명으로 옳은 것만을 <보기>에서 있는 대로 고르시오. (단, 돌연변이와 교차는 고려하지 않으며, E, e, H, h, R, r, T, t 각각의 1개당 DNA 상대량은 1이다.)

<보 기>

ㄱ. ⓐ는 4이다.

ㄴ. 구성원 4에서 E, h, r, T를 모두 갖는 생식세포가 형성될 수 있다.

ㄷ. 구성원 6과 7 사이에서 아이가 태어날 때, 이 아이에게서 나타날 수 있는 (나)의 표현형은 최대 5가지이다.

METHOD #1. 조건 정리

조건을 정리하면,
(가)는 세 가지 표현형을 가지며 각각 EE, Ee, ee이다. (나)는 다인자 유전이다.
E, e, H, h, R, r은 7번 염색체 위에 있는 대립유전자이며, T, t는 8번 염색체 위에 있는 대립유전자이다.

METHOD #2. 가계도 분석

(1) 가족관계 활용
유전자형이 EE와 ee인 구성원은 서로 부모-자손 관계가 될 수 없다. 그러므로 부모-자손 관계에 놓여있는 ㉠ 표현형과 ㉡ 표현형, ㉠ 표현형과 ㉢ 표현형은 EE, ee일 수 없다.
따라서 ㉡, ㉢이 EE와 ee를 하나씩 지정하게 된다. ㉠=Ee.
1에서 ㉡이 발현되었는데 e를 갖기 때문에 ㉡=ee, ㉢=EE이다.

(2) 특수한 정보에 주목
1, 2, 6, 7에서 H+R+T는 각각 6, 0, 4, 1이다. 이때 1의 6과 2의 0은 유전자형을 바로 확정지을 수 있는 특수 Case이다. 1의 유전자형은 eHR/eHR TT이고, 3은 Ehr/Ehr tt이다.

(3) 유전자형을 결정짓기 위해 정보 확장하기
5와 6은 1로부터 eHR과 T를 받으며, 7과 8은 3으로부터 Ehr과 t를 받는다. 이때 소문자를 최소 3개 갖는 5와 대문자를 최소 3개 갖는 8에서 (나)의 표현형이 같으므로 2, 4, 5, 8은 (나)에 대해서 대문자의 개수가 3개인 표현형을 나타낸다.
5의 유전자형은 Ehr/eHR Tt, 8은 Ehr/eHR Tt로 확정지을 수 있다.

8이 갖는 eHR과 T는 4로부터 물려받았으므로 4의 유전자형은 Ehr/eHR Tt로 확정된다.
7은 E+H+R+T가 3임을 고려하였을 때, 유전자형은 Ehr/Ehr Tt가 된다.
5가 갖는 Ehr과 t는 2로부터 물려받았으므로 2의 유전자형은 Ehr/eHR Tt가 된다.
6에서는 E+H+R+T가 5이므로 유전자형이 Ehr/eHR TT가 된다.

ㄱ. ⓐ는 4이다. (○)
ㄴ. 구성원 4에서 E, h, r, T를 모두 갖는 생식세포가 형성될 수 있다. (○)
ㄷ. 구성원 6과 7에서 아이가 태어날 때 이 아이에게서 나타날 수 있는 표현형은 최대 4가지이다. (X)

가능한 유전자형 조합			
eHR/Ehr Tt	eHR/Ehr TT	Ehr/Ehr Tt	Ehr/Ehr TT

Part 03 유제(2)

01 2014학년도 9월 평가원 17번

다음은 형질 (기)와 (나)에 대한 자료와 이 형질을 나타내는 어떤 집안의 가계도이다.

> ㅇ(가)와 (나)를 결정하는 유전자는 서로 다른 염색체에 존재한다.
>
> ㅇ(가)와 (나)는 각각 한 쌍의 대립유전자에 의해 결정되며, 각 형질을 결정하는 대립유전자 사이의 우열 관계는 분명하다.
>
> 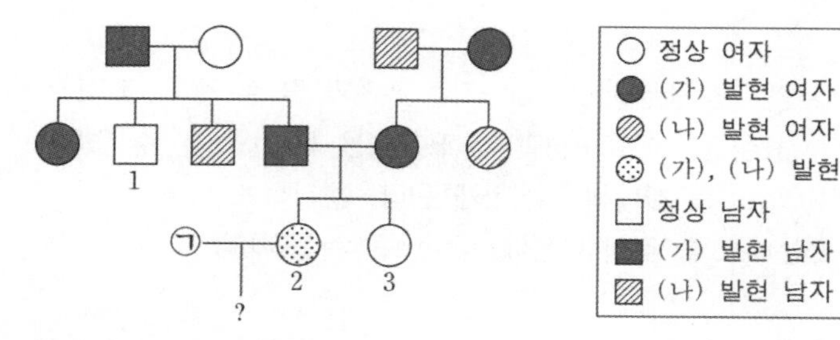
>
>
> ㅇ2에서 (가)의 유전자형은 이형 접합이다.
>
> ㅇ㉠은 (가)와 (나)의 유전자형이 모두 열성 동형 접합이다.

이에 대한 설명으로 옳은 것만을 <보기>에서 있는 대로 고르시오. (단, 생식 세포 형성 시 돌연변이와 교차는 고려하지 않는다.)

<보 기>

ㄱ. 1에서 (가)의 유전자형은 이형 접합이다.

ㄴ. 3의 동생이 태어날 때, 이 아이에게서 (가), (나) 모두 발현될 확률은 $\frac{3}{16}$이다.

ㄷ. ㉠과 2 사이에서 아이가 태어날 때, 이 아이가 (가), (나)에 대해 ㉠과 같은 유전자형을 가질 확률은 $\frac{1}{4}$이다.

02 2014학년도 수능 17번

다음은 어떤 집안의 ABO식 혈액형과 유전병 ㉠에 대한 자료이다.

○ 그림은 이 집안의 ABO식 혈액형과 유전병 ㉠에 대한 가계도이고, 표는 이 가계도의 구성원 1, 3, 4 사이의 ABO식 혈액형에 대한 혈액 응집 반응 결과이다.

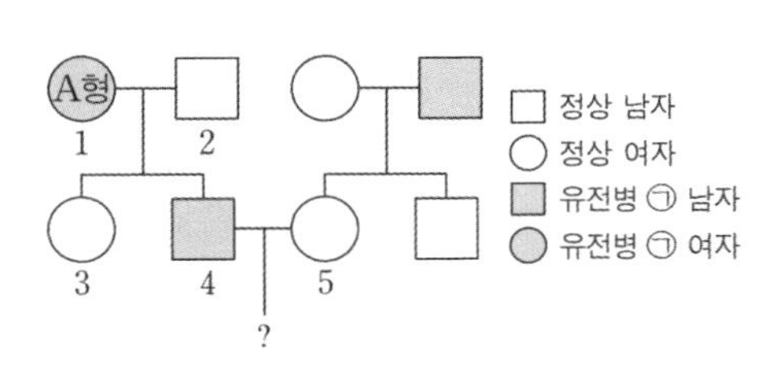

구분	1의 적혈구	3의 적혈구	4의 적혈구
1의 혈장	−	−	+
3의 혈장	+	−	+
4의 혈장	−	ⓐ	−

(+ : 응집됨, − : 응집 안 됨)

○ 유전병 ㉠은 대립유전자 T와 T^*에 의해 결정되며, T와 T^*의 우열 관계는 분명하다. T는 정상 유전자이고, T^*는 유전병 유전자이다.

○ 구성원 1과 2는 각각 대립유전자 T와 T^* 중 한 가지만 갖고 있다.

○ 구성원 2와 5의 ABO식 혈액형의 유전자형은 같다.

이에 대한 설명으로 옳은 것만을 <보기>에서 있는 대로 고르시오. (단, 돌연변이와 교차는 고려하지 않는다.)

<보 기>

ㄱ. ⓐ는 +이다.

ㄴ. 3과 5는 모두 T^*를 갖고 있다.

ㄷ. 4와 5 사이에 아이가 태어날 때, 이 아이가 A형이며 유전병 ㉠인 아들일 확률은 $\frac{1}{8}$이다.

03 2015학년도 9월 평가원 20번

다음은 어떤 집안의 ABO식 혈액형과 형질 ㉠, ㉡에 대한 가계도와 자료이다.

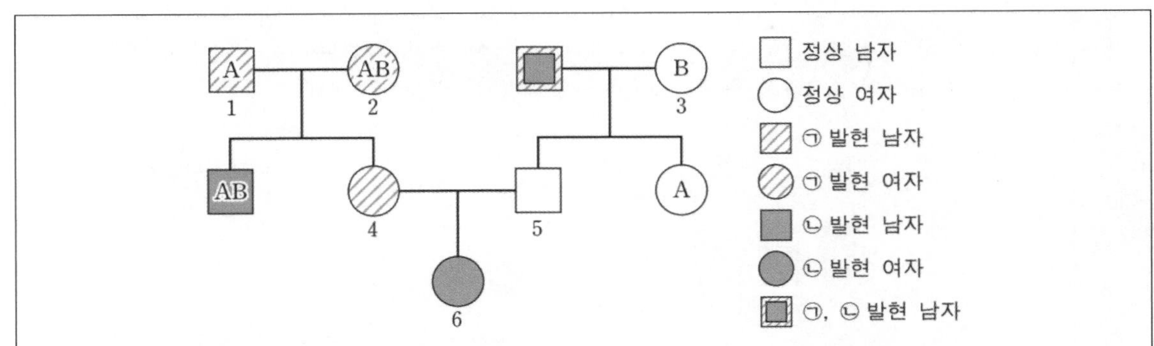

- ABO식 혈액형과 형질 ㉠, ㉡을 결정하는 유전자는 모두 하나의 상염색체에 연관되어 있다.
- ㉠과 ㉡은 각각 한 쌍의 대립유전자에 의해 결정되며, 각 형질에서 대립유전자 사이의 우열 관계는 분명하다.
- 1과 4에서 ABO식 혈액형의 유전자형은 이형 접합이고, 3에서 ㉡의 유전자형은 이형 접합이다.

이에 대한 설명으로 옳은 것만을 <보기>에서 있는 대로 고르시오. (단, 돌연변이와 교차는 고려하지 않는다.)

<보 기>

ㄱ. 2와 4는 ㉠에 대한 유전자형이 같다.
ㄴ. 5의 혈액형은 A형이다.
ㄷ. 6의 동생이 태어날 때, 이 동생에게서 ㉠과 ㉡ 중 어느 것도 발현되지 않고 혈액형이 B형일 확률은 0.25이다.

04 2015학년도 수능 20번

다음은 어떤 집안의 유전병 ㉠, ㉡에 대한 가계도와 ABO식 혈액형에 대한 자료이다.

○ ㉠은 대립유전자 T와 T*에 의해, ㉡은 대립유전자 R와 R*에 의해 결정된다. T는 T*에 대해, R는 R*에 대해 각각 완전 우성이다.

○ ㉠의 유전자와 ABO식 혈액형의 유전자는 연관되어 있다.

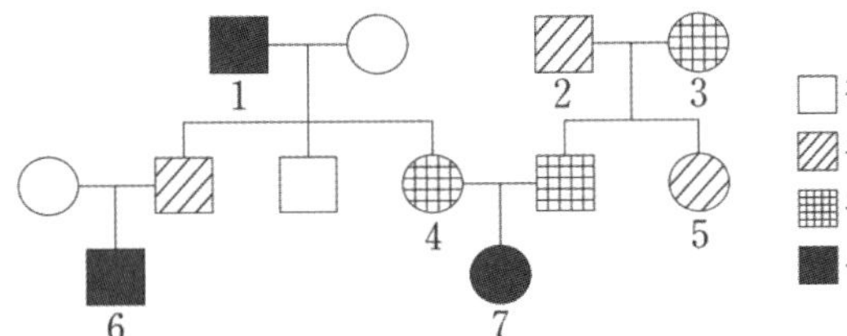

□정상 남자 ○정상 여자
▨유전병 ㉠ 남자 ▨유전병 ㉠ 여자
▦유전병 ㉡ 남자 ▦유전병 ㉡ 여자
■유전병 ㉠, ㉡ 남자 ●유전병 ㉠, ㉡ 여자

○ 2와 3 각각은 R와 R* 중 한 가지만 가지고 있다.

○ 표는 이 가계도의 1, 2, 4 사이의 ABO식 혈액형에 대한 혈액 응집 반응 결과이며, 3의 ABO식 혈액형은 A형이다.

○ 1과 5의 ABO식 혈액형의 유전자형은 같으며, 2의 ABO식 혈액형의 유전자형은 동형 접합이다.

구분	1의 적혈구	2의 적혈구	4의 적혈구
1의 혈청	−	−	−
2의 혈청	+	−	+
4의 혈청	+	+	−

(+: 응집됨, −: 응집 안 됨)

이에 대한 설명으로 옳은 것만을 <보기>에서 있는 대로 고르시오. (단, 돌연변이와 교차는 고려하지 않는다.)

<보 기>

ㄱ. 이 가계도의 구성원은 모두 T*를 가진다.

ㄴ. 7의 ABO식 혈액형은 AB형이다.

ㄷ. 6의 동생이 태어날 때, 이 동생에게서 ㉠과 ㉡이 모두 나타날 확률은 $\frac{1}{8}$이다.

05 2016학년도 9월 평가원 20번

다음은 어떤 집안의 유전병 ㉠과 ㉡에 대한 자료이다.

○ ㉠과 ㉡을 결정하는 유전자는 서로 다른 염색체에 존재한다.

○ ㉠과 ㉡은 각각 대립유전자 A와 A*, B와 B*에 의해 결정되며, 각 대립유전자 사이의 우열 관계는 분명하다.

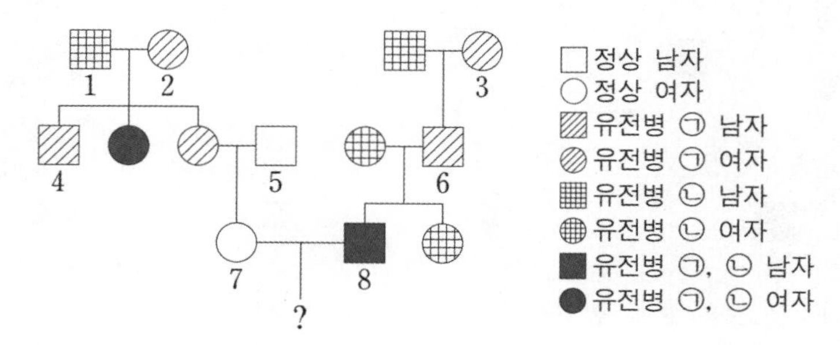

○ (가)는 구성원 1, 2, 6에서 체세포 1개당 A의 DNA 상대량을, (나)는 구성원 3, 4, 5에서 체세포 1개당 B의 DNA 상대량을 나타낸 것이다.

구성원	A의 DNA 상대량
1	0
2	2
6	1

(가)

구성원	B의 DNA 상대량
3	2
4	1
5	1

(나)

이에 대한 설명으로 옳은 것만을 <보기>에서 있는 대로 고르시오. (단, 돌연변이는 고려하지 않는다.)

<보 기>

ㄱ. ㉠은 우성 형질이다.

ㄴ. B와 B*는 상염색체에 존재한다.

ㄷ. 7과 8 사이에서 아이가 태어날 때, 이 아이에게서 ㉠과 ㉡이 모두 나타날 확률은 $\frac{1}{6}$이다.

06 2016학년도 수능 17번

다음은 어떤 집안의 유전 형질 ㉠~㉢에 대한 자료이다.

- ㉠은 대립유전자 A와 A*에 의해, ㉡은 대립유전자 B와 B*에 의해, ㉢은 대립유전자 C와 C*에 의해 결정된다. 각 대립유전자 사이의 우열 관계는 분명하고, A는 A*에 대해 완전 우성이다.
- ㉠~㉢을 결정하는 유전자는 모두 하나의 염색체에 연관되어 있다.
- 가계도는 ㉠~㉢ 중 ㉠과 ㉡의 발현 여부만을 나타낸 것이다.

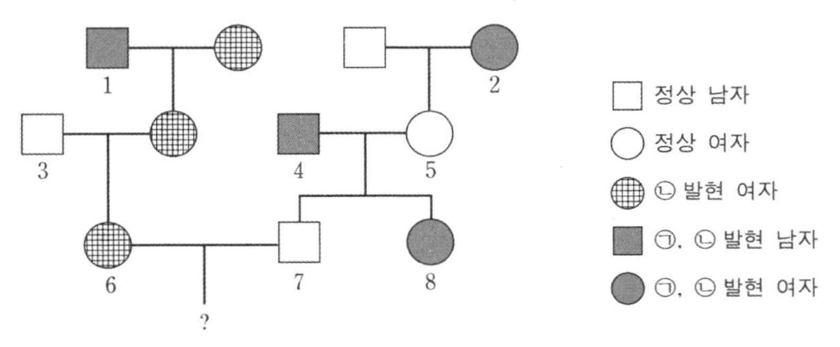

- 구성원 1, 3, 4, 8에서 ㉢이 발현되었고, 2, 5, 6, 7에서는 ㉢이 발현되지 않았다.
- 표 (가)는 2, 4, 5, 7에서 체세포 1개당 B의 DNA 상대량을, (나)는 2, 4, 5, 8에서 체세포 1개당 C의 DNA 상대량을 나타낸 것이다.

구성원	B의 DNA 상대량
2	1
4	0
5	2
7	1

(가)

구성원	C의 DNA 상대량
2	1
4	1
5	1
8	2

(나)

이에 대한 설명으로 옳은 것만을 <보기>에서 있는 대로 고르시오. (단, 돌연변이와 교차는 고려하지 않는다.)

<보 기>

ㄱ. ㉢은 열성 형질이다.

ㄴ. 5는 A와 C가 연관된 염색체를 가지고 있다.

ㄷ. 6과 7 사이에서 아이가 태어날 때, 이 아이에게서 ㉠과 ㉡이 모두 발현될 확률은 $\frac{1}{4}$이다.

07 2017학년도 9월 평가원 15번

다음은 어떤 집안의 ABO식 혈액형과 유전병 ㉠, ㉡에 대한 자료이다.

○ ㉠은 대립유전자 H와 H^*에 의해, ㉡은 대립유전자 T와 T^*에 의해 결정된다. H는 H^*에 대해, T는 T^*에 대해 각각 완전 우성이다.

○ ㉠의 유전자와 ㉡의 유전자 중 하나만 ABO식 혈액형 유전자와 연관되어 있다.

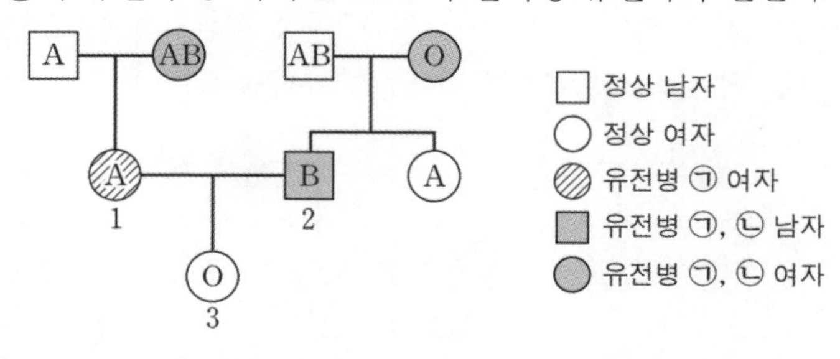

이에 대한 설명으로 옳은 것만을 <보기>에서 있는 대로 고르시오. (단, 돌연변이와 교차는 고려하지 않는다.)

<보 기>

ㄱ. ㉠의 유전자는 ABO식 혈액형 유전자와 연관되어 있다.

ㄴ. 2에서 ㉡의 유전자형은 동형 접합이다.

ㄷ. 3의 동생이 태어날 때, 이 아이에게서 ㉠과 ㉡ 중 ㉡만 나타날 확률은 $\frac{1}{2}$이다.

08 2017학년도 9월 평가원 17번

다음은 사람의 유전 형질 (가)에 대한 자료이다.

- (가)를 결정하는 데 관여하는 3개의 유전자는 서로 다른 2개의 상염색체에 있으며, 3개의 유전자는 각각 대립유전자 A와 a, B와 b, D와 d를 갖는다.
- (가)의 표현형은 유전자형에서 대문자로 표시되는 대립유전자의 수에 의해서만 결정되며, 대문자로 표시되는 대립유전자의 수가 다르면 (가)의 표현형이 다르다.
- 가계도 구성원 1~6의 유전자형은 모두 AaBbDd이고, 가계도에는 (가)의 표현형은 나타내지 않았다.

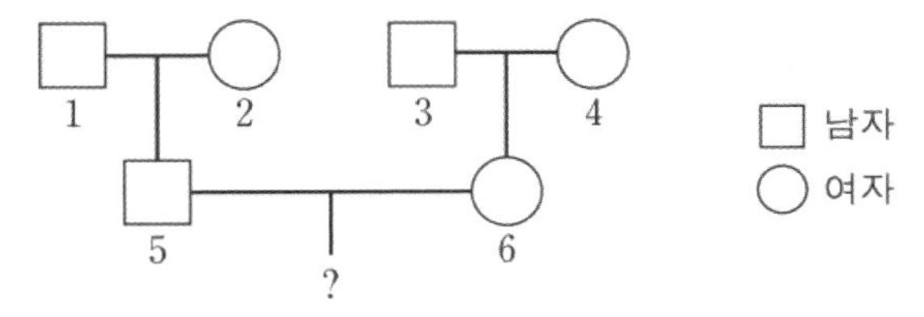

- 5의 동생이 태어날 때, 이 아이에게서 나타날 수 있는 (가)의 표현형은 최대 7가지이다.
- 6의 동생이 태어날 때, 이 아이에게서 나타날 수 있는 (가)의 표현형은 최대 3가지이다.

이에 대한 설명으로 옳은 것만을 <보기>에서 있는 대로 고르시오. (단, 돌연변이와 교차는 고려하지 않는다.)

<보 기>

ㄱ. (가)의 유전은 복대립 유전이다.

ㄴ. 6의 동생이 태어날 때, 이 아이의 (가)의 표현형이 6과 다를 확률은 $\frac{1}{2}$이다.

ㄷ. 5와 6 사이에서 아이가 태어날 때, 이 아이에게서 나타날 수 있는 (가)의 표현형은 최대 5가지이다.

09 2017학년도 수능 17번

다음은 어떤 집안의 유전 형질 ㉠, ㉡과 ABO식 혈액형에 대한 자료이다.

○ ㉠은 대립유전자 H와 H*에 의해 ㉡은 대립유전자 T와 T*에 의해 결정된다. H는 H*에 대해, T는 T*에 대해 각각 완전 우성이다.
○ ㉠의 유전자와 ㉡의 유전자 중 하나만 ABO식 혈액형 유전자와 연관되어 있다.
○ 구성원 2의 ㉠에 대한 유전자형은 동형 접합이다.

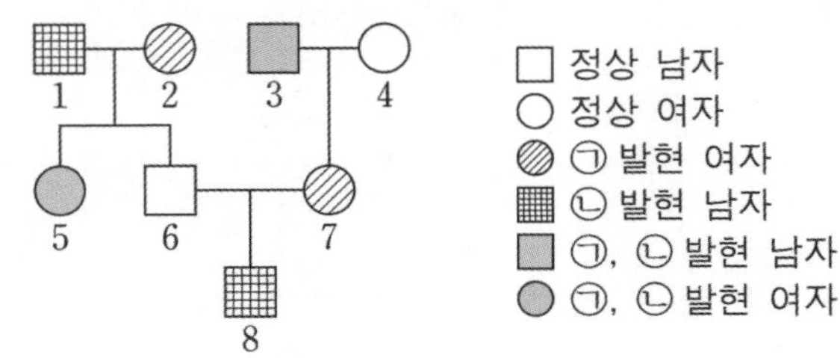

○ 표는 구성원 1, 5, 6 사이의 ABO식 혈액형에 대한 응집 반응 결과이며, 7의 ABO식 혈액형은 AB형이다.
○ 1과 3의 혈액은 항 B혈청에 응집 반응을 나타내지 않는다.

구분	1의 적혈구	5의 적혈구	6의 적혈구
1의 혈청	−	?	+
5의 혈청	+	−	+
6의 혈청	+	?	−

(+: 응집됨, −: 응집 안 됨)

이에 대한 설명으로 옳은 것만을 <보기>에서 있는 대로 고르시오. (단, 돌연변이와 교차는 고려하지 않는다.)

<보 기>

ㄱ. 8의 ABO식 혈액형은 A형이다.
ㄴ. 이 가계도의 구성원 중 H와 T를 모두 가진 사람은 2명이다.
ㄷ. 8의 동생이 태어날 때, 이 아이에게서 ㉠과 ㉡ 중 ㉠만 발현될 확률은 $\frac{3}{8}$이다.

10 2018학년도 수능 17번

다음은 어떤 집안의 유전 형질 (가)~(다)에 대한 자료이다.

- (가)는 대립유전자 A와 A^*에 의해, (나)는 대립유전자 B와 B^*에 의해, (다)는 대립유전자 D와 D^*에 의해 결정된다. A는 A^*에 대해, B는 B^*에 대해, D는 D^*에 대해 각각 완전 우성이다.
- (가)의 유전자와 (나)의 유전자는 서로 다른 염색체에 있고, (가)의 유전자와 (다)의 유전자는 연관되어 있다.
- 가계도는 (가)~(다) 중 (가)와 (나)의 발현 여부를 나타낸 것이다.

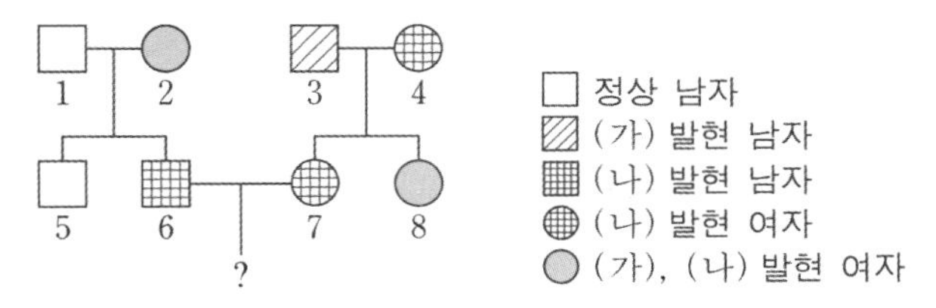

- 구성원 1, 4, 7, 8에게서 (다)가 발현되었고, 구성원 2, 3, 5, 6에게서는 (다)가 발현되지 않았다. 1은 D와 D^* 중 한 종류만 가지고 있다.
- 표는 구성원 ㉠~㉢에서 체세포 1개당 A와 A^*의 DNA 상대량과 구성원 ㉣~㉥에서 체세포 1개당 B와 B^*의 DNA 상대량을 나타낸 것이다. ㉠~㉢은 1, 2, 5를 순서 없이, ㉣~㉥은 3, 4, 8을 순서 없이 나타낸 것이다.

구성원	DNA 상대량		구성원	DNA 상대량	
	A	A^*		B	B^*
㉠	ⓐ	1	㉣	?	0
㉡	?	0	㉤	ⓑ	1
㉢	0	2	㉥	1	?

이에 대한 설명으로 옳은 것만을 <보기>에서 있는 대로 고르시오. (단, 돌연변이와 교차는 고려하지 않으며, A, A^*, B, B^* 각각의 1개당 DNA 상대량은 같다.)

<보 기>

ㄱ. ⓐ + ⓑ = 1이다.

ㄴ. 구성원 1~8 중 A, B, D를 모두 가진 사람은 2명이다.

ㄷ. 6과 7 사이에서 남자 아이가 태어날 때, 이 아이에게서 (가)~(다) 중 (나)와 (다)만 발현될 확률은 $\frac{1}{8}$이다.

11 2019학년도 6월 평가원 10번

다음은 어떤 집안의 유전병 ㉠과 ABO식 혈액형에 대한 자료이다.

- 유전병 ㉠은 대립유전자 H와 H*에 의해 결정되며, H와 H*의 우열 관계는 분명하다.
- H는 정상 유전자이고, H*는 유전병 유전자이다.
- ㉠의 유전자와 ABO식 혈액형 유전자는 연관되어 있다.
- 구성원 1, 3, 5의 ABO식 혈액형은 A형, 구성원 6의 ABO식 혈액형은 B형이다.
- 구성원 1의 ABO식 혈액형에 대한 유전자형은 동형 접합이다.

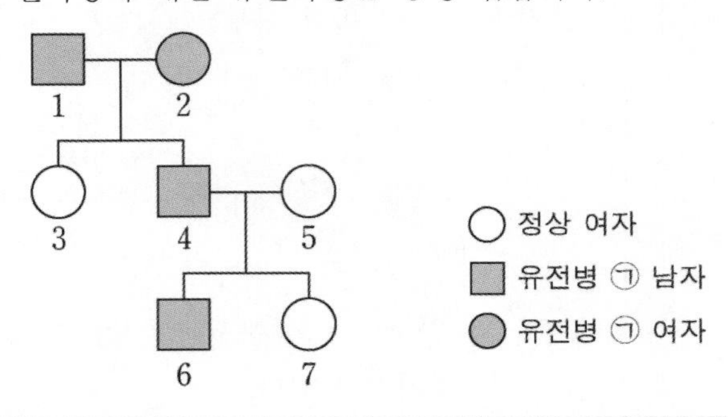

이에 대한 설명으로 옳은 것만을 <보기>에서 있는 대로 고르시오. (단, 돌연변이와 교차는 고려하지 않는다.)

<보 기>

ㄱ. 4의 ABO식 혈액형은 AB형이다.

ㄴ. 6의 H*는 1로부터 물려받은 유전자이다.

ㄷ. 7의 동생이 태어날 때, 이 아이에게서 ㉠은 나타나지 않고 ABO식 혈액형이 A형일 확률은 $\frac{1}{2}$이다.

12 2019학년도 9월 평가원 19번

다음은 어떤 집안의 유전 형질 ㉠과 ㉡에 대한 자료이다.

○ ㉠은 대립유전자 A와 A*에 의해, ㉡은 대립유전자 B와 B*에 의해 결정된다. A는 A*에 대해, B는 B*에 대해 각각 완전 우성이다.

○ 가계도는 구성원 ⓐ를 제외한 구성원 1~8에게서 ㉠과 ㉡의 발현 여부를 나타낸 것이다.

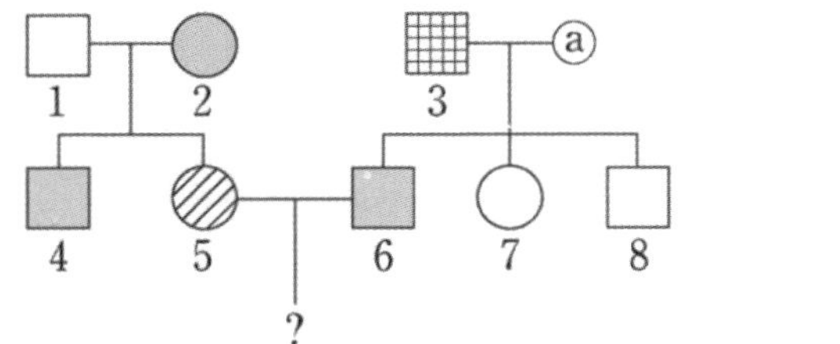

○ $\frac{\text{1, 2, 5 각각의 체세포 1개당 A* 의 DNA 상대량을 더한 값}}{\text{3, 6, 7 각각의 체세포 1개당 A* 의 DNA 상대량을 더한 값}} = 1$이다.

○ 체세포 1개당 B*의 DNA 상대량은 2에서가 5에서보다 크다.

○ 5에서 생식세포가 형성될 때, 이 생식세포가 A와 B*를 모두 가질 확률은 $\frac{1}{2}$이다.

이에 대한 설명으로 옳은 것만을 <보기>에서 있는 대로 고르시오. (단, 돌연변이와 교차는 고려하지 않으며, A, A*, B, B* 각각의 1개당 DNA 상대량은 1이다.)

<보 기>

ㄱ. ㉠은 열성 형질이다.

ㄴ. 2와 ⓐ는 ㉡에 대한 유전자형이 서로 다르다.

ㄷ. 5와 6 사이에서 아이가 태어날 때, 이 아이에게서 ㉠과 ㉡이 모두 발현될 확률은 $\frac{1}{4}$이다.

13 2019학년도 수능 19번

다음은 어떤 집안의 ABO식 혈액형과 유전 형질 (가)에 대한 자료이다.

- (가)는 대립유전자 T와 T^*에 의해 결정되며, T는 T^*에 대해 완전 우성이다. (가)의 유전자는 ABO식 혈액형 유전자와 연관되어 있다.
- 표는 구성원의 성별, ABO식 혈액형과 (가)의 발현 여부를 나타낸 것이다. ㉠, ㉡, ㉢은 ABO식 혈액형 중 하나이며, ㉠, ㉡, ㉢은 각각 서로 다르다.

구성원	성별	혈액형	(가)
아버지	남	㉠	×
어머니	여	㉡	×
자녀 1	남	㉠	×
자녀 2	여	㉢	○
자녀 3	여	㉡	×

(○: 발현됨, ×: 발현 안 됨)

- 자녀 1의 (가)에 대한 유전자형은 동형 접합이다.
- 자녀 3과 혈액형이 O형이면서 (가)가 발현되지 않은 남자 사이에서 ⓐ A형이면서 (가)가 발현된 남자 아이가 태어났다.

이에 대한 설명으로 옳은 것만을 <보기>에서 있는 대로 고르시오. (단, 돌연변이와 교차는 고려하지 않는다.)

<보 기>

ㄱ. ㉡은 A형이다.

ㄴ. 아버지와 자녀 1의 ABO식 혈액형에 대한 유전자형은 서로 다르다.

ㄷ. ⓐ의 동생이 태어날 때, 이 아이의 혈액형이 A형이면서 (가)가 발현되지 않을 확률은 $\frac{1}{4}$이다.

14 2020학년도 6월 평가원 19번

다음은 어떤 집안의 유전 형질 (가)~(다)에 대한 자료이다.

- (가)는 대립유전자 H와 H*에 의해, (나)는 대립유전자 R와 R*에 의해, (다)는 대립유전자 T와 T*에 의해 결정된다. H는 H*에 대해, R는 R*에 대해, T는 T*에 대해 각각 완전 우성이다.
- (가)의 유전자와 (나)의 유전자 중 하나만 X 염색체에 있다.
- (다)의 유전자는 X 염색체에 있고, (다)는 열성 형질이다.
- 가계도는 구성원 ⓐ를 제외한 나머지 구성원 1~9에게서 (가)와 (나)의 발현 여부를 나타낸 것이다.

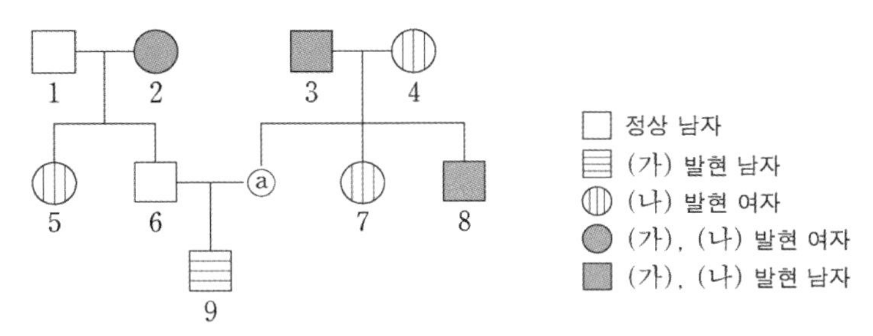

- ⓐ를 제외한 나머지 1~9 중 3, 6, 9에서만 (다)가 발현되었다.
- 체세포 1개당 H의 DNA 상대량은 1과 ⓐ가 서로 같다.

이에 대한 설명으로 옳은 것만을 <보기>에서 있는 대로 고르시오. (단, 돌연변이와 교차는 고려하지 않으며, H와 H* 각각의 1개당 DNA 상대량은 1이다.)

<보 기>

ㄱ. (가)는 우성 형질이다.

ㄴ. ⓐ에게서 (다)가 발현되었다.

ㄷ. 9의 동생이 태어날 때, 이 아이에게서 (가)~(다)가 모두 발현될 확률은 $\frac{1}{4}$이다.

15 2020학년도 9월 평가원 19번

다음은 어떤 집안의 유전 형질 (가)~(다)에 대한 자료이다.

- (가)는 대립유전자 H와 H*에 의해, (나)는 대립유전자 R와 R*에 의해, (다)는 대립유전자 T와 T*에 의해 결정된다. H는 H*에 대해, R는 R*에 대해, T는 T*에 대해 각각 완전 우성이다.
- (가)의 유전자와 (나)의 유전자는 서로 다른 염색체에 있고, (가)의 유전자와 (다)의 유전자는 연관되어 있다.
- 가계도는 (가)~(다) 중 (가)와 (나)의 발현 여부를 나타낸 것이다.

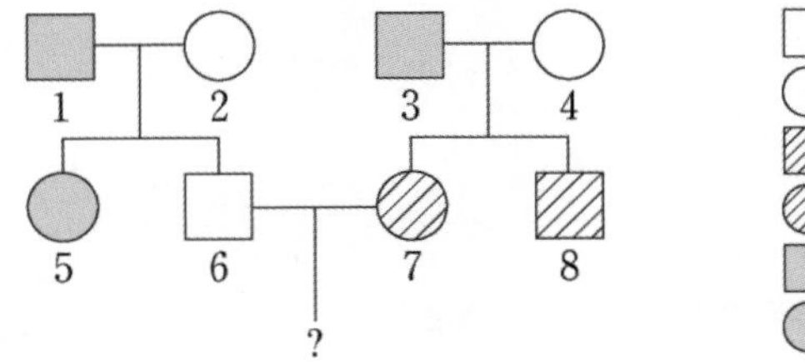

- 구성원 1~8 중 1, 4, 8에서만 (다)가 발현되었다.
- 표는 구성원 ㉠~㉢에서 체세포 1개당 H와 H*의 DNA 상대량을 나타낸 것이다. ㉠~㉢은 1, 2, 6을 순서 없이 나타낸 것이다.

구성원		㉠	㉡	㉢
DNA 상대량	H	?	?	1
	H*	1	0	?

- $\frac{\text{7, 8 각각의 체세포 1개당 R의 DNA 상대량을 더한 값}}{\text{3, 4 각각의 체세포 1개당 R의 DNA 상대량을 더한 값}} = 2$이다.

이에 대한 설명으로 옳은 것만을 <보기>에서 있는 대로 고르시오. (단, 돌연변이와 교차는 고려하지 않으며, H, H*, R, R*, T, T* 각각의 1개당 DNA 상대량은 1이다.)

<보 기>

ㄱ. ㉡은 6이다.

ㄴ. 5에서 (다)의 유전자형은 동형 접합이다.

ㄷ. 6과 7 사이에서 아이가 태어날 때, 이 아이에게서 (가)~(다) 중 (가)만 발현될 확률은 $\frac{1}{4}$이다.

16 2021학년도 6월 평가원 17번

다음은 어떤 집안의 유전 형질 (가)와 (나)에 대한 자료이다.

- (가)는 대립유전자 R와 r에 의해 결정되며, R는 r에 대해 완전 우성이다.
- (나)는 상염색체에 있는 1쌍의 대립유전자에 의해 결정되며, 대립유전자에는 E, F, G가 있다.
- (나)의 표현형은 4가지이며, (나)의 유전자형이 EG인 사람과 EE인 사람의 표현형은 같고, 유전자형이 FG인 사람과 FF인 사람의 표현형은 같다.
- 가계도는 구성원 1~9에게서 (가)의 발현 여부를 나타낸 것이다.

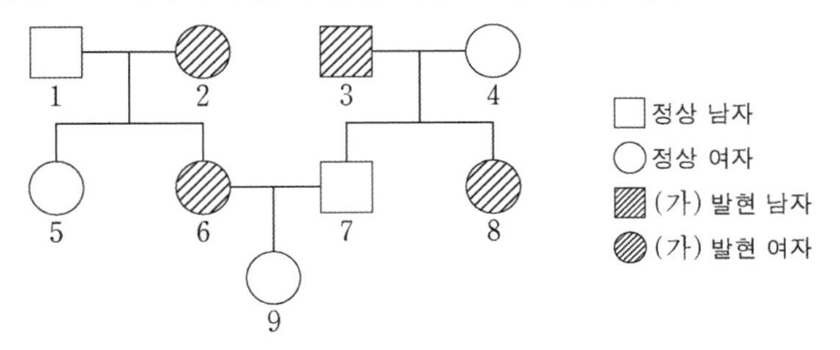

- $\dfrac{1, 2, 5, 6\text{ 각각의 체세포 1개당 E의 DNA 상대량을 더한 값}}{3, 4, 7, 8\text{ 각각의 체세포 1개당 r의 DNA 상대량을 더한 값}} = \dfrac{3}{2}$
- 1, 2, 3, 4의 (나)의 표현형은 모두 다르고, 2, 6, 7, 9의 (나)의 표현형도 모두 다르다.
- 3과 8의 (나)의 유전자형은 이형 접합성이다.

이에 대한 설명으로 옳은 것만을 <보기>에서 있는 대로 고르시오. (단, 돌연변이와 교차는 고려하지 않으며, E, F, G, R, r 각각의 1개당 DNA 상대량은 1이다.)

<보 기>

ㄱ. (가)의 유전자는 상염색체에 있다.
ㄴ. 7의 (나)의 유전자형은 동형 접합성이다.
ㄷ. 9의 동생이 태어날 때, 이 아이의 (가)와 (나)의 표현형이 8과 같을 확률은 $\frac{1}{8}$이다.

17 2021학년도 9월 평가원 19번

다음은 어떤 집안의 유전 형질 (가)와 (나)에 대한 자료이다.

- (가)는 대립유전자 H와 h에 의해, (나)는 R와 r에 의해 결정된다. H는 h에 대해, R는 r에 대해 각각 완전 우성이다.
- (가)와 (나)의 유전자는 모두 X염색체에 있다.
- 가계도는 구성원 ⓐ와 ⓑ를 제외한 구성원 1~9에게서 (가)와 (나)의 발현 여부를 나타낸 것이다.

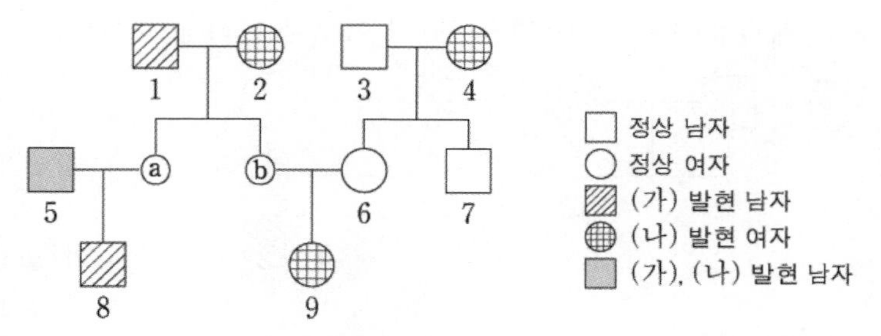

- ⓐ와 ⓑ 중 한 사람은 (가)와 (나)가 모두 발현되었고, 나머지 한 사람은 (가)와 (나)가 모두 발현되지 않았다.

이에 대한 설명으로 옳은 것만을 <보기>에서 있는 대로 고르시오. (단, 돌연변이와 교차는 고려하지 않는다.)

<보 기>

ㄱ. ⓐ에게서 (가)와 (나)가 모두 발현되었다.
ㄴ. 2의 (가)에 대한 유전자형은 이형 접합성이다.
ㄷ. 8의 동생이 태어날 때, 이 아이에게서 나타날 수 있는 표현형은 최대 4가지이다.

18 2022학년도 6월 평가원 17번

다음은 어떤 집안의 유전 형질 (가)~(다)에 대한 자료이다.

○ (가)는 대립유전자 A와 a에 의해, (나)는 대립유전자 B와 b에 의해, (다)는 대립유전자 D와 d에 의해 결정된다. A는 a에 대해, B는 b에 대해, D는 d에 대해 각각 완전 우성이다.

○ (가)~(다)의 유전자 중 2개는 X 염색체에, 나머지 1개는 상염색체에 있다.

○ 가계도는 구성원 ⓐ를 제외한 구성원 1~7에게서 (가)~(다) 중 (가)와 (나)의 발현 여부를 나타낸 것이다.

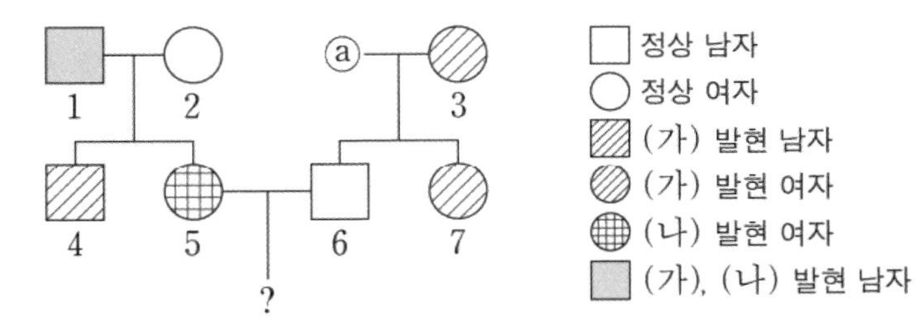

○ 표는 ⓐ와 1~3에서 체세포 1개당 대립유전자 ㉠~㉢의 DNA 상대량을 나타낸 것이다. ㉠~㉢은 A, B, d를 순서 없이 나타낸 것이다.

구성원		1	2	ⓐ	3
DNA 상대량	㉠	0	1	0	1
	㉡	0	1	1	0
	㉢	1	1	0	2

○ 3, 6, 7 중 (다)가 발현된 사람은 1명이고, 4와 7의 (다)의 표현형은 서로 같다.

이에 대한 설명으로 옳은 것만을 <보기>에서 있는 대로 고르시오. (단, 돌연변이와 교차는 고려하지 않으며, A, a, B, b, D, d 각각의 1개당 DNA 상대량은 1이다.)

<보 기>

ㄱ. ㉠은 B이다.

ㄴ. 7의 (가)~(다)의 유전자형은 모두 이형 접합성이다.

ㄷ. 5와 6 사이에서 아이가 태어날 때, 이 아이에게서 (가)~(다) 중 한 가지 형질만 발현될 확률은 $\frac{1}{2}$이다.

19 2022학년도 9월 평가원 17번

다음은 어떤 집안의 유전 형질 (가)와 (나)에 대한 자료이다.

○ (가)는 대립유전자 A와 a에 의해, (나)는 대립유전자 B와 b에 의해 결정된다. A는 a에 대해, B는 b에 대해 각각 완전 우성이다.

○ 가계도는 구성원 1~8에게서 (가)와 (나)의 발현 여부를 나타낸 것이다.

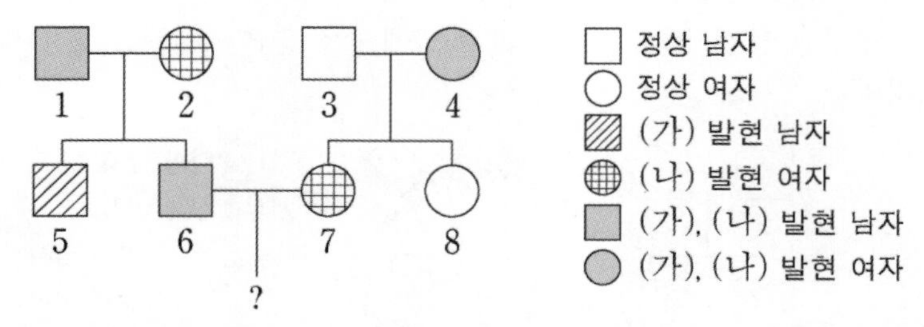

○ 표는 구성원 ㉠~㉥에서 체세포 1개당 A와 b의 DNA 상대량을 더한 값을 나타낸 것이다. ㉠~㉢은 1, 2, 5를 순서 없이 나타낸 것이고, ㉣~㉥은 3, 4, 8을 순서 없이 나타낸 것이다.

구성원	㉠	㉡	㉢	㉣	㉤	㉥
A와 b의 DNA 상대량을 더한 값	0	1	2	1	2	3

이에 대한 설명으로 옳은 것만을 <보기>에서 있는 대로 고르시오. (단, 돌연변이와 교차는 고려하지 않으며, A, a, B, b 각각의 1개당 DNA 상대량은 1이다.)

<보 기>

ㄱ. (가)의 유전자는 상염색체에 있다.

ㄴ. 8은 ㉤이다.

ㄷ. 6과 7 사이에서 아이가 태어날 때, 이 아이의 (가)와 (나)의 표현형이 모두 ㉡과 같을 확률은 $\frac{1}{8}$이다.

20 2023학년도 수능 19번

다음은 어떤 집안의 유전 형질 (가)와 (나)에 대한 자료이다.

- (가)의 유전자와 (나)의 유전자는 같은 염색체에 있다.
- (가)는 대립유전자 A와 a에 의해 결정되며, A는 a에 대해 완전 우성이다.
- (나)는 대립유전자 E, F, G에 의해 결정되며, E는 F, G에 대해, F는 G에 대해 각각 완전 우성이다. (나)의 표현형은 3가지이다.
- 가계도는 구성원 ⓐ를 제외한 구성원 1~5에게서 (가)의 발현 여부를 나타낸 것이다.

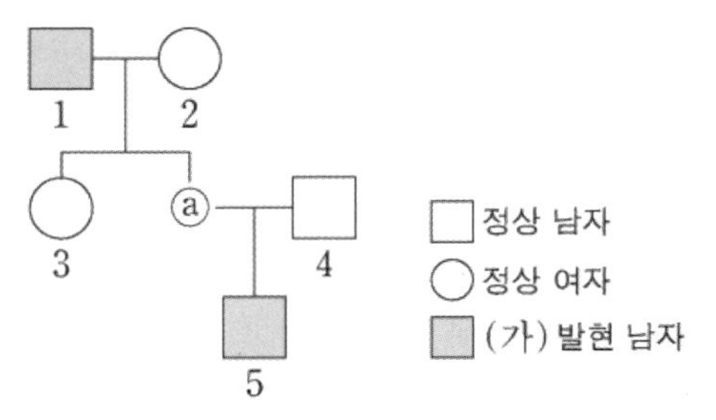

- 표는 구성원 1~5와 ⓐ에서 체세포 1개당 E와 F의 DNA 상대량을 더한 값(E+F)과 체세포 1개당 F와 G의 DNA 상대량을 더한 값(F+G)을 나타낸 것이다. ㉠~㉢은 0, 1, 2를 순서 없이 나타낸 것이다.

구성원		1	2	3	ⓐ	4	5
DNA 상대량을 더한 값	E+F	?	?	1	㉡	0	1
	F+G	㉠	?	1	1	1	㉢

이에 대한 설명으로 옳은 것만을 <보기>에서 있는 대로 고르시오. (단, 돌연변이와 교차는 고려하지 않으며, E, F, G 각각의 1개당 DNA 상대량은 1이다.)

<보 기>

ㄱ. ⓐ의 (가)의 유전자형은 동형 접합성이다.

ㄴ. 이 가계도 구성원 중 A와 G를 모두 갖는 사람은 2명이다.

ㄷ. 5의 동생이 태어날 때, 이 아이의 (가)와 (나)의 표현형이 모두 2와 같을 확률은 $\frac{1}{2}$이다.

21 2023년 4월 교육청 19번

다음은 어떤 집안의 유전 형질 (가)와 (나)에 대한 자료이다.

- (가)는 대립유전자 H와 h에 의해, (나)는 대립유전자 T와 t에 의해 결정된다. H는 h에 대해, T는 t에 대해 각각 완전 우성이다.
- (가)와 (나)의 유전자는 서로 다른 상염색체에 있다.
- 가계도는 구성원 1 ~ 6에게서 (가)와 (나)의 발현 여부를 나타낸 것이다.

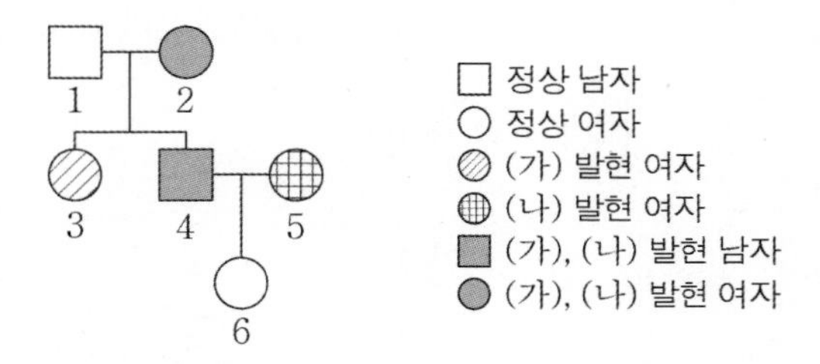

- 표는 구성원 3, 4, 5에서 체세포 1개당 H와 T의 DNA 상대량을 더한 값을 나타낸 것이다. ㉠~㉢은 0, 1, 2를 순서 없이 나타낸 것이다.

구성원	3	4	5
H와 T의 DNA 상대량을 더한 값	㉠	㉡	㉢

이에 대한 설명으로 옳은 것만을 <보기>에서 있는 대로 고르시오. (단, 돌연변이는 고려하지 않으며, H, h, T, t 각각의 1개당 DNA 상대량은 1이다.)

<보 기>

ㄱ. (가)는 우성 형질이다.
ㄴ. 1에서 체세포 1개당 h의 DNA 상대량은 ㉡이다.
ㄷ. 6의 동생이 태어날 때, 이 아이에게서 (가)와 (나)가 모두 발현될 확률은 $\frac{1}{8}$이다.

22 2023년 7월 교육청 15번

다음은 어떤 집안의 유전 형질 (가)와 (나)에 대한 자료이다.

- (가)는 대립유전자 H와 h에 의해 결정되며 H는 h에 대해 완전 우성이다.
- (나)는 대립유전자 T와 t에 의해 결정되며, 유전자형이 다르면 표현형이 다르다. (나)의 표현형은 3가지이고, ㉠, ㉡, ㉢이다.
- (가)와 (나)의 유전자는 같은 상염색체에 있다.
- 그림은 구성원 1~9의 가계도를, 표는 1~9를 (가)와 (나)의 표현형에 따라 분류한 것이다. ⓐ~ⓓ는 2, 3, 4, 7을 순서 없이 나타낸 것이다.

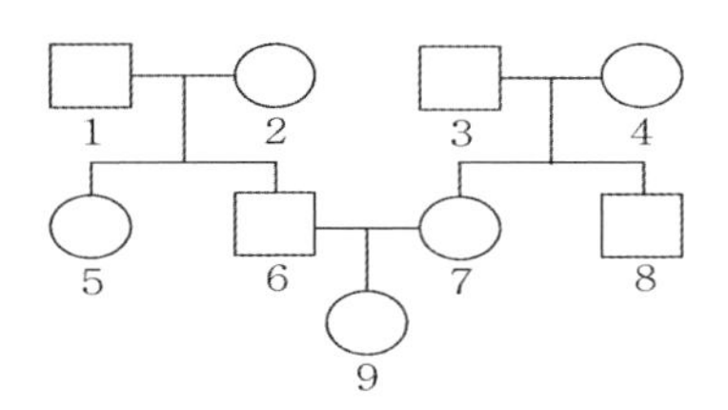

표현형		(가)	
		발현됨	발현 안 됨
(나)	㉠	6, ⓐ	8, ⓑ
	㉡	1, ⓒ	5
	㉢	ⓓ	9

- 3과 6은 각각 h와 T를 모두 갖는 생식세포를 형성할 수 있다.

이에 대한 설명으로 옳은 것만을 <보기>에서 있는 대로 고르시오. (단, 돌연변이와 교차는 고려하지 않는다.)

<보 기>

ㄱ. ⓐ는 7이다.

ㄴ. (나)의 표현형이 ㉠인 사람의 유전자형은 TT이다.

ㄷ. 9의 동생이 태어날 때, 이 아이의 (가)와 (나)의 표현형이 모두 3과 같을 확률은 $\frac{1}{4}$이다.

23 2023년 10월 교육청 20번

다음은 어떤 집안의 유전 형질 (가)와 (나)에 대한 자료이다.

- (가)는 대립유전자 A와 a에 의해, (나)는 대립유전자 B와 b에 의해 결정된다. A는 a에 대해, B는 b에 대해 각각 완전 우성이다.
- (가)와 (나)의 유전자 중 1개는 상염색체에, 나머지 1개는 X 염색체에 있다.
- 가계도는 구성원 1~7에게서 (가)와 (나)의 발현 유무를 나타낸 것이다.

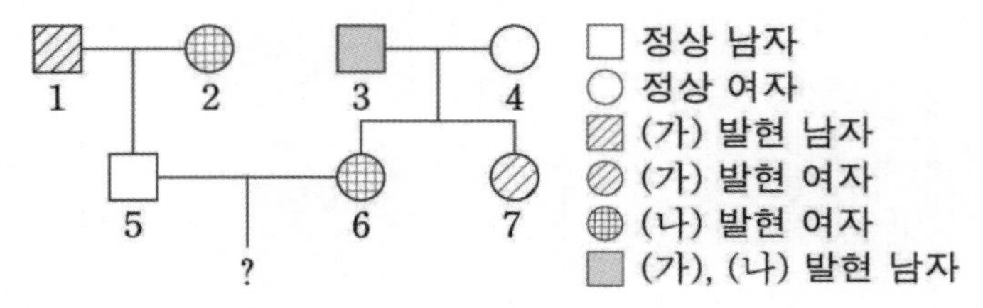

- 표는 구성원 2, 3, 5, 7의 체세포 1개당 A와 b의 DNA 상대량을 더한 값을 나타낸 것이다. ⓐ~ⓒ는 1, 2, 3을 순서 없이 나타낸 것이다.

구성원	2	3	5	7
A와 b의 DNA 상대량을 더한 값	ⓐ	ⓑ	ⓒ	ⓐ

이에 대한 설명으로 옳은 것만을 <보기>에서 있는 대로 고르시오. (단, 돌연변이와 교차는 고려하지 않으며, A. a, B, b 각각의 1개당 DNA 상대량은 1이다.)

<보 기>

ㄱ. (나)는 우성 형질이다.

ㄴ. 1의 체세포 1개당 a와 B의 DNA 상대량을 더한 값은 ⓐ이다.

ㄷ. 5와 6 사이에서 아이가 태어날 때, 이 아이에게서 (가)와 (나) 중 (가)만 발현될 확률은 $\frac{1}{4}$이다.

24 2024학년도 6월 평가원 16번

다음은 어떤 집안의 유전 형질 (가)와 (나)에 대한 자료이다.

○ (가)는 대립유전자 A와 a에 의해, (나)는 대립유전자 B와 b에 의해 결정된다. A는 a에 대해, B는 b에 대해 각각 완전 우성이다.
○ (가)와 (나)는 모두 우성 형질이고, (가)의 유전자와 (나)의 유전자는 서로 다른 염색체에 있다.
○ 가계도는 구성원 1~8에게서 (가)와 (나)의 발현 여부를 나타낸 것이다.

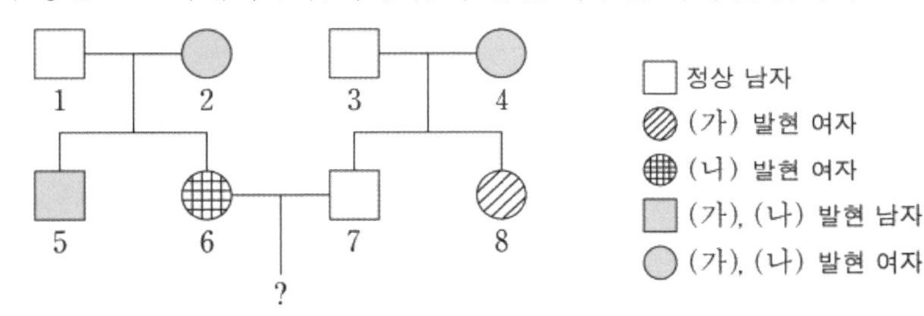

○ 표는 구성원 1, 2, 5, 8에서 체세포 1개당 a와 B의 DNA 상대량을 나타낸 것이다. ㉠~㉢은 0, 1, 2를 순서 없이 나타낸 것이다.

구성원		1	2	5	8
DNA 상대량	a	1	㉠	㉡	?
	B	?	㉢	㉠	㉡

이에 대한 설명으로 옳은 것만을 <보기>에서 있는 대로 고르시오. (단, 돌연변이와 교차는 고려하지 않으며, A. a, B, b 각각의 1개당 DNA 상대량은 1이다.)

<보 기>

ㄱ. (가)의 유전자는 X 염색체에 있다.
ㄴ. ㉢은 2이다.
ㄷ. 6과 7 사이에서 아이가 태어날 때, 이 아이에게서 (가)와 (나) 중 (나)만 발현될 확률은 $\frac{1}{2}$이다.

25 2024학년도 9월 평가원 19번

다음은 어떤 집안의 유전 형질 (가)와 (나)에 대한 자료이다.

- (가)는 대립유전자 A와 a에 의해, (나)는 대립유전자 B와 b에 의해 결정된다. A는 a에 대해, B는 b에 대해 각각 완전 우성이다.
- (가)의 유전자와 (나)의 유전자는 서로 다른 염색체에 있다.
- 가계도는 구성원 1~7에게서 (가)와 (나)의 발현 여부를, 표는 구성원 1, 3, 6에서 체세포 1개당 ㉠과 B의 DNA 상대량을 더한 값(㉠+B)을 나타낸 것이다. ㉠은 A와 a 중 하나이다.

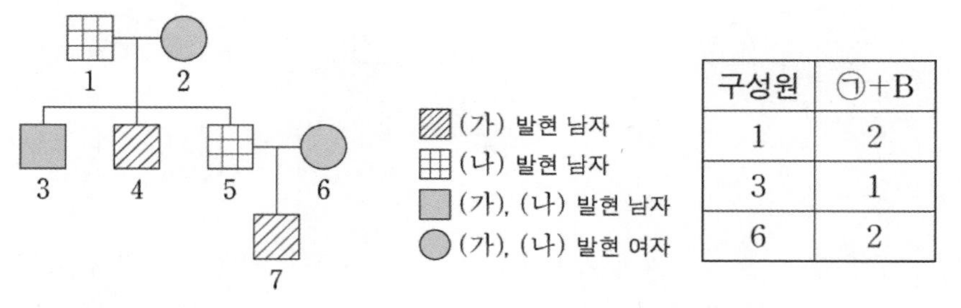

구성원	㉠+B
1	2
3	1
6	2

이에 대한 설명으로 옳은 것만을 <보기>에서 있는 대로 고르시오. (단, 돌연변이와 교차는 고려하지 않으며, A, a, B, b 각각의 1개당 DNA 상대량은 1이다.)

<보 기>

ㄱ. ㉠은 A이다.

ㄴ. (나)의 유전자는 상염색체에 있다.

ㄷ. 7의 동생이 태어날 때, 이 아이에게서 (가)와 (나)가 모두 발현될 확률은 $\frac{3}{8}$이다.

26 2024학년도 수능 19번

다음은 어떤 집안의 유전 형질 (가)와 (나)에 대한 자료이다.

- ○ (가)의 유전자와 (나)의 유전자는 같은 염색체에 있다.
- ○ (가)는 대립유전자 H와 h에 의해, (나)는 대립유전자 T와 t에 의해 결정된다. H는 h에 대해, T는 t에 대해 각각 완전 우성이다.
- ○ 가계도는 구성원 ⓐ~ⓒ를 제외한 구성원 1~6에게서 (가)와 (나)의 발현 여부를 나타낸 것이다. ⓑ는 남자이다.

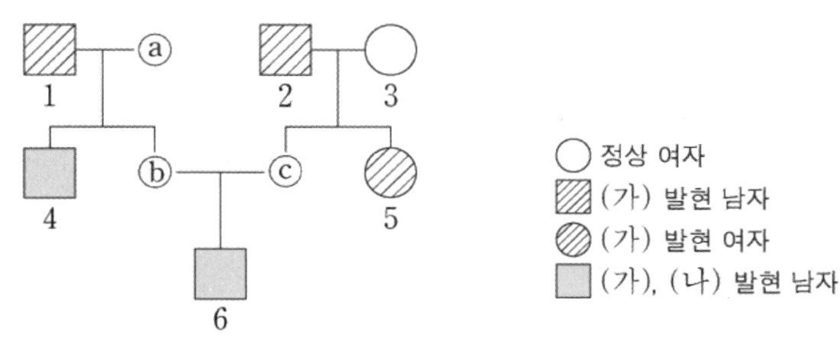

- ○ ⓐ~ⓒ 중 (가)가 발현된 사람은 1명이다.
- ○ 표는 ⓐ~ⓒ에서 체세포 1개당 h의 DNA 상대량을 나타낸 것이다. ㉠~㉢은 0, 1, 2를 순서 없이 나타낸 것이다.
- ○ ⓐ와 ⓒ의 (나)의 유전자형은 서로 같다.

구성원	ⓐ	ⓑ	ⓒ
h의 DNA 상대량	㉠	㉡	㉢

이에 대한 설명으로 옳은 것만을 <보기>에서 있는 대로 고르시오. (단, 돌연변이와 교차는 고려하지 않으며, H, h, T, t 각각의 1개당 DNA 상대량은 1이다.)

<보 기>

ㄱ. (가)는 열성 형질이다.

ㄴ. ⓐ~ⓒ 중 (나)가 발현된 사람은 2명이다.

ㄷ. 6의 동생이 태어날 때, 이 아이에게서 (가)와 (나)가 모두 발현될 확률은 $\frac{1}{4}$이다.

27 2025학년도 6월 평가원 19번

다음은 어떤 집안의 유전 형질 (가)와 (나)에 대한 자료이다.

○ (가)의 유전자와 (나)의 유전자 중 하나만 X염색체에 있다.

○ (가)는 대립유전자 A와 a에 의해, (나)는 대립유전자 B와 b에 의해 결정된다. A는 a에 대해, B는 b에 대해 각각 완전 우성이다.

○ 가계도는 구성원 ⓐ를 제외한 구성원 1~6에게서 (가)와 (나)의 발현 여부를 나타낸 것이다.

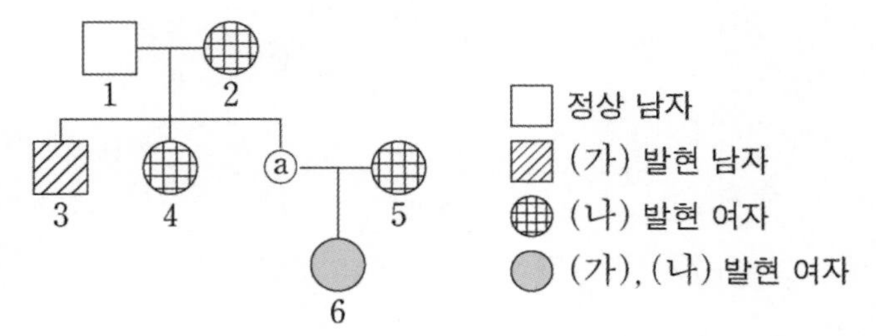

○ 표는 구성원 3, 4, ⓐ, 6에서 체세포 1개당 a, B, b의 DNA 상대량을 나타낸 것이다. ㉠~㉢은 0, 1, 2를 순서 없이 나타낸 것이다.

구성원		3	4	ⓐ	6
DNA 상대량	a	?	㉠	?	?
	B	㉠	?	㉠	㉡
	b	?	㉢	㉠	?

이에 대한 설명으로 옳은 것만을 <보기>에서 있는 대로 고르시오. (단, 돌연변이와 교차는 고려하지 않으며, A, a, B, b 각각의 1개당 DNA 상대량은 1이다.)

<보 기>

ㄱ. (가)의 유전자는 X염색체에 있다.

ㄴ. 이 가계도 구성원 중 체세포 1개당 a의 DNA 상대량이 ㉢인 사람은 3명이다.

ㄷ. 6의 동생이 태어날 때, 이 아이에게서 (가)와 (나) 중 (나)만 발현될 확률은 $\frac{1}{8}$이다.

28 2025학년도 수능 19번

다음은 어떤 집안의 유전 형질 (가)와 (나)에 대한 자료이다.

○ (가)의 유전자와 (나)의 유전자는 같은 염색체에 있다.

○ (가)는 대립유전자 A와 a에 의해, (나)는 대립유전자 B와 b에 의해 결정된다. A는 a에 대해, B는 b에 대해 각각 완전 우성이다.

○ 가계도는 구성원 ⓐ~ⓒ를 제외한 구성원 1~6에게서 (가)와 (나)의 발현 여부를 나타낸 것이다. ⓒ는 남자이다.

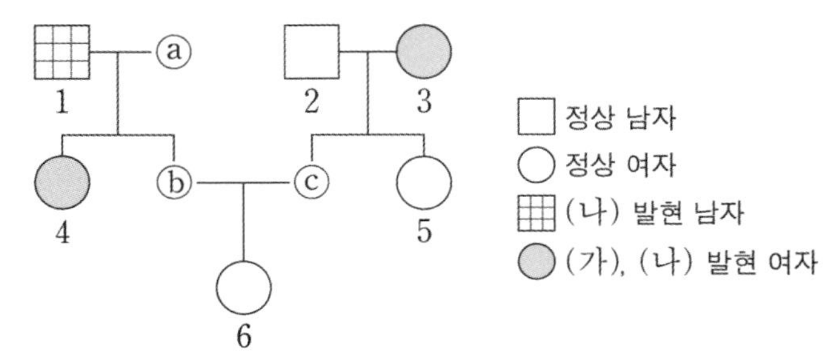

○ 표는 구성원 ⓐ, 2, 4, 5에서 체세포 1개당 a와 B의 DNA 상대량을 나타낸 것이다. ㉠~㉢은 0, 1, 2를 순서 없이 나타낸 것이다.

구성원		ⓐ	2	4	5
DNA 상대량	a	?	?	?	㉠
	B	㉡	1	㉡	㉢

○ ⓐ~ⓒ 중 한 사람은 (가)와 (나) 중 (가)만 발현되었고, 다른 한 사람은 (가)와 (나) 중 (나)만 발현되었으며, 나머지 한 사람은 (가)와 (나)가 모두 발현되었다.

이에 대한 설명으로 옳은 것만을 <보기>에서 있는 대로 고르시오. (단, 돌연변이와 교차는 고려하지 않으며, A, a, B, b 각각의 1개당 DNA 상대량은 1이다.)

<보 기>

ㄱ. (가)는 우성 형질이다.

ㄴ. 이 가계도 구성원 중 체세포 1개당 b의 DNA 상대량이 ㉠인 사람은 4명이다.

ㄷ. 6의 동생이 태어날 때, 이 아이에게서 (가)와 (나)가 모두 발현될 확률은 $\frac{1}{4}$이다.

Part

04 돌연변이

이번 PART인 돌연변이는 감수 분열과 사람의 유전 PART를 다루고 나서 학습하기를 바란다.
유전에 대한 전반적인 틀이 부족한 상태에서 돌연변이가 추가된 유전 문항들을 다루게 되면 논리가 꼬일 수 있다. 보다 단계적인 학습을 추천한다.

본 교재의 경우 특정 돌연변이 유형일 때 가능한 상황을 전수조사하여 제시하는 것은 배제하였다.
개념적인 측면에 주목하기보다 기출 분석서라는 스타일에 맞추어 기출 문항의 설계구조와 접근법에 주목하여 서술하겠다.

돌연변이가 추가된 유전 문항은 그 구조가 이전의 PART와 매우 유사하다.
다만, 돌연변이 세포 혹은 돌연변이 개체가 존재함으로써 기존의 명제를 일부 사용할 수 없게 된다.

이전 교육과정에서는 대부분 염색체 비분리를 출제했다. 즉, 유전자의 종류는 바뀌지 않는 상황에서 염색체의 개수가 달라지는 상황을 출제해왔다. 하지만 최근 출제된 문항들에서는 염색체 비분리뿐만 아니라, 염색체 결실, 그리고 유전자 치환(A->a) 등 범주를 다양화하고 있다.

돌연변이는 그 종류가 다양하고 논리가 복잡한 만큼, 유전의 Base를 탄탄히 하고 학습하면
더욱 효율적인 학습 효과를 얻을 수 있을 것이다.

이번 PART는 돌연변이가 일어난 범위를 기준으로 아래와 같이 3개의 THEME로 구성하였다.
본격적으로 THEME로 들어가기 이전에 Intro를 통해 돌연변이 문항의 기본적인 구조와 학습 방향을 이해하고 들어갈 수 있도록 하자.

❶ THEME 01 : 비분리
❷ THEME 02 : 결실/중복/역위/전좌
❸ THEME 03 : 유전자 돌연변이

Intro : 돌연변이 문항만의 핵심

기본적으로 돌연변이 킬러 문항 풀이는 각 킬러 유형 풀이법에서 크게 벗어나지 않는다.
다만, 돌연변이로 인해 불편한 점이 생기는데 이에 부담을 느끼고 학습을 포기하는 학생들이 많다. 돌연변이는 단지 변수를 하나 더 늘리고 추가적인 분석을 요구하기 위한 수단에 불과하다.
돌연변이로 인해 생기는 변수에 대해서부터 알아보자.

돌연변이 상황의 제시

(1) 정상일 때는 발생 불가능한 상황이 전개된다.

세포분열 유형의 경우, 정상과는 다른 형태의 유전자 보유 여부를 갖는 세포가 등장한다.

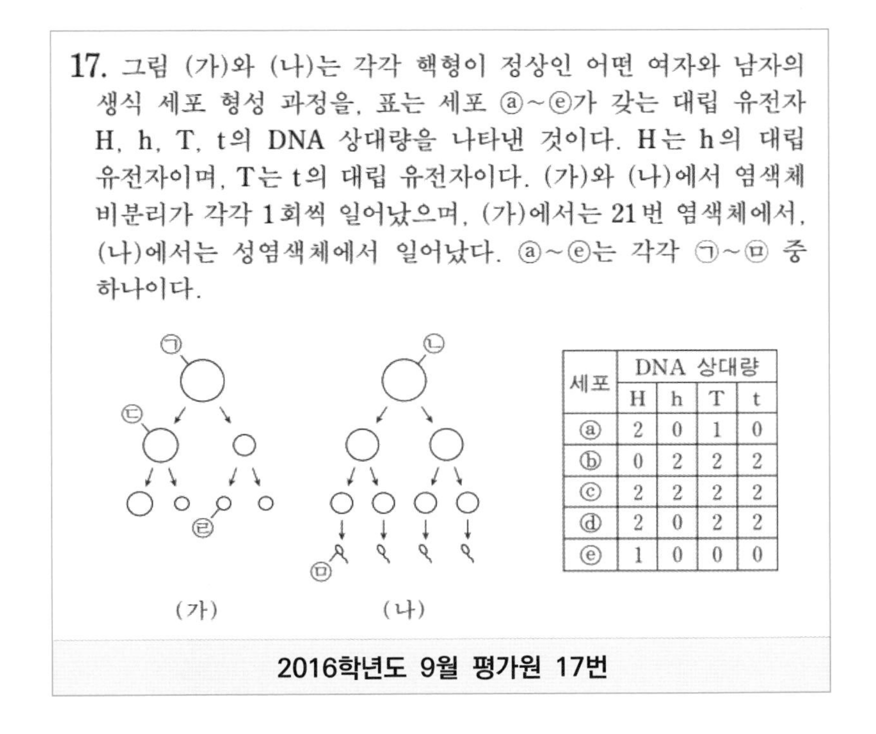

17. 그림 (가)와 (나)는 각각 핵형이 정상인 어떤 여자와 남자의 생식 세포 형성 과정을, 표는 세포 ⓐ~ⓔ가 갖는 대립 유전자 H, h, T, t의 DNA 상대량을 나타낸 것이다. H는 h의 대립 유전자이며, T는 t의 대립 유전자이다. (가)와 (나)에서 염색체 비분리가 각각 1회씩 일어났으며, (가)에서는 21번 염색체에서, (나)에서는 성염색체에서 일어났다. ⓐ~ⓔ는 각각 ㉠~㉤ 중 하나이다.

세포	DNA 상대량			
	H	h	T	t
ⓐ	2	0	1	0
ⓑ	0	2	2	2
ⓒ	2	2	2	2
ⓓ	2	0	2	2
ⓔ	1	0	0	0

2016학년도 9월 평가원 17번

-정상 세포와는 다르게 n(복제X) 생식세포에서의 DNA 상대량에 2가 등장하는 것을 확인할 수 있다.

가계도 유형의 경우, 정상과는 다른 표현형을 갖는 자손이나, 같은 DNA 상대량을 갖는 자손이 등장한다.

19. 다음은 어떤 가족의 유전 형질 ㉠~㉢에 대한 자료이다.

- ㉠은 대립 유전자 H와 H^*에 의해, ㉡은 대립 유전자 R와 R^*에 의해, ㉢은 대립 유전자 T와 T^*에 의해 결정된다. H는 H^*에 대해, R는 R^*에 대해, T는 T^*에 대해 각각 완전 우성이다.
- ㉠~㉢을 결정하는 유전자는 모두 X 염색체에 있다.
- 감수 분열 시 부모 중 한 사람에게서만 염색체 비분리가 1회 일어나 ⓐ 염색체 수가 비정상적인 생식 세포가 형성되었다. ⓐ가 정상 생식 세포와 수정되어 아이가 태어났다. 이 아이는 자녀 3과 자녀 4 중 하나이며, 클라인펠터 증후군을 나타낸다. 이 아이를 제외한 나머지 구성원의 핵형은 모두 정상이다.
- 표는 구성원의 성별과 ㉠~㉢의 발현 여부를 나타낸 것이다.

구성원	성별	㉠	㉡	㉢
부	남	○	?	?
모	여	?	×	?
자녀 1	남	×	○	○
자녀 2	여	×	×	×
자녀 3	남	×	×	○
자녀 4	남	○	×	○

(○: 발현됨, ×: 발현되지 않음)

2018학년도 수능 19번

-부모에게서 정상적으로 나올 수 없는 표현형인 자손이 등장한다.

이런 특수한 상황이 돌연변이의 어떠한 특징 때문에 생겼고, 어떤 과정을 거쳐 생긴 것인지를 추론하는 것이 돌연변이 문제 풀이의 핵심이 되겠다.

(2) 정상일 때 사용 가능했던 명제들이 활용 불가능해진다.

돌연변이가 만드는 특수한 상황들로 인해, 정상일 때 사용하던 명제 중 일부를 활용하지 못하게 된다.
이에 대한 더 자세한 내용은 차후의 문제 풀이 과정을 통해 차차 파악하도록 한다.

Ex)

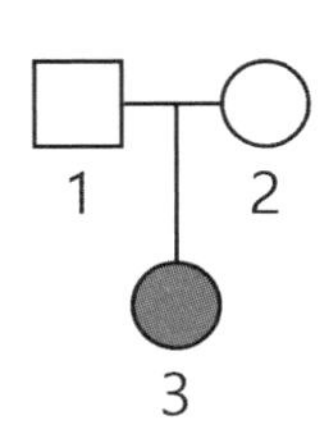

위 그림이 돌연변이가 없는 가계도일 때

❶ 부모의 표현형은 같고 자손의 표현형은 다르므로 병이 열성이다.
❷ 아버지와 표현형이 다른 딸이 있으므로 이 형질은 성&열성일 수 없다.

라는 두 명제를 얻어 병이 상&열성임을 알아낸다.

그러나 유전자 돌연변이를 제외한 돌연변이에 영향받아 3이 태어난 경우,
❶은 판단 근거가 될 수 있으나 ❷는 그렇지 못하다.

❶이 성립하는 이유 증명 :
유전자 돌연변이가 발생하여 부모에게 없는 유전자가 자녀에게 생기지 않는 이상 자녀가 가지는 유전자는 모두 부모로부터 비롯된 것이다. 돌연변이와 관계없이 자손이 부모와 유전자를 어떤 식으로 공유하든 두 부모와 자손의 표현형이 다르므로 우성 유전자는 공유될 수 없다. 자손이 열성 유전자만 가진다는 사실은 자명하므로 위 가계도에서 자손의 표현형이 열성 표현형이다.

❷를 사용 불가능한 이유 증명 :
❶과 다르게 ❷는 정상적인 염색체 이동을 가정해야 성립하는 명제이다. 돌연변이 상황에서는 성립하지 않을 수도 있다. 돌연변이에 의해 1이 3에게 X 염색체를 물려주지 못하고, 2가 열성 유전자가 존재하는 X 염색체를 3에게 물려준 상황에서는 위 가계도가 성립된다.

(3) 각 돌연변이의 개별적 특징에 입각한 상황 해석 및 활용 요구

돌연변이 상황의 해석은 기본적으로 각 돌연변이의 특징을 명확히 파악하고 있어야 가능하다.
출제자도 이 점을 명확하게 짚어서 출제한다. 예시를 통해 확인해보자.

19. 다음은 어떤 가족의 유전 형질 (가)~(다)에 대한 자료이다.

- (가)는 대립유전자 H와 h에 의해, (나)는 대립유전자 R와 r에 의해, (다)는 대립유전자 T와 t에 의해 결정된다. H는 h에 대해, R는 r에 대해, T는 t에 대해 각각 완전 우성이다.
- (가)~(다)의 유전자는 모두 X 염색체에 있다.
- 표는 어머니를 제외한 나머지 가족 구성원의 성별과 (가)~(다)의 발현 여부를 나타낸 것이다. 자녀 3과 4의 성별은 서로 다르다.

구성원	성별	(가)	(나)	(다)
아버지	남	○	○	?
자녀 1	여	×	○	○
자녀 2	남	×	×	×
자녀 3	?	○	×	○
자녀 4	?	×	×	○

(○: 발현됨, ×: 발현 안 됨)

- 이 가족 구성원의 핵형은 모두 정상이다.
- 염색체 수가 22인 생식세포 ㉠과 염색체 수가 24인 생식세포 ㉡이 수정되어 ⓐ가 태어났으며, ⓐ는 자녀 3과 4 중 하나이다. ㉠과 ㉡의 형성 과정에서 각각 성염색체 비분리가 1회 일어났다.

2022학년도 9월 평가원 19번

-성염색체 비분리가 발생하여 태어난 핵형이 정상인 아들은 아버지와 표현형이 동일할 수밖에 없다.
 돌연변이 후보들 중 아버지와 표현형 발현 패턴이 동일한 자손이 없으므로 돌연변이 자손은 딸이다.

이러한 기본적 상황 파악 및 해석 후에는 각각의 돌연변이 상황에 따라 정상일 때 성립 가능했던 명제들이 돌연변이 상황에서도 여전히 성립 가능한 경우가 있는지 살펴보아야 한다.
성립 가능한 명제들이 있다면 이를 적극적으로 활용하여 정보들을 최대한 많이 얻어낼 수 있어야 한다.

평가원 문항들은 돌연변이가 만들어내는 변수들에서 최대한 정보를 활용하기를 요구한다.
돌연변이로 인해 변수가 발생한다고 해서 관찰을 꺼려서는 안 된다.

17. 그림 (가)와 (나)는 각각 핵형이 정상인 어떤 여자와 남자의 생식 세포 형성 과정을, 표는 세포 ⓐ~ⓔ가 갖는 대립 유전자 H, h, T, t의 DNA 상대량을 나타낸 것이다. H는 h의 대립 유전자이며, T는 t의 대립 유전자이다. (가)와 (나)에서 염색체 비분리가 각각 1회씩 일어났으며, (가)에서는 21번 염색체에서, (나)에서는 성염색체에서 일어났다. ⓐ~ⓔ는 각각 ㉠~㉤ 중 하나이다.

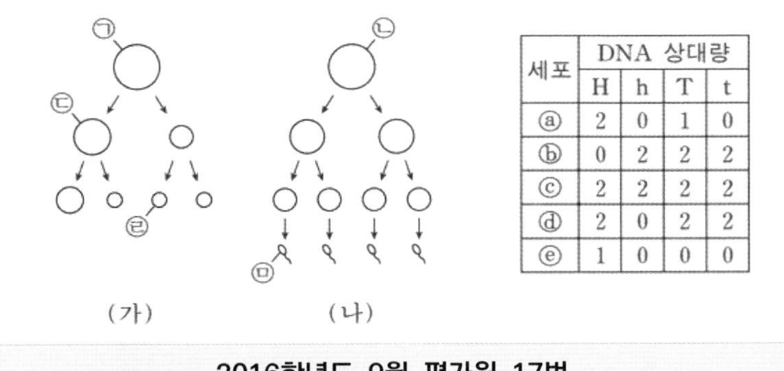

세포	DNA 상대량			
	H	h	T	t
ⓐ	2	0	1	0
ⓑ	0	2	2	2
ⓒ	2	2	2	2
ⓓ	2	0	2	2
ⓔ	1	0	0	0

2016학년도 9월 평가원 17번

세포 ⓐ의 경우 “염색체 비분리가 1회 발생해도 DNA 상대량에서 1이라는 값은 G_1기 혹은 생식세포에서만 나타날 수 있다.”라는 명제에 의하여 ⓐ가 생식세포 ㉣, ㉤ 중 하나임을 알 수 있다. 이처럼 돌연변이임에도 성립하는 명제, 또는 돌연변이이기에 성립하는 명제들을 풀이에 적극적으로 활용할 필요가 있다.

19. 다음은 어떤 가족의 유전 형질 ㉠~㉢에 대한 자료이다.

○ ㉠은 대립 유전자 H와 H*에 의해, ㉡은 대립 유전자 R와 R*에 의해, ㉢은 대립 유전자 T와 T*에 의해 결정된다. H는 H*에 대해, R는 R*에 대해, T는 T*에 대해 각각 완전 우성이다.
○ ㉠~㉢을 결정하는 유전자는 모두 X 염색체에 있다.
○ 감수 분열 시 부모 중 한 사람에게서만 염색체 비분리가 1회 일어나 ⓐ 염색체 수가 비정상적인 생식 세포가 형성되었다. ⓐ가 정상 생식 세포와 수정되어 아이가 태어났다. 이 아이는 자녀 3과 자녀 4 중 하나이며, 클라인펠터 증후군을 나타낸다. 이 아이를 제외한 나머지 구성원의 핵형은 모두 정상이다.
○ 표는 구성원의 성별과 ㉠~㉢의 발현 여부를 나타낸 것이다.

구성원	성별	㉠	㉡	㉢
부	남	○	?	?
모	여	?	×	?
자녀 1	남	×	○	○
자녀 2	여	×	×	×
자녀 3	남	×	×	○
자녀 4	남	○	×	○

(○: 발현됨, ×: 발현되지 않음)

2018학년도 수능 19번

-자녀 3, 4 중 누가 돌연변이 자손인지 몰라도 두 구성원에서 (나), (다)의 표현형이 동일하기 때문에 (나) 정상, (다) 발현 유전자가 연관된 X 염색체를 어머니로부터 받은 정상 남자 구성원이 반드시 존재한다.

위와 같이 돌연변이에 대한 이해를 기반으로 상황을 해석하지 않는다면 귀류와 같은 억지스러운 방법을 사용하여 풀 수밖에 없다. 결국 돌연변이 킬러 문항에 대한 대비는 각 돌연변이의 특징을 명확히 파악하고 현장에서 이를 적절히 적용하는 것이 최선이다.

지금까지 출제된 돌연변이 문항의 상당수는 비분리 문항이었으며, 21학년도부터 유전자 돌연변이, 결실, 전좌와 같은 다양한 돌연변이 상황을 다루기 시작했다.

개념 파트에서 확인했듯이 비분리는 한 염색체 전체의 유무가 달라지며, 결실/중복/역위/전좌는 염색체의 일부분에 문제가 생기고, 유전자 돌연변이는 유전자 단위에서 변화가 발생한다. 돌연변이가 영향을 미치는 단위가 가장 크고 출제 빈도가 높은 비분리부터 시작하여 순차적으로 각 돌연변이 유형의 특징이 어떻게 문제로 설계되었는지 알아보도록 한다.

THEME 01. 비분리 : 염색체 전체 단위의 변화

IDEA.

비분리 문제의 경우, 염색체 자체를 정상보다 덜 받거나 더 받는 세포를 제시하는 유형과
염색체의 개수에 변화가 생긴 생식세포가 수정에 참여하여 태어난 자손을 제시한다.
비분리만의 특징을 알아보고 그 특징이 문항에 어떻게 구현되었는지 확인해보도록 한다.

METHOD #. 세포분열 유형 With 비분리

(1) 감수 1분열 비분리 Vs 2분열 비분리

개념학습을 통해 확인한 부분이다. 감수 1분열에서 비분리가 1회 발생한 경우, 핵상이 $n-1$, $n+1$인 생식세포가 2개씩 생성된다. 감수 2분열에서 비분리가 1회 발생한 경우, 핵상이 n인 생식세포가 2개, $n-1$과 $n+1$인 생식세포가 1개씩 생성된다. 감수 2분열 비분리의 경우, 감수 1분열 비분리와 다르게 한쪽에만 변화가 생긴다는 것이 핵심이다. 이 차이를 활용하여 1분열과 2분열 비분리를 구분하는 문항을 확인해보자.

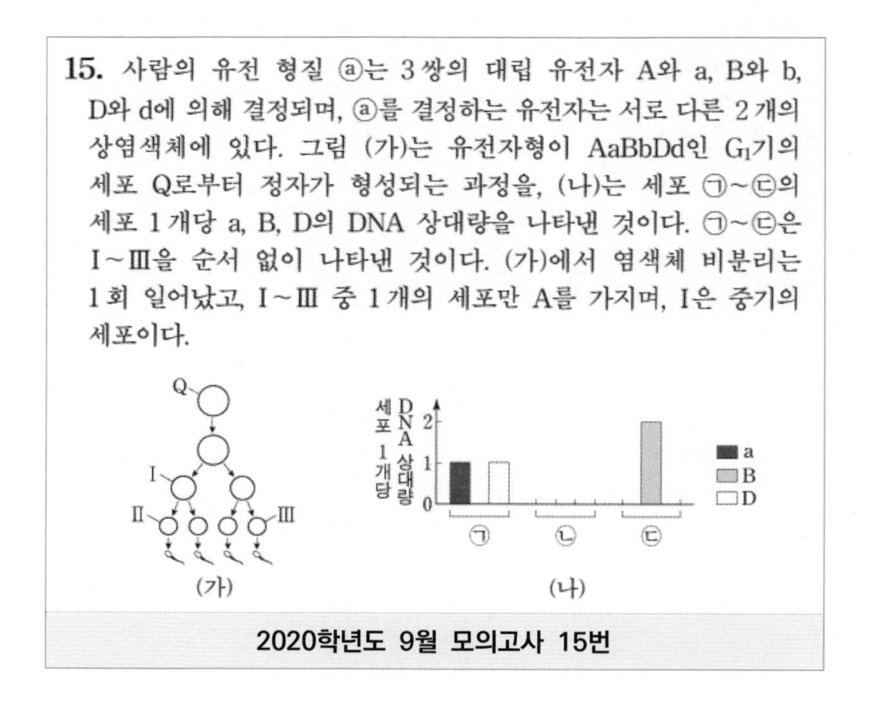

15. 사람의 유전 형질 ⓐ는 3쌍의 대립 유전자 A와 a, B와 b, D와 d에 의해 결정되며, ⓐ를 결정하는 유전자는 서로 다른 2개의 상염색체에 있다. 그림 (가)는 유전자형이 AaBbDd인 G_1기의 세포 Q로부터 정자가 형성되는 과정을, (나)는 세포 ㉠~㉢의 세포 1개당 a, B, D의 DNA 상대량을 나타낸 것이다. ㉠~㉢은 Ⅰ~Ⅲ을 순서 없이 나타낸 것이다. (가)에서 염색체 비분리는 1회 일어났고, Ⅰ~Ⅲ 중 1개의 세포만 A를 가지며, Ⅰ은 중기의 세포이다.

2020학년도 9월 모의고사 15번

세포 Ⅰ과 Ⅱ의 유전자 보유 여부가 일치하지 않으므로 감수 2분열 비분리가 발생했음을 확인할 수 있다.

(2) 성염색체 비분리 Vs 상염색체 비분리

가계도에서 성염색체 유전은 변수를 만들어내기 위한 좋은 보조 수단이라고 언급했었다. 비분리도 마찬가지이다. 성염색체 비분리가 형성하는 변수들을 섞어 문제의 난이도를 높일 수 있다.

성염색체 비분리가 만들어내는 변수들 중 가장 매력적인 출제 요소는 바로 대립유전자의 DNA 상대량 조합을 (0, 0)으로 갖는 세포이다. (0, 0)은 정상적인 성염색체 유전에서도 나타날 수 있지만, 비분리에 의해서도 만들어질 수 있다. 변수가 가장 많은 부분이다. 성염색체 비분리와 상염색체 비분리가 같이 출제된 문항들을 살펴보면서 이 둘을 어떻게 구분하는지 확인해보도록 한다.

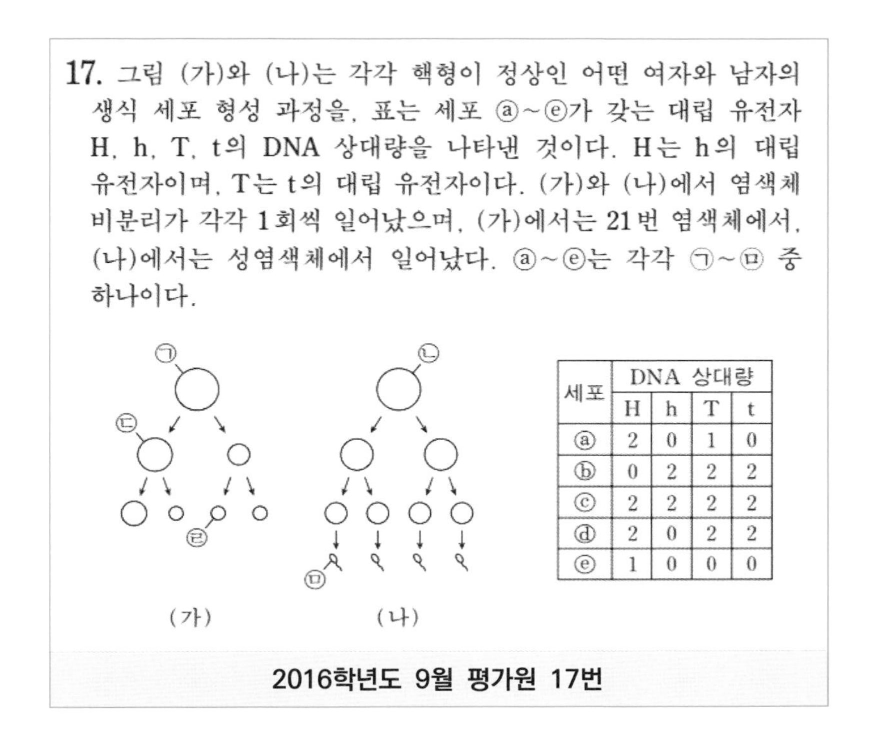

17. 그림 (가)와 (나)는 각각 핵형이 정상인 어떤 여자와 남자의 생식 세포 형성 과정을, 표는 세포 ⓐ~ⓔ가 갖는 대립 유전자 H, h, T, t의 DNA 상대량을 나타낸 것이다. H는 h의 대립 유전자이며, T는 t의 대립 유전자이다. (가)와 (나)에서 염색체 비분리가 각각 1회씩 일어났으며, (가)에서는 21번 염색체에서, (나)에서는 성염색체에서 일어났다. ⓐ~ⓔ는 각각 ㉠~㉤ 중 하나이다.

세포	DNA 상대량			
	H	h	T	t
ⓐ	2	0	1	0
ⓑ	0	2	2	2
ⓒ	2	2	2	2
ⓓ	2	0	2	2
ⓔ	1	0	0	0

2016학년도 9월 평가원 17번

세포 ⓔ에서 T, t의 DNA 상대량 (0, 0)을 보고 떠올릴 수 있는 경우의 수는 다음과 같다.

❶ Y 염색체를 갖는 정상 세포
❷ 성염색체 비분리의 영향을 받아 생긴 돌연변이 세포(남/여, 1분열/2분열 비분리 여부 판단 필요)
❸ 상염색체 비분리의 영향을 받아 생긴 돌연변이 세포

"비분리가 1회 발생해도 DNA 상대량에 홀수가 있으면 그 세포는 G_1기 또는 생식세포이다"라는 명제를 활용하면, 세포 ⓐ와 ⓔ는 ㉣과 ㉤중 하나이다. 세포 ⓑ~ⓓ를 어떻게 배치하든 T, t의 DNA 상대량이 (2, 2)이므로 T, t는 상염색체 위에 있는 대립유전자이다. ⓔ의 (0, 0)은 상염색체 비분리에 의한 결과이고, ⓐ에서 H, h의 DNA 상대량 (2, 0)은 성염색체 비분리에 의한 결과이다.

예제(1) 2021학년도 9월 평가원 17번

다음은 어떤 가족의 유전 형질 (가)~(다)에 대한 자료이다.

- (가)는 대립유전자 A와 a에 의해, (나)는 대립유전자 B와 b에 의해, (다)는 대립유전자 D와 d에 의해 결정된다.
- (가)~(다)의 유전자 중 2개는 서로 다른 상염색체에, 나머지 1개는 X염색체에 있다.
- 표는 아버지의 정자 I과 II, 어머니의 난자 III과 IV, 딸의 체세포 V가 갖는 A, a, B, b, D, d의 DNA 상대량을 나타낸 것이다.

구분	세포	DNA 상대량					
		A	a	B	b	D	d
아버지의 정자	Ⅰ	1	0	?	0	0	?
	Ⅱ	0	1	0	0	?	1
어머니의 난자	Ⅲ	?	1	0	?	㉠	0
	Ⅳ	0	?	1	?	0	?
딸의 체세포	Ⅴ	1	?	?	㉡	?	0

- I과 II 중 하나는 염색체 비분리가 1회 일어나 형성된 ⓐ 염색체 수가 비정상적인 정자이고, 나머지 하나는 정상 정자이다. Ⅲ과 Ⅳ 중 하나는 염색체 비분리가 1회 일어나 형성된 ⓑ 염색체 수가 비정상적인 난자이고, 나머지 하나는 정상 난자이다.
- V는 ⓐ와 ⓑ가 수정되어 태어난 딸의 체세포이며, 이 가족 구성원의 핵형은 모두 정상이다.

이에 대한 설명으로 옳은 것만을 <보기>에서 있는 대로 고르시오. (단, 제시된 염색체 비분리 이외의 돌연변이는 고려하지 않으며, A, a, B, b, D, d 각각의 1개당 DNA 상대량은 1이다.)

<보 기>

ㄱ. (나)의 유전자는 X염색체에 있다.

ㄴ. ㉠+㉡=2이다.

ㄷ. $\frac{\text{아버지의 체세포 1개당 B의 DNA 상대량}}{\text{어머니의 체세포 1개당 D의 DNA 상대량}}=\frac{1}{2}$이다.

METHOD #1. 유형 확인 & 조건 정리

(가)~(다)의 유전자 중 2개는 서로 다른 상염색체에, 나머지 1개는 X 염색체에 있다.
→ 모두 독립되어 있으므로 한 번의 비분리로 여러 종류의 유전자가 비정상일 수 없다.

염색체 수가 비정상적인 정자(I or II)와 난자(III or IV)가 수정되어 딸 V가 태어났고, V의 핵형은 정상이다.
→ 딸의 유전자형을 바탕으로 각 세포를 분석하여 비정상적인 유전자를 갖는 정자와 난자를 찾고, 각 형질의 성/상과 돌연변이가 발생한 위치까지 추적해야 한다. 간혹 조건을 잘못 이해하는 학습자가 있는데, **"이미 염색체 비분리가 일어난"** 정자와 난자임에 유의하자.

METHOD #2. 조건 해석

논리의 호흡이 길고 어려우므로 차분하게 잘 따라와야 한다. 이해가 어려운 학습자는 최대한 이해하려고 노력하면서 학습하되, 스스로 타이트한 논리에 익숙해지고 대응력을 길러내야 한다.

1. 자손의 유전자형을 통해 세포 분석하기

구분	세포	DNA 상대량					
		A	a	B	b	D	d
아버지의 정자	Ⅰ	1	0	?	0	0	?
	Ⅱ	0	1	0	0	?	1
어머니의 난자	Ⅲ	?	1	0	?	㉠	0
	Ⅳ	0	?	1	?	0	?
딸의 체세포	Ⅴ	1	?	?	㉡	?	0

(1) V에는 d가 존재하지 않는다. 문항에서 염색체 비분리가 일어난 정자가 수정되었다고 했으므로, 수정된 비정상 정자는 d를 갖지 않는다. 정자 II에는 d가 있으므로, 비정상 정자 ⓐ는 I이다.

(2) II는 정상 정자이다. II에 B와 b가 모두 존재하지 않으므로, B와 b는 X염색체에 있다. 나머지 유전자는 상염색체에 있음이 함께 결정된다.

(3) (1)에서 서술했듯 I에는 d가 존재할 수 없다. D와 d는 상염색체에 있으므로, I에 D와 d가 둘 다 없는 것은 정상적인 정자에서는 불가능하다. 그러므로, 정자 I의 비분리는 D와 d에서 일어났다. V의 핵형이 정상이므로, 결과적으로 D와 d를 정상적으로 가져야 한다. d를 갖지 않으므로, D를 동형 접합성으로 가지고, 이 D는 모두 비정상 난자 ⓑ로부터 받았다고 해석해야 한다.

(4) 비정상 난자 ⓑ가 D를 두 개 가져야 하므로 D를 갖지 않는 IV는 불가능하다. 그러므로 비정상 난자는 III이고, D를 두 개 가진다.

→ ⓐ=I, ⓑ=III, ㉠=2

2. 돌연변이 추적하기

돌연변이는 I에서 D와 d를 모두 주지 않고, d를 갖지 않는 V의 핵형이 정상이려면 III에서 D를 두 개 주기에 (다)에서 일어났음을 알 수 있다. 즉, (가)와 (나)는 정상적으로 분리되었다.

X염색체에 있는 (나) 유전자의 경우 V가 딸이기에 아버지와 어머니로부터 정상적으로 하나씩 전달받았다. I에는 b가 존재하지 않으므로 B가 존재해야 한다. III에는 B가 존재하지 않으므로 b가 존재해야 한다. 결과적으로 V의 유전자형은 Bb이다.

→ ㉡=1

ㄱ. (나)의 유전자는 X염색체에 있다. (○)

ㄴ. ㉠+㉡=3이다. (X)

ㄷ. 유전자의 종류가 바뀌는 돌연변이는 일어나지 않았기에 세포를 분석하면 부모의 유전자형을 일부 알 수 있다.
아버지는 I로 보아 B를 가지는데, X 염색체에 있기 때문에 체세포 1개당 1개를 가진다.
III으로 보아 어머니는 D를 가지는데, 정상 난자인 IV에서 D를 갖지 않으므로 d도 가져야 한다.
어머니는 체세포 1개당 D 1개를 가진다.
→ $\frac{\text{아버지의 체세포 1개당 B의 DNA 상대량}}{\text{어머니의 체세포 1개당 D의 DNA 상대량}} = 1$이다. (X)

METHOD #. 가계도 유형 With 비분리

가계도 돌연변이 문항의 경우 특이하게 형성되는 DNA 상대량 정보, 보유하는 유전자, 달라지는 표현형에 주목할 필요가 있다. 가계도 문항의 경우 DNA 상대량 정보의 차이를 제시하여 돌연변이를 발견하도록 유도하는 편이고, 가계표 문항의 경우 돌연변이 자손의 특이한 표현형을 나타내어 돌연변이를 제시하는 편이다. 이 중 주요한 문항들을 위주로 살펴보면서 출제 형태를 확인해보도록 한다.

(1) 클라인펠터 증후군(XXY)

X 염색체를 하나 더 가진다는 특징을 활용하여 출제되었다. X 염색체를 하나 더 주는 구성원이 아버지인지, 어머니인지, 어머니라면 감수 1분열, 2분열 비분리 중 무엇인지에 대해 생각해볼 필요가 있다. (X + XY와 XX + Y의 경우가 존재한다. XX + Y의 경우 어느 시기에 비분리가 일어났는지 추가적으로 판단해야 한다.) 기출에서는 정상적으로 등장할 수 없는 표현형을 나타내는 자손을 찾도록 하는 문항을 출제하였다.

19. 다음은 어떤 가족의 유전 형질 ㉠~㉢에 대한 자료이다.

○ ㉠은 대립 유전자 H와 H^*에 의해, ㉡은 대립 유전자 R와 R^*에 의해, ㉢은 대립 유전자 T와 T^*에 의해 결정된다. H는 H^*에 대해, R는 R^*에 대해, T는 T^*에 대해 각각 완전 우성이다.

○ ㉠~㉢을 결정하는 유전자는 모두 X 염색체에 있다.

○ 감수 분열 시 부모 중 한 사람에게서만 염색체 비분리가 1회 일어나 ⓐ 염색체 수가 비정상적인 생식 세포가 형성되었다. ⓐ가 정상 생식 세포와 수정되어 아이가 태어났다. 이 아이는 자녀 3과 자녀 4 중 하나이며, 클라인펠터 증후군을 나타낸다. 이 아이를 제외한 나머지 구성원의 핵형은 모두 정상이다.

○ 표는 구성원의 성별과 ㉠~㉢의 발현 여부를 나타낸 것이다.

구성원	성별	㉠	㉡	㉢
부	남	○	?	?
모	여	?	×	?
자녀 1	남	×	○	○
자녀 2	여	×	×	×
자녀 3	남	×	×	○
자녀 4	남	○	×	○

(○: 발현됨, ×: 발현되지 않음)

2018학년도 수능 19번

(2) 성염색체 비분리에 영향을 받았지만 핵형이 정상인 자식

성염색체 비분리에 영향을 받았지만 핵형이 정상인 자식은 가계도와 가계표 문항에 모두 출제된 바 있다.
두 문항 모두 정상과 다른 표현형이 등장함을 고려하며 풀어나갈 필요가 있다.

핵형 정상 성비분리의 가장 핵심적인 특징은 성염색체 비분리로 인해 태어나는 **자손들의 표현형 경우의 수가 상당히 제한적**이라는 점에 있다. 더불어 "남자는 X 염색체를 1개만 갖는다"라는 성염색체 유전만의 특징을 잘 살릴 수 있는 매력적인 요소이기도 하다.

❶ 성염색체 비분리에 영향을 받아 염색체 수가 24인 정자와 염색체 수가 22인 난자가 수정되어 핵형 정상인 아들이 태어난 경우 :
어머니로부터 아무것도 받지 않고, 아버지가 갖는 X 염색체와 Y 염색체를 그대로 받으므로 아버지와 표현형이 동일하다. 아버지에게서는 감수 1분열에서 비분리가 일어난 것이다.

❷ 성염색체 비분리에 영향을 받아 염색체 수가 24인 정자와 염색체 수가 22인 난자가 수정되어 핵형 정상인 딸이 태어난 경우 :
어머니로부터 아무것도 받지 않고, 아버지가 갖는 X 염색체를 2개 받는다. 아버지에게서는 감수 2분열에서 비분리가 일어난 것이다. 이렇게 태어난 딸은 아버지와 표현형이 동일하다.

❸ 성염색체 비분리에 영향을 받아 염색체 수가 22인 정자와 염색체 수가 24인 난자가 수정되어 핵형 정상인 딸이 태어난 경우 :
아버지로부터 아무것도 받지 않고 어머니로부터 X 염색체를 두 개 받는다.
- 어머니에게서 감수 1분열에서 비분리가 일어나 생성된 난자인 경우 : 딸은 어머니와 표현형이 동일하다.
- 어머니에게서 감수 2분열에서 비분리가 일어나 생성된 난자인 경우 : 딸은 어머니가 갖는 두 염색체 중 하나의 염색체만 두 개 받는다. 즉 딸의 표현형은 정상적으로 태어날 수 있는 아들과 같아야 한다.

위 사실을 활용하여 아래 예제들을 해결해보자.

예제(2) 2022학년도 9월 평가원 19번

다음은 어떤 가족의 유전 형질 (가)~(다)에 대한 자료이다.

○ (가)는 대립유전자 H와 h에 의해, (나)는 대립유전자 R와 r에 의해, (다)는 대립유전자 T와 t에 의해 결정된다. H는 h에 대해, R는 r에 대해, T는 t에 대해 각각 완전 우성이다.

○ (가)~(다)의 유전자는 모두 X 염색체에 있다.

○ 표는 어머니를 제외한 나머지 가족 구성원의 성별과 (가)~(다)의 발현 여부를 나타낸 것이다. 자녀 3과 4의 성별은 서로 다르다.

구성원	성별	(가)	(나)	(다)
아버지	남	○	○	?
자녀 1	여	×	○	○
자녀 2	남	×	×	×
자녀 3	?	○	×	○
자녀 4	?	×	×	○

(○: 발현됨, ×: 발현 안 됨)

○ 이 가족 구성원의 핵형은 모두 정상이다.

○ 염색체 수가 22인 생식세포 ㉠과 염색체 수가 24인 생식세포 ㉡이 수정되어 ⓐ가 태어났으며, ⓐ는 자녀 3과 4 중 하나이다. ㉠과 ㉡의 형성 과정에서 각각 성염색체 비분리가 1회 일어났다.

이에 대한 설명으로 옳은 것만을 <보기>에서 있는 대로 고르시오. (단, 제시된 염색체 비분리 이외의 돌연변이와 교차는 고려하지 않는다.)

<보 기>

ㄱ. ⓐ는 자녀 4이다.

ㄴ. ㉡은 감수 1분열에서 염색체 비분리가 일어나 형성된 난자이다.

ㄷ. (나)와 (다)는 모두 우성 형질이다.

METHOD #1. 조건 정리

(가)~(다)의 유전자는 모두 X 염색체에 있으므로 연관 관계를 따져 가계도를 분석하자.

자녀 3과 4의 성별은 서로 다르고, 자녀 3 혹은 자녀 4 중 하나는 비정상적인 성염색체를 가진 정자와 난자가 수정되어 태어난 자손이다. 구성원의 핵형이 모두 정상이므로 염색체 수는 정상적으로 가진다. 자녀 3과 4의 성별은 서로 다르다. 이 가족 구성원의 핵형은 모두 정상이다.

METHOD #2. 가계도 분석 & 돌연변이 추적

어머니의 표현형을 모르므로 표현형 조건으로 얻을 수 있는 정보가 거의 없다.

(1) 엄마-아들/아빠-딸 관계에서 얻을 정보 : 돌연변이 자손인 3과 4는 분석하지 않는다.
아버지에서 (가)가 발현되었으나 딸인 자녀 1에서 발현되지 않았다. (가)는 성&우성이 아니다.
→ (가)=성&열성

(2) 더 이상 주어진 정보가 없으므로 유전 형질 분석 & 돌연변이의 추적을 위해서는 귀류가 필요해 보인다. 다만, 다음과 같은 사실을 찾아냈다면 Case를 줄일 수 있다.

(3) 성염색체 비분리에 영향을 받았지만, 핵형이 정상인 자식의 특징을 살려 풀이에 활용하자.

돌연변이 자식이 아들이라면 아버지와 표현형 발현 패턴이 같은 자식이 자녀 3 혹은 자녀 4에 존재해야 하나, 그렇지 않으므로 돌연변이 자식은 딸이어야 한다.

돌연변이 딸과 정상 아들이 자녀 3, 4에 존재한다. 그런데 정상 아들이 자녀 3, 4중 누가 되었든 아들인 자녀 2와 표현형이 다른 것이 존재하므로 어머니로부터 서로 다른 염색체를 받은 두 아들이 표에 드러나 있다. 이때 돌연변이 딸은 아버지와 어머니로부터 태어날 수 있는 아들과 표현형이 모두 다르므로 딸은 어머니로부터 감수 1분열에서 비분리가 발생하여 생성된 염색체 수가 24인 난자와 염색체 수가 22인 정자가 수정되어 태어났다. 어머니가 갖는 두 염색체를 그대로 가져야 한다.

자녀 3과 자녀 4가 (나), (다)의 표현형이 동일하고 돌연변이 자손은 여성이므로 ?정ⓒ/Y인 아들이 반드시 존재한다. 자녀 2가 정정정/Y이므로 어머니는 정정정/?정ⓒ 이다. 어머니와 표현형이 동일해야 하는 돌연변이 딸은 자녀 4이다. 자녀 3이 정상 아들이므로 어머니는 정정정/㉠정ⓒ

어머니는 (나) 형질에 대해 정상 유전자만 가지는데 (나) 발현자인 자녀 1(딸)에게 정상 유전자를 물려주므로 자녀 1은 이형 접합자가 되어 (나)는 성&우성 형질임을 알 수 있다. 자녀 1에서 (가)가 발현되지 않으려면 어머니로부터 정정정/인 염색체를 받아야 하는데 자녀 1은 (다) 발현자이므로 이형 접합자가 되어 (다)는 성&우성형질이다,

(4) 다음과 같이 가계도를 완성하자.

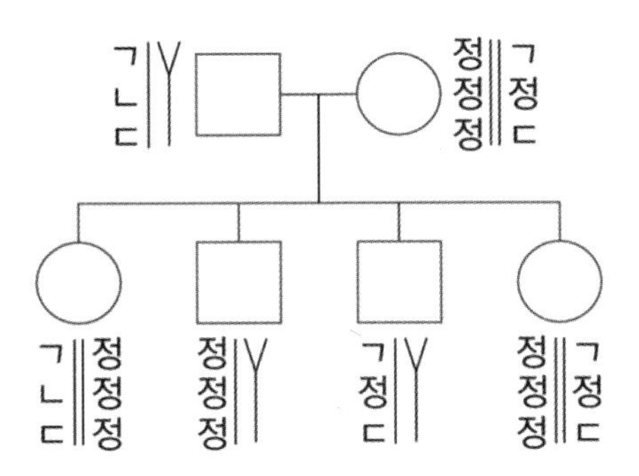

자녀 1이 (가), (나), (다)를 모두 이형 접합성으로 가지므로 자녀 1은 (가), (나), (다)에 대하여 모두 우성 표현형을 가진다.

→ (가)는 열성, (나)는 우성, (다)는 우성 형질이다.

ㄱ. ⓐ는 자녀 4이다. (○)

ㄴ. ㉡은 감수 1분열에서 염색체 비분리가 일어나 형성된 난자이다.
감수 2분열에서 비분리가 일어났다면 자녀 4에서 (가)와 (다)가 발현되거나, 모든 형질에 대해 정상을 나타낸다. (○)

ㄷ. (나)와 (다)는 모두 우성 형질이다. (○)

THEME 02. 결실/중복/역위/전좌 : 염색체 일부 단위의 변화

IDEA.

2022학년도 6월 평가원에서 결실이 다뤄진 것을 시작으로 염색체 일부 단위의 돌연변이를 다루는 문항이 출제되기 시작하였다. 기존에 출제되어오던 비분리 문항들과의 차별점을 두기 위해 "전체의 변화"와 "일부"의 변화를 구분시키는 문항들이 출제되기도 했다. 현재 25학년도 수능까지의 기출에는 결실/중복/역위/전좌 중 결실과 전좌만 출제되었으며, 해당 문항들은 모두 비분리 소재와 엮어 그 차이를 확인하여 풀도록 출제되었다.

결실, 중복, 전좌에 영향을 받은 세포들은 DNA 상대량에서 정상 세포와 차이를 보이며, 양상에 따라서는 이렇게 태어난 자손들이 정상 자손과는 다른 표현형을 나타낼 수 있다. 이중 기출에 등장한 결실과 전좌에 초점을 맞추어 이러한 차이를 직접 확인해보도록 한다.[22]

22) 역위의 경우 염색체에 있는 유전자의 유/무에 변화를 주지 못하기 때문에 앞으로도 주요 킬러 문항으로 출제되기는 어렵다고 판단되어 따로 서술하지 않았다.

METHOD #. 결실

염색체의 일부가 사라진다는 점에서 결실에 영향을 받은 세포는 비분리로 인해 생성된 $n-1$ 세포와 유사성을 보인다. 결실에 영향을 받은 생식세포가 수정되어 태어난 자손도 마찬가지이다. 기출에서는 DNA 상대량 정보에 이상이 생긴 세포나, 그러한 세포가 수정되어 태어난 자손의 체세포를 제시하여 결실을 확인하도록 하였다. 다음 예제를 통해 결실과 비분리를 어떻게 엮어 출제하고 있는지 확인해보자.

comment

염색체 일부 단위의 변화 vs 유전자 단위의 변화

염색체 일부 단위의 변화와 후략할 유전자 단위의 변화를 혼동하면 안 된다. 상당수의 학생이 결실로 인해 한 개의 유전자가 사라지거나, 중복으로 인해 한 개의 유전자만 더 받는다고 생각하는데 이는 두 단위의 변화를 구분하지 못하여서 생긴 오해이다.

글자 그대로 "염색체 일부"에 생기는 변화이기에, 연관된 염색체 위에 같이 존재하는 대립유전자 여러 개가 유실되거나 추가된 세포가 있을 수 있다. 필자가 돌연변이 파트 서술을 괜히 염색체 전체, 염색체 일부, 유전자 단위로 나누어 서술한 것이 아니다. 각각에는 분명한 차이점과 특이점이 존재하고 앞서 언급했듯이 출제자도 이 점을 고려하여 출제한다.

예제(3) 2022학년도 수능 17번

다음은 사람의 유전 형질 (가)~(다)에 대한 자료이다.

- (가)~(다)의 유전자는 서로 다른 2개의 상염색체에 있다.
- (가)는 대립유전자 A와 a에 의해, (나)는 대립유전자 B와 b에 의해, (다)는 대립유전자 D와 d에 의해 결정된다.
- P의 유전자형은 AaBbDd이고, Q의 유전자형은 AabbDd이며, P와 Q의 핵형은 모두 정상이다.
- 표는 P의 세포 I~III과 Q의 세포 IV~VI 각각에 들어 있는 A, a, B, b, D, d의 DNA 상대량을 나타낸 것이다. ㉠~㉢은 0, 1, 2를 순서 없이 나타낸 것이다.

사람	세포	DNA 상대량					
		A	a	B	b	D	d
P	I	0	1	?	㉢	0	㉡
	II	㉠	㉡	㉠	?	㉠	?
	III	?	㉡	0	㉢	㉢	㉡
Q	IV	㉢	?	?	2	㉢	㉢
	V	㉡	㉢	0	㉠	㉢	?
	VI	㉠	?	?	㉠	㉡	㉠

- 세포 ⓐ와 ⓑ 중 하나는 염색체의 일부가 결실된 세포이고, 나머지 하나는 염색체 비분리가 1회 일어나 형성된 염색체 수 가 비정상적인 세포이다. ⓐ는 I~III 중 하나이고, ⓑ는 IV~VI 중 하나이다.
- I~VI 중 ⓐ와 ⓑ를 제외한 나머지 세포는 모두 정상 세포이다.

이에 대한 설명으로 옳은 것만을 <보기>에서 있는 대로 고르시오. (단, 제시된 돌연변이 이외의 돌연변이와 교차는 고려하지 않으며, A, a, B, b, D, d 각각의 1개당 DNA 상대량은 1이다.)

<보 기>

ㄱ. (가)의 유전자와 (다)의 유전자는 같은 염색체에 있다.
ㄴ. IV는 염색체 수가 비정상적인 세포이다.
ㄷ. ⓐ에서 a의 DNA 상대량은 ⓑ에서 d의 DNA 상대량과 같다.

METHOD #1. 유형 확인 & 조건 정리

(가)~(다)의 유전자는 서로 다른 2개의 상염색체에 있다.
→ 연관인 유전자가 있으므로 한 번의 비분리로 두 종류의 유전자가 비정상일 수 있다.

P의 유전자형은 AaBbDd이고, Q의 유전자형은 AabbDd이며, P와 Q의 핵형은 모두 정상이다. 염색체 결실이 일어난 세포와 염색체 비분리가 일어난 세포(순서 없이 ⓐ or ⓑ)가 존재한다. ⓐ는 I~III 중 하나이고, ⓑ는 IV~VI 중 하나이다.
→ P와 Q의 유전자형을 바탕으로 돌연변이 없이 설명할 수 없는 세포를 찾는다. 기존의 명제에 모순되는 세포는 I~III에서 단 하나만, IV~VI에서도 하나만 존재한다.

METHOD #2. 조건 해석

(1) 성립하는 명제 분석하기

사람	세포	DNA 상대량					
		A	a	B	b	D	d
P	I	0	1	?	㉢	0	㉡
	II	㉠	㉡	㉠	?	㉠	?
	III	?	㉡	0	㉢	㉢	㉡
Q	IV	㉢	?	?	2	㉢	㉢
	V	㉡	㉢	0	㉠	㉢	?
	VI	㉠	?	?	㉠	㉡	㉠

돌연변이가 없는 경우 성립하는 명제 중 이번 문항에서 쓰이는 명제는 다음과 같다.

1) Q가 b를 동형 접합성으로 가지므로, Q의 세포에서 b의 DNA 상대량이 0이면 비정상 세포이다.
2) 유전자가 모두 상염색체에 존재하므로, 대립유전자의 상대량이 모두 0이면 비정상 세포이다.
3) 정상 세포에서 대립유전자의 상대량이 (1, 2), 혹은 (2, 1)일 수는 없다. 비정상 세포라 하더라도 1회 비분리로는 설명되지 않는다.[23)]

(2) 명제 적용하기

㉠ = 0인 경우	Q의 세포에서 b의 상대량이 0이면 비정상 세포이므로, V와 VI은 비정상 세포가 된다. → IV~VI 중 하나만 비정상이어야 하므로 모순
㉢ = 0인 경우	대립유전자의 상대량이 모두 0이면 비정상 세포이므로 D와 d가 모두 존재하지 않는 IV은 비정상 세포가 된다. 정상 세포에서 대립유전자의 상대량이 2와 1일 수는 없으므로, D와 d에서 VI도 비정상 세포가 된다. → IV~VI 중 하나만 비정상이어야 하므로 모순

→ ㉡ = 0

23) DNA 상대량이 1이 존재하므로 비분리가 일어난 생식세포의 경우를 고려해야 하는데 생식세포가 두 대립유전자를 모두 가지려면 감수 1분열에서 비분리가 일어나게 되고 이후 감수 2분열에선 정상적으로 염색 분체가 분리되므로 DNA 상대량이 2와 1로 달라질 수 없다.

<table>
<tr><td>㉠ = 1,
㉢ = 2인 경우</td><td>Q의 유전자형은 AabbDd이다. IV에서 D와 d를 모두 가지므로 돌연변이가 없다면 $2n$ 세포여야 하는데, 유전자형에 따르면 b의 상대량이 4여야 성립한다. 따라서 이 경우 IV는 비정상 세포이다.
V에서도 마찬가지로 a와 D의 상대량은 2인데 b의 상대량은 그 절반인 1이다. Q의 유전자형은 AabbDd이므로 이도 돌연변이 없이는 설명할 수 없다.
→ IV~VI 중 하나만 비정상이어야 하므로 모순</td></tr>
</table>

→ ㉠ = 2, ㉢ = 1

(3) 돌연변이 추적하기

먼저 DNA 상대량을 표에 채워 넣자.

사람	세포	DNA 상대량					
		A	a	B	b	D	d
P	I	0	1	?	1	0	0
	II	2	0	2	?	2	?
	III	?	0	0	1	1	0
Q	IV	1	?	?	2	1	1
	V	0	1	0	2	1	?
	VI	2	?	?	2	0	2

1) 돌연변이 없이 설명할 수 없는 비정상 세포는 I과 V에 해당한다.

2) P의 II에서 A, B, D가 존재하고, III에서 A, b, D가 존재한다.
셋 중 두 개는 연관이고 P의 유전자형이 AaBbDd이므로 A와 D가 연관되어 있음을 알 수 있다.

3) I에서는 a는 존재하고 d가 존재하지 않으므로 비분리가 아닌 결실이 일어났음을 알 수 있다.
만약 비분리가 일어났다면 연관이므로 함께 존재하지 않았을 것이다.

4) V에서는 비분리가 일어났다. b의 상대량이 2인 것으로 보아 (나)에서 비분리가 일어났다.

ㄱ. (가)의 유전자와 (다)의 유전자는 같은 염색체에 있다. (○)
ㄴ. IV는 염색체 수가 정상적인 세포이다. 비정상 세포는 V다. (X)
ㄷ. ⓐ에서 a의 DNA 상대량은 1이고, ⓑ에서 d의 DNA 상대량은 0이므로 서로 다르다. (X)

METHOD #. 전좌

이번 소단원에서 가장 까다로운 돌연변이이다. 전좌는 다음과 같이 고려해야 할 Case가 상당히 많다.

(1) 전좌가 어느 시기에 발생했는가? 이를 명확히 따져야 하는 문항인가?
(2) 일부분이 유실된 염색체는 무엇인가?
(3) 떨어져 나간 염색체의 일부가 붙은 염색체는 무엇인가?
(4) 전좌에 영향받은 생식세포 중 수정에 참여하는 생식세포가 있는가? 있다면 그 생식세포는 전좌에 영향받지 않은 염색체만 갖는가? 혹은 전좌로 인해 일부분이 유실된 염색체를 보유하는가? 아니면 전좌로 인해 옮겨진 염색체의 일부분을 달고 있는 염색체를 보유하는가?

당연히 이 모든 상황을 고려하는 문항을 제시하기는 힘들 것이고, 이와 관련된 정보 중 일부를 제시한 문항을 출제할 것이다. 2023학년도 9월 모의평가 17번이 그 예라고 할 수 있다. 전좌일 수밖에 없는 상황을 정교하게 설계하여 제시하였다.

그럼에도 불구하고 전좌를 활용한 새로운 문제를 대할 때에는 항상 위의 항목 중 출제자가 제시하지 않은 정보가 있는지 확인하고 추론의 대상을 명확하게 파악한 후에 풀이에 돌입할 수 있도록 해야겠다.

18. 다음은 어떤 가족의 유전 형질 (가)~(다)에 대한 자료이다.

- (가)는 대립유전자 A와 A*에 의해, (나)는 대립유전자 B와 B*에 의해, (다)는 대립유전자 D와 D*에 의해 결정된다.
- (가)와 (나)의 유전자는 7번 염색체에, (다)의 유전자는 9번 염색체에 있다.
- 표는 이 가족 구성원의 세포 Ⅰ~Ⅴ 각각에 들어 있는 A, A*, B, B*, D, D*의 DNA 상대량을 나타낸 것이다.

구분	세포	DNA 상대량					
		A	A*	B	B*	D	D*
아버지	Ⅰ	?	?	1	0	1	?
어머니	Ⅱ	0	?	?	0	0	2
자녀 1	Ⅲ	2	?	?	1	?	0
자녀 2	Ⅳ	0	?	0	?	?	2
자녀 3	Ⅴ	?	0	?	2	?	3

- 아버지의 생식세포 형성 과정에서 7번 염색체에 있는 대립유전자 ㉠이 9번 염색체로 이동하는 돌연변이가 1회 일어나 9번 염색체에 ㉠이 있는 정자 P가 형성되었다. ㉠은 A, A*, B, B* 중 하나이다.
- 어머니의 생식세포 형성 과정에서 염색체 비분리가 1회 일어나 염색체 수가 비정상적인 난자 Q가 형성되었다.
- P와 Q가 수정되어 자녀 3이 태어났다. 자녀 3을 제외한 나머지 구성원의 핵형은 모두 정상이다.

2023학년도 9월 평가원 18번

유실된 염색체(7번), 일부가 붙은 염색체(9번), 전좌에 영향받아 7번 염색체의 일부분을 추가로 갖는 9번 염색체를 포함한 정자가 수정에 참여하였다는 정보를 얻을 수 있다. 이를 고려하여 자녀3이 (가),(나) 형질과 관련된 대립유전자를 추가로 더 가져야 함을 활용하여 문제 풀이를 마무리 지으면 된다.

❙ THEME 03. 유전자 돌연변이 : 유전자 단위에서의 변화

IDEA.

지금까지 생명과학1 기출에서 출제된 유전자 단위에서 발생하는 돌연변이는 대립유전자가 변하는 돌연변이뿐이다. 이와 같은 유전자 돌연변이의 핵심적인 특징은 돌연변이에 영향받아 태어난 자손의 핵형은 정상이라는 것이다. 이는 핵형이 정상일 때 쓸 수 있는 대부분의 논리를 풀이에 활용 가능함을 의미한다.

유전자 돌연변이로 인해 부모에게 존재하지 않던 대립유전자가 자손에게 있거나, 혹은 부모에게 존재하지 않는 연관 상태를 갖는 염색체가 자손에게 있는 등의 상황이 등장할 수 있다. 이에 따라 보유하는 유전자의 차이나 표현형 이상이 자손에게서 발생할 수 있다. 2021학년도 9월 모의평가 16번에서는 정상 자손과 보유하는 유전자의 차이를, 2023학년도 6월 모의평가 19번에서는 표현형의 이상을 다루었다.

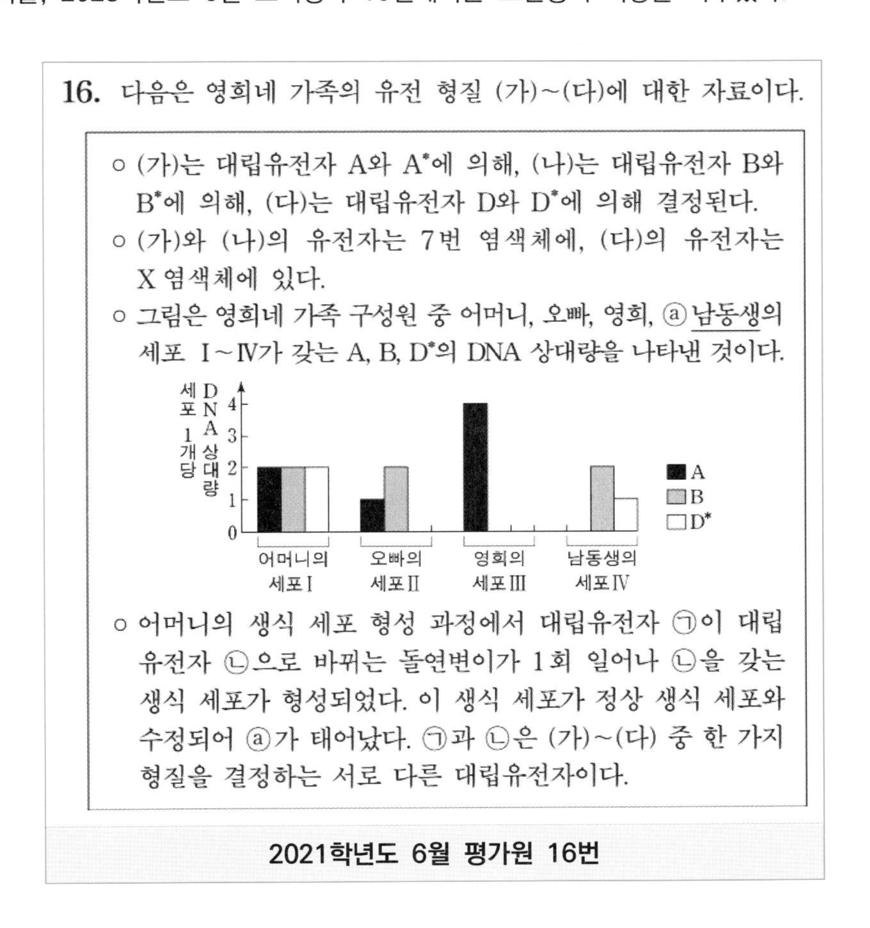

16. 다음은 영희네 가족의 유전 형질 (가)~(다)에 대한 자료이다.

- (가)는 대립유전자 A와 A*에 의해, (나)는 대립유전자 B와 B*에 의해, (다)는 대립유전자 D와 D*에 의해 결정된다.
- (가)와 (나)의 유전자는 7번 염색체에, (다)의 유전자는 X 염색체에 있다.
- 그림은 영희네 가족 구성원 중 어머니, 오빠, 영희, ⓐ 남동생의 세포 Ⅰ~Ⅳ가 갖는 A, B, D*의 DNA 상대량을 나타낸 것이다.

- 어머니의 생식 세포 형성 과정에서 대립유전자 ㉠이 대립유전자 ㉡으로 바뀌는 돌연변이가 1회 일어나 ㉡을 갖는 생식 세포가 형성되었다. 이 생식 세포가 정상 생식 세포와 수정되어 ⓐ가 태어났다. ㉠과 ㉡은 (가)~(다) 중 한 가지 형질을 결정하는 서로 다른 대립유전자이다.

2021학년도 6월 평가원 16번

-남동생이 유전자 돌연변이에 영향을 받아 태어난 자손이기에 핵형은 여전히 정상이다.
Ⅳ에 1과 2가 같이 있는 것을 보고 Ⅳ가 G_1기 세포임을 확정지을 수 있다.

예제(1) 2021학년도 수능 17번

다음은 어떤 집안의 유전 형질 (가)에 대한 자료이다.

- (가)는 상염색체에 있는 1쌍의 대립유전자에 의해 결정되며, 대립유전자에는 D, E, F, G가 있다.
- D는 E, F, G에 대해, E는 F, G에 대해, F는 G에 대해 각각 완전 우성이다.
- 그림은 구성원 1~8의 가계도를, 표는 1, 3, 4, 5의 체세포 1개당 G의 DNA 상대량을 나타낸 것이다. 가계도에 (가)의 표현형은 나타내지 않았다.

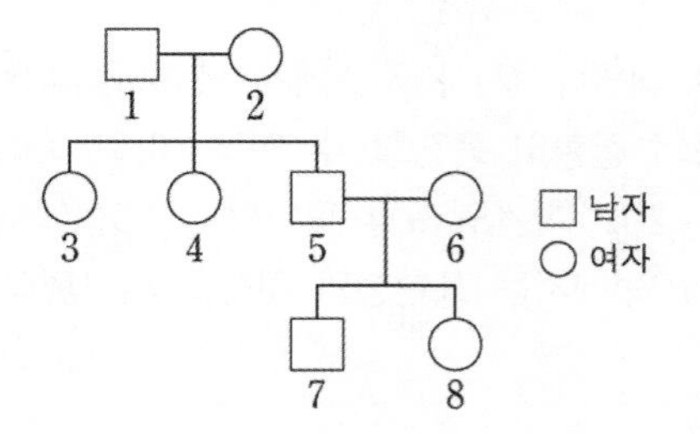

구성원	G의 DNA 상대량
1	1
3	0
4	1
5	0

- 1~8의 유전자형은 각각 서로 다르다.
- 3, 4, 5, 6의 표현형은 모두 다르고, 2와 8의 표현형은 같다.
- 5와 6 중 한 명의 생식세포 형성 과정에서 ⓐ 대립유전자 ㉠이 대립유전자 ㉡으로 바뀌는 돌연변이가 1회 일어나 ㉡을 갖는 생식세포가 형성되었다. 이 생식세포가 정상 생식세포와 수정되어 8이 태어났다. ㉠과 ㉡은 각각 D, E, F, G 중 하나이다

이에 대한 설명으로 옳은 것만을 <보기>에서 있는 대로 고르시오. (단, 제시된 돌연변이 이외의 돌연변이는 고려하지 않으며, D, E, F, G 각각의 1개당 DNA 상대량은 1이다.)

<보 기>

ㄱ. 5와 7의 표현형은 같다.
ㄴ. ⓐ는 5에서 형성되었다.
ㄷ. 2~8 중 1과 표현형이 같은 사람은 2명이다.

METHOD #1. 조건 정리

지금이야 출제된 지 해가 지났기에 누군가에겐 익숙한 문항일 수 있지만, 이 문항을 수능장에서 처음 만난 학습자는 굉장히 당황스러웠을 것이다. 사실 이번 예제는 필자 본인이 봤던 수능의 킬러 문항이다.

차분하게 조건을 정리하자.

(1) D 〉 E 〉 F 〉 G
(2) 1~8의 유전자형은 각각 서로 다르다 & 1, 3, 4, 5에서 G의 DNA 상대량 제시
(3) 3, 4, 5, 6의 표현형은 모두 다르고, 2와 8의 표현형은 같다.
(4) 8이 태어날 때 부모 중 한 명에서 ㉠이 대립유전자 ㉡으로 바뀌는 돌연변이가 일어남,
㉠과 ㉡은 각각 D, E, F, G 중 하나임

→ 유전자형에 대한 조건과 표현형에 대한 조건이 풍부하게 주어져 있으므로,
조건을 통해 Case를 줄여 나가며 답이 되는 경우를 찾아내야 한다.

METHOD #2. 가계도 분석 & 돌연변이 추적

조건을 통해 Case를 줄여나가고 싶지만,
바로 쓸 수 있는 조건이 많지 않다. 접근하기 쉬운 조건을 먼저 활용하자.

(3) 3, 4, 5, 6의 표현형이 모두 다르므로 표현형 D, E, F, G를 하나씩 나누어 가진다.
3, 4, 5의 유전자형은 GG가 아니므로, 6의 유전자형은 GG이고 7 역시 G를 1개 가진다.

표현형이 F인 경우는 유전자형이 FF거나 FG인 경우이다.
3~5 중 표현형이 F인 사람의 유전자형이 FF라면, 1과 2는 F를 적어도 하나씩 가진다.
이때 1의 유전자형은 FG이고, 2의 유전자형은 F_이다.
2의 나머지 대립유전자의 종류와 관계없이 3~6의 표현형은 모두 다를 수 없다.
따라서 3~5 중 표현형이 F인 사람의 유전자형은 FG이고, 유일하게 G를 가지는 4가 FG이다.

3과 5는 1로부터 G를 받지 않으므로 1의 나머지 대립유전자를 받는다. 1의 유전자형이 DG라면 3과 5의 표현형이 D로 같으므로 모순이다. 따라서 1의 유전자형은 EG이고 2의 유전자형은 DF이다.

5의 표현형이 E라면, 유전자형은 자동으로 EF가 되고, 7의 유전자형은 EG OR FG이다.
이때 1이 EG, 4가 FG이므로 (2)에서 모순이 생긴다.
따라서 5의 표현형은 D, 3의 표현형은 E이다.

남은 조건에 맞게 8을 제외한 가계도 구성원의 유전자형을 완성하면 다음과 같다.

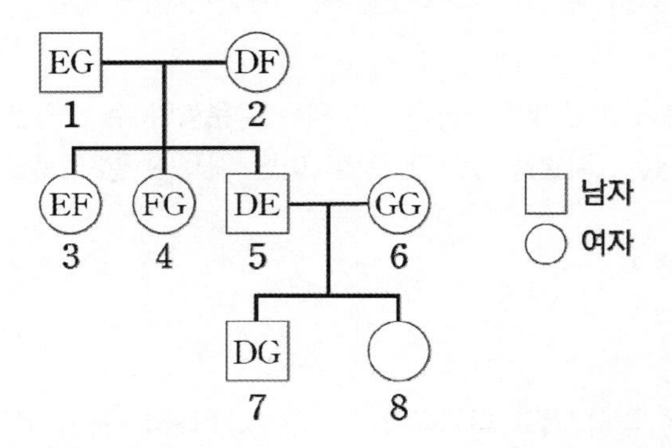

(3) 2와 8의 표현형이 같으므로 8은 D를 적어도 하나 가진다.
8의 유전자형이 DE, DF, DG가 될 수 없으므로 DD이다.
따라서 6의 생식세포 형성 과정에서 G가 D로 치환되었음을 알 수 있다.
∴ ㉠=G, ㉡=D

ㄱ. 5와 7의 표현형은 같다. (○)
ㄴ. ⓐ는 6에서 형성되었다. (X)
ㄷ. 2~8 중 1과 표현형이 같은 사람은 1명이다. (X)

memo

Part

04 유제

01 2017학년도 6월 평가원 12번

그림은 유전자형이 AaBb인 어떤 동물의 세포 ㉠으로부터 생식 세포가 형성되는 과정을, 표는 이 과정의 서로 다른 시기에 있는 세포 Ⅰ~Ⅳ의 핵상과 DNA상대량을 나타낸 것이다. 이 과정에서 염색체 비분리는 1회 일어났다. ㉠~㉣은 각각 Ⅰ~Ⅳ 중 하나이고, 대립유전자 A와 a, 대립유전자 B와 b는 X 염색체에 존재한다.

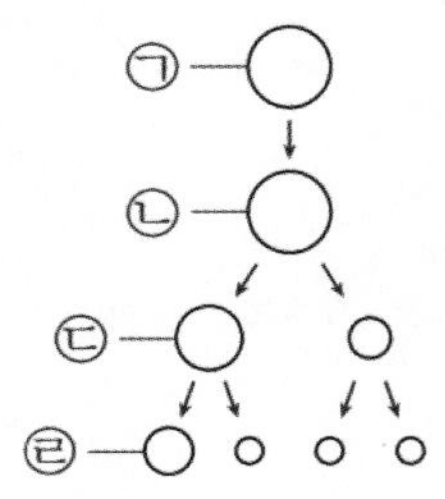

세포	핵상	DNA 상대량	
		A	B
Ⅰ	$n+1$	?	2
Ⅱ	$2n$	1	1
Ⅲ	n	2	ⓐ
Ⅳ	?	2	ⓑ

이에 대한 설명으로 옳은 것만을 <보기>에서 있는 대로 고르시오. (단, 교차와 제시된 비분리 이외의 돌연변이는 고려하지 않으며, ㉡과 ㉢은 중기의 세포이다.)

<보 기>

ㄱ. ⓐ+ⓑ=2이다.

ㄴ. Ⅰ은 ㉢이다.

ㄷ. Ⅳ에는 2가 염색체가 있다.

02 2017학년도 6월 평가원 19번

다음은 어떤 집안의 유전 형질 ㉠과 ㉡에 대한 자료이다.

- ㉠은 대립유전자 A와 A*에 의해, ㉡은 대립유전자 B와 B*에 의해 결정되며, 각 대립유전자 사이의 우열 관계는 분명하다.
- ㉠과 ㉡을 결정하는 유전자는 같은 염색체에 존재한다.

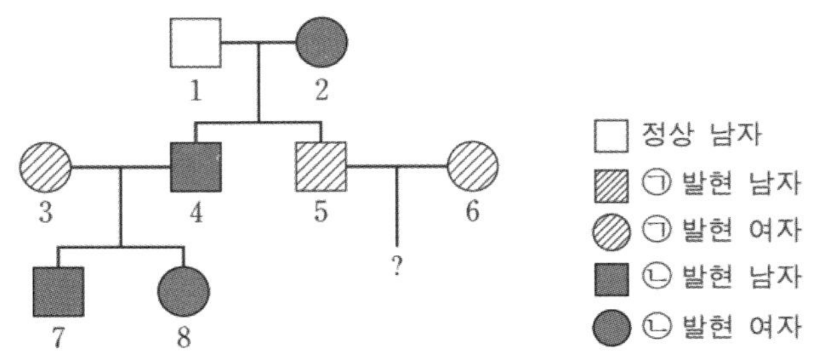

- 3과 4 중 한 사람에게서만 감수 분열 시 염색체 비분리가 1회 일어나 염색체 수가 비정상적인 생식 세포가 형성되었다. 이 생식 세포가 정상 생식 세포와 수정되어 태어난 사람은 7과 8 중 1명이다.
- 표는 구성원 1, 2, 3, 4, 7, 8에서 체세포 1개당 A*와 B*의 DNA 상대량을 나타낸 것이다.

구성원		1	2	3	4	7	8
DNA 상대량	A*	0	1	?	?	ⓐ	ⓑ
	B*	0	?	ⓒ	ⓓ	?	?

이에 대한 설명으로 옳은 것만을 <보기>에서 있는 대로 고르시오. (단, 교차와 제시된 비분리 이외의 돌연변이는 고려하지 않으며, A, A*, B, B* 각각의 1개당 DNA 상대량은 같다.)

<보 기>

ㄱ. ⓐ+ⓑ+ⓒ+ⓓ=3이다.

ㄴ. 4의 감수 2분열 과정에서 염색체 비분리가 일어났다.

ㄷ. 5와 6 사이에서 아이가 태어날 때, 이 아이에게서 ㉠과 ㉡ 중 ㉠만 발현될 확률은 $\frac{1}{2}$이다.

03 2017학년도 9월 평가원 19번

다음은 어떤 집안의 유전 형질 ㉠과 ㉡에 대한 자료이다.

- ㉠은 대립유전자 A와 A*에 의해, ㉡은 대립유전자 B와 B*에 의해 결정된다. A는 A*에 대해, B는 B*에 대해 각각 완전 우성이다.
- ㉠과 ㉡을 결정하는 유전자는 모두 X 염색체에 연관되어 있다.
- 부모 모두 ㉠은 발현되지 않았고, 부모 중 한 사람만 ㉡이 발현되었다.
- 표는 이 부모로부터 태어난 자녀 1~4의 성별과 ㉠과 ㉡의 발현 여부를 나타낸 것이다.

자녀	성별	㉠	㉡
1	남	×	○
2	남	○	○
3	여	×	×
4	남	×	×

(○: 발현됨, ×: 발현되지 않음)

- 부모와 자녀 1~3의 핵형은 모두 정상이다.
- 감수 분열 시 부모 중 한 사람에게서만 염색체 비분리가 1회 일어나 ⓐ 염색체 수가 비정상적인 생식 세포가 형성되었다. ⓐ가 정상 생식 세포와 수정되어 4가 태어났으며, 4는 클라인펠터 증후군을 나타낸다.

이에 대한 설명으로 옳은 것만을 <보기>에서 있는 대로 고르시오. (단, 제시된 염색체 비분리 이외의 돌연변이와 교차는 고려하지 않는다.)

<보 기>

ㄱ. ㉡은 우성 형질이다.

ㄴ. 1~4의 어머니는 A와 B*가 연관된 염색체를 가지고 있다.

ㄷ. ⓐ는 감수 1분열에서 염색체 비분리가 일어나 형성된 정자이다.

04 2017학년도 수능 8번

그림 (가)는 어떤 동물 ($2n=6$) 에서 형질 ⓐ의 유전자형이 BBEeFfhh인 G_1기의 세포로부터 정자가 형성되는 과정을, (나)는 ⓐ의 유전자형이 eh인 세포 ㉤에 들어 있는 모든 염색체를 나타낸 것이다. (가)에서 염색체 비분리가 1회 일어났고, ㉠과 ㉡에서 F의 DNA 상대량은 같다.

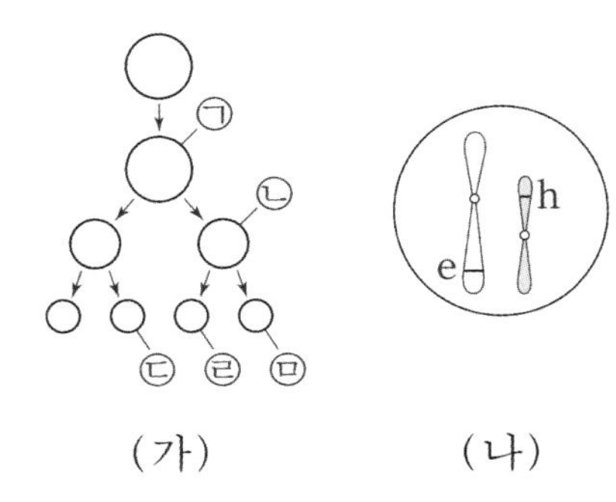

이에 대한 설명으로 옳은 것만을 <보기>에서 있는 대로 고르시오. (단, 제시된 염색체 비분리 이외의 돌연변이와 교차는 고려하지 않으며, ㉠과 ㉡은 중기의 세포이다.)

<보 기>

ㄱ. 염색체 비분리는 감수 1분열에서 일어났다.

ㄴ. ㉢에서 B와 f는 연관되어 있다.

ㄷ. $\frac{\text{㉣의 염색체 수}}{\text{㉠의 염색분체 수}}=\frac{1}{6}$이다.

05 2018학년도 6월 평가원 13번

그림 (가)와 (나)는 각각 어떤 남자와 여자의 생식 세포 형성 과정을, 표는 세포 ⓐ~ⓔ의 총 염색체 수와 X 염색체 수를 나타낸 것이다. (가)의 감수 1분열에서는 7번 염색체에서 비분리가 1회, 감수 2분열에서는 1개의 성염색체에서 비분리가 1회 일어났다. (나)의 감수 1분열에서는 21번 염색체에서 비분리가 1회, 감수 2분열에서는 1개의 성염색체에서 비분리가 1회 일어났다. ⓐ~ⓔ는 I~V를 순서 없이 나타낸 것이다.

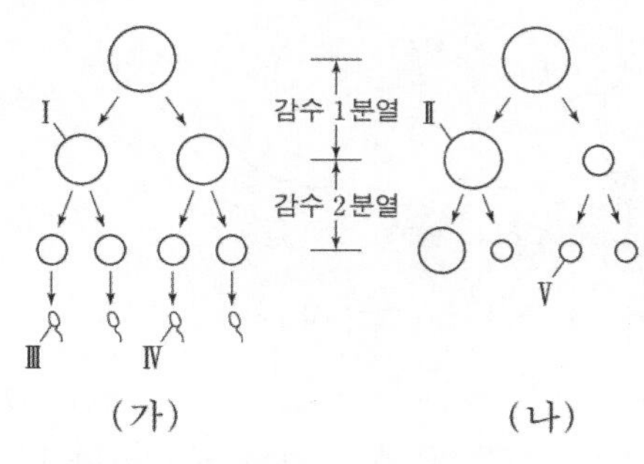

세포	총 염색체 수	X 염색체 수
ⓐ	22	1
ⓑ	24	0
ⓒ	24	1
ⓓ	25	0
ⓔ	㉠	2

이에 대한 설명으로 옳은 것만을 <보기>에서 있는 대로 고르시오. (단, 제시된 염색체 비분리 이외의 돌연변이는 고려하지 않으며, I과 II는 중기의 세포이다.)

<보 기>

ㄱ. ㉠=25이다.

ㄴ. III의 Y 염색체 수는 2이다.

ㄷ. IV에는 7번 염색체가 있다.

06 2018학년도 9월 평가원 15번

다음은 어떤 가족의 유전 형질 ㉠, ㉡, ㉢에 대한 자료이다.

- ㉠은 대립유전자 A, B, C에 의해, ㉡은 대립유전자 D, E, F에 의해, ㉢은 대립유전자 G와 g에 의해 결정된다.
- ㉠~㉢을 결정하는 유전자는 모두 21번 염색체에 있다.
- 감수 분열 시 부모 중 한 사람에게서만 염색체 비분리가 1회 일어나 ⓐ 염색체 수가 비정상적인 생식 세포가 형성되었다. ⓐ가 정상 생식 세포와 수정되어 아이가 태어났다. 이 아이는 자녀 2와 자녀 3 중 하나이며, 다운 증후군을 나타낸다. 이 아이를 제외한 나머지 구성원의 핵형은 모두 정상이다.
- 표는 이 가족 구성원에서 ㉠~㉢을 결정하는 대립유전자의 유무를 나타낸 것이다.

구성원	대립 유전자							
	A	B	C	D	E	F	G	g
부	○	×	○	○	×	○	○	○
모	○	○	×	×	○	○	×	○
자녀 1	×	○	○	○	×	○	○	○
자녀 2	○	○	×	×	○	○	×	○
자녀 3	○	×	○	○	○	×	○	○

(○: 있음, ×: 없음)

이에 대한 설명으로 옳은 것만을 <보기>에서 있는 대로 고르시오. (단, 제시된 염색체 비분리 이외의 돌연변이와 교차는 고려하지 않는다.)

<보 기>

ㄱ. 자녀 1은 C, D, G가 연관된 염색체를 갖는다.
ㄴ. 다운 증후군을 나타내는 구성원은 자녀 2이다.
ㄷ. ⓐ는 감수 1분열에서 염색체 비분리가 일어나 형성된 정자이다.

07 2018학년도 수능 19번

다음은 어떤 가족의 유전 형질 ㉠~㉢에 대한 자료이다.

- ㉠은 대립유전자 H와 H*에 의해, ㉡은 대립유전자 R와 R*에 의해, ㉢은 대립유전자 T와 T*에 의해 결정된다. H는 H*에 대해, R는 R*에 대해, T는 T*에 대해 각각 완전 우성이다.
- ㉠~㉢을 결정하는 유전자는 모두 X 염색체에 있다.
- 감수 분열 시 부모 중 한 사람에게서만 염색체 비분리가 1회 일어나 ⓐ 염색체 수가 비정상적인 생식 세포가 형성되었다. ⓐ가 정상 생식 세포와 수정되어 아이가 태어났다. 이 아이는 자녀 3과 자녀 4 중 하나이며, 클라인펠터 증후군을 나타낸다. 이 아이를 제외한 나머지 구성원의 핵형은 모두 정상이다.
- 표는 구성원의 성별과 ㉠~㉢의 발현 여부를 나타낸 것이다.

구성원	성별	㉠	㉡	㉢
부	남	○	?	?
모	여	?	×	?
자녀 1	남	×	○	○
자녀 2	여	×	×	×
자녀 3	남	×	×	○
자녀 4	남	○	×	○

(○: 발현됨, ×: 발현되지 않음)

이에 대한 설명으로 옳은 것만을 <보기>에서 있는 대로 고르시오. (단, 제시된 염색체 비분리 이외의 돌연변이와 교차는 고려하지 않는다.)

<보 기>

ㄱ. ㉡과 ㉢은 모두 열성 형질이다.
ㄴ. 클라인펠터 증후군을 나타내는 구성원은 자녀 4이다.
ㄷ. ⓐ는 감수 1분열에서 염색체 비분리가 일어나 형성된 정자이다.

08 2019학년도 6월 평가원 15번

그림 (가)와 (나)는 핵상이 $2n$인 어떤 동물에서 암컷과 수컷의 생식 세포 형성 과정을, 표는 세포 ㉠~㉣이 갖는 유전자 E, e, F, f, G, g의 DNA 상대량을 나타낸 것이다. E와 e, F와 f, G와 g는 각각 대립유전자이다. (가)와 (나)의 감수 1분열에서 성염색체 비분리가 각각 1회 일어났다. ㉠~㉣은 I~IV를 순서 없이 나타낸 것이다.

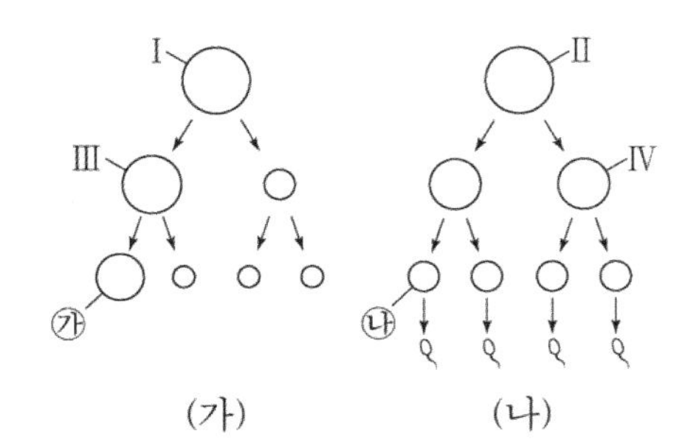

(가) (나)

세포	DNA 상대량					
	E	e	F	f	G	g
㉠	?	0	2	0	2	ⓐ
㉡	2	2	0	4	0	?
㉢	ⓑ	0	?	2	?	0
㉣	4	0	ⓒ	2	?	2

이에 대한 설명으로 옳은 것만을 <보기>에서 있는 대로 고르시오. (단, 제시된 염색체 비분리 이외의 돌연변이와 교차는 고려하지 않으며, I~IV는 중기의 세포이다. E, e, F, f, G, g 각각의 1개당 DNA 상대량은 같다.)

<보 기>

ㄱ. ㉢은 III이다.
ㄴ. ⓐ+ⓑ+ⓒ=6이다.
ㄷ. 성염색체 수는 ㉮ 세포와 ㉯ 세포가 같다.

09 2019학년도 9월 평가원 9번

사람의 유전 형질 (가)는 3쌍의 대립유전자 H와 h, R와 r, T와 t에 의해 결정되며, (가)를 결정하는 유전자는 서로 다른 3개의 상염색체에 존재한다. 그림은 어떤 사람의 G_1기 세포 I로부터 정자가 형성되는 과정을, 표는 세포 ㉠~㉣에 들어 있는 세포 1개당 대립유전자 H, R, T의 DNA 상대량을 더한 값을 나타낸 것이다. 이 정자 형성 과정에서 21번 염색체의 비분리가 1회 일어났고, ㉠~㉣은 I~IV를 순서 없이 나타낸 것이다.

세포	H, R, T의 DNA 상대량을 더한 값
㉠	2
㉡	3
㉢	3
㉣	?

이에 대한 설명으로 옳은 것만을 <보기>에서 있는 대로 고르시오. (단, 제시된 염색체 비분리 이외의 돌연변이와 교차는 고려하지 않으며, H, h, R, r, T, t 각각의 1개당 DNA 상대량은 1이다.)

<보 기>

ㄱ. ㉣은 II이다.

ㄴ. 염색체 비분리는 감수 1분열에서 일어났다.

ㄷ. 정자 ⓐ와 정상 난자가 수정되어 태어난 아이는 다운 증후군의 염색체 이상을 보인다.

10 2019학년도 수능 17번

다음은 어떤 집안의 유전 형질 (가)~(다)에 대한 자료이다.

○ ㉠은 대립유전자 A와 A*에 의해, ㉡은 대립유전자 B와 B*에 의해 결정된다. A는 A*에 대해, B는 B*에 대해 각각 완전 우성이다.

○ ㉠의 유전자와 ㉡의 유전자는 연관되어 있다.

○ 가계도는 구성원 1~8에게서 ㉠과 ㉡의 발현 여부를 나타낸 것이다.

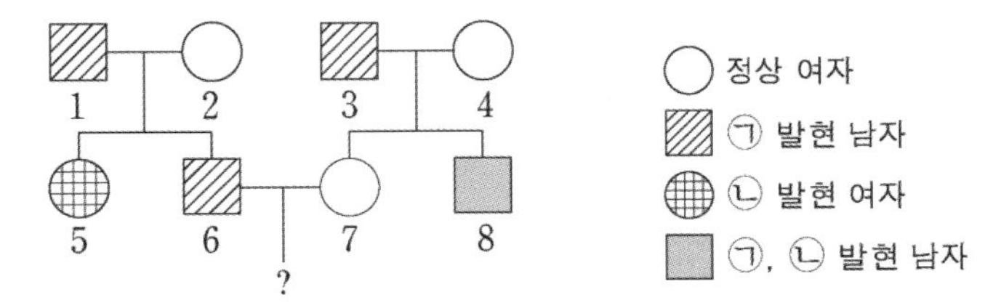

○ 1~8의 핵형은 모두 정상이다.

○ 5와 8 중 한 명은 정상 난자와 정상 정자가 수정되어 태어났다. 나머지 한 명은 염색체 수가 비정상적인 난자와 염색체 수가 비정상적인 정자가 수정되어 태어났으며, ⓐ 이 난자와 정자의 형성 과정에서 각각 염색체 비분리가 1회 일어났다.

○ $\frac{1, 2, 6 \text{ 각각의 체세포 1개당 A}^*\text{의 DNA 상대량을 더한 값}}{3, 4, 7 \text{ 각각의 체세포 1개당 A}^*\text{의 DNA 상대량을 더한 값}} = 1$이다.

이에 대한 설명으로 옳은 것만을 <보기>에서 있는 대로 고르시오. (단, 제시된 염색체 비분리 이외의 돌연변이와 교차는 고려하지 않으며, A와 A* 각각의 1개당 DNA 상대량은 1이다.)

<보 기>

ㄱ. ㉠은 우성 형질이다.

ㄴ. ⓐ의 형성 과정에서 염색체 비분리는 감수 2분열에서 일어났다.

ㄷ. 6과 7 사이에서 아이가 태어날 때, 이 아이에게서 ㉠과 ㉡ 중 ㉠만 발현될 확률은 $\frac{1}{4}$이다.

11 2020학년도 6월 평가원 10번

다음은 어떤 집안의 유전 형질 (가)~(다)에 대한 자료이다.

- (가)를 결정하는 3개의 유전자는 각각 대립유전자 A와 a, B와 b, D와 d를 가진다.
- (가)의 표현형은 유전자형에서 대문자로 표시되는 대립유전자의 수에 의해서만 결정되며, 이 대립유전자의 수가 다르면 표현형이 다르다.
- (가)의 유전자형이 AaBbDd인 부모 사이에서 아이가 태어날 때, 이 아이에게서 나타날 수 있는 (가)의 표현형은 최대 5가지이다.
- 감수 분열 시 염색체 비분리가 1회 일어나 ⓐ 염색체 수가 비정상적인 난자가 형성되었다. ⓐ와 정상 정자가 수정되어 아이가 태어났고, 이 아이는 자녀 1과 2 중 한 명이다. 이 아이를 제외한 나머지 구성원의 핵형은 모두 정상이다.
- 표는 이 가족 구성원 중 자녀 1과 2의 (가)에 대한 유전자형에서 대문자로 표시되는 대립유전자의 수를 나타낸 것이다.

구성원	대문자로 표시되는 대립 유전자의 수
자녀 1	4
자녀 2	7

이에 대한 설명으로 옳은 것만을 <보기>에서 있는 대로 고르시오. (단, 제시된 염색체 이외의 돌연변이와 교차는 고려하지 않는다.)

<보 기>

ㄱ. (가)의 유전은 다인자 유전이다.
ㄴ. 아버지에서 A, B, D를 모두 갖는 정자가 형성될 수 있다.
ㄷ. ⓐ의 형성 과정에서 염색체 비분리는 감수 2분열에서 일어났다.

12 2020학년도 9월 평가원 15번

사람의 유전 형질 ⓐ는 3쌍의 대립유전자 A와 a, B와 b, D와 d에 의해 결정되며, ⓐ를 결정하는 유전자는 서로 다른 2개의 상염색체에 있다. 그림 (가)는 유전자형이 AaBbDd인 G_1기의 세포 Q로부터 정자가 형성되는 과정을, (나)는 세포 ㉠~㉢의 세포 1개당 a, B, D의 DNA 상대량을 나타낸 것이다. ㉠~㉢은 I~III을 순서 없이 나타낸 것이다. (가)에서 염색체 비분리는 1회 일어났고, I~III 중 1개의 세포만 A를 가지며, I은 중기의 세포이다.

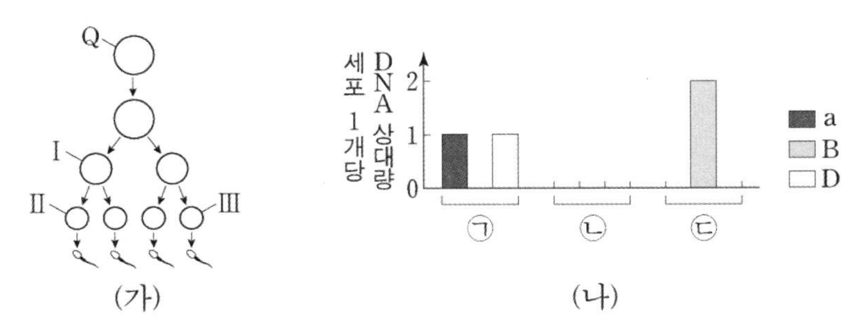

이에 대한 설명으로 옳은 것만을 <보기>에서 있는 대로 고르시오. (단, 제시된 염색체 비분리 이외의 돌연변이와 교차는 고려하지 않으며, A, a, B, b, D, d 각각의 1개당 DNA 상대량은 1이다.)

<보 기>

ㄱ. Q에서 A와 b는 연관되어 있다.
ㄴ. 염색체 비분리는 감수 2분열에서 일어났다.
ㄷ. 세포 1개당 a, b, d의 DNA 상대량을 더한 값은 II에서와 III에서가 서로 같다.

13 2020학년도 수능 19번

다음은 어떤 가족의 유전 형질 ㉠에 대한 자료이다.

- ㉠을 결정하는 데 관여하는 3개의 유전자는 모두 상염색체에 있으며, 3개의 유전자는 각각 대립유전자 A와 a, B와 b, D와 d를 갖는다.
- ㉠의 표현형은 유전자형에서 대문자로 표시되는 대립유전자의 수에 의해서만 결정되며, 이 대립유전자의 수가 다르면 표현형이 다르다.
- 표 (가)는 이 가족 구성원의 ㉠에 대한 유전자형에서 대문자로 표시되는 대립유전자의 수를, (나)는 아버지로부터 형성된 정자 I~III이 갖는 A, a, B, D의 DNA 상대량을 나타낸 것이다. I~III 중 1개는 세포 P의 감수 1분열에서 염색체 비분리가 1회, 나머지 2개는 세포 Q의 감수 2분열에서 염색체 비분리가 1회 일어나 형성된 정자이다. P와 Q는 모두 G_1기 세포이다.

구성원	대문자로 표시되는 대립 유전자의 수
아버지	3
어머니	3
자녀 1	8

(가)

정자	DNA 상대량			
	A	a	B	D
I	0	?	1	0
II	1	1	1	1
III	2	?	?	?

(나)

- I~III 중 1개의 정자와 정상 난자가 수정되어 자녀 1이 태어났다. 자녀 1을 제외한 나머지 가족 구성원의 핵형은 모두 정상이다.

이에 대한 설명으로 옳은 것만을 <보기>에서 있는 대로 고르시오. (단, 제시된 염색체 비분리 이외의 돌연변이와 교차는 고려하지 않으며, A, a, B, b, D, d 각각의 1개당 DNA 상대량은 1이다.)

<보 기>

ㄱ. I은 감수 2분열에서 염색체 비분리가 일어나 형성된 정자이다.

ㄴ. 자녀 1의 체세포 1개당 $\frac{\text{B의 DNA 상대량}}{\text{A의 DNA 상대량}}=1$이다.

ㄷ. 자녀 1의 동생이 태어날 때, 이 아이에게서 나타날 수 있는 ㉠의 표현형은 최대 5가지이다.

14 2021학년도 6월 평가원 16번

다음은 영희네 가족의 유전 형질 (가)~(다)에 대한 자료이다.

- (가)는 대립유전자 A와 A^*에 의해, (나)는 대립유전자 B와 B^*에 의해, (다)는 대립유전자 D와 D^*에 의해 결정된다.
- (가)와 (나)의 유전자는 7번 염색체에, (다)의 유전자는 X 염색체에 있다.
- 그림은 영희네 가족 구성원 중 어머니, 오빠, 영희, ⓐ 남동생의 세포 I~IV가 갖는 A, B, D^*의 DNA 상대량을 나타낸 것이다.

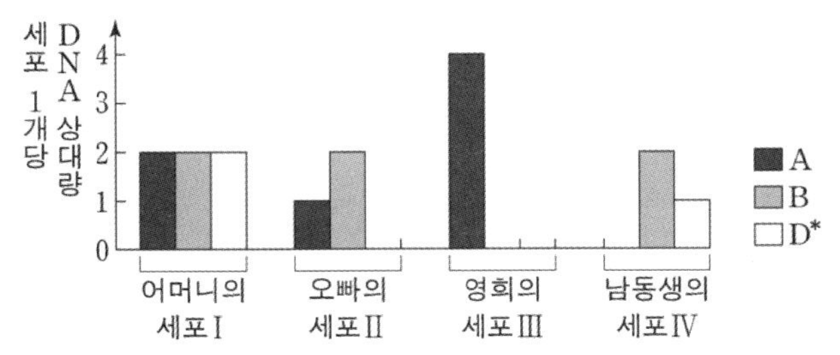

- 어머니의 생식 세포 형성 과정에서 대립유전자 ㉠이 대립유전자 ㉡으로 바뀌는 돌연변이가 1회 일어나 ㉡을 갖는 생식 세포가 형성되었다. 이 생식 세포가 정상 생식 세포와 수정되어 ⓐ가 태어났다. ㉠과 ㉡은 (가)~(다) 중 한 가지 형질을 결정하는 서로 다른 대립유전자이다.

이에 대한 설명으로 옳은 것만을 <보기>에서 있는 대로 고르시오. (단, 제시된 염색체 비분리 이외의 돌연변이와 교차는 고려하지 않으며, A, A^*, B, B^*, D, D^* 각각의 1개당 DNA 상대량은 1이다.)

<보 기>

ㄱ. I는 G_1기 세포이다.
ㄴ. ㉠은 A이다.
ㄷ. 아버지에서 A^*, B, D를 모두 갖는 정자가 형성될 수 있다.

15 2022학년도 6월 평가원 15번

다음은 어떤 가족의 유전 형질 (가)에 대한 자료이다.

○ (가)를 결정하는 데 관여하는 3개의 유전자는 모두 상염색체에 있으며, 3개의 유전자는 각각 대립유전자 H와 H*, R와 R*, T와 T*를 갖는다.

○ 그림은 아버지와 어머니의 체세포 각각에 들어 있는 일부 염색체와 유전자를 나타낸 것이다. 아버지와 어머니의 핵형은 모두 정상이다.

아버지 / 어머니

○ 아버지의 생식세포 형성 과정에서 ㉠이 1 회 일어나 형성된 정자 P와 어머니의 생식세포 형성 과정에서 ㉡이 1회 일어나 형성된 난자 Q가 수정되어 자녀 ⓐ가 태어났다. ㉠과 ㉡은 염색체 비분리와 염색체 결실을 순서 없이 나타낸 것이다.

○ 그림은 ⓐ의 체세포 1개당 H*, R, T, T*의 DNA 상대량을 나타낸 것이다.

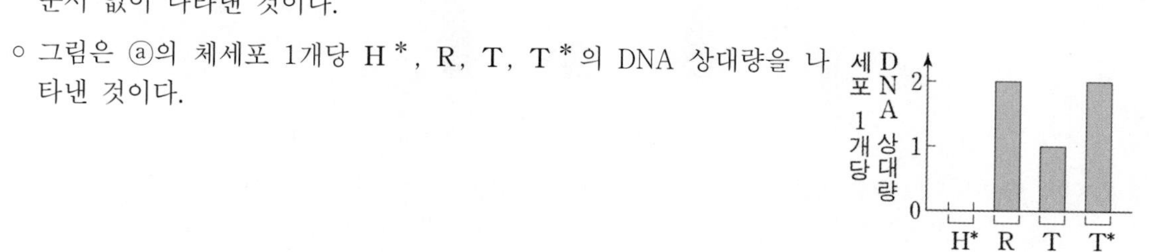

이에 대한 설명으로 옳은 것만을 <보기>에서 있는 대로 고르시오. (단, 제시된 돌연변이 이외의 돌연변이와 교차는 고려하지 않으며, H, H*, R, R*, T, T* 각각의 1개당 DNA 상대량은 1이다.)

<보 기>

ㄱ. 난자 Q에는 H가 있다.

ㄴ. 생식세포 형성 과정에서 염색체 비분리는 감수 2분열에서 일어났다.

ㄷ. ⓐ의 체세포 1개당 상염색체 수는 43이다.

16 2023학년도 6월 평가원 19번

다음은 어떤 가족의 ABO식 혈액형과 유전 형질 (가), (나)에 대한 자료이다.

- (가)는 대립유전자 H와 h에 의해, (나)는 대립유전자 T와 t에 의해 결정된다. H는 h에 대해, T는 t에 대해 각각 완전 우성이다.
- (가)의 유전자와 (나)의 유전자 중 하나는 ABO식 혈액형 유전자와 같은 염색체에 있고, 나머지 하나는 X 염색체에 있다.
- 표는 구성원의 성별, ABO식 혈액형과 (가), (나)의 발현 여부를 나타낸 것이다.

구성원	성별	혈액형	(가)	(나)
아버지	남	A형	×	×
어머니	여	B형	×	○
자녀 1	남	AB형	○	×
자녀 2	여	B형	○	×
자녀 3	여	A형	×	○

(○: 발현됨, ×: 발현 안 됨)

- 아버지와 어머니 중 한 명의 생식세포 형성 과정에서 대립유전자 ㉠이 대립유전자 ㉡으로 바뀌는 돌연변이가 1회 일어나 ㉡을 갖는 생식세포가 형성되었다. 이 생식세포가 정상 생식세포와 수정되어 자녀 1이 태어났다. ㉠과 ㉡은 (가)와 (나) 중 한 가지 형질을 결정하는 서로 다른 대립유전자이다.

이에 대한 설명으로 옳은 것만을 <보기>에서 있는 대로 고르시오. (단, 제시된 돌연변이 이외의 돌연변이와 교차는 고려하지 않는다.)

<보 기>

ㄱ. (나)는 열성 형질이다.

ㄴ. ㉠은 H이다.

ㄷ. 자녀 3의 동생이 태어날 때, 이 아이의 혈액형이 O형이면서 (가)와 (나)가 모두 발현되지 않을 확률은 $\frac{1}{8}$이다.

17 2022년 7월 교육청 20번

다음은 어떤 가족의 유전 형질 (가)와 (나)에 대한 자료이다.

- (가)는 대립유전자 A와 a에 의해 결정되며, 유전자형이 다르면 표현형이 다르다.
- (나)는 1쌍의 대립유전자에 의해 결정되며 대립유전자에는 B, D, E, F가 있다. B, D, E, F 사이의 우열 관계는 분명하다.
- (나)의 표현형은 4가지 이며, ㉠, ㉡, ㉢, ㉣이다.
- (나)에서 유전자형이 BF, DF, EF, FF인 개체의 표현형은 같고, 유전자형이 BE, DE, EE인 개체의 표현형은 같고, 유전자형이 BD, DD인 개체의 표현형은 같다.
- (가)와 (나)의 유전자는 같은 상염색체에 있다.
- 표는 아버지, 어머니, 자녀 I~IV에서 (나)에 대한 표현형과 체세포 1개당 A의 DNA 상대량을 나타낸 것이다.

구분	아버지	어머니	자녀 I	자녀 II	자녀 III	자녀 IV
(나)에 대한 표현형	㉠	㉡	㉠	㉠	㉢	㉣
A의 DNA 상대량	?	1	2	?	1	0

- 자녀 IV는 생식세포 형성 과정에서 대립유전자 ⓐ가 결실된 염색체를 가진 정자와 정상 난자가 수정되어 태어났다. ⓐ는 B, D, E, F 중 하나이다.

이에 대한 설명으로 옳은 것만을 <보기>에서 있는 대로 고르시오. (단, 제시된 돌연변이 이외의 돌연변이와 교차는 고려하지 않으며, A, a 각각의 1개당 DNA 상대량은 1이다.)

<보 기>

ㄱ. ⓐ는 E이다.

ㄴ. 자녀 II의 (가)에 대한 유전자형은 aa이다.

ㄷ. 자녀 IV의 동생이 태어날 때, 이 아이의 (가)와 (나)에 대한 표현형이 모두 아버지와 같을 확률은 $\frac{1}{4}$이다.

18 2022년 10월 교육청 18번

다음은 어떤 가족의 ABO식 혈액형과 적록 색맹에 대한 자료이다.

- ○ 표는 구성원의 성별과 각각의 혈청을 자녀 1의 적혈구와 혼합했을 때 응집 여부를 나타낸 것이다. ⓐ와 ⓑ는 각각 '응집됨'과 '응집 안 됨' 중 하나이다.

구성원	성별	응집 여부
아버지	남	ⓐ
어머니	여	ⓐ
자녀 1	남	응집 안 됨
자녀 2	여	ⓑ
자녀 3	여	ⓑ

- ○ 아버지, 어머니, 자녀 2, 자녀 3의 ABO식 혈액형은 서로 다르고, 자녀 1의 ABO식 혈액형은 A형이다.
- ○ 구성원의 핵형은 모두 정상이다.
- ○ 구성원 중 자녀 2만 적록 색맹이 나타난다.
- ○ 자녀 2는 정자 I과 난자 II가 수정되어 태어났고, 자녀3은 정자 III과 난자 IV가 수정되어 태어났다. I~IV가 형성될 때 각각 염색체 비분리가 1회 일어났다.
- ○ 세포 1개당 염색체 수는 I과 III이 같다.

이에 대한 옳은 설명만을 <보기>에서 있는 대로 고르시오. (단, ABO식 혈액형 이외의 혈액형은 고려하지 않으며, 제시된 돌연변이 이외의 돌연변이는 고려하지 않는다.)

<보 기>

ㄱ. 세포 1개당 X 염색체 수는 III이 I보다 크다.
ㄴ. 아버지의 ABO식 혈액형은 A형이다.
ㄷ. IV가 형성될 때 염색체 비분리는 감수 2분열에서 일어났다.

19 2023학년도 수능 17번

다음은 어떤 가족의 유전 형질 (가)에 대한 자료이다.

ㅇ (가)는 서로 다른 상염색체에 있는 2쌍의 대립유전자 H와 h, T와 t에 의해 결정된다. (가)의 표현형은 유전자형에서 대문자로 표시되는 대립유전자의 수에 의해서만 결정되며, 이 대립유전자의 수가 다르면 표현형이 다르다.

ㅇ 표는 이 가족 구성원의 체세포에서 대립유전자 ⓐ~ⓓ의 유무와 (가)의 유전자형에서 대문자로 표시되는 대립유전자의 수를 나타낸 것이다. ⓐ~ⓓ는 H, h, T, t를 순서 없이 나타낸 것이고, ㉠~㉤은 0, 1, 2, 3, 4를 순서 없이 나타낸 것이다.

구성원	대립유전자				대문자로 표시되는 대립유전자의 수
	ⓐ	ⓑ	ⓒ	ⓓ	
아버지	○	○	×	○	㉠
어머니	○	○	○	○	㉡
자녀 1	?	×	×	○	㉢
자녀 2	○	○	?	×	㉣
자녀 3	○	?	○	×	㉤

(○: 있음, ×: 없음)

ㅇ 아버지의 정자 형성 과정에서 염색체 비분리가 1회 일어나 염색체 수가 비정상적인 정자 P가 형성되었다. P와 정상 난자가 수정되어 자녀 3이 태어났다.

ㅇ 자녀 3을 제외한 이 가족 구성원의 핵형은 모두 정상이다.

이에 대한 설명으로 옳은 것만을 <보기>에서 있는 대로 고르시오. (단, 제시된 염색체 비분리 이외의 돌연변이와 교차는 고려하지 않는다.)

<보 기>

ㄱ. 아버지는 t를 갖는다.

ㄴ. ⓐ는 ⓒ와 대립유전자이다.

ㄷ. 염색체 비분리는 감수 1분열에서 일어났다.

20 2023년 3월 교육청 19번

다음은 사람의 유전 형질 (가)에 대한 자료이다.

- 서로 다른 3개의 상염색체에 있는 3쌍의 대립유전자 A와 a, B와 b, D와 d에 의해 결정된다.
- 표는 사람 P의 세포 I ~ III 각각에 들어있는 A, a, B, b, D, d의 DNA 상대량을 나타낸 것이다. ㉠과 ㉡은 1과 2를 순서 없이 나타낸 것이다.

세포	DNA 상대량					
	A	a	B	b	D	d
I	㉠	1	0	2	?	㉠
II	1	0	?	㉡	㉠	0
III	?	㉡	0	?	0	㉡

- I ~ III 중 2개에는 돌연변이가 일어난 염색체가 없고, 나머지에는 중복이 일어나 대립유전자 ⓐ의 DNA 상대량이 증가한 염색체가 있다. ⓐ는 A와 b 중 하나이다.

이에 대한 옳은 설명만을 <보기>에서 있는 대로 고르시오. (단, 제시된 돌연변이 이외의 돌연변이와 교차는 고려하지 않으며, A, a, B, b, D, d 각각의 1개당 DNA 상대량은 1이다.)

<보 기>

ㄱ. ㉠은 2이다.
ㄴ. ⓐ는 ⓑ이다.
ㄷ. P에서 (가)의 유전자형은 AaBbDd이다.

21 2023년 4월 교육청 17번

다음은 어떤 가족의 유전 형질 (가) ~ (다)에 대한 자료이다.

○ (가)는 대립유전자 A와 a에 의해, (나)는 대립유전자 B와 b에 의해, (다)는 대립유전자 D와 d에 의해 결정된다.
○ (가) ~ (다)의 유전자 중 2개는 7번 염색체에, 나머지 1개는 X 염색체에 있다.
○ 표는 이 가족 구성원 ㉠ ~ ㉤의 성별, 체세포 1개에 들어 있는 A, b, D의 DNA 상대량을 나타낸 것이다. ㉠ ~ ㉤은 아버지, 어머니, 자녀 1, 자녀 2, 자녀 3을 순서 없이 나타낸 것이다.

구성원	성별	DNA 상대량		
		A	b	D
㉠	여	1	1	1
㉡	여	2	2	0
㉢	남	1	0	2
㉣	남	2	0	2
㉤	남	2	1	1

○ ㉠ ~ ㉤의 핵형은 모두 정상이다. 자녀 1과 2는 각각 정상 정자와 정상 난자가 수정되어 태어났다.
○ 자녀 3은 염색체 수가 비정상적인 정자 ⓐ와 염색체 수가 비정상적인 난자 ⓑ가 수정되어 태어났으며, ⓐ와 ⓑ의 형성 과정에서 각각 염색체 비분리가 1회 일어났다.

이에 대한 설명으로 옳은 것만을 <보기>에서 있는 대로 고르시오. (단, 제시된 염색체 비분리 이외의 돌연변이와 교차는 고려하지 않으며, A, a, B, b, D, d 각각의 1개당 DNA 상대량은 1이다.)

<보 기>

ㄱ. (나)의 유전자는 X 염색체에 있다.
ㄴ. 어머니에게서 A, b, d를 모두 갖는 난자가 형성될 수 있다.
ㄷ. ⓐ의 형성 과정에서 염색체 비분리는 감수 1분열에서 일어났다.

22 2023년 7월 교육청 20번

다음은 어떤 가족의 유전 형질 (가) ~ (다)에 대한 자료이다.

○ (가)는 대립유전자 A와 a에 의해, (나)는 대립유전자 B와 b에 의해, (다)는 대립유전자 D와 d에 의해 결정된다.

○ 그림은 아버지와 어머니의 체세포에 들어있는 일부 염색체와 유전자를 나타낸 것이다. ㉮~㉱는 각각 ㉮′~㉱′의 상동 염색체이다.

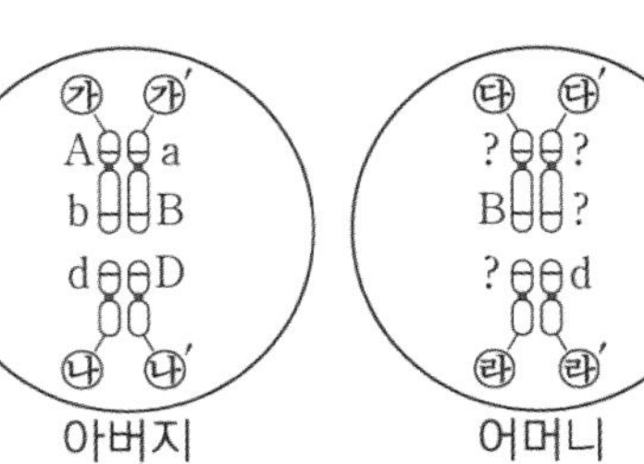

○ 표는 이 가족 구성원 I~IV에서 염색체 ㉠~㉣의 유무와 A, b, D의 DNA 상대량을 더한 값 (A+b+D)을 나타낸 것이다. ㉠ ~ ㉣은 ㉮~㉱를 순서 없이 나타낸 것이다.

구성원	세포	염색체				A+b+D
		㉠	㉡	㉢	㉣	
아버지	I	○	×	×	×	0
어머니	II	×	○	×	○	3
자녀 1	III	○	×	○	○	3
자녀 2	IV	○	×	×	○	3

(○: 있음, ×: 없음)

○ 감수 분열 시 부모 중 한 사람에게서만 염색체 비분리가 1회 일어나 염색체 수가 비정상적인 생식세포 ⓐ가 형성되었다. ⓐ와 정상 생식세포가 수정되어 자녀 2가 태어났다.

○ 자녀 2를 제외한 이 가족 구성원의 핵형은 모두 정상이다.

이에 대한 설명으로 옳은 것만을 <보기>에서 있는 대로 고르시오. (단, 제시된 돌연변이 이외의 돌연변이와 교차는 고려하지 않으며, A, a, B, b, D, d 각각의 1개당 DNA 상대량은 1이다.)

<보 기>

ㄱ. ㉡은 ㉱이다.

ㄴ. 어머니의 (가)~(다)에 대한 유전자형은 AABBDd이다.

ㄷ. ⓐ는 감수 2분열에서 염색체 비분리가 일어나 형성된 난자이다.

23 2023년 10월 교육청 18번

사람의 특정 형질은 1번 염색체에 있는 3쌍의 대립유전자 A와 a, B와 b, D와 d에 의해 결정된다. 그림은 어떤 사람의 G_1기 세포 I로부터 생식세포가 형성되는 과정을, 표는 세포 ㉠~㉤에서 A, a, B, b, D, d의 DNA 상대량을 나타낸 것이다. 이 생식세포 형성 과정에서 염색체 비분리가 1회 일어났다. ㉠~㉤은 I~V를 순서 없이 나타낸 것이고, II와 III은 중기 세포이다.

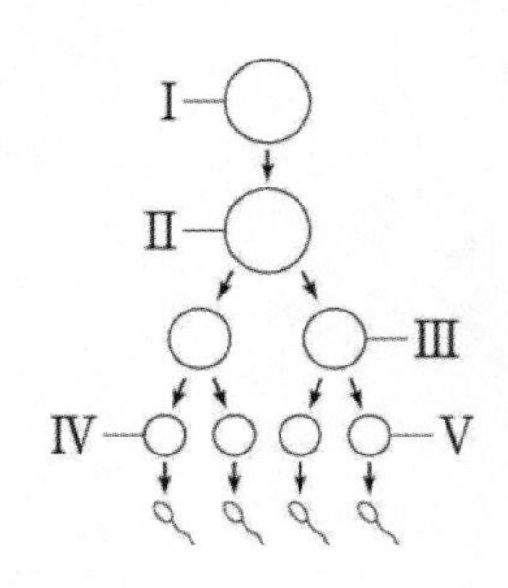

세포	DNA 상대량				
	A	a	B	b	D
㉠	2	0	0	2	ⓐ
㉡	?	ⓑ	1	1	?
㉢	0	2	2	0	?
㉣	?	?	?	?	4
㉤	?	1	1	?	1

이에 대한 설명으로 옳은 것만을 <보기>에서 있는 대로 고르시오. (단, 제시된 염색체 비분리 이외의 돌연변이와 교차는 고려하지 않으며, A, a, B, b, D, d 각각의 1개당 DNA 상대량은 1이다.)

<보 기>

ㄱ. ㉠은 III이다.
ㄴ. ⓐ+ⓑ=3이다.
ㄷ. V의 염색체 수는 24이다.

24 2024학년도 6월 평가원 17번

다음은 어떤 가족의 유전 형질 (가) ~ (다)에 대한 자료이다.

- (가)는 대립유전자 A와 a에 의해, (나)는 대립유전자 B와 b에 의해, (다)는 대립유전자 D와 d에 의해 결정된다.
- (가)와 (나)의 유전자는 7번 염색체에, (다)의 유전자는 13번 염색체에 있다.
- 그림은 어머니와 아버지의 체세포 각각에 들어 있는 7번 염색체, 13번 염색체와 유전자를 나타낸 것이다.

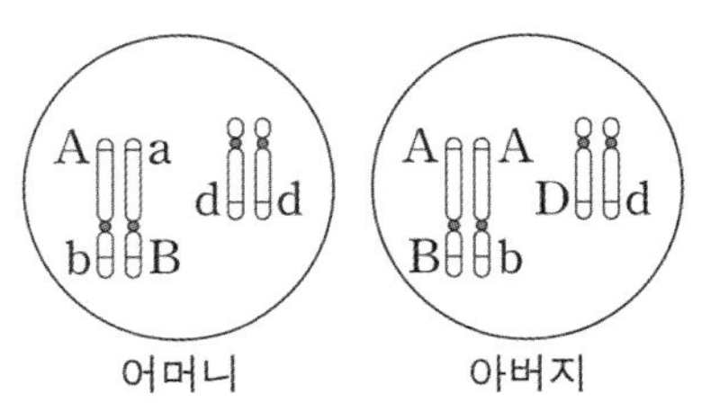

- 표는 이 가족 구성원 중 자녀 1~3에서 체세포 1개당 A, b, D의 DNA 상대량을 더한 값(A+b+D)과 체세포 1개당 a, b, d의 DNA 상대량을 더한 값(a+b+d)을 나타낸 것이다.

구성원		자녀 1	자녀 2	자녀 3
DNA 상대량을 더한 값	A+b+D	5	3	4
	a+b+d	3	3	1

- 자녀 1~3은 (가)의 유전자형이 모두 같다.
- 어머니의 생식세포 형성 과정에서 ㉠이 1회 일어나 형성된 난자 P와 아버지의 생식세포 형성 과정에서 ㉡이 1회 일어나 형성된 정자 Q가 수정되어 자녀 3이 태어났다. ㉠과 ㉡은 7번 염색체 결실과 13번 염색체 비분리를 순서 없이 나타낸 것이다.
- 자녀 3의 체세포 1개당 염색체 수는 47이고, 자녀 3을 제외한 이 가족 구성원의 핵형은 모두 정상이다.

이에 대한 설명으로 옳은 것만을 <보기>에서 있는 대로 고르시오. (단, 제시된 돌연변이 이외의 돌연변이와 교차는 고려하지 않으며, A, a, B, b, D, d 각각의 1개당 DNA 상대량은 1이다.)

<보 기>

ㄱ. 자녀 2에게서 A, B, D를 모두 갖는 생식세포가 형성될 수 있다.
ㄴ. ㉠은 7번 염색체 결실이다.
ㄷ. 염색체 비분리는 감수 2분열에서 일어났다.

25 2024학년도 9월 평가원 17번

다음은 어떤 가족의 유전 형질 (가)에 대한 자료이다.

- (가)는 21번 염색체에 있는 2쌍의 대립유전자 H와 h, T와 t에 의해 결정된다. (가)의 표현형은 유전자형에서 대문자로 표시되는 대립유전자의 수에 의해서만 결정되며, 이 대립유전자의 수가 다르면 표현형이 다르다.
- 어머니의 난자 형성 과정에서 21번 염색체 비분리가 1회 일어나 염색체 수가 비정상적인 난자 Q가 형성되었다. Q와 아버지의 정상 정자가 수정되어 ⓐ가 태어났으며, 부모의 핵형은 모두 정상이다.
- 어머니의 (가)의 유전자형은 HHTt이고, ⓐ의 (가)의 유전자형에서 대문자로 표시되는 대립유전자의 수는 4이다.
- ⓐ의 동생이 태어날 때, 이 아이에게서 나타날 수 있는 (가)의 표현형은 최대 2가지이고, ㉠ 이 아이가 가질 수 있는 (가)의 유전자형은 최대 4가지이다.

이에 대한 설명으로 옳은 것만을 <보기>에서 있는 대로 고르시오. (단, 제시된 염색체 비분리 이외의 돌연변이와 교차는 고려하지 않는다.)

<보 기>

ㄱ. 아버지의 (가)의 유전자형에서 대문자로 표시되는 대립유전자의 수는 2이다.
ㄴ. ㉠ 중에는 HhTt가 있다.
ㄷ. 염색체 비분리는 감수 1분열에서 일어났다.

26 2024학년도 수능 17번

다음은 어떤 가족의 유전 형질 (가) ~ (다)에 대한 자료이다.

- (가)는 대립유전자 A와 a에 의해, (나)는 대립유전자 B와 b에 의해, (다)는 대립유전자 D와 d에 의해 결정된다. A는 a에 대해, B는 b에 대해, D는 d에 대해 각각 완전 우성이다.
- (가)와 (나)는 모두 우성 형질이고, (다)는 열성 형질이다. (가)의 유전자는 상염색체에 있고, (나)와 (다)의 유전자는 모두 X 염색체에 있다.
- 표는 이 가족 구성원의 성별과 ㉠~㉢의 발현 여부를 나타낸 것이다. ㉠~㉢은 각각 (가)~(다) 중 하나이다.

구성원	성별	㉠	㉡	㉢
아버지	남	○	×	×
어머니	여	×	○	ⓐ
자녀 1	남	×	○	○
자녀 2	여	○	○	×
자녀 3	남	○	×	○
자녀 4	남	×	×	×

(○: 발현됨, ×: 발현 안 됨)

- 부모 중 한 명의 생식세포 형성 과정에서 성염색체 비분리가 1회 일어나 염색체 수가 비정상적인 생식세포 G가 형성되었다. G가 정상 생식세포와 수정되어 자녀 4가 태어났으며, 자녀 4는 클라인펠터 증후군의 염색체 이상을 보인다.
- 자녀 4를 제외한 이 가족 구성원의 핵형은 모두 정상이다.

이에 대한 설명으로 옳은 것만을 <보기>에서 있는 대로 고르시오. (단, 제시된 염색체 비분리 이외의 돌연변이와 교차는 고려하지 않는다.)

<보 기>

ㄱ. ⓐ는 '○'이다.
ㄴ. 자녀 2는 A, B, D를 모두 갖는다.
ㄷ. G는 아버지에게서 형성되었다.

27 2025학년도 6월 평가원 17번

다음은 어떤 가족의 유전 형질 (가) ~ (다)에 대한 자료이다.

- (가)~(다)의 유전자 중 2개는 13번 염색체에, 나머지 1개는 X염색체에 있다.
- (가)는 대립유전자 H와 h에 의해, (나)는 대립유전자 R와 r에 의해, (다)는 대립유전자 T와 t에 의해 결정된다. H는 h에 대해, R는 r에, T는 t에 대해 각각 완전 우성이다.
- (가)~(다) 중 2개는 우성 형질이고, 나머지 1개는 열성 형질이다.
- 표는 이 가족 구성원의 성별과 (가)~(다)의 발현 여부를 나타낸 것이다.

구성원	성별	(가)	(나)	(다)
아버지	남	○	×	×
어머니	여	○	○	○
자녀 1	남	○	○	○
자녀 2	여	×	×	×
자녀 3	남	×	×	○
자녀 4	여	×	○	○

(○: 발현됨, ×: 발현 안 됨)

- 이 가족 구성원의 핵형은 모두 정상이다.
- 염색체 수가 22인 생식세포 ㉠과 염색체 수가 24인 생식세포 ㉡이 수정되어 자녀 4가 태어났다. ㉠과 ㉡의 형성 과정에서 각각 13번 염색체 비분리가 1회 일어났다.

이에 대한 설명으로 옳은 것만을 <보기>에서 있는 대로 고르시오. (단, 제시된 돌연변이 이외의 돌연변이와 교차는 고려하지 않는다.)

<보 기>

ㄱ. (나)는 우성 형질이다.
ㄴ. 아버지에게서 h, R, t를 모두 갖는 정자가 형성될 수 있다.
ㄷ. ㉡은 감수 1분열에서 염색체 비분리가 일어나 형성된 난자이다.

28 2025학년도 9월 평가원 15번

다음은 어떤 가족의 유전 형질 (가) ~ (다)에 대한 자료이다.

○ (가)~(다)의 유전자 중 2개는 X 염색체에 있고, 나머지 1개는 상염색체에 있다.

○ (가)는 대립유전자 A와 a에 의해, (나)는 대립유전자 B와 b에 의해, (다)는 대립유전자 D와 d에 의해 결정된다.

○ 표는 이 가족 구성원에서 체세포 1개당 A, b, d의 DNA 상대량을 나타낸 것이다.

구성원	DNA 상대량		
	A	b	d
아버지	1	1	1
어머니	0	1	1
자녀 1	?	1	0
자녀 2	0	1	1
자녀 3	1	0	2
자녀 4	2	3	2

○ 부모 중 한 명의 생식세포 형성 과정에서 성염색체 비분리가 1회 일어나 염색체 수가 비정상적인 생식세포 P가 형성되었고, 나머지 한 명의 생식세포 형성 과정에서 대립유전자 ㉠이 대립유전자 ㉡으로 바뀌는 돌연변이가 1회 일어나 ㉡을 갖는 생식세포 Q가 형성되었다. ㉠과 ㉡은 (가)~(다) 중 한가지 형질을 결정하는 서로 다른 대립유전자이다.

○ P와 Q가 수정되어 자녀 4가 태어났다. 자녀 4를 제외한 이 가족 구성원의 핵형은 모두 정상이다.

이에 대한 설명으로 옳은 것만을 <보기>에서 있는 대로 고르시오. (단, 제시된 돌연변이 이외의 돌연변이와 교차는 고려하지 않으며, A, a, B, b, D, d 각각의 1개당 DNA 상대량은 1이다.)

<보 기>

ㄱ. 자녀 1~3 중 여자는 2명이다.
ㄴ. Q는 어머니에게서 형성되었다.
ㄷ. 자녀 3에게서 A, B, d를 모두 갖는 생식세포가 형성될 수 있다.

29 2025학년도 수능 17번

다음은 어떤 가족의 유전 형질 (가) ~ (다)에 대한 자료이다.

- (가)~(다)의 유전자 중 2개는 X염색체에 있고, 나머지 1개는 상염색체에 있다.
- (가)는 대립유전자 A와 a에 의해, (나)는 대립유전자 B와 b에 의해, (다)는 대립유전자 D와 d에 의해 결정된다.
- 표는 이 가족 구성원 ㉠~㉥의 성별과 체세포 1개당 a, B, D의 DNA 상대량을 나타낸 것이다. ㉠~㉥은 아버지, 어머니, 자녀 1, 자녀 2, 자녀 3, 자녀 4를 순서 없이 나타낸 것이다.

구성원	성별	DNA 상대량		
		a	B	D
㉠	여	1	0	1
㉡	여	1	1	1
㉢	남	1	2	0
㉣	남	0	1	1
㉤	남	1	1	1
㉥	남	0	0	1

- 어머니의 난자 형성 과정에서 성염색체 비분리가 1회 일어나 염색체 수가 비정상적인 난자 P가 형성되었다. P와 정상 정자가 수정되어 자녀 4가 태어났으며, 자녀 4는 클라인펠터 증후군의 염색체 이상을 보인다.
- 자녀 4를 제외한 이 가족 구성원의 핵형은 모두 정상이다.

이에 대한 설명으로 옳은 것만을 <보기>에서 있는 대로 고르시오. (단, 제시된 돌연변이 이외의 돌연변이와 교차는 고려하지 않으며, A, a, B, b, D, d 각각의 1개당 DNA 상대량은 1이다.)

<보 기>

ㄱ. ㉤은 아버지이다.
ㄴ. 염색체 비분리는 감수 1분열에서 일어났다.
ㄷ. ㉠에게서 a, b, D를 모두 갖는 생식세포가 형성될 수 있다.

Unit

05

생태계와 상호 작용

Part

01 생태계의 구성과 기능

드디어 마지막 UNIT이다. UNIT 5. 생태계와 상호 작용에서는 대체로 세 문항이 출제된다.
나오는 문제의 수준은 크게 임팩트가 없지만, 개념의 양이 많고 자료가 다양하기 때문에 학습자 입장에서는 은근히 신경 쓰이고 귀찮은 단원이다. 예를 들어, '밀도, 빈도, 피도'와 같이 정의가 헷갈리는 용어들은 한동안 다루지 않으면 자연스럽게 까먹게 된다.

THEME 별로 출제되는 문항 수가 일정하지 않아 THEME 구성이 상당히 까다로웠다.

THEME 안의 본문은 까먹은 개념과 자료를 깔끔하게 정리해주고자 하는 의도로 구성했다.
기출 가이드라인이라는 이 책의 방향성에 맞춰 선을 지켜가며 담백하게 학습할 수 있도록 돕겠다.

자료가 다양한 만큼 어떤 유형을 시험에서 만나게 될지 모른다. THEME 별로 개념을 충실히 정리하고 예제와 유제를 통해 여러 자료에 친숙해지자. 이번 PART는 다음 두 개의 THEME로 정리했다.

❶ THEME 01. 개체군과 생태계 내의 상호 관계
❷ THEME 02. 군집

THEME 01. 개체군과 생태계 내 상호 관계에서는 개체군에 관련된 자료들과 생태계 구성 요소들 사이의 관계를 묻는 문항들을 정리하였다. 1년에 적어도 한 번씩은 꼬박꼬박 출제되고,
내용도 귀찮은 것과는 별개로 간단하니 THEME에서 언급한 부분만 잘 정리하자.
크게 문제없이 잘 풀릴 것이다.

THEME 02. 군집에서는 개체군 간의 상호 작용, 군집의 천이, 방형구법에 대해서 다룬다.
다루는 내용들이 모두 단독 주제로 출제될 수 있고 출제 빈도도 상당히 높다.
특히 방형구법의 경우 밀도, 빈도, 피도의 개념이 잘 정리가 안 되어있으면
중요치 계산 과정에서 살짝만 꼬아 놓아도 훨씬 어렵게 느껴질 것이다.

THEME 01. 개체군과 생태계 내 상호 관계

IDEA.

고정적으로 출제되는 내용은 아니지만 다양한 자료들로 구성된 THEME이다.
THEME 02에 비해 출제되는 자료가 간단한 편이므로 가볍게 짚고 넘어가자.
그래도 뒤에서 정리해 둔 개체군 관련 자료와 개체군 내 상호작용 예시는 꼭 확인하고 넘어가기를 바란다.

GUIDELINE.

(1) 생태계

독립된 하나의 생명체를 개체라고 한다.
같은 지역에서 서식하는 **같은 종**의 개체 집단을 개체군이라고 한다.
같은 지역에서 서식하는 **여러 종**의 개체군 집단을 군집이라고 한다.
생태계에서는 군집과 환경이 상호 작용하며 체계를 이룬다.

(2) 생태계의 구성요소

생물적 요인	생산자 : 식물과 같이 무기물로부터 유기물을 합성하는 생물이다.
	소비자 : 동물과 같이 다른 생물을 먹어 유기물을 얻는 생물이다.
	분해자 : 세균, 진균과 같이 생물의 사체(유기물)를 무기물로 분해하여 에너지를 얻는 생물이다.
비생물적 요인	빛, 물, 공기, 토양, 온도 등

생태계는 생물적 요인과 비생물적 요인으로 구성된다.
생산자는 유일하게 무기물로부터 유기물을 합성한다. 분해자는 생물의 사체를 무기물로 분해한다.
사실 유기물을 무기물로 분해하는 것은 포도당(유기물)을 무기물로 분해하는 세포호흡에서도 일어나는 과정이다. 분해자뿐만 아니라 생산자, 소비자 모두가 유기물을 무기물로 분해할 수 있다.

(3) 생태계 내 상호 관계

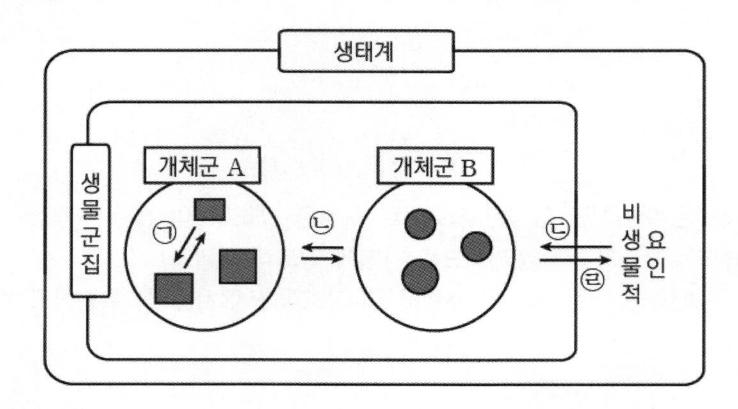

생태계에서는 군집과 환경 사이에서 다양한 상호 작용이 일어난다.
문제에서 제시된 현상이 상호 작용 중 어디에 속하는가를 판단할 수 있으면 된다.

분류	예시 현상
㉠	개체군 내의 상호 작용 : 큰뿔양은 수컷의 뿔 크기나 뿔치기를 통해 무리 내 순위를 정한다.
㉡	개체군 간의 상호 작용 : 짚신벌레와 애기짚신벌레는 서로 경쟁한다. (짚신벌레와 애기짚신벌레는 서로 다른 종이다.)
㉢	수온이 따뜻해지자 조류인 돌말의 개체 수가 증가하였다.
㉣	탈질산화 세균으로 인해 질산 이온이 질소 기체로 변한다.

(4) 개체군

개체군이란 같은 지역에 사는 같은 종의 개체들을 말한다.
개체군 관련 자료는 출제 빈도가 아주 높지는 않으나 암기해야 하는 요소들이 있다.

출제되는 자료들과 그 특징을 뒤 페이지에 표로 정리했다.

(5) 개체군 관련 자료

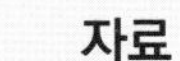

자료	특징
	[생장 곡선] • 개체군의 개체 수가 늘어나는 현상을 생장이라고 한다. • 생장 곡선은 이론상으로는 J자 곡선을 이룬다. 그러나 실제로는 개체 간의 경쟁과 먹이의 부족, 노폐물의 증가 등 생장을 방해하는 환경 저항이 존재한다. 환경 저항은 항상 존재하며 시간이 지남에 따라 증가한다. 실제 생장 곡선은 S자 곡선을 이룬다. • 실제 생장 곡선에서 개체 수 증가의 한계선을 환경 수용력이라고 한다.
	[생존 곡선] • 개체군에서 상대 수명에 따라 생존한 상대적 개체 수를 그래프로 나타낸 곡선이다. 세로축이 로그 스케일이므로 수 비교에 유의하자. • I형은 초기 사망률이 낮고 대부분이 생리적 수명을 다하고 죽는다. 사람과 대형 포유류가 이에 해당한다. • II형은 각 연령대마다 사망률이 일정하다. 히드라와 소형 포유류(다람쥐)가 이에 해당한다. • III형은 초기 사망률이 높아 소수만이 생존한다. 굴과 어류가 이에 해당한다. • I, III형이 헷갈릴 수 있으니 사람이 I형인 것 정도는 암기해두자. • 또한, II형에서 사망률이 일정한 것이지, 사망 개체 수가 일정한 것이 아니기 때문에 이 개념을 혼동하지 않도록 하자
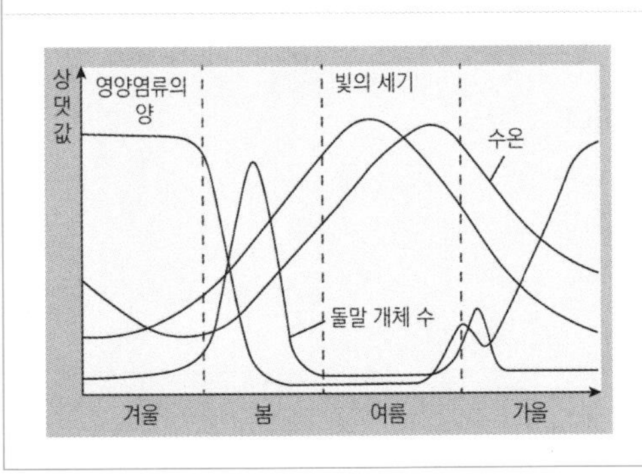	[돌말의 주기적 변동] • 조류인 돌말의 밀도는 봄에 증가했다가 감소한다. • 빛의 세기와 수온, 영양염류의 양에 영향을 받아 개체군의 크기가 주기적으로 달라지는 경우이다. • 자료로 제시될 수 있으나 자료에 제시된 내용 이상을 물을 수는 없으므로 암기할 필요는 없다.

자료	특징
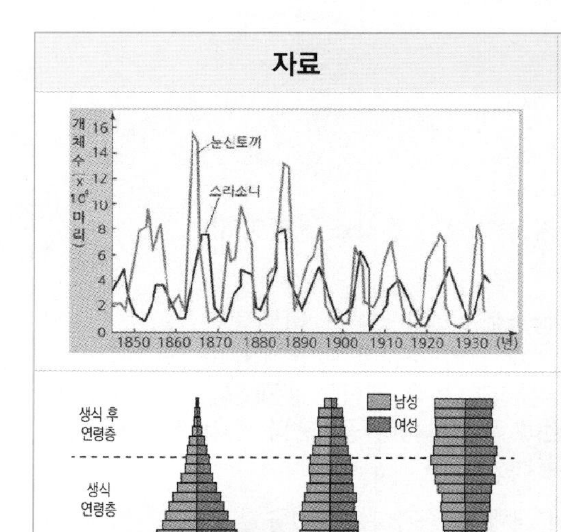	[눈신토끼와 스라소니의 주기적 변동] • 돌말이 단기적 변동이라면 눈신토끼와 스라소니는 약 10년을 주기로 하는 장기적 변동을 보인다. • 스라소니와 눈신토끼는 서로 먹고 먹히는 포식과 피식 관계이다. 그래프에서는 피식자 개체수의 변동 뒤에 포식자 개체수의 변동이 따르게 된다.
	[개체군의 연령 분포] • 개체군에서 연령별로 개체 수를 나타낸 자료이다. • 각각 발전형, 안정형, 쇠퇴형이다. • 자료의 중요도나 단독 문항으로의 출제 확률은 떨어진다.

[개체군 내 상호 작용]
텃세 : 한 개체가 일정한 크기의 생활 공간을 점유하려는 현상이다. Ex) 은어, 까치의 세력권
순위제 : 개체군 안에서 힘의 서열에 따라 순위가 결정되는 현상이다. Ex) 닭이 모이를 먹는 순서, 큰뿔양의 순위 경쟁, 유럽산비둘기의 순위에 따른 위치 선정
리더제 : 개체군 안에서 한 개체가 전체 개체군의 행동을 유도하는 현상이다. 순위제와 다르게 리더 개체를 제외한 개체들 사이에는 서열이 없다. Ex) 우두머리 기러기, 늑대의 무리 통솔
사회생활 : 개체군 안에서 각 개체의 역할이 다르게 존재하는 현상이다. Ex) 여왕개미, 병정개미, 일개미, 꿀벌 등의 분업화
가족생활 : 혈연 관계인 개체들이 함께 생활하는 현상이다. Ex) 사자, 코끼리, 침팬지

예제(1) 2020학년도 6월 평가원 13번 변형

그림은 생태계를 구성하는 요소 사이의 상호 관계를 나타낸 것이다.

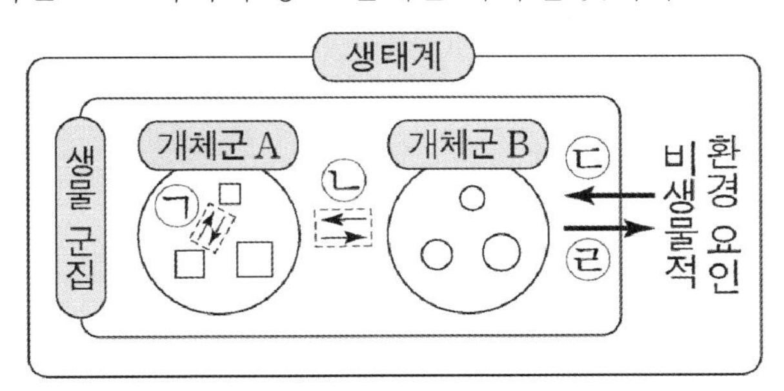

이에 대한 설명으로 옳은 것만을 <보기>에서 있는 대로 고르시오.

<보 기>

ㄱ. 스라소니가 눈신토끼를 잡아먹는 것은 ㉠에 해당한다.
ㄴ. 분서는 ㉡에 해당한다.
ㄷ. 질소 고정 세균에 의해 토양의 암모늄 이온(NH_4^+)이 증가하는 것은 ㉣에 해당한다.
ㄹ. 곰팡이는 비생물적 환경 요인에 해당한다.
ㅁ. 빛의 파장에 따라 해조류의 분포가 달라지는 것은 ㉢에 해당한다.
ㅂ. 생태적 지위가 중복되는 여러 종의 새가 서식지를 나누어 사는 것은 ㉠에 해당한다.
ㅅ. 위도에 따라 식물 군집의 분포가 달라지는 현상은 ㉣에 해당한다.

ㄱ. 스라소니가 눈신토끼를 잡아먹는 것은 개체군 사이의 상호 작용으로 ㉡에 해당한다. (X)
ㄴ. 분서는 ㉡에 해당한다. (O)
ㄷ. 생물적 요인이 비생물적 환경 요인에 영향을 주는 것은 ㉣에 해당한다. (O)
ㄹ. 곰팡이는 생물적 요인에 해당한다. (X)
ㅁ. 비생물적 환경 요인이 생물적 요인에 영향을 주는 것은 ㉢에 해당한다. (O)
ㅂ. 보기의 예시는 개체군 사이의 상호 작용 중 분서이고, ㉡에 해당한다. (X)
ㅅ. 비생물적 환경 요인이 생물적 요인에 영향을 주는 것은 ㉢에 해당한다. (X)

정답 : ㄴ, ㄷ, ㅁ

예제(2) 2022학년도 9월 평가원 20번 변형

그림은 생존 곡선 I형, II형, III형을, 표는 동물 종 ㉠의 특징을 나타낸 것이다. 특정 시기의 사망률은 그 시기 동안 사망한 개체 수를 그 시기가 시작된 시점의 총 개체 수로 나눈 값이다.
이에 대한 설명으로 옳은 것만을 <보기>에서 있는 대로 고르시오.

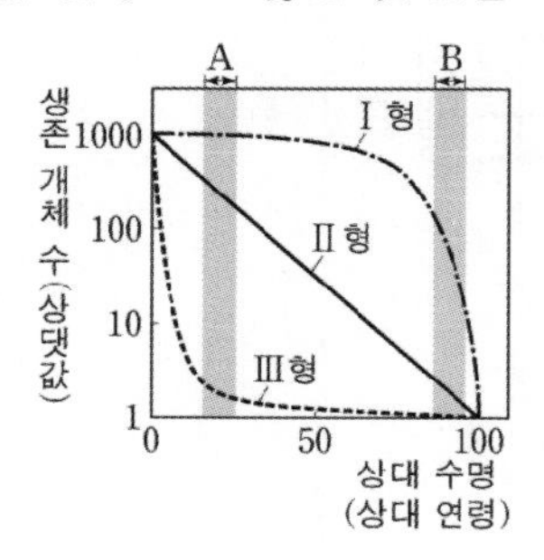

○ ㉠은 한 번에 많은 수의 자손을 낳으며, 초기 사망률이 후기 사망률보다 높다. ○ ㉠의 생존 곡선은 I형, II형, III형 중 하나에 해당한다.

<보 기>

ㄱ. I형의 생존 곡선을 나타내는 종에서 A시기의 사망률은 B시기의 사망률보다 높다.
ㄴ. II형의 생존 곡선을 나타내는 종에서 A시기 동안 사망한 개체 수는 B시기 동안 사망한 개체 수와 같다.
ㄷ. ㉠의 생존 곡선은 III형에 해당한다.
ㄹ. III형의 생존 곡선을 갖는 종의 예로는 굴이 있다.

ㄱ. I형의 생존 곡선을 나타내는 종에서 사망률은 A시기보다 B시기가 높다. (X)
ㄴ. II형의 생존 곡선에서 A시기와 B시기는 사망한 개체 수가 같은 것이 아니라 사망률이 같다. (X)
ㄷ. 종 ㉠의 생존 곡선은 III형에 해당한다. (○)
ㄹ. III형의 예로는 굴이 있다. (○)

정답 : ㄷ, ㄹ

THEME 02. 군집

IDEA.

이번 THEME에서는 주제 하나하나가 단독 문항으로 출제될 수 있는 큼직한 자료들을 다룬다.
모든 주제가 항상 출제되는 것은 아니지만, 시험지마다 한두 개의 자료씩은 꼭 등장한다.

다른 PART를 학습하다 보면 까먹진 않았을까 왠지 모르게 불안해지는 THEME라고 할 수 있겠다.
실제로 암기가 부족한 학습자도 있고, 불안해서 다시 정리하려는 학습자도 있을 것이다.
출제되는 몇 가지 주제의 개념과 자료들을 깔끔하고 담백하게 정리하겠다.

GUIDELINE.

(1) 군집

이번 THEME의 자료들은 모두 군집의 정의를 관통한다.
군집이란 같은 지역에 사는 여러 종의 개체군들을 말한다.
군집을 이루는 개체군들은 서로 먹고 먹히며 먹이 그물을 이루고 있다.

(2) 군집 내 개체군 간의 상호 작용

하나의 군집 내에서는 여러 종류의 개체군 사이의 상호 작용이 발생한다.
개체군의 생태적 지위에 따라 발생하는 상호 작용의 종류가 달라질 수 있다.

생태적 지위란 먹이 그물에서의 위치인 먹이 지위와 생활하는 공간의 종류인 서식지 지위의 합이다.
먹이 지위와 서식지 지위가 겹치는 경우 경쟁이나 분서가 일어날 수 있다.
분서를 통해 먹이 지위나 서식지 지위 중 하나 이상을 다르게 하여
먹이 분리나 서식지 분리를 통해 경쟁을 피한다.

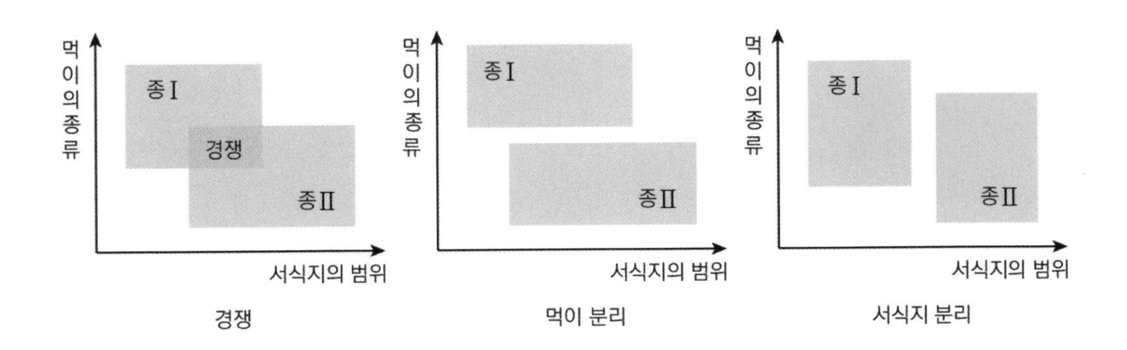

상호 작용	정의	종1	종2
종간 경쟁	생태적 지위가 비슷한 두 개체군이 존재하면 일반적으로 종간 경쟁이 일어난다. 경쟁 배타 원리에 따라 경쟁의 결과로 한 개체군이 경쟁지역에서 사라지기도 한다.	손해	손해
분서	생태적 지위가 비슷한 두 개체군이 존재할 때 경쟁을 피하기 위해 생태적 지위를 다르게 할 수 있다.	?	?
상리공생	두 개체군이 서로 이익을 얻는 현상이다.	이익	이익
편리공생	두 개체군 중 하나가 이익을 얻지만 다른 하나는 이익도 피해도 없는 현상이다.	이익	-
기생	두 개체군 중 하나가 이익을 얻지만 다른 하나는 손해를 입는 현상이다.	이익	손해
포식과 피식	두 개체군이 서로 먹고 먹히는 관계로 존재할 때 먹는 쪽을 포식자, 먹히는 쪽을 피식자라고 한다. 포식자와 피식자의 개체 수는 서로에게 영향을 미친다.	이익	손해

상호 작용의 종류와 그 정의를 잘 구분해두자.
각 상호 작용 별 손해와 이익 관계를 기억해두면 효과적으로 대비할 수 있을 것이다.

(3) 군집의 천이

어떤 지역의 식물 군집이 시간에 따라 변하는 과정을 천이라고 한다.
천이가 어떤 상태부터 진행되기 시작하는지에 따라 1차 천이와 2차 천이로 구분한다.
천이의 마지막 단계는 식물 군집이 안정적으로 유지되는 상태로, 극상을 이룬다고 한다.

1차 천이는 토양과 식물 군집이 존재하지 않는 환경에서 시작한다.
1차 천이는 건성 천이와 습성 천이로 구분된다.

건성 천이는 토양과 식물군집이 존재하지 않는 땅에서 시작한다.

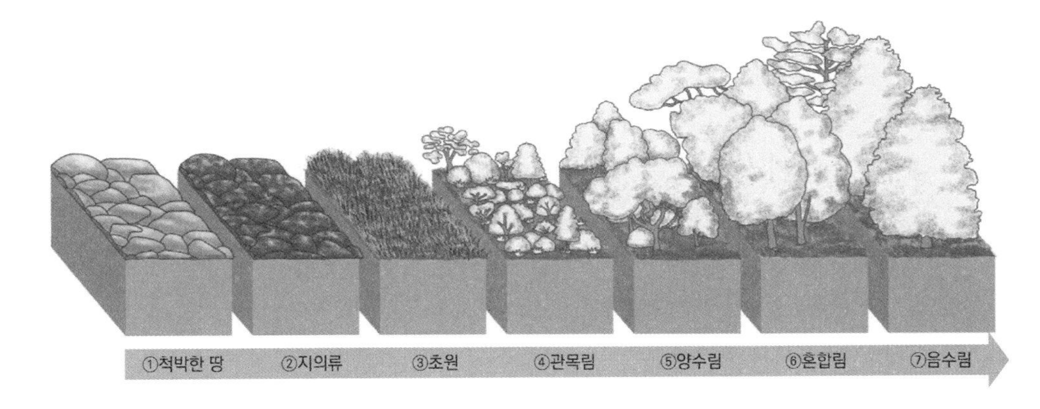

문제에서 자주 묻는 내용은 건성 천이의 개척자인 지의류와 극상인 음수림이다.
어차피 개념 문제이므로 자세하게 알 필요는 전혀 없고 개척자 이름과 천이의 순서 정도만 알면 된다.

습성 천이는 토양과 식물군집이 존재하지 않는 물에서 시작한다.
습성 천이의 개척자는 지의류가 아니라 습생 식물이다.

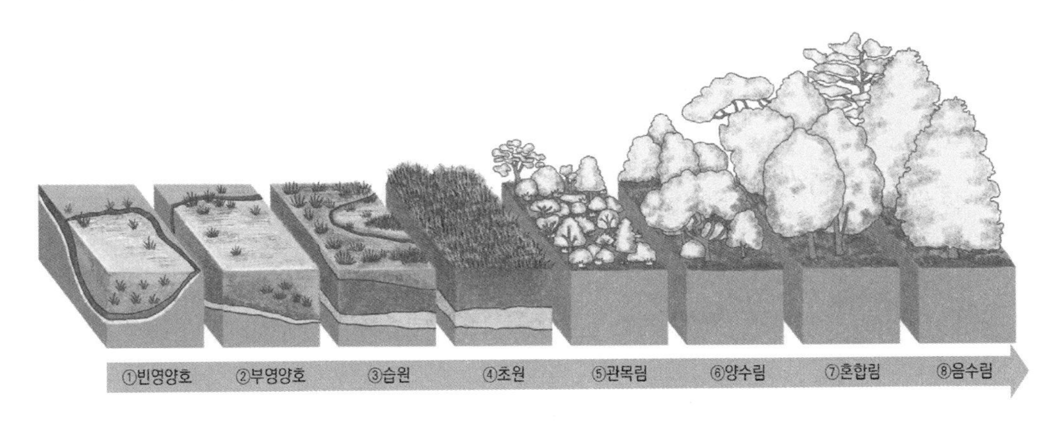

2차 천이는 토양은 존재하나 산불, 벌목 등의 이유로 식물 군집이 파괴된 환경에서 시작한다.
2차 천이의 개척자는 초본류이다.
토양이 이미 존재하므로 초원부터 시작해서 마찬가지로 극상은 음수림이다.

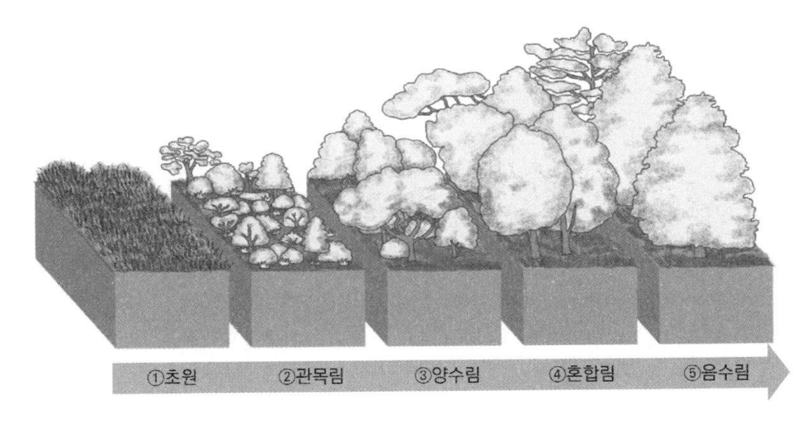

참고로 천이의 종류와 무관하게 천이의 극상은 항상 음수림으로 제시된다.
실제로는 지역과 기후에 따라 극상이 달라질 수 있으나,
교육과정 내에서 제시되는 자료들은 모두 음수림이 극상이라고 생각해도 좋다.

comment

천이가 진행됨에 따라 지표면에 도달하는 빛의 세기는 감소한다는 것을 알고, 천이의 과정을 돌아보면서 양수림과 음수림을 한 번 비교해보자.

생장에 상대적으로 많은 양의 빛이 필요한 교목을 양수라 하고, 상대적으로 적은 빛에도 생장이 가능한 교목을 음수라고 한다. 관목림 단계에서 양수의 종자가 먼저 퍼지고, 양수 묘목이 생장하여 양수림이 된다. 그런데 이 과정에서 지표면에 도달하는 빛의 세기가 감소하여 양수 묘목이 더 이상 활발하게 생장하지 못하게 된다. 이후 적은 빛에도 생장이 가능한 음수 묘목이 경쟁에서 이기고 생장하면서 혼합림, 음수림의 단계를 거쳐 극상의 단계로 진행된다.

이와 같은 생장 측면에서의 차이점 이외에도 잎의 평균 두께 측면에서 양수림이 음수림보다 두껍다는 점도 존재한다.

(4) 방형구법

군집에서 그 군집을 대표하는 개체군을 우점종이라고 한다.
식물 군집에서는 방형구법을 통해 중요치를 계산하고 그 값이 가장 큰 개체군이 우점종이다.

중요치 = 상대 밀도(%) + 상대 빈도(%) + 상대 피도(%)

방형구법이 문제가 되는 이유는 크게 두 가지 경우가 있을 것이다.

1. 밀도, 빈도, 피도 등 용어들의 개념이 헷갈리는 경우
2. 계산의 양이 많아 시간이 많이 걸리거나 마음이 급해 실수하는 경우

개념이 헷갈리는 경우는 확실하게 암기를 해야만 한다. 꼭 외우지 않아도 될 부분은 가볍게 짚고 넘어가자고 하겠으나, 방형구법 문제는 용어가 헷갈리기 시작하면 답이 없다.
바로바로 튀어나와야만 문제를 꼬아놓거나 정보를 제한적으로 제공했을 때 빠르게 응용하여 계산할 수 있다.

밀도	빈도	피도
$\frac{\text{개체 수}}{\text{방형구의 면적}}$	$\frac{\text{특정 종이 존재하는 방형구의 수}}{\text{전체 방형구의 수}}$	$\frac{\text{특정 종의 점유 면적}}{\text{방형구의 면적}}$
상대 밀도	**상대 빈도**	**상대 피도**
$\frac{\text{특정 종의 밀도}}{\text{모든 종의 밀도의 합}} \times 100(\%)$	$\frac{\text{특정 종의 빈도}}{\text{모든 종의 빈도의 합}} \times 100(\%)$	$\frac{\text{특정 종의 피도}}{\text{모든 종의 피도의 합}} \times 100(\%)$

상대 밀도를 계산할 때는 $\frac{\text{특정 종의 개체 수}}{\text{전체 개체 수}} \times 100(\%)$도 많이 사용한다.
상대 밀도, 상대 빈도, 상대 피도의 각 합이 100인 것이 문제를 풀 때 자주 사용되니 기억해두자.

comment

생명과학1의 특성상 단순 계산으로 압박을 주는 문제가 거의 없기에 방형구법 문제의 계산과 숫자 세기가 부담스러울 수 있다. 실수가 나오지 않도록 하나하나 잘 세고 눈에 잘 보이게 기록해 두어야 한다.

차분하게 세고 기록하고 계산하는 것이 시간상으로도 이득이다.
개수만 세서 간단한 계산만 하면 되므로 앞으로는 계산의 가시성에 집중하도록 하자.

사설 문제에서는 방형구를 물음표로 제시하여 자료 해석의 난도를 높이기도 하고, 계산의 압박을 늘리기도 한다. 평가원에서는 그 정도로 힘주어 출제한 적이 없으니 너무 걱정하지 않아도 된다.

참고로 동물 군집에서는 빈도와 피도를 구하는 것이 어렵기 때문에 밀도가 가장 큰 종이 우점종이다. 동물은 움직이므로 존재하는 방형구나 점유하는 면적이 계속 바뀌기 때문이다.

예제(1) 2021학년도 6월 평가원 18번 변형

표 (가)는 종 사이의 상호 작용을 나타낸 것이고, (나)는 바다에 서식하는 산호와 조류 간의 상호 작용에 대한 자료이다. I~III은 경쟁, 상리공생, 기생을 순서 없이 나타낸 것이다.

상호 작용	종 1	종 2
I	이익	ⓐ
II	ⓑ	손해
III	ⓐ	손해

(가)

○ 산호와 함께 사는 조류는 산호에게 산소와 먹이를 공급하고, 산호는 조류에게 서식지와 영양소를 제공한다.

(나)

이 자료에 대한 설명으로 옳은 것만을 <보기>에서 있는 대로 고르시오.

<보 기>

ㄱ. ⓐ와 ⓑ는 모두 '손해' 이다.
ㄴ. (나)의 상호 작용은 I의 예에 해당한다.
ㄷ. (나)에서 산호는 조류와 한 개체군을 이룬다.
ㄹ. 스라소니와 눈신토끼 사이의 상호 작용은 III의 예에 해당한다.

ⓐ는 '이익'이고, ⓑ는 '손해'이다. (나)의 상호 작용은 상리 공생의 예에 해당한다.
→ ㄱ 오답, ㄴ 정답

ㄷ. 서로 다른 종은 한 개체군을 이룰 수 없다. (X)
ㄹ. III은 기생이고, 스라소니와 눈신 토끼 사이의 상호 작용은 포식과 피식의 예에 해당한다. (X)

정답 : ㄴ

예제(2) 2020년 7월 교육청 7번

그림 (가)와 (나)는 서로 다른 두 지역에서 일어나는 천이 과정의 일부를 나타낸 것이다. A~C는 초원, 양수림, 지의류를 순서 없이 나타낸 것이다.

(가) 용암 대지 → A → B → 관목림

(나) 호수 → 습지(습원) → B → 관목림 → C

이에 대한 설명으로 옳은 것만을 <보기>에서 있는 대로 고르시오.

<보 기>

ㄱ. C는 양수림이다.
ㄴ. (가)의 개척자는 지의류이다.
ㄷ. (나)는 습성 천이 과정의 일부이다.

(가)는 건성 천이, (나)는 습성 천이 과정으로 모두 1차 천이에 해당한다.
A는 지의류, B는 초원, C는 양수림이다.
→ ㄱ, ㄷ 정답

ㄴ. 건성 천이의 개척자는 지의류이다. (○)

정답 : ㄱ, ㄴ, ㄷ

예제(3) 2023학년도 수능 11번

표는 방형구법을 이용하여 어떤 지역의 식물 군집을 두 시점 t_1과 t_2일 때 조사한 결과를 나타낸 것이다.

시점	종	개체 수	상대 빈도(%)	상대 피도(%)	중요치(중요도)
t_1	A	9	?	30	68
	B	19	20	20	?
	C	?	20	15	49
	D	15	40	?	?
t_2	A	0	?	?	?
	B	33	?	39	?
	C	?	20	24	?
	D	21	40	?	112

이에 대한 설명으로 옳은 것만을 <보기>에서 있는 대로 고르시오. (단, A~D 이외의 종은 고려하지 않는다.)

<보 기>

ㄱ. t_1일 때 우점종은 D이다.
ㄴ. t_2일 때 지표를 덮고 있는 면적이 가장 큰 종은 B이다.
ㄷ. C의 상대 밀도는 t_1일 때가 t_2일 때보다 작다.

t_1의 A에서 중요치가 68이고, 20+30+상대 밀도=68이며 t_1에서 A의 상대밀도는 18%이며, 같은 계산으로 C의 상대밀도는 14%이다. A의 개체 수 9가 상대 밀도 18%에 대응되므로 C의 개체 수는 7이다. t_2일 때 A의 개체수가 0이므로 A의 상대 밀도, 상대 빈도, 상대 피도는 모두 0이다. D의 상대 피도는 37이며, 21+40+상대 밀도=112이므로 D의 상대 밀도는 35이다. D의 개체수 21이 상대밀도 35%에 대응되므로 t_2일 때 이 군집의 전체 개체수는 60마리이다. C의 개체수는 6이다.

ㄱ. t_1일 때 우점종은 중요치가 105로 가장 큰 D이다. (○)
ㄴ. t_2일 때 지표를 덮고 있는 면적이 가장 큰 종은 상대 피도가 39로 가장 큰 B이다. (○)
ㄷ. C의 상대 밀도는 t_1일 때가 t_2일 때 보다 4만큼 크다. (X)

정답 : ㄱ, ㄴ

Part

01 유제

01 2017학년도 수능 9번

그림 (가)는 식물 개체군 A의, (나)는 식물 개체군 B의 시간에 따른 개체수를 나타낸 것이다. A는 지역 ㉠에, B는 지역 ㉡에 서식하며 ㉡의 면적은 ㉠의 2배이다.

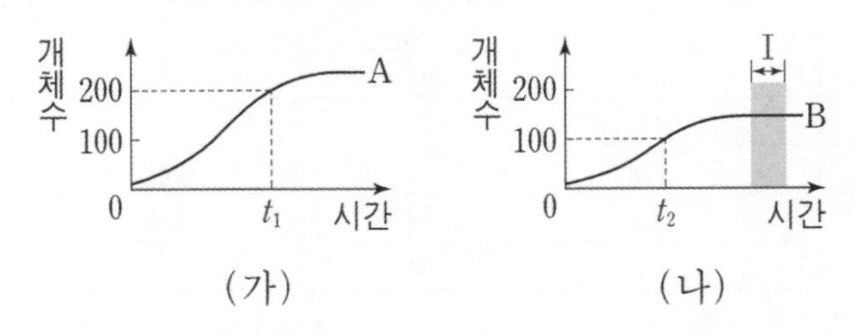

이에 대한 옳은 설명만을 <보기>에서 있는 대로 고르시오.

<보 기>

ㄱ. A는 동일한 종으로 구성된다.
ㄴ. 구간 I에서 B는 환경 저항을 받는다.
ㄷ. t_1에서 A의 개체군 밀도와 t_2에서 B의 개체군 밀도는 같다.

02 2020학년도 6월 평가원 20번

그림은 먹이의 양이 서로 다른 두 조건 A와 B에서 종 ⓐ를 각각 단독 배양했을 때 시간에 따른 개체수를 나타낸 것이다. 먹이의 양은 A가 B보다 많다.

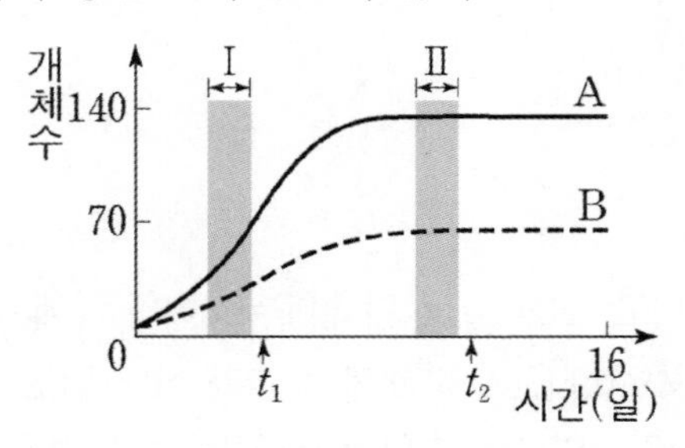

이 자료에 대한 옳은 설명만을 <보기>에서 있는 대로 고르시오. (단, A와 B 이외의 종은 고려하지 않는다.)

<보 기>

ㄱ. 구간 I에서 증가한 ⓐ의 개체수는 A에서가 B에서보다 많다.
ㄴ. A의 구간 II에서 ⓐ에게 환경 저항이 작용한다.
ㄷ. B의 개체수는 t_2일 때가 t_1일 때보다 많다.

03 2020학년도 9월 평가원 11번

그림은 어떤 군집을 이루는 종 A와 종 B의 시간에 따른 개체수를 나타낸 것이고, 표는 상대 밀도에 대한 자료이다.

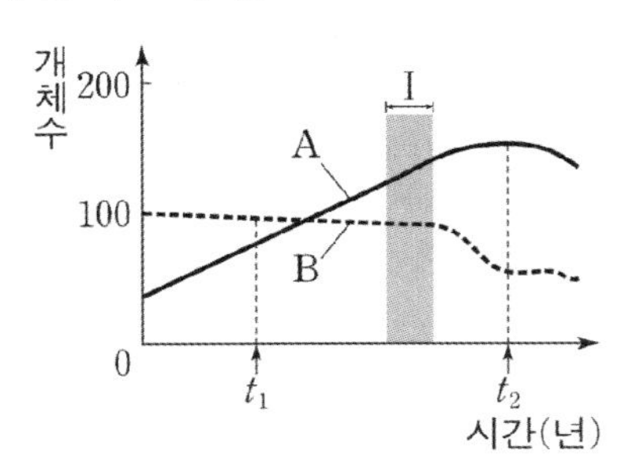

○ 상대 밀도는 어떤 지역에서 조사한 모든 종의 개체수에 대한 특정 종의 개체수를 백분율로 나타낸 것이다.

이에 대한 옳은 설명만을 <보기>에서 있는 대로 고르시오.

<보 기>

ㄱ. A와 B는 한 개체군을 이룬다.
ㄴ. 구간 I에서 A에 환경 저항이 작용한다.
ㄷ. B의 상대 밀도는 t_1에서가 t_2에서보다 크다.

04 2020학년도 수능 20번 + 2024학년도 수능 6번

그림은 생태계를 구성하는 요소 사이의 상호 관계를 나타낸 것이다.

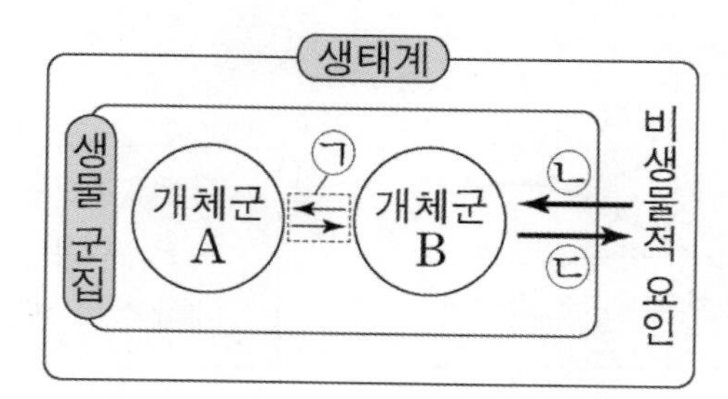

이에 대한 옳은 설명만을 <보기>에서 있는 대로 고르시오.

<보 기>

ㄱ. 뿌리혹박테리아는 비생물적 환경 요인에 해당한다.
ㄴ. 곰팡이는 생물 군집에 속한다.
ㄷ. 같은 종의 개미가 일을 분담하며 협력하는 것은 ㉠에 해당한다.
ㄹ. 기온이 나뭇잎의 색 변화에 영향을 미치는 것은 ㉡에 해당한다.
ㅁ. 숲의 나무로 인해 햇빛이 차단되어 토양 수분의 증발량이 감소되는 것은 ㉡에 해당한다.
ㅂ. 빛의 세기가 참나무의 생장에 영향을 미치는 것은 ㉡의 예에 해당한다.

05 2020년 10월 교육청 17번

그림 (가)~(다)는 동물 종 A와 B의 시간에 따른 개체수를 나타낸 것이다. (가)는 고온 다습한 환경에서 단독 배양한 결과이고, (나)는 (가)와 같은 환경에서 혼합 배양한 결과이며, (다)는 저온 건조한 환경에서 혼합 배양한 결과이다.

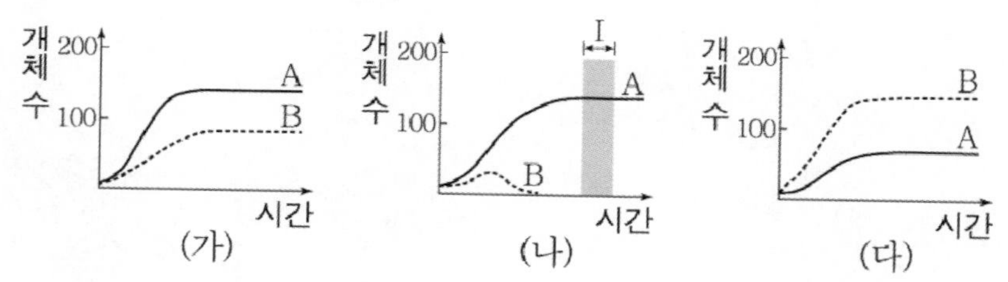

이에 대한 옳은 설명만을 <보기>에서 있는 대로 고르시오.

<보 기>

ㄱ. 구간 Ⅰ에서 A는 환경 저항을 받는다.
ㄴ. (나)에서 A와 B 사이에 상리 공생이 일어난다.
ㄷ. B에 대한 환경 수용력은 (가)에서가 (다)에서보다 작다.

06 2017학년도 9월 평가원 18번

그림은 서로 다른 지역에 동일한 크기의 방형구 A와 B를 설치하여 조사한 식물 종의 분포를 나타낸 것이며, 표는 상대 밀도에 대한 자료이다.

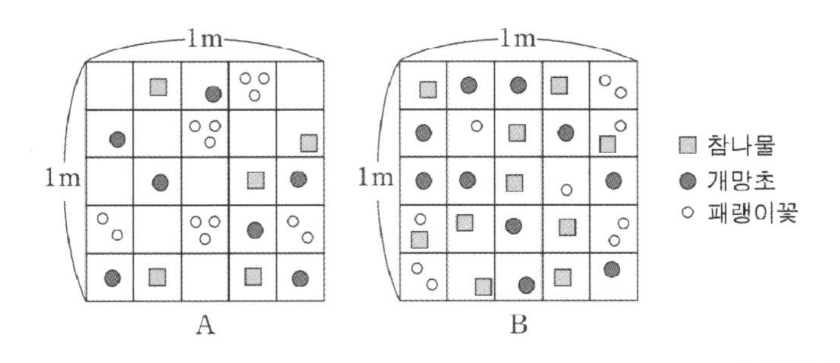

$$\text{상대 밀도(\%)} = \frac{\text{특정한 종의 개체수}}{\text{조사한 모든 종의 개체수}} \times 100$$

이에 대한 옳은 설명만을 <보기>에서 있는 대로 고르시오. (단, 방형구에 나타낸 각 도형은 식물 1개체를 의미하며, 제시된 종 이외의 종은 고려하지 않는다.)

<보 기>

ㄱ. A에서 참나물의 상대 밀도는 20%이다.
ㄴ. B에서 개망초의 개체군 밀도와 패랭이꽃의 개체군 밀도는 같다.
ㄷ. 식물의 종 수는 A보다 B에서 많다.

07 2018학년도 9월 평가원 20번

그림은 어떤 지역에서의 식물 군집의 천이 과정을 나타낸 것이다. A~C는 양수림, 음수림, 관목림을 순서 없이 나타낸 것이다.

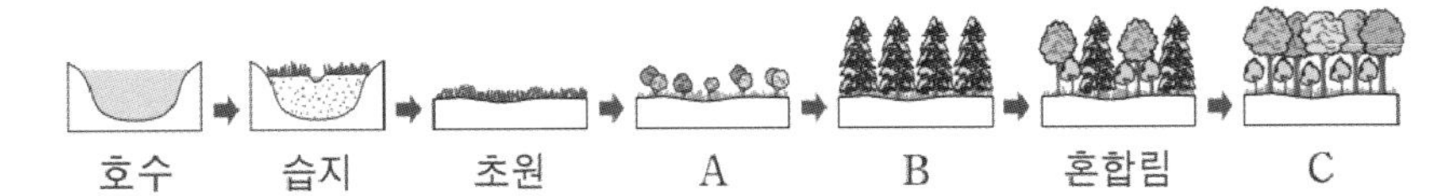

이에 대한 옳은 설명만을 <보기>에서 있는 대로 고르시오.

<보 기>

ㄱ. 습성 천이를 나타낸 것이다.
ㄴ. A의 우점종은 지의류이다.
ㄷ. B는 음수림이다.

08 2021학년도 6월 평가원 11번

표 (가)는 어떤 지역의 식물 군집을 조사한 결과를 나타낸 것이고, (나)는 우점종에 대한 자료이다.

종	개체 수	빈도	상대 피도(%)
A	198	0.32	㉠
B	81	0.16	23
C	171	0.32	45

(가)

○ 어떤군집의 우점종은 중요치가 가장 높아 그 군집을 대표할 수 있는 종을 의미하며, 각 종의 중요치는 상대 밀도, 상대 빈도, 상대 피도를 더한 값이다.

(나)

이에 대한 옳은 설명만을 <보기>에서 있는 대로 고르시오.

<보 기>

ㄱ. ㉠은 32이다.
ㄴ. B의 상대 빈도는 20%이다.
ㄷ. 이 식물 군집의 우점종은 C이다.

09 2020년 7월 교육청 18번

표 (가)는 면적이 동일한 서로 다른 지역 I과 II에 서식하는 식물 종 A~E의 개체수를, (나)는 I과 II 중 한 지역에서 ㉠과 ㉡의 상대 밀도를 나타낸 것이다. ㉠과 ㉡은 각각 A~E 중 하나이다.

구분	A	B	C	D	E
I	9	10	12	8	11
II	18	10	20	0	2

(가)

구분	상대 밀도(%)
㉠	18
㉡	20

(나)

이에 대한 옳은 설명만을 <보기>에서 있는 대로 고르시오. (단, A~E이외의 종은 고려하지 않는다.)

<보 기>

ㄱ. ㉡은 C이다.
ㄴ. B의 개체군 밀도는 I과 II에서 같다.
ㄷ. 식물의 종 다양성은 I에서가 II에서보다 낮다.

10 2021학년도 9월 평가원 9번

그림은 서로 다른 종으로 구성된 개체군 A와 B를 각각 단독 배양했을 때와 혼합 배양했을 때, A와 B가 서식하는 온도의 범위를 나타낸 것이다. 혼합 배양했을 때 온도의 범위가 $T_1 \sim T_2$인 구간에서 A와 B 사이의 경쟁이 일어났다.

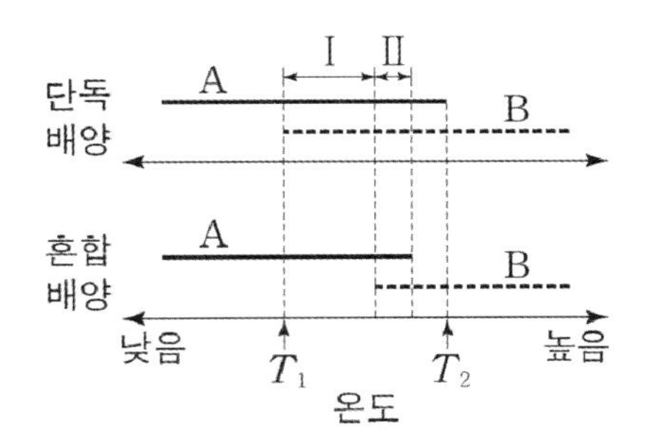

이에 대한 옳은 설명만을 <보기>에서 있는 대로 고르시오. (단, 제시된 조건 이외는 고려하지 않는다.)

<보 기>

ㄱ. A가 서식하는 온도의 범위는 단독 배양했을 때가 혼합 배양했을 때보다 넓다.
ㄴ. 혼합 배양했을 때, 구간 I에서 B가 생존하지 못한 것은 경쟁 배타의 결과이다.
ㄷ. 혼합 배양했을 때, 구간 II에서 A는 B와 군집을 이룬다.

11 2021학년도 수능 12번

다음은 종 사이의 상호 작용에 대한 자료이다. (가)와 (나)는 기생과 상리 공생의 예를 순서 없이 나타낸 것이다.

(가) 겨우살이는 다른 식물의 줄기에 뿌리를 박아 물과 양분을 빼앗는다.
(나) 뿌리혹박테리아는 콩과식물에게 질소 화합물을 제공하고, 콩과식물은 뿌리혹박테리아에게 양분을 제공한다.

이에 대한 옳은 설명만을 <보기>에서 있는 대로 고르시오.

<보 기>

ㄱ. (가)는 기생의 예이다.
ㄴ. (가)와 (나) 각각에는 이익을 얻는 종이 있다.
ㄷ. 꽃이 벌새에게 꿀을 제공하고, 벌새가 꽃의 수분을 돕는 것은 상리 공생의 예에 해당한다.

12 2021학년도 수능 20번

표 (가)는 면적이 동일한 서로 다른 지역 Ⅰ과 Ⅱ의 식물 군집을 조사한 결과를 나타낸 것이고, (나)는 우점종에 대한 자료이다.

(가)

지역	종	상대 밀도(%)	상대 빈도(%)	상대 피도(%)	총 개체 수
Ⅰ	A	30	?	19	100
	B	?	24	22	
	C	29	31	?	
Ⅱ	A	5	?	13	120
	B	?	13	25	
	C	70	42	?	

(나)

○ 어떤 군집의 우점종은 중요치가 가장 높아 그 군집을 대표할 수 있는 종을 의미하며, 각 종의 중요치는 상대 밀도, 상대 빈도, 상대 피도를 더한 값이다.

이에 대한 설명으로 옳은 것만을 <보기>에서 있는 대로 고르시오. (단, A~C 이외의 종은 고려하지 않는다.)

<보 기>

ㄱ. Ⅰ의 식물 군집에서 우점종은 C이다.
ㄴ. 개체군 밀도는 Ⅰ의 A가 Ⅱ의 B보다 크다.
ㄷ. 종 다양성은 Ⅰ에서가 Ⅱ에서보다 높다.

13 2021년 4월 교육청 12번

표는 서로 다른 지역 (가)와 (나)의 식물 군집을 조사한 결과를 나타낸 것이다. (가)의 면적은 (나)의 면적의 2배이다.

지역	종	개체 수	상대 빈도(%)	총개체수
(가)	A	?	29	100
	B	33	41	
	C	27	?	
(나)	A	25	32	100
	B	?	35	
	C	44	?	

이에 대한 옳은 설명만을 <보기>에서 있는 대로 고르시오. (단, A~C이외의 종은 고려하지 않는다.)

<보 기>

ㄱ. A의 개체군 밀도는 (가)에서가 (나)에서보다 크다.

ㄴ. (나)에서 B의 상대 밀도는 31%이다.

ㄷ. C의 상대 빈도는 (가)에서가 (나)에서보다 작다.

14 2022학년도 6월 평가원 13번 변형

그림 (가)는 어떤 지역에서 일정 기간 동안 조사한 종 A~C의 단위 면적당 생물량(생체량)변화를, (나)는 A~C 사이의 먹이 사슬을 나타낸 것이다. A~C는 생산자, 1차 소비자, 2차 소비자를 순서 없이 나타낸 것이다.

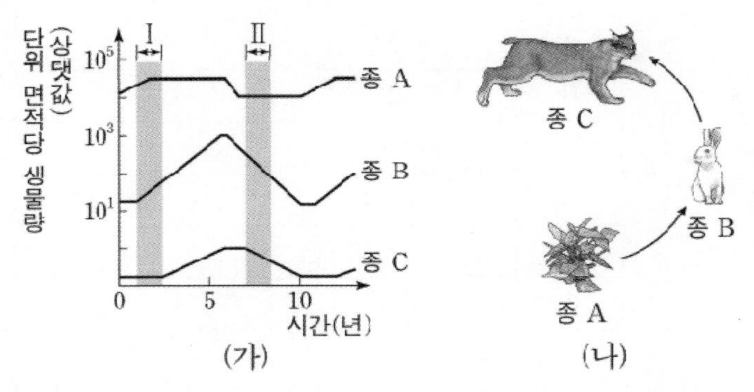

이 자료에 대한 옳은 설명만을 <보기>에서 있는 대로 고르시오.

<보 기>

ㄱ. I 시기 동안 $\frac{\text{B의 생물량}}{\text{C의 생물량}}$은 증가했다.

ㄴ. C는 1차 소비자이다.

ㄷ. II 시기에 A와 B 사이에 경쟁 배타가 일어났다.

ㄹ. 종 B와 C사이의 상호 작용은 포식과 피식이다.

15 2022학년도 6월 평가원 18번 변형

다음은 어떤 지역의 식물 군집에서 우점종을 알아보기 위한 탐구이다.

(가) 이 지역에 방형구를 설치하여 식물 종 A~E의 분포를 조사했다.

(나) 표는 조사한 자료를 바탕으로 각 식물 종의 상대 밀도, 상대 빈도, 상대 피도를 구한 결과를 나타낸 것이다.

종	상대 밀도(%)	상대 빈도(%)	상대 피도(%)
A	?	20	20
B	5	24	?
C	25	25	10
D	10	?	24
E	30	5	20

이 자료에 대한 옳은 설명만을 <보기>에서 있는 대로 고르시오. (단, A~E 이외의 종은 고려하지 않는다.)

<보 기>

ㄱ. 중요치(중요도)가 가장 큰 종은 A이다.

ㄴ. 지표를 덮고 있는 면적이 가장 큰 종은 B이다.

ㄷ. E가 출현한 방형구의 수는 D가 출현한 방형구의 수보다 많다.

16 2022학년도 9월 평가원 11번

다음은 어떤 섬에 서식하는 동물 종 A~C 사이의 상호 작용에 대한 자료이다.

○ A와 B는 같은 먹이를 먹고, C는 A와 B의 천적이다.
○ 그림은 Ⅰ~Ⅳ시기에 서로 다른 영역 (가)와 (나) 각각에 서식하는 종의 분포 변화를 나타낸 것이다.

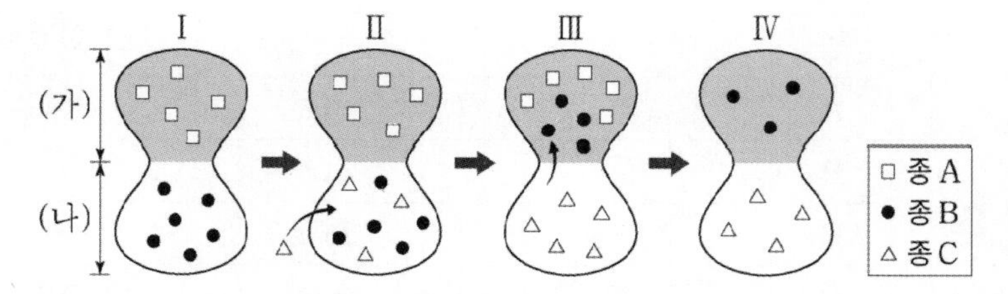

○ Ⅰ 시기에 ㉠A와 B는 서로 경쟁을 피하기 위해 A는 (가)에, B는 (나)에 서식하였다.
○ Ⅱ 시기에 C가 (나)로 유입되었고, C가 B를 포식하였다.
○ Ⅲ 시기에 B는 C를 피해 (가)로 이주하였다.
○ Ⅳ 시기에 (가)에서 A와 B사이의 경쟁의 결과로 A가 사라졌다.

이 자료에 대한 옳은 설명만을 <보기>에서 있는 대로 고르시오.

<보 기>

ㄱ. ㉠에서 A와 B 사이의 상호 작용은 분서에 해당한다.
ㄴ. Ⅱ 시기에 (나)에서 C는 B와 한 개체군을 이루었다.
ㄷ. Ⅳ 시기에 (가)에서 A와 B 사이에 경쟁 배타가 일어났다.

17 2022년 3월 교육청 18번

다음은 어떤 지역에서 방형구를 이용해 식물 군집을 조사한 자료이다.

ㅇ 면적이 같은 4개의 방형구 A~D를 설치하여 조사한 질경이, 토끼풀, 강아지풀의 분포는 그림과 같으며, D에서의 분포는 나타내지 않았다.

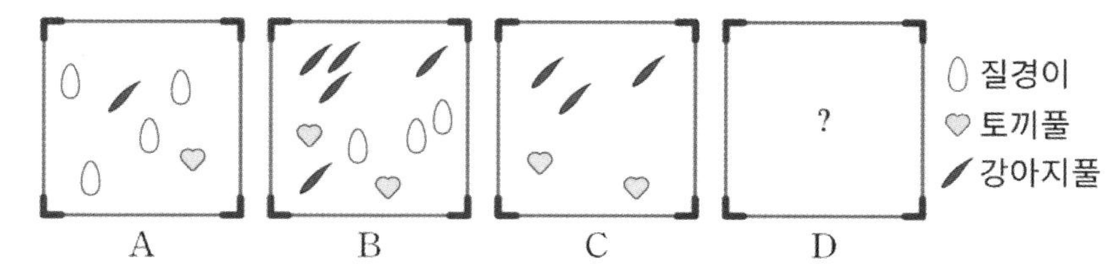

ㅇ 토끼풀의 빈도는 $\frac{3}{4}$이다.

ㅇ 질경이의 밀도는 강아지풀의 밀도와 같고, 토끼풀의 밀도의 2배이다.

ㅇ 중요치가 가장 큰 종은 질경이다.

이에 대한 옳은 설명만을 <보기>에서 있는 대로 고르시오. (단, 방형구에 나타낸 각 도형은 식물 1개체를 의미하며, 제시된 종 이외의 종은 고려하지 않는다.)

<보 기>

ㄱ. D에 질경이가 있다.
ㄴ. 토끼풀의 상대 밀도는 20%이다.
ㄷ. 상대 피도는 질경이가 강아지풀보다 크다.

18 2022년 4월 교육청 17번

그림 (가)는 서대서양에서 위도에 따른 해양 달팽이의 종 수를, (나)는 이 해양에서 평균 해수면 온도에 따른 해양 달팽이의 종 수를 나타낸 것이다.

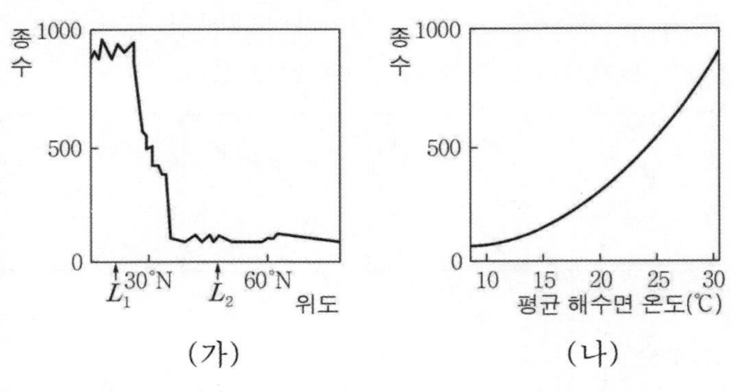

(가) (나)

이에 대한 설명으로 옳은 것만을 <보기>에서 있는 대로 고르시오.

<보 기>

ㄱ. 해양 달팽이의 종 수는 위도 L_2에서가 L_1에서보다 많다.

ㄴ. (나)에서 평균 해수면 온도가 높을수록 해양 달팽이의 종 수가 증가하는 것은 비생물적 요인이 생물에 영향을 미치는 예에 해당한다.

ㄷ. 종 다양성이 높을수록 생태계가 안정적으로 유지된다.

19 2023학년도 6월 평가원 14번

그림은 생태계를 구성하는 요소 사이의 상호 관계를 나타낸 것이다.

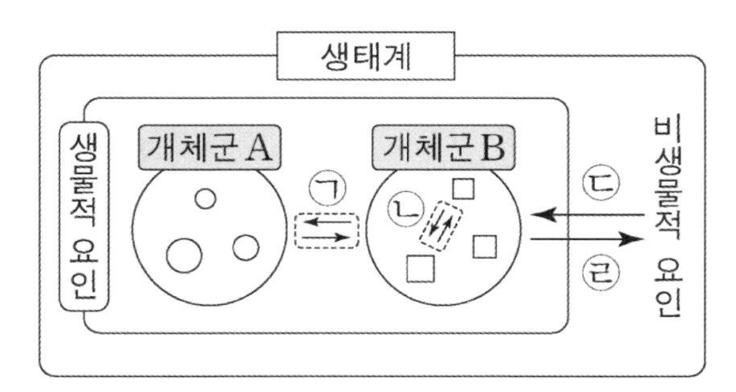

이에 대한 설명으로 옳은 것만을 <보기>에서 있는 대로 고르시오.

<보 기>

ㄱ. 같은 종의 기러기가 무리를 지어 이동할 때 리더를 따라 이동하는 것은 ㉠에 해당한다.
ㄴ. 빛의 세기가 소나무의 생장에 영향을 미치는 것은 ㉢에 해당한다.
ㄷ. 군집에는 비생물적 요인이 포함된다.

20 2023학년도 6월 평가원 20번

표는 종 사이의 상호 작용과 예를 나타낸 것이다. (가)와 (나)는 기생과 상리 공생을 순서 없이 나타낸 것이다.

상호 작용	종 1	종 2	예
(가)	손해	?	촌충은 숙주의 소화관에 서식하며 영양분을 흡수한다.
(나)	이익	이익	?
경쟁	㉠	손해	캥거루쥐와 주머니쥐는 같은 종류의 먹이를 두고 서로 다툰다.

이에 대한 설명으로 옳은 것만을 <보기>에서 있는 대로 고르시오.

<보 기>

ㄱ. (가)는 상리 공생이다.
ㄴ. ㉠은 '이익'이다.
ㄷ. '꽃은 벌새에게 꿀을 제공하고, 벌새는 꽃의 수분을 돕는다.'는 (나)의 예에 해당한다.

21 2023학년도 9월 평가원 3번

그림은 생태계를 구성하는 요소 사이의 상호 관계를, 표는 상호 관계 (가)~(다)의 예를 나타낸 것이다. (가)~(다)는 ㉠~㉢을 순서 없이 나타낸 것이다.

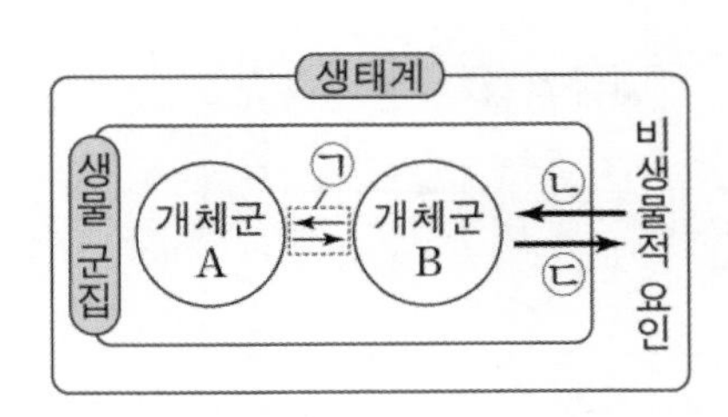

상호 관계	예
(가)	식물의 광합성으로 대기의 산소 농도가 증가한다.
(나)	ⓐ 영양염류의 유입으로 식물성 플랑크톤의 개체 수가 증가한다.
(다)	?

이에 대한 설명으로 옳은 것만을 <보기>에서 있는 대로 고르시오.

<보 기>

ㄱ. (가)는 ㉡이다.
ㄴ. ⓐ는 비생물적 요인에 해당한다.
ㄷ. 생태적 지위가 비슷한 서로 다른 종의 새가 경쟁을 피해 활동 영역을 나누어 살아가는 것은 (다)의 예에 해당한다.

22 2023학년도 9월 평가원 12번

표는 방형구법을 이용하여 어떤 지역의 식물 군집을 조사한 결과를 나타낸 것이다.

종	개체 수	상대 밀도(%)	빈도	상대 빈도(%)	상대 피도(%)
A	?	20	0.4	20	16
B	36	30	0.7	?	24
C	12	?	0.2	10	?
D	㉠	?	?	?	30

이 자료에 대한 설명으로 옳은 것만을 <보기>에서 있는 대로 고르시오. (단, A~D 이외의 종은 고려하지 않는다.)

<보 기>

ㄱ. ㉠은 24이다.
ㄴ. 지표를 덮고 있는 면적이 가장 작은 종은 A이다.
ㄷ. 우점종은 B이다.

23 2023학년도 수능 20번

표는 종 사이의 상호 작용 (가)~(다)의 예를, 그림은 동일한 배양 조건에서 종 A와 B 를 각각 단독 배양했을 때와 혼합 배양했을 때 시간에 따른 개체 수를 나타낸 것이다. (가)~(다)는 경쟁, 상리 공생, 포식과 피식을 순서 없이 나타낸 것이고, A와 B 사이의 상호 작용은 (가)~(다) 중 하나에 해당한다.

상호 작용	예
(가)	ⓐ 늑대는 말코손바닥사슴을 잡아먹는다.
(나)	캥거루쥐와 주머니쥐는 같은 종류의 먹이를 두고 서로 다툰다.
(다)	딱총새우는 산호를 천적으로부터 보호하고, 산호는 딱총새우에게 먹이를 제공한다.

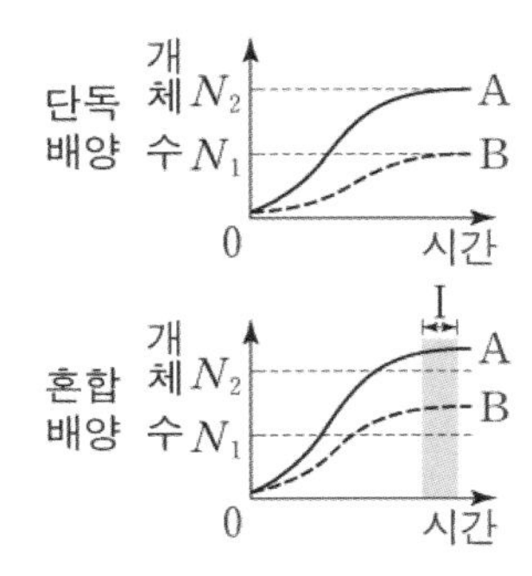

이에 대한 설명으로 옳은 것만을 <보기>에서 있는 대로 고르시오.

<보 기>

ㄱ. ⓐ에서 늑대는 말코손바닥사슴과 한 개체군을 이룬다.
ㄴ. 구간 Ⅰ에서 A에 환경 저항이 작용한다.
ㄷ. A와 B 사이의 상호 작용은 (다)에 해당한다.

24 2024학년도 6월 평가원 9번

그림은 어떤 지역의 식물 군집에서 산불이 난 후의 천이 과정 일부를, 표는 이 과정 중 ㉠에서 방형구법을 이용하여 식물 군집을 조사한 결과를 나타낸 것이다. ㉠은 A와 B 중 하나이고, A와 B는 양수림과 음수림을 순서 없이 나타낸 것이다. 종 Ⅰ과 Ⅱ는 침엽수(양수)에 속하고, 종 Ⅲ과 Ⅳ는 활엽수(음수)에 속한다.

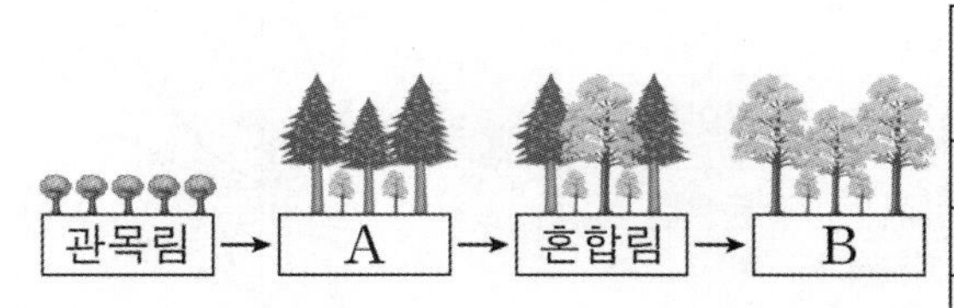

구분	침엽수		활엽수	
	Ⅰ	Ⅱ	Ⅲ	Ⅳ
상대 밀도(%)	30	42	12	16
상대 빈도(%)	32	38	16	14
상대 피도(%)	34	38	17	11

이에 대한 설명으로 옳은 것만을 <보기>에서 있는 대로 고르시오. (단, Ⅰ~Ⅳ 이외의 종은 고려하지 않는다.)

<보 기>

ㄱ. ㉠은 B이다.
ㄴ. 이 지역에서 일어난 천이는 2차 천이이다.
ㄷ. 이 식물 군집은 혼합림에서 극상을 이룬다.

25 2024학년도 9월 평가원 18번

다음은 어떤 지역의 식물 군집에서 우점종을 알아보기 위한 탐구이다.

(가) 이 지역에 방형구를 설치하여 식물 종 A ~ E의 분포를 조사했다. 표는 조사한 자료 중 A ~ E의 개체 수와 A ~ E가 출현한 방형구 수를 나타낸 것이다.

구분	A	B	C	D	E
개체 수	96	48	18	48	30
출현한 방형구 수	22	20	10	16	12

(나) 표는 A ~ E의 분포를 조사한 자료를 바탕으로 각 식물 종의 ㉠~㉢을 구한 결과를 나타낸 것이다. ㉠~㉢은 상대 밀도, 상대 빈도, 상대 피도를 순서 없이 나타낸 것이다.

구분	A	B	C	D	E
㉠(%)	27.5	?	ⓐ	20	15
㉡(%)	40	?	7.5	20	12.5
㉢(%)	36	17	13	?	10

이 자료에 대한 설명으로 옳은 것만을 <보기>에서 있는 대로 고르시오. (단, A ~ E 이외의 종은 고려하지 않는다.)

<보 기>

ㄱ. ⓐ는 12.5이다.
ㄴ. 지표를 덮고 있는 면적이 가장 작은 종은 E이다.
ㄷ. 우점종은 A이다.

26 2025학년도 6월 평가원 18번

다음은 서로 다른 지역 I과 II의 식물 군집에서 우점종을 알아보기 위한 탐구이다.

(가) I과 II 각각에 방형구를 설치하여 식물 종 A~C의 분포를 조사했다.

(나) 조사한 자료를 바탕으로 각각의 지역에서 A~C의 개체 수와 상대 빈도, 상대 피도, 중요치(중요도)를 구한 결과는 표와 같다.

지역	종	개체 수	상대 빈도(%)	상대 피도(%)	중요치
I	A	10	?	30	?
	B	5	40	25	90
	C	?	40	45	110
II	A	30	40	?	125
	B	15	30	?	?
	C	?	?	35	75

이 자료에 대한 설명으로 옳은 것만을 <보기>에서 있는 대로 고르시오. (단, A ~ C 이외의 종은 고려하지 않는다.)

<보 기>

ㄱ. I에서 C의 상대 밀도는 25%이다.

ㄴ. II에서 지표를 덮고 있는 면적이 가장 큰 종은 B이다.

ㄷ. I에서의 우점종과 II에서의 우점종은 모두 A이다.

27 2025학년도 9월 평가원 5번

다음은 어떤 연못에 서식하는 동물 종 ㉠~㉢ 사이의 상호 작용에 대한 실험이다.

ㅇ ㉠과 ㉡은 같은 먹이를 두고 경쟁하며, ㉢은 ㉠과 ㉡의 천적이다.

[실험 과정 및 결과]

(가) 인공 연못 A와 B 각각에 같은 개체 수의 ㉠과 ㉡을 넣고, A에만 ㉢을 추가한다.

(나) 일정 시간이 지난 후, A와 B각각에서 ㉠과 ㉡의 개체 수를 조사한 결과는 그림과 같다.

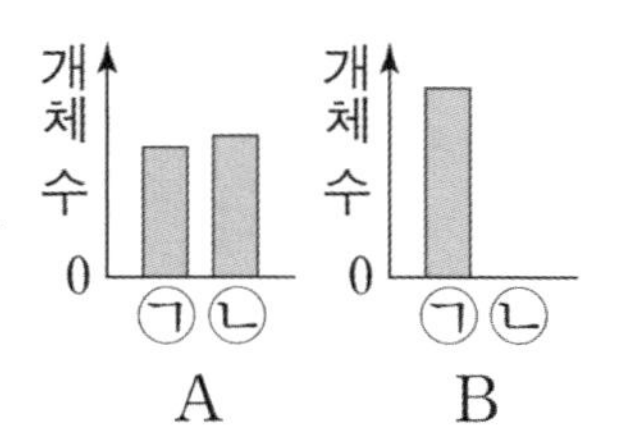

이 자료에 대한 설명으로 옳은 것만을 <보기>에서 있는 대로 고르시오. (단, 제시된 조건 이외는 고려하지 않는다.)

<보 기>

ㄱ. 조작 변인은 ㉢의 추가 여부이다.

ㄴ. A에서 ㉠은 ㉡과 한 개체군을 이룬다.

ㄷ. B에서 ㉠과 ㉡ 사이에 경쟁 배타가 일어났다.

28 2025학년도 수능 4번

다음은 숲 F에서 새와 박쥐가 곤충 개체 수 감소에 미치는 영향을 알아보기 위한 탐구이다.

(가) F를 동일한 조건의 구역 ⓐ~ⓒ로 나눈 후, ⓐ에는 새와 박쥐의 접근을 차단하지 않았고, ⓑ에는 새의 접근만 차단하였으며, ⓒ에는 박쥐의 접근만 차단하였다.

(나) 일정 시간이 지난 후, ⓐ~ⓒ에서 곤충 개체 수를 조사한 결과는 그림과 같다.

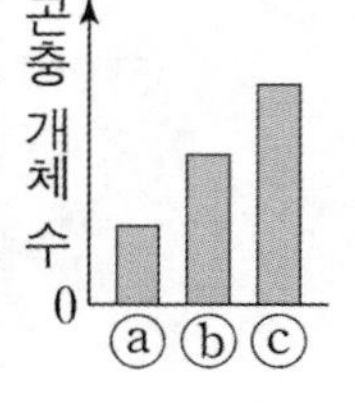

이 자료에 대한 설명으로 옳은 것만을 <보기>에서 있는 대로 고르시오. (단, 제시된 조건 이외는 고려하지 않는다.)

<보 기>

ㄱ. 조작 변인은 곤충 개체 수이다.
ㄴ. ⓒ에서 곤충에 환경 저항이 작용하였다.
ㄷ. 곤충 개체 수 감소에 미치는 영향은 새가 박쥐보다 크다.

29 2025학년도 수능 6번

그림은 생태계를 구성하는 요소 사이의 상호 관계를, 표는 상호 작용의 예를 나타낸 것이다. (가)와 (나)는 순위제의 예와 텃세의 예를 순서 없이 나타낸 것이다.

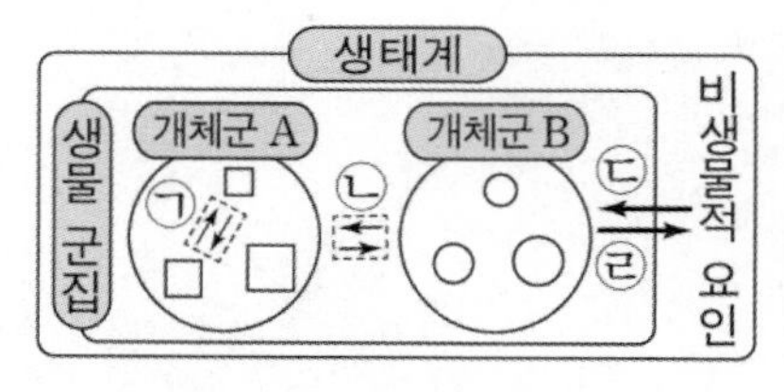

(가) 갈색벌새는 꿀을 확보하기 위해 다른 갈색벌새가 서식 공간에 접근하는 것을 막는다.
(나) 유럽산비둘기 무리에서는 서열이 높은 개체일수록 무리의 가운데 위치를 차지한다.

이에 대한 설명으로 옳은 것만을 <보기>에서 있는 대로 고르시오.

<보 기>

ㄱ. (가)는 텃세의 예이다.
ㄴ. (나)의 상호 작용은 ㉠에 해당한다.
ㄷ. 거북이의 성별이 발생 시기 알의 주변 온도에 의해 결정되는 것은 ㉣의 예에 해당한다.

30 2025학년도 수능 16번

그림은 어떤 식물 군집의 천이 과정 일부를, 표는 이 과정 중 ㉠에서 방형구법을 이용하여 식물 군집을 조사한 결과를 나타낸 것이다. ㉠은 A와 B 중 하나이고, A와 B는 양수림과 음수림을 순서 없이 나타낸 것이다. 종 I과 II는 침엽수(양수)에 속하고, 종 III과 IV는 활엽수(음수)에 속한다. ㉠에서 IV의 상대 밀도는 5%이다.

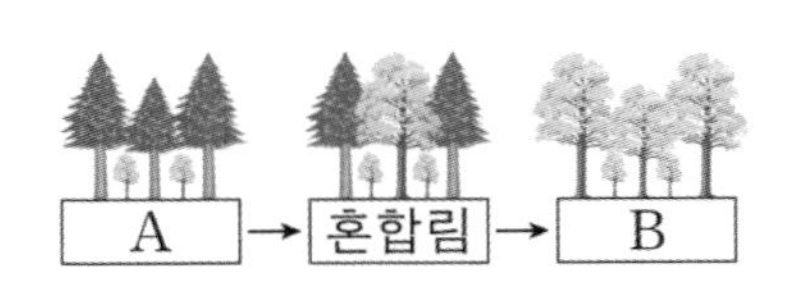

구분	I	II	III	IV
빈도	0.39	0.32	0.22	0.07
개체 수	ⓐ	36	18	6
상대 피도(%)	37	53	ⓑ	5

이 자료에 대한 설명으로 옳은 것만을 <보기>에서 있는 대로 고르시오. (단, I ~ IV 이외의 종은 고려하지 않는다.)

<보 기>

ㄱ. ㉠은 B이다.
ㄴ. ⓐ+ⓑ=65이다.
ㄷ. ㉠에서 중요치(중요도)가 가장 큰 종은 I이다.

Part

02 에너지의 흐름과 물질의 순환, 생물 다양성

PART 1에서 생태계의 구성요소들에 대해 다뤘다면 PART 2에서는 생태계와 관련된 물질과 에너지에 대해 다룬다. PART 이름을 보면 알겠지만 여러 가지가 나열되어있고 내용의 통일성이 떨어진다. 교육과정 내의 내용들을 마지막에 모아 묶어놓은 느낌이다.

PART 1에 비해 출제 빈도가 높지 않다. 시험지에서 자주 접하기 어려운 데다 가장 마지막 PART이다보니 따로 공부하지 않는 이상 자주 까먹게 된다. 지금까지 출제된 자료들을 잘 점검하고, 주기적으로 점검하자.
이번 PART는 세 개의 THEME로 정리했다.

❶ THEME 01. 물질의 생산과 소비
❷ THEME 02. 에너지의 흐름과 물질의 순환
❸ THEME 03. 생태계의 평형과 생물 다양성

THEME 01. 물질의 생산과 소비에서는 생태계 내 물질의 양에 대해서 다룬다. 총생산량의 정의를 정확히 이해하고, 순생산량, 생장량, 동화량 등 용어들의 포함 관계를 잘 정리해야 한다.

THEME 02. 에너지의 흐름과 물질의 순환에서는 그림 혹은 도식 자료가 제시된다.
에너지의 흐름 도식 자료에서는 에너지의 흡수량과 방출량이 같아야 한다는 점을 이용한 간단한 계산을 요구한다. 호흡량과 열에너지라는 워딩이 주는 이미지가 잘 매치가 되지 않아 자료 이해가 명확하지 않을 수 있다. 기본적으로 복잡한 해석을 요구하는 자료들은 아니다. 학습자들이 깔끔하게 정리하고 넘어갈 수 있도록 안내하겠다. 물질의 순환에서는 탄소와 질소의 순환을 다루는데, 출제 빈도는 질소의 순환이 압도적으로 높다.

THEME 03. 생태계의 평형과 생물 다양성에서는 생태피라미드와 생물 다양성에 대해 다룬다.
각 주제가 단독 문항으로 출제되는 경우는 거의 없고, 다른 자료와 함께 제시되거나 선지에서 다양성에 대해 묻는 정도로 출제된다.

THEME 01. 물질의 생산과 소비

IDEA.

정의만 알면 쉽게 풀리는 단원이다.
나오는 용어가 많긴 하지만 직관적이라 그렇게 어렵지는 않을 것이다.
제시되는 자료들도 비슷비슷해서 기출 문제 몇 개만 보면 쉽게 풀 수 있다.
자료 해석을 요구하는 문제들도 출제되고 있으나 용어의 정의만 알고 있으면 쉽게 풀 수 있는 수준이다.

GUIDELINE.

(1) 생산자에서 물질의 생산과 소비

표로 정리했다. 헷갈리지 않도록 잘 정리하자.

총생산량			
호흡량	순생산량		
	피식량	고사, 낙엽량	생장량

총생산량 = 호흡량 + 순생산량(피식량 + 고사/낙엽량 + 생장량)

용어	정의
총생산량	생산자가 광합성을 통해 합성한 유기물의 총량
호흡량	생산자가 호흡에 이용한 유기물의 양
순생산량	총생산량에서 호흡량을 제외한 유기물의 양
피식량	1차 소비자로 이동하는 유기물의 양, 1차 소비자의 섭식량과 동일
고사, 낙엽량	고사하거나 낙엽이 되는 유기물의 양
생장량	생장에 이용되어 축적되는 유기물의 양, 생물량(생체량)[24]의 변화량

문제에서는 총생산량, 호흡량, 순생산량 위주로 출제되고 있다.
특히 총생산량의 정의는 정말 자주 출제되는 선지이니 꼭 알고 있도록 하자.

24) 생물체에 존재하는 유기물의 총량을 생물량(생체량)이라고 한다.

다음과 같은 그래프도 문제에서 자주 제시된다.

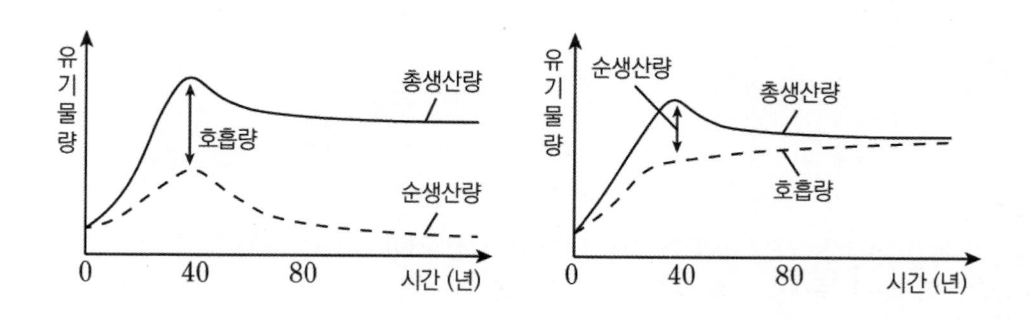

(총생산량 = 순생산량 + 호흡량)를 통해 그래프에 나타나지 않은 나머지 값도 비교할 수 있다.
호흡량은 시간이 지날수록 총생산량에 수렴해간다는 것도 알아두면 좋다.

총생산량이 최대가 될 때 극상을 이루냐고 묻기도 하는데 그것과 극상을 이루는 것은 전혀 관련이 없다.

(2) 1차 소비자에서 물질의 생산과 소비

생산자에 비해서는 잘 출제되지 않는다. 마찬가지로 표로 정리해뒀다.

<table>
<tr><th colspan="4">섭식량</th></tr>
<tr><td rowspan="2">배출량</td><td colspan="3">동화량</td></tr>
<tr><td>호흡량</td><td>피식, 자연사량</td><td>생장량</td></tr>
</table>

섭식량 = 배출량 + 동화량(호흡량 + 피식/자연사량 + 생장량)

섭식량	1차 소비자가 생산자에서 섭식한 유기물의 양, 생산자의 피식량에 해당
배출량	동화에 이용하지 않고 배출된 유기물의 양
동화량	섭식량에서 배출량을 제외한 유기물의 양
호흡량	호흡에 이용한 유기물의 양
피식, 자연사량	피식이나 자연사로 소실되는 유기물의 양
생장량	생장에 이용되어 축적되는 유기물의 양, 생물량(생체량)의 변화량

예제(1) 2020학년도 수능 18번

그림 (가)는 어떤 식물 군집에서 총생산량, 순생산량, 생장량의 관계를, (나)는 이 식물 군집의 시간에 따른 생물량, ㉠, ㉡을 나타낸 것이다. ㉠과 ㉡은 총생산량과 호흡량 중 하나이다.

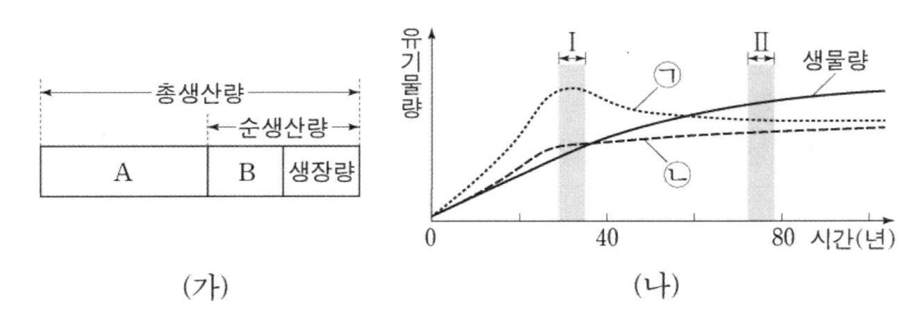

(가) (나)

이에 대한 설명으로 옳은 것만을 <보기>에서 있는 대로 고르시오.

<보 기>

ㄱ. ㉠은 총생산량이다.

ㄴ. 초식 동물의 호흡량은 A에 포함된다.

ㄷ. $\frac{\text{순생산량}}{\text{생물량}}$은 구간 II에서가 구간 I에서보다 크다.

㉠이 ㉡보다 크므로 ㉠은 총생산량, ㉡은 호흡량이다.
→ ㄱ 정답

ㄴ. A는 식물 군집의 호흡량이다. 초식 동물의 호흡량은 생산자의 피식량에 포함된다. (X)

ㄷ. 순생산량은 (㉠ - ㉡)이다. I에서의 순생산량이 더 크고 생물량이 더 작으므로 I에서 더 크다. (X)

정답 : ㄱ

THEME 02. 에너지의 흐름과 물질의 순환

IDEA.

생태계는 에너지와 물질로 이루어진다.
물질은 형태를 달리하며 순환한다. 주로 생물을 구성하는 주요 원소인 탄소와 질소의 순환 과정이 자료로 제시된다. 특히 질소 순환 과정에서 등장하는 용어들이 다소 헷갈리므로 확실히 정리하자.

태양으로부터 온 에너지는 한 방향으로 흐르다가 생태계 밖으로 빠져나간다.
도식 자료에서 에너지양의 계산이 필요한 경우가 있다. 생명과학1에 단순 계산 문제가 많지 않기에 방형구법 문제처럼 은근히 시간을 잡아먹고 실수하는 경우가 있다. 출제 포인트를 잘 파악하고 충분히 연습하자.

GUIDELINE.

(1) 탄소 순환

탄소는 대기중에서는 이산화 탄소(CO_2)로, 물에서는 탄산 수소 이온(HCO_3^-)로 존재한다.[25)]
광합성 등 생산자의 유기 합성을 통해 환경에 무기물(CO_2, HCO_3^-)로 존재하던 탄소는 포도당 등의 유기물로 합성된다.

합성된 유기물은 먹이사슬을 따라 소비자에게 이동하거나 사체나 배설물의 형태로 분해자에게 이동한다.

생산자, 소비자, 분해자의 호흡을 통해 CO_2가 다시 대기로 배출된다.
화석 연료의 연소를 통해서도 CO_2가 대기로 배출된다. 탄소는 위 과정들을 거치며 생태계에서 순환한다.

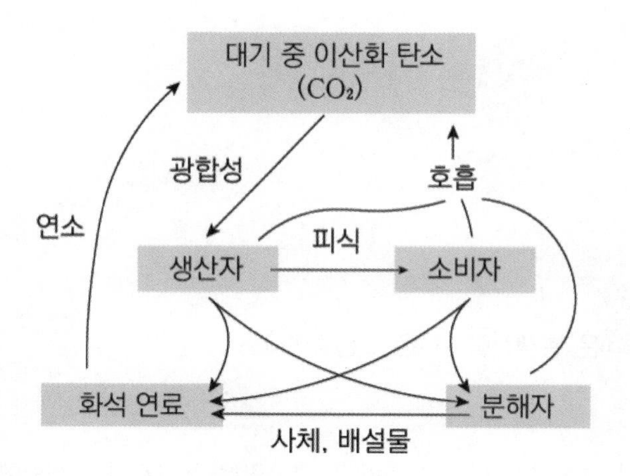

참고로 탄소 순환은 과정이 간단하고 내용도 직관적이라 잘 출제되지 않고 있다.

25) 탄소 순환도 잘 안 물어보는데 탄산 수소 이온을 물어보는 경우는 더더욱 없으니 크게 신경 쓰지 말자.

(2) 질소 순환

생물은 대기 중의 질소(N_2)를 직접 이용하지 못해 N_2를 암모늄 이온(NH_4^+) 또는 질산 이온(NO_3^-)으로 전환된 것을 이용하는데, 전환되는 과정을 질소 고정이라고 한다.
질소 고정은 질소 고정 세균(뿌리혹박테리아, 아조토박터 등) 또는 공중 방전으로 일어난다.

질산화 작용은 NH_4^+가 NO_3^-로 전환되는 과정이고 질산화 세균(질산균, 아질산균 등)에 의해 일어난다.

질소 동화 작용은 생산자가 NH_4^+ 또는 NO_3^-을 이용해 단백질과 핵산 등을 합성하는 것이다.
생산자에 의해 생성된 단백질과 핵산과 같은 질소 화합물은 소비자와 분해자로 이동한다.

탈질산화 작용은 NO_3^-를 N_2로 전환하는 과정이고 탈질산화 세균에 의해 일어난다.
질소도 탄소와 마찬가지로 생태계에서 순환한다.

아래에 그림과 표로 정리해 두었다. 오개념이 생기지 않도록 주의하자.

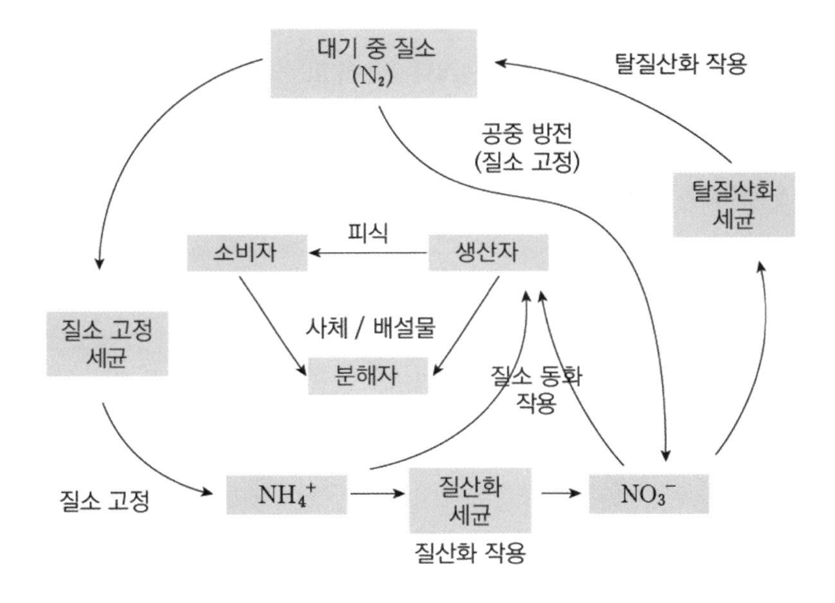

질소 고정	질소 고정 세균(뿌리혹박테리아 등)에 의해, $N_2 \rightarrow NH_4^+$ 공중 방전에 의해, $N_2 \rightarrow NO_3^-$
질산화 작용	질산화 세균(질산균, 아질산균 등)에 의해, $NH_4^+ \rightarrow NO_3^-$
질소 동화 작용	생산자가 NH_4^+이나 NO_3^-을 흡수해 단백질, 핵산 등 합성
탈질산화 작용	탈질산화 세균에 의해, $NO_3^- \rightarrow N_2$

분해자가 암모니아화 작용을 통해 유기물의 질소를 NH_4^+(암모늄 이온)로 전환하여 생성할 수 있다는 것과 공중 방전도 질소 고정에 해당한다는 것을 기억하자.

(3) 에너지의 흐름

탄소나 질소와 달리 에너지는 생태계 내에서 순환하지 않는다.
생태계에 공급되는 에너지는 대부분 태양의 빛에너지이고, 생산자의 광합성을 통해 화학 에너지로 전환된다.

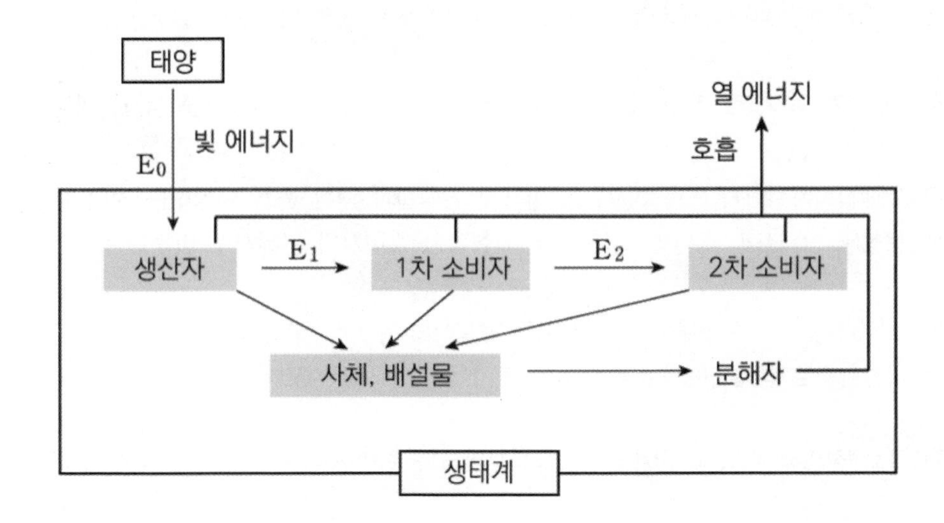

한 영양 단계가 가진 에너지의 일부는 상위 영양 단계로 이동하고,
일부는 호흡에 의해 열에너지로 생태계에서 빠져나가고, 나머지는 배설물과 사체의 형태로 분해자에게 이동한다.

결과적으로는 생태계에 들어온 빛에너지와 생태계에서 빠져나가는 열에너지의 합은 같다.

에너지 효율은 전 영양 단계의 에너지에서 현 영양 단계로 이동하는 에너지의 비율이다.

$$\text{에너지효율}(\%) = \frac{\text{현 영양 단계의 에너지}}{\text{전 영양 단계의 에너지}} \times 100(\%)$$

예를 들어, 위 그림에서의 1차 소비자의 에너지 효율은 $\frac{E_1}{E_0} \times 100(\%)$이고

2차 소비자의 에너지 효율은 $\frac{E_2}{E_1} \times 100(\%)$임을 알 수 있다.

에너지 효율은 보통 상위 영양 단계일수록 더 크다.

comment

하지만, 에너지 효율이 보통 상위 영양 단계일수록 더 크다는 것을 지식처럼 암기해서 모든 문제에 적용해서는 안 된다. 현재 교과 과정에 서술된 것에 따르면, 상위 영양 단계로 갈수록 에너지 효율은 '대체로' 증가한다. 평가원에서는 아직까지 상위 영양 단계로 갈수록 에너지 효율이 증가하는 것에서 벗어난 문제가 출제되지 않았지만, 22학년도 EBS 수능완성에 1차 소비자의 에너지 효율이 2차 소비자보다 더 높은 것으로 설정된 문제가 수록되었다. 출제 가능한 여지가 존재하므로, 이 부분은 주의하도록 하자.

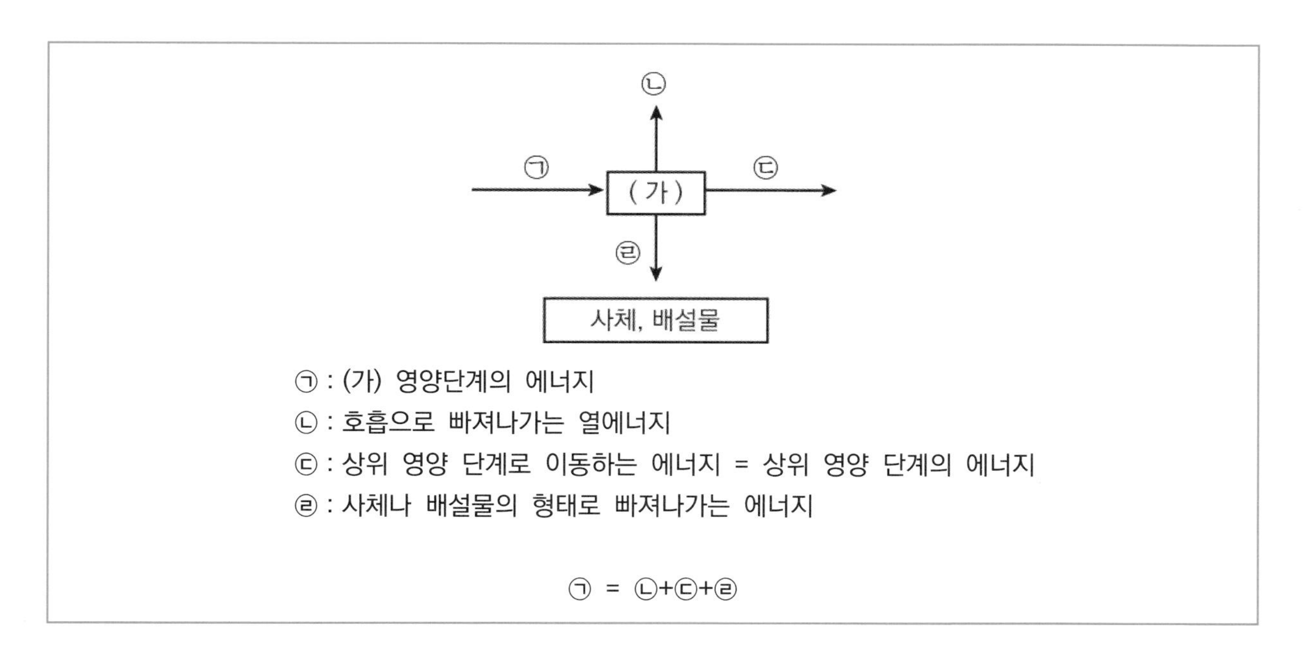

계산 문제로도 가끔 출제되는데, 들어오는 에너지와 나가는 에너지의 양은 같다는 것을 통해 풀 수 있다.
(㉠ = ㉡+㉢+㉣)

보통 첫 영양 단계와 마지막 영양 단계에서 풀이를 시작하면 쉽게 풀린다.
추가 조건으로 에너지 효율이 주어지는 경우도 있다. 배운 에너지 효율의 정의를 이용해서 풀도록 하자.

예를 들어 (가)를 1차 소비자라고 하면 2차 소비자의 에너지 효율은 $\frac{㉢}{㉠} \times 100(\%)$임을 알 수 있다.

아래 예시를 통해 배운 내용을 정리하자.

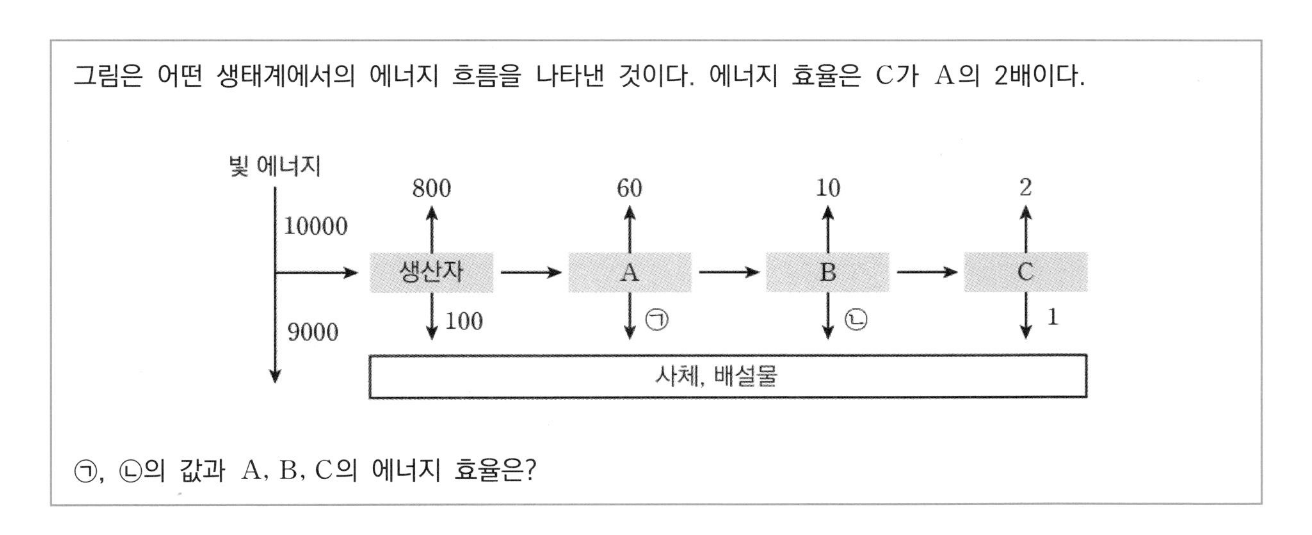

처음과 마지막 단계부터 살펴보자.
빛에너지가 1000만큼 감소했으므로 생산자의 에너지는 1000이다.
C에서 열 에너지로 2, 사체/배설물로 1만큼 빠져나갔으므로 C의 에너지는 3이다.

생산자에서 1000 = 800 + 100 + (A로 이동한 에너지) 이므로 A의 에너지는 100이다.
A의 에너지 효율은 10% 이므로 C의 에너지 효율은 20% 이다.
C의 에너지 효율이 20% 이므로 B의 에너지는 15이다.

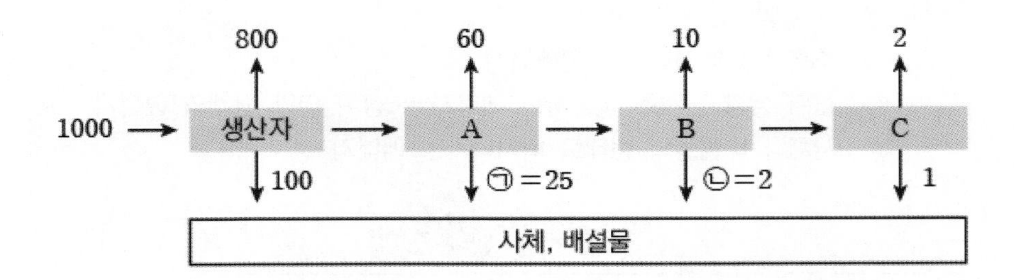

100 = 60 + ㉠ + 15에서 ㉠ = 25이고, 15 = 10 + ㉡ + 3에서 ㉡은 2이다.
B의 에너지 효율은 15% 이다.

예시에서 생태계에 들어온 빛에너지(1000)와 빠져나간 열에너지의 합(872)가 왜 같지 않냐고 생각할 수 있는데, 분해자를 생략한 예시라서 그러니 크게 신경 쓰지 말자.

평가원은 물론 교육청에서도 잘 출제하지 않는 유형인데, EBS 교재나 사설 모의고사에는 자주 등장한다.
실을 만한 기출 문제도 없어서 EBS 변형 문제 몇 개를 예제와 유제에 수록했으니 이를 통해 연습하자.

예제(1) 2018학년도 6월 평가원 18번

그림은 생태계에서 일어나는 질소 순환 과정의 일부를 나타낸 것이다. A와 B는 분해자와 생산자를 순서 없이 나타낸 것이다.

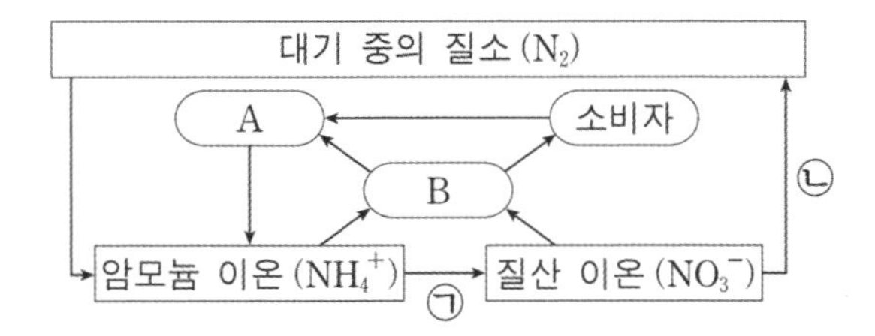

이에 대한 설명으로 옳은 것만을 <보기>에서 있는 대로 고르시오.

<보 기>

ㄱ. A는 생산자이다.
ㄴ. 질산화 세균은 과정 ㉠에 관여한다.
ㄷ. 탈질산화 세균은 과정 ㉡에 관여한다.

B가 암모늄 이온과 질산 이온을 이용하는 것으로 보아 생산자이고, A는 분해자이다.
→ ㄱ 오답

ㄴ. 질산화 세균은 ㉠(질산화 작용)에 관여한다. (○)
ㄷ. 탈질산화 세균은 ㉡(탈질산화 작용)에 관여한다. (○)

정답 : ㄴ, ㄷ

예제(2) 2022학년도 수능 특강 변형

그림은 어떤 안정된 생태계에서의 에너지 흐름을 나타낸 것이다. (가)~(라)는 분해자, 생산자, 1차 소비자, 2차 소비자를 순서 없이 나타낸 것이고, 에너지 양은 상댓값으로 나타낸 것이다. 2차 소비자의 에너지 효율은 10%이다.

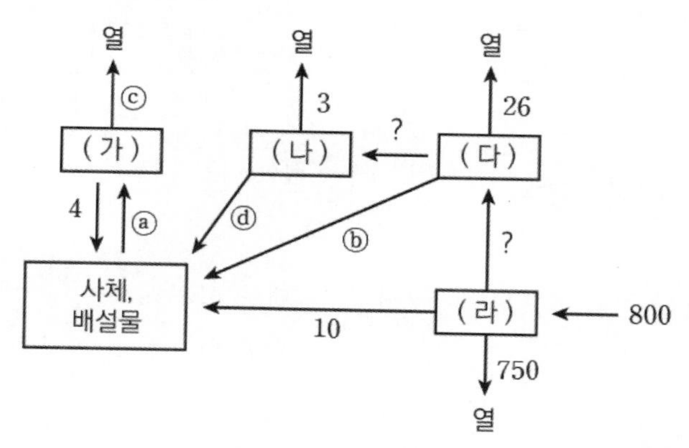

이 자료에 대한 설명으로 옳은 것만을 <보기>에서 있는 대로 고르시오.

<보 기>

ㄱ. (가)는 분해자이다.

ㄴ. 에너지 효율은 (나)가 (다)의 2배이다.

ㄷ. $\frac{ⓑ+ⓒ}{ⓐ+ⓓ}>1$이다.

ㄹ. 뿌리혹박테리아는 (라)의 예에 해당한다.

사체, 배설물에서 (가)로 이동하는 것이 있으므로 (가)는 분해자이다.
(라)는 생태계에 처음 들어온 에너지(빛에너지)를 사용하므로 생산자이다.
(나), (다)는 각각 2차 소비자, 1차 소비자이다.
→ ㄱ 정답

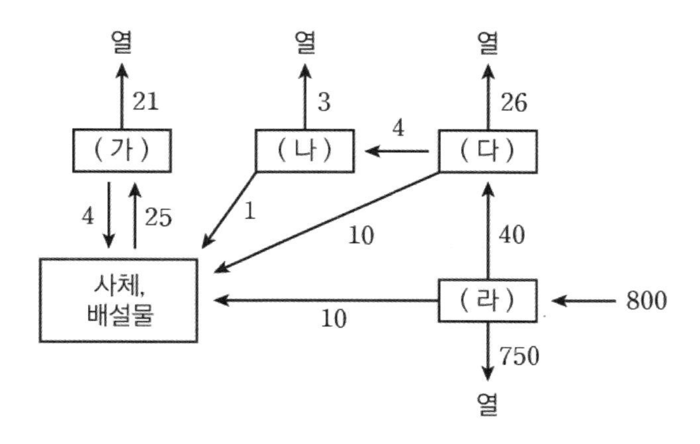

800 = 750 + 10 + (1차 소비자의 에너지) 이므로 1차 소비자의 에너지는 40이다.
2차 소비자의 에너지 효율이 10%이므로 2차 소비자의 에너지는 4이다.

40 = 26 + 4 + ⓑ이므로 ⓑ = 10이고, 4 = 3 + ⓓ이므로 ⓓ는 1이다.

사체, 배설물에 들어온 에너지(4+1+10+10)와 나가는 에너지 (ⓐ)가 같아야 하므로 ⓐ = 25이다.

25 = 4 + ⓒ이므로 ⓒ는 21이다.

ㄴ. (다)의 에너지 효율은 5%이다. (○)
ㄷ. $\frac{31}{26} > 1$이다. (○)
ㄹ. 뿌리혹박테리아는 분해자의 예에 해당한다. (X)

정답 : ㄱ, ㄴ, ㄷ

THEME 03. 생물 다양성과 생태계 평형

IDEA.

평형과 다양성이라는 단어에서 느껴지듯 내용 자체가 추상적인데,
주어지는 상황에 대한 해석의 옳고 그름을 묻는 문제가 주로 출제된다.
출제되는 자료들이 다소 직관적이어서 빠르게 보고 넘어가는 정도로 충분하다.
구체적인 해석 또는 계산을 요하는 경우는 생태 피라미드나 종 다양성 자료가 주어지는 경우뿐이다.
이외의 다른 주제가 단독 문제로 출제되면 고마운 마음으로 해결하면 된다.

GUIDELINE.

(1) 생태 피라미드

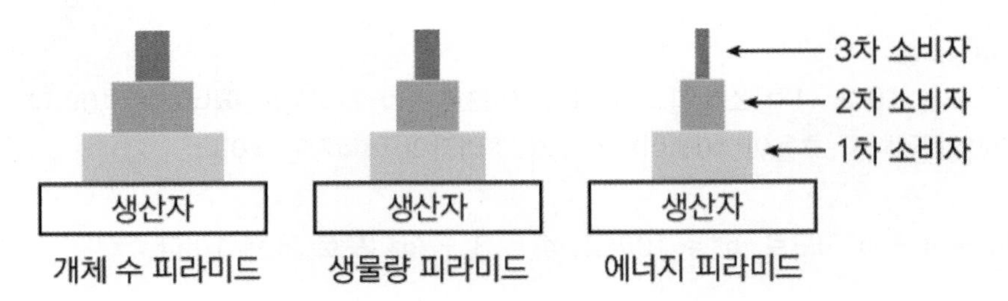

안정한 생태계에서 각 영양 단계의 개체 수, 생물량, 에너지 등을 하위 영양 단계부터 상위 영양 단계까지 쌓아 올리면 피라미드 모양이 나오는데, 이를 생태 피라미드라고 한다.

(2) 생태계의 평형

생태계 내에서 개체 수, 에너지, 물질의 양 등이 일정하게 유지되는 상태를 생태계의 평형이라고 한다.
특정 영양 단계에서 일시적으로 변동이 일어나도 시간이 지나면 생태계는 평형을 되찾는다.

아래는 교과서나 수능특강에 자주 나오는 1차 소비자의 일시적 증가 시 생태계가 평형을 회복하는 과정이다.

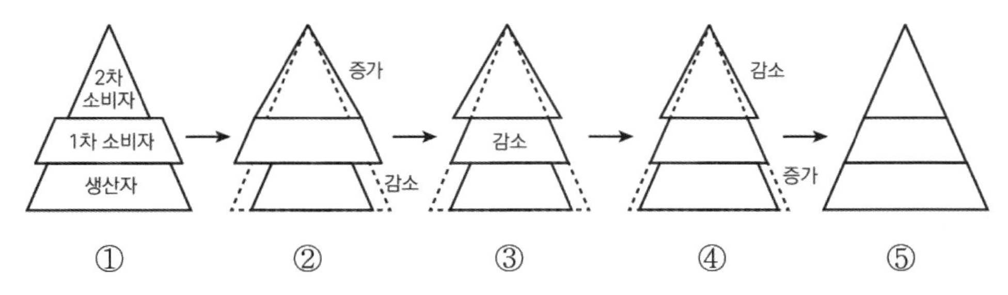

①: 1차 소비자가 일시적으로 증가
②: 먹이가 많아진 2차 소비자 증가, 포식자가 많아진 생산자 감소
③: 포식자가 많아진 1차 소비자 감소
④: 먹이가 줄어든 2차 소비자 감소, 포식자가 줄어든 생산자 증가
⑤: 생태계의 평형 회복

생태계의 평형은 먹이 사슬을 통해 유지된다.
먹이 사슬이 복잡할수록 어떤 한 종의 생물이 사라지더라도
다른 종이 대체할 수 있기 때문에 생태계의 평형이 잘 유지된다.

생태계가 평형을 회복하는 것에는 한계가 있어 외부 요인에 의해 생태계 평형이 깨질 수 있다.
자연재해나 인간의 활동에 의해 생태계 평형이 깨지면 생태계가 파괴될 수 있다.

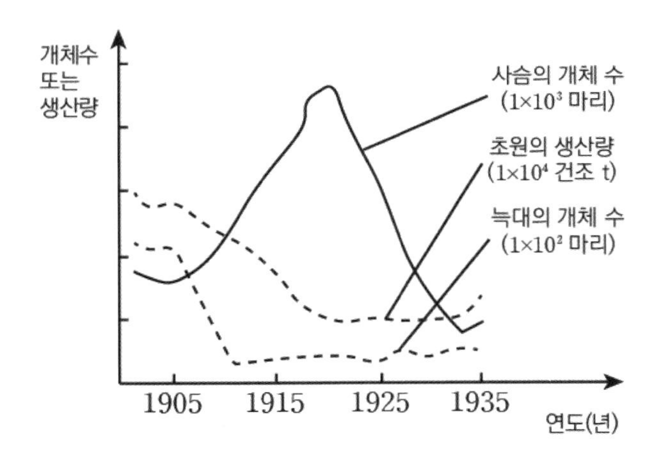

교과서에 자주 나오는 인위적인 개입으로 생태계 평형이 깨진 예시이다.
사슴의 보호를 위해 늑대 사냥을 허가했는데 오히려 사슴의 개체 수가 줄어들었다.
인위적인 개입으로 생태계 평형이 깨질 수 있다는 것을 보여준다.

(3) 생물 다양성

지구에서 다양한 생물들이 다양한 생태계에서 살아가는 것을 생물 다양성이라고 한다.
생물 다양성은 유전적 다양성, 종 다양성, 생태계 다양성으로 구분된다.

유전적 다양성	• 같은 종에서 여러 유전자에 의해 다양한 형질이 나타나는 것 • 높을수록 형질이 다양, 급격한 환경 변화에 멸종할 가능성 감소 Ex) 무당벌레의 색/반점, 눈 색깔 등
종 다양성	• 한 지역에서의 종의 다양한 정도 • 종의 수가 많을수록, 종의 비율이 균등할수록 높음 • 높을수록 생태계가 안정적임
생태계 다양성	• 어떤 지역에 초원, 습지, 삼림, 바다 등 다양한 생태계가 존재하는 것 • 높을수록 다양한 종이 나타나므로 종 다양성과 유전적 다양성이 높아짐

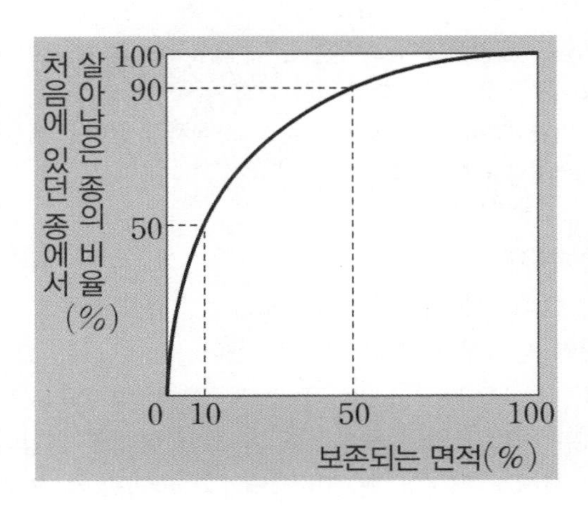

서식지가 벌목, 개발 등으로 파괴되어 서식지 면적이 감소하면 종 다양성이 줄어들고 생물 다양성이 감소한다.

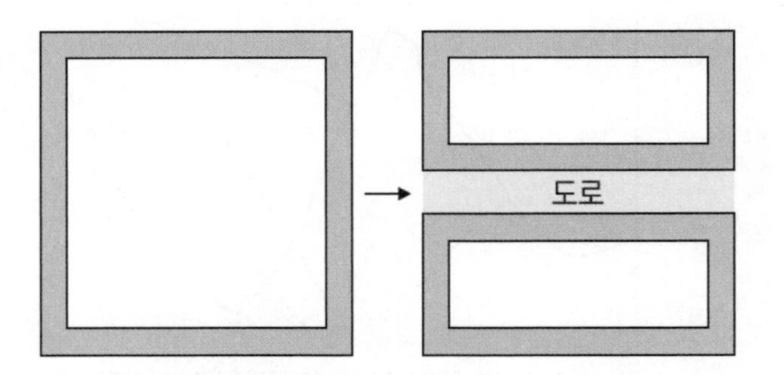

대규모 서식지가 도로의 건설 등에 의해 작은 서식지로 나눠지는 것을 서식지 단편화라고 한다.
서식지가 단편화 되면 서식지 내부 면적이 줄어들어 생물 다양성이 감소한다.

이 외에도 남획, 환경 오염, 자연재해, 외래종의 도입 등도 생물 다양성을 감소시킨다.

예제(1) 2021학년도 9월 평가원 20번

그림 (가)는 어떤 생태계에서 영양 단계의 생체량(생물량)과 에너지양을 상댓값으로 나타낸 생태 피라미드를, (나)는 이 생태계에서 생산자의 총생산량, 순생산량, 생장량의 관계를 나타낸 것이다.

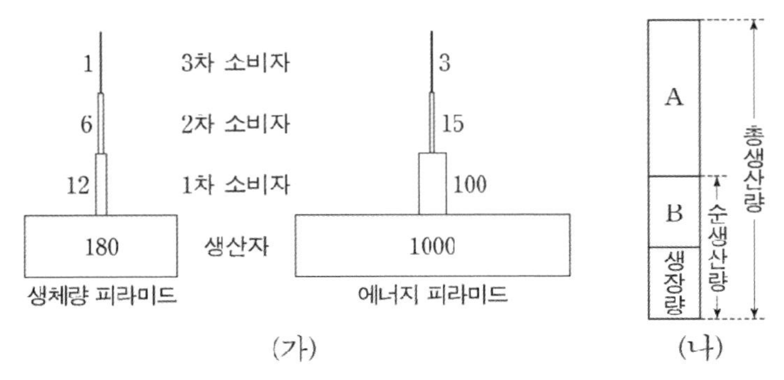

(가) (나)

이 자료에 대한 설명으로 옳은 것만을 <보기>에서 있는 대로 고르시오.

<보 기>

ㄱ. 1차 소비자의 생체량은 A에 포함된다.
ㄴ. 2차 소비자의 에너지 효율은 20%이다.
ㄷ. 상위 영양 단계로 갈수록 에너지양은 감소한다.

ㄱ. A는 생산자의 호흡량이다. 1차 소비자의 생체량은 생산자의 피식량에 포함된다. (X)
ㄴ. 2차 소비자의 에너지 효율은 15%이다. (X)
ㄷ. 생태계에서 상위 영양 단계로 갈수록 에너지양은 감소한다. (○)

정답 : ㄷ

예제(2) 2020학년도 수능 16번

그림은 서로 다른 지역 (가)~(다)에 서식하는 식물 종 A~C를 나타낸 것이고, 표는 종 다양성에 대한 자료이다. (가)~(다)의 면적은 모두 같다.

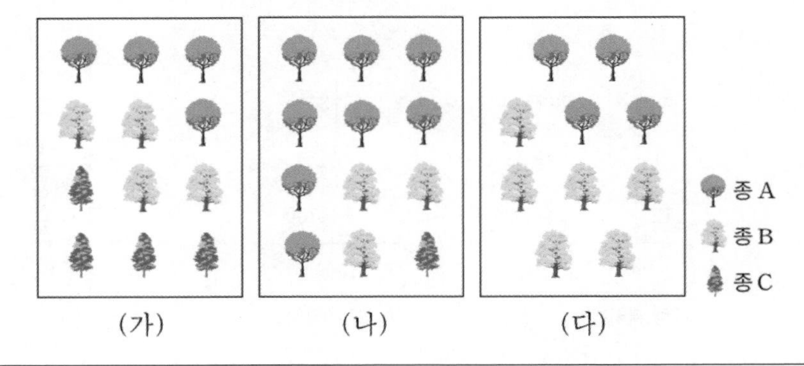

○ 어떤 지역의 종 다양성은 종 수가 많을수록, 전체 개체수에서 각 종이 차지하는 비율이 균등할수록 높아진다.

이 자료에 대한 설명으로 옳은 것만을 <보기>에서 있는 대로 고르시오. (단, A~C 이외의 종은 고려하지 않는다.)

<보 기>

ㄱ. 식물의 종 다양성은 (가)에서가 (나)에서보다 높다.
ㄴ. A의 개체군 밀도는 (가)에서가 (다)에서보다 낮다.
ㄷ. (다)에서 A는 B와 한 개체군을 이룬다.

(가), (나)에는 3종, (다)에는 2종이 서식하고 (가)에서 개체수 비율이 제일 균등하므로 각 지역의 종 다양성은 (가) 〉 (나) 〉 (다)이다.
→ ㄱ 정답

ㄴ. 비교하는 지역의 면적이 동일할 때, 개체군 밀도는 개체 수에 의해 결정되기 때문에 A의 개체군 밀도는 (가)에서와 (다)에서가 같다. (X)
ㄷ. 서로 다른 종은 한 개체군을 이룰 수 없다. (X)

정답 : ㄱ

memo

Part

02 유제

01 2018학년도 6월 평가원 11번

표는 동일한 면적을 차지하고 있는 식물 군집 I과 II에서 1년 동안 조사한 총생산량에 대한 호흡량, 고사량, 낙엽량, 생장량, 피식량의 백분율을 나타낸 것이다. I의 총생산량은 II의 총생산량의 2배이다.

구분	식물 군집	
	I	II
호흡량	74.0	67.1
고사량, 낙엽량	19.7	24.7
생장량	6.0	8.0
피식량	0.3	0.2
합계	100.0	100.0

이에 대한 옳은 설명만을 <보기>에서 있는 대로 고르시오.

<보 기>

ㄱ. I과 II의 호흡량에는 초식 동물의 호흡량이 포함된다.
ㄴ. II에서 총생산량에 대한 순생산량의 백분율은 32.9%이다.
ㄷ. 생장량은 I에서가 II에서보다 크다.

02 2018학년도 수능 20번

그림은 어떤 식물 군집의 시간에 따른 총생산량과 호흡량을 나타낸 것이다. A와 B는 각각 총생산량과 호흡량 중 하나이다

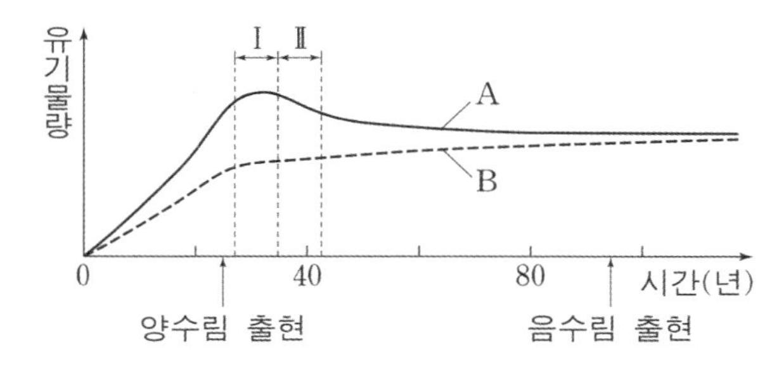

이 자료에 대한 옳은 설명만을 <보기>에서 있는 대로 고르시오.

<보 기>

ㄱ. A는 총생산량이다.

ㄴ. 구간 I에서 이 식물 군집은 극상을 이룬다.

ㄷ. 구간 II에서 $\frac{\text{B}}{\text{순생산량}}$는 시간에 따라 증가한다.

03 2019학년도 6월 평가원 20번

그림은 식물 군집 A의 시간에 따른 총생산량과 순생산량을 나타낸 것이다. ㉠과 ㉡은 각각 총생산량과 순생산량 중 하나이다.

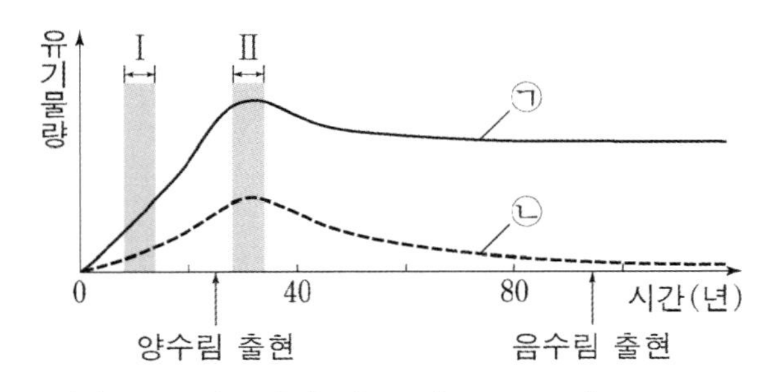

이 자료에 대한 옳은 설명만을 <보기>에서 있는 대로 고르시오.

<보 기>

ㄱ. A의 호흡량은 구간 I에서가 구간 II에서 보다 많다.

ㄴ. 구간 II에서 A의 고사량은 순생산량에 포함된다.

ㄷ. ㉡은 생산자가 광합성을 통해 생산한 유기물의 총량이다.

04 2019학년도 수능 20번

그림 (가)는 어떤 지역의 식물 군집 K에서 산불이 난 후의 천이 과정을, (나)는 K의 시간에 따른 총생산량과 순생산량을 나타낸 것이다. A와 B는 양수림과 음수림을 순서 없이 나타낸 것이다.

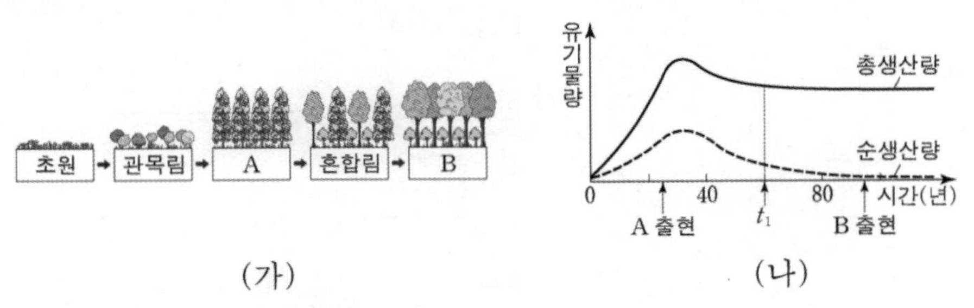

(가) (나)

이 자료에 대한 옳은 설명만을 <보기>에서 있는 대로 고르시오.

<보 기>

ㄱ. (가)는 2차 천이를 나타낸 것이다.
ㄴ. K는 (가)의 A에서 극상을 이룬다.
ㄷ. (나)에서 t_1일 때 K의 생장량은 순생산량보다 크다.

05 2021학년도 수능 5번

그림은 평균 기온이 서로 다른 계절 I과 II에 측정한 식물 A의 온도에 따른 순생산량을 나타낸 것이다.

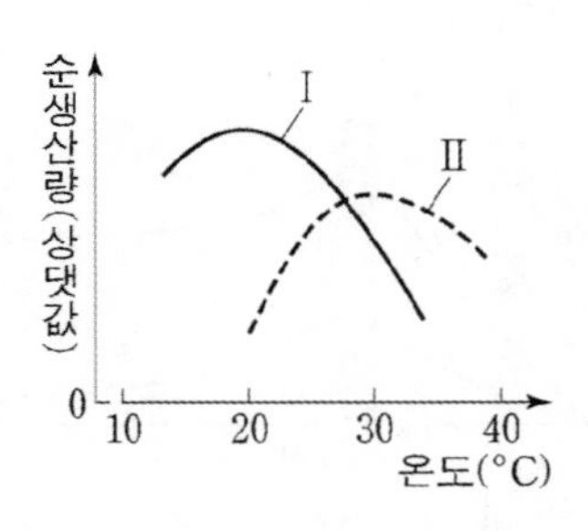

이에 대한 옳은 설명만을 <보기>에서 있는 대로 고르시오.

<보 기>

ㄱ. 순생산량은 총생산량에서 호흡량을 제외한 양이다.
ㄴ. A의 순생산량이 최대가 되는 온도는 I일 때가 II일 때보다 높다.
ㄷ. 계절에 따라 A의 순생산량이 최대가 되는 온도가 달라지는 것은 비생물적 요인이 생물에 영향을 미치는 예에 해당한다.

06 2021년 3월 교육청 11번

그림은 어떤 식물 군집의 시간에 따른 총생산량과 순생산량을 나타낸 것이다. ㉠과 ㉡은 각각 양수림과 음수림 중 하나이다.

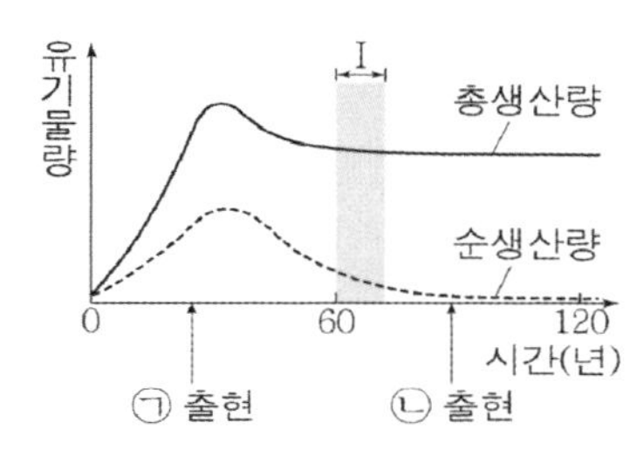

이에 대한 옳은 설명만을 <보기>에서 있는 대로 고르시오.

<보 기>

ㄱ. ㉠은 음수림이다.
ㄴ. 구간 Ⅰ에서 호흡량은 시간에 따라 증가한다.
ㄷ. 순생산량은 생산자가 광합성으로 생산한 유기물의 총량이다.

07 2020년 3월 교육청 18번

그림은 생태계에서 일어나는 질소 순환 과정의 일부를 나타낸 것이다.

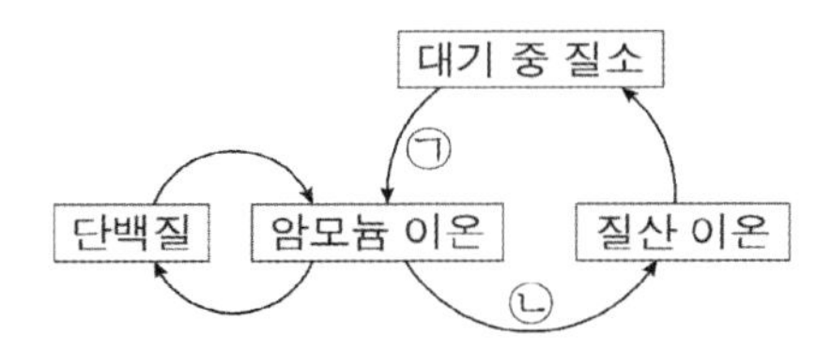

이에 대한 옳은 설명만을 <보기>에서 있는 대로 고르시오.

<보 기>

ㄱ. 뿌리혹박테리아는 ㉠에 관여한다.
ㄴ. ㉡은 탈질산화 작용이다.
ㄷ. 식물은 암모늄 이온을 이용하여 단백질을 합성한다.

08 2021년 4월 교육청 20번

그림은 생태계에서 일어나는 질소 순환 과정의 일부를 나타낸 것이다. (가)와 (나)는 질소 고정과 탈질산화 작용을 순서 없이 나타낸 것이고, ⓐ와 ⓑ는 각각 암모늄 이온과 질산 이온 중 하나이다.

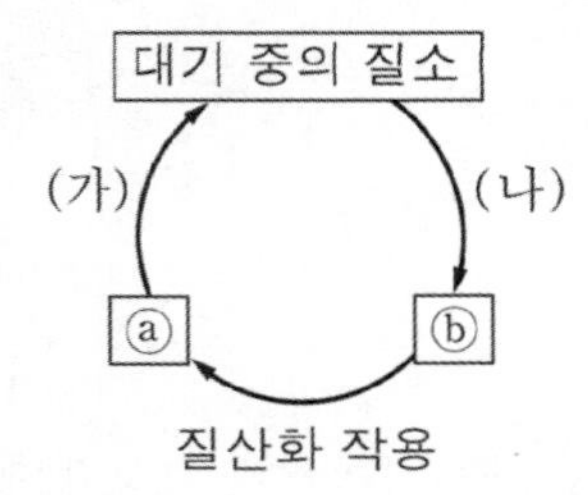

이에 대한 옳은 설명만을 <보기>에서 있는 대로 고르시오.

<보 기>

ㄱ. ⓑ는 질산 이온이다.
ㄴ. (가)는 탈질산화 작용이다.
ㄷ. 뿌리혹박테리아는 (나)에 관여한다.

09 2021년 7월 교육청 9번

표는 생태계에서 일어나는 질소 순환 과정과 탄소 순환 과정의 일부를 나타낸 것이다. (가)~(다)는 세포 호흡, 질산화 작용, 질소 고정 작용을 순서 없이 나타낸 것이다.

구분	과정
(가)	$N_2 \rightarrow NH_4^+$
(나)	$NH_4^+ \rightarrow NO_3^-$
(다)	유기물 $\rightarrow CO_2$

이에 대한 옳은 설명만을 <보기>에서 있는 대로 고르시오.

<보 기>

ㄱ. 뿌리혹박테리아에 의해 (가)가 일어난다.
ㄴ. (나)는 질소 고정 작용이다.
ㄷ. (다)에 효소가 관여한다.

10 2022학년도 수능 12번

다음은 생태계에서 일어나는 질소 순환 과정에 대한 자료이다. ㉠과 ㉡은 질소 고정 세균과 탈질산화 세균을 순서 없이 나타낸 것이다.

> (가) 토양 속 ⓐ 질산 이온(NO_3^-)의 일부는 ㉠에 의해 질소 기체로 전환되어 대기 중으로 돌아간다.
>
> (나) ㉡에 의해 대기 중의 질소 기체가 ⓑ 암모늄 이온(NH_4^+)으로 전환된다.

이에 대한 옳은 설명만을 <보기>에서 있는 대로 고르시오.

<보 기>

ㄱ. (가)는 질소 고정 작용이다.
ㄴ. 질산화 세균은 ⓑ가 ⓐ로 전환되는 과정에 관여한다.
ㄷ. ㉠과 ㉡은 모두 생태계의 구성 요소 중 비생물적 요인에 해당한다.

11 2018년 3월 교육청 10번

그림은 어떤 안정된 생태계에서의 에너지 흐름을 나타낸 것이다. A와 B는 각각 1차 소비자와 생산자 중 하나이고, B의 에너지 효율은 10%이다

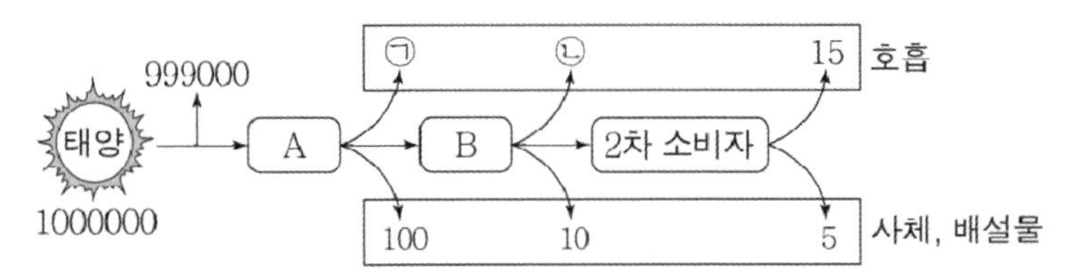

이 자료에 대한 옳은 설명만을 <보기>에서 있는 대로 고르시오. (단, 에너지양은 상댓값이고, 에너지 효율은 전 영양 단계의 에너지양에 대한 현 영양 단계의 에너지양을 백분율로 나타낸 것이다.)

<보 기>

ㄱ. A는 생산자이다.
ㄴ. ㉠ + ㉡ = 870이다.
ㄷ. 2차 소비자의 에너지 효율은 20%이다.

12 2019년 10월 교육청 18번

그림은 어떤 안정된 생태계의 에너지 흐름을 나타낸 것이다. A~C는 각각 1차 소비자, 2차 소비자, 생산자 중 하나이다. A에서 B로 전달되는 에너지양은 B에서 C로 전달되는 에너지양의 5배이며, 에너지양은 상댓값이다.

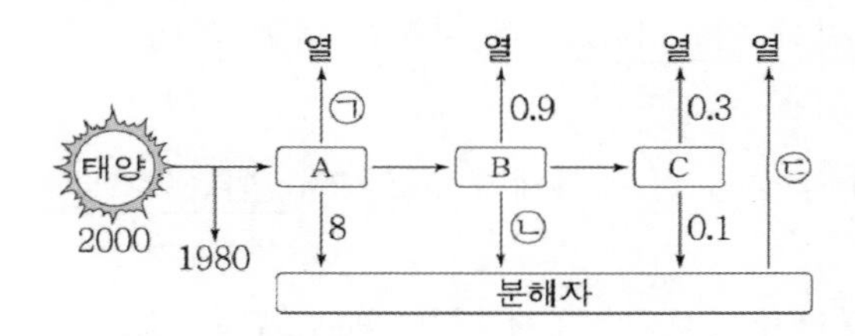

이에 대한 옳은 설명만을 <보기>에서 있는 대로 고르시오.

<보 기>

ㄱ. ㉡과 ㉢의 합은 ㉠보다 크다.
ㄴ. A는 빛에너지를 화학 에너지로 전환한다.
ㄷ. B에서 C로 유기물이 이동한다.

13 2017학년도 수능 20번

그림은 어떤 생태계에서 A~D의 에너지양을 상댓값으로 나타낸 생태 피라미드이다. A~D는 각각 생산자, 1차 소비자, 2차 소비자, 3차 소비자 중 하나이며, 2차 소비자의 에너지 효율은 15%이다.

3 A
15 B
100 C
1000 D

이 자료에 대한 설명으로 옳은 것만을 <보기>에서 있는 대로 고르시오. (단, 에너지 효율은 전 영양 단계의 에너지양에 대한 현 영양 단계의 에너지양을 백분율로 나타낸 것이다.)

<보 기>

ㄱ. C는 2차 소비자이다.
ㄴ. 에너지 효율은 A가 C의 3배이다.
ㄷ. 상위 영양 단계로 갈수록 에너지양은 감소한다.

14 2019학년도 수능 18번

그림은 영양 염류가 유입된 호수의 식물성 플랑크톤 군집에서 전체 개체수, 종 수, 종 다양성과 영양 염류 농도를 시간에 따라 나타낸 것이며, 표는 종 다양성에 대한 자료이다.

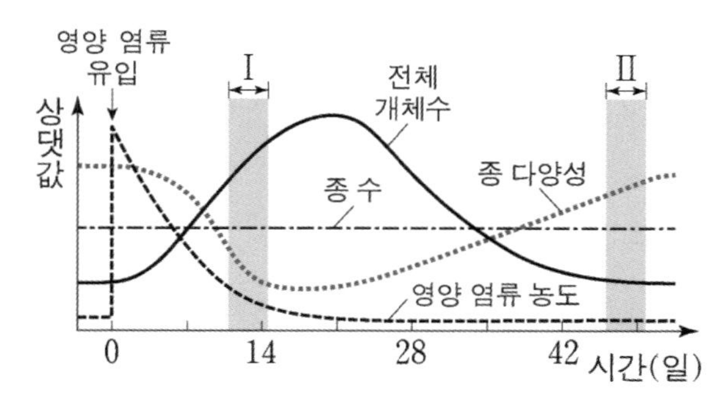

ㅇ종 다양성은 종 수가 많을수록 높아진다.
ㅇ종 다양성은 전체 개체수에서 각 종이 차지하는 비율이 균등할수록 높아진다.

이 자료에 대한 설명으로 옳은 것만을 <보기>에서 있는 대로 고르시오. (단, 식물성 플랑크톤 군집은 여러 종의 식물성 플랑크톤으로만 구성되며, 제시된 조건 이외는 고려하지 않는다.)

<보 기>

ㄱ. 구간 I에서 개체수가 증가하는 종이 있다.

ㄴ. 전체 개체수에서 각 종이 차지하는 비율은 구간 I에서가 구간 II에서보다 균등하다.

ㄷ. 종 다양성은 동일한 생물 종이라도 형질이 각 개체 간에 다르게 나타나는 것을 의미한다.

15 2020학년도 6월 평가원 18번

그림 (가)와 (나)는 각각 서로 다른 생태계에서 생산자, 1차 소비자, 2차 소비자, 3차 소비자의 에너지양을 상댓값으로 나타낸 생태 피라미드이다. (가)에서 2차 소비자의 에너지 효율은 15%이고, (나)에서 1차 소비자의 에너지 효율은 10%이다.

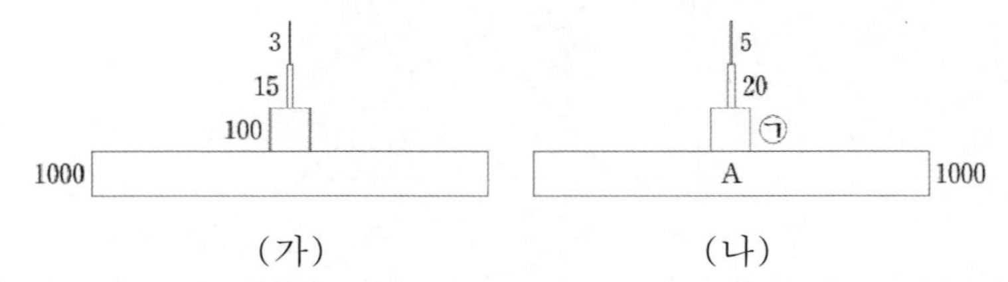

이 자료에 대한 설명으로 옳은 것만을 <보기>에서 있는 대로 고르시오. (단, 에너지 효율은 전 영양 단계의 에너지양에 대한 현 영양 단계의 에너지양을 백분율로 나타낸 것이다.)

ㄱ. A는 3차 소비자이다.
ㄴ. ㉠은 100이다.
ㄷ. (가)에서 에너지 효율은 상위 영양 단계로 갈수록 증가한다.

16 2020년 4월 교육청 14번

그림은 어떤 생태계에서 생산자와 A~C의 에너지양을 나타낸 생태 피라미드이고, 표는 이 생태계를 구성하는 영양 단계에서 에너지양과 에너지 효율을 나타낸 것이다. A~C는 각각 1차 소비자, 2차 소비자, 3차 소비자 중 하나이고, I~III은 A~C를 순서 없이 나타낸 것이다. 에너지 효율은 C가 A의 2배이다.

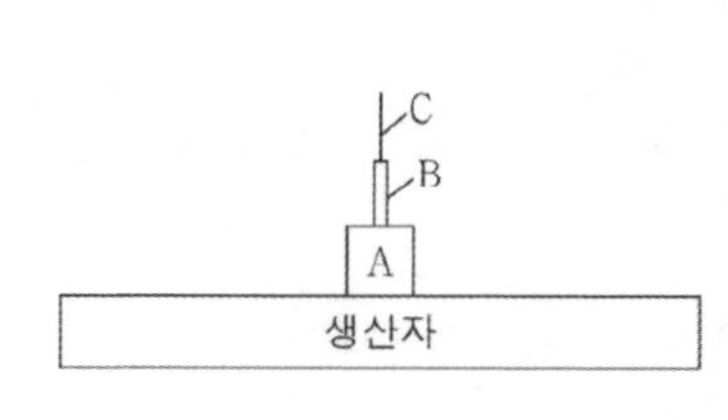

영양 단계	에너지양 (상댓값)	에너지 효율 (%)
I	3	?
II	?	10
III	㉠	15
생산자	1000	?

이에 대한 설명으로 옳은 것만을 <보기>에서 있는 대로 고르시오.

<보 기>

ㄱ. II는 A이다.
ㄴ. ㉠은 150이다.
ㄷ. C의 에너지 효율은 30%이다.

17 2022학년도 수능 18번

그림은 어떤 지역에서 늑대의 개체 수를 인위적으로 감소시켰을 때 늑대, 사슴의 개체 수와 식물 군집의 생물량 변화를, 표는 (가)와 (나) 시기 동안 이 지역의 사슴과 식물 군집 사이의 상호 작용을 나타낸 것이다. (가)와 (나)는 I과 II를 순서 없이 나타낸 것이다.

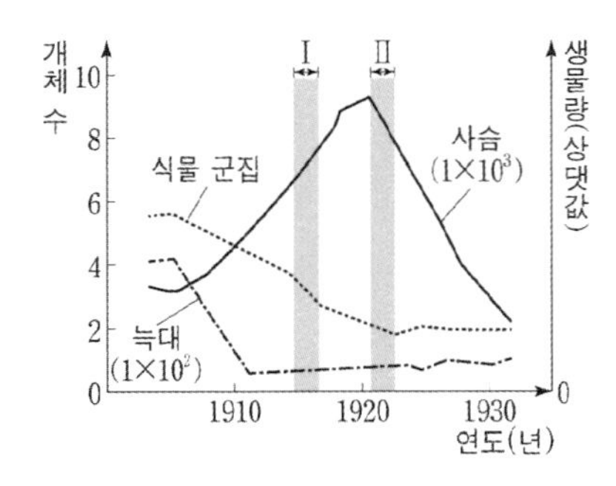

시기	상호 작용
(가)	식물 군집의 생물량이 감소하여 사슴의 개체 수가 감소한다.
(나)	사슴의 개체 수가 증가하여 식물 군집의 생물량이 감소한다.

이 자료에 대한 설명으로 옳은 것만을 <보기>에서 있는 대로 고르시오.

<보 기>

ㄱ. (가)는 II이다.
ㄴ. I 시기 동안 사슴 개체군에 환경 저항이 작용하였다.
ㄷ. 사슴의 개체 수는 포식자에 의해서만 조절된다.

18 2022학년도 수능 20번

그림 (가)는 어떤 숲에 사는 새 5종 ㉠~㉤이 서식하는 높이 범위를, (나)는 숲을 이루는 나무 높이의 다양성에 따른 새의 종 다양성을 나타낸 것이다. 나무 높이의 다양성은 숲을 이루는 나무의 높이가 다양할수록, 각 높이의 나무가 차지하는 비율이 균등할수록 높아진다.

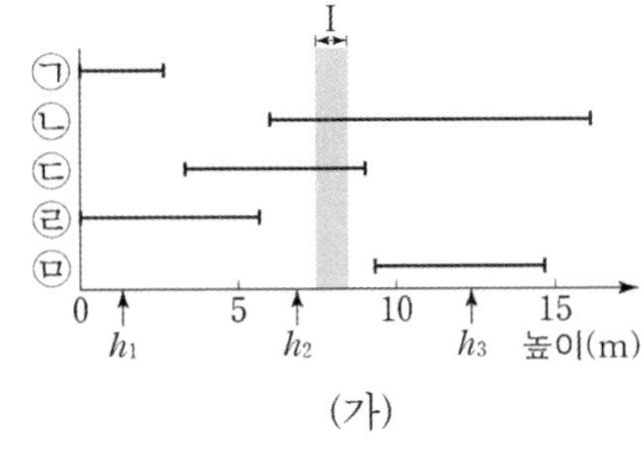

(가)

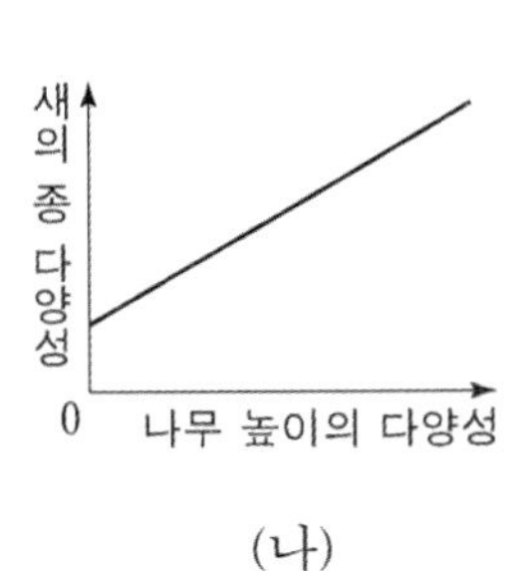

(나)

이 자료에 대한 설명으로 옳은 것만을 <보기>에서 있는 대로 고르시오.

<보 기>

ㄱ. ㉠이 서식하는 높이는 ㉤이 서식하는 높이보다 낮다.
ㄴ. 구간 I에서 ㉡은 ㉢과 한 개체군을 이루어 서식한다.
ㄷ. 새의 종 다양성은 높이가 h_3인 나무만 있는 숲에서가 높이가 h_1, h_2, h_3인 나무가 고르게 분포하는 숲에서보다 높다.

19 2022년 3월 교육청 20번

그림은 어떤 안정된 생태계의 에너지 흐름을 나타낸 것이다. A~C는 각각 생산자, 1차 소비자, 2차 소비자 중 하나이며, 에너지양은 상대값이다.

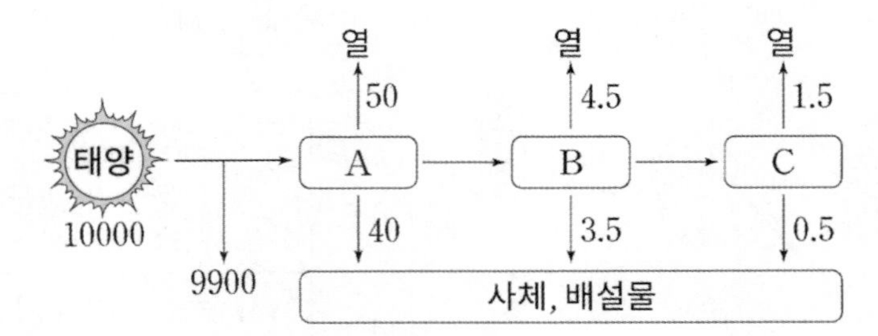

이에 대한 옳은 설명만을 <보기>에서 있는 대로 고르시오.

<보 기>

ㄱ. 곰팡이는 A에 속한다.

ㄴ. B에서 C로 유기물이 이동한다.

ㄷ. A에서 B로 이동한 에너지양은 B에서 C로 이동한 에너지양보다 적다.

20 2022년 7월 교육청 8번

그림은 생태계를 구성하는 요소 사이의 상호 관계를, 표는 세균 ⓐ와 ⓑ에 의해 일어나는 물질 전환 과정의 일부를 나타낸 것이다. ⓐ와 ⓑ는 탈질소 세균과 질소 고정 세균을 순서 없이 나타낸 것이다.

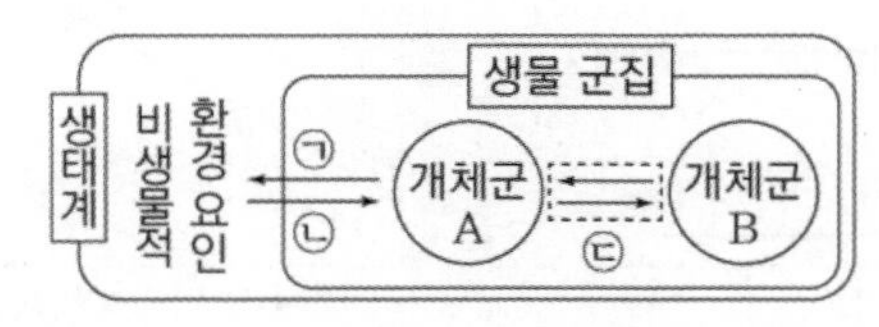

세균	물질 전환 과정
ⓐ	$N_2 \rightarrow NH_4^+$
ⓑ	$NO_3^- \rightarrow N_2$

이에 대한 설명으로 옳은 것만을 <보기>에서 있는 대로 고르시오.

<보 기>

ㄱ. 순위제는 ㉢에 해당한다.

ㄴ. ⓑ는 탈질소 세균이다.

ㄷ. ⓐ에 의해 토양의 NH_4^+ 양이 증가하는 것은 ㉡에 해당한다.

21 2022년 7월 교육청 13번

그림은 어떤 안정된 생태계에서 포식과 피식 관계인 개체군 ㉠과 ㉡의 시간에 따른 개체 수를, 표는 이 생태계에서 각 영양 단계의 에너지양을 나타낸 것이다. ㉠과 ㉡은 각각 1차 소비자와 2차 소비자 중 하나이고, A~C는 각각 1차 소비자, 2차 소비자, 3차 소비자 중 하나이다. 1차 소비자의 에너지 효율은 15%이다.

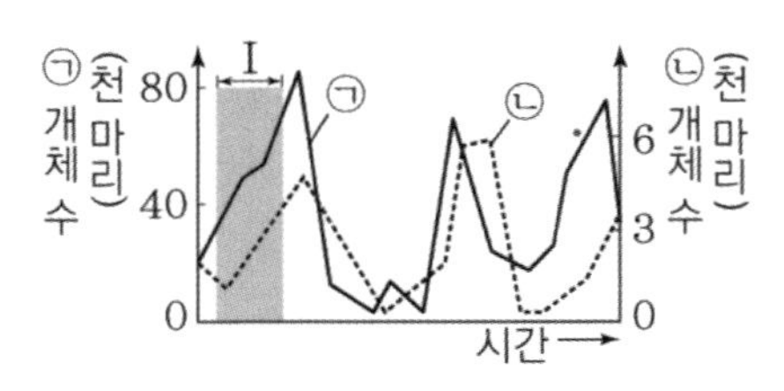

구분	에너지양(상댓값)
A	5
B	15
C	?
생산자	500

이에 대한 설명으로 옳은 것만을 <보기>에서 있는 대로 고르시오.

<보 기>

ㄱ. ㉡은 B이다.
ㄴ. I 시기 동안 ㉠에 환경 저항이 작용하지 않았다.
ㄷ. 이 생태계에서 2차 소비자의 에너지 효율은 20%이다.

22 2023학년도 9월 평가원 9번

표 (가)는 질소 순환 과정의 작용 A와 B에서 특징 ㉠과 ㉡의 유무를 나타낸 것이고, (나)는 ㉠과 ㉡을 순서 없이 나타낸 것이다. A와 B는 질산화 작용과 질소 고정 작용을 순서 없이 나타낸 것이다.

작용 \ 특징	㉠	㉡
A	○	×
B	○	?

(○: 있음, ×: 없음)

(가)

특징 (㉠, ㉡)
• 암모늄 이온(NH_4^+)이 ⓐ 질산 이온(NO_3^-)으로 전환된다. • 세균이 관여한다.

(나)

이에 대한 설명으로 옳은 것만을 <보기>에서 있는 대로 고르시오.

<보 기>

ㄱ. B는 질산화 작용이다.
ㄴ. ㉡은 '세균이 관여한다.'이다.
ㄷ. 탈질산화 세균은 ⓐ가 질소 기체로 전환되는 과정에 관여한다.

23 2023학년도 수능 12번

그림은 어떤 생태계를 구성하는 생물 군집의 단위 면적당 생물량(생체량)의 변화를 나타낸 것이다. t_1일 때 이 군집에 산불에 의한 교란이 일어났고, t_2일 때 이 생태계의 평형이 회복되었다. ㉠은 1차 천이와 2차 천이 중 하나이다.

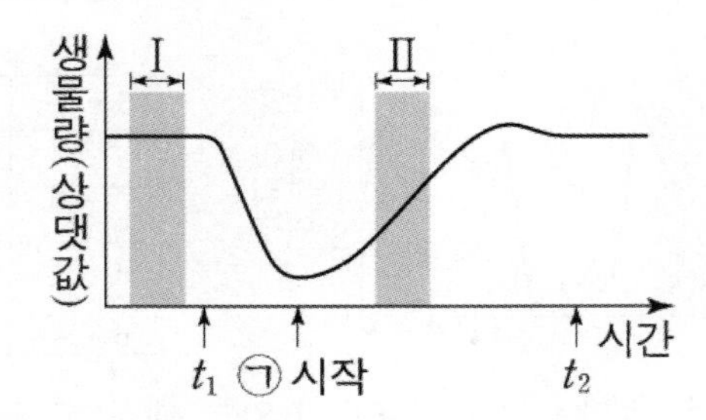

이 자료에 대한 설명으로 옳은 것만을 <보기>에서 있는 대로 고르시오.

<보 기>

ㄱ. ㉠은 1차 천이다.
ㄴ. I 시기에 이 생물 군집의 호흡량은 0이다.
ㄷ. II 시기에 생산자의 총생산량은 순생산량보다 크다.

24 2025학년도 9월 평가원 20번

그림은 평형 상태인 생태계 S에서 1차 소비자의 개체 수가 일시적으로 증가한 후 평형 상태로 회복되는 과정의 시점 t_1~t_5에서의 개체 수 피라미드를, 표는 구간 I~IV에서의 생산자, 1차 소비자, 2차 소비자의 개체 수 변화를 나타낸 것이다. ㉠은 '증가'와 '감소' 중 하나이다.

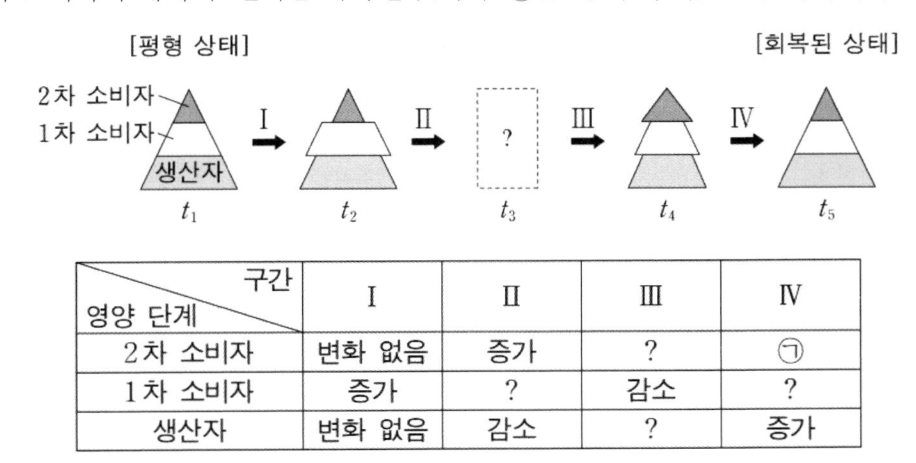

영양 단계 \ 구간	I	II	III	IV
2차 소비자	변화 없음	증가	?	㉠
1차 소비자	증가	?	감소	?
생산자	변화 없음	감소	?	증가

이에 대한 설명으로 옳은 것만을 <보기>에서 있는 대로 고르시오. (단, 제시된 조건 이외는 고려하지 않는다.)

<보 기>

ㄱ. ㉠은 '감소'이다.

ㄴ. $\frac{\text{2차 소비자의 개체 수}}{\text{생산자의 개체 수}}$는 t_2일 때가 t_3일 때보다 크다.

ㄷ. t_5일 때, 상위 영양 단계로 갈수록 각 영양 단계의 에너지양은 증가한다.

24 2025학년도 수능 20번

표 (가)는 질소 순환 과정에서 나타나는 두 가지 특징을, (나)는 (가)의 특징 중 A와 B가 갖는 특징의 개수를 나타낸 것이다. A와 B는 질소 고정 작용과 탈질산화 작용을 순서 없이 나타낸 것이다.

특징
• 세균이 관여한다. • 대기 중의 질소 기체가 ㉠ 암모늄 이온(NH_4^+)으로 전환된다.

(가)

구분	특징의 개수
A	2
B	1

(나)

이에 대한 설명으로 옳은 것만을 <보기>에서 있는 대로 고르시오.

<보 기>

ㄱ. B는 탈질산화 작용이다.

ㄴ. 뿌리혹박테리아는 A에 관여한다.

ㄷ. 질산화 세균은 ㉠이 질산 이온(NO_3^-)으로 전환되는 과정에 관여한다.

memo

기출의 파급효과

과탐 영역

생명과학 I (하)

smart is sexy

해설

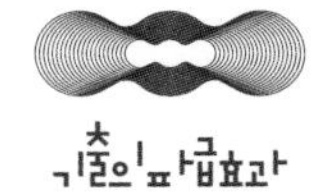

생명과학 I (하)

해설

빠른 정답

UNIT 4 - PART 1

문항번호	정 답	문항번호	정 답	문항번호	정 답	문항번호	정 답	문항번호	정 답
1	ㄴ	2	ㄱ	3	ㄷ	4	ㄱ	5	ㄴ
6	ㄱ	7	ㄱ, ㄷ	8	ㄴ	9	ㄱ, ㄷ	10	ㄱ, ㄷ
11	ㄴ	12	ㄱ, ㄴ, ㄷ	13	ㄴ	14	ㄱ, ㄴ, ㄷ	15	ㄱ, ㄴ
16	ㄱ	17	ㄴ	18	ㄱ, ㄴ	19	ㄱ, ㄴ	20	ㄱ, ㄴ
21	ㄱ, ㄴ, ㄷ	22	ㄱ, ㄷ	23	ㄱ	24	ㄱ	25	ㄴ
26	ㄴ, ㄷ	27	ㄱ, ㄴ						

- PART 2 (1)

문항번호	정 답	문항번호	정 답	문항번호	정 답	문항번호	정 답	문항번호	정 답
1	ㄱ	2	ㄱ, ㄴ	3	ㄱ	4	ㄱ, ㄴ	5	ㄱ
6	ㄴ	7	ㄱ	8	ㄴ	9	ㄱ	10	ㄷ
11	ㄱ	12	ㄴ, ㄷ	13	ㄴ	14	ㄱ	15	ㄱ, ㄴ
16	ㄴ	17	ㄴ	18	ㄱ, ㄷ				

- PART 2 (2)

문항번호	정 답	문항번호	정 답	문항번호	정 답	문항번호	정 답	문항번호	정 답
1	ㄴ, ㄷ	2	ㄱ	3	ㄴ	4	ㄷ	5	ㄴ
6	ㄱ	7	ㄴ	8	ㄴ, ㄷ	9	ㄱ	10	ㄱ, ㄷ
11	ㄴ	12	ㄱ, ㄴ, ㄷ	13	ㄴ	14	ㄴ	15	ㄱ, ㄴ
16	ㄴ	17	ㄱ	18	ㄴ	19	ㄱ	20	ㄴ, ㄷ
21	ㄴ	22	ㄱ	23	ㄴ, ㄷ				

- PART 3 (1)

문항번호	정 답	문항번호	정 답	문항번호	정 답	문항번호	정 답	문항번호	정 답
1	ㄱ	2	ㄱ	3	ㄴ, ㄷ	4	ㄴ	5	$\frac{1}{4}$
6	ㄴ, ㄷ	7	ㄱ, ㄷ	8	ㄱ, ㄴ, ㄷ	9	ㄱ, ㄴ, ㄷ	10	ㄴ, ㄷ
11	$\frac{1}{4}$	12	ㄴ, ㄷ	13	$\frac{5}{8}$	14	7	15	ㄱ, ㄷ
16	ㄴ, ㄷ	17	$\frac{1}{16}$	18	$\frac{3}{4}$	19	ㄱ, ㄷ	20	ㄱ, ㄴ
21	$\frac{1}{8}$	22	$\frac{1}{8}$	23	$\frac{1}{32}$	24	$\frac{1}{8}$	25	ㄱ

- PART 3 (2)

문항번호	정 답	문항번호	정 답	문항번호	정 답	문항번호	정 답	문항번호	정 답
1	ㄴ	2	ㄴ	3	ㄱ, ㄴ, ㄷ	4	ㄱ, ㄴ, ㄷ	5	ㄱ, ㄴ, ㄷ
6	ㄱ	7	ㄴ	8	ㄴ, ㄷ	9	ㄱ, ㄴ, ㄷ	10	ㄱ
11	ㄱ, ㄷ	12	ㄴ	13	ㄴ, ㄷ	14	ㄴ	15	ㄱ
16	ㄴ	17	ㄴ, ㄷ	18	ㄱ, ㄷ	19	ㄱ, ㄷ	20	ㄱ
21	ㄴ	22	ㄱ	23	ㄱ	24	ㄱ, ㄴ, ㄷ	25	ㄴ, ㄷ
26	ㄱ, ㄷ	27	ㄱ	28	ㄱ				

- PART 4

문항번호	정 답	문항번호	정 답	문항번호	정 답	문항번호	정 답	문항번호	정 답
1	ㄷ	2	ㄱ	3	ㄴ, ㄷ	4	ㄴ	5	ㄴ
6	ㄱ, ㄴ	7	ㄱ	8	ㄴ, ㄷ	9	ㄱ, ㄷ	10	ㄴ
11	ㄱ, ㄷ	12	ㄴ	13	ㄱ	14	ㄴ, ㄷ	15	ㄱ
16	ㄴ, ㄷ	17	ㄱ, ㄷ	18	ㄱ, ㄷ	19	ㄱ, ㄴ	20	ㄴ
21	ㄱ, ㄴ	22	ㄱ	23	ㄴ	24	ㄴ, ㄷ	25	ㄱ, ㄴ, ㄷ
26	ㄱ, ㄴ, ㄷ	27	ㄴ	28	ㄴ, ㄷ	29	ㄴ		

UNIT 5 - PART 1

문항번호	정 답	문항번호	정 답	문항번호	정 답	문항번호	정 답	문항번호	정 답
1	ㄱ, ㄴ	2	ㄱ, ㄴ, ㄷ	3	ㄴ, ㄷ	4	ㄴ, ㄹ, ㅂ	5	ㄱ, ㄷ
6	ㄱ, ㄴ	7	ㄱ	8	ㄱ, ㄴ, ㄷ	9	ㄴ	10	ㄱ, ㄴ, ㄷ
11	ㄱ, ㄴ, ㄷ	12	ㄱ, ㄷ	13	ㄴ, ㄷ	14	ㄱ, ㄹ	15	ㄱ, ㄴ
16	ㄱ, ㄷ	17	ㄱ, ㄴ, ㄷ	18	ㄴ, ㄷ	19	ㄴ	20	ㄷ
21	ㄴ, ㄷ	22	ㄴ	23	ㄴ, ㄷ	24	ㄴ	25	ㄱ, ㄴ, ㄷ
26	ㄱ, ㄴ	27	ㄱ, ㄷ	28	ㄴ	29	ㄱ, ㄴ	30	ㄴ, ㄷ

- PART 2

문항번호	정 답	문항번호	정 답	문항번호	정 답	문항번호	정 답	문항번호	정 답
1	ㄴ, ㄷ	2	ㄱ, ㄷ	3	ㄴ	4	ㄱ	5	ㄱ, ㄷ
6	ㄴ	7	ㄱ, ㄷ	8	ㄴ, ㄷ	9	ㄱ, ㄷ	10	ㄴ
11	ㄱ, ㄴ, ㄷ	12	ㄴ, ㄷ	13	ㄷ	14	ㄱ	15	ㄴ, ㄷ
16	ㄱ	17	ㄱ, ㄴ	18	ㄱ	19	ㄴ	20	ㄴ
21	ㄱ, ㄷ	22	ㄱ, ㄷ	23	ㄷ	24	ㄱ	25	ㄱ, ㄴ, ㄷ

memo

Unit

04

유전

Part

01 해설

01 2014학년도 6월 평가원 16번

정답 : ㄴ

A와 C에서 세포 1개당 염색체 수가 2이므로, A와 C에서의 핵상은 $n=2$이다.
A와 C에서의 핵 1개당 DNA 상대량을 비교했을 때,
C에서가 A에서의 2배이므로 A는 감수 2분열이 완료된,
C는 감수 1분열이 완료된 시기임을 알 수 있다.
B에서의 핵 1개당 DNA 상대량이 C에서의 2배이므로,
B는 S기를 거친 이후의 시기임을 알 수 있다.

ㄱ. 세포 1개당 $\frac{\text{염색분체 수}}{\text{염색체 수}}$는 B와 C에서 2로 같다. (X)
ㄴ. 그림은 감수 1분열이 완료된 이후 핵상이 $n=2$인 세포의 모습이므로 C의 염색체이다. (○)
ㄷ. 감수 2분열이 완료된 세포는 S기를 거치지 않는다.
C의 세포가 분열하여 A의 세포가 나온 것이다. (X)

02 2014학년도 9월 평가원 5번

정답 : ㄱ

구간 I에는 G_1기의 세포가 있다.
집단 B에서 세포들의 세포당 DNA 양이 2 근처에 집중되어있으므로
물질 X에 의해서는 분열기(M기)에서의 과정이 억제된다.
→ ㄴ, ㄷ 오답

ㄱ. 집단 A에서 구간 I에 세포 수가 집중되어있으므로 집단 A의 세포는 G_2기보다 G_1기가 길다. (○)

03 2015학년도 6월 평가원 5번

정답 : ㄷ

㉠은 G_1기, ㉡은 S기, ㉢은 G_2기이다.

ㄱ. 체세포 분열에서는 상동 염색체의 분리가 나타나지 않는다. (X)
ㄴ. 세포 분열에는 S기가 필수적이다. (X)
ㄷ. t일 때 세포 수 그래프의 기울기가 암세포가 정상 세포보다 더 크기 때문에,
t일 때 세포 증식 속도는 암세포가 정상 세포보다 빠르다. (○)

04 2016학년도 9월 평가원 9번

정답 : ㄱ

집단 B에서 세포가 세포당 DNA 양이 1과 2인 지점 사이에서만 관찰되는 것으로 보아
물질 X에 의해 단백질 Y의 기능이 저해된 집단 B에서는 S기에서 G_2기로의 전환이 억제된다.
구간 I에는 G_1기의 세포가, 구간 II에는 G_2기와 M기의 세포가 있다.
→ ㄷ 오답

ㄱ. 집단 A에서 구간 I의 세포 수가 가장 크기 때문에 세포 주기에서 G_1기가 G_2기보다 길다. (○)
ㄴ. 방추사는 M기에 나타나기 때문에 구간 I에서보다 구간 II에서가 많다. (X)

05 2016학년도 수능 3번

정답 : ㄴ

㉠은 G_1기, ㉡은 G_2기이다.

ㄱ. ㉡ 시기에서는 염색사가 염색체로 응축되지 않아 염색 분체를 관찰할 수 없다. (X)
ㄴ. ⓑ는 염색 분체가 분리된 상태이다. (○)
ㄷ. 세포 1개당 T의 수는 ⓐ가 ㉠ 시기의 세포의 2배이다. (X)

06 2017학년도 6월 평가원 4번

정답 : ㄱ

ㄱ. ⓐ는 ⓑ의 상동 염색체이다. (○)
ㄴ. 이 핵형 분석 결과를 통해서는 ABO식 혈액형의 유전자형을 알 수 없다. (X)
ㄷ. 이 핵형 분석 결과에서 관찰되는 상염색체의 염색 분체 수는 90개이다. (X)

07 2017학년도 6월 평가원 5번

정답 : ㄱ, ㄷ

A, C는 각각 G_1기, G_2기 중 하나이다. ㉠, ㉡에 상관없이 B는 S기이다.
세포당 DNA 양이 1인 곳에 세포들이 가장 많이 집중되어 있으므로 C는 G_1기가 되어야 한다.

∴ A=G_2기, B=S기, C=G_1기

ㄱ. 구간 I에는 M기에 해당하는, 즉 염색 분체의 분리가 일어나는 세포가 있다. (○)
ㄴ. G_1기에서 핵막은 소실되지 않는다. (X)
ㄷ. 세포 주기는 ㉠ 방향으로 진행된다. (○)

08 2017학년도 9월 평가원 13번

정답 : ㄴ

㉠은 S기, ㉡은 G_2기, ㉢은 M기이다.

(나)는 체세포 분열 과정 중 분열기(M기)의 후기에서 관찰된다.

→ ㄱ 오답

ㄴ. 체세포 분열 과정에서 핵상은 항상 동일하다. (○)

ㄷ. ⓐ와 ⓑ는 하나의 염색체에서 분리된 염색 분체이므로 부모 중 한 쪽에서 물려받은 것이다. (X)

09 2017학년도 수능 7번

정답 : ㄱ, ㄷ

㉠은 M기, ㉡은 G_1기, ㉢은 S기이다.

ㄱ. 핵막이 소실되고 형성되는 것은 분열기(M기)에서 나타난다. (○)

ㄴ. S기(㉢)에서는 염색체를 관찰할 수 없다. 염색체는 분열기(M기)에서 관찰할 수 있다. (X)

ㄷ. DNA의 기본 단위는 뉴클레오타이드이다. (○)

10 2018학년도 6월 평가원 5번

정답 : ㄱ, ㄷ

방추사 형성을 억제하는 물질을 처리하면 M기에서의 분열 과정이 억제된다.

따라서 집단 B에서는 세포당 DNA 양이 2인 지점에 세포들이 몰리게 된다.

집단 A에서 구간 I에는 S기의 세포들이 있고, 집단 B에서 구간 II에는 G_2기의 세포들이 있다.

ㄱ. S기에는 핵막이 존재한다. (○)

ㄴ. 집단 A에서 세포당 DNA 양이 1인 곳에 세포들이 집중되어 있으므로 G_1기의 세포 수가 더 많다. (X)

ㄷ. 구간 II에는 M기로 전환되지 못한 세포들이 있기 때문에 염색 분체가 분리되지 않은 상태이다. (○)

11 2018학년도 9월 평가원 12번

정답 : ㄴ

ㄱ. 세포 1개당 R의 수는 M기의 세포 ⓑ가 I 시기의 세포의 2배이다. (X)

ㄴ. 체세포 분열에서 세포의 핵상은 항상 $2n$이다. (○)

ㄷ. 체세포 분열에서는 2가 염색체가 나타나지 않는다. (X)

12 2018학년도 수능 6번

정답 : ㄱ, ㄴ, ㄷ

구간 Ⅰ에는 G_1기의 세포가, 구간 Ⅱ에는 G_2기, M기의 세포가 있다.

→ ㄱ 정답

ㄴ. 구간 Ⅱ에는 핵막을 가진 G_2기의 세포가 있다. (○))

ㄷ. 구간 Ⅱ에는 염색 분체의 분리가 일어나는 M기의 세포가 있다. (○)

13 2019학년도 6월 평가원 7번

정답 : ㄴ

㉠은 G_2기, ㉡은 M기, ㉢은 G_1기이다.

ㄱ. 체세포 분열에서는 2가 염색체가 관찰되지 않는다. (X)

ㄴ. 염색사(ⓑ)가 염색체(ⓐ)로 응축되는 시기는 M기(㉡)이다. (○)

ㄷ. 핵 1개당 DNA 양은 G_2기(㉠) 세포가 G_1기(㉢) 세포의 2배이다. (X)

14 2019학년도 9월 평가원 12번

정답 : ㄱ, ㄴ, ㄷ

구간 Ⅰ에는 S기의 세포가, 구간 Ⅱ에는 G_2기와 M기의 세포가 있다.

→ ㄱ 정답

ㄴ. 구간 Ⅱ에는 핵막이 소실된 M기의 세포가 있다. (○)

ㄷ. 세포당 DNA 양이 1인 곳에 세포들이 집중되어 있으므로 G_1기의 세포 수가 더 많다.

따라서 $\frac{G_1\text{기 세포 수}}{G_2\text{기 세포 수}}$의 값은 1보다 크다. (○)

15 2019학년도 수능 8번

정답 : ㄱ, ㄴ

구간 Ⅰ에는 S기의 세포가, 구간 Ⅱ에는 G_2기와 M기의 세포가 있다.

㉠시기는 M기의 후기에 해당한다.

→ ㄱ, ㄴ 정답

ㄷ. 이 동물의 특정 형질에 대한 유전자형이 Rr이고 체세포 분열에서의 핵상은 2n이므로 ⓐ에는 r이 있어야 한다. (X)

16 2020학년도 6월 평가원 5번

정답 : ㄱ

ㄱ. 하나의 염색체에서 분리된 염색 분체끼리는 대립유전자가 서로 같기 때문에 ⓐ에는 R가 있다. (○))

ㄴ. 구간 I은 S기이므로 2가 염색체가 관찰되지 않는다. (X)

ㄷ. 감수 분열에서 염색 분체의 분리는 감수 2분열에서 관찰된다. (X)

17 2020학년도 9월 평가원 12번

정답 : ㄴ

㉠은 S기, ㉡은 G_2기, ㉢은 M기이다.

ㄱ. S기에는 핵막이 소실되지 않는다. (X)

ㄴ. 세포 1개당 $\frac{G_2(㉡)\text{시기의 DNA 양}}{G_1\text{기의 DNA 양}}$의 값은 2이다. (○)

ㄷ. 체세포 분열에서는 2가 염색체가 관찰되지 않는다. (X)

18 2020학년도 수능 5번

정답 : ㄱ, ㄴ

구간 I에는 G_1기의 세포가, 구간 II에는 G_2기, M기의 세포가 있다.

ㄱ. 히스톤 단백질(ⓐ)은 모든 시기의 세포에 들어있다. (○))

ㄴ. 구간 II에는 염색사(ⓑ)가 염색체(ⓒ)로 응축되는 M기의 세포가 있다. (○)

ㄷ. 핵막을 갖는 세포의 수는 구간 I에서가 더 많다. (X)

19 2021학년도 6월 평가원 10번

정답 : ㄱ, ㄴ

㉠은 S기, ㉡은 G_2기, ㉢은 M기이다.

ㄱ. S기(㉠)에 DNA가 복제된다. (○)

ㄴ. G_2기(㉡)은 간기에 속한다. (○)

ㄷ. 체세포 분열에서는 상동 염색체의 접합이 일어나지 않는다. (X)

20 2021학년도 9월 평가원 13번

정답 : ㄱ, ㄴ

구간 I에는 G_1기의 세포가, 구간 II에는 G_2기, M기의 세포가 있다.

㉠ 시기는 분열기(M기)의 중기이다.

→ ㄴ 정답

ㄱ. 염색체에는 히스톤 단백질이 있다. (○)

ㄷ. G_1기의 세포 수는 구간 I에서 더 많다. (X)

21 2021학년도 수능 9번

정답 : ㄱ, ㄴ, ㄷ

구간 I에는 S기의 세포가, 구간 II에는 G_2기, M기의 세포가 있다.

ㄱ. S기의 체세포는 핵막을 갖는다. (○)

ㄴ. (나)에서 21번 염색체가 3개인 것으로 관찰되므로 A는 다운 증후군을 나타낸다. (○)

ㄷ. (나)와 같은 핵형 분석 결과는 M기에 관찰할 수 있다. (○)

22 2022학년도 6월 평가원 3번

정답 : ㄱ, ㄷ

㉠은 S기, ㉡은 G_2기, ㉢은 M기이다.

ㄱ. S기(㉠)에 DNA 복제가 일어난다. (○)

ㄴ. 동원체는 염색체에 있다. (X)

ㄷ. (나)는 분열기 중기의 모습으로 M기(㉢)에 관찰된다. (○)

23 2022학년도 9월 평가원 12번

정답 : ㄱ

핵막이 소실된 (나)는 M기에 해당한다.

G_1기와 G_2기에서는 핵막이 소실되지 않으므로 ㉠은 '소실 안 됨'이다.

DNA 상대량이 (다)가 (가)의 2배이므로 (가)는 G_1기, (다)는 G_2기에 해당한다.

→ ㄱ 정답, ㄴ 오답

ㄷ. 히스톤 단백질은 항상 존재한다. (X)

24 2022학년도 수능 3번

정답 : ㄱ

ⓐ는 분열기의 중기 세포이고, ⓑ는 분열기의 전기 세포이다.

ㄱ. Ⅰ과 Ⅱ 시기의 세포에는 모두 뉴클레오솜이 있다. (○)
ㄴ. 체세포 분열에서는 상동 염색체의 접합이 일어나지 않는다. (X)
ㄷ. 분열기의 전기 세포는 Ⅱ 시기에 관찰된다. (X)

25 2023학년도 6월 평가원 4번

정답 : ㄴ

구간 Ⅰ에는 DNA가 복제되기 전인 G_1기가 해당되며, 구간 Ⅱ에는 G_2기와 분열기가 있다.

ㄱ. 2개의 염색 분체로 구성된 염색체는 분열기의 전기와 중기에 관찰되므로 구간 Ⅱ에 있다. (X)
ㄴ. 구간 Ⅱ에는 염색 분체가 분리되는 분열기 후기의 세포가 관찰되는 시기가 있다. (○)
ㄷ. ⓐ와 ⓑ는 하나의 DNA가 복제되어 응축된 염색체에서 분리된 동일한 염색 분체이고,
부모에게서 각각 하나씩 물려받는 것은 상동 염색체의 특징이다. (X)

26 2023학년도 9월 평가원 6번

정답 : ㄴ, ㄷ

세포 주기는 간기와 분열기(M기)로 구분되며, 간기는 G_1기, S기, G_2기로 나뉜다.
S기에 DNA 복제가 일어나 DNA 양이 2배로 증가하므로,
(다)의 그림에서 세포당 DNA 양이 1인 세포는 G_1기 세포이고, DNA 양이 1과 2 사이인 세포는 DNA 복제 중인 S기 세포이며, DNA 양이 2인 세포는 G_2기 또는 분열기(M기) 세포이다.

ㄱ. (다)에서 S기 세포수는 A에서가 B에서보다 많고, G_1기 세포 수는 B에서가 A에서보다 많다.
따라서 $\frac{\text{S기 세포 수}}{G_1\text{기 세포 수}}$는 A에서가 B에서보다 크다. (X)
ㄴ. 뉴클레오솜은 시기와 관계없이 항상 존재한다. (○)
ㄷ. 구간 Ⅱ에는 G_2기 세포가 있으므로 핵막을 갖는 세포가 있다. (○)

27 2023학년도 수능 6번

정답 : ㄱ, ㄴ

S기는 (가)의 특징 중 '히스톤 단백질이 있다.', '핵에서 DNA 복제가 일어난다.'의 2가지 특징을 가지므로 ㉠은 S기이고, M기는 (가)의 특징 중 '핵막이 소실된다.', '히스톤 단백질이 있다.', '방추사가 동원체에 부착된다.'의 3가지 특징을 가지므로 ㉢은 M기이며, G_1과 G_2기는 (가)의 특징 중 '히스톤 단백질이 있다.'의 특징을 가지므로 나머지 ㉡과 ㉣은 G_1와 G_2기를 순서 없이 나타낸 것이다.

ㄱ. S기(㉠)에 핵에서 DNA 복제가 일어난다. (○)

ㄴ. M기(㉢) 중 체세포 분열 후기에 염색분체의 분리가 일어난다. (○)

ㄷ. 핵 1개당 DNA 양은 G_1기 세포에서가 G_2기 세포에서의 절반이다. 따라서 핵 1개당 DNA 양은 두 시기의 세포가 서로 다르다. (X)

Part

02 해설(1)

01 2014학년도 수능 4번

정답 : ㄱ

세포 분석

	종	성
(가)	회색	XY
(나)	흰색	?

개체 분석

	성	종	세포
A	XY	회색	(가)
B	?	흰색	(나)

A의 생식세포에는 3개, B의 생식세포에는 4개의 염색체가 있다.
→ ㄷ 오답

ㄱ. ㉠은 X 염색체이므로 성염색체이다. (○)
ㄴ. ㉡은 ㉢의 상동 염색체가 아니다. (X)

02 2016학년도 9월 평가원 4번

정답 : ㄱ, ㄴ

세포 분석

	성
(가)	XX
(나)	XY

세포 (가)와 (나)의 핵상이 모두 n이므로 각각의 세포만 보고서는 성염색체를 찾을 수 없다.
(가)와 (나)를 비교해보면, 색깔은 검은색으로 같지만 크기가 다른 염색체가 존재한다.
따라서 검은색 염색체가 성염색체가 되고, 이때 Y 염색체를 가지는 B는 XY를 성염색체로 가지게 된다.
A와 B의 성이 다르므로 A는 암컷 개체이다.

개체 분석

	성	세포
A	XX	(가)
B	XY	(나)

ㄱ. ㉠은 X 염색체이므로 성염색체이다. (○)
ㄴ. A의 체세포 분열 중기의 세포 1개당 염색 분체 수는 20이다. (○)
ㄷ. (나)는 Y 염색체를 가지므로 자손이 태어날 때, 이 자손이 수컷일 확률은 1이다. (X)

03 2016학년도 수능 7번

정답 : ㄱ

세포 분석

	종	성
(가)	흰색	XX
(나)	회색	?
(다)	회색	XY
(라)	흰색	?
(마)	회색	XY

(다), (라), (마)는 B or C이므로 B인 (나)와 종이 다른 (라)는 C로 확정된다.
(다)와 (마) 역시 C인 (라)와 종이 다르므로 B로 확정된다.

개체 분석

	성	종	세포
A	XX	흰색	(가)
B	XY	회색	(나), (다), (마)
C	XY	흰색	(라)

ㄱ. (가)와 (라)는 같은 종의 세포이다. (○)
ㄴ. B와 C는 성이 수컷으로 같다. (X)
ㄷ. (라)는 C의 세포이다. (X)

04 2017학년도 6월 평가원 8번

정답 : ㄱ, ㄴ

세포 분석

	종	성
(가)	흰색①	XY
(나)	흰색①	?
(다)	흰색②	?
(라)	흰색①	XX

염색체의 구성을 비교했을 때 (다)는 개체 B의 세포인 (나)와 다른 종이므로 C의 세포이다.
자동으로 (라)는 B의 세포가 되고, (나)와 (라)의 비교를 통해 개체 B는 암컷임을 알 수 있다.

개체 분석

	성	종	세포
A	XY	흰색①	(가)
B	XX	흰색①	(나), (라)
C	?	흰색②	(다)

개체 C의 성별은 확정되지 않는다.

ㄱ. (가)와 (라)는 같은 종의 세포이다. (○)
ㄴ. X 염색체의 수는 (라)가 2개, (나)가 1개로, (라)가 (나)의 2배이다. (○)
ㄷ. B와 C는 종이 다르므로 핵형이 다르다. (X)

05 2017학년도 수능 4번

정답 : ㄱ

세포 분석

	종	성
(가)	흰색	?
(나)	회색	XX

(가)는 $n=4$이고, (나)는 $2n=4$이므로 (가)는 B의 세포, (나)는 A의 세포이다.
동물 B의 G_1기 체세포의 핵상은 $2n=8$이 된다.

개체 분석

	성	종	세포
A	XX	회색	(나)
B	?	흰색	(가)

개체 B의 성별은 확정되지 않는다.

ㄱ. (가)의 핵상은 n이다. (○)
ㄴ. (나)는 A의 세포이다. (X)
ㄷ. B의 감수 1분열 중기에서 세포 1개당 염색 분체 수는 16이다. (X)

06 2018학년도 6월 평가원 4번

정답 : ㄴ

세포 분석

	종	성
(가)	흰색	?
(나)	검은색	XX
(다)	흰색	?

세포 (가)와 (다)의 핵상이 $n=6$ 이므로, 개체 B의 세포가 되어야 한다.
세포 (가)와 (다)는 각각 X 염색체(검은색)와 Y 염색체(검은색)를 가지므로 개체 B는 수컷이다.

개체 분석

	성	종	세포
A	XX	흰색	(나)
B	XY	검은색	(가), (다)

ㄱ. (가)는 B의 세포이다. (X)
ㄴ. B는 수컷이다. (○)
ㄷ. B의 감수 1분열 중기 세포 1개당 염색 분체 수는 24이다. (X)

07 2018학년도 수능 3번

정답 : ㄱ

【핵형 분석】유형에 대립유전자를 추가한 문제이다.

세포 분석

	성
(가)	XY
(나)	XX

(가)에 Y 염색체(진한 회색)가 존재하므로 (가)는 수컷 개체의 세포이다.
(가)의 핵상이 $n=4$이므로, 동물 I과 II의 G_1기 체세포의 핵상은 $2n=8$이 된다.

개체 분석

	성	세포
I	XY	(가)
II	XX	(나)

ㄱ. I과 II는 성이 다르다. (○)
ㄴ. 하나의 염색체에 대한 염색분체끼리의 대립유전자는 같으므로 ㉠은 A이다. (X)
ㄷ. II의 감수 1분열 중기 세포 1개당 2가 염색체의 수는 4이다. (X)

08 2019학년도 수능 5번

정답 : ㄴ

세포 분석

	성
(가)	XY
(나)	?
(다)	XX
(라)	XY

(가)와 (라)는 Y 염색체(검은색)를 가지므로 수컷 개체의 세포이고, (다)는 암컷 개체의 세포이다. (가), (다), (라) 중 (다)만이 암컷 개체의 세포이므로 (다)는 I의 세포가 된다.

개체 분석

	성	세포
I	XX	(다)
II	XY	(가), (나), (라)

ㄱ. (가)의 핵상은 n이므로 이미 감수 분열이 일어난 뒤의 세포이다. (X)
ㄴ. (나)와 (라)의 핵상은 n으로 같다. (○)
ㄷ. (다)는 I의 세포이다. (X)

09 2020학년도 9월 평가원 13번

정답 : ㄱ

세포 분석

	성
(가)	?
(나)	?
(다)	XY
(라)	XX

(다)에는 대립유전자 b가 존재하므로 개체 II의 세포이다.
(다)의 성염색체(검은색) 구성이 XY이므로 개체 II는 수컷이지만, (라)는 XX이므로 개체 I의 세포이다.
(나)에 대립유전자 a가 존재하므로 (나) 역시 개체 I의 세포이다.
자동으로 (가)는 개체 II의 세포가 된다.

개체 분석

	성	세포
I	XX	(나), (라)
II	XY	(가), (다)

문제에서 개체의 유전자형을 제시해주었으므로 차근차근 세포와 개체를 Matching하면 된다.

ㄱ. ㉠은 B이다. (○)
ㄴ. (가)와 (다)의 핵상은 다르다. (X)
ㄷ. (라)는 I의 세포이다. (X)

10 2020학년도 수능 3번

정답 : ㄷ

세포 분석

	성
(가)	XX
(나)	XY
(다)	?

(가)와 (나)는 성별이 다르므로 다른 개체의 세포이고
(나)는 핵상이 $2n$인데, 대립유전자 A만 존재하므로 (다)와 같은 개체의 세포가 아니다.
따라서 (가)와 (다)가 II의 세포이고, (나)가 I의 세포이다.
(나)를 통해 이 동물의 G_1기 체세포의 핵상은 $2n=8$임을 알 수 있다.

개체 분석

	성	세포
I	XY	(나)
II	XX	(가), (다)

ㄱ. ㉠은 a이다. (X)
ㄴ. (나)는 I의 세포이다. (X)
ㄷ. I의 감수 2분열 중기 세포 1개당 염색 분체 수는 8이다. (○)

11 2021학년도 6월 평가원 9번

정답 : ㄱ

세포 분석

	종	성
(가)	회색	XX
(나)	흰색	?

개체 분석

	성	종	세포
A	XX	회색	(가)
B	?	흰색	(나)

세포 (나)의 핵상이 $n=6$이므로 B의 G_1기 체세포의 핵상은 $2n=12$이고,
체세포 분열 중기의 세포 1개당 염색 분체 수는 24이다.
→ ㄷ 오답

ㄱ. (가)는 A의 세포이다. (○)
ㄴ. (가)와 (나)의 핵상은 다르다. (X)

12 2021학년도 수능 6번

정답 : ㄴ, ㄷ

문제에서 X 염색체를 제외한 나머지 염색체들만 제시되어 있다.
기존 유형과 마찬가지로 핵상이 $2n$인 세포로부터 정보를 얻어내면 된다.

세포 분석

	종	성
(가)	회색	?
(나)	흰색	?
(다)	회색	XY

세포 (다)의 경우, 핵상이 $2n$인데 염색체의 개수가 홀수이므로 X 염색체 1개가 제외되었음을 알 수 있다. 따라서 (다)는 수컷의 세포이다.
(가)와 (다)는 같은 개체의 세포이므로 A의 세포이고, (나)는 B의 세포가 된다.
이를 토대로 개체 분석을 하면 다음과 같다.

개체 분석

	성	종	세포
A	XY	회색	(가), (다)
B	XX	흰색	(나)

A와 B의 성이 다르기 때문에 (나)는 암컷 개체의 세포가 된다.
세포 (나)에는 문제에서 나타나지 않은 X 염색체가 1개 존재한다.
따라서 세포 (나)의 핵상은 $n=4$가 되기 때문에 B의 체세포의 핵상은 $2n=8$이고,
체세포 분열 중기의 세포 1개당 염색 분체 수는 16이다.
→ ㄷ 정답

ㄱ. (가)와 (다)의 핵상은 다르다. (X)
ㄴ. A는 수컷이다. (○)

13 2022학년도 수능 11번

정답 : ㄴ

세포 분석

	종	성
(가)	흰색	XX
(나)	회색	?
(다)	검은색	XY
(라)	회색	XY

'회색' 종의 세포 (나)와 (라)의 비교를 통해 서로 다른 모양의 상동 염색체 쌍을 확인할 수 있다.
(라)에는 흰색의 Y 염색체가 존재한다는 것을 알 수 있다.

A의 세포는 2개이므로 '회색' 종만 될 수 있고, (나)와 (라)가 A의 세포에 해당한다. A는 수컷이다.
A와 B의 성이 서로 다르므로 B는 암컷이다.
(가)가 B의 세포에 해당하고, 나머지 (다)는 C의 세포에 해당한다.
이를 토대로 개체 분석을 하면 다음과 같다.

개체 분석

	성	종	세포
A	XY	회색	(나), (라)
B	XX	흰색	(가)
C	XY	검은색	(다)

ㄱ. (가)는 B의 세포이다. (X)
ㄴ. 회색 종에서 성염색체는 흰색이므로, 그림에서 ㉠은 상염색체이다. (○)
ㄷ. (다)의 성염색체는 2개, (나)의 염색 분체는 6개이므로 $\frac{\text{(다)의 성염색체 수}}{\text{(나)의 염색 분체 수}} = \frac{1}{3}$ 이다. (X)

14 2023학년도 6월 평가원 13번

정답 : ㄱ

세포 분석

	종	성
(가)	검은색	XX
(나)	회색	?
(다)	검은색	XY
(라)	회색	XY

'검은색' 종의 세포 (가)와 (다)의 비교를 통해 서로 다른 모양의 상동 염색체 쌍을 확인할 수 있다.
(다)에는 회색의 Y 염색체가 존재한다는 것을 알 수 있다.
마찬가지로 '회색' 종의 세포 (나)와 (라)의 비교를 통해서 (라)에 흰색의 Y 염색체가 존재한다는 것을 알 수 있다.

'검은색' 종의 세포 (가)와 (다)는 서로 성염색체 구성이 다르므로,
A와 B가 각 세포 중 하나씩을 가진다고 할 수 있다.
(나)와 (라)는 모두 C의 세포가 되는데, (라)에서 성염색체 구성이 XY이므로 C는 수컷이다.
A와 C의 성은 같으므로 (가)는 B의 세포, (다)는 A의 세포이다.

개체 분석

	성	종	세포
A	XY	검은색	(다)
B	XX	검은색	(가)
C	XY	회색	(나), (라)

ㄱ. (가)는 B의 세포이다. (○)
ㄴ. A와 C는 서로 다른 종이므로 (다)를 갖는 개체와 (라)를 갖는 개체의 핵형은 다르다. (X)
ㄷ. (라)의 핵상은 n, 염색체 수는 3이므로 C의 체세포의 핵상은 $2n$, 염색체 수는 6이다.
C의 감수 1분열 중기 세포 1개당 염색 분체 수는 12이다. (X)

15 2024학년도 9월 평가원 15번

정답 : ㄱ, ㄴ

세포 분석

	종	성
(가)	회색	?
(나)	흰색	?
(다)	회색	?

상동 염색체가 함께 들어 있는 세포의 핵상은 $2n$이고,
같은 종의 세포에는 모양과 크기가 같은 염색체가 들어 있다.
이를 통해서 (가)의 핵상은 n, (나)의 핵상은 $2n$, (다)의 핵상은 n이고, (가)와 (다)는 서로 같은 종의 세포라고 할 수 있다. (나)는 모양과 크기가 같은 상동 염색체가 함께 들어 있으므로 핵상이 $2n$이면서, 염색체 수가 짝수인 세포이다.

따라서 (나)는 $2n=6$이면서 X 염색체(㉠)를 2개 나타낸 암컷(C)의 세포이거나 $2n=8$이면서 X 염색체 2개를 나타내지 않은 암컷(C)의 세포이다.
하지만 B($2n=8$)와 C의 체세포 1개당 염색체 수가 서로 다르므로
(나)는 $2n=6$이면서 X 염색체(㉠)를 2개 나타낸 암컷(C)의 세포이다.
또한, 염색체 수에 의해서 (가)는 X 염색체(㉠)가 있는 암컷 B의 세포이고,
(다)는 X 염색체(㉠)가 없지만 나타내지 않은 Y 염색체가 있는 수컷 A의 세포이다.

개체 분석

	성	종	세포
A	XY	회색	(다)
B	XX	흰색	(가)
C	XX	회색	(나)

ㄱ. ㉠은 X 염색체이다. (○)
ㄴ. (가)와 (나)는 모두 암컷의 세포이다. (○)
ㄷ. 암컷 C($2n=6$)의 체세포 분열 중기의 세포 1개당 $\frac{\text{상염색체수}}{\text{X염색체수}}=\frac{4}{2}$이다. (X)

16 2025학년도 6월 평가원 9번

정답 : ㄴ

세포 분석

	종	성
(가)	흰색	?
(나)	흰색	?
(다)	검은색	?
(라)	흰색	?

(다), (라)는 서로 다른 종이고, 각 세포의 핵상은 $2n=6$이다.
㉠이 X염색체라면 (나) 세포에서 염색체의 개수는 개체의 성별이 암컷일 때 6개, 수컷일 때는 5개이어야 한다.
따라서 ㉠은 Y염색체이다.
(가), (나), (라) 세포에서 (가), (라) 세포는 수컷 A에 해당하고, (나)는 B에 해당한다.
나머지 (다)는 C에 해당한다

개체 분석

	성	종	세포
A	XY	흰색	(가), (라)
B	XX	흰색	(나)
C	XY	검은색	(다)

ㄱ. ㉠은 Y염색체이다. (X)
ㄴ. (가)는 A의 세포이다. (○)
ㄷ. $\mathrm{B}:\frac{2}{4}=\frac{1}{2}$, $\mathrm{C}:\frac{1}{4}$ 이므로 B가 더 크다. (X)

17 2025학년도 9월 평가원 13번

정답 : ㄴ

세포 분석

	종	성
(가)	회색(대칭)	?
(나)	회색(비대칭)	XY
(다)	회색(대칭)	?

(가)와 (다)는 같은 종이므로 (나)는 C이다.
(가)와 (다)에서 A는 수컷, B는 암컷이다.

(가)와 (다)가 ㉡을 포함하는 염색체 쌍을 동일하게 가지므로
㉠은 성염색체, ㉡은 상염색체에 해당한다.
(가)에서 ㉠이 X염색체일 경우 (가)와 (다)의 성별이 같아지므로 ㉠은 Y염색체이다.
(가)가 수컷인 A, (다)가 암컷인 B가 된다.

개체 분석

	성	종	세포
A	XY	회색(대칭)	(가)
B	XX	회색(대칭)	(다)
C	XY	회색(비대칭)	(나)

ㄱ. ㉠은 Y염색체이다
ㄴ. (나)와 (나)의 핵상은 $2n$으로 같다
ㄷ. (가)의 염색 분체 수(분자)는 12, X염색체 수(분모)는 1이므로 12이다.

18 2025학년도 수능 18번

정답 : ㄱ, ㄷ

(가)를 통해 세포 I~IV 중에 $2n$(복제)이며 h와 T를 갖는 세포가 적어도 하나 존재함을 알 수 있다.
(나)를 통해 세포 I~IV 중에 n(복제X)이며 H를 갖는 세포가 적어도 하나 존재함을 알 수 있다.
(가)와 (나)를 통해서 대립유전자 T/t는 X염색체에 존재함을 알 수 있다.

세포 (가)는 핵상이 $2n$(복제)이고, h와 T를 가지므로 이를 만족하는 것은 세포 IV이다.
표에 의해 세포 IV는 H와 t도 가지므로 유전자형은 HhTt이다.
세포 IV는 암컷인 q의 세포가 되고, ㉠은 X염색체이다.

세포 (나)는 핵상이 n(복제X)이고, H를 가지므로 이를 만족하는 것은 세포 III이다.

세포 I은 핵상이 $2n$(복제X)이고, 유전자형이 HHt?가 된다.
따라서 세포 I과 IV는 서로 다른 개체의 세포이며,
세포 I과 III은 수컷 P, 세포 II와 IV는 암컷 Q의 세포이다.
따라서 P는 유전자형 HHX^tY, Q는 유전자형 HhX^TX^t를 가지며
㉠은 X염색체, ㉡은 Y염색체이다.

ㄱ. (나)는 P의 세포이다. (○)
ㄴ. I의 핵상은 $2n$, III의 핵상은 n이다. (X)
ㄷ. II는 감수 1분열 후의 세포로 유전자형은 hhX^TX^T이다. T의 DNA 상대량은 II와 IV에서 2로 서로 같다. (○)

명제 : 〈DNA 상대량에 관한 명제〉

(a) 어떤 유전자의 DNA 상대량은 해당 유전자가 존재하는 염색분체 수와 일치한다.

(b) 어떤 유전자의 DNA 상대량은 0, 1, 2, 4 중 하나이다.

(c) 어떤 유전자의 DNA 상대량이 4이면 세포의 핵상은 2n(복제)다.

(d) 어떤 유전자의 DNA 상대량이 2이면 세포의 핵상은 n(복제X)가 아니다.

(e) 어떤 유전자의 DNA 상대량이 1이면 세포의 핵상은 2n(복제X)이거나 n(복제X)이다.

(f) DNA 상대량이 4인 유전자의 대립유전자는 반드시 DNA 상대량이 0이다.

(g) DNA 상대량이 2인 유전자와 DNA 상대량이 1인 유전자는 대립유전자가 될 수 없다.

(h) 대립유전자 쌍의 DNA 상대량의 합이 다르면 (ex. $A+a=2$, $B+b=1$)
세포의 핵상은 2n 이고, 남자의 세포이며, 합이 적은 쪽은 성염색체에 존재하는 유전자이다.

명제 : 〈유전자의 유무에 관한 명제〉

(a) 대립유전자가 두 종류(ex. A와 a) 존재하면 세포의 핵상은 2n이다.
→ 절반보다 많은 종류의 유전자가 존재하면 반드시 2n 세포이다.

(a') 세포의 핵상이 n이면 → 대립유전자가 두 종류 존재할 수 없다.
→ 하나의 n 세포에 동시에 존재하는 두 유전자는 대립유전자 쌍이 아니다.

(b) 대립유전자가 하나도 존재하지 않으면 그 유전자는 상염색체에 존재하지 않는다.

명제 : 〈감수 분열에 관한 기본 전제〉

(a) 세포가 어떤 유전자를 갖지 않으면 그 이후에 분열한 세포도 그 유전자를 갖지 않는다.

(a') n 세포가 갖는 유전자는 반드시 2n 세포도 가진다.

01 2016학년도 수능 6번

정답 : ㄴ, ㄷ

세포	DNA 상대량	대립유전자
TYPE 2	숫자로 공개	공개

→ 〈DNA 상대량에 관한 명제〉, 〈유전자의 유무에 관한 명제〉를 사용하자.

조건을 정리하면 ㉠은 I의 세포이고 ㉡은 II의 세포이며, ㉢과 ㉣은 각각 I과 II의 세포 중 하나이다. A, a와 B, b는 서로 독립이다.

〈유전자의 유무에 관한 명제〉-(a)에 의하여 ㉠과 ㉡의 핵상은 $2n$이다.

〈DNA 상대량에 관한 명제〉-(h)에 의하여 A와 a는 X 염색체에, B와 b는 상염색체에 존재하고, I은 수컷이다.

대립유전자 A와 a를 모두 갖지 않으므로 ㉣의 핵상은 n이고, Y 염색체가 존재함을 알 수 있다. ㉣은 수컷인 I의 세포에 해당하고, ㉢은 암컷인 II의 세포에 해당한다.

〈DNA 상대량에 관한 명제〉-(d), (e)에 의해 ㉢은 핵상이 n(복제X)으로 감수 2분열 완료 시 생성되는 세포, ㉣은 핵상이 n(복제)으로 감수 2분열 중기 세포이다.

ㄱ. 그림은 ㉢의 염색체를 나타낸 것이다. (X)
ㄴ. ㉢은 II의 세포이다. (◯)
ㄷ. ㉣에는 Y 염색체가 존재하므로,
㉣로부터 형성된 생식세포가 다른 생식세포와 수정되어 태어난 자손은 항상 수컷이다. (◯))

02 2017학년도 9월 평가원 8번

정답 : ㄱ

세포	DNA 상대량	대립유전자
TYPE 1	숫자로 공개	공개

→ 〈DNA 상대량에 관한 명제〉를 사용하자.

조건을 정리하면 유전자형은 EEFfGg이고, 연관 여부는 알 수 없다.

DNA 상대량이 1과 2가 모두 존재하는 ㉠은 핵상이 $2n$(복제X)이므로 I이다.
〈DNA 상대량에 관한 명제〉-(d)에 의해 ㉣은 III과 IV가 아니므로 II이다.

㉣(=II)가 g를 가지므로 III, IV의 g의 DNA 상대량은 각각 1, 0이다.
따라서 ㉡=III, ㉢=IV이고, ⓐ=1, ⓑ=0, ⓒ=0, ⓓ=0이 된다.

문제에서 제시된 표를 다시 작성해보면 아래와 같다.

세포	DNA 상대량		
	E	f	g
㉠	2	ⓐ=1	1
㉡	1	ⓑ=0	1
㉢	1	1	ⓒ=0
㉣	2	ⓓ=0	2

ㄱ. ㉡은 III이다. (○)
ㄴ. ⓐ+ⓑ=1, ⓒ+ⓓ=0이다. (X)
ㄷ. 세포 1개당 $\frac{\text{E의 DNA 상대량}}{\text{F의 DNA 상대량} + \text{G의 DNA 상대량}}$은 ㉠(=I)과 IV 모두 1이다. (X)

03 2018학년도 6월 평가원 10번

정답 : ㄴ

세포	DNA 상대량	대립유전자
TYPE 2	숫자로 공개	공개

→ 〈DNA 상대량에 관한 명제〉, 〈유전자의 유무에 관한 명제〉를 사용하자.

조건을 정리하면 (가)~(라) 중 2개는 암컷 I의 세포이고, 나머지 2개는 수컷 II의 세포이다.
연관 여부와 각 개체의 유전자형은 알 수 없다.

〈유전자의 유무에 관한 명제〉-(a), 〈DNA 상대량에 관한 명제〉-(e)에 의해
(나), (라)의 핵상은 $2n$(복제X)이다.

(나)에서 〈DNA 상대량에 관한 명제〉-(h)에 의하여
D와 d는 성염색체에, E와 e는 상염색체에 존재함을 알 수 있다.
또한 (나)는 수컷 II의 세포, (라)는 암컷 I의 세포이다.

〈유전자의 유무에 관한 명제〉-(b)에 의해 (다)에서 F와 f의 DNA 상대량이 모두 0이므로
F와 f는 성염색체에 존재한다.

F와 f가 Y 염색체에 존재한다면 (라)는 2개의 Y 염색체를 가져야 하므로 모순이다.
따라서 F와 f는 X 염색체에 존재하고, (다)는 핵상이 n(복제X)으로 수컷 II의 세포이다.
문제 조건에 따라서 (가)는 I의 세포로 결정된다.

(다)에 F와 f가 존재하지 않으므로 Y 염색체를 가진다는 것을 알 수 있다.

암컷 개체의 세포인 (가)에 대립유전자 D가 존재하므로 D와 d도 X 염색체에 존재한다.
따라서 Y 염색체를 가지고 핵상이 n(복제X)인 (다)에서 D와 d의 DNA 상대량은 각각 0임을 알 수 있고 (나)와 (라)에서 형질 ⓐ에 대한 I의 유전자형은 DDEeFf가 되고, II의 유전자형은 DYEefY가 된다.
∴ ㉡=0, ㉢=2

〈DNA 상대량에 관한 명제〉-(d)에 의하여 (가)의 핵상은 n(복제X)이 아닌데,
(가)에 D는 존재하지만 e가 존재하지 않으므로 핵상이 n(복제)임을 알 수 있다.
따라서 (가)에서 E의 DNA 상대량이 2가 되어야 한다.
∴ ㉠=2

ㄱ. ㉠+㉡+㉢=4이다. (X)
ㄴ. I의 형질 ⓐ에 대한 유전자형은 DDEeFf이다. (○)
ㄷ. II에서 D와 f는 X 염색체에 연관되어 있다. (X)

04 2018학년도 수능 12번

정답 : ㄷ

세포	DNA 상대량	대립유전자
TYPE 1	숫자로 공개	공개

→ 〈DNA 상대량에 관한 명제〉를 사용하자.

조건을 정리하면 개체의 유전자형은 EeFFHh이고, 대립유전자 간 연관 여부는 알 수 없다.

DNA 상대량이 1과 2가 모두 존재하므로 ㉡의 핵상은 $2n$(복제X)로 I이고,
〈DNA 상대량에 관한 명제〉-(e)에 의해 ㉠의 핵상은 n(복제X)이 되어 IV이다.

〈감수 분열에 관한 기본 전제〉-(a)에 의해 h를 가지지 않는 ㉢의 핵상은 $2n$(복제)일 수 없다.
따라서 ㉢은 III이고 ㉣은 II이다.

개체의 유전자형은 EeFFHh이므로 ㉡에서 ⓑ=1이고, ㉣에서 ⓓ=2이다.
대립유전자 E와 e는 감수 1분열에서 다른 세포로 나눠 들어가는데,
㉢(=III)의 e에 대한 DNA 상대량이 2이므로, 반대편 세포인 ㉠에서 ⓐ=0이다.
개체는 F를 동형 접합성으로 가지므로, ⓒ=2이다.

IV의 유전자형은 EFh이다.

ㄱ. ㉣은 II이다. (X)
ㄴ. ⓐ + ⓑ + ⓒ + ⓓ = 5이다. (X)
ㄷ. IV에서 세포 1개당 $\frac{\text{F의 DNA 상대량}}{\text{E의 DNA 상대량} + \text{H의 DNA 상대량}}$은 1이다. (O)

05 2019학년도 6월 평가원 9번

정답 : ㄴ

세포	DNA 상대량	대립유전자
TYPE 2	유무만 공개	비공개

→ 〈유전자의 유무에 관한 명제〉를 사용하여 핵상을 찾고 대립유전자 쌍을 Matching 하자.

〈유전자의 유무에 관한 명제〉 -(a)를 통해 (가), (라)가 $2n$ 세포임을 알 수 있다. 나머지 세포들은 $2n$ 세포의 일부 유전자만 가지므로 n 세포이다.

(나)에서 ㉠, ㉡를 가지므로 ㉠, ㉡은 대립유전자 쌍이 아니다.
(다)에서 ㉠, ㉢를 가지므로 ㉠, ㉢은 대립유전자 쌍이 아니다.
(바)에서 ㉡, ㉣를 가지므로 ㉡, ㉣은 대립유전자 쌍이 아니다.
대립유전자 쌍은 ㉠&㉣, ㉡&㉢이다.

II는 ㉠,㉣을 가지고 ㉡&㉢에 대해서는 ㉡만 갖는다.
세포 (마)는 ㉡과 ㉢을 모두 갖지 않는다.

〈유전자의 유무에 관한 명제〉 - (b)에서 ㉡과 ㉢을 모두 갖지 않는 상황은 다음과 같은 경우이다.
II가 수컷 : 세포의 핵상이 n이고 대립유전자가 성염색체에 존재한다.
II가 암컷 : 대립유전자가 Y 염색체에 존재한다.

이때 대립유전자가 Y 염색체에 존재하면, I의 (가)에서 ㉡과 ㉢을 모두 가지므로 모순이다.
(Y 염색체를 두 개 가지는 것은 불가능하기 때문이다.)

따라서 II는 수컷, ㉡&㉢은 X 염색체에 존재한다. 문제의 F와 f에 해당한다.
㉠&㉣은 각각 E와 e 중 하나이다. 구체적으로 Matching 되지는 않는다.
I은 ㉡과 ㉢을 모두 가지므로 암컷이다.

ㄱ. ㉠은 ㉣의 대립유전자이다. (X)
ㄴ. (라)는 수컷의 $2n$ 세포이므로 Y 염색체가 있다. (○)
ㄷ. I은 ㉠을 동형 접합성으로 가지고 ㉡과 ㉢을 모두 가진다.
E와 e에 대해서는 동형 접합성, F와 f에 대해서는 이형 접합성으로 가져야 한다.
ⓐ에 대한 유전자형은 EeFF가 될 수 없다. (X)

06 2019학년도 9월 평가원 16번

정답 : ㄱ

세포	DNA 상대량	대립유전자
TYPE 2	숫자로 공개	공개

→ 〈DNA 상대량에 관한 명제〉를 사용하자.

조건을 정리하면 개체 I의 유전자형은 HhTT이고, (가)~(다)는 I의 세포, (라)는 II의 세포이다.
대립유전자 간 연관 여부는 알 수 없다.

문제에서 제시한 유전자형을 통해 (나)가 A임을 확정지을 수 있다.
〈DNA 상대량에 관한 명제〉-(d)에 의하여
핵상이 n(복제X)인 세포는 DNA 상대량이 2 이상일 수 없으므로, (다)는 B이다.

(다)로부터 형성된 난자가 수정되어 태어난 개체의 세포가 (라)이므로,
H를 가지는 (다)에 의해 (라)도 H를 가져야 한다. 따라서 (라)는 C이고, (가)는 D이다.

C에서 핵상이 $2n$(복제)임에도 T와 t의 DNA 상대량 합이 2이므로
T와 t는 X 염색체 위에 존재한다.
II는 정자 ⓐ로부터 Y 염색체를 받았으므로 수컷 개체임을 알 수 있다.

I의 유전자형에서 H, h, T의 DNA 상대량은 1 : 1 : 2이어야 하므로 ㉠은 2이다.

〈감수분열에 관한 기본 전제〉-(a)와 핵상이 n(복제X)이라는 사실에 의하여 ㉡은 1이다.
㉢은 (다)에 의해 H를 가지므로 2이다.

문제에서 제시된 표는 아래와 같이 채울 수 있다.

세포	DNA 상대량			
	H	h	T	t
A=(나)	2	㉠=2	?(4)	0
B=(다)	1	?(0)	㉡=1	?(0)
C=(라)	㉢=2	2	2	0
D=(가)	0	2	2	0

ㄱ. ㉠+㉡+㉢=5이다. (○)
ㄴ. C는 (라)이다. (X)
ㄷ. 정자 ⓐ는 X 염색체를 가지지 않으므로 T를 갖지 않는다. (X)

07 2019학년도 9월 평가원 18번

정답 : ㄴ

세포	DNA 상대량	대립유전자
TYPE 2	숫자로 공개	공개

→ 〈DNA 상대량에 관한 명제〉, 〈유전자의 유무에 관한 명제〉를 사용하자.

조건을 정리하면 (가)~(다) 중 두 형질은 성염색체에, 나머지 한 형질은 상염색체에 존재한다.
성염색체에 존재하는 두 대립유전자 쌍은 연관일 수도 있고 독립일 수도 있다.

〈유전자의 유무에 관한 명제〉-(a)에 의하여 ㉠은 E와 e를 모두 가지므로 핵상은 $2n$(복제X)이고,
이 사람의 유전 형질 (가), (나), (다)의 유전자형은 EeF[?]G[?]이다.
이때, ㉡, ㉢은 E와 e 둘 중 하나만 가지므로 핵상이 각각 n(복제), n(복제X)이다.

〈DNA 상대량에 관한 명제〉-(h)에 의하여 이 사람은 남자이고 ㉠에서 대립유전자 E와 e는 상염색체 위에, 나머지 두 대립유전자는 성염색체에 존재함을 알 수 있다.

(나)와 (다)를 결정하는 대립유전자가 같은 성염색체에 존재한다면,
핵상이 n인 ㉡과 ㉢에서 대립유전자 F와 G가 같이 존재해야 하거나 존재해선 안 된다.
따라서 (나)와 (다)를 결정하는 대립유전자는 서로 다른 성염색체 위에 존재한다.

이 사람의 유전 형질 (가), (나), (다)의 유전자형은 EeX^FY^G or EeX^GY^F이다.

ㄱ. ㉠에서 F와 G는 서로 다른 성염색체 위에 존재한다. (X)
ㄴ. ㉡, ㉢은 핵상이 n으로 같다. (○)
ㄷ. 이 사람의 성염색체는 XY이다. (X)

08 2020학년도 6월 평가원 8번

정답 : ㄴ, ㄷ

세포	DNA 상대량	대립유전자
TYPE 2	유무만 공개	비공개

→ <유전자의 유무에 관한 명제>를 사용하자.

대립유전자 쌍을 알려주지 않았으므로 Case C에서 언급한 사고 순서를 따라가 보자.

(1) 핵상 분석

<감수 분열에 관한 기본 전제>-(a')에서 (다)는 유전자 ㉣을 가지지만,
(라)는 ㉣을 가지지 않으므로 (라)의 핵상은 $2n$이 아니다.
마찬가지로, (라)는 유전자 ㉢을 가지지만, (다)는 ㉢을 가지지 않으므로 (다)의 핵상 역시 n이다.
같은 논리를 적용하면, (가)의 핵상 역시 n임을 알 수 있다.

<유전자의 유무에 관한 명제>-(a)에 의해 (나)는 절반보다 많은 종류의 대립유전자를 가지므로
핵상이 $2n$이다.

(2) 대립유전자 쌍 분석

<유전자의 유무에 관한 명제>-(a')에 의해 핵상이 n인 (가)에서 ㉢, ㉣은 대립유전자 쌍이 아니다.
같은 논리로 (라)에서 ㉡, ㉢이 대립유전자 쌍일 수 없다.
따라서 ㉠은 ㉢과, ㉡은 ㉣과 대립유전자 쌍을 이룬다.

(3) 개체 분석

Y 염색체 위에 H, h와 T, t 중 적어도 한 쌍이 존재한다면,
B의 개체인 암컷이 가질 수 있는 대립유전자는 Y 염색체 위에 존재하지 않는 대립유전자 2종류가 최대이다.
그러나 표에서 I, II는 적어도 세 종류의 대립유전자를 가지므로 이에 모순이다.
따라서 Y 염색체 위에는 H, h와 T, t가 존재하지 않는다.

<유전자의 유무에 관한 명제>-(b)에 의해 (다)에서 대립유전자 ㉠과 ㉢이 모두 존재하지 않으므로,
대립유전자 ㉠과 ㉢은 X 염색체에 존재하고 II는 수컷이다.

ㄱ. ㉠은 ㉢과 대립유전자이다. (X)
ㄴ. A는 수컷 개체의 세포이므로 II의 세포이다. (○)
ㄷ. ㉢은 X 염색체에 존재하는데 (라)는 ㉢을 가지므로 X 염색체를 가진다. (○))

09 2020학년도 6월 평가원 16번

정답 : ㄱ

세포	DNA 상대량	대립유전자
TYPE 1	숫자로 공개	공개

→ 〈DNA 상대량에 관한 명제〉를 사용하자.

조건을 정리하면 세 대립유전자는 모두 다른 상염색체에 존재하고, II는 중기의 세포이다.

〈감수 분열에 관한 기본 전제〉-(a)에서 ㉡이 I이라고 가정하면,
이 사람은 대립유전자 E를 갖지 않아야 하므로 ㉠과 ㉢에서 모순이다.
따라서 〈DNA 상대량에 관한 명제〉-(e)에 의하여 ㉡은 III이고 ㉢은 I이다.
자동으로 ㉠은 II가 된다.

I의 ⓐ에 대한 유전자형은 EeFFGg이고,
II과 III의 ⓐ에 대한 유전자형은 각각 EFg, eFG이다.

ㄱ. I에서 세포 1개당 $\frac{\text{E의 DNA 상대량} + \text{G의 DNA 상대량}}{\text{F의 DNA 상대량}}$은 1이다. (○)
ㄴ. II의 염색 분체 수는 46이다. (X)
ㄷ. III는 ㉡이다. (X)

10 2020학년도 9월 평가원 3번

정답 : ㄱ, ㄷ

세포	DNA 상대량	대립유전자
TYPE 2	숫자로 공개	공개

→ 〈유전자의 유무에 관한 명제〉를 사용하자.

〈유전자의 유무에 관한 명제〉-(a)에서
㉠과 ㉡은 각각 대립유전자 T와 t, H와 h를 모두 가지므로 핵상이 $2n$이다.
㉢, ㉣의 핵상은 $2n$이 아니므로 ㉢의 핵상은 n(복제)이고, ㉣의 핵상은 n(복제X)이다.

㉠→㉡ 과정에서 DNA 복제에 의해 DNA 상대량이 모두 2배가 되므로 ⓐ는 2이고
㉣의 핵상은 n이므로 ⓑ는 0이다.

ㄱ. P의 핵상은 n(복제)이므로 ㉢이다. (○)
ㄴ. ⓐ는 2이고, ⓑ는 0이다. (X)
ㄷ. I의 핵상은 $2n=6$이므로 감수 1분열 중기 세포 1개당 염색 분체 수는 12이다. (○)

11 2020학년도 수능 7번

정답 : ㄴ

세포	DNA 상대량	대립유전자
TYPE 2	숫자+유무	비공개

→ 〈DNA 상대량에 관한 명제〉를 사용하자.

〈DNA 상대량에 관한 명제〉-(c)에서 (가)는 2n(복제)이고, 이 사람의 유전자형은 HHTt이다.
(나)와 (다)의 핵상은 $2n$이 아니므로 〈DNA 상대량에 관한 명제〉-(d)에 의해 n(복제)이다.

(가)에서 ⓒ이 존재하지 않으므로 ⓒ은 h이고, (다)가 ⓛ을 가지므로 ⓛ은 t이다.

ㄱ. ⓛ은 t이다. (X)
ㄴ. (나)와 (다)의 핵상은 n으로 같다. (○)
ㄷ. 이 사람의 ⓐ에 대한 유전자형은 HHTt이다. (X)

문제에서 '난자 형성 과정'을 언급했으므로 이 사람은 여자이다.
여자의 성염색체는 XX기에 유전자형을 (가)에서 유전자형을 HHTt로 확정할 수 있었다.
여자로 결정되지 않았다면 (가)에서 HHtY처럼 Case가 확정되지 않는다.

여자라는 조건이 없어도 문제를 풀 수는 있지만, 훨씬 긴 풀이를 하게 되니 문제를 잘 읽고 넘어가자.

12 2021학년도 9월 평가원 18번

정답 : ㄱ, ㄴ, ㄷ

세포	DNA 상대량	대립유전자
TYPE 1	숫자로 공개	공개

→ 〈DNA 상대량에 관한 명제〉를 사용하자.

〈DNA 상대량에 관한 명제〉-(c)에 의하여 A와 a의 DNA 상대량의 합이 4인 경우는 $2n$(복제)뿐이다.
따라서 ⓔ은 핵상이 $2n$(복제)이고, II이다.

세포 ㉠의 상염색체 수가 ⓛ의 상염색체 수의 두 배이므로 ㉠의 핵상은 $2n$이고, ⓛ의 핵상은 n이다.
〈DNA 상대량에 관한 명제〉-(d)에 의하여 ⓛ은 III이 되고, ⓒ은 IV이다.
ⓐ는 4, ⓑ는 1이다.

ㄱ. ㉠은 I이다. (○)
ㄴ. ⓐ + ⓑ = 5이다. (○)
ㄷ. II의 핵상은 2n = 10이므로, 2가 염색체 수는 5이다. (○)

13 2022학년도 6월 평가원 16번

정답 : ㄴ

세포	DNA 상대량	대립유전자
TYPE 1	유무로 공개	비공개

→ 〈유전자의 유무에 관한 명제〉를 사용하자.

조건을 정리하면 H, h와 T, t는 서로 다른 염색체에 존재하고,
㉠~㉣는 각각 H, h, T, t 중 하나이다.
(가)~(다)는 중기의 세포이고, 2개는 세포 I으로 부터, 나머지 1개는 세포 II로 부터 형성되었다.

(가), (나), (다)는 중기의 세포이므로, 핵상은 $2n$(복제) or n(복제)이다.
〈유전자의 유무에 관한 명제〉-(a)에 의하여
사람 P의 $2n$(복제) 세포는 대립유전자 ㉠, ㉡, ㉣를 모두 가지고 있으므로,
(가), (나), (다)는 n(복제)이다.

세포 (나), (다)의 핵상이 n(복제)이므로 ㉠, ㉡은 ㉣과 대립유전자 쌍이 아니다.
따라서 ㉠은 ㉡과, ㉢은 ㉣과 대립유전자 쌍을 이룬다.

〈유전자의 유무에 관한 명제〉-(b)에서 (가)의 ㉢과 ㉣이 모두 존재하지 않으므로
㉢, ㉣은 성염색체에 존재한다.

사람 P가 여자이고 ㉢과 ㉣이 Y 염색체 위에 존재한다면,
대립유전자 ㉢과 ㉣을 가질 수 없으므로 모순이다.
㉢과 ㉣이 X 염색체 위에 존재한다면, (가)에서 ㉢과 ㉣을 가지지 않는 것이 모순이다.
따라서 사람 P는 남자이고 유전 형질 ⓐ에 대한 유전자형은 ㉠㉡ $X^{㉣}Y$ or ㉠㉡ $XY^{㉣}$이다.

이때 (가)와 (나)는 ㉡을, (나)와 (다)는 ㉣을 같이 가지므로 같은 G_1기 세포로부터 형성될 수 없다.
(가), (다)가 I으로부터 형성된 세포이고, (나)가 II로부터 형성된 세포이다.

ㄱ. 사람 P는 대립유전자 ㉢을 가지지 않는다. (X)
ㄴ. (가)와 (다)의 핵상은 n으로 같다. (O)
ㄷ. I으로부터 (가)와 (다)가 생성되었고, II로부터 (나)가 생성되었다. (X)

14 2022학년도 6월 평가원 19번

정답 : ㄴ

세포	DNA 상대량	대립유전자
TYPE 2	숫자로 공개	비공개

→ 〈DNA 상대량에 관한 명제〉를 사용하자.

조건을 정리하면 ㉠, ㉡, ㉢, ㉣은 각각 A, a, B, b 중 하나이다.
I과 II의 유전자형은 각각 AaBb와 Aabb 중 하나이다.
(가)는 I의 세포로 핵상은 $2n$(복제)이고, (나)는 II의 세포로 핵상은 n(복제X)이다.

〈DNA 상대량에 관한 명제〉-(b)에서 2개의 DNA 상대량을 더한 값이 6이 되기 위해선
2+4일 수밖에 없다.
만약 (가)에서 ㉠의 DNA 상대량이 4라면, ㉡의 DNA 상대량은 2, ㉢의 DNA 상대량은 4가 된다.
〈DNA 상대량에 관한 명제〉-(f)에 의해 4인 유전자의 대립유전자는 항상 0이므로 모순이다.

따라서 (가)에서 DNA 상대량을 표로 나타내면 다음과 같다.

㉠	㉡	㉢	㉣
2	4	2	0

〈DNA 상대량에 관한 명제〉-(f)에 의하여 ㉡과 ㉣는 서로 대립유전자이고,
(가)는 대립유전자 ㉡을 동형 접합성으로 가지므로 유전자형이 Aabb임을 알 수 있다.
자동으로 (나)의 유전자형은 AaBb가 된다.

이를 바탕으로 ㉠, ㉡, ㉢, ㉣와 A, a, B, b를 각각 Matching해 보면 ㉡=b, ㉣=B이고,
㉠, ㉢은 각각 A, a 중 하나이다.

〈DNA 상대량에 관한 명제〉-(e)에서 n(복제X)인 (나)의 ㉢+㉣이 2이므로
㉢, ㉣의 DNA 상대량은 모두 1이다.
그림에서 (나)에는 대립유전자 A가 존재하므로 ㉢은 A, a 중 A이다.
지금까지 나온 정보를 토대로 ⓐ와 ⓑ를 구하면 ⓐ=4, ⓑ=1이다.

ㄱ. I의 유전자형은 Aabb이다. (X)
ㄴ. ⓐ + ⓑ = 5이다. (○)
ㄷ. (나)에는 b가 존재하지 않는다. (X)

문제에서 쓰인 논리는 아니지만, 문제에서 제시된 동물 종의 핵상은 $2n = 4$이고,
대립유전자 A, a와 B, b는 서로 다른 염색체에 존재하므로 둘 중 하나는 성염색체에 존재해야 한다.

15 2022학년도 9월 평가원 10번

정답 : ㄱ, ㄴ

세포	DNA 상대량	대립유전자
TYPE 2	숫자로 공개	공개

→ 〈DNA 상대량에 관한 명제〉를 사용하자.

조건을 정리하면 I~IV 중 2개는 남자 P의, 나머지 2개는 여자 Q의 세포이고,
㉠~㉢은 0, 1, 2를 순서 없이 나타낸 것이다. H와 h는 상염색체에, T와 t는 X 염색체에 존재한다.

〈DNA 상대량에 관한 명제〉 - (c)에 의하여, IV는 $2n$(복제) 세포임을 알 수 있다. $2n$(복제) 세포에는 홀수가 존재할 수 없으므로 ㉠은 2 or 0이다.

〈DNA 상대량에 관한 명제〉 - (d), (e)에 의하여, III은 ㉠~㉢,
즉 2, 1, 0이 모두 존재하므로 $2n$(복제X) 세포임을 알 수 있다.

〈DNA 상대량에 관한 명제〉 - (g)에 의하여, ㉠과 ㉡이 각각 2거나 1일 수 없으므로 ㉢은 0이 아니다.

만약 ㉠이 2라면, 〈DNA 상대량에 관한 명제〉를 통해 내린 결론과 같이 ㉡이 0, ㉢이 1이 된다.
이 경우 IV가 T와 t를 모두 가지므로 IV는 X 염색체를 두 개 가진다. IV는 여자 Q의 세포이다.
III이 T를 동형 접합성으로 가지므로 III도 X 염색체를 두 개 가지는 여자의 세포인데,
IV와 유전자형이 다르므로 모순이다. 여자는 Q 한 명이다.

㉠이 2가 될 수 없으므로 ㉠은 0이고, IV는 남자의 세포가 된다.
㉠이 0이면 III에서 T를 가지지 않게 되므로 IV와 III은 다른 개체의 세포가 된다.
III은 여자의 세포이고, X 염색체를 두 개 가지므로 t를 2만큼 갖는다. ㉡은 2가 된다.

이를 바탕으로 표를 채워보면 다음과 같다.

세포	DNA 상대량			
	H	h	T	t
I(P)	1	0	0	0
II(Q)	2	0	0	2
III(Q)	1	1	0	2
IV(P)	4	0	2	0

ㄱ. ㉡은 2이다. (○)
ㄴ. II는 Q의 세포이다. (○)
ㄷ. I이 갖는 t의 DNA 상대량은 0이다. III이 갖는 H의 DNA 상대량은 1이므로 같지 않다. (X)

16 2022학년도 수능 7번

정답 : ㄴ

세포	DNA 상대량	대립유전자
TYPE 2	숫자+유무	공개

→ 〈DNA 상대량에 관한 명제〉를 사용하자.

조건을 정리하면 H, h와 R, r는 서로 다른 상염색체에 존재하고,
㉠~㉢는 염색체 ⓐ~ⓒ를 순서 없이 나타낸 것이다.

유전자와 달리, 상염색체는 하나라도 존재하지 않으면 세포의 핵상은 n이다.
세포 I, III, IV에서 각각 염색체 ㉠, ㉡, ㉢이 존재하지 않으므로 핵상이 n이다.

〈DNA 상대량에 관한 명제〉-(d)에 의해 세포 III와 IV는 n(복제)이다.

핵상이 n인 세포는 상동 염색체를 둘 중 하나만 가진다.
따라서 세포 III에서 ㉠과 ㉢은 상동 염색체가 아니고,
세포 IV에서 ㉠과 ㉡은 상동 염색체가 아니므로 ㉡과 ㉢이 7번 염색체가 되어 상동 염색체이다.

따라서 ㉠은 ⓒ이고, ㉡, ㉢을 모두 가지는 세포 II의 핵상은 $2n$이다.

세포 II에서 r의 DNA 상대량이 1이므로 이 사람의 대립유전자 R, r에 대한 유전자형은 Rr이다.
염색체 ㉠이 r를 포함하고 있다고 가정하면,
세포 I에서 r의 DNA 상대량이 1임에도 염색체 ㉠이 존재하지 않는 것이 되어 모순이 발생한다.
마찬가지로 염색체 ㉢이 r을 포함하고 있다고 가정하면, 세포 IV에서 모순이 발생한다.
㉡ 염색체에 r을 가지고 있고, 개체의 유전자형이 Rr이므로 상동 염색체인 ㉢는 R을 가진다.

III는 ㉠을 가지는데 H의 DNA 상대량이 0이 아니므로 ㉠은 H를 가진다.

따라서 염색체와 유전자를 Matching 해보면 다음 표와 같다.

염색체 ㉠	염색체 ㉡	염색체 ㉢
H	r	R

세포 I은 염색체 ㉠을 가지고 있지 않음에도 H의 DNA 상대량이 1이다.
따라서 ⓒ가 아닌 8번 염색체도 H를 가져야 하므로,
이 사람의 형질 (가)에 대한 유전자형은 HHRr이다.

ㄱ. I의 핵상은 n이지만, II의 핵상은 $2n$이므로 서로 다르다. (X)
ㄴ. ㉡과 ㉢은 모두 7번 염색체이다. (O)
ㄷ. 이 사람의 형질 (가)에 대한 유전자형은 HHRr이다. (X)

17 2023년 10월 교육청 16번

정답 : ㄱ

이 사람은 E, e를 가진다. E를 안 갖는 I은 핵상이 n인 세포이다. ㉢은 F+g 값이 3인데, 1+2로 분할하면 이 세포는 1과 2를 모두 갖는 세포이므로 핵상이 $2n$(복제 X)인 세포이다. ㉠, ㉡의 F+g 값이 3 또는 6이 아니므로 ㉠과 ㉡은 핵상이 n인 세포이다. ㉡이 X 염색체를 가지므로 X 염색체를 갖는 n세포가 존재한다.

III이 $2n$(복제 X) 세포라면 I, II는 n세포이다. 이 개체의 모든 세포는 g를 갖지 않게 되는데, 이 경우 III에 대응되는 ㉢에서 F의 DNA 상대량이 3이라는 모순이 발생한다.

II가 $2n$ 세포이며, 이 개체의 모든 세포는 G를 갖지 않게 되고 III은 G와 g를 모두 갖지 않는 세포이다. 즉 G와 g는 X 염색체에 존재하고 III은 Y 염색체를 갖는 n세포이며 I은 X 염색체를 갖는 n세포이다. ㉡이 I이며 ㉠이 III이다.

ㄱ. E,e는 상염색체 위에 있으므로 I은 e를 갖는다. 즉 ⓐ는 0이다. (○)
ㄴ. ㉡은 I이다. (X)
ㄷ. II는 G_1기 세포이므로 유전자형이 $EeFFX^{g}Y$이다. 즉 e, F, g의 DNA상대량을 더한 값은 4이다. (X)

18 2024학년도 6월 평가원 14번

정답 : ㄴ

(가),(다),(라)의 핵상은 n이며, (나)의 핵상은 $2n$이다. (나) 개체의 세포는 b를 갖지 않는데 (다)가 b를 가지므로 (나)와 (다)는 서로 다른 개체의 세포이다. (나) 개체의 세포는 같은 종류의 염색체끼리 크기가 모두 동일하므로 암컷(I)의 세포이다. BB 동형접합이기에 I의 세포라면 B를 가져야 하는데 (라)는 갖지 않으므로 (나)와 (라)는 서로 다른 개체의 세포이다. 그러므로 (가), (나)가 암컷 I의 세포, (다), (라)가 수컷 II의 세포이다.

ㄱ. (가)는 I의 세포이다. (X)
ㄴ. I의 유전자형은 AaBB이다. (○)
ㄷ. (라)가 B, b를 모두 갖지 않으므로 성염색체 위에 있는 유전자이며,
암컷(I)가 B, b를 가지므로, B, b는 X 염색체 위에 있다. (X)

19 2024학년도 9월 평가원 11번

정답 : ㄱ

세포 ⓒ은 A+a+B+b값이 1인데, 이는 A+a 혹은 B+b가 0이어야 한다.
즉 (가)와 (나)중 적어도 하나는 성염색체 위에 있어야 한다.
(가)와 (나)가 각각 X, Y 염색체에 있다면 I, II, III, IV 순서대로 A+a+B+b값이 2, 4, 2, 1로 나와야 하는데, 이렇게 되면 ⓐ, ⓑ 값이 모두 2가 되어 모순이다.

(가)와 (나) 중 하나는 상염색체 위에, 하나는 성염색체 위에 있어야 한다.
이때 I, II의 A+a+B+b값은 3, 6이어야 한다.
A+a+B+b값 3, 6이 등장할 수 있는 세포는 ㉠, ㉡만 가능한데, ⓐ가 ⓑ보다 작으므로 ⓐ가 3(㉠), ⓑ가 6(㉡)이다.
나머지 III, IV 중에서 A, a, B, b 중 하나의 DNA 상대량 값을 홀수로 가질 수 있는 세포는 IV가 유일하므로 IV가 1, III이 4이다.

ㄱ. ⓐ는 3이다. (○)
ㄴ. ㉡은 II이다. (X)
ㄷ. ㉣은 감수 2분열 중기 세포인 III이므로 염색체 수는 23이다. (X)

20 2024학년도 수능 11번

정답 : ㄴ, ㄷ

I은 4를 가지는 세포이고, IV는 2와 1을 동시에 가지는 세포이므로 이 두 세포는 핵상이 $2n$임을 알 수 있다. III은 (0,0)을 가지므로 ㉠은 발문에서 언급한 X 염색체 위에 있는 형질이다.
III은 Y 염색체를 갖는 핵상이 n인 남자(P)의 세포이다.

I과 IV에서 d가 없다는 정보를 고려했을 때 II는 I, IV와 서로 다른 개체의 세포이다.
따라서 I과 IV가 같은 개체의 세포임을 알 수 있다.
I과 IV는 X 염색체 위에 있는 유전자를 동형접합(DD)으로 가지므로 여자인 Q의 세포가 되겠고, 유전자형은 $BdDDX^aX^a$이다.

(가)는 핵상이 $2n$(복제 O)인 XY의 세포이다. (나)는 핵상이 $2n$(복제 X)인 XX의 세포이다.
(나)는 Q의 세포이면서 G_1기 세포이므로 IV이다.
II, III 중 (가)가 반드시 존재하는데 III은 핵상이 n이므로 II가 (가)에 해당한다.

I은 A를 갖지 않는 Q의 M1기 세포이므로 ⓐ는 4이며,
II는 B를 갖는 P의 M1기 세포이므로 ⓑ는 2이고,
III은 D를 갖는 P의 생식세포이므로 ⓒ는 0이다.

ㄱ. (가)는 II이다. (X)
ㄴ. IV는 Q의 세포이다. (○)
ㄷ. ⓐ+ⓑ+ⓒ=4+2+0=6이다. (○)

21 2024학년도 수능 15번

정답 : ㄴ

그림에서 ㉠은 DNA 상대량으로 1과 2를 가지므로 핵상이 $2n$인 세포이다. (가)의 유전자는 상염색체에 있으므로 ㉠에서 H와 h의 DNA 상대량을 더한 값과 T와 t의 DNA 상대량을 더한 값은 같아야 한다. 따라서 ㉠에서 DNA 상대량이 1인 ⓐ는 ⓓ와 대립유전자이고, 이 사람은 ⓒ를 동형접합으로 갖는다.

ㄱ. ⓐ는 ⓓ와 대립유전자이다. (X)
ㄴ. H와 t가 모두 없는 ㉢에 ⓑ와 ⓓ가 없으므로 ⓑ와 ⓓ는 각각 H와 t 중 하나이고, ⓐ와 ⓒ는 각각 h와 T 중 하나이다. t가 없는 ㉡에 ⓐ와 ⓑ가 없으므로 ⓑ는 t, ⓓ는 H이다. (○)
ㄷ. ⓐ는 H(ⓓ)와 대립유전자이므로 h이고, ⓒ는 T이다. 따라서 이 사람에서 (가)의 유전자형은 HhTT이므로 이 사람에게서 h와 t를 모두 갖는 생식세포는 형성될 수 없다. (X)

22 2025학년도 9월 평가원 16번

정답 : ㄱ

사람 P의 세포 (가)~(다)에서 어느 한 세포도 다른 세포가 가지는 대립유전자를 모두 가지지 않으므로 (가)~(다) 모두 핵상은 n이다.
(다)에서 A의 DNA 상대량이 2이고 ㉠~㉣ 중 ㉢만 존재하므로 ㉢은 A이다.
(가)에서 ㉢이 존재하므로 A가 존재하는데, 핵상이 n이므로 ㉣은 a가 될 수 없다.
그리고 (가)에서 B의 DNA 상대량이 2인데 핵상이 n이므로 b는 존재할 수 없다.
따라서 b는 ㉠, ㉡ 중 하나이다.
(나)에서도 마찬가지로 B의 DNA 상대량이 2인데 핵상이 n이므로 b는 존재할 수 없다.
따라서 b는 ㉡이다.
㉣이 될 수 없는 a는 ㉠이고, 나머지 D는 ㉣이다.

이를 바탕으로 문제의 표를 다시 채워보면 아래와 같다.

세포	대립유전자				DNA 상대량		
	a	b	A	D	A	B	D
(가) n	X	X	O	O	2	2	2
(나) n	O	X		X	0	2	0
(다) n	X	X	O	X	2	2	0

ㄱ. ㉡은 b이다. (◯)
ㄴ. DNA 상대량에 따라 (가)~(다) 모두 감수 1분열 후의 세포이다. (가), (다)가 세포 Ⅰ로부터 형성되었다면 P의 ㉮의 유전자형은 AABBDd가 되어 (나)에 대해 모순이다. (나), (다)가 세포 Ⅰ로부터 형성되었다면 P의 유전자형은 AaBBdd가 되어 (가)에 대해 모순이다.
따라서 (가), (나)가 세포 Ⅰ로부터 형성되었다. (X)
ㄷ. P의 ㉮의 유전자형은 AaBBDd이다. (X)

23 2025학년도 수능 14번

정답 : ㄴ, ㄷ

세포	DNA 상대량	대립유전자
TYPE 1 & 2	유무만 공개	공개

(1) 핵상 분석
〈감수 분열에 관한 기본 전제〉 - (a')에 의해서 (다)는 ㉠을 가지지만,
(가), (나), (라)는 ㉠을 가지지 않으므로 (가), (나), (라)의 핵상은 n이다.
마찬가지로, (가)는 ㉡을 가지지만 (다)는 ㉡을 가지지 않으므로 (다)의 핵상 역시 n이다.

(2) DNA 상대량 분석
DNA 상대량의 합이 4가 나온 (가)는 n(복제)에 해당한다.
DNA 상대량의 합이 홀수인 (나), (라)는 n(복제X)에 해당한다.

(3) 유전자형 추론
(가)에서 A/a 중 하나를 무조건 가지고 b, D를 갖지 않음을 통해서 세포가 갖는 유전자가 aBd임을 알 수 있다. 따라서 ㉡은 a이다.

n(복제X)에 해당하는 (나)가 DNA 상대량의 합이 3이기 위해서 세포가 갖는 유전자는 aBd임을 알 수 있다. 따라서 ㉢은 D이다.

(다)에서 A/a 중 하나를 무조건 가지므로 ㉠은 A임을 알 수 있고, 이를 통해서 (다)는 유전자 ABD를 가지며 n(복제X)에 해당한다.

(라)가 갖는 유전자는 abd이다.

2개의 세포가 G_1기 세포 I에서 형성되기 위해서는 모든 대립유전자를 동일하게 갖거나 모두 달라야 한다. 이를 만족하는 세포 쌍은 (다)와 (라) 뿐이므로 이 둘이 세포 I에서 형성되었다. 중기에 형성된 세포는 (가)이므로 (가)가 a에 해당한다.

ㄱ. ㉣은 b이다. (X)
ㄴ. I로부터 (다)와 (라)가 형성되었다. (○)
ㄷ. 중기 세포 ⓑ가 갖는 유전자는 AbD이며, a, b, D의 DNA 상대량의 합은 4이다. (○)

Part 03 해설(1)

01 2015학년도 9월 평가원 15번

정답 : ㄱ

㉠의 표현형이 3가지이므로 대립유전자 사이의 우열 관계가 분명하지 않은 중간 유전임을 알 수 있다.

ㄱ. ㉠에 대한 대립유전자 사이의 우열 관계는 분명하지 않다. (○)
ㄴ. ㉡의 유전은 다인자 유전이므로, 복대립 유전이 아니다. (X)
ㄷ. E, F, G 유전자는 서로 다른 상염색체에 존재한다.
따라서 나타날 수 있는 표현형의 가짓수는 (이형 접합성의 개수) +1인 4가지이다. (X)

02 2016학년도 6월 평가원 13번

정답 : ㄱ

ㄱ. 다인자 유전이므로 A와 a 사이, B와 b 사이의 우열 관계는 분명하지 않다. (○)
ㄴ. AaBb와 aabb 사이에서 나타날 수 있는 표현형은 (이형 접합성의 개수) +1인 3가지이다. (X)
ㄷ. AaBb 사이에서 아이가 태어날 때 부모보다 눈 색이 더 짙기 위해선 대문자로 표시되는 대립유전자의 수가 3개 이상이어야 한다.
3개일 확률은 $\frac{1}{4}$, 4개일 확률은 $\frac{1}{16}$이므로 총 $\frac{5}{16}$이다. (X)

03 2016학년도 9월 평가원 11번

정답 : ㄴ, ㄷ

완전 우성 & 중간	복대립	다인자
㉠	㉡	X

[완전 우성&중간, 복대립] 유형이다.

조건을 정리하면, ㉠은 D와 $\mathrm{D^*}$을 대립유전자로 가지며, 우열 관계는 제시되지 않았다.
㉡은 E, F, G를 대립유전자로 가지는 복대립 유전이며, 제시된 우열 관계는 $\mathrm{E} > \mathrm{F}$, $\mathrm{G} > \mathrm{F}$이다.
㉠과 ㉡을 결정하는 유전자는 서로 다른 상염색체에 존재한다.

(1) $\mathrm{DD^*EF}$와 $\mathrm{DD^*FG}$ 사이에서 아이가 태어날 때, 아이에게서 나타날 수 있는 표현형은 12가지이다.

(가)의 표현형은 최대 3가지, (나)의 표현형은 최대 4가지이므로
둘 다 최대일 때 12가지를 만족시킨다.
따라서 (가)의 우열 관계는 $\mathrm{D=D^*}$이고, (나)의 $\mathrm{EF/EG/FF/FG}$는 표현형이 모두 달라야 한다.
$\mathrm{E} > \mathrm{F}$, $\mathrm{G} > \mathrm{F}$이므로 표현형이 넷 다 다르기 위해선 $\mathrm{E=G}$이어야 한다.

Data Table을 작성하면 다음과 같다.

$\mathrm{D} = \mathrm{D^*}$	$\mathrm{E} = \mathrm{G} > \mathrm{F}$

ㄱ. ㉡의 유전은 단일인자 유전이다. (X)
ㄴ. ㉠은 중간 유전이므로 DD인 사람과 $\mathrm{DD^*}$인 사람의 표현형은 서로 다르다. (○)
ㄷ. ㉠과 ㉡의 유전자형이 $\mathrm{DD^*EG}$인 부모 사이에서 아이가 태어날 때,
이 아이의 표현형이 부모와 같기 위해선 아이의 유전자형이 $\mathrm{DD^*EG}$이어야 하므로
확률은 $\frac{1}{2} \times \frac{1}{2} = \frac{1}{4}$이다. (○)

04 2017학년도 6월 평가원 18번

정답 : ㄴ

완전 우성 & 중간	복대립	다인자
㉡	X	㉠

[다인자 only, 독립] 유형이다.

조건을 정리하면, ㉠은 A와 a, B와 b, D와 d에 의해 결정되며
세 유전자는 서로 다른 상염색체에 존재한다.
㉡은 E와 e에 의해 결정되는 완전 우성 유전이며,
㉠을 결정하는 유전자와는 다른 상염색체에 존재한다.

각 대립유전자가 모두 다른 염색체에 존재하므로 독립적으로 계산하자.

ㄱ. 유전자형이 AaBbDdEe인 개체에서 형성될 수 있는 생식세포의 유전자형은
최대 2^4=16가지이다. (X)
ㄴ. AaBbDdEe와 aabbddee 사이에서 자손이 태어날 때, 자손에게서 나타날 수 있는 표현형은
㉠에서 (이형 접합성의 개수) +1인 4가지, ㉡에서 2가지이므로 최대 8가지이다. (○)
ㄷ. AaBbDdEe인 개체 사이에서 자손이 태어날 때 이 자손의 표현형이 부모와 같을 확률은
㉠이 $\frac{{}_6C_3}{2^6}$이고, ㉡이 $\frac{3}{4}$이므로, $\frac{20}{64}\times\frac{3}{4}=\frac{15}{64}$이다. (X)

05 2017학년도 수능 14번

정답 : $\frac{1}{4}$

완전 우성 & 중간	복대립	다인자
X	(나)	(가)

[다인자 only, 연관] 유형이다.

조건을 정리하면, (가)는 서로 다른 2개의 상염색체에 존재하는 3쌍의 대립유전자 A와 a, B와 b, D와 d에 의해 결정된다. (나)는 복대립 유전으로 한 쌍의 대립유전자 E, F, G에 의해 결정된다.

(1) (나)의 표현형은 4가지이며, EG와 EE의 표현형이 같고, FG와 FF의 표현형이 같다.
(2) $AaBbDdEF$ 사이에서 ㉠이 태어날 때, ㉠에게서 나타날 수 있는 표현형은 최대 9가지이다.

(1)에서 EG의 표현형이 E이므로 $E > G$이고, FG의 표현형이 F이므로 $F > G$이다.
(나)의 대립유전자가 3종류인데 표현형이 4가지가 존재하므로, $E = F$임을 알 수 있다.

Data Table을 작성하면 다음과 같다.

$E = F > G$

(가)와 (나)를 결정하는 대립유전자가 다른 염색체에 존재하므로 독립적으로 계산하자.
EF 부모 사이에서 EE, FF, EF로 (나)의 표현형이 3가지가 나타날 수 있다.
따라서 (2)에서 표현형이 9가지가 나타나기 위해선, 나타날 수 있는 (가)의 표현형이 3가지여야 한다.

1 ‖ 0　　1 ‖ 0　/　1 ‖ 0　　1 ‖ 0

부모에서 (가)의 연관되어 있지 않은 대립유전자가 모두 이형 접합성이므로
자손에게 대문자로 표시되는 대립유전자를 0~2개까지 줄 수 있다.
따라서 자손에게서 나타날 수 있는 표현형은 적어도 3가지이다.
자손의 (가)의 표현형이 3가지가 되기 위해선 연관된 염색체에서
대문자로 표시되는 대립유전자의 개수가 모두 같아야 하므로, 다음과 같이 나타낼 수 있다.

1 ‖ 0
0 ‖ 1　　1 ‖ 0　/　1 ‖ 0
0 ‖ 1　　1 ‖ 0

㉠의 표현형이 부모와 같기 위해선 (가)의 연관되어 있지 않은 대립유전자가 이형 접합성이고,
(나)의 유전자형이 EF여야 하므로, $\frac{1}{2} \times \frac{1}{2} = \frac{1}{4}$이다.

추가 조건이 없어 어떤 대립유전자가 연관되어 있는지는 확정할 수 없다.

06 2018학년도 6월 평가원 12번

정답 : ㄴ, ㄷ

UNIT 4 - PART 3 - THEME 01 본문의 (2) 복대립 유전에 예시로 문항의 간략한 해설을 실어놓았다.
각 유전자와 형질을 Matching 시키면 바로 선지 판단이 가능하다.

07 2018학년도 수능 15번

정답 : ㄱ, ㄷ

완전 우성 & 중간	복대립	다인자
X	X	㉠, ㉡

[다인자 only, 연관] 유형이다.

조건을 정리하면, ㉠은 A와 a, B와 b, D와 d 3개의 유전자에 의해 결정되고, ㉡은 E와 e, F와 f, G와 g 3개의 유전자에 의해 결정된다. ㉠, ㉡을 결정하는 대립유전자는 서로 다른 상염색체에 있다.

(1) AaBbDdEeFfGg 사이에서 태어난 자손 ⓐ에게서 나타날 수 있는 ㉠의 표현형은 최대 4가지이다.
(2) AaBbDdEeFfGg 사이에서 태어난 자손 ⓐ에게서 나타날 수 있는 ㉡의 표현형은 최대 7가지이다.
(3) ⓐ에서 ㉡의 유전자형이 eeffgg일 확률은 $\frac{1}{16}$이다.

(1)에서 ⓐ에게서 나타날 수 있는 ㉠의 표현형이 최대 4가지라는 조건을 이용해서 ㉠의 연관 여부를 추론해내야 한다.
가능한 Case는 7가지이다. (수험장에서 문제를 푸는 상황에선 가능성이 큰 Case 먼저 나열하자.)

연관 여부		표현형 가짓수
3 독립		7가지
2 연관 1 독립	상인/상인	7가지
	상인/상반	5가지
	상반/상반	3가지
3 연관	3/0 3/0	3가지
	3/0 2/1	4가지
	2/1 2/1	3가지

따라서 ㉠을 결정하는 세 쌍의 대립유전자는 한 염색체에 존재하고 부모의 연관 여부는 다음과 같다.

〈부모의 염색체 일부와 ㉠에 대한 유전자형〉

1 ‖ 0		1 ‖ 0
1 ‖ 0	/	1 ‖ 0
1 ‖ 0		0 ‖ 1

(2)에서 ⓐ에게서 나타날 수 있는 ㉡의 표현형은 최대 7가지라는 조건을 이용해서
㉡의 연관 여부를 추론해내야 한다. 위 표를 이용하면 3 독립 or 2 연관 1 독립 중 상인/상인인 경우이다.

(3)에서 확률은 $\frac{1}{16}$으로 나타나려면 ㉡을 결정하는 세 쌍의 유전자가 서로 다른 상염색체에 존재할 수 없다.
따라서 ㉡을 나타내는 3쌍의 대립유전자는 서로 다른 2개의 상염색체에 존재한다.

〈부모의 염색체 일부와 ㉡에 대한 유전자형〉

1 ‖ 0			1 ‖ 0	
	1 ‖ 0	/		1 ‖ 0
1 ‖ 0			1 ‖ 0	

ㄱ. ⓐ의 부모 중 한 사람은 A, B, D가 연관된 염색체를 가진다. (○)
ㄴ. ㉡을 결정하는 유전자는 서로 다른 2개의 상염색체에 있다. (X)
ㄷ. ⓐ에서 ㉠의 표현형이 부모와 다를 확률은 1이고,
㉡의 표현형이 부모와 다를 확률은 $\frac{3}{4}$이므로 총 확률은 $\frac{3}{4}$이다. (○)

08 2019학년도 9월 평가원 17번 변형

정답 : ㄱ, ㄴ, ㄷ

완전 우성 & 중간	복대립	다인자
㉠~㉣	X	X

[완전 우성&중간, 복대립] 유형이다.

조건을 정리하면, ㉠~㉣ 중 3가지 형질은 완전 우성 유전, 나머지 한 형질은 중간 유전이다.
각 형질의 연관 여부는 직접 제시되지 않았다.

(1) $AaBbDdEe$를 자가 교배하여 얻은 자손이 ㉠~㉣ 중 적어도 3가지 형질에 대한 유전자형을 이형 접합성으로 가질 확률은 $\frac{5}{16}$이다.
(2) $AabbDdee$와 $AabbddEe$ 사이에서 자손이 태어날 때, 나타나는 표현형은 8가지이다.
(3) $aaBbddEe$와 $AabbDDEe$ 사이에서 자손이 태어날 때, 나타나는 표현형은 12가지이다.

(1)에서 '적어도 3가지 형질'이란 조건 때문에 확률 계산이 힘들 수 있다.
확률 자체에 집중하기보단 분모인 16에 초점을 두고 추론해보자.
자가 교배이므로 연관된 염색체에서 상인/상반의 구성은 불가능하다.

우선 독립된 유전자의 경우 이형 접합성인 부모 사이에서 동형/이형 접합성이 나타날 확률은 $\frac{1}{2}$로 같다.
따라서 ㉠~㉣ 중 2개가 한 염색체에 연관되어 있고, 나머지 두 형질이 독립되어 있다면,
두 독립된 유전자에서 나올 수 있는 분모는 4가 최대이다. 나머지 연관된 유전자 두 쌍이 남은 분모 4를 채워야 한다. 그러나 상인/상인, 상반/상반 중 어떠한 경우도 분모에 4가 나타날 수 없으므로 모순이다.

즉, ㉠~㉣ 중 두 형질이 연관되어 있다면, 분모에 4가 나타날 수 없으므로 모든 Case에서 16이 나올 수 없다. 따라서 남는 경우는 세 형질이 연관되어 있거나 모두 다른 염색체에 존재하는 경우이다.

세 형질이 연관되어 있는 경우 독립된 유전자에서 $\frac{1}{2}$ 확률이 나타나므로,
분모에 8 이상이 나올 수 없기 때문에 모순이다.
따라서 ㉠~㉣를 결정하는 유전자는 모두 다른 상염색체에 존재한다.

(3)에서 12가지 가짓수가 나타나려면 부모의 중간 유전에 대한 유전자형이 모두 이형 접합성이어야 하고, 따라서 E와 e가 중간 유전을 나타냄을 알 수 있다.

ㄱ. ⓐ는 ㉣이다. (○)
ㄴ. ⓑ에서 A와 E는 서로 다른 염색체에 존재한다. (○)
ㄷ. ㉠, ㉡, ㉢의 확률이 각각 $\frac{3}{4}$, $\frac{1}{2}$, 1이고, ㉣은 확률이 $\frac{1}{2}$이므로, 전체 확률은 $\frac{3}{16}$이다. (○)

09 2019학년도 수능 11번

정답 : ㄱ, ㄴ, ㄷ

완전 우성 & 중간	복대립	다인자
㉠~㉣	X	X

[완전 우성&중간, 복대립] 유형이다.

조건을 정리하면, ㉠~㉣ 중 3가지 형질은 완전 우성 유전, 나머지 한 형질은 중간 유전이다.

(1) AaBbDdEe를 자가 교배하여 태어난 자손에게서 나타날 수 있는 표현형은 18가지이다.

(2) AABbddEe와 AaBbDDee 사이에서 자손이 태어날 때, 나타날 수 있는 표현형은 3가지이고, 유전자형이 AabbDdEe인 개체가 태어날 수 있다.

(1)에서 표현형이 18가지인 경우를 살펴보자.
18가지가 되는 경우는 $2 \times 3 \times 3$인 Case뿐이다. 따라서 두 형질을 결정하는 유전자가 하나의 염색체에 연관되어 있고, 나머지 두 형질의 유전자는 서로 다른 상염색체에 존재한다.

	연관	중간	완전 우성
가짓수	3	3	2

연관된 염색체에서 3가지 표현형이 나타나려면, 자가 교배한 부모 세대는 상반 연관의 형태여야 한다.
따라서 부모 세대 개체의 염색체 일부와 유전자형을 나타내보면 다음과 같다.
(자가 교배이므로 한 개체만 나타내었다.)

1 ‖ 0
0 ‖ 1

1 ‖ 0

1 ‖ 0

(2)에서 3가지 표현형이 나타나기 위해서 독립된 완전 우성 유전은 1가지 표현형이 나타나야 하고, 연관된 완전 우성 유전과 중간 유전의 표현형의 가짓수가 각각 1가지, 3가지 중 하나여야 한다.

	연관	중간	완전 우성
가짓수	1 or 3	1 or 3	1

독립된 완전 우성 유전에서 1가지 표현형이 나타나기 위해선
1) 부모 중 한 명이 대문자로 표시되는 유전자를 동형 접합성으로 가지거나
2) 부모 모두가 소문자로 표시되는 유전자를 동형 접합성으로 가져야 한다.
따라서 독립된 완전 우성 유전은 A와 a, D와 d 중 하나이다.

중간 유전의 표현형의 가짓수는 1가지 혹은 3가지만 나타나야 한다.
따라서 A와 a, E와 e는 중간 유전을 결정하지 않고, E와 e는 연관된 완전 우성 유전 중 하나를 결정한다.

E와 e에서 연관된 완전 우성 유전은 2가지 이상의 표현형이 나타날 수 있다.
연관된 독립 유전의 표현형 가짓수는 3, 중간 유전의 표현형 가짓수는 1이다.

	연관	중간	완전 우성
가짓수	3	1	1

중간 유전의 표현형이 1가지이므로 D와 d가 중간 유전을 결정하고,
A와 a가 독립된 완전 우성 유전을 결정함을 알 수 있다.

문제의 조건을 토대로 (2)에서 부모의 염색체 일부와 유전자형을 나타내면 다음과 같다.

〈AaBbDDee〉 / 〈AABbddEe〉

B ‖ b, e ‖ e　D ‖ D　A ‖ a / B ‖ b, e ‖ E　d ‖ d　A ‖ A

〈ⓒ의 염색체 일부와 유전자형〉

b ‖ b, e ‖ E　D ‖ d　A ‖ a

ⓑ와 ⓒ를 교배하여 자손을 얻을 때, 이 자손의 표현형이 ⓒ와 같을 확률은 $\frac{1}{2}\times\frac{1}{2}\times\frac{3}{4}=\frac{3}{16}$ 이다.

→ ㄷ 정답

ㄱ. ⓐ는 ㉢이다. (○)
ㄴ. ⓑ에서 B와 e는 연관되어 있다. (○)

10 2020학년도 6월 평가원 15번

정답 : ㄴ, ㄷ

완전 우성 & 중간	복대립	다인자
X	O	X

조건을 정리하자.

(1) 유전자형이 AD인 개체와 BD인 개체의 몸 색은 서로 같다. → D 〉 A, D 〉 B

(2) 유전자형이 AE인 개체, BB인 개체, BE인 개체는 몸 색이 각각 서로 다르다.
→ E 〉 B, A 〉 E

D > A > E > B

(3) 회색 몸 암컷과 검은색 몸 수컷의 자손에서 검은색 : 붉은색 형질이 1 : 1로 나타난다.

(4) 갈색 몸 암컷과 붉은색 몸 수컷의 자손에서 붉은색 : 회색 : 갈색 형질이 2 : 1 : 1로 나타난다.

→ **부모와 다른 표현형이 자손에서 발현되는 경우 자손의 표현형은 최우성 형질이 아니므로**
붉은색과 회색은 최우성 형질일 수 없다.

갈색이 최우성 형질이라면, 자손의 형질이 갈색일 확률이 반드시 $\frac{1}{2}$이상이므로
비율이 2 : 1 : 1일 수 없다. 따라서 갈색 형질 역시 최우성 형질이 아니다.
∴ D는 최우성 형질인 검은색이다.

자손의 표현형이 3가지 나오는 경우 부모와 다른 표현형이 최열성 형질이므로
회색은 갈색과 붉은색보다 열성 형질이다. 남은 것은 갈색과 붉은색의 우열이다.

갈색 몸 암컷과 붉은색 몸 수컷을 교배하여 나온 자손에서 붉은색 : 회색 : 갈색 형질이 2 : 1 : 1로 나타났다는 조건을 통해 AB와 EB의 교배임을 알 수 있다. 자손에서 나타날 수 있는 유전자형 AE, AB, EB, BB 중에서 A가 발현되는 AE와 AB가 붉은색 형질이 되어야 하므로 붉은색이 갈색보다 우성이다.

D	A	E	B
검	붉	갈	회

ㄱ. ㉠의 몸 색은 회색이다. (X)

ㄴ. ㉡의 유전자형은 AB이다. (○)

ㄷ. ⓐ의 유전자형은 AE or AB인데, 유전자형이 DE인 개체와 교배하여 자손(F_1)을 얻을 때 이 자손이 붉은색 몸을 가질 확률은 붉은색 수컷의 A와 검은색 암컷의 E가 수정되어 유전자형이 AE인 자손이 나올 확률이므로 $\frac{1}{2}\times\frac{1}{2}=\frac{1}{4}$이다. (○)

11 2020학년도 9월 평가원 14번

정답 : $\frac{1}{4}$

완전 우성 & 중간	복대립	다인자
㉡	X	㉠

[완전 우성, 중간 With 다인자, 연관] 유형이다.

조건을 정리하면, ㉠은 3쌍의 대립유전자 A와 a, B와 b, D와 d에 의해 결정되고,
㉡은 한 쌍의 대립유전자 E와 e에 의해 결정되는 완전 우성 유전이다.

(1) AaBbDdEe 사이에서 자손 ⓐ가 태어날 때, ⓐ에게서 나타날 수 있는 표현형은 최대 11가지이다.
(2) ⓐ는 유전자형으로 aabbddee를 가질 수 있다.

(1)에서 표현형이 11가지가 나오려면, E와 e는 ㉠을 결정하는 유전자 중 적어도 하나와는 연관되어 있어야 한다. 가능한 연관의 Case를 나열해보자.

1) 4 연관
2) 3 연관 1 독립
3) 2 연관 X2
4) 2 연관 2 독립

1)에선 11가지 표현형이 나타날 수 없으므로 불가능.

2)에서 (2)를 바탕으로 부모의 염색체 일부를 나타내면 다음과 같다.

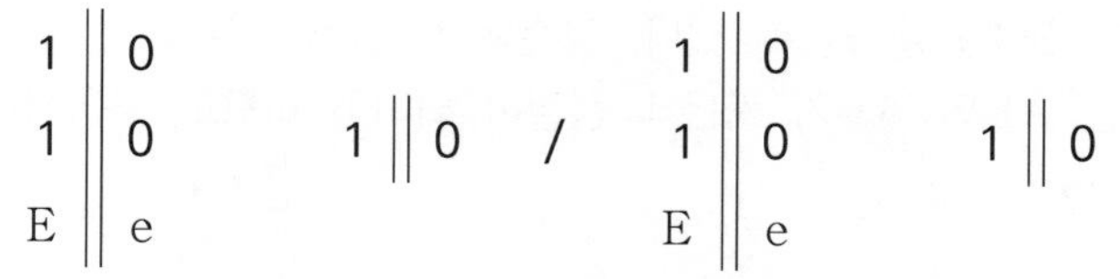

1 ‖ 0
1 ‖ 0 1 ‖ 0 / 1 ‖ 0
E ‖ e

1 ‖ 0
1 ‖ 0 1 ‖ 0
E ‖ e

이때 자손의 표현형 가짓수는 E일 때 5가지, ee일 때 3가지 총 8가지이므로 불가능.

3) 역시 (2)를 바탕으로 부모의 염색체 일부를 나타내면 다음과 같다.

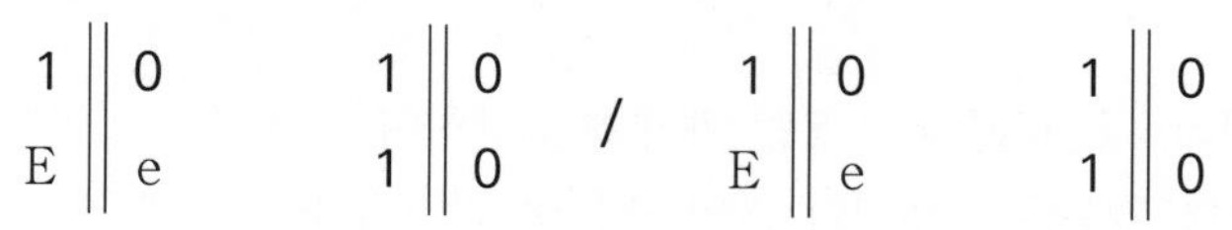

1 ‖ 0 1 ‖ 0 / 1 ‖ 0 1 ‖ 0
E ‖ e 1 ‖ 0 / E ‖ e 1 ‖ 0

이때 자손의 표현형 가짓수는 E일 때 6가지, ee일 때 3가지 총 9가지이므로 불가능.

4)에서 부모의 염색체 일부를 나타내면 다음과 같다.

$$\begin{array}{c|c} 1 & 0 \\ E & e \end{array} \quad 1 \| 0 \quad 1 \| 0 \quad / \quad \begin{array}{c|c} 1 & 0 \\ E & e \end{array} \quad 1 \| 0 \quad 1 \| 0$$

이때 자손의 표현형 가짓수는 E일 때 6가지, ee일 때 5가지 총 11가지이므로 조건 만족.

ⓐ의 표현형이 부모와 모두 같기 위해선 대문자로 표시되는 대립유전자 3개와 E를 가져야 한다.

ⓐ의 ㉡에 대한 유전자형이 EE인 경우 확률은 $\frac{1}{4} \times \frac{1}{4} = \frac{1}{16}$이고,

ⓐ의 ㉡에 대한 유전자형이 Ee인 경우 확률은 $\frac{1}{2} \times \left(\frac{1}{8} + \frac{1}{4}\right) = \frac{3}{16}$이다.

따라서 ⓐ의 표현형이 부모와 모두 같을 확률은 $\frac{1}{4}$이다.

12 2020학년도 9월 평가원 17번

정답 : ㄴ, ㄷ

완전 우성 & 중간	복대립	다인자
㉠, ㉡	㉢	X

조건을 정리하면, ㉠은 완전 우성 유전, ㉡은 중간 유전, ㉢은 복대립 유전이다.

(1) DD와 DE의 표현형은 같고, EF와 FF의 표현형이 같고, ㉢의 표현형은 4가지가 존재한다.

(2) AA*BB*DE와 AA*BB*EF인 부모 사이에서 ⓐ가 태어날 때,

ⓐ에서 ㉠~㉢의 유전자형이 모두 이형 접합성일 확률은 $\frac{3}{16}$이다.

(1)에서 DE가 D를 나타내므로 D 〉 E이고, EF 역시 F를 나타내므로 F 〉 E이다.
또한 ㉢의 대립유전자는 3가지인데, 표현형이 4가지이므로 공동 우성 유전임을 알 수 있다.

따라서 ㉢의 우열 관계를 Data Table로 작성하면 다음과 같다.

D = F > E

(2)에서 가능한 Case는 크게 5가지이다.

Case	연관 여부	
1	3 연관	
2	2 연관 1 독립	㉠, ㉡ 연관
3		㉡, ㉢ 연관
4		㉠, ㉢ 연관
5	3 독립	

Case 1. 3 연관의 경우 분모가 16이 나타날 수 없으므로 불가능.
Case 2. 연관된 ㉠, ㉡은 상인/상반 여부와 상관없이 분모가 2인데, ㉢에서 분모가 8일 수 없으므로 불가능.
Case 3. ㉠에서 분모가 2인데 연관된 염색체에서 분모가 8일 수 없으므로 불가능.
Case 4. ㉡에서 분모가 2인데 연관된 염색체에서 분모가 8일 수 없으므로 불가능.

따라서 ㉠~㉢는 모두 다른 상염색체에 존재한다.

ㄱ. D = F > E이므로 유전자형이 DE인 사람과 DF인 사람의 ㉢에 대한 표현형은 다르다. (X)
ㄴ. ㉠의 유전자와 ㉡의 유전자는 서로 다른 염색체에 존재한다. (○)
ㄷ. ⓐ에게서 나타날 수 있는 ㉠~㉢의 표현형은 최대 24가지이다. (○)

13 2020학년도 수능 12번

정답 : $\frac{5}{8}$

완전 우성 & 중간	복대립	다인자
(가), (나), (다)	X	X

조건을 정리하면, (가)~(다) 중 2가지 형질은 완전 우성 유전, 나머지 한가지 형질은 중간 유전이다.
(가)~(다)를 결정하는 유전자는 모두 상염색체에 있다.
(1) AaBbDd과 AaBBdd사이에서 ⓐ가 태어날 때, ⓐ에게서 나타날 수 있는 표현형은 최대 8가지이다.

(1)에서 8가지 표현형이 나타나려면,
1) (가)~(다)가 모두 다른 상염색체에 존재하거나,
2) 두 형질이 연관되어 4개의 표현형이 나타나고, 다른 독립된 형질에서 2개의 표현형이 나타나야 한다.

2)를 먼저 살펴보자.
(나)가 완전 우성 유전이라면, 연관 여부와 관계 없이 표현형이 1가지로 고정된다.
따라서 (나)가 중간 유전이다.

연관된 염색체에서 표현형이 4가지이기 위해선 (가)가 연관되어 있어서는 안된다.
(가)의 유전자형이 aa일 때 연관된 염색체의 다른 대립유전자도 유전자형이 고정되기 때문에
표현형이 4가지가 나타나지 않기 때문이다.
(나)와 (다)가 연관되어 있어도 부모 중 한 명의 유전자형이 BBdd이기에 4가지가 나타나지 않는다.

따라서 (가)~(다)는 모두 다른 상염색체에 존재한다.

ⓐ의 표현형이 ㉠과 같거나 다를 확률을 표로 나타내면 다음과 같다.

	(가)	(나)	(다)
같을 확률	$\frac{3}{4}$	$\frac{1}{2}$	$\frac{1}{2}$
다를 확률	$\frac{1}{4}$	$\frac{1}{2}$	$\frac{1}{2}$

ⓐ의 2가지 형질에 대한 표현형이 ㉠과 같을 확률을 구해보면
$\frac{3}{4}\times\frac{1}{2}\times\frac{1}{2}\times2+\frac{1}{4}\times\frac{1}{2}\times\frac{1}{2}=\frac{7}{16}$이고,

3가지 형질에 대한 표현형이 모두 같을 확률을 구하면 $\frac{3}{4}\times\frac{1}{2}\times\frac{1}{2}=\frac{3}{16}$이므로

적어도 2가지 형질에 대한 표현형이 같을 확률은 $\frac{5}{8}$이다.

14 2021학년도 6월 평가원 14번

정답 : 7

완전 우성 & 중간	복대립	다인자
㉠	X	㉡

[완전 우성, 중간 With 다인자, 연관] 유형이다.

조건을 정리하면, ㉠은 중간 유전이고, ㉡ 일부와 연관 되어 있다.

부모의 염색체 일부와 ㉠, ㉡에 대한 유전자형을 나타내면 다음과 같다.

$$\begin{array}{c|c} A & a \\ b & B \end{array} \quad \begin{array}{c|c} D & d \\ E & e \end{array} \;/\; \begin{array}{c|c} A & a \\ B & b \end{array} \quad \begin{array}{c|c} D & d \\ e & E \end{array}$$

가독성과 효율성을 위해 중간 유전인 ㉠의 Case를 먼저 구분해주자.

①. 유전자형이 AA인 경우
표현형의 가짓수는 오롯이 D, E를 가지는 염색체에 의해서만 결정된다.
따라서 이 경우 나올 수 있는 표현형의 가짓수는 2가지이다.

②. 유전자형이 Aa인 경우
유전자형이 $AaBB$와 $Aabb$로 나타날 수 있다.
따라서 B와 b로부터 나타날 수 있는 대문자 수는 (2, 0)이고,
D와 d, E와 e로부터 나타날 수 있는 대문자 수는 (3, 1)이므로
가능한 ㉡의 대문자로 표시되는 대립유전자 수의 가짓수는 (5, 3, 1)로 3가지이다.

③. 유전자형이 aa인 경우
표현형의 가짓수는 오롯이 D, E를 가지는 염색체에 의해서만 결정된다.
따라서 이 경우 나올 수 있는 표현형의 가짓수는 2가지이다.

따라서 P와 Q사이에서 태어난 아이의 전체 표현형의 최대 가짓수는 $2+3+2=7$가지이다.

15 2022학년도 수능 16번

정답 : ㄱ, ㄷ

완전 우성 & 중간	복대립	다인자
㉠, ㉡	㉢	X

[완전 우성&중간, 복대립] 유형이다. 다만, ㉠, ㉡의 완전 우성/중간 여부는 제시되지 않았다.

조건을 정리하면, ㉠, ㉡은 각각 A와 a, B와 b에 의해 결정되고 완전 우성 유전 or 중간 유전이다.
㉢은 공동 우성 유전이고, 우열 관계는 $E = F > D$이다.
(1) 여자 P와 남자 Q의 ㉠~㉢의 표현형은 같으며, 여자 P의 ㉠~㉢에 대한 유전자 구성은 다음과 같다.

A || a　　　B || b
D || F

(2) P와 Q 사이에서 ⓐ가 태어날 때, ⓐ의 ㉠~㉢의 표현형 중 한 가지만 부모와 같을 확률은 $\frac{3}{8}$이다.
문제 조건을 통해 알아내야 하는 것은 ㉠, ㉡의 완전 우성/중간 여부와 남자 Q의 유전자형이다.
연관되어 있는 ㉠에 비해 확률 계산이 수월한 ㉡을 먼저 찾아보자.

①. ㉡에 대한 남자 Q의 유전자형 찾기

남자 Q의 표현형이 P와 같기 위해서는 ㉡의 완전 우성/중간 여부와 상관없이 B를 하나 이상 가져야 한다.
남자 Q의 ㉡의 유전자형이 BB라면 ⓐ는 항상 B를 가지므로 부모와 ㉡에 대한 표현형이 항상 같다.
따라서 조건에 따르면 ㉠과 ㉢의 표현형이 부모와 다를 확률이 $\frac{3}{8}$이어야 한다.
이때, 한 염색체에 연관된 두 형질의 확률은 분모가 4보다 클 수 없으므로 모순이다.
∴ 남자 Q의 ㉡의 유전자형은 Bb이다.

②. ㉢에 대한 남자 Q의 유전자형 찾기

남자 Q의 표현형이 P와 같기 위해서는 ㉢의 유전자형이 FF이거나 DF이어야 한다.
남자 Q의 ㉢의 유전자형이 FF라면, ⓐ는 반드시 F를 하나 이상 가지게 되어
㉢의 표현형이 부모와 항상 같다.
이 경우, ㉠과 ㉡의 표현형이 부모와 다를 확률$= \frac{3}{8}$을 만족해야 하는데,
남자 Q의 ㉡의 유전자형이 Bb로 결정되었기 때문에 ⓐ에서 ㉡의 표현형이 부모와 다를 확률은 ㉡이 중간 유전일 경우 $\frac{1}{2}$, 우열 관계가 명확할 경우 $\frac{1}{4}$이다. ㉡이 중간 유전일 경우 ㉠의 표현형이 부모와 다를 확률은 $\frac{3}{4}$이 되어야 하는데, 이것은 남자 Q의 ㉢의 유전자형에 관계없이 나올 수 없는 확률이다. ㉡의 우열 관계가 명확할 경우 ㉠의 표현형이 부모와 다를 확률은 $\frac{3}{2}$이 되어 확률이 1을 넘어가기 때문에 모순이 발생한다.

∴ 남자 Q의 ⓒ의 유전자형은 DF이다.

③. ⓛ의 완전 우성/중간 여부 찾기

귀류를 통해 ⓛ의 완전 우성/중간 여부를 판별하자.

if) ⓛ이 완전 우성 유전

ⓛ이 완전 우성 유전이라면 ⓐ의 ⓛ에 대한 표현형이 부모와 같을 확률은 $\frac{3}{4}$이고,

다를 확률은 $\frac{1}{4}$이다.

$\frac{3}{4}\times$(㉠과 ⓒ이 모두 다를 확률) $+$ $\frac{1}{4}\times$(㉠과 ⓒ 중 하나만 같을 확률)$=\frac{3}{8}$을 만족해야 한다.

(㉠과 ⓒ이 모두 다를 확률)과 (㉠과 ⓒ 중 하나만 같을 확률)의 합은 1 이하이고,

각각은 $0, \frac{1}{4}, \frac{2}{4}, \frac{3}{4}, 1$ 중 하나이다. 이를 모두 만족하는 경우는 ($\frac{1}{4}$, $\frac{3}{4}$)과 ($\frac{2}{4}$, 0) 뿐이다.

여기서 남자 Q의 ㉠의 유전자형에 대해서 귀류를 한 번 더 들어가자.

남자 Q의 표현형이 P와 같기 위해서는 ㉠의 완전 우성/중간 여부와 상관없이 A를 하나 이상 가져야 한다.

if) ⓛ이 완전 우성 유전 + 남자 Q의 ㉠의 유전자형이 AA

남자 Q의 ㉠의 유전자형이 AA라고 가정하자.

ⓛ을 완전 우성 유전이라고 가정한 상태에서 (㉠과 ⓒ이 모두 다를 확률)은 $\frac{1}{4}$ or $\frac{2}{4}$이다.

㉠이 완전 우성 유전이라면 ⓐ는 ㉠에 대해서 반드시 A를 하나 이상 가지기 때문에

(㉠과 ⓒ이 모두 다를 확률)이 0이 된다.

따라서 지금의 Case에서 ㉠은 중간 유전이 되어야 한다.

그렇다면 문제 조건에 따라 남자 Q의 ㉠의 유전자형은 Aa가 되어야 하기 때문에

남자 Q의 ㉠의 유전자형을 AA라고 가정한 것에 모순이 발생한다.

if) ⓛ이 완전 우성 유전 + 남자 Q의 ㉠의 유전자형이 Aa

남자 Q의 ㉠의 유전자형이 Aa라고 가정하자.

이 Case에 대해서 남자 Q의 ㉠~ⓒ에 대한 유전자 구성은 다음 두 가지 중 하나로 결정된다.

$\begin{matrix} A \\ D \end{matrix} \Big\| \begin{matrix} a \\ F \end{matrix}$ $\quad B \| b \quad$ or $\quad \begin{matrix} a \\ D \end{matrix} \Big\| \begin{matrix} A \\ F \end{matrix}$ $\quad B \| b$

㉠이 완전 우성 유전이라면 ⓐ는 ㉠, ⓒ에 대해서 반드시 A와 F를 하나 이상 가지기 때문에

(㉠과 ⓒ이 모두 다를 확률)이 0이 된다.

따라서 지금의 Case에서 ㉠은 중간 유전이 되어야 한다.

남자 Q의 ㉠~㉢에 대한 유전자 구성이 후자에 해당한다면,
(㉠과 ㉢이 모두 다를 확률)이 0이 된다.

남자 Q의 ㉠~㉢에 대한 유전자 구성이 전자에 해당한다면,

(㉠과 ㉢이 모두 다를 확률)은 $\frac{1}{4}$이 되기 때문에,

(㉠과 ㉢ 중 하나만 같을 확률)이 $\frac{3}{4}$을 만족하는지를 확인해야 한다.

그러나, (㉠이 같고 ㉢이 다를 확률) + (㉠이 다르고 ㉢이 같을 확률)=$0+\frac{1}{4}=\frac{1}{4}$이 되어

($\frac{1}{4}$, $\frac{3}{4}$)을 만족시키지 못한다.

즉, ㉡이 완전 우성 유전이라고 가정한 것 자체가 틀린 것이다.
∴ ㉡은 중간 유전이다.

④. ㉠의 완전 우성/중간 여부 찾기

㉡이 중간 유전이기 때문에, ⓐ의 ㉡에 대한 표현형이 부모와 같을 확률과 다를 확률이 모두 $\frac{1}{2}$이다.

$\frac{1}{2}\times$(㉠과 ㉢이 모두 다를 확률) + $\frac{1}{2}\times$(㉠과 ㉢ 중 하나만 같을 확률)$=\frac{3}{8}$을 만족해야 한다.

(㉠과 ㉢이 모두 다를 확률) + (㉠과 ㉢ 중 하나만 같을 확률)$=\frac{3}{4}$이 되는데,

이럴 경우 (㉠과 ㉢이 모두 같을 확률)$=\frac{1}{4}$이 되어야 한다.

우선, 지금까지의 추론을 바탕으로 가능한 ⓐ의 ㉠, ㉢에 대한 유전자 구성은 다음 네 가지이다.

	‖	a	or	A	‖		or		‖	a	or	A	‖	
F	‖	F		D	‖	F		D	‖	F		D	‖	D

귀류를 통해 ㉠의 완전 우성/중간 여부를 판별하자.
if) ㉠이 완전 우성 유전
㉠이 완전 우성 유전이라면,
(㉠과 ㉢이 모두 다를 확률)에 해당하는 ⓐ의 ㉠, ㉢에 대한 유전자 구성은 다음과 같아야 한다.

a	‖	a
D	‖	D

그러나, 이와 같은 구성은 앞서 정리한 네 가지에 포함되지 않으므로 불가능하다.
그리고 (㉠과 ㉢ 중 하나만 같을 확률)에 해당하는 ⓐ의 ㉠, ㉢에 대한 유전자 구성은 다음과 같아야 한다.

$$\begin{array}{c|c} a & a \\ F & F \end{array} \quad \text{or} \quad \begin{array}{c|c} a & a \\ D & F \end{array}$$

(㉠과 ㉢이 모두 다를 확률)$=0$이므로 (㉠과 ㉢ 중 하나만 같을 확률)$=\frac{3}{4}$이 되어야 하는데,

조건을 만족하는 범위 안에서 가능한 남자 Q의 ㉠의 유전자형과 ㉠, ㉢에 대한 유전자 구성에 대해서는 (㉠과 ㉢ 중 하나만 같을 확률)$=\frac{3}{4}$을 만족시킬 수 없다.

∴ ㉠은 중간 유전이다.

㉠과 ㉡이 중간 유전인 것을 확인했고, (㉠과 ㉢이 모두 같을 확률)$=\frac{1}{4}$을 만족하는

남자 Q의 ㉠~㉢에 대한 유전자 구성은 다음과 같다.

$$\begin{array}{c|c} a & A \\ D & F \end{array} \qquad \begin{array}{c|c} B & b \end{array}$$

ㄱ. ㉡은 중간 유전이기 때문에 유전자형이 다르면 표현형도 다르다. (○)

ㄴ. Q에서 A, B, D를 모두 갖는 정자는 형성될 수 없다. (X)

ㄷ. ⓐ의 ㉠과 ㉢이 함께 있는 염색체에서 나타날 수 있는 표현형의 가짓수는 4가지이고, ㉡의 표현형의 가짓수는 3가지이다. 따라서 ⓐ에게서 나타날 수 있는 표현형은 최대 12가지이다. (○)

16 2023학년도 6월 15번

정답 : ㄴ, ㄷ

완전 우성 & 중간	복대립	다인자
(가)~(다)	X	X

[완전 우성&중간, 복대립] 유형이다.

문제 조건을 먼저 정리하자.
(가)~(다)는 모두 상&열성 형질로, 독립으로 제시되었다.
(가)와 (나) 중 한 형질에 대해서만 P와 Q의 유전자형이 서로 같다 하고,
자녀 II와 III은 (가)~(다)의 표현형이 모두 같다.

표에 제시된 정보를 토대로 P의 유전자형은 ??bbdd, Q는 ????DD임을 알 수 있다.
이를 통해 자녀 1~3은 모두 유전자형이 ??b?Dd 형태임을 알 수 있다.
자녀 I~III 각각의 A+B는 순서대로 0, 2, 1인 것으로 해석된다.

자녀 I의 유전자형은 aabbDd로 확정지을 수 있고,
이에 따라 P와 Q는 모두 a, b를 적어도 한 개씩은 가진다는 것을 알 수 있다.

자녀 III이 A와 B 중 B를 갖는다면 유전자형은 aaBbDd가 될 것이다.
이때 조건에 따라 자녀 II와 III의 표현형이 같으려면 자녀 III의 유전자형이 aaBBDd가 되는데,
이 경우 자녀 III의 b를 가지지 않아 모순이 발생한다.
따라서 자녀 III은 A를 갖는다.

자녀 III의 유전자형은 AabbDd가 되고, 조건에 맞추어 자녀 II의 유전자형은 AAbbDd가 된다.
자녀 II에서 (가) 형질의 유전자형이 AA이므로, P와 Q는 모두 A를 가지게 된다.
P와 Q에서 (가) 형질의 유전자형은 Aa로 동일하다.

P의 유전자형은 Aabbdd가 되고, 조건에 맞추어 Q의 유전자형은 AaBbDD가 된다.

ㄱ. P와 Q는 (나)의 유전자형이 서로 다르다. (X)
ㄴ. II의 (가)~(다)에 대한 유전자형은 AAbbDd이다. (○)
ㄷ. III의 동생이 태어날 때,
이 아이의 (가)~(다)의 표현형이 모두 III과 같을 확률은 $\frac{3}{4}\times\frac{1}{2}\times1=\frac{3}{8}$이다. (○)

17 2023학년도 9월 17번

정답 : $\frac{1}{16}$

완전 우성 & 중간	복대립	다인자
㉡, ㉢	㉠	X

[완전 우성&중간, 복대립] 유형이다.

문제 조건부터 정리하자.
㉠~㉢의 유전자는 서로 다른 3개의 상염색체에 있다.
㉠은 복대립 유전, ㉡은 중간 유전, ㉢은 완전 우성 유전이다.
남자 P와 여자 Q 사이에서 ⓐ가 태어날 때, ⓐ에게서 나타날 수 있는 ㉠~㉢의 표현형은 최대 12가지이다. P와 Q는 각각 I~IV 중 하나이다.

㉠의 우열 관계부터 정리하자.
대립유전자가 A, B, D로 제시되었고, 우열 관계는 $A = B > D$인 것으로 판단할 수 있다.

ⓐ에게서 나타날 수 있는 ㉠~㉢의 표현형이 최대 12가지인 것으로 제시되었는데,
㉠~㉢이 독립으로 제시되었으므로 12라는 숫자는 4X3X1 또는 3X2X2로 해석할 수 있다.

만약 4X3X1일 경우, ㉠~㉢ 중 한 가지 형질에서 4가지 표현형이 나올 수 있어야 한다.
4라는 경우의 수는 ㉠에서 부모의 유전자형이 각각 AD, BD인 상황에서만 가능하다.
따라서 부모 중 한 명이 ㉠의 유전자형이 AD인 II가 되는데, II에서 형성되는 생식세포가 _E*F 형식으로 고정되기 때문에 ⓐ에서 ㉡, ㉢ 중 그 무엇도 3가지의 표현형을 발현시킬 수 없다.

따라서 3X2X2로 ㉠~㉢을 배치해야 한다.
II와 III에서 ㉢의 유전자형이 모두 FF이므로 P와 Q가 II, III일 경우,
ⓐ에게서 나타날 수 있는 ㉠~㉢의 표현형이 최대 12가지가 될 수 없다.
따라서 P와 Q는 I과 IV 중 하나가 된다.

ⓐ의 표현형이 I과 같으려면 ㉠의 유전자형은 AB이어야 하고,
㉡의 유전자형은 EE이어야 하며, ㉢의 유전자형은 F_이어야 한다.
각 형질은 독립이므로 식은 $\frac{1}{4} \times \frac{1}{2} \times \frac{1}{2} = \frac{1}{16}$로 작성할 수 있다.

18 2023학년도 수능 9번

정답 : $\frac{3}{4}$

완전 우성 & 중간	복대립	다인자
(가)~(라)	X	X

[완전 우성&중간, 복대립] 유형이다.
(가)~(다)의 유전자는 하나의 상염색체 위에 있고, (리)의 유전자는 이와 독립된 상염색체 위에 있다.

(가)~(라)의 표현형이 모두 우성인 부모이므로 부모는 적어도 A, B, D, E를 한 개 이상씩 갖는다. 두 개의 염색체 위에 있으므로 $\frac{3}{16}=\frac{1}{4}\times\frac{3}{4}$로 분할 가능하며, 부모와 표현형이 같을 확률은 표현형이 전부 우성일 확률과 같다.

독립된 염색체에 있는 한 형질에 대하여 표현형이 우성인 부모 사이에서 우성 형질을 가지는 자손이 태어날 확률은 $\frac{1}{2}$보다 작을 수 없으므로, 부모가 모두 Ee가 되어 (라)의 유전자가 있는 염색체에서 $\frac{3}{4}$을 충족해야 한다.

ⓐ의 (가), (나), (다) 형질이 모두 우성일 확률이 $\frac{1}{4}$이므로 적어도 1가지 형질에서 열성 표현형이 나올 확률이 $\frac{3}{4}$이다.

부모의 좌우 염색체를 이용하여 만들 수 있는 4개의 염색체 조합 중 3개에서 열성 표현형이 등장하려면 부모의 그 어떤 형질에도 우성 동형 접합 유전자형이 존재할 수 없다. 부모는 모두 AaBbDd이다.

아버지와 어머니의 좌우 염색체에 배치되는 유전자를 각각 _ _ x _ _ 라고 표현할 때, 우열x우열, 우열x열우, 열우x우열, 열우x열우의 조합 중에 서로 다른 3종류를 선택하여 (가),(나),(다) 형질의 유전자형을 구성해야 ⓐ의 (가), (나), (다) 표현형이 모두 우성일 확률이 $\frac{1}{4}$이다.

어떤 식으로 3종류를 선택하든 간에 연관된 염색체에서 이형접합이 1개, 2개 나올 확률이 각각 $\frac{1}{2}$로 동일하다.

독립된 염색체에서는 이형접합이 1개, 0개 나올 확률이 $\frac{1}{2}$로 동일하므로,

ⓐ가 (가)~(라) 중 적어도 2가지 형질의 유전자형을 이형접합성으로 가질 확률은

$\frac{1}{2}\times\frac{1}{2}+\frac{1}{2}\times(\frac{1}{2}+\frac{1}{2})=\frac{3}{4}$이다.

19 2023년 3월 교육청 13번

정답 : ㄱ, ㄷ

조건을 정리하자.

(1) 유전 형질 (가)는 상염색체 상에 존재하는 A, B, D에 의해서 총 4가지의 표현형으로 결정된다.
(2) AA와 AB인 사람의 표현형이 다르다.
(3) AD와 DD인 사람의 표현형이 다르다.

문제에서 요구하는 4가지의 표현형이 나오기 위해서는 A, B, D 사이의 관계가 완전 우성 유전과 중간 유전이 동시에 존재해야 하는 공동 우성 복대립이어야 한다.

(2)에서 AA와 AB인 사람의 표현형이 다르다는 것은 다음과 같이 두 가지 경우로 나뉠 수 있다.

Case 1. $A=B$, A와 B가 중간 유전인 경우
Case 2. $A>B$, A가 B에 대해서 완전 우성인 경우

(3)에서 AD와 DD인 사람의 표현형이 다르다는 것은 다음과 같이 두 가지 경우로 나뉠 수 있다.

Case 3. $A=D$, A와 D가 중간 유전인 경우
Case 4. $A>D$, A가 D에 대해서 완전 우성인 경우

공동 우성 복대립에 근거하여 가능한 Case를 다시 정리하면 아래와 같다.

Case	우열 관계
Ⅰ	$A=B>D$
Ⅱ	$A=D>B$

Case Ⅰ. $A=B>D$의 경우에 유전자형이 AB인 아버지와 BD인 어머니 사이에서 표현형이 어머니와 같기 위해서는 아버지에게서 A를 받지 않으면 되는데, 그 확률이 $\frac{1}{2}$ 이므로 조건을 만족하지 못한다.

Case Ⅱ. $A=D>B$의 경우에 유전자형이 AB인 아버지와 BD인 어머니 사이에서 표현형이 아버지 어머니 각각과 같을 확률은 $\frac{1}{4}$로 조건을 만족한다.

따라서 유전 형질 (가)의 우열 관계는 Case Ⅱ로 확정된다.

이를 바탕으로 유전자형이 BD인 아버지와 AD인 어머니 사이에서 나타날 수 있는 ㉡의 표현형은 다음과 같다.

㉡ 표현형	㉡ 유전자형
A_	AB
D_	DD,BD
AD	AD

따라서 ⓐ는 3이다.

ㄱ. (가)는 복대립 유전 형질이다. (○)
ㄴ. A는 D에 대해서 중간 유전이다. (X)
ㄷ. ⓐ는 3이다. (○)

20 2023년 7월 교육청 10번

정답 : ㄱ, ㄴ

조건을 정리하자.

(가)는 다인자 유전, 독립으로 제시되었다.
(나)는 완전 우성 유전으로, (가)와 독립으로 제시되었다.

어머니와 자녀 1은 (가)와 (나)의 표현형이 모두 같다.
아버지와 자녀 2는 (가)와 (나)의 표현형이 모두 같다.
자녀 2의 유전자형은 AaBBDd이다.

표를 토대로 알 수 있는 정보는 다음과 같다.

(1) ㉠~㉥의 대립 유전자 쌍을 다음과 같이 알 수 있다.
㉠~㉥은 모두 상염색체에 존재하는 대립유전자이기 때문에 아버지의 자료를 통해 ㉢과 ㉥이 대립유전자 쌍을 이룸을 알 수 있다. 다음으로 어머니의 자료를 통해서 ㉡과 ㉤이 대립유전자 쌍을 이룸을 알 수 있고, 자동으로 나머지 ㉠과 ㉣이 대립유전자 쌍을 이룬다.

(2) 자녀 1의 유전자형은 AaBbDd이다.

(3) 아버지와 어머니의 표현형을 알 수 있다.
여기서 어머니는 (가)에서 대문자로 표시되는 대립 유전자 2개와 대립 유전자 D를 갖으며, 아버지는 (가)에서 대문자로 표시되는 대립 유전자 3개와 대립 유전자 D를 갖는다.
따라서 대립 유전자 D는 아버지와 어머니에게 동시에 존재하므로 D로 가능한 대립 유전자는 ㉤과 ㉥이 있다.

귀류를 통해서 대립 유전자 D의 위치를 확정하자.

if) 대립 유전자 D가 ㉥에 위치

대립 유전자 D가 ㉥에 위치한다면,

(1)에 의해서 대립 유전자 d는 ㉢에 위치하게 된다.
(3)에 의해서 어머니는 대문자를 2개 가져야 하는데,
표에 제시된 정보를 고려하면 어머니는 ㉡ 또는 ㉤에서 대문자 유전자 하나를 무조건 갖는데,
나머지 ㉠ 또는 ㉣ 쌍에서 1개를 받을 수 없으므로 어떤 경우에라도 어머니는 대문자 유전자를 2개를 가질 수 없다.

그러므로, 이와 같은 경우에는 어머니의 표현형이 자녀 1과 같을 수 없으므로 불가능하다.

구성원	DNA 상대량					
	㉠	㉡	d	㉣	㉤	D
아버지	2	0	1	0	2	1
어머니	0	1	0	2	1	2
자녀 1	1	1	1	1	1	1

따라서 대립 유전자 D가 ㉤에 위치해야 함을 알 수 있다.

(3)에 의해서 아버지의 (가)의 대문자 유전자 개수와 어머니의 (가)의 대문자 유전자 개수를 맞추어 준다면 ㉠과 ㉥에 대문자 유전자형이 존재한다.

또, 문제 조건에서 제시된 자녀 2의 유전자형에 의하면 아버지와 어머니는 자녀에게 대립 유전자 B를 줄 수 있으므로, 아버지와 어머니가 공통으로 갖는 유전자인 ㉥이 B가 되어야 한다.

이를 바탕으로 문제에서 주어진 표를 확정지으면 다음과 같다.

구성원	DNA 상대량					
	A	d	b	a	D	B
아버지	2	0	1	0	2	1
어머니	0	1	0	2	1	2
자녀 1	1	1	1	1	1	1

ㄱ. ㉠은 A이다. (○)
ㄴ. (나)의 대립 유전자는 ㉡과 ㉤이다. (○)
ㄷ. 자녀 2의 동생이 태어나는 경우에,
이 아이의 (가)와 (나)의 표현형이 모두 어머니와 같을 확률은 $\frac{1}{2}$ 이다. (X)

21 2024학년도 6월 평가원 19번

정답 : $\frac{1}{8}$

완전 우성 & 중간	복대립	다인자
(나)	X	(가)

조건을 정리하면, (가)는 3쌍의 대립유전자 A와 a, B와 b, D와 d에 의해 결정되고,
(나)는 한 쌍의 대립 유전자 E, e에 의해 결정되는 중간 유전이다.

(1) P와 Q 사이에서 태어날 수 있는 (가)와 (나)의 표현형은 최대 15가지이다.
(2) 유전자형이 AaBbDdEe인 P와 Q의 (가)의 표현형이 같다.

(1)에서 15가지 표현형이 나타나려면,
(가)에서 5가지, (나)에서 3가지 표현형이 나와야 최대 표현형이 15가지가 된다.

자손에서 나타날 수 있는 (가)의 표현형이 5가지이기에 부모 P와 Q에서 이형 접합의 개수는 4개다.
P가 이형 접합을 3개 가지므로, Q는 이형 접합을 1개 갖는다.
(2)에 의해서 Q는 3개의 대문자를 가지므로,
Q의 유전자형은 임의로 XXYyzz로 놓을 수 있다.

(나)에서 3가지 표현형이 나오기 위한 Case는 Ee × Ee 이다.

따라서 ⓐ가 가질 수 있는 표현형에 대한 확률을 나타내면 다음과 같다.

(나) 표현형	(가) 표현형				
	1 ($\frac{{}_4C_0}{2^4}$)	2 ($\frac{{}_4C_1}{2^4}$)	3 ($\frac{{}_4C_2}{2^4}$)	4 ($\frac{{}_4C_3}{2^4}$)	5 ($\frac{{}_4C_4}{2^4}$)
EE ($\frac{1}{4}$)	$\frac{1}{16}\times\frac{1}{4}$	$\frac{1}{4}\times\frac{1}{4}$	$\frac{3}{8}\times\frac{1}{4}$	$\frac{1}{4}\times\frac{1}{4}$	$\frac{1}{16}\times\frac{1}{4}$
Ee ($\frac{1}{2}$)	$\frac{1}{16}\times\frac{1}{2}$	$\frac{1}{4}\times\frac{1}{2}$	$\frac{3}{8}\times\frac{1}{2}$	$\frac{1}{4}\times\frac{1}{2}$	$\frac{1}{16}\times\frac{1}{2}$
ee ($\frac{1}{4}$)	$\frac{1}{16}\times\frac{1}{4}$	$\frac{1}{4}\times\frac{1}{4}$	$\frac{3}{8}\times\frac{1}{4}$	$\frac{1}{4}\times\frac{1}{4}$	$\frac{1}{16}\times\frac{1}{4}$

유전자형이 AabbDdEe인 사람과 ⓐ의 표현형이 같을 확률은 $\frac{1}{8}$이다.

22 2024학년도 9월 평가원 13번

정답 : $\frac{1}{8}$

완전 우성 & 중간	복대립	다인자
(가), (나)	(다)	X

조건을 정리하면, 서로 다른 2개의 상염색체에 완전 우성 유전인 (가), 중간 유전인 (나), 복대립 유전인 (다)가 존재하고, 각각의 우열 관계를 표로 정리하면 다음과 같다.

유전 형질	우열 관계
(가)	$A > a$
(나)	$B = b$
(다)	$D > E > F$

(1) $AaBb \times AaBB$ 에서 나타날 수 있는 (가), (나)의 표현형은 최대 3가지이며, 이때 가능한 유전자형 중 $AABBFF$ 가 존재한다.

(2) ⓐ가 표현형이 Q와 같을 확률이 $\frac{1}{8}$이다.

(1)에서 유전 형질 (가)와 (나)가 독립이라면 표현형이 3가지일 수 없으므로 (가)와 (나)는 동일한 염색체에 존재하고, (다)가 독립으로 존재한다.

① (가)와 (나)의 유전자 구성 파악

$AaBb \times AaBB$ 에서 가능한 연관 Case는 다음과 같다.

Case 1.

A ‖ a / A ‖ a
b ‖ B / B ‖ B

가능한 표현형은 $A\_$ 인 경우가 2가지, aa가 1가지로 3가지다.
하지만 해당 Case에서 자녀의 유전자형이 $AABB$은 불가능하다.

Case 2.

A ‖ a / A ‖ a
B ‖ b / B ‖ B

가능한 표현형은 $\mathrm{A\_}$ 인 경우가 2가지, aa가 1가지로 3가지다.
해당 Case에서 자녀의 유전자형은 AABB가 가능하다.

② (다)에 대한 부모의 유전자형 파악

(1)에서 자녀가 가능한 유전자형에 AABBFF가 있기 위해서는 부모가 모두 유전자 F를 최소한 1개는 가져야 한다.

ⓐ와 Q의 (가), (나)의 표현형이 같을 확률이 $\frac{1}{2}$이므로 (다)가 같을 확률은 $\frac{1}{4}$이다.
편의상 P의 유전자형을 XF, Q의 유전자형을 YF라 하면, 가능한 유전자형은 다음과 같다.

P	Q	
	Y	F
X	XY	XF
F	YF	FF

여기서 Q의 표현형인 $\mathrm{Y_}$가 1개만 성립하기 위한 우열 관계는 다음과 같다.

$\mathrm{X} > \mathrm{Y} > \mathrm{F}$

ⓐ의 표현형이 모두 P와 같을 확률은 $\frac{1}{4} \times \frac{1}{2} = \frac{1}{8}$ 이다.

23 2024학년도 수능 13번

정답 : $\frac{1}{32}$

완전 우성 & 중간	복대립	다인자
○	○	X

조건을 정리하자.
먼저, 유전 형질 (가)~(다)의 우열 관계를 표로 나타내면 다음과 같다.

유전 형질	우열 관계
(가)	A > a
(나)	B = b
(다)	D > E > F

(1) P와 Q 사이에서 태어나는 자녀의 표현형이 P와 같을 확률이 $\frac{3}{16}$이다.

(2) ⓐ가 유전자형이 AAbbFF인 사람과 표현형이 모두 같을 확률이 $\frac{3}{32}$이다.

여기서 (2) 조건을 통해서 엄마는 b와 F를 무조건 지님을 알 수 있다.

(1)과 (2)에서 공통적으로 제시하는 것은 표현형이 동일할 확률이다.
이를 바탕으로 확률에 기반하여 접근해보자.

먼저 (2)에서 말하는 $\frac{3}{32}$라는 확률은 $\frac{3}{32}=\frac{3}{4}\times\frac{1}{4}\times\frac{1}{2}$ 여기서 $\frac{3}{4}$이 어떤 경우에 나올 수 있는지를 바탕으로 Case를 분류해보자.

$\frac{3}{4}$이 나올 수 있는 경우의 수는 상&우성 형질에서 부모가 모두 이형 접합인 경우에 자손에서도 우성 표현형이 발현될 확률 혹은, 복대립 유전에서 마찬가지로 부모 모두가 최우성 형질을 갖는 동시에 이형 접합이거나 2번째로 우성인 형질을 부모가 모두 이형 접합으로 갖는 경우에 자손의 표현형이 부모와 같을 확률이 된다.

위의 경우의 수에서 P의 유전자형인 AaBbDF와 알려진 Q의 유전자형에서 $\frac{3}{4}$라는 확률은 오직 (가)에 대해서 Q가 Aa를 가지는 경우에 대해서만 가능하다.
또, 문제 조건에서 P와 Q의 (나)에 대한 표현형이 서로 다르다는 조건을 바탕으로 Q가 bb이다.

(나)를 만족시킬 확률이 $\frac{1}{2}$이므로, (다)에서 $\frac{1}{4}$을 만족시켜야 한다.

여기서 Q의 유전자형은 FF가 아님을 알 수 있다.

따라서 이를 바탕으로 Q의 유전자형은 Aabb_F가 된다.

(1)에 의해서 P와 Q 사이에서 태어나는 자녀의 표현형이 P와 같을 확률이 $\frac{3}{16}$인데, 위에서 파악한 P와 Q의 (가)와 (나)에 대한 확률을 계산하면 각각 $\frac{3}{4}, \frac{1}{2}$이므로 (다)에서 $\frac{1}{2}$을 만족시켜줘야 한다.

이를 위해서는 Q가 D를 갖지 않아야 하므로 유전자형은 EF이다.

Q의 유전자형은 AabbEF가 된다.

AaBbDF × AabbEF의 자녀 ⓐ의 유전자형이 aabbDF이기 위한 확률을 계산하면
$\frac{1}{4} \times \frac{1}{2} \times \frac{1}{4} = \frac{1}{32}$이다.

24 2025학년도 6월 평가원 14번

정답 : $\frac{1}{8}$

완전 우성 & 중간	복대립	다인자
○	(가)	(나)

조건을 정리하면, (가)는 복대립 형질로 한 쌍의 대립유전자 A, B, D에 의하여 결정된다.
(나)는 하나의 상염색체에 존재하는 2쌍의 대립유전자 E, e, F, f에 의해 결정된다.

(1) (가)의 표현형은 4가지이며, AA, AB의 표현형이 같고, BD, DD의 표현형이 같다.
(2) P와 Q 사이에서 태어나는 자녀 ⓐ에서 나타날 수 있는 표현형은 최대 12가지이다

(1)에 의하여 (가)의 우열 관계는 $A > B$, $D > B$임을 알 수 있다
(가)의 대립유전자가 3종류인데 표현형이 4가지가 존재하므로 $A = D$임을 알 수 있다
Data Table을 작성하면 다음과 같다.

$A \quad = \quad D \quad > \quad B$

(가)와 (나)를 결정하는 대립유전자가 다른 염색체에 존재하므로 각각 독립적으로 계산하자.
12가지의 표현형을 만족하기 위해서는 (가)와 (나)가 가지는 표현형이 3가지 또는 4가지여야 한다.

P가 가지는 7번 염색체의 (나) 유전자 구성은
EF/ef(상인)인 경우와 Ef/eF(상반)인 경우로 나눠볼 수 있다.
대문자의 개수 관점에서 보았을 때
전자의 경우 P에서 나올 수 있는 생식세포의 경우의 수는2가지이고, 후자의 경우는 1가지이다.
Q 또한 P와 마찬가지로 (나)에 대해 대문자를 2개 가지는데,
무엇을 어떤 구성(상인/상반)으로 가지는지는 알 수 없는 상황이다.
하지만, 그와 관계없이 대립유전자의 연관을 상반 형태로 가진다면
Q에서 나올 수 있는 생식세포의 경우의 수는 1가지가 된다.
이 경우 ⓐ에게서 나타날 수 있는 (나)의 표현형은 최대 2가지가 되므로 모순이다.
따라서 Q도 P와 동일한 형태로 EF/ef(상인)를 가져야 (2)의 조건을 만족시킬 수 있다.

ⓐ에게서 나타날 수 있는 (나)의 표현형이 3가지이므로 (가)는 4가지가 되어야 하는데,
(가)의 우열 관계에서 P가 A, B를 가지므로
Q가 D, B를 가져야 ⓐ에게서 $AD/AB/DB/BB$로 총 4가지의 표현형이 나올 수 있다.
결과적으로 P의 유전자형은 $AB + EF/ef$, Q의 유전자형은 $DB + EF/ef$가 된다.

ⓐ가 (가)와 (나)의 표현형이 모두 Q와 같기 위해서는 P에서 B, Q에서 D를 받고,
(나)에서 대문자 유전자를 2개 받아야 한다. 이를 식으로 나타내면 다음과 같다.

$$\frac{1}{2} \times \frac{1}{2} \times \frac{1}{2} = \frac{1}{8}$$

25 2025학년도 수능 15번

정답 : ㄱ

완전 우성 & 중간	복대립	다인자
○	○	X

$\frac{9}{16}$은 $\frac{3}{4}\times\frac{3}{4}$로 해석할 수 있다.

$\frac{3}{4}$은 부모가 공통된 유전자를 가지며 그 유전자가 나머지에 대해 완전 우성이어야 등장할 수 있다.

I, III에서 (나)에 대해 공통으로 D와 T를 가져야하므로 ㉠은 D이며 ㉣은 T이다.
D는 E에 대해 완전우성이며, T는 R와 H에 대해 완전우성이다.
II와 IV에서 (가), (나) 각각 3가지의 표현형이 등장하려면 [1등3등]X[2등3등]의 교배 상황이며,
공통으로 가지는 유전자가 3등이다.
(나)에 대해서는 H가 겹쳐야하므로 $\mathrm{T} > \mathrm{R} > \mathrm{H}$이며,
(가)에 대해서는 ㉡이 E가 되면 ⓐ에서 (가)의 표현형은 2가지가 되어 모순이다.
㉡이 F, ㉢이 나머지인 E가 되어 II, IV에서 E를 공통으로 가지므로 우열 관계는 $\mathrm{D} > \mathrm{F} > \mathrm{E}$이다.

ㄱ. ㉠은 D이다. (○)
ㄴ. (나)의 우열 관계는 $\mathrm{T} > \mathrm{R} > \mathrm{H}$이다. (X)
ㄷ. II의 표현형은 [F, T]이다. ⓐ에서 (가)와 (나)의 표현형이 모두 II와 같을 확률은 $\frac{1}{4}\times\frac{1}{2}=\frac{1}{8}$이다. (X)

memo

01 2014학년도 9월 평가원 17번

정답 : ㄴ

조건을 정리하면, (가)와 (나)를 결정하는 유전자는 서로 다른 염색체에 존재한다.

(1) 2의 (가)에 대한 유전자형은 이형 접합성이다.
(2) ㉠은 (가)와 (나)의 유전자형이 모두 열성 동형 접합성이다.

가계도 분석을 통해 나머지를 추론하자.

3의 부모는 모두 (가)가 발현되었는데 3은 (가)가 발현되지 않았다.
따라서 (가)는 우성 형질이다. ((가) 〉 정상)
1의 부모는 모두 (나)가 발현되지(않았는데 1의 남동생 중 한 명에게서 (나)가 발현되었다.
따라서 (나)는 열성 형질이다. (정상 〉 (나))

1의 동생과 1의 어머니의 관계에서 (가)를 결정하는 유전자가 성염색체에 존재하지 않음을 알 수 있다.
따라서 (가)는 상염색체 우성 유전이다.
2와 2의 아버지의 관계에서 (나)를 결정하는 유전자가 성염색체에 존재하지 않음을 알 수 있다.
따라서 (나)는 상염색체 열성 유전이다.

이를 바탕으로 가계도 구성원의 유전자형을 표기하면 다음과 같다.

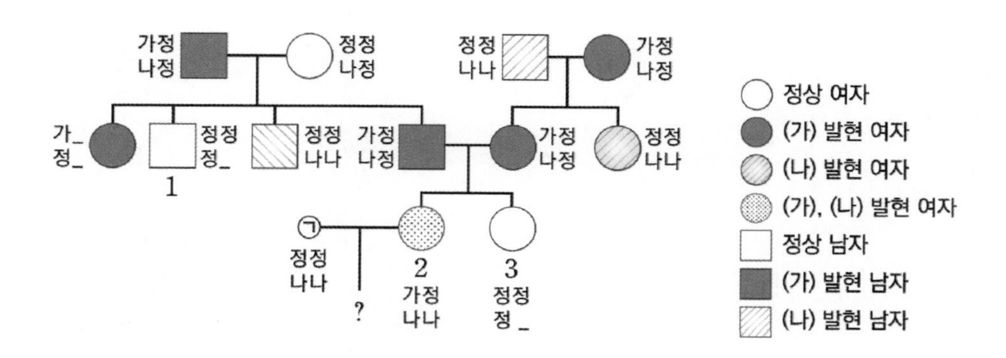

ㄱ. 1에서 (가)의 유전자형은 동형 접합성이다. (X)

ㄴ. 3의 동생에게서 (가), (나)가 발현될 확률은 각각 $\frac{3}{4}$, $\frac{1}{4}$이므로, 모두 발현될 확률은 $\frac{3}{16}$이다. (○)

ㄷ. ㉠과 2 사이에서 아이가 태어날 때, 이 아이가 (가), (나)에 대해 ㉠과 같은 유전자형을 가질 확률은 $\frac{1}{2}$이다. (X)

02 2014학년도 수능 17번

정답 : ㄴ

조건을 정리하면, ㉠은 유전자 T와 T^*에 의해 결정되고, T와 T^*는 각각 정상, 유전병 유전자이다.

(1) 구성원 1과 2는 T와 T^* 중 한 가지만을 가진다.
(2) 2와 5의 ABO식 혈액형의 유전자형은 같다.
(3) 가계도 구성원 일부의 ABO식 혈액형에 대한 혈액 응집 반응 결과는 다음과 같다.

구분	1의 적혈구 (A)	3의 적혈구	4의 적혈구
1의 혈장(β)	-	-	+
3의 혈장	+	-	+
4의 혈장	-	ⓐ	-

부모의 ㉠ 표현형이 같은데 자손이 다른 경우는 없다.
5와 5의 아버지로부터 ㉠이 성&우성 형질이 아님을 알 수 있다.
(1)에서 ㉠이 상염색체에 존재한다면, 자손의 표현형은 우성 형질로 항상 같아야 한다.
그러나 3과 4에서 ㉠의 표현형이 다르므로 모순이다.
따라서 ㉠은 성염색체에 존재하고, 유전병 유전자가 정상 유전자에 대해 열성이다. $(\mathrm{T} > \mathrm{T}^*)$

(3)에서 3의 혈장은 응집원 A와 응집하므로 응집소 α를 가진다.
그러나 3의 적혈구와 응집소 β는 응집하지 않으므로 3의 적혈구는 응집원 B를 가지지 않는다.
따라서 3의 ABO식 혈액형은 O형이다.
마찬가지로 4는 응집소 α를 가지지 않고, 응집원 B를 가지므로 AB형이다.
2의 ABO식 혈액형은 자연스럽게 B형이 된다.
(2)에서 5의 ABO식 혈액형의 유전자형은 BO이다.

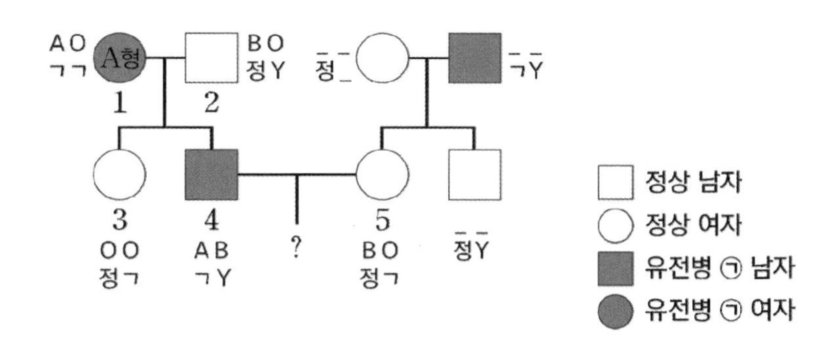

ㄱ. 4의 혈장에는 응집소가 존재하지 않으므로 ⓐ는 -이다. (X)
ㄴ. 3과 5는 모두 T^*를 갖고 있다. (○)
ㄷ. 4와 5 사이에서 태어난 아이가 A형일 확률과 유전병 ㉠인 아들일 확률은 모두 $\frac{1}{4}$이므로 $\frac{1}{16}$이다. (X)

03 2015학년도 9월 평가원 20번

정답 : ㄱ, ㄴ, ㄷ

조건을 정리하면, ABO식 혈액형과 형질 ㉠, ㉡을 결정하는 유전자는 모두 같은 상염색체에 존재한다.

(1) 1과 4에서 ABO식 혈액형의 유전자형은 이형 접합성이고,
3에서 ㉡의 유전자형은 이형 접합성이다.

1과 2 모두 ㉠이 발현되었는데 4의 형은 ㉠이 발현되지 않았으므로 ㉠은 우성 형질이다. (㉠ 〉 정상)

1과 2 모두 ㉡이 발현되지 않았는데 4의 형은 ㉡이 발현되었으므로 ㉡은 열성 형질이다. (정상 〉 ㉡)
문제에서 ㉠과 ㉡은 상염색체에 존재한다고 제시했으므로 더 확인할 필요 없이 가계도를 완성하자.

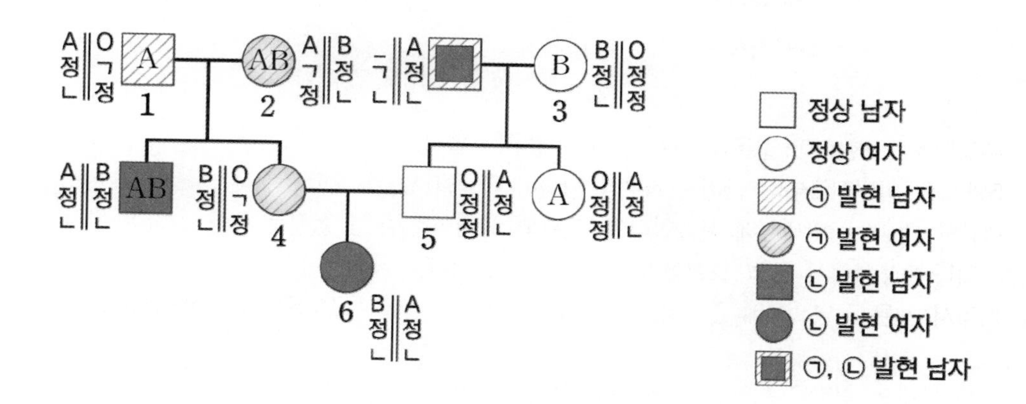

ㄱ. 2와 4는 ㉠에 대한 유전자형이 같다. (○)
ㄴ. 5의 혈액형은 A형이다. (○)
ㄷ. 6의 동생이 태어날 때,
이 동생에게서 ㉠과 ㉡ 중 어느 것도 발현되지 않고 혈액형이 B형일 확률은 0.25이다. (○))

04 2015학년도 수능 20번

정답 : ㄱ, ㄴ, ㄷ

조건을 정리하면, ㉠은 T와 T*에 의해 결정되고 T는 T*에 대해 완전 우성이다.

㉡은 R과 R*에 의해 결정되고 R은 R*에 대해 완전 우성이다.
㉠을 결정하는 유전자는 ABO식 혈액형의 유전자와 같은 상염색체에 존재한다.

(1) 2와 3 각각은 R과 R* 중 한 가지만 가지고 있다.
(2) 1과 5의 ABO식 혈액형의 유전자형은 같으며,
2의 ABO식 혈액형의 유전자형은 동형 접합성이다.
(3) 3의 ABO식 혈액형은 A형이고, 가계도 구성원 일부의 혈액 응집 반응 결과는 다음과 같다.

구분	1의 적혈구	2의 적혈구	4의 적혈구
1의 혈청	−	−	−
2의 혈청	+	−	+
4의 혈청	+	+	−

7의 부모에서 ㉠이 발현지 않았지만,
7에선 ㉠이 발현되지 않았으므로 ㉠은 열성 형질이다. (정상 〉 ㉠)

(1)에서 R과 R*이 상염색체에 존재한다면, 자손의 ㉡에 대한 형질은 항상 같아야 한다.
따라서 ㉡을 결정하는 유전자는 성염색체에 존재한다.
6과 6의 어머니의 관계에서 ㉡은 열성 형질임을 알 수 있다. (정상 〉 ㉡)

(2)에서 2의 ABO식 혈액형의 유전자형이 동형 접합성이므로, 2는 A형, B형, O형 중 하나이다.
2가 O형이라면 2의 적혈구는 응집원을 가지고 있지 않으므로 4의 혈청과 응집할 수 없다.
따라서 2의 ABO식 혈액형의 유전자형은 AA 혹은 BB이고, 5는 2로부터 A 혹은 B를 받는다.

1과 5의 ABO식 혈액형의 유전자형이 같으므로, 1은 2와 혈액형이 같거나 AB형이다.
(3)에서 1의 적혈구와 2의 혈청이 응집하므로 1은 2와 같은 혈액형이 아니다. 1과 5는 AB형이다.
5가 AB형이고 3이 A형이므로 5는 2로부터 B를 받았다. 2는 B형이다.
2의 적혈구와 4의 혈청이 응집하므로, 4는 응집소 β를 가진다.
4의 적혈구가 2의 혈청과 응집하므로 4는 O형이 아닌 A형이다.

자료를 통해 정보를 다 알아냈으니 가계도 구성원의 유전자형을 채워보자.

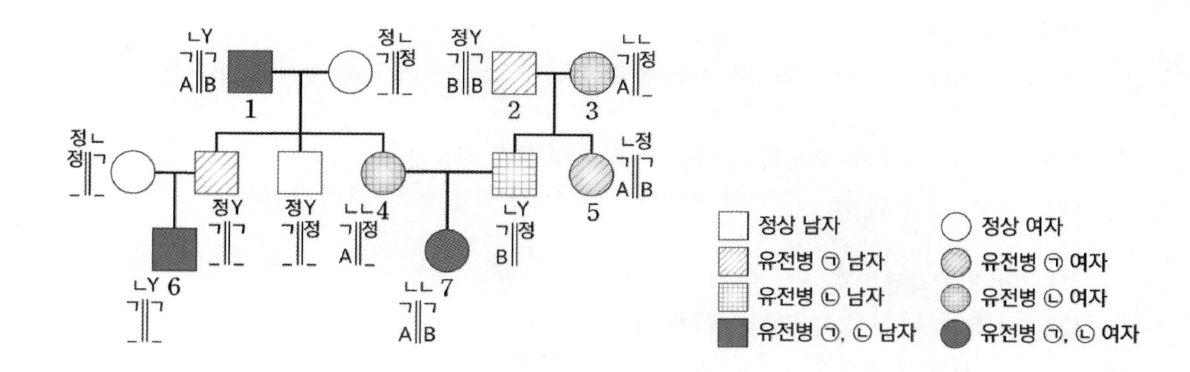

ㄱ. 이 가계도의 구성원은 모두 T^*를 가진다. (◯)

ㄴ. 7의 ABO식 혈액형은 AB형이다. (◯)

ㄷ. 6의 동생이 태어날 때, 이 동생에게서 ㉠과 ㉡이 모두 나타날 확률은 $\frac{1}{4}\times\frac{1}{2}=\frac{1}{8}$이다. (◯)

05 2016학년도 9월 평가원 20번

정답 : ㄱ, ㄴ, ㄷ

조건을 정리하면, ㉠과 ㉡을 결정하는 유전자는 서로 다른 염색체에 존재한다.

부모의 표현형이 같은데 자손과 다른 경우는 없다.
1과 1의 딸의 관계에서 ㉠은 성&열성 형질이 아니다.
6과 6의 딸의 관계에서 ㉠은 성&우성 형질이 아니다.
1과 1의 딸의 관계에서 ㉡은 성&우성 형질이 아니다.
6과 6의 딸의 관계에서 ㉡은 성&열성 형질이 아니다.
따라서 ㉠과 ㉡을 결정하는 유전자는 상염색체에 존재한다.

2의 A의 DNA 상대량이 2인데 ㉠이 발현되었으므로 A는 유전병 유전자, A*는 정상 유전자이다.
6의 A의 DNA 상대량이 1이므로 6의 ㉠에 대한 유전자형은 AA*이다.
이때 6에선 ㉠이 발현되었으므로 ㉠은 우성 형질이다. (㉠ 〉 정상)

3의 B의 DNA 상대량이 2인데 ㉡이 발현되지 않았으므로
B는 정상 유전자, B*는 유전병 유전자이다.
4의 B의 DNA 상대량이 1이므로 4의 ㉡에 대한 유전자형은 BB*이다.
이때 4에선 ㉡이 발현되지 않았으므로 ㉡은 열성 형질이다. (정상 〉 ㉡)

이를 바탕으로 가계도를 완성하면 다음과 같다.

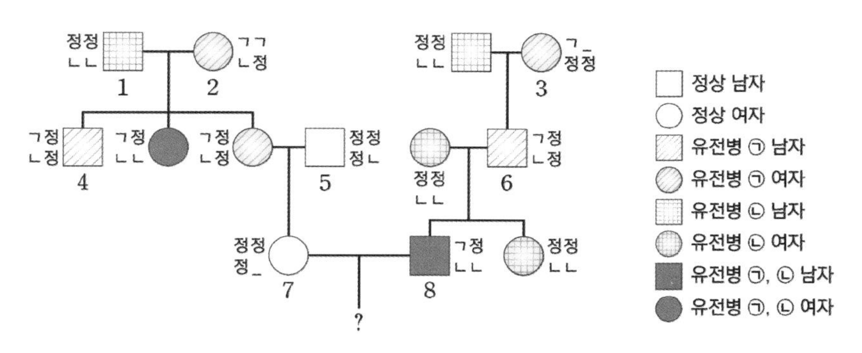

7의 ㉡의 유전자형이 확정되지 않으므로 유전자형에 대한 확률을 먼저 계산하자.
7의 ㉡의 유전자형이 (정/정)일 확률이 $\frac{1}{3}$,
(정/ㄴ)일 확률이 $\frac{2}{3}$인데, 7의 아이에게서 ㉡이 발현되기 위해선
7의 ㉡의 유전자형이 (정/ㄴ)이어야 한다.
따라서 7과 8 사이에서 태어난 아이에게서 ㉠과 ㉡이 모두 나타날 확률은 $\frac{1}{2}\times\frac{2}{3}\times\frac{1}{2}=\frac{1}{6}$이다.
→ ㄷ 정답

ㄱ. ㉠은 우성 형질이다. (○)
ㄴ. B와 B*는 상염색체에 존재한다. (○)

06 2016학년도 수능 17번

정답 : ㄱ

조건을 정리하면, ㉠~㉢을 결정하는 유전자는 같은 염색체에 존재하고,
A는 A*에 대해 완전 우성이다.

이 가계도에서 부모의 표현형이 같은데 자손에서 다른 경우는 없다.
2와 7의 B의 DNA 상대량이 1로 같은데 둘의 ㉡에 대한 표현형이 다르므로
㉠~㉢을 결정하는 유전자는 성염색체에 존재함을 알 수 있다.

이제 추론해야 할 정보는 ㉠~㉢의 우/열과 정상 유전자, 유전병 유전자의 Matching이다.

각 형질의 우/열 여부를 먼저 찾아보자.
1과 1의 딸의 관계에서 ㉠은 성&우성 형질이 아니므로, 성&열성 형질이다. (정상 〉 ㉠)
3과 6의 관계에서 ㉡은 성&열성 형질이 아니므로, 성&우성 형질이다. (㉡ 〉 정상)
3과 6의 관계에서 ㉢은 성&우성 형질이 아니므로, 성&열성 형질이다. (정상 〉 ㉢)

A가 A*에 대해 우성이므로, A는 정상 유전자, A*은 유전병 유전자이다.
5의 B의 DNA 상대량이 2인데 ㉡이 나타나지 않았으므로 B는 정상 유전자이다.
8의 C의 DNA 상대량이 2인데 ㉢이 나타났으므로 C는 유전병 유전자이다.

이제 가계도 구성원의 유전자형을 찾아보자.

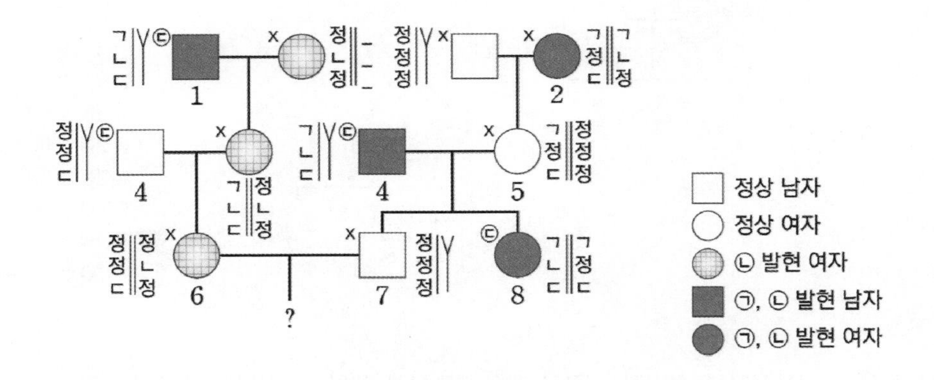

ㄱ. ㉢은 열성 형질이다. (O)
ㄴ. 5는 A(정상 유전자)와 C(유전병 유전자)가 연관된 염색체를 가지고 있지 않다. (X)
ㄷ. 6과 7은 ㉠의 유전병 유전자를 갖지 않으므로, 아이에게서 ㉠과 ㉡이 모두 발현될 확률은 0이다. (X)

07 2017학년도 9월 평가원 15번

정답 : ㄴ

㉠, ㉡ 중 하나만 ABO식 혈액형 유전자와 연관되어 있다.
연관된 유전자를 찾고. 추가적인 조건은 가계도 그림의 표현형 조건뿐이므로 이를 해석한다.

가계도에 ABO식 혈액형의 표현형이 적혀있으므로 유전자형을 쉽게 결정할 수 있다.

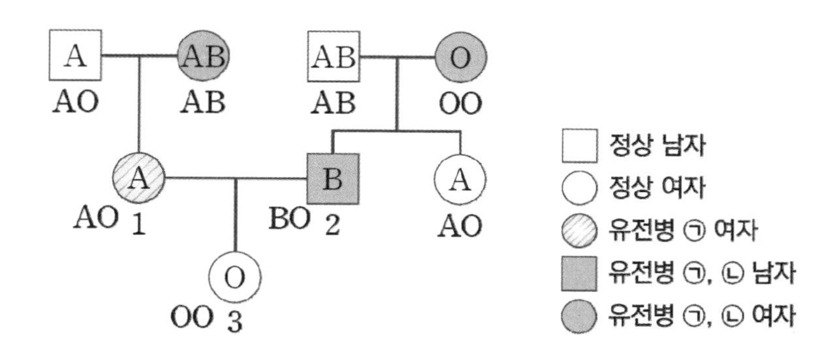

1과 2에서 ㉠이 발현되었는데, 3은 정상 표현형이 발현되었다.
→ ㉠은 우성 형질이다. (㉠ 〉 정상)
2&3 관계에서 ㉠, ㉡은 성&우성이 아님을 알 수 있다.
→ ㉠은 성&우성이 아닌데, 우성 형질로 판단되었다.
따라서 ㉠은 상&우성이다.

가계도 그림에서 얻은 정보는 ㉠이 상&우성이라는 점과 ㉡은 성&우성이 아니라는 점이다.
더 이상 해석할 수 있는 정보가 없으므로 어쩔 수 없이 귀류를 해야 하는데,
정보가 더 많은 ㉠쪽을 먼저 귀류한다.

귀류 : ㉠이 ABO식 혈액형 유전자와 연관된 경우 (㉠ 〉 정상, with ABO)

㉠이 우성 병이므로, 2가 가진 ㉠유전자는 어머니로부터 받았고, 어머니가 O형이므로 O&㉠이 연관된 채로 전달되었다.
이때, 3이 O형이므로 2는 3에게 O&㉠을 전달해야만 한다. (B를 전달할 수 없으므로)
그런데 3의 ㉠에 대한 표현형이 정상이므로, 모순이다.

따라서 ㉠은 ABO식 혈액형 유전자와 연관되지 않았다.
→ ABO식 혈액형 유전자와 연관된 것은 ㉡이다.

귀류 : ㉡의 우/열 찾기

㉡의 우열을 찾기 위해서는 먼저 ABO식 혈액형 유전자와 연관되어 있다는 점을 이용하여 가계도 구성원들의 유전자형을 결정해야 한다.
㉡이 우성 형질이라면, (3)의 귀류와 마찬가지로 O&㉡이 연관된 염색체가 3으로 전달되었는데도 3에서는 ㉡이 발현되지 않으므로 모순이다.
㉡은 열성 형질이고(정상 〉 ㉡), 가계도 구성원들의 유전자형은 다음과 같이 결정할 수 있다.

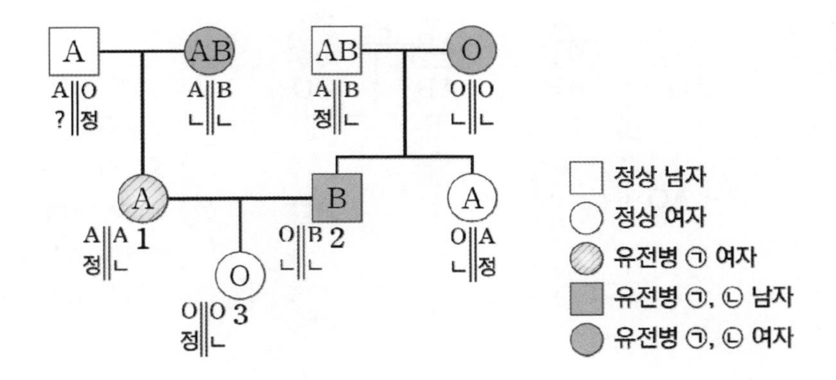

ㄱ. ㉠의 유전자는 ABO식 혈액형 유전자와 연관되어 있지 않다. (X)
ㄴ. 2에서 ㉡의 유전자형은 동형 접합성이다. (○)
ㄷ. 3의 동생이 태어날 때, 이 아이에게서 ㉠과 ㉡ 중 ㉡만 나타날 확률은 $\frac{1}{8}$이다. (X)

08 2017학년도 9월 평가원 17번

정답 : ㄴ, ㄷ

조건을 정리하면, (가)는 다인자 유전으로 3개의 대립유전자에 의해 결정되며,
3개의 유전자는 서로 다른 2개의 상염색체에 존재한다.
가계도 구성원 1~6의 유전자형은 모두 AaBbDd이다.

(1) 5의 동생이 태어날 때, 이 아이에게서 나타날 수 있는 (가)의 표현형은 최대 7가지이다.
(2) 6의 동생이 태어날 때, 이 아이에게서 나타날 수 있는 (가)의 표현형은 최대 3가지이다.

(1)에서 7가지 표현형은 (MAX/min) = (6/0)인 경우만 가능하다.
따라서 1과 2의 유전자형의 연관 여부를 살펴보면 다음과 같이 나타낼 수 있다.

$\begin{array}{c\|c} 1 & 0 \\ 1 & 0 \end{array} \quad 1 \| 0 \quad / \quad \begin{array}{c\|c} 1 & 0 \\ 1 & 0 \end{array} \quad 1 \| 0$

(2)에서 3가지 표현형은 독립되어 있는 1개의 유전자만으로도 가능하다.
따라서 3과 4의 연관되어 있는 두 개의 유전자를 가지는 염색체에서 대문자로 표시되는 대립유전자 수는 모두 1로 같다.

$\begin{array}{c\|c} 1 & 0 \\ 0 & 1 \end{array} \quad 1 \| 0 \quad / \quad \begin{array}{c\|c} 1 & 0 \\ 0 & 1 \end{array} \quad 1 \| 0$

가계도에 유전자형을 표시하면 다음과 같다.

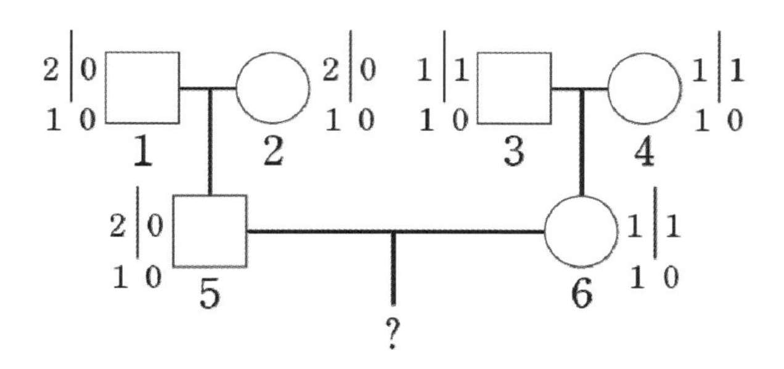

ㄱ. (가)의 유전은 다인자 유전이다. (X)

ㄴ. 6의 동생이 태어날 때, 이 아이의 (가)의 표현형이 6과 다를 확률은 $\frac{1}{2}$이다. (○)

ㄷ. 5와 6 사이에서 아이가 태어날 때, 이 아이에게서 나타날 수 있는 (가)의 표현형은 5~1까지 최대 5가지이다. (○)

09 2017학년도 수능 17번

정답 : ㄱ, ㄴ, ㄷ

조건을 정리하면, ㉠은 H와 H*에 의해 결정되며 H는 H*에 대해 완전 우성이다.
㉡은 T과 T*에 의해 결정되며 T은 T*에 대해 완전 우성이다.

(1) 2의 ㉠에 대한 유전자형은 동형 접합성이다.
(2) 1과 3의 혈액은 항 B혈청에 응집 반응을 나타내지 않는다.
(3) 7의 ABO식 혈액형은 AB형이다.

6과 7에선 ㉡이 발현되지 않았지만, 8에선 ㉡이 발현되었으므로 ㉡은 열성 형질이다. (정상 〉 ㉡)

(1)에서 2의 ㉠에 대한 유전자형은 동형 접합성인데, 5와 6에서 ㉠의 표현형이 다르게 발현되었으므로 ㉠은 열성 형질임을 알 수 있다. (정상 〉 ㉠)
1과 5의 관계에서 ㉠은 성&열성 형질이 아니므로, ㉠은 상&열성 형질이다.

ABO식 혈액형의 유전자와 연관되어 있는 유전 형질을 결정하기 위해 가계도 구성원의 ABO식 혈액형을 Matching하자.

(2)에서 1은 응집원 B를 가지고 있지 않다는 것을 알 수 있다.
따라서 1의 ABO식 혈액형은 A형 or O형인데,
1의 적혈구와 5의 혈청이 응집 반응을 일으켰으므로 1은 O형일 수 없다.

6의 혈청이 1의 적혈구와 응집 반응을 일으키므로 6의 혈청에는 응집소 α가 존재한다.
6의 적혈구가 1의 혈청과 응집 반응을 일으키므로 6 역시 O형일 수 없다.
6의 ABO식 혈액형은 B형이다.

5의 혈청이 A형인 1, B형인 6의 적혈구와 모두 응집 반응을 일으키므로 5의 ABO식 혈액형은 O형이다.

1, 2, 5, 6에서 ABO식 혈액형의 유전자와 ㉠을 결정하는 유전자가 같은 염색체에 있다고 가정하자.

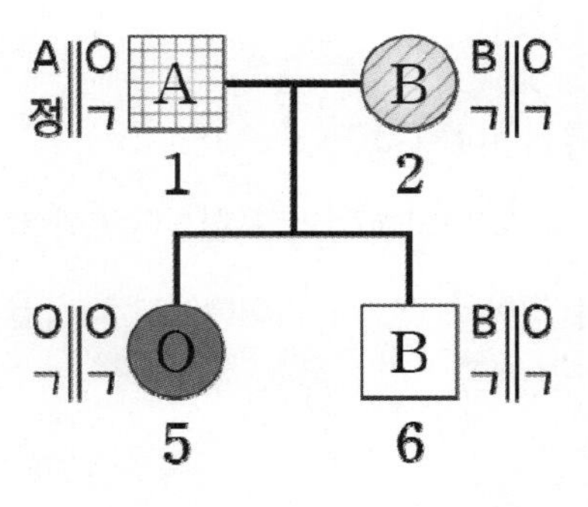

6은 ㉠을 발현하는 유전자를 동형 접합성으로 가지지만 ㉠을 나타내지 않으므로 모순이다.
따라서 ABO식 혈액형의 유전자는 ㉡을 결정하는 유전자와 같은 염색체에 존재한다.

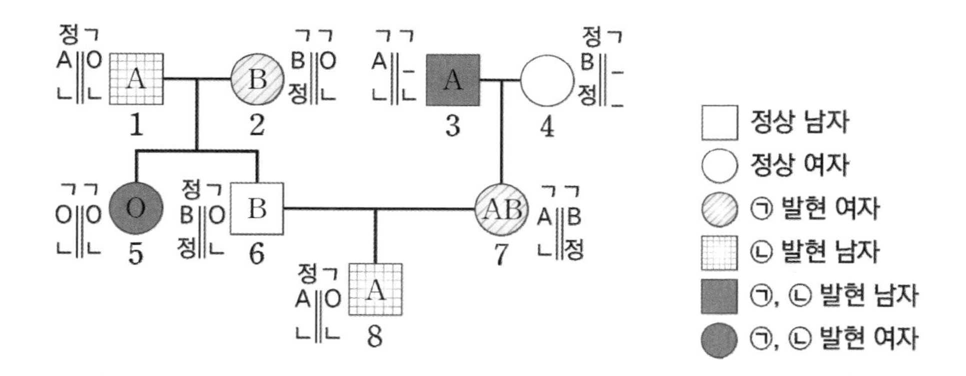

ㄱ. 8의 ABO식 혈액형은 A형이다. (○)

ㄴ. 이 가계도의 구성원 중 H(정상 유전자)와 T(정상 유전자)를 모두 가진 사람은 2명이다. (○)

ㄷ. 8의 동생이 태어날 때, 이 아이에게서 ㉠과 ㉡ 중 ㉠만 발현될 확률은 $\frac{1}{2}\times\frac{3}{4}=\frac{3}{8}$이다. (○)

10 2018학년도 수능 17번

정답 : ㄱ

조건을 정리하면, (가), (나), (다)는 각각 A와 A*, B와 B*, D와 D*에 의해 결정되며 A는 A*에 대해, B는 B*에 대해, D는 D*에 대해 완전 우성이다. (가)와 (다)를 결정하는 유전자는 같은 염색체에 있고, (나)를 결정하는 유전자와는 다른 염색체에 있다.

(1) 1은 D와 D* 중 한 종류만 가지고 있다.

2와 5의 관계에 의해 (가)는 성&열성 형질이 아니다.
3과 7의 관계에 의해 (가)는 성&우성 형질이 아니다.
따라서 (가)와 (다)를 결정하는 유전자는 상염색체에 존재한다.

(가)를 결정하는 유전자가 상염색체에 존재하므로, ⓐ=1이고 ㉠과 ㉡은 모두 A를 가진다.
1, 2, 5 중 (가)의 표현형이 다른 2가 A를 가지지 않는 ㉢이다.
5는 2로부터 A*을 받으므로 ㉠이고, 1은 ㉡이다.
A*만 가지는 2에서 (가)가 발현했으므로 (가)는 열성 형질이다. (정상 〉 (가))

(1)에서 1은 D와 D* 중 한 종류만 가지는데,
자손들과 표현형이 다르므로 D*를 동형 접합성으로 가진다. (다)는 열성 형질이다. (정상 〉 (다))

㉣는 B*를 가지지 않으므로 B를 적어도 1개 이상 가진다.
이때 ㉤이 B를 가진다면, 3, 4, 8의 (나)에 대한 표현형이 모두 같아야 할 것이다.
따라서 ㉤은 B를 가지지 않고 (나)는 성염색체에 존재함을 알 수 있다.
㉤이 B를 가지지 않으므로 ⓑ=0이다. ㉤은 3이고, 8은 ㉣일 수 없으므로 ㉥이다.

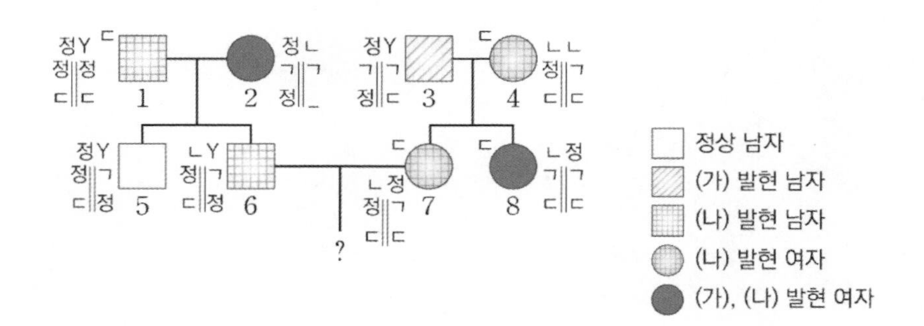

3과 8의 관계에서 (나)는 성&열성이 아니므로 성&우성이다.

ㄱ. ⓐ + ⓑ = 1이다. (○)
ㄴ. 구성원 1~8 중 A(정상 유전자), B(유전병 유전자), D(정상 유전자)를 모두 가진 사람은 1명이다. (X)
ㄷ. 6과 7 사이에서 남자 아이가 태어날 때,
이 아이에게서 (가)~(다) 중 (나)와 (다)만 발현될 확률은 $\frac{1}{2} \times \frac{1}{2} = \frac{1}{4}$이다. (X)

11 2019학년도 6월 평가원 10번

정답 : ㄱ, ㄷ

조건을 정리하면, ㉠은 H와 H*에 의해 결정되며 H는 정상 유전자, H*는 유전병 유전자이다. ㉠의 유전자와 ABO식 혈액형 유전자는 연관되어 있다.

(1) 1, 3, 5의 ABO식 혈액형은 A형, 6의 ABO식 혈액형은 B형이다.
(2) 구성원 1의 ABO식 혈액형에 대한 유전자형은 동형 접합성이다.

1과 2에서는 ㉠이 발현되었지만, 3에서는 발현되지 않았으므로 ㉠은 우성 형질이다. (㉠ 〉 정상)
㉠의 우/열과 성/상 여부를 모두 파악했으니 가계도 구성원의 ABO식 혈액형을 살펴보자.

(1)에서 6은 B형이므로, A형인 5로부터 O를 받고 4로부터 B를 받아야 한다.

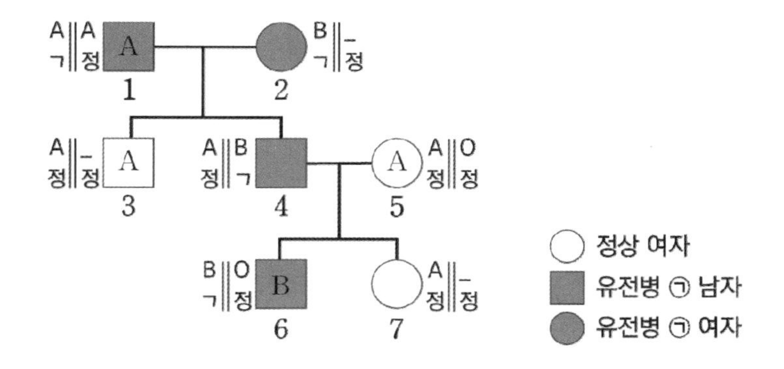

ㄱ. 4의 ABO식 혈액형은 AB형이다. (○)
ㄴ. 6의 H*(유전병 유전자)는 2로부터 물려받은 유전자이다. (X)
ㄷ. 7의 동생이 태어날 때,
이 아이에게서 ㉠은 나타나지 않고 ABO식 혈액형이 A형일 확률은 $\frac{1}{2}$이다. (○)

12 2019학년도 9월 평가원 19번

정답 : ㄴ

조건을 정리하면, ㉠은 A와 A*에 의해 결정되며 A는 A*에 대해 완전 우성이다.
㉡은 B와 B*에 의해 결정되며 B는 B*에 대해 완전 우성이다.
두 유전 형질의 연관 여부는 제시되지 않았다.

(1) $\frac{1, 2, 5\text{ 각각의 체세포 1개당 A*의 DNA 상대량을 더한 값}}{3, 6, 7\text{ 각각의 체세포 1개당 A*의 DNA 상대량을 더한 값}} = 1$
(2) 체세포 1개당 B*의 DNA 상대량은 2에서가 5에서보다 크다.
(3) 5에서 생식세포가 형성될 때, 이 생식세포가 A와 B*을 모두 가질 확률은 $\frac{1}{2}$이다.

이 가계도에서 부모의 표현형이 같은데 자손과 다른 경우는 없고,
1과 5의 관계에서 ㉠은 성&열성 형질이 아님을 알 수 있다.
3과 7의 관계에서 ㉡은 성&우성 형질이 아님을 알 수 있다.
가계도에서 정보를 더 찾긴 힘드니 남은 조건을 사용하자.

(2)에서 2가 5보다 B*을 더 많이 가져야 하므로 (2/1), (2/0), (1,0)이 가능하다.
5가 B*을 가지지 않으면 5의 ㉡의 유전자형은 BB이다.
이때 5는 1과 2로부터 B를 하나씩 받으므로 1과 2는 모두 B를 가져야 한다.
1과 2의 ㉡의 표현형이 다르므로 이는 모순이다.
따라서 2의 ㉡의 유전자형은 B*B*이고, 5의 ㉡의 유전자형은 BB*이다.

(3)에서 5의 ㉡의 유전자형은 BB*이므로,
생식세포가 A와 B*을 모두 가질 확률이 $\frac{1}{2}$이 되려면 다음 두 가지 Case가 가능하다.

㉠과 ㉡의 유전자가 다른 염색체에 존재하고, 5의 ㉠의 유전자형이 AA인 경우.
㉠과 ㉡의 유전자가 같은 염색체에 존재하고, 5에서 A와 B*가 같은 염색체에 존재하는 경우.

Case 1에서는 5의 ㉠의 유전자형이 AA이므로, 부모로부터 A를 한 개씩 받아야 한다.
이때 부모인 1과 2의 ㉠의 표현형이 다르므로 모순이다.
따라서 ㉠과 ㉡의 유전자는 같은 염색체에 존재한다.

5는 A를 적어도 1개 가지는데 ㉠이 발현되었으므로 ㉠은 우성 형질이다.
(1)에서 ㉠이 상염색체에 존재한다면 3, 6, 7의 A*의 DNA 상대량의 합은 5이다.
1, 2, 5에서 A*의 DNA 상대량의 합이 5가 되려면 2명의 ㉠의 유전자형이 A*A*가 되어야 하는데,
이 경우 ㉠이 발현되지 않은 사람이 그 두 명이어야 한다.
그러나 1, 2, 5 중 두 명에게서 ㉠이 발현되었으므로 ㉠과 ㉡은 성염색체에 존재한다.

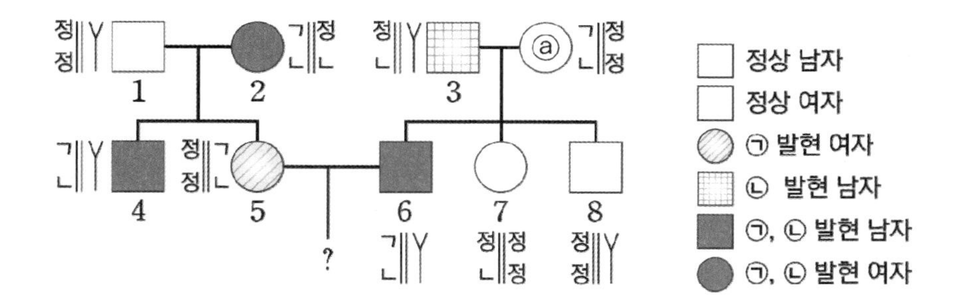

(1)을 통해 2의 ㉠의 유전자형이 AA^*임을 알 수 있다.

ㄱ. ㉠은 우성 형질이다. (X)

ㄴ. 2와 ⓐ는 ㉡에 대한 유전자형이 서로 다르다. (○)

ㄷ. 5와 6 사이에서 아이가 태어날 때, 이 아이에게서 ㉠과 ㉡이 모두 발현될 확률은 $\frac{1}{2}$이다. (X)

13 2019학년도 수능 19번

정답 : ㄴ, ㄷ

조건을 정리하면, (가)는 T와 T*에 의해 결정되며 T는 T*에 대해 완전 우성이다.

(가)의 유전자는 ABO식 혈액형 유전자와 연관되어 있다.
(1) 자녀 1의 (가)에 대한 유전자형은 동형 접합성이다.
(2) 자녀 3과 혈액형이 O형이면서 (가)가 발현되지 않은 남자 사이에서 A형이면서
(가)가 발현된 남자 아이가 태어났다.

아버지와 어머니에선 (가)가 발현되지 않았는데 자녀 2에선 (가)가 발현되었다. (가)는 열성 형질이다.

(2)를 가계도에서 나타내면 다음과 같다.

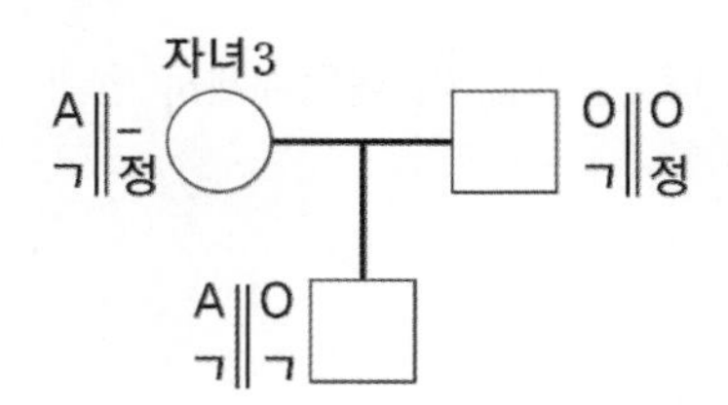

자녀 3은 A와 (가)의 유전병 유전자가 연관되어 있는 염색체를 가진다.
이를 토대로 남은 가족 구성원의 유전자 구성을 채우자.

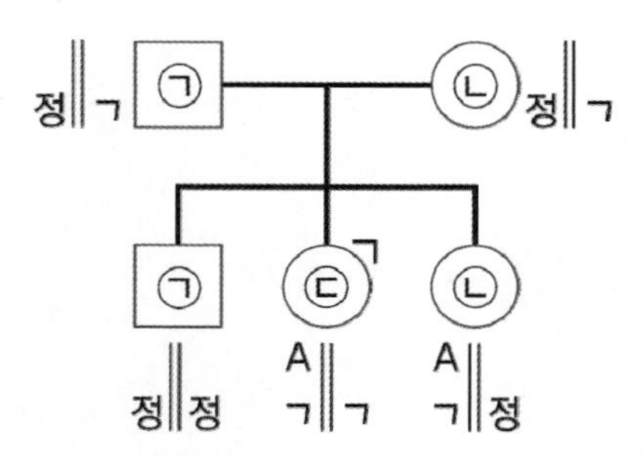

자녀 2와 3에서 ㉡과 ㉢은 AB형과 A형 중 하나임을 알 수 있다.
따라서 ㉠은 O형과 B형 중 하나이다.

㉠이 O형이라면 아버지의 ABO식 혈액형의 유전자형은 OO, 어머니의 유전자형은 AB or AO이다.
어머니의 유전자형이 무엇이든 자손에게서 3종류의 ABO식 혈액형이 나타날 수 없으므로 모순이다.
따라서 ㉠은 B형이다.
아버지에게서 자녀 3에게 B를 확정적으로 물려주기 때문에,
㉡은 AB형이 되고 나머지 ㉢이 A형이 된다.
자녀 2가 A형이므로 아버지의 유전자형은 BO가 된다.
자녀 1의 유전자형은 BB인 것으로 결정되어 가계도가 완성된다.

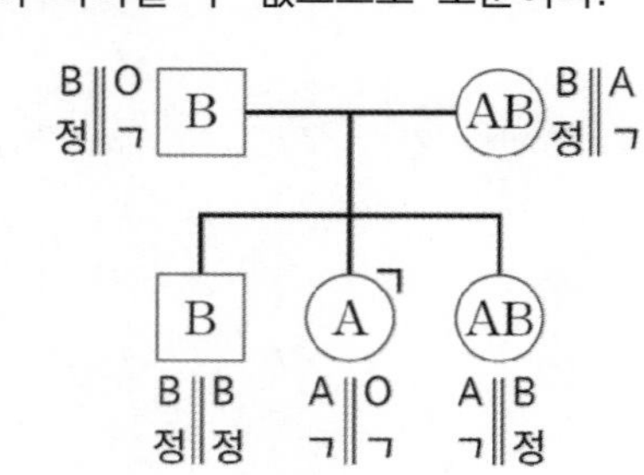

ㄱ. ㉡은 AB형이다. (X)
ㄴ. 아버지와 자녀 1의 ABO식 혈액형에 대한 유전자형은 서로 다르다. (○)
ㄷ. ⓐ의 동생이 태어날 때, 이 아이의 혈액형이 A형이면서 (가)가 발현되지 않을 확률은 $\frac{1}{4}$이다. (○)

14 2020학년도 6월 평가원 19번

정답 : ㄴ

조건을 정리하면, (가), (나), (다)는 각각 H와 H*, R과 R*, T와 T*에 의해 결정되며,
H, R, T는 각각 H*, R*, T*에 대해 완전 우성이다.

(가)와 (나) 중 하나만 (다)와 성염색체에 연관되어 있고, (다)는 열성 형질이다. (정상 〉 (다))
(1) 체세포 1개당 H의 DNA 상대량은 1과 ⓐ가 서로 같다.

2와 6의 관계에서 ㉠은 성&열성 형질이 아님을 알 수 있다.
3과 7의 관계에서 ㉠은 성&우성 형질이 아님을 알 수 있다.
따라서 ㉠의 유전자는 상염색체에 존재하고 ㉡과 ㉢이 X 염색체에 연관되어 있다.
2와 6의 관계에서 ㉡은 성&열성 형질이 아니므로 성염색체 우성 형질이다. ((나) 〉 정상)

㉠의 유전자는 상염색체에 존재하는데,
(1)에서 1과 ⓐ의 H의 DNA 상대량이 같다는 조건이 있으므로, 1과 ⓐ의 ㉠의 표현형은 같다.
따라서 ⓐ에선 ㉠이 발현되지 않았다.
㉠이 발현되지 않은 6과 ⓐ 사이에서 ㉠이 발현된 9가 태어났으므로 ㉠은 열성 형질이다.
(정상 〉 (가))

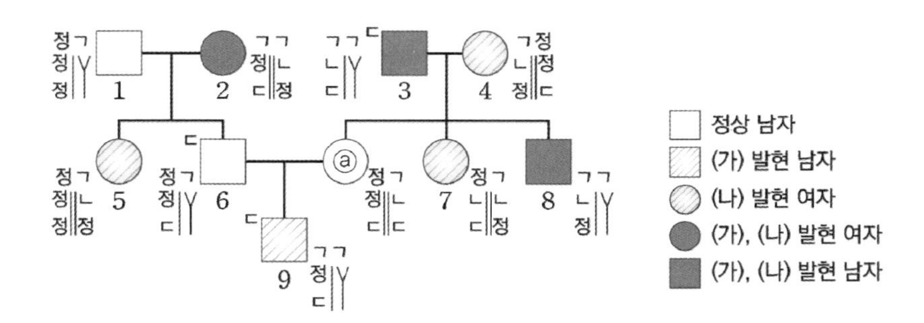

ㄱ. (가)는 열성 형질이다. (X)
ㄴ. ⓐ에게서 (다)가 발현되었다. (○)
ㄷ. 9의 동생이 태어날 때, 이 아이에게서 (가)~(다)가 모두 발현될 확률은 $\frac{1}{4}\times\frac{1}{2}=\frac{1}{8}$이다. (X)

15 2020학년도 9월 평가원 19번

정답 : ㄱ

조건을 정리하면, (가), (나), (다)는 각각 H와 H*, R과 R*, T와 T*에 의해 결정되며,
H, R, T는 각각 H*, R*, T*에 대해 완전 우성이다.

(가)와 (다)의 유전자는 같은 염색체에 존재하고 (나)의 유전자와는 다른 염색체에 존재한다.

(1)

	㉠	㉡	㉢
H	?	?	1
H*	1	0	?

(2) $\dfrac{7,8\text{ 각각의 체세포 1개당 R의 DNA 상대량을 더한 값}}{3,4\text{ 각각의 체세포 1개당 R의 DNA 상대량을 더한 값}}=2$

4와 8의 관계에서 (나)는 성&우성 형질이 아니다.
(2)에서 7과 8은 R을 가지는데 (나)가 발현되었으므로 (나)는 우성 형질이다. ((나) 〉 정상)
따라서 (나)는 상염색체에 존재한다.

(2)에서 좌변이 2가 나오는 경우는 $\frac{2}{1}$ or $\frac{4}{2}$이다.

만약 $\frac{4}{2}$라면, 7과 8은 R을 동형 접합성으로 가지므로 7과 8의 부모인 3과 4 역시 R을 적어도 한 개 이상 가져야 하는데, 4와 7, 8의 (나)의 표현형이 다르므로 모순이다.

따라서 가능한 경우는 $\frac{2}{1}$ 뿐이다.

(1)에서 (가)의 성/상 여부와 관계 없이 ㉡은 H를 적어도 한 개 가진다.
㉢ 역시 H를 가지므로 둘의 표현형은 같아야 한다.
1, 2, 6 중 (가)의 표현형이 혼자 다른 1이 ㉠이고 (가)는 열성 형질이다. (정상 〉 (가))

1은 H*를 한 개만 가지고 H를 가지지 않으므로 (가)와 (다)의 유전자는 성염색체에 존재한다.
1과 5의 관계에서 (다)는 성&우성 형질이 아니므로 열성 형질이다. (정상 〉 (다))

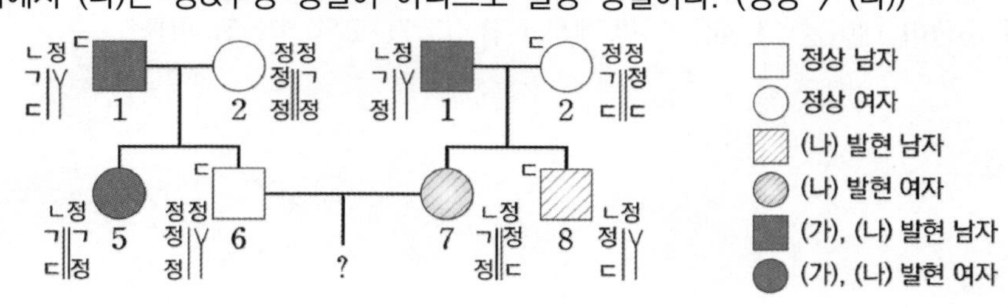

ㄱ. ㉡은 6이다. (○)
ㄴ. 5에서 (다)의 유전자형은 이형 접합성이다. (X)
ㄷ. 6과 7 사이에서 아이가 태어날 때,

이 아이에게서 (가)~(다) 중 (가)만 발현될 확률은 $\frac{1}{2}\times\frac{1}{4}=\frac{1}{8}$이다. (X)

16 2021학년도 6월 평가원 17번

정답 : ㄴ

조건이 많으니 차분히 정리해본다.

(1) (가)의 표현형은 그림에서 제시했다.

(2) (나)의 유전자형과 표현형에 대한 정보가 다음과 같이 제시되었다.

→ 1, 2, 3, 4의 (나)의 표현형은 모두 다르고, 2, 6, 7, 9의 (나)의 표현형도 모두 다르다.

→ 3과 8의 (나)의 유전자형은 이형 접합성이다.

(3) DNA 상대량에 관한 정보가 분수로 제시되었다.

→ $\dfrac{1,2,5,6\text{ 각각의 체세포 1개당 E의 DNA 상대량을 더한 값}}{3,4,7,8\text{ 각각의 체세포 1개당 r의 DNA 상대량을 더한 값}}=\dfrac{3}{2}$

가계도에서 부모가 표현형이 같은데 자손이 다른 경우는 보이지 않는다.

6에서 (가)가 발현되었는데 아버지인 1에서 발현되지 않았으므로, (가)는 성&열성이 아니다.

문항에서 (나)에 대해 해석해야 할 조건이 많으므로 (가)부터 처리할 수 있도록 한다.
(가)에 대해 가계도 그림 외에 주어진 조건은 분수 조건뿐이다.

$\dfrac{1,2,5,6\text{ 각각의 체세포 1개당 E의 DNA 상대량을 더한 값}}{3,4,7,8\text{ 각각의 체세포 1개당 r의 DNA 상대량을 더한 값}}=\dfrac{3}{2}$를 만족하기 위해서는
3, 4, 7, 8 이 가지는 r의 개수가 2 or 4여야 한다. (분자의 최댓값이 8이므로.)

(가)가 상염색체 유전인 경우,
3, 4, 7, 8이 가지는 r의 개수는 우/열과 관계없이 Rr 2명, rr 2명이 되어 6개다.
→ (가)는 성염색체 유전이고, (2)를 고려하면 성&우성임을 알 수 있다.

(가)에 대한 가계도 구성원의 유전자형은 다음과 같다.

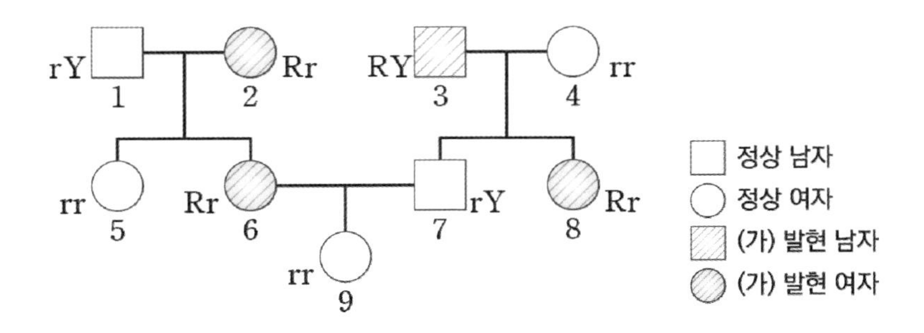

3, 4, 7, 8이 가지는 r의 개수가 4개이므로 1, 2, 5, 6의 E의 개수는 6개여야 한다.

(나)에 대해 사용할 수 있는 조건은 다음과 같다.
-(나)의 표현형은 4가지이며, (나)의 유전자형이 EG인 사람과 EE인 사람의 표현형은 같고,
유전자형이 FG인 사람과 FF인 사람의 표현형은 같다.
-1, 2, 3, 4의 (나)의 표현형은 모두 다르고, 2, 6, 7, 9의 (나)의 표현형도 모두 다르다.
-3과 8의 (나)의 유전자형은 이형 접합성이다.
-1, 2, 5, 6이 가지는 E의 개수는 6개이다.

(나)의 우열 관계를 파악해보면, E = F 〉 G로 정리된다.
임의의 구성원 4명에게서 (나)의 표현형이 서로 다른 경우는 다음과 같이 유전자형이 구분된다.
EE or EG / FF or FG / EF / GG

구성원 1, 2, 5, 6에 대해서는 '1, 2, 5, 6이 가지는 E의 개수가 6개'가 되고, '1, 2, 3, 4의 (나)의 표현형은 모두 다르고, 2, 6, 7, 9의 (나)의 표현형도 모두 다르다'는 조건을 모두 만족시켜야 한다.
만약 1, 2, 5, 6 중 3명의 유전자형이 EE라면, 어떠한 경우에서도 '1, 2, 3, 4의 (나)의 표현형은 모두 다르고, 2, 6, 7, 9의 (나)의 표현형도 모두 다르다'는 조건을 만족시키지 못한다.
따라서 1, 2, 5, 6 중 2명의 유전자형은 EE이고, 나머지 2명은 E를 하나씩 가진다.

1, 2, 3, 4에서 (나)의 표현형이 모두 다른데, 1과 2가 최소 1개의 E를 가지고 3의 (나)의 유전자형은 이형 접합성이므로 3의 (나)의 유전자형은 FG로 결정된다.
또한, 4의 (나)의 유전자형까지 GG로 결정된다.

3과 4의 (나)의 유전자형이 각각 FG, GG인 상황에서는 7과 8이 가질 수 있는 (나)의 유전자형 역시 FG와 GG 중 하나이다. 그런데 8의 (나)의 유전자형이 이형 접합성이므로 8의 (나)의 유전자형은 FG로 결정된다.

2와 6이 최소 1개의 E를 가지므로 2, 6, 7, 9에서 (나)의 표현형이 모두 다른 조건을 만족하려면 7의 (나)의 유전자형이 GG, 9의 (나)의 유전자형이 FG이어야 한다.
6과 7에서 유전자형을 FG로 갖는 자손이 태어나려면 6의 (나)의 유전자형은 EF이어야 하고, 자동적으로 2의 (나)의 유전자형은 EE가 된다.

조건들을 마저 활용하여 가계도를 완성하면 다음과 같다.

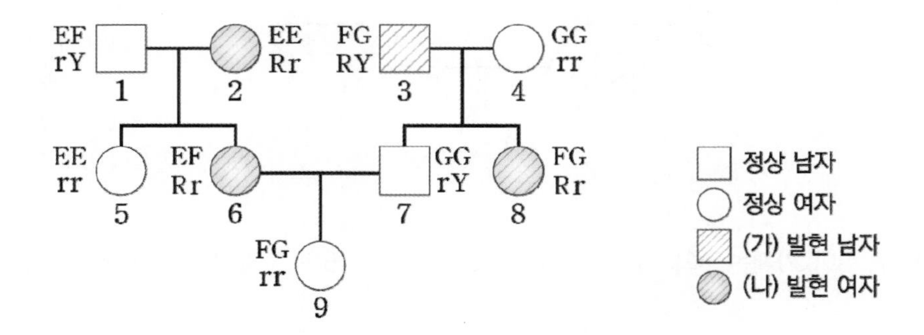

ㄱ. (가)의 유전자는 X 염색체에 있다. (X)
ㄴ. 7의 (나)의 유전자형은 GG로 동형 접합성이다. (○)
ㄷ. 9의 동생이 태어날 때, 8과 (가), (나)의 표현형이 같으려면 (가)의 유전자형이 R[?]이어야 하고,

이 확률은 $\frac{1}{2}$이다. (나)에 대해서는 유전자형이 FG이어야 하고, 이 확률도 $\frac{1}{2}$이다.

따라서 9의 동생이 태어날 때, 이 아이의 (가), (나)의 표현형이 8과 같을 확률은 $\frac{1}{4}$이다. (X)

17 2021학년도 9월 평가원 19번

정답 : ㄴ, ㄷ

조건을 정리하면, (가)와 (나)의 유전자는 모두 X 염색체에 있다.
성/상과 연관 여부는 알고 있으므로, 조건을 통해 우/열을 판단하자.
표현형에 대한 조건으로 가계도 그림과 'ⓐ와 ⓑ 중 한 사람은 (가)와 (나)가 모두 발현되었고,
나머지 한 사람은 (가)와 (나)가 모두 발현되지 않았다.'라는 조건이 제시되었다.

가계도에서 부모가 표현형이 같은데 자손이 다른 경우는 보이지 않는다.

4에서 (나)가 발현되었으나 아들인 7은 정상이다.
→ 4&7에서 (나)는 성&열성이 아니다. 성염색체는 확정이므로 성&우성으로 결정된다.
(㉡ 〉 정상) / (편의상 (나)를 발현시키는 유전자를 ㉡이라고 쓰겠다.)

남자의 X 염색체 유전에서 표현형=유전자형임을 이용하여 유전자형을 추적한다.
남자부터 채웠을 때, 가계도를 다음과 같이 작성할 수 있다.
(편의상 (가)를 발현시키는 유전자를 ㉠이라 쓰겠다.)

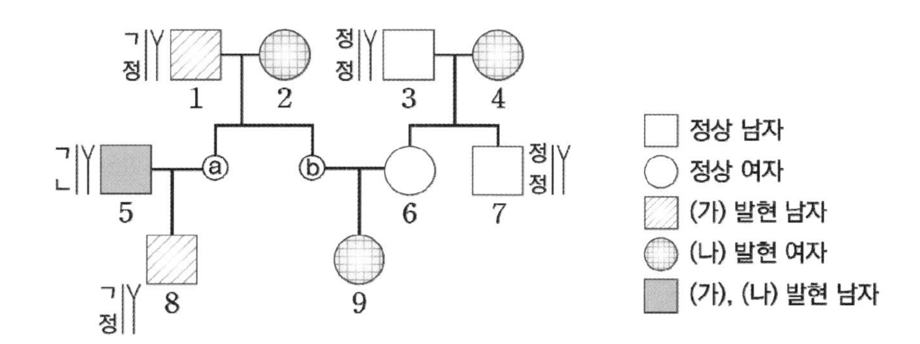

(나)가 우성 형질이라는 점과 부모-자손 간의 염색체 전달을 고려하여 유전자형을 최대한 확정한다.
2, 4, 9는 (나)가 발현되었으므로 반드시 ⓛ을 가진다. 다음과 같이 확정할 수 있다.

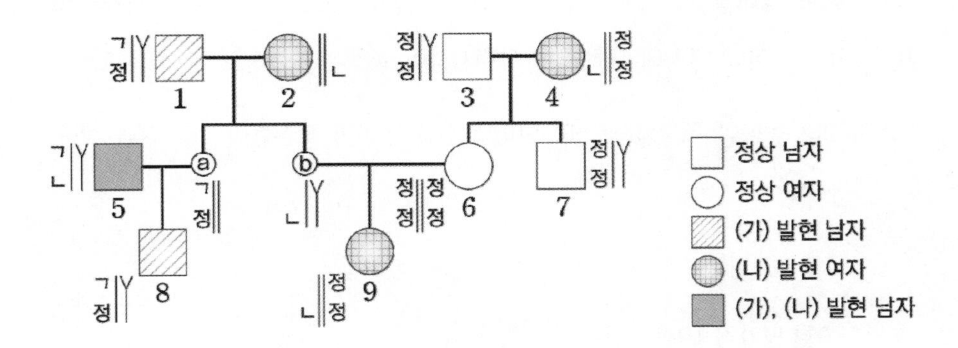

표현형에 대한 조건인 "ⓐ와 ⓑ 중 한 사람은 (가)와 (나)가 모두 발현되었고, 나머지 한 사람은 (가)와 (나)가 모두 발현되지 않았다."를 활용한다.

ⓑ에서 (나)가 발현되지 않으면 ⓑ와 6에서 (나)에 대한 표현형이 정상으로 같은데
자손인 9에서 다른 표현형이 태어나므로 (나)가 열성 형질이어야한다.
(나)는 우성 형질이라고 결정되었기 때문에 모순이다.
따라서 ⓑ에서 (나)가 발현되어야만 하고, (가)와 (나)가 모두 발현된 사람은 ⓑ이다.

ⓐ에서는 모두 발현되지 않아야 하는데, ⓐ에는 ㉠이 존재하므로 (가)는 열성 형질이다.
(정상 〉 ㉠)

가계도 구성원의 유전자형은 다음과 같이 채울 수 있다.

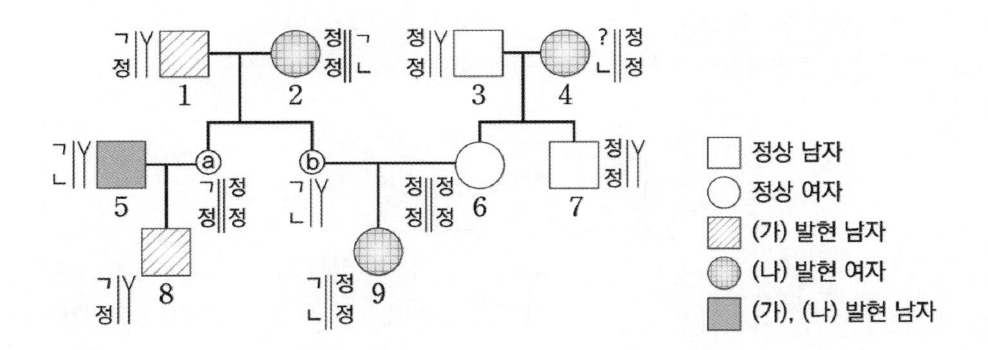

ㄱ. ⓐ에게서는 (가)와 (나) 모두 발현되지 않았다. (X)
ㄴ. 2의 (가)에 대한 유전자형은 이형 접합성이다. (○)
ㄷ. 8의 동생이 태어날 때, 이 아이에게서 나타날 수 있는 표현형은 4가지로, 다음과 같다. (○)
→ (가), (나) 모두 발현하는 경우/(가)만 발현하는 경우/(나)만 발현하는 경우/(가), (나) 모두 미발현하는 경우

18 2022학년도 6월 평가원 17번

정답 : ㄱ, ㄷ

조건을 정리하면, (가), (나), (다)는 각각 A와 a, B와 b, D와 d에 의해 결정되고, A, B, D가 각각 a, b, d에 대해 완전 우성이다. (가)~(다)의 유전자 중 2개는 X 염색체에, 나머지 1개는 상염색체에 있다. 3, 6, 7 중 (다)가 발현된 사람은 1명이고, 4와 7의 (다)의 표현형은 서로 같다.

표에서 ㉠이 A라면, 2와 3은 모두 A를 가지고 있는데 (가)의 표현형이 다르므로 모순이다.
마찬가지로 ㉢ 역시 A일 수 없다. ㉡이 A이다.
같은 논리로 나머지를 Matching하면 ㉠은 B이고, ㉢은 d이다.

2는 A를 가지지만 (가)가 발현되지 않았으므로 (가)는 열성 형질이다. (정상 〉 (가))
3과 6의 관계에서 (가)가 성&열성 형질이 아님을 알 수 있고, 따라서 (가)는 상염색체에 존재한다.
2와 3은 B를 가지지만 (나)가 발현되지 않았으므로 (나)는 열성 형질이다. (정상 〉 (나))

추론한 정보를 토대로 가계도 구성원의 유전자형을 나타내면 다음과 같다.

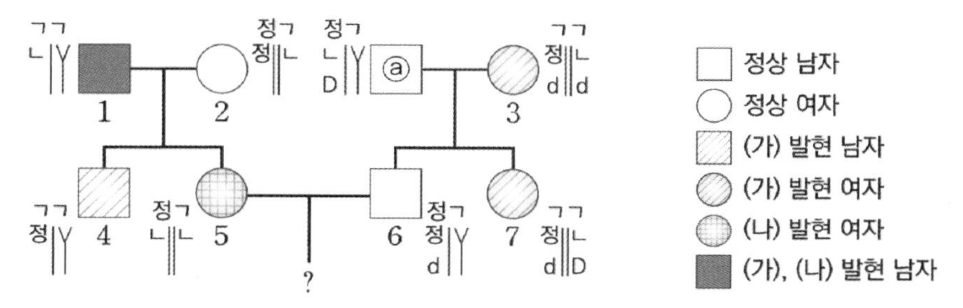

문제 조건에서 3, 6, 7 중 (다)가 발현된 사람은 1명이므로 D를 가지는 7에서 (다)가 발현되었다.
따라서 (다)는 우성 형질임을 알 수 있다. ((다) 〉 정상)

나머지 가계도 구성원의 유전자형을 채워넣자.

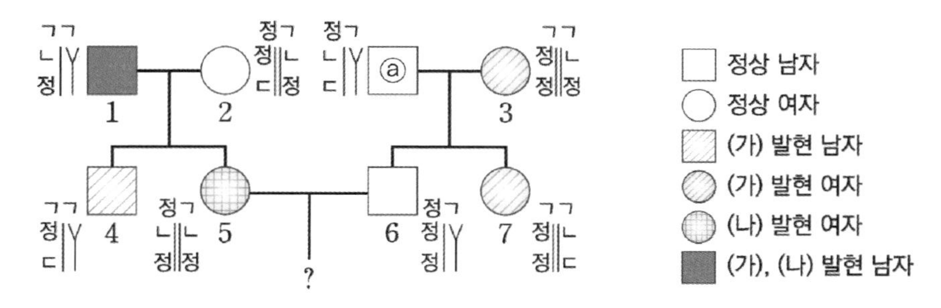

ㄱ. ㉠은 B이다. (○)
ㄴ. 7의 (나), (다)의 유전자형만 이형 접합성이다. (X)
ㄷ. 5와 6 사이에서 아이가 태어날 때,
이 아이에게서 (가)~(다) 중 한 가지 형질만 발현될 확률은 $\frac{3}{4}\times\frac{1}{2}+\frac{1}{4}\times\frac{1}{2}=\frac{1}{2}$이다. (○)

19 2022학년도 9월 평가원 17번

정답 : ㄱ, ㄷ

조건을 정리하면, (가)와 (나)는 각각 A와 a, B와 b에 의해 결정되며,
A는 a에 대해, B는 b에 대해 완전 우성이다.

1과 2에서 (나)가 발현되었는데 5에서 발현되지 않았으므로 (나)는 우성 형질이다. ((나) > 정상)

2와 5의 관계에서 (가)는 성&우성 형질이 아니다.

1과 2는 (나)가 발현되었으므로 B를 적어도 1개 가지고, 5는 (나)가 발현되지 않았으므로
b를 적어도 1개 가진다. 따라서 b를 가지는 5는 ㉠이 아니다.
㉠은 b를 가지지 않으므로, B와 b는 성염색체에 존재하고 ㉠은 1이다.
1은 A를 가지지 않는데 (가)가 발현되었으므로 (가)는 열성 형질이다. (정상 > (가))

2는 (가)가 발현되지 않았으므로 A를 가지고, ㉢은 2이다.
A와 a가 성염색체에 존재한다면, 즉 (가)와 (나)가 연관되어 있다면
5는 a와 b가 연관된 염색체를 가지고, 6은 a와 B가 연관된 염색체를 가진다.
두 염색체는 2로부터 물려받는데 2의 유전자형은 AaBb이므로 모순이다.
따라서 A와 a는 상염색체에 존재한다.

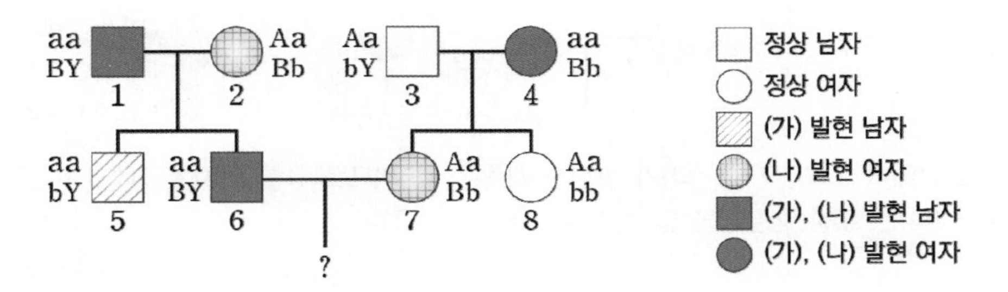

표와의 비교를 위해 유전자형을 A와 a, B와 b로 나타내었다.
㉣=4, ㉤=3, ㉥=8이다.

ㄱ. (가)의 유전자는 상염색체에 있다. (○)
ㄴ. 8은 ㉥이다. (X)
ㄷ. 6과 7 사이에서 태어난 아이의 (가)와 (나)의 표현형이 모두 ㉡(5)과 같을 확률은
$\frac{1}{2}\times\frac{1}{4}=\frac{1}{8}$이다. (○)

20 2023학년도 수능 19번

정답 : ㄱ

조건을 정리하면, (가)와 (나)는 같은 염색체 위에 있으며, $E > F > G$이다.

3은 여성이므로 F의 상대량이 1일 수 없다. 3에서 (나)의 유전자형은 EG이다.
4는 복대립 유전자를 한 개만 가지므로 GY이어야한다.
따라서 (가)와 (나)는 X 염색체에 연관되어 있다.

구성원 1, 3의 관계에 의해 (가)는 성&우성 형질일 수 없다.
따라서 (가)는 성&열성 형질이다.
구성원 1, 5가 남성이므로 성염색체에 존재하는 대립유전자를 2개까지 가질 수 없기에
여성인 구성원 ⓐ에서 ㉡=2이어야한다. ⓐ에서 (나)의 유전자형은 EF이다.

ⓐ가 갖는 X 염색체는 가족관계에 의해 1-3-ⓐ가 공유하므로
1이 갖는 염색체 aE를 3과 ⓐ도 공통적으로 가진다.
3은 aE/AG이며, 2는 AG를 갖는다.
1은 F와 G를 모두 가지지 않으므로 ㉠=0이며, ㉢=1이다. 5에서 (나)의 유전자형은 FY가 된다.
구성원 1과 4가 F를 갖지 않기에 5가 가지는 F는 2로부터 물려받았어야 하며,
성염색체 연관에 의해 aF를 2-ⓐ-5가 공유함을 알 수 있다.

ㄱ. ⓐ에서 (가)의 유전자형은 aa로 동형 접합성이다 (○)
ㄴ. A와 G를 모두 갖는 사람은 2, 3, 4 세 명이다. (X)
ㄷ. 5의 동생이 태어날 때, 이 아이의 (가)와 (나)의 표현형이 모두 2와 같을 확률은 $\frac{1}{4}$이다. (X)

21 2023년 4월 교육청 19번

정답 : ㄴ

4-5-6의 표현형에서 (나)가 상&우성 형질임을 알 수 있다.
3,4,5는 순서대로 T의 DNA 상대량이 0,1,1이다. 이때 ㉠~㉢ 중에 $H+T$가 0인 사람이 존재하므로 3이 H의 DNA 상대량이 0이 되어야한다. 즉 (가)는 상&열성 형질이다.
4는 (가) 발현자이므로 ㉡은 1이다.

ㄱ. (가)는 열성 형질이다. (X)
ㄴ. 1에서 체세포 1개당 h의 DNA 상대량은 ㉡(=1)이다. (○)
ㄷ. 4는 hhTt이고 5는 HhTt이므로 (가)와 (나)가 모두 발현될 확률은 $\frac{1}{2}\times\frac{3}{4}=\frac{3}{8}$이다. (X)

22 2023년 7월 교육청 15번

정답 : ㄱ

2, 3, 4, 7(ⓐ~ⓓ) 중 (가) 미발현자는 1명인데, (가) 미발현자가 2 또는 7이면 3, 4가 (가) 발현자가 되어 3-4-8에서 (가)가 상&우성 형질이어야 한다.

(가) 미발현자가 3, 4 중 하나여도, 7이 (가) 발현자가 되어 6-7-9에서 (가)가 상&우성 형질이어야 한다.

즉, 2, 3, 4, 7 중 유일한 (가) 미발현자가 누가 되든 (가)는 상&우성 형질이다.

6은 hT/를 갖기에 H?/hT인데, 아들인 9가 hh이므로 6으로부터 hT/를 받는다.

그러므로 ㉠표현형이 6과 ㉢표현형이 9가 T를 가지므로 ㉡표현형은 tt에 대응된다.

1이 ㉡표현형이므로 tt가 되어 6과 t를 공유한다.

6은 Tt가 되어 ㉠이 Tt, ㉢이 TT가 된다. 구성원들의 유전자형을 정리하면 아래와 같다.

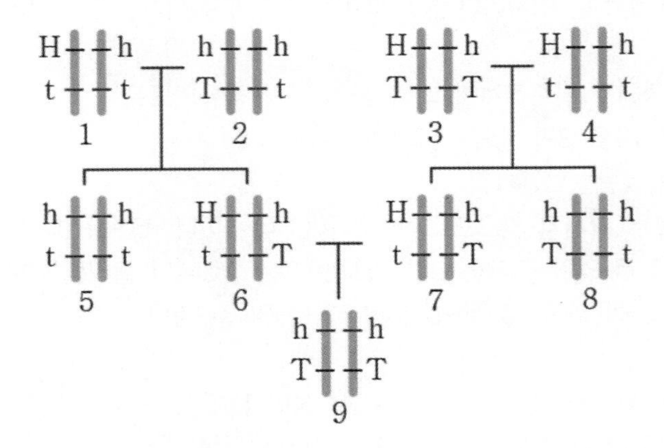

ⓑ는 2이며, ⓓ는 3이고 ⓒ는 4이며, ⓐ는 7이다.

ㄱ. ⓐ는 7이다. (○)

ㄴ. (나)의 표현형이 ㉠인 사람의 유전자형은 Tt이다. (X)

ㄷ. 9의 동생이 태어날 때, 이 아이의 (가)와 (나)의 표현형이 모두 3과 같을 확률은 0이다. (X)

23 2023년 10월 교육청 20번

정답 : ㄱ

2-5 관계에서 (나)는 열성&성 형질이 아니다. 3-7 관계에서 (나)는 성&우성 형질이 아니다.
(나)는 상염색체 유전이다.
나머지 (가)가 X염색체 유전인데 3-6에서 (가)는 우성&성 형질이 아니므로 (가)는 성&열성 형질이다.

2, 3, 5, 7의 A의 DNA 상대량은 각각 (1 또는 2), 0, 1, 0이다. 2, 3, 5, 7에서 A와 b의 DNA 상대량을 더한 값이 1~3이므로 전부 (나)에 대해 우성동형이 불가능하므로 모두 b를 갖는다.
즉 2에서 $A+b$는 2 이상인데, 7은 A의 DNA 상대량이 0이므로 7은 적어도 b의 DNA상대량이 2가 되어야 한다. 즉 (나)는 상&우성 형질이며 2는 AaBb여야 한다. 즉 ⓐ는 2이다.

ㄱ. (나)는 우성형질이다. (○)
ㄴ. 1의 유전자형은 aYbb이므로 a와 B 상대량 합은 1이다. ⓐ(=2)가 아니다. (X)
ㄷ. 5의 유전자형은 AYbb이고 6의 유전자형은 AaBb이다.
5와 6 사이에서 아이가 태어날 때,
이 아이에게서 (가)와 (나) 중 (가)만 발현될 확률은 $\frac{1}{4}\times\frac{1}{2}=\frac{1}{8}$이다. (X)

24 2024학년도 6월 평가원 16번

정답 : ㄱ, ㄴ, ㄷ

8이 (나)에 대해 정상이므로 유전자형은 $\frac{1}{8}$가 되고, ㉡=0이다. 2, 5 중 한 사람은 BB, 나머지 한 사람은 Bb가 되는데, 1이 (나)에 대해 정상이기 때문에 5가 (나)에 대해 우성동형이 불가능하므로 2가 BB이다. ㉠=1, ㉢=2이다.

1과 2는 a의 DNA 상대량이 1로 동일한데 두 구성원의 (가) 표현형이 서로 다르므로 (가)는 X 염색체 유전이다. 구성원들의 유전자형을 정리하면 아래와 같다.

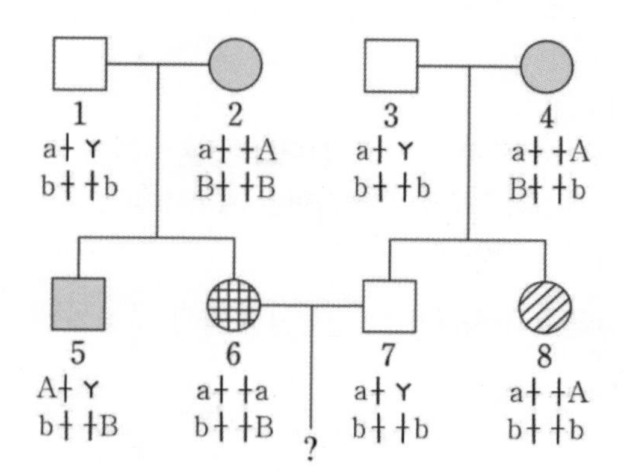

ㄱ. (가)의 유전자는 X 염색체 위에 있다. (○)

ㄴ. ㉢은 2이다. (○)

ㄷ. 6, 7 모두 a만 가지므로 (가)는 발현되지 않으며,

6이 Bb, 7이 bb이므로 6의 아이에게서 (가)와 (나) 중 (나)만 발현될 확률은 $\frac{1}{2}$이다. (○)

25 2024학년도 9월 평가원 19번

정답 : ㄴ, ㄷ

1-2-4에서 (나)는 우성형질임을 알 수 있다.

1, 3, 6은 모두 (나) 발현자이므로 B를 가져야 한다.
3은 (㉠+B)가 (0+1)이어야 하며, 1과 6의 자손에서 (나)에 대해 정상인 자손이 태어났기 때문에 1과 6은 (나)에 대해서 우성동형 불가능하므로 둘 다 (㉠+B)가 (1+1)이어야 한다.

1, 6의 ㉠의 DNA 상대량이 1로 같은데 둘의 표현형과 성별이 모두 다르므로
㉠은 a이며, (가)는 X 염색체 유전임을 알 수 있다.
6이 이형접합자이므로 (가)는 성&우성 형질이다.
나머지 (나)는 상&우성 형질이다. 구성원들의 유전자형을 정리하면 다음과 같다.

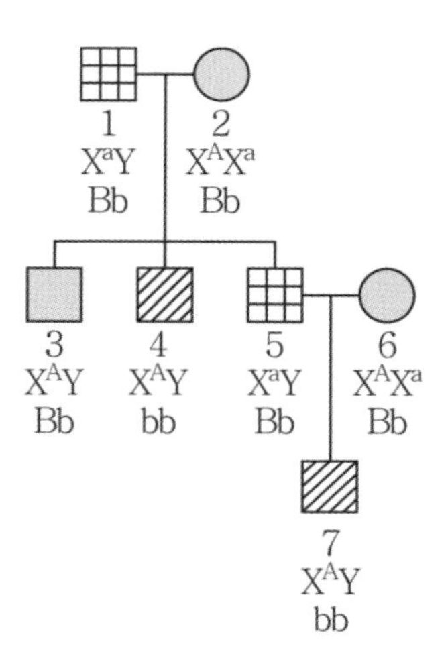

ㄱ. ㉠은 a이다. (X)
ㄴ. (나)의 유전자는 상염색체에 있다. (○)
ㄷ. 7의 동생이 태어날 때, 이 아이에게서 (가)와 (나)가 모두 발현될 확률은 $\frac{1}{2}\times\frac{3}{4}=\frac{3}{8}$이다. (○)

26 2024학년도 수능 19번

정답 : ㄱ, ㄷ

ⓐ가 (가) 발현자면 1-ⓐ-ⓑ의 표현형에서 (가)가 우성 형질이라는 정보가, ⓑ-ⓒ-6에서 (가)가 열성 형질이라는 정보가 나오므로 모순이다. ⓐ는 (가) 미발현 여자이다.

ⓑ는 아버지와 어머니의 (가) 표현형이 다르므로 (가)에 대해 우성동형 불가능하다.
여자인 ⓒ의 부모에서 (가) 표현형이 다르기 때문에 ⓒ에서 (가)는 우성동형 불가능하다.
ⓐ는 아들(4)와 (가)표현형이 다르므로 ⓐ, ⓑ, ⓒ 전부 (가)에 대해 우성동형 불가능함을 알 수 있다.

㉠~㉢ 중에 0이 존재하므로 ⓐ~ⓒ 중에 h의 DNA 상대량 값이 0인 사람이 있다.
그런데 ⓐ~ⓒ 전부 (가)에 대해 우성동형 불가능하므로 h의 DNA 상대량 값 0과 우성동형 불가능 정보가 맞물리는 상황이 발생한다. 즉. (가)와 (나)는 X 염색체 유전이다.
4와 ⓐ의 관계에서 (가)는 성&우성 형질이 아님을 알 수 있다. (가)는 성&열성 형질이다.

2와 6의 표현형이 서로 다르므로 6이 가진 X 염색체는 3으로부터 물려받은 것이다.
이 둘의 (나)표현형이 다르므로 ⓒ의 (나)에 대한 유전자형은 Tt이다.
ⓒ가 갖는 T를 제공한 부모는 2와 3 중 한 명인데 ⓒ의 부모가 모두 (나) 미발현자이므로 (나)는 성&열성 유전이다. 구성원들의 유전자형을 정리하면 아래와 같다.

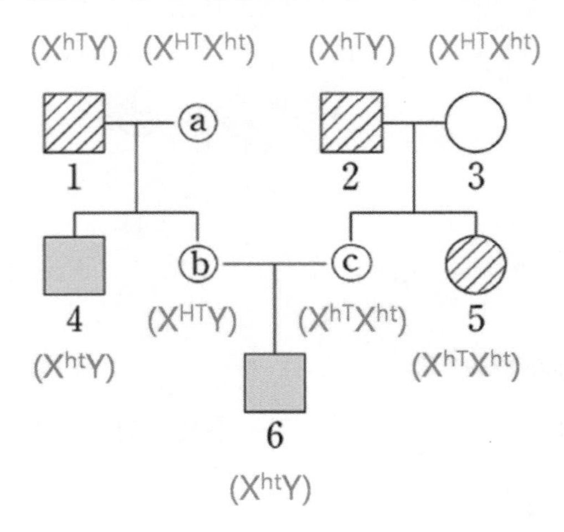

ㄱ. (가)는 열성 형질이다. (○)
ㄴ. ⓐ~ⓒ 중 (나)가 발현된 사람은 없다. (X)
ㄷ. 6의 동생이 태어날 때, 이 아이에게서 (가)와 (나)가 모두 발현될 확률은 $\frac{1}{2}\times\frac{1}{2}=\frac{1}{4}$이다. (○)

27 2025학년도 6월 평가원 19번

정답 : ㄱ

ⓐ에서 B와 b의 DNA 상대량 값의 합은 1 또는 2만 가능하므로
㉠은 1이며, 대립유전자의 합은 2이다.
(나)는 상염색체 유전이며 3이 B를 가지는데 (나)에 대해 정상이므로 (나)는 상&열성 형질이다.
4에서 (나)가 발현되었고, b의 DNA 상대량은 2가 되므로 ㉢은 2이고, 나머지 ㉡은 0이다.
(가)와 (나) 중 하나가 X염색체 위에 있으므로 (가)가 X염색체 유전이며,
4가 (가)에 대해 이형 접합성을 나타내는데 (가)에 대해 정상 표현형이므로 (가)는 성&열성 형질이다.

ㄴ. 이 가계도 구성원 중 체세포 1개당 a의 DNA 상대량이 2인 사람은 6으로 1명이다. (X)
ㄷ. 6의 동생이 태어날 때, 이 아이에게서 (가)와 (나) 중 (나)만 발현될 확률은 $\frac{1}{2} \times \frac{1}{2} = \frac{1}{4}$이다. (X)

28 2025학년도 수능 19번

정답 : ㄱ

2가 B를 가지므로 (나)는 열성 형질이며,
2와 4의 (나) 표현형이 서로 다르므로 B의 보유 여부가 달라야 하기에 ㉡=0이다.
5는 (나)에 대해 우성 동형이 불가능하므로 ㉢은 2가 될 수 없어 1이며, ㉠이 2이다.
5에서 a의 DNA 상대량이 2인데 정상 표현형이므로 (가)는 우성 형질이다.

ⓐ가 (가)에 대해 정상이라면 4의 (가) 발현에 대해 모순이다.
ⓐ는 (가)가 발현되었으며 B를 갖지 않으므로 (가)와 (나)가 모두 발현된 사람이다.

왼쪽 가족의 1세대(1, ⓐ)가 B를 갖지 않으므로 ⓑ에서는 (나)만 발현, ⓒ에서는 (가)만 발현이다.
ⓑ의 유전자형은 ab/ab, 6의 유전자형은 aB/ab가 된다.
6이 가진 a와 B가 연관된 염색체는 오른쪽 가족으로부터 와야 하며, ⓒ를 거쳐서 와야 한다.
(가)와 (나) 성연관 상황이면 ⓒ에서 (가)만 발현하는 것에 대하여 모순이다.
(가)와 (나)는 상염색체 연관이다.

ㄴ. 이 가계도의 구성원 중 체세포 1개당 b의 DNA 상대량이 2(㉠)인 사람은 1, ⓐ, 3, 4, ⓑ이므로 5명이다. (X)
ㄷ. ⓑ의 유전자형은 ab/ab이고, ⓒ의 유전자형은 aB/Ab이다. 6의 동생이 태어날 때, 이 아이에게서 (가)와 (나) 모두 발현될 확률은 $1 \times \frac{1}{2} = \frac{1}{2}$이다. (X)

Part

04 해설

01 2017학년도 6월 평가원 12번

정답 : ㄷ

【감수 분열 with 돌연변이】에서 유형 A에 해당하는데,
각 세포의 핵상과 DNA 상대량 표가 제시되었다.
세포의 Matching이 필요한 문제이다.

조건을 정리하자.
(1) 감수 분열 과정에서 염색체 비분리는 1회 일어났다.
(2) 대립유전자 A, a, B, b는 X 염색체에 연관되어 존재한다.

세포 ㉠, ㉡은 핵상이 $2n$이어야 하기 때문에 세포 IV의 핵상은 $2n$이 된다.
세포 ㉠에서 유전자 복제가 일어나 DNA 상대량이 2배가 된 것이 세포 ㉡이므로
㉠=II, ㉡=IV이다. ⓑ=2가 되어야 한다.

만약 ㉢=I라면, ㉣=III가 되고 감수 1분열에서 비분리가 일어난 것이 된다.
그런데 이 경우, 감수 분열 과정에서 염색체 비분리는 1회만 일어났기 때문에
III의 핵상도 $n+1$이 되어야 하므로 모순이 발생한다.

따라서 ㉢=III, ㉣=I이고, 비분리는 감수 2분열에서 일어났다.
〈감수 분열에 관한 기본 전제〉-(a)에 의하여 ㉣이 가지는 B를 ㉢도 가져야 하므로 ⓐ=2이다.

ㄱ. ⓐ+ⓑ=4이다. (X)
ㄴ. ㉢=III이다. (X)
ㄷ. ㉡=IV에는 2가 염색체가 있다. (○)

02 2017학년도 6월 평가원 19번

정답 : ㄱ

문제 조건을 먼저 정리하자.

(1) ㉠과 ㉡을 결정하는 유전자는 같은 염색체에 연관되어 존재한다.

(2) 3과 4 중 한 사람에게서만 감수 분열에서 염색체 비분리가 1회 일어나 비정상적인 생식세포가 형성되었고, 이것과 정상 생식세포가 수정되어 7과 8 중 한 사람이 태어났다.

먼저, ㉠과 ㉡의 열성/우성 여부와 상/성염색체를 판단하자.
1과 2에서 발현되지 않은 ㉠이 5에서 발현되었으므로, ㉠은 열성 형질이다.
DNA 상대량 표에서 1과 2에서 A^*의 DNA 상대량이 각각 0과 1이므로 ㉠의 우열관계는 $\mathrm{A} > \mathrm{A}^*$이다.
유전자가 상염색체에 존재한다면, 1에서 ㉠의 유전자형이 AA가 되기 때문에 자손에서 ㉠이 발현될 수 없다.
따라서 유전자는 X 염색체에 존재한다.
2와 5의 관계에서 ㉡은 성&열성 형질이 아님을 알 수 있다.
X 염색체에 존재하는 ㉠과 연관되어 있으므로, ㉡은 성&우성 형질이다.

7과 8을 제외한 가계도 구성원의 유전자형을 분석하자.

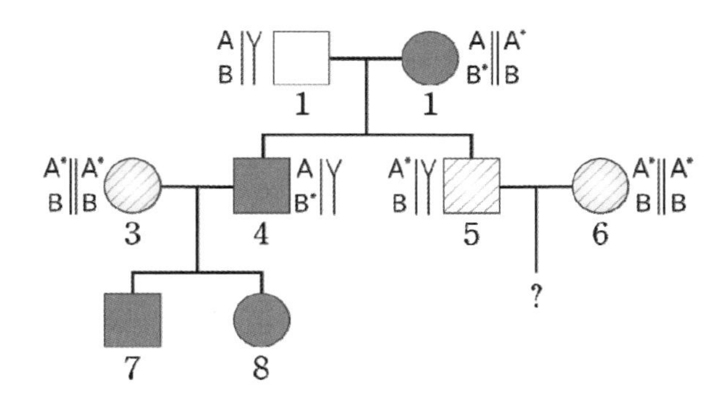

7에서 ㉠은 발현되지 않고, ㉡은 발현되려면 4와 동일한 유전자 구성을 가져야 하는데,
4가 가지고 있는 X 염색체와 같은 것을 3이 물려줄 수 없기 때문에
비정상적인 생식세포와 정상적인 생식세포가 수정되어 태어난 사람은 7이다.
4의 감수 1분열에서 비분리가 일어나 X 염색체와 Y 염색체를 동시에 가지는 생식세포가 형성되고,
이것이 3의 정상 생식세포와 수정되면 7의 X 염색체 유전자 구성이 $\mathrm{A}^*\mathrm{B}/\mathrm{AB}^*$가 되어 조건을 만족한다.
8의 X 염색체 유전자 구성도 동일하게 $\mathrm{A}^*\mathrm{B}/\mathrm{AB}^*$가 된다.
ⓐ~ⓓ 값을 계산하면 ⓐ=1, ⓑ=1, ⓒ=0, ⓓ=1이다.

ㄱ. ⓐ+ⓑ+ⓒ+ⓓ=3이다. (○)

ㄴ. 4의 감수 1분열 과정에서 염색체 비분리가 일어났다. (X)

ㄷ. 5와 6이 가지는 X 염색체의 유전자 구성은 $\mathrm{A}^*\mathrm{B}$로 동일하다.
5와 6 사이에서 태어난 아이는 성별에 관계 없이 항상 ㉠과 ㉡ 중 ㉠만 발현된다. (X)

03 2017학년도 9월 평가원 19번

정답 : ㄴ, ㄷ

문제 조건을 먼저 정리하자.

(1) ㉠과 ㉡의 우열 관계가 명확히 제시되었고, 두 유전자 모두 X 염색체에 연관되어 있다.
(2) 가족 구성원 중 자녀 4는 클라인펠터 증후군을 나타내며, 그 외의 구성원의 핵형은 모두 정상이다.

부모와 자녀 1~4의 표현형을 분석하여 ㉠과 ㉡의 열성/우성 여부를 판단하자.
부모 모두 ㉠이 발현되지 않았는데, 자녀 2에서 ㉠이 발현되었으므로 ㉠은 열성 형질이다.
성별이 같은 자녀 1, 2에서 ㉠의 발현 여부가 다르므로 어머니에서 ㉠의 유전자형은 이형 접합성이다.
어머니는 자녀 1, 2에게 각각 서로 다른 X 염색체를 물려준다.
부모 중 한 사람에게서만 ㉡이 발현되었는데, 자녀 1, 2에서 ㉡이 발현되기 위해서는 어머니가 가지는 두 X 염색체 모두에 ㉡을 발현시키는 유전자가 존재해야 한다.
따라서 부모 중 어머니에게서만 ㉡이 발현되었다.
자녀 3에게 아버지가 ㉡의 정상 유전자를, 어머니가 ㉡을 발현시키는 유전자를 물려준 결과,
이형 접합성에서 ㉡이 발현되지 않았으므로 ㉡도 열성 형질이다.

추론 결과를 종합하면 아버지의 X 염색체 유전자 구성은 AB이고,
어머니의 X 염색체 유전자 구성은 AB^*/A^*B^*이다.

자녀 4에서는 ㉠과 ㉡이 모두 발현되지 않았다.
정상적인 생식세포의 수정이었다면 남자 자녀에게서는 반드시 ㉡이 발현되어야 하기 때문에,
자녀 4에게는 대립유전자 B가 존재해야 한다.
자녀 4에 B가 존재하기 위해서는 아버지의 감수 1분열 과정에서 비분리가 일어나 X 염색체와 Y 염색체를 동시에 가지는 비정상적인 생식세포가 형성되어야 한다. 그러한 정자가 정상적인 난자와 수정되면 자녀 4가 클라인펠터 증후군을 나타낸다는 조건을 만족할 수 있다.

ㄱ. ㉡은 열성 형질이다. (X)
ㄴ. 어머니는 A와 B^*가 연관된 염색체를 가진다. (○)
ㄷ. ⓐ는 감수 1분열에서 염색체 비분리가 일어나 형성된 정자이다. (○)

04 2017학년도 수능 8번

정답 : ㄴ

【감수 분열 with 돌연변이】에서 유형 A에 해당하고, 동물의 기본 핵상과 형질 ⓐ의 유전자형이 제시되었다.

이 동물의 기본 핵상이 $2n=6$이므로 (가)에서 핵상이 n인 세포들은 $n=3$이 된다.
(나)에서 세포 ⓜ의 핵상은 $n=2$이므로, B와 F, f는 같은 염색체에 존재한다는 것을 알 수 있다.
㉠과 ㉡에서 F의 DNA 상대량이 같기 때문에 ㉡까지는 F가 존재하는데, ⓜ에 F가 존재하지 않으므로 염색체 비분리는 세포 ⓡ, ⓜ이 형성되는 감수 2분열에서 일어났다.

ㄱ. 염색체 비분리는 감수 2분열에서 일어났다. (X)
ㄴ. ⓒ으로는 B와 f가 연관된 염색체가 들어간다. (○)
ㄷ. $\dfrac{\text{㉣의 염색체 수}}{\text{㉠의 염색분체 수}}=\dfrac{3+1}{6\times2}=\dfrac{1}{3}$이다. (X)

05 2018학년도 6월 평가원 13번

정답 : ㄴ

【감수 분열 with 돌연변이】에서 유형 A에 해당하는데, 2개의 생식세포 형성 과정을 다루면서 세포별 총 염색체 수와 X 염색체 수를 표로 제시하였다. 세포의 Matching이 필요한 문제이다.

문제에서 (가)와 (나)의 감수 1, 2분열 각각에서 어떤 염색체 비분리가 일어났는지 제시되었다.
사람의 감수 분열 과정에서 비분리가 연속해서 2회 일어나면
최소 21개의 염색체를 가지는 생식세포부터 최대 25개의 염색체를 가지는 생식세포까지 형성될 수 있다.
세포 ⓓ는 핵상이 n인 세포보다 염색체를 2개 더 가지는데,
X 염색체를 갖지 않으므로 7번 염색체와 Y 염색체를 하나씩 더 가지는 생식세포이다.
따라서 세포 ⓓ는 III와 IV 중 하나이다.
만약 세포 ⓓ가 IV라면, I과 III의 핵상은 $n-1$이 되어 총 염색체 수는 22, X 염색체 수는 1이어야 한다. 그러나 표에서 이를 만족시킬 수 없으므로 세포 ⓓ는 III이어야 한다.
이 경우 I의 핵상은 $n+1$이고 총 염색체 수는 24, X 염색체 수는 0이 된다.
그리고 IV의 핵상은 $n-1$이고 총 염색체 수는 22, X 염색체 수는 1이 된다.
표에서 세포를 Matching 해보면 ⓑ=I, ⓐ=IV이다.

(나)에서는 성염색체 비분리가 감수 2분열에서 일어났기 때문에,
X 염색체를 1개 갖는 ⓒ가 II가 되어야 하고 남은 ⓔ가 V가 된다.
(나)에서는 V가 형성되는 감수 2분열에서 비분리가 일어나 V로 2개의 X 염색체가 들어갔다.
II의 핵상은 $n+1$이고, V의 핵상은 $(n-1)+1=n$이다. 따라서 ㉠=23이다.
→ ㄱ 오답

ㄴ. III(=ⓓ)는 Y 염색체를 2개 가진다. (○)
ㄷ. IV에는 7번 염색체가 없다. (X)

06 2018학년도 9월 평가원 15번

정답 : ㄱ, ㄴ

문제 조건을 먼저 정리하자.

(1) ㉠~㉢을 결정하는 유전자는 모두 21번 염색체에 연관되어 있다.
(2) 감수 분열 시 부모 중 한 사람에게서만 염색체 비분리가 1회 일어났다.
그 결과로 형성된 비정상적인 생식세포와 정상 생식세포가 수정되어 다운 증후군의 아이가 태어났고, 그 아이는 자녀 2와 3 중 하나이다.

부모와 자녀 1의 대립유전자 유무를 바탕으로 부모의 유전자 구성을 추론해야 한다.
자녀 1이 가지는 대립유전자 B, F, g는 어머니로부터, C, D, G는 아버지로부터 받은 것임을 알 수 있다.
이를 바탕으로 부모의 유전자 구성을 다음과 같이 추론할 수 있다.

부 :	A ‖ C F ‖ D g ‖ G		모 :	A ‖ B E ‖ F g ‖ g		

자녀 2는 B를 가지므로 어머니로부터 B, F, g가 연관된 염색체를 물려받는다.
그리고 G를 가지지 않으므로 아버지로부터 A, F, g가 연관된 염색체를 물려 받는다.
그런데 자녀 2에서 E가 존재하는 것은 어머니로부터 A, E, g가 연관된 염색체도 물려 받은 결과이다.
따라서 다운 증후군을 나타내는 구성원은 자녀 2이고,
어머니의 감수 1분열에서 염색체 비분리가 일어났다.

ㄱ. 자녀 1은 C, D, G가 연관된 염색체를 갖는다. (○)
ㄴ. 다운 증후군을 나타내는 구성원은 자녀 2이다. (○)
ㄷ. ⓐ는 감수 1분열에서 염색체 비분리가 일어나 형성된 난자이다. (X)

07 2018학년도 수능 19번

정답 : ㄱ

문제 조건을 먼저 정리하자.

(1) ㉠~㉢을 결정하는 대립유전자는 모두 X 염색체에 연관되어 있다.

(2) 감수 분열 시 부모 중 한 사람에게서만 염색체 비분리가 1회 일어났다.
그 결과로 형성된 비정상적인 생식세포와 정상 생식세포가 수정되어 클라인펠터 증후군의 아이가 태어났고, 그 아이는 자녀 3과 4 중 하나이다.

㉠~㉢의 열성/우성 여부를 판단하자.
㉠이 우성 형질이라면 ㉠이 발현된 아버지로부터 태어난 딸에서는 항상 ㉠이 발현되어야 한다.
그러나 자녀 2에서 ㉠이 발현되지 않았으므로 ㉠은 열성 형질이다.
㉡이 우성 형질이라면 ㉡이 발현된 아들의 어머니에서는 항상 ㉡이 발현되어야 한다.
그러나 어머니에서 ㉡이 발현되지 않았으므로 ㉡은 열성 형질이다.

누가 클라인펠터 증후군을 나타내는지는 모르지만,
자녀 3, 4 중 정상인 자녀와 자녀 1의 ㉡ 발현 여부가 다른 상태이다.
이것은 정상인 두 자녀가 어머니로부터 서로 다른 X 염색체를 받았다는 것을 의미한다.
만약 ㉢이 우성 형질이라면 ㉢에 대해서 어머니의 유전자형은 TT가 되는데,
이 경우 자녀 2에서 ㉢이 발현되지 않아 모순이 발생한다. 따라서 ㉢은 열성 형질이다.

㉠~㉢이 모두 열성 형질인 것으로 파악한 상황에서 표를 참고하여 부모의 유전자형을 가능한 만큼 파악하자. 아버지는 X 염색체 유전자 구성이 H*[?][?]이고, 어머니는 HR*T*/[?]R[?]이다.

만약 자녀 3이 정상이고, 자녀 4가 클라인펠터 증후군을 나타낸다면
자녀 3은 X 염색체 유전자 구성이 HRT*이고, 자녀 4는 H*RT*/H*[?]T*이다.
이 경우 어머니의 X 염색체 유전자 구성은 HRT*/H*[?]T*가 되어야 하는데,
앞서 파악한 어머니의 유전자 구성에 적용될 수 없어 모순이 발생한다.
따라서 자녀 3이 클라인펠터 증후군을 나타낸다.

X 염색체 유전자 구성이 자녀 4는 H*RT*가 되어, 어머니가 HR*T*/H*RT*로 확정된다.
㉢에 대해서 어머니는 자녀 2에게 T*만을 줄 수 있는데, 자녀 2에서 ㉢이 발현되지 않았으므로
아버지가 T를 가져야 한다.
T를 가지는 아버지의 X 염색체가 자녀 3에게도 전달된다면,
자녀 3에서 ㉢이 발현된 것과 모순이 발생하므로 아버지는 자녀 3에게 Y 염색체만을 물려준다.
어머니의 유전자 구성에서 ㉠~㉢의 표현형이 자녀 3의 표현형과 같기 때문에
어머니의 X 염색체 유전자 구성이 그대로 자녀 3에게 전달되면 된다.
따라서 염색체 비분리는 어머니의 감수 1분열에서 일어났다.

ㄱ. ㉡과 ㉢은 모두 열성 형질이다. (○)
ㄴ. 자녀 3이 클라인펠터 증후군을 나타낸다. (X)
ㄷ. ⓐ는 감수 1분열에서 염색체 비분리가 일어나 형성된 난자이다. (X)

08 2019학년도 6월 평가원 15번

정답 : ㄴ, ㄷ

【감수 분열 with 돌연변이】에서 유형 A에 해당하는데, 2개의 생식세포 형성 과정을 다루면서 DNA 상대량 표가 제시되었다. 세포의 Matching이 필요한 문제이다.

조건을 정리하면 암컷과 수컷의 감수 분열 과정 중 감수 1분열에서 성염색체 비분리가 각각 1회씩 일어났다. 대립유전자 E, e, F, f, G, g의 연관 여부는 알 수 없다.

〈감수 분열에 관한 기본 전제〉-(a)에 의하여 f를 가지지 않는 ㉠으로부터 ㉡~㉣은 생성될 수 없다.
같은 논리로 ㉠, ㉢, ㉣ 중 e를 가지는 ㉡을 생성할 수 있는 세포는 없고,
㉢은 g를 가지는 ㉣을 생성할 수 없다.
따라서 ㉠은 III, IV 중 하나이고, ㉡은 I, II 중 하나이다.
만약 ㉡이 분열되어 ㉣이 생성되었고 ㉢이 분열되어 ㉠이 생성된 것이라면,
㉡에서 E의 DNA 상대량은 2인데 ㉣에서 E의 DNA 상대량은 4이므로 모순이 발생한다.
따라서 ㉡이 분열되어 ㉢이 생성되었고, ㉣이 분열되어 ㉠이 생성되었다.

㉡이 G를 가지지 않고, ㉢에서 g의 DNA 상대량이 0이므로 ㉢에는 G와 g가 존재하지 않는다.
G와 g가 상염색체에 존재한다면 모순이 발생하므로 G와 g는 성염색체,
그중에서도 X 염색체에 존재한다.
㉣이 분열되어 ㉠이 생성되는 과정에서 성염색체 비분리가 일어났으므로,
㉠은 G와 g를 모두 가지거나 모두 가지지 않아야 한다.
그런데 DNA 상대량 표에서 ㉠의 G의 DNA 상대량이 2이므로, ⓐ=2가 되어야 한다.
㉠과 ㉣이 성염색체에서 G와 g를 모두 가지므로, 난자 형성 과정에 해당하여 ㉣=I, ㉠=III이 된다.
자동으로 ㉡=II, ㉢=IV가 된다.
㉠은 성염색체를 정상보다 하나 더 가져 핵상이 $n+1$이 되고,
㉢은 성염색체를 정상보다 하나 덜 가져 핵상이 $n-1$이 된다.

㉡이 분열되어 ㉢이 생성되는 과정에서 F와 f에 대해서는 비분리가 일어나지 않았으므로,
F와 f는 상염색체에 존재한다. ㉠에서 F의 DNA 상대량이 2이므로, ⓒ=2이다.

㉡과 ㉢은 정자 형성 과정에 해당하는데, ㉡이 E와 e를 모두 가지므로
E와 e는 상염색체에 존재한다.
상염색체 비분리는 일어나지 않았으므로 ⓑ=2이다.

ㄱ. ㉢은 IV이다. (X)
ㄴ. ⓐ+ⓑ+ⓒ=6이다. (○)
ㄷ. ㉮와 ㉯ 모두 성염색체를 정상보다 하나 더 가진다. (○)

09 2019학년도 9월 평가원 9번

정답 : ㄱ, ㄷ

【감수 분열 with 돌연변이】에서 유형 A에 해당하는데, 일부 대립유전자들의 DNA 상대량 합이 표로 제시되었다. 세포의 Matching이 필요한 문제이다.

조건을 정리하자.
(1) (가)를 결정하는 대립유전자 H와 h, R와 r, T와 t 각 쌍은 서로 다른 상염색체에 존재한다.
(2) 정자 형성 과정에서 21번 염색체의 비분리가 1회 일어났다.

비분리에 관계없이 감수 2분열 중기인 II, III에서는 염색체가 염색 분체의 쌍으로 이루어져 있기 때문에 H, R, T의 DNA 상대량을 더한 값(이하 '합')이 짝수가 되어야 한다.
따라서 II, III은 각각 ㉠, ㉣ 중 하나이다.

이때 I에서 '합'은 Matching에 관계없이 3이 된다.
I의 DNA가 복제되고 감수 1분열을 거쳤을 때,
II와 III 중 하나는 '합'이 2이어야 하므로 II와 III이 가지는 '합'은 (2,4)이어야 한다.

세포 II가 분열되어 IV가 생성되는 감수 2분열 과정에서 비분리가 일어나지 않았다면,
IV가 가지는 '합'은 1 또는 2가 되어야 한다. 그러나 IV에서의 '합'은 3이므로 모순이 발생한다.
따라서 세포 II가 분열되어 IV가 생성되는 감수 2분열 과정에서 비분리가 일어나야 조건을 만족한다.
세포 II의 '합'이 4가 되고, 세포 II가 분열하는 과정에서 비분리가 일어난 결과로
'합'이 1인 생식세포와 '합'이 3인 생식세포가 형성된다.
정리하면 ㉠=III, ㉣=II이다.

ㄱ. ㉣=II이다. (○)
ㄴ. 염색체 비분리는 감수 2분열에서 일어났다. (X)
ㄷ. 정자 ⓐ는 21번 염색체를 2개 가지기 때문에, 정자 ⓐ와 정상 난자가 수정되어 태어난 아이는 21번 염색체를 3개 가져 다운 증후군을 나타낸다. (○)

10 2019학년도 수능 17번

정답 : ㄴ

문제 조건을 먼저 정리하자.

㉠의 유전자와 ㉡의 유전자는 연관되어 있고, 조건으로 가계도 그림과 A*에 대한 분수값이 주어졌다. 5와 8 중 한 명은 비분리가 일어난 정자와 난자가 수정되어 태어난 돌연변이 자손이지만, 핵형은 정상이다. 염색체 개수는 정상적으로 가진다.

가계도에 돌연변이 자손이 포함되어 있으므로, 5와 8을 최대한 배제하고 나머지 자손들을 분석하자.

가계도 그림을 분석해 본다.

(1) 부모가 표현형이 같은데 자손이 다른 경우 : 1&2에서 ㉡에 대한 표현형이 같고 자손인 5과 다르다. ㉡은 열성 형질임을 알 수 있다.

(2) 엄마-아들/아빠-딸 관계에서 얻을 정보 : 돌연변이 자손인 5와 8에서는 성립하지 않는다.
3에서 ㉠이 발현되었으나 딸인 7에서 발현되지 않았다. ㉠은 성&우성이 아니다.

가계도 그림에서 바로 얻을 수 있는 정보를 얻었으니, 추가적인 조건을 분석하자.
주어진 조건은 A*에 대한 분수 값이므로 ㉠ 형질을 먼저 분석해야겠다는 정도의 생각을 해야 한다.

$$\frac{1,2,6\text{ 각각의 체세포 1개당 }A^*\text{의 DNA 상대량을 더한 값}}{3,4,7\text{ 각각의 체세포 1개당 }A^*\text{의 DNA 상대량을 더한 값}}=1$$

㉠ = 상&우성	3, 4, 7에서 A*가 5개 존재하므로 분수 값을 만족할 수 없다.
㉠ = 상&열성	1, 2, 6에서 A*가 5개 존재하므로 분수 값을 만족할 수 없다.
㉠ = 성&우성	가계도 그림을 분석했을 때 불가능했다.

→ ㉠ 형질은 성&열성 형질이다.
→ ㉠과 ㉡은 연관되어 있으므로 ㉡ 형질은 성&열성 형질이다.

(4) 형질에 대한 분석이 완료되었으므로 가계도 구성원의 유전자형을 다음과 같이 채워 넣자.

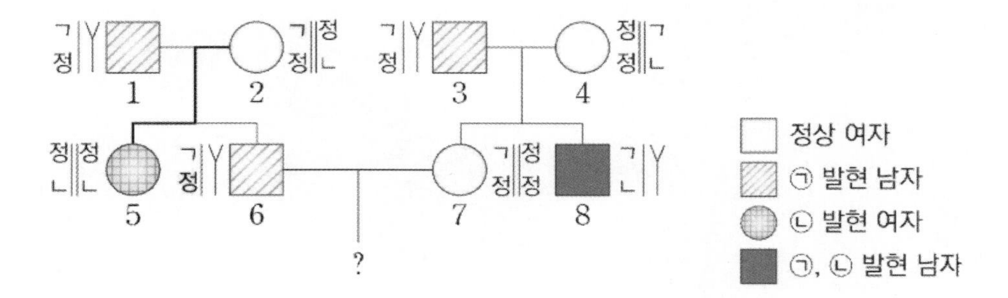

4, 5, 7의 유전자형은 확정되지 않는다. 8은 돌연변이 자손이지만 핵형이 정상이므로 유전자형을 알 수 있다. 채워 넣은 가계도를 분석하면, "5는 정상적으로 태어난 자손이 아님"을 알 수 있다. 1로부터 염색체를 받지 않았다.
→ 5는 비분리 자손, 8은 정상 자손

가계도를 다음과 같이 완성할 수 있다.

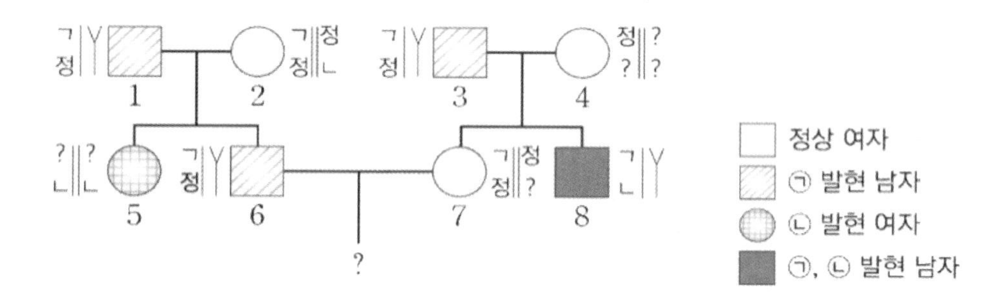

ㄱ. ㉠은 열성 형질이다. (X)
ㄴ. ⓐ의 형성 과정에서 염색체 비분리는 감수 2분열에서 일어났다. 참고로 감수 1분열에서 일어났다면 태어난 자손은 (가)와 (나)에 대해 모두 정상이다. (○)
ㄷ. 6과 7 사이에서 아이가 태어날 때, 이 아이에게서 ㉠과 ㉡ 중 ㉠만 발현될 확률은 $\frac{1}{2}$이다. (X)

11 2020학년도 6월 평가원 10번

정답 : ㄱ, ㄷ

문제 조건을 먼저 정리하자.

(1) (가)의 유전자형이 AaBbDd인 부모 사이에서 아이가 태어날 때, 이 아이에게서 나타날 수 있는 (가)의 표현형은 최대 5가지이다.

(2) A와 a, B와 b, D와 d의 연관 여부는 알 수 없다.

(3) 염색체 비분리가 1회 일어난 비정상적인 난자와 정상 정자가 수정되어 자녀 1과 2 중 한 명이 태어났다.

(가)는 다인자 유전이다. (가)의 표현형이 최대 5가지가 될 수 있는 유전자 구성을 찾아야 한다.
만약 A와 a, B와 b, D와 d가 하나의 염색체에 연관되어 있다면, 아래와 같은 경우의 수가 존재한다.

부모의 유전자 구성이 모두 $\begin{array}{c||c} 1 & 0 \\ 1 & 0 \\ 1 & 0 \end{array}$ or $\begin{array}{c||c} 1 & 0 \\ 0 & 1 \\ 1 & 0 \end{array}$ 중 하나라면,

자손의 표현형은 최대 3가지이다.

부모 중 한 사람은 $\begin{array}{c||c} 1 & 0 \\ 1 & 0 \\ 1 & 0 \end{array}$ 이고 다른 한 사람은 $\begin{array}{c||c} 1 & 0 \\ 0 & 1 \\ 1 & 0 \end{array}$ 이라면,

자손의 표현형은 최대 4가지이다.

만약 A와 a, B와 b, D와 d가 2쌍의 염색체에 나눠져 존재한다면, 아래와 같은 경우의 수가 존재한다.

부모의 유전자 구성이 모두 $\begin{array}{c||c} 1 & 0 \\ 1 & 0 \end{array}$ $\begin{array}{c||c} 1 & 0 \end{array}$ 이라면, 자손의 표현형은 최대 7가지이다.

부모의 유전자 구성이 모두 $\begin{array}{c||c} 0 & 1 \\ 1 & 0 \end{array}$ $\begin{array}{c||c} 1 & 0 \end{array}$ 이라면, 자손의 표현형은 최대 3가지이다.

부모 중 한 사람은 $\begin{array}{c||c} 1 & 0 \\ 1 & 0 \end{array}$ $\begin{array}{c||c} 1 & 0 \end{array}$ 이고 다른 한 사람은 $\begin{array}{c||c} 0 & 1 \\ 1 & 0 \end{array}$ $\begin{array}{c||c} 1 & 0 \end{array}$

이라면, 자손의 표현형은 최대 5가지가 되어 문제의 조건을 만족한다.
이 경우에서 자손에서 대문자로 표시되는 대립유전자의 수는 1부터 5까지 가능하다.
따라서 이 범위를 벗어난 자녀 2가 비정상적인 난자와 정상적인 정자가 수정되어 태어난 아이이다.

만약 A와 a, B와 b, D와 d가 서로 다른 염색체에 나눠져 존재한다면, 자손의 표현형은 최대 7가지이다.

$\begin{array}{c||c} 1 & 0 \\ 1 & 0 \end{array}$ $\begin{array}{c||c} 1 & 0 \end{array}$ 의 유전자 구성을 가지는 사람에게서 생성된 정상적인 생식세포는 대문자로 표시되는 대립유전자의 수로 0, 1, 2, 3이 가능하다.

$\begin{array}{c||c} 0 & 1 \\ 1 & 0 \end{array}$ $\begin{array}{c||c} 1 & 0 \end{array}$ 의 유전자 구성을 가지는 사람에게서 생성된 정상적인 생식세포는 대문자로 표시되는 대립유전자의 수로 1, 2가 가능하다.

$\begin{array}{c||c} 1 & 0 \\ 1 & 0 \end{array}$ $\begin{array}{c||c} 1 & 0 \end{array}$ 의 유전자 구성을 가지는 사람의 감수 분열 과정 중 감수 2분열에서 비분리가 일어나 $\begin{array}{c||c} 1 & 1 \\ 1 & 1 \end{array}$ $\begin{array}{c|} 1 \end{array}$ 을 가지는 비정상적인 생식세포가 형성되고, 이것이 $\begin{array}{c|} 1 \\ 0 \end{array}$ $\begin{array}{c|} 1 \end{array}$ 을 가지는 정상적인 생식세포와 수정된다면 자녀 2에서처럼 대문자로 표시되는 대립유전자의 수가 7이 될 수 있다.

따라서 어머니는 $\begin{array}{c||c} 1 & 0 \\ 1 & 0 \end{array}$ $\begin{array}{c||c} 1 & 0 \end{array}$, 아버지는 $\begin{array}{c||c} 0 & 1 \\ 1 & 0 \end{array}$ $\begin{array}{c||c} 1 & 0 \end{array}$ 이다.

ㄱ. (가)의 유전은 다인자 유전이다. (○)
ㄴ. 아버지에서는 A, B, D를 모두 갖는 정자가 형성될 수 없다. (X)
ㄷ. ⓐ의 형성 과정에서 염색체 비분리는 감수 2분열에서 일어났다. (○)

12 2020학년도 9월 평가원 15번

정답 : ㄴ

문제 조건을 먼저 정리하자.
유전자형은 AaBbDd이다. 각 유전자는 서로 다른 2개의 상염색체에 있다.
I~III 중 1개의 세포만 A를 가진다.
→ 이 조건은 바로 쓸 수는 없지만 분명히 Case를 제한해주는 조건이다. 이 조건을 사용하지 않으면 답이 결정되지 않을 것이다. 누락하지 않도록 주의하자.

(1) 성립하는 명제 분석하기

	㉠	㉡	㉢
a/B/D	1/0/1	0/0/0	0/2/0

"감수 분열에 관한 기본 전제 - 세포가 어떤 유전자를 갖지 않으면 해당 세포가 그 이후에 분열한 세포도 그 유전자를 갖지 않는다."는 성립한다. 유전자의 종류가 바뀌지 않았기 때문이다.
"DNA 상대량에 관한 명제 - 어떤 유전자의 DNA 상대량이 1이면 세포의 핵상은 $2n$(복제X)이거나 n(복제X)이다."는 성립한다. 염색체 비분리가 일어나더라도 $2n$(복제)와 n(복제)는 염색분체가 복제된 상태로 존재하므로 DNA 상대량이 1일 수 없기 때문이다.

I과 II에서 감수 분열에 관한 기본 전제가 성립하고, I~III 중 1개의 세포만 A를 가진다는 조건을 활용하여 Case를 따져보자.

㉡이 II인 경우를 제외하고는 염색체 비분리로는 설명할 수 없는 모순이 발생한다.

㉡ = I인 경우	감수 분열에 관한 기본 전제에 따라 ㉠, ㉢ 중 II가 존재할 수 없음. I이 가지지 않는 유전자를 가질 수는 없기 때문. → 모순
㉡ = III인 경우	감수 분열에 관한 기본 전제에 따라 ㉠, ㉢ 중 I과 II가 존재할 수 없음. 어떻게 Matching해도 II가 I이 가지지 않는 유전자를 가지게 됨. → 모순

→ ㉡ = II

㉠에는 DNA 상대량이 1인 유전자가 존재하므로 I이 될 수 없다.
따라서 I은 ㉢, III은 ㉠이다.

(2) 돌연변이 추적하기
I에 존재했던 B가 II에서 존재하지 않으므로, 감수 2분열이 정상적으로 이뤄지지 않았다는 것을 알 수 있다. 그러므로 돌연변이는 I이 II로 분열하는 감수 2분열에서 일어났음을 알 수 있다.

ㄱ. ㉢은 A와 B를 가지고, 감수 2분열 비분리가 일어나 ㉡이 형성되었다 ㉡은 A와 B를 모두 갖지 않으므로 Q에서 A와 B가 연관되어 있다. (X)
ㄴ. 염색체 비분리는 감수 2분열에서 일어났다. (○)
ㄷ. 세포 1개당 a, b, d의 DNA 상대량을 더한 값은 II에선 1, III에선 2로 서로 다르다. (X)

13 2020학년도 수능 19번

정답 : ㄱ

문제 조건을 먼저 정리하자.

(1) ㉠은 다인자 유전이고 ㉠을 결정하는 데 관여하는 A와 a, B와 b, D와 d는 모두 상염색체에 존재하는데, 연관 여부는 알 수 없다.

(2) I~III 중 1개는 아버지의 세포 P의 감수 1분열에서 염색체 비분리가 1회 일어난 정자이고, 나머지 2개는 아버지의 세포 Q의 감수 2분열에서 염색체 비분리가 1회 일어난 정자이다.

II에서 A와 a가 동시에 존재하므로 II는 세포 P의 감수 1분열에서 비분리가 일어난 정자에 해당한다.
III에서 A의 DNA 상대량이 2이므로 III은 감수 2분열에서의 비분리 결과로 A를 2개 가지게 되었다.
II에서 A, B, D가 모두 존재하고 아버지의 G_1기 세포에서 대문자로 표시되는 대립유전자의 수가 3이므로 아버지의 유전자형은 AaBbDd가 된다.

문제에서 정상 난자는 최대 3개의 대문자로 표시되는 대립유전자를 가질 수 있다.
따라서 정자가 최소 5개의 대문자로 표시되는 대립유전자를 가져야 자녀 1에서 대문자로 표시되는 대립유전자의 수가 8이 될 수 있다. 이때 가능한 정자는 III밖에 존재하지 않는다.

만약 3개의 유전자가 모두 서로 다른 염색체에 존재한다면, 감수 2분열에서 비분리가 일어나 형성된 III에서 가질 수 있는 대문자로 표시되는 대립유전자의 수는 최대 4이기 때문에 모순이 발생한다.
따라서 유전자 구성에 연관이 필수적으로 존재해야 한다.
I에서 B는 존재하는데 A, D는 존재하지 않으므로 B는 A, D와 연관되어 존재할 수 없다.
따라서 아버지에서 A, a, D, d가 다음과 같이 연관되어 존재하고,
B와 b는 다른 염색체에 존재한다.

A | | a B | | b
D | | d

감수 2분열에서 비분리가 일어나 A | | A, D | | D B | 의 구성을 가지는 정자가 형성되었을 때,

이 정자가 A |, D | B | 의 구성을 가지는 난자와 수정된다면

자녀 1과 같이 대문자로 표시되는 대립유전자의 수가 8인 자녀가 태어날 수 있다.
자녀 1의 유전자형은 AAABBDDD가 된다.

ㄱ. I은 감수 2분열에서 염색체 비분리가 일어나 형성된 정자이다. (○)

ㄴ. 자녀 1의 체세포 1개당 $\frac{\text{B의 DNA 상대량}}{\text{A의 DNA 상대량}} = \frac{2}{3}$이다. (X)

ㄷ. 부모의 유전자 구성이 A | | a, D | | d B | | b 로 동일한 상황에서, 자녀는 대문자로 표시되는 대립유전자를 0~6개 가질 수 있기 때문에 나타날 수 있는 ㉠의 표현형은 최대 7가지이다. (X)

14 2021학년도 6월 평가원 16번

정답 : ㄴ, ㄷ

문제 조건을 먼저 정리하자.

(1) (가)와 (나)의 유전자는 7번 염색체에, (다)의 유전자는 X 염색체에 존재한다.

(2) 어머니의 생식세포 형성 과정에서 어떠한 대립유전자가 변경되는 돌연변이가 1회 일어난 생식세포가 형성되었고, 이것이 정상 생식세포와 수정되어 남동생이 태어났다. 이 문제에서 대립유전자 간의 우열 관계는 알 필요 없다.

〈유전자의 유무에 관한 명제〉-(a)에 의하여 오빠의 세포II의 핵상은 $2n$이다.

오빠의 유전자형은 AA^*BBX^DY이다.

〈DNA 상대량에 관한 명제〉-(h)에 의하여 남동생의 세포IV의 핵상은 $2n$이다.

남동생의 유전자형은 $A^*A^*BBX^{D^*}Y$이다.

〈DNA 상대량에 관한 명제〉-(c)에 의하여 영희의 세포III의 핵상은 $2n$이다.

영희의 유전자형은 $AAB^*B^*X^DX^D$이다.

어머니와 아버지의 유전자형을 추론하자.

영희의 유전자형을 통해 어머니와 아버지는 AB^*X^D를 공통적으로 가진다는 것을 알 수 있다.

아버지는 남동생에게 A^*BY를 물려주었다.

따라서 아버지의 유전자형은 $AA^*B^*BX^DY$이다.

A	A*	D	Y
B*	B		

아버지는 오빠에게 A^*BY를 물려주었고, 어머니는 오빠에게 ABX^D를 물려주었다.

따라서 어머니의 유전자형은 $AABB^*X^DX^{D^*}$이다.

A	A	D	D*
B*	B		

어머니의 생식세포 형성 과정에서 A가 A^*로 바뀌는 돌연변이가 일어난 결과로 어머니가 남동생에게 A^*BX^D를 물려주었고, 남동생의 유전자형이 $A^*A^*BBX^{D^*}Y$가 되었다.

㉠=A, ㉡=A^*이다.

ㄱ. I이 G_1기 세포라면 A의 DNA 상대량이 2일 때 B의 DNA 상대량은 1이어야 한다. (X)

ㄴ. ㉠=A이다. (○)

ㄷ. 아버지에서 A^*, B, D를 모두 갖는 정자가 형성될 수 있다. (○)

15 2022학년도 6월 평가원 15번

정답 : ㄱ

문제 조건을 먼저 정리하자.

(1) (가)를 결정하는 데 관여하는 3개의 유전자는 모두 상염색체에 있다.
(2) 아버지의 생식세포 형성 과정에서 ㉠이 1회 일어나 형성된 정자 P와 어머니의 생식세포 형성 과정에서 ㉡이 1회 일어나 형성된 난자 Q가 수정되어 자녀 ⓐ가 태어났다. ㉠과 ㉡은 염색체 비분리와 염색체 결실을 순서 없이 나타낸 것이다.

자녀 ⓐ의 체세포 1개당 H*, R, T, T*의 DNA 상대량을 나타낸 그림을 바탕으로
비분리가 어떻게 이루어졌는지 파악해야 한다.
먼저 ⓐ가 T를 1개, T*를 2개 가지는데, 여기서 T와 T*는
염색체 비분리가 일어난 생식세포의 수정에 의해 나타난 것임을 알 수 있다.
다음으로 ⓐ가 H*는 가지지 않고 R을 2개 가지는데,
이는 ⓐ가 아버지에게서 H*의 결실이 일어나 R만 존재하는 염색체를 물려받고
어머니에게서 H와 R이 같이 존재한 염색체를 물려받음으로써 나타나는 것이다.
따라서 ㉠은 결실, ㉡은 비분리가 된다.

자녀 ⓐ는 아버지로부터 정상적으로 T*를 1개 물려받았기 때문에,
어머니로부터 염색체 비분리에 의해 T와 T*를 각각 1개씩 물려받은 것이 된다.
어머니에게서 염색체 비분리는 감수 1분열에서 일어났다.

ㄱ. ⓐ는 어머니의 난자 Q에 있는 H를 받았다. (○)
ㄴ. 생식세포 형성 과정에서 염색체 비분리는 감수 1분열에서 일어났다. (X)
ㄷ. ⓐ의 체세포의 핵상은 $n+1$이 되어 ⓐ의 체세포 1개당 상염색체 수는 45이다. (X)

16 2023학년도 6월 평가원 19번

정답 : ㄴ, ㄷ

문제 조건을 먼저 정리하자.

$H > h$, $T > t$이며 (가)와 (나) 중 하나는 ABO식 혈액형 유전자와 같은 상염색체에 있고,
나머지 하나는 X 염색체 위에 있다.
아버지와 어머니 중 한 명의 생식세포 형성과정에서 유전자 돌연변이가 발하여 생식세포가 형성되었고,
정상 생식세포와 수정되어 자녀 1이 태어났다.

아버지-어머니-자녀2의 관계에 의해 (가)는 상&열성 형질임을 알 수 있다. (나)는 성염색체 유전이다.
아버지-자녀3의 관계에 의해 (나)는 성&열성 형질일 수 없다. (나)는 성&우성 형질이다.

자녀 2가 Bh/Oh tt이므로 아버지는 AH/Oh tY이고 어머니는 OH/Bh Tt이다.
돌연변이에 영향받지 않았을 때 자녀 1의 유전자형은 AH/Bh인데 (가)가 발현되었으므로
유전자 돌연변이에 의해 대립유전자 AH의 H가 h로 치환되는 돌연변이가 발생했음을 알 수 있다.

ㄱ. (나)는 우성 형질이다. (X)
ㄴ. ㉠은 H이다. (○)
ㄷ. 자녀3이 태어날 때,
이 아이의 혈액형이 O형이면서 (가)와 (나)가 모두 발현되지 않을 확률은 $\frac{1}{4} \times \frac{1}{2} = \frac{1}{8}$이다. (○)

17 2022년 7월 교육청 20번

정답 : ㄱ, ㄷ

문제 조건을 먼저 정리하자.

A = a, F > E > D > B이며 (가), (나) 형질은 상염색체 연관이다.
대립유전자 ⓐ가 결실된 염색체를 갖는 정자와 난자가 수정되어 IV가 태어났다.
ⓐ는 B, D, E, F 중 하나이므로 (나) 형질이 결실에 영향을 받았다.
㉠~㉣을 대응시키고 ⓐ가 무엇인지 추론해보자.

F > E > D > B를 활용하여 어떤 식으로 5인 가족 구성원의 유전자형을 설정하든, 돌연변이가 없는 상황에서 5인 가족 내에서는 4가지 표현형이 모두 발현될 수 없다. 부모나 정상 자손에게 [B] 표현형인 사람이 있다면, 부모가 가질 수 있는 유전자의 종류는 FB, EB, DB로 최대 3가지이므로 이때 정상적인 5인 가족 내에서는 4가지 표현형이 모두 발현되는 것은 불가능하기 때문이다. 그러므로 자녀4가 [B] 표현형이어야 5인 가족 내에서 4가지 표현형이 모두 발현됨을 알 수 있다. 돌연변이에 영향받은 자녀 IV가 [B] 표현형이어야 하며, 결실로 인해 B유전자 하나만 가져야 한다.
∴ ㉣=B.

자녀 I과 IV는 (가) 형질의 유전자형이 AA, aa이므로 부모의 유전자형은 각각 Aa임을 알 수 있다.
자녀 IV의 a, B유전자는 어머니가 정상적으로 제공한 유전자이므로 어머니는 aB/A?이다.
어머니는 자녀 I에게 A와 ?가 연관된 염색체를 제공하는데 둘의 (나) 표현형이 다르므로 어머니는 F를 가질 수 없다. 그러므로 ㉠=F이며 자녀 I은 AF/A?이고, 아버지로부터 A와 F가 연관된 염색체를 받았으므로 아버지는 AF/a?이다.
자녀 III은 (가) 형질의 유전자형이 Aa이며 F를 가질 수 없으므로 A는 어머니로부터 받았다.
이때 둘의 표현형이 다르므로 ㉡=[D], ㉢=[E]이다.
어머니는 자녀 III과 A와 D가 연관된 염색체를 공유하겠다.
어머니는 AD/aB. 부모에게 네 종류의 유전자가 모두 존재해야 하므로 아버지는 AF/aE임을 알 수 있다.

ㄱ. 아버지는 a를 자녀 IV에게 제공해야 한다.
  이때 a와 E가 연관된 염색체에서 E가 결실된 것을 자녀 IV가 받았다. ⓐ는 E이다. (○)
ㄴ. 자녀 II는 ㉠ 표현형이므로 아버지로부터 F를 받아야 한다.
  이때 A와 F가 연관된 염색체를 받으므로 (가)에 대한 유전자형이 aa일 수 없다. (X)
ㄷ. 자녀 IV의 동생이 태어날 때,
  이 아이의 (가)와 (나)에 대한 표현형이 모두 아버지와 같을 확률은 $\frac{1}{4}$이다. (○)

18 2022년 10월 교육청 18번

정답 : ㄱ, ㄷ

문제 조건을 먼저 정리하자.

표는 자녀 1의 적혈구와 각 구성원의 혈청과의 응집 여부를 나타낸 것이다.
자녀 1은 A형이므로 자녀 1의 적혈구와 응집된다면 그 구성원은 응집소 α를 갖는 O형 또는 B형이며, 응집되지 않는다면 A형 또는 AB형이다.

아버지, 어머니, 자녀 2, 자녀 3의 ABO식 혈액형은 서로 다르다. 적록색맹은 성&열성 형질이며 편의상 적록색맹을 결정하는 대립유전자 쌍을 H가 h에 대해 완전우성인 형태라고 하겠다.
자녀 2, 3의 핵형이 정상이며 I, III의 염색체수가 같으므로 {I, III}과 {II, IV}는 각각 $n-1$, $n+1$ 중 하나인 정자들과 난자들이다.

부모의 혈청이 자녀 1의 적혈구와 응집된다면 부모가 O형 또는 B형이므로 A형인 자녀 1이 태어날 수 없다. 응집되지 않으면서 부모 중 하나가 적어도 AB형이어야 한다.
O형인 자손이 태어나야 하므로 나머지 부모는 A형(AO)이어야 한다.
구성원의 핵형이 모두 정상이므로 O형인 자손은 A형인 부모에서 감수 2분열 비분리가 발생하여 O 유전자 2개를 받고, AB형인 부모로부터는 ABO식 혈액형의 대립유전자를 받지 못한다.

적록색맹은 자녀 2에서만 열성 표현형이 발현되었다. 나머지 구성원은 우성 표현형이므로 전부 우성 유전자를 가져야 한다.
자녀 2는 여성이므로 유전자형이 hh이다. 그런데 아버지는 HY이므로 Hh인 어머니에게서 감수 2분열 비분리가 일어나 hh인 자손이 태어난 것으로 설명된다. {II, IV}가 $n+1$이므로 어머니가 A형이다. 아버지는 AB형이 된다.

ㄱ. I은 성염색체에서 비분리가 일어나 형성된 핵상이 $n-1$인 정자이고, III은 상염색체에서 비분리가 일어나 형성된 핵상이 $n-1$인 정자이다. 자녀 3은 여성이므로 III에는 X 염색체가 1개 존재한다. I은 X 염색체가 없으므로 세포 1개당 X 염색체 수는 III이 I보다 크다. (○)
ㄴ. 아버지의 ABO식 혈액형은 AB형이다. (X)
ㄷ. IV가 형성될 때 염색체 비분리는 감수 2분열에서 일어났다. (○)

19 2023학년도 수능 17번

정답 : ㄱ, ㄴ

문제 조건을 먼저 정리하자.

(가)는 다인자 유전이며, H, h와 T, t는 서로 다른 염색체 위에 있다. 아버지 쪽에서 비분리가 발생하여 형성된 정자가 정상 난자와 수정되어 핵형이 비정상인 자녀 3이 태어났다.

어머니는 4종류의 유전자를 모두 가지므로 유전자형이 HhTt이며 ⓛ=2이다. 어머니의 유전자형이 HhTt라는 것으로 인해 핵형 정상 자손은 적어도 2종류 이상의 유전자를 가지게 되므로 자녀 1은 ⓐ와 ⓓ를 가진다. 이때 자녀 1은 2종류의 유전자만 가지므로 ⓐ와 ⓓ의 상대량이 각각 2인 구성원이다. 모든 형질에 대해 동형 접합성이므로 ⓒ은 0과 4중 하나가 되고, ⓐ와 ⓓ는 모두 대문자이거나 소문자일 것이다.

자녀 1에 의해 어머니와 아버지는 모두 ⓐ와 ⓓ를 가지며, 아버지는 3종류의 유전자만 가지기에 ⓐ와 ⓓ 중 하나가 속한 대립유전자 쌍에서 동형 접합성을 나타낸다. 자녀 2가 ⓓ를 안 가지므로 아버지는 ⓐⓐⓑⓓ가 된다. 즉, ⓐ와 ⓒ, ⓑ와 ⓓ가 대립유전자 관계가 된다.

가족 구성원 모두가 ⓐ 유전자를 가지는데, ⓒ이 4라면 나머지 ㉠, ⓛ, ㉣, ㉤에서 0이 나올 수 없다. 따라서 ⓒ=0이다. 아버지가 대문자 1개, 자녀 2가 대문자 3개 표현형이 되며 이에 따라 자녀3은 대문자 4개 표현형이 된다.

자녀3이 소문자인 ⓐ 유전자를 가지는데 대문자 개수가 4가 되려면 핵상이 $2n+1$이어야 한다. 아버지의 유전자형이 ⓐⓐⓑⓓ, 어머니의 유전자형이 ⓐⓑⓒⓓ이므로 아버지에서 감수 2분열 비분리가 일어나 형성된 ⓐⓑⓑ와 어머니에서 정상적으로 형성된 ⓑⓒ가 수정되어 ⓐⓒⓑⓑⓑ가 되어야 자녀 3이 가지는 대문자의 개수가 4가 될 수 있다.

ㄱ. 아버지의 유전자형이 ⓐⓐⓑⓓ이므로 t가 ⓐ, ⓓ 중 무엇이 되었든 간에 아버지는 t를 갖는다. (○)

ㄴ. ⓐ는 ⓒ와 대립유전자이다. (○)

ㄷ. 염색체 비분리는 감수 2분열에서 일어났다. (X)

20 2023년 3월 교육청 19번

정답 : ㄴ

㉠이 2이고 ㉡이 1이라면 I이 (A,a)가 (2,1)이 되기에 중복 돌연변이에 영향받은 세포가 된다. II는 1과 2를 모두 갖는 세포이면서 정상 세포이기에 이 사람은 D를 동형접합으로 가져 d를 갖지 않아야 한다. 그런데 d를 갖는 세포가 존재하므로 이는 모순이다.

그러므로 ㉠이 1이고 ㉡이 2이다. 이 사람은 A와 a를 모두 갖는데 II는 a를 갖지 않으므로 핵상이 n인 세포이다. 그런데 핵상이 n인 세포가 1과 2를 모두 가지므로 II는 중복으로 인해 b를 더 갖는 세포임을 알 수 있다.

ㄱ. ㉠은 1이다. (X)
ㄴ. ⓐ는 b이다. (○)
ㄷ. P에서 (가)의 유전자형은 AabbDd이다 (X)

21 2023년 4월 교육청 17번

정답 : ㄱ, ㄴ

㉢, ㉣은 모두 남자인데 D의 DNA 상대량이 2이다. D가 X 염색체 위에 있으면 ㉢, ㉣이 모두 비정상 자식이 되어 모순이다. ㉣, ㉤ 또한 모두 남자인데 A의 DNA 상대량이 2이므로 같은 이유로 (가)는 X 염색체 위에 있지 않다. 그러므로 (나)가 X 염색체 위에 있다.

㉡이 어머니라면 반드시 ㉢, ㉣ 중 하나가 아버지가 아닌 남자 자식이 된다. 그런데 여자인 ㉡은 b와 D의 DNA 상대량이 각각 2, 0인데 남자인 ㉢과 ㉣의 b와 D의 DNA 상대량은 각각 0, 2이므로 부모 자식 관계가 되면 X 염색체와 7번 염색체가 모두 돌연변이에 영향받은 상태가 된다. 즉 ㉡이 아니라 ㉠이 어머니이다.

앞서 언급한 이유로 여자 자식인 ㉡과 남자인 ㉢, ㉣은 서로 부모 자식 관계가 되면 안 되므로 나머지 남자인 ㉤이 아버지가 된다. 어머니와 아버지는 모두 (다)의 유전자형이 Dd이므로 D의 DNA 상대량이 같은 사람끼리는 A의 DNA 상대량도 동일해야 한다. 그런데 ㉣과 ㉤의 A의 DNA 상대량이 서로 다르므로 ㉢, ㉣ 중에 비정상 자식이 있음을 알 수 있다.

㉡은 정상 자식이므로 Ad/Ad bb이며, ㉠(어머니)는 Ad/aD가 되며, ㉤(아버지)는 AD/Ad이다. 정상적으로 D의 DNA 상대량이 2인 자식은 AD/aD가 되어야 하므로 ㉣은 아버지 쪽에서 감수 2분열 비분리가 발생하여 AD/를 두 개 갖는 정자(ⓐ)가 비정상 난자(ⓑ)와 수정되어 태어난 자식이다.

ㄱ. (나)의 유전자는 X 염색체에 있다 (○)
ㄴ. 어머니에게서 A, b, d를 모두 갖는 난자가 형성될 수 있다. (○)
ㄷ. ⓐ의 형성과정에서 염색체 비분리는 감수 2분열에서 일어났다. (X)

22 2023년 7월 교육청 20번

정답 : ㄱ

아버지의 체세포는 ㉮,㉯를 모두 가져야 하는데 세포 I은 O가 하나이므로 핵상이 n이다. 자녀 1은 ㉮~㉱ 중 3개나 가지므로 반드시 같은 종류의 염색체인 (㉮, ㉰)를 모두 갖거나 (㉯, ㉱)를 모두 가져야 한다. 즉 자녀 1의 핵상은 $2n$이다.

I의 A+b+D가 0이므로 I은 ㉮′와 ㉯를 가져야 한다. ㉠이 ㉯이다. 어머니는 ㉰, ㉱를 가지기 때문에 ㉡, ㉣은 각각 ㉰, ㉱중 하나이므로 ㉢이 ㉮이다. II가 ㉰, ㉱만을 갖는 n(복제X)세포이면 A+b+D가 2 이하이여야 하는데 그렇지 않으므로 II는 핵상이 $2n$인 세포이다.

자녀 1과 2는 ㉠과 ㉣의 보유 여부가 동일한데 ㉢의 보유 여부가 다르다. ㉢(㉮)에는 A와 b가 존재하기에 돌연변이에 영향받지 않았다면 두 사람의 A+b+D 값은 서로 달라야 한다. 이때 두 세포 III과 IV의 A+b+D 값이 같은 것은 자녀 2가 비분리로 인해 A,b,D 중 2개를 추가로 더 받았기 때문이다. 이는 A와 b가 연관된 염색체를 더 받아야만 가능하다.

A와 b가 연관된 염색체는 아버지가 갖는 ㉮와 어머니가 갖는 ㉰′만 가능한데, 자녀 2는 ㉮를 갖지 않으므로 어머니 쪽에서 비분리가 일어나 ㉰′를 추가로 더 갖는 난자가 수정되어 자녀 2가 태어났음을 알 수 있다.

자녀 1이 ㉰를 가지지 않으면 ㉰′를 갖게 되어 III의 A+b+D가 3이라는 것에 모순이다. ㉣은 ㉰이며, ㉡은 ㉱이다. 즉 자녀 1이 갖는 ㉰에 A와 b중 하나가 있어야하므로 어머니는 A와 B가 연관된 염색체를 가져야 하며, 핵상이 $2n$인 세포 II에서 A+b+D 값이 3이므로 어머니는 Ab/AB d/d이어야 한다. 각 세포에 있는 염색체를 정리하면 아래와 같다.

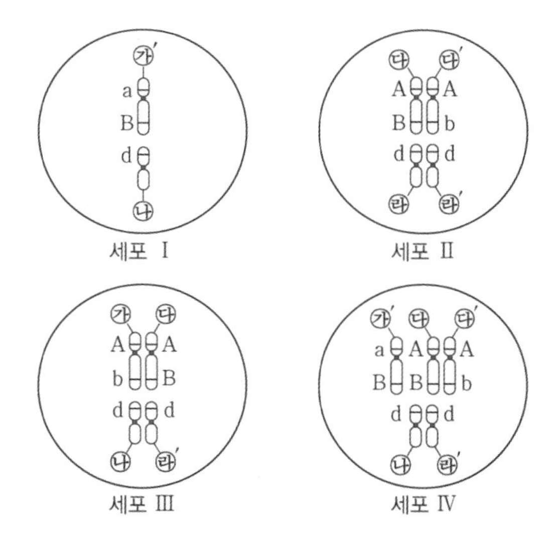

ㄱ. ㉡은 ㉱이다. (○)

ㄴ. 어머니의 (가)~(다)에 대한 유전자형은 AABbdd이다. (X)

ㄷ. 자녀2는 어머니로부터 ㉰와 ㉰′를 모두 받았기에 ⓐ는 감수 1분열에서 염색체 비분리가 일어나 형성된 난자이다. (X)

23 2023년 10월 교육청 18번

정답 : ㄴ

ⓡ의 D의 DNA 상대량이 4라는 것을 통해 돌연변이와 관계없이 이 사람의 유전자형이 DD임을 알 수 있다. 이 사람은 A,a,B,b를 모두 가지므로 유전자형이 AABbDD인 사람이다. G_1기 세포로 가능한 것은 이 사람의 유전자형을 고려하였을 때 ㉡이 유일하다. ㉡이 I이며, ⓑ는 1이다. I이 복제되어 형성된 II로는 ⓡ만 가능하다.

V가 가지는 대립유전자는 III이 반드시 가져야 하므로 이 논리를 적용하여 ㉠, ㉢, ㉤를 III~V에 매칭해보면 ㉠=IV, ㉢=III, ㉤=V가 된다. 핵상이 n(복제x)인 세포 IV의 DNA 상대량에 짝수 2가 존재한다는 것은 감수 2분열에서 비분리가 일어났다는 것을 의미한다. A와 a, B와 b, D와 d는 모두 하나의 염색체에 묶여 있으므로 이 사람이 갖는 D에도 비분리가 적용되어 ⓐ=2가 되어야 한다.

ㄱ. ㉠은 IV이다. (X)
ㄴ. ⓐ가 2이고 ⓑ가 1이므로 ⓐ+ⓑ=3이다. (○)
ㄷ. V의 염색체 수는 23이다. (X)

24 2024학년도 6월 평가원 17번

정답 : ㄴ, ㄷ

어머니가 dd이고 아버지가 AA이므로 자녀 1, 2는 반드시 A와 d를 갖는다. 자녀 1에서 A+b+D와 a+b+d의 합이 8이므로 유전자형이 Ab/Ab Dd이다. 자녀2는 자녀 1과 (가)유전자형이 같으므로 AA이다.

자녀 2는 어머니로부터 Ab/를 받고 아버지로부터 A?/를 받는데 A+b+D 값이 3이므로 유전자형은 Ab/AB dd이다.

자녀 3은 13번 염색체의 비분리 영향을 받아 체세포 1개당 염색체수가 47개가 되었다. 어머니에게서 적어도 하나의 13번 염색체(d)를 받는데, a+b+d가 1이므로 자녀 3은 DDd이며 아버지 쪽 감수 2분열 비분리의 영향을 받아 태어났다. 또한 자녀 3은 a,b를 갖지 않고 대문자만 가진다. 결실은 어머니 쪽에서 발생하였다.
자녀 1~3은 (가) 유전자형이 동일하므로 A?/A? DDd인데 더 이상 b를 가져서는 안되므로 ? 자리에 B만 들어가야 한다. 아버지는 정상적으로 AB/를 제공하면 되지만, 어머니는 정상적으로 A를 제공할 때 b를 반드시 같이 제공해야 하므로 결실의 영향으로 어머니는 A만 있고 b가 결실된 염색체를 자녀 3에게 제공함을 알 수 있다. 자녀 3의 유전자형은 AB/AX DDd이다.

ㄱ. 자녀 2는 D를 갖지 않으므로 A,B,D를 모두 갖는 생식세포가 형성될 수 없다, (X)
ㄴ. 어머니 쪽에서 결실이 발생하였으므로 ㉠은 7번 염색체 결실이다. (○)
ㄷ. 염색체 비분리는 감수 2분열에서 일어났다. (○)

25 2024학년도 9월 평가원 17번

정답 : ㄱ, ㄴ, ㄷ

완전 우성 & 중간	복대립	다인자
X	X	Only, 연관

조건을 정리하자.

(1) 어머니의 (가)에 대한 유전자형이 HHTt
어머니의 유전자형에 대한 정보를 통해서 유전자 배치를 알 수 있다.

(2) ⓐ의 동생의 표현형이 최대 2가지, 유전자형이 최대 4가지
어머니에게서 만들어질 수 있는 생식세포에서 대문자의 개수에 대한 경우의 수가 2가지이므로 아버지는 아래와 같이 이형접합이 교차로 된 유전자 배치를 가져야 조건 (2)를 만족시킬 수 있다.

H	h	/	H	H
t	T		T	t

아버지는 ⓐ에게 대문자로 표시되는 대립유전자를 1개밖에 못 주기에, 어머니의 비분리에서 대문자로 표시되는 대립유전자를 3개를 주어야 한다.

이를 바탕으로 비분리를 추론하면 감수 1분열에서 HHTt가 모두 ⓐ에게 전달되어야 한다.

ㄱ. 아버지의 (가)에서 대문자로 표시되는 대립유전자는 2개이다. (○)
ㄴ. 자녀의 유전자형으로 가능한 것들은 HHTt, HHtt, HhTT, HhTt로 4가지다. (○)
ㄷ. 염색체 비분리는 감수 1분열에서 발생했다. (○)

26 2024학년도 수능 17번

정답 : ㄱ, ㄴ, ㄷ

자녀3-어머니의 표현형을 고려하였을 때 ㉠은 성&우성 형질이 아니고, ㉡은 성&열성 형질이 아니다.

(가)~(다) 중 2개의 형질이 X 염색체 위에 있는데, 자녀 1과 자녀 3은 2개의 형질에서 표현형이 다르므로 어머니로부터 서로 다른 X 염색체를 물려받은 남자 자식임을 알 수 있다.
즉, 자녀 1과 3의 서로 다른 두 염색체를 조합하면 어머니의 유전자형을 구성할 수 있다.
㉢이 성&우성 형질인 (나)가 되면 두 아들이 서로 다른 X 염색체에 모두 B가 존재하므로 어머니가 BB가 된다.
그러나 어머니와 자녀 2의 ㉢표현형이 서로 다르므로 모순이다.
나머지인 ㉡이 성&우성 형질인 (나)가 된다.
어머니는 (나)의 유전자형이 Bb이면서 자녀 4에 b만 제공한다.

㉠이 (다)이면 어머니는 BD/bd 아버지는 bd/Y가 되는데, 이 경우 자녀 4와 같이 (나)와 (다)의 표현형이 [bD]인 클라인펠터 자식이 태어날 수 없다.
따라서 ㉠이 (가), ㉢이 (다)이다. 구성원의 유전자형을 정리하면 아래와 같다.

구성원	성별	㉠ (상염색체 우성)	㉡ (X염색체 우성)	㉢ (X염색체 열성)	
아버지	남	○Aa	×	×	($X^{bD}Y$)
어머니	여	×aa	○	ⓐ○	($X^{Bd}X^{bd}$)
자녀 1	남	×aa	○	○	($X^{Bd}Y$)
자녀 2	여	○Aa	○	×	($X^{Bd}X^{bD}$)
자녀 3	남	○Aa	×	○	($X^{bd}Y$)
자녀 4	남	×aa	×	×	($X^{bd}X^{bD}Y$)

(○: 발현됨, ×: 발현 안 됨)

ㄱ. ⓐ는 O이다. (○)
ㄴ. 자녀 2는 A,B,D를 모두 갖는다. (○)
ㄷ. 어머니가 d만 가지므로 자녀 4에서 (다)가 발현되지 않으려면 아버지로부터 Y 염색체와 함께 D가 있는 X 염색체를 받아야 한다. 즉 G는 아버지에게서 형성되었다. (○)

27 2025학년도 6월 평가원 17번

정답 : ㄴ

아버지-어머니-자녀2의 표현형을 고려했을 때 (가)는 상&우성 형질이다.
어머니, 아머지가 모두 (가)의 유전자형이 Hh이므로
(가)에 대해 정상인 자녀 2와 자녀 3은 모두 유전자형이 hh가 되어
어머니와 아버지로부터 각각 동일한 13번 염색체를 받았다.
(가)와 (다)가 연관이면 자녀 2와 자녀 3에서 (다)의 표현형이 서로 달라 모순이다.
따라서 (가)와 (나)가 연관이며, (다)는 X염색체 유전이다.

비분리는 13번 염색체에서 일어났기에 X염색체에는 이상이 없다.
자녀 2와 자녀 4에서 (다)의 발현 여부가 서로 다른 것은
어머니로부터 서로 다른 X염색체를 받은 것이다.

어머니는 (다)에 대해서 이형 접합성인데 (다)가 발현되었으므로 (다)는 성&우성 형질이다.
(가)~(다) 중 2개가 우성 형질이고, 나머지 1개는 열성 형질이므로 (나)는 열성 형질이 된다.
자녀 1에서 (가)와 (나)의 표현형은 [Hr], 자녀 2와 자녀 3에서는 [hR]이다.
따라서 (가)와 (나)의 유전자형이 아버지는 Hr/hR, 어머니는 Hr/hr이다.
자녀 4에서 (가)와 (나)의 표현형이 [hr]이므로 ㉡은 어머니의 난자이며,
감수 2분열 비분리가 일어나 h와 r이 연관된 염색체를 두 개 갖는 난자가 형성된 것이다.

ㄴ. 아버지에서 (가)~(다)의 유전자형은 Hr/hR + $X^{t}Y$이므로 아버지에게서 h, R, t를 모두 갖는 정자가 형성될 수 있다. (○)

28 2025학년도 9월 평가원 15번

정답 : ㄴ, ㄷ

(가)와 (다)에 대해서 자녀 3의 유전자형은 A?dd이므로 자녀 3은 아버지로부터 A와 d를 받았다.
(가)와 (다) 중 그 어느 것이 상염색체 위에 있어도 자녀 3은 아버지로부터 X염색체를 받은 것이므로 자녀 3의 성별은 딸이다.
(나)에 대해서 자녀 3의 유전자형이 BB이므로 아버지, 어머니는 모두 Bb가 되어
(나)가 상염색체 위에 있으며 (가), (다)가 X염색체 위에 있는 것이다.

자녀 1은 d를 갖지 않고, 자녀 2는 A를 갖지 않는다.
아버지로부터 X염색체를 받지 않은 자녀 1, 자녀 2의 성별은 모두 남자이다.
자녀 4가 b를 3개 가지므로 생식세포 P의 형성 과정에서 비분리는 상염색체에서 발생했으며,
(가)와 (다)에 대해서 자녀 4의 유전자형이 Ad/Ad인 것은 어머니에게서 a가 A로 바뀌는 돌연변이가 생식세포 Q의 형성 과정에서 발생한 것이다.
따라서 염색체 비분리는 아버지 쪽에서 감수 2분열 중에 발생하였다.

ㄱ. 자녀 1~3 중 여자는 자녀 3으로 1명이다. (X)
ㄴ. Q는 어머니에게서 형성되었다. (○)
ㄷ. 자녀 3의 유전자형은 $X^{Ad}X^{ad}BB$이므로 A, B, d를 모두 갖는 생식세포가 형성될 수 있다. (○)

29 2025학년도 수능 17번

정답 : ㄴ

㉠, ㉡에 어머니와 딸이 있다. ㉠의 유전자형은 AabbDd, ㉡의 유전자형은 AaBbDd이다.
㉠이 어머니라고 가정했을 때, (나)의 유전자가 상염색체 위에 있다면 ㉢이 아버지가 되어야 ㉡의 유전자형을 만족한다. 하지만 이 경우 ㉥에서 모순이 발생한다.
반대로 (나)의 유전자가 X염색체 위에 있다면 아버지의 유전자형과 관계없이 문제에서 제시된 가족에서 ㉢은 존재할 수 없다.
따라서 ㉡이 어머니이고, 아버지는 b를 가져야 한다.

어머니의 난자 형성 과정에서 성염색체 비분리가 감수 1분열에서 발생했다면
X염색체 위의 모든 대립유전자를 자녀 4에게 물려준 것이다.
이 경우 자녀 4에서 X염색체 위에 존재하는 대립유전자의 구성은 어머니와 동일하다.
감수 2분열에서 발생했다면 X염색체 위에 존재하는 두 형질의 대문자 대립유전자의 DNA 상대량을 기준으로 어머니의 성염색체 유전자형이 상인 연관일 경우에는 (2, 2) 또는 (0, 0)의 형태로 물려준 것이고, 반대로 상반 연관일 경우 (2, 0), (0, 2)의 형태 중 하나로 자녀 4에게 물려준 것이다.

앞선 이유로 ㉢은 아버지가 될 수 없다.
㉢이 자녀 4이고 (나)가 상염색체에 있는 형질이라면, ㉢의 유전자형을 $BB+X^{Ad}X^{ad}Y$로 볼 수 있다.
이 경우에 어머니의 유전자형은 $Bb+X^{Ad}X^{aD}$가 되는데,
㉣의 유전자형을 $Bb+X^{AD}Y$, ㉤을 $Bb+X^{aD}Y$, ㉥을 $bb+X^{AD}Y$로 해석했을 때
㉣과 ㉥ 중 한 명이 아버지가 되더라도 다른 한 명은 태어날 수 없는 유전자형을 가진 것이 된다.

㉢이 자녀 4이고 (나)가 X염색체에 있는 형질이라면,
㉢에서 B의 DNA 상대량이 2이면서 어머니와 유전자형이 다른 것은 어머니의 난자 형성 과정 중 감수 2분열에서 비분리가 일어났고, $X^{Bd}X^{Bd}$를 받았다는 것을 의미한다.
이 경우에 어머니는 $Aa+X^{Bd}X^{bD}$가 되는데,
㉣의 유전자형을 $AA+X^{BD}Y$, ㉤을 $Aa+X^{BD}Y$, ㉥을 $AA+X^{bD}Y$로 해석했을 때
이 중 그 누구도 ㉠의 아버지가 될 수 없다는 모순이 발생한다.
따라서 ㉢은 정상 자녀에 해당하고, B의 DNA 상대량이 2이므로 (나)의 대립유전자가 상염색체 위에 있는 것이 된다.

(나)의 유전자형이 BB인 아들(㉢)과 bb인 딸(㉠)이 태어났으므로
아버지에서 (나)의 유전자형은 Bb가 되어야 하고, 이는 ㉣과 ㉤ 중 한 명이다.

㉣ 또는 ㉥이 자녀 4라면 성염색체의 유전자형을 $X^{AD}X^{Ad}Y$로 볼 수 있다.
이 경우는 어머니의 난자 형성 과정에서 나올 수 없는 대립유전자 구성을 가지므로 모순이다.
따라서 ㉤이 자녀 4가 되고, ㉣이 아버지이다.

ㄴ. ㉤에서 X염색체 위에 존재하는 대립유전자의 유전자형이 어머니와 동일하므로 성염색체 비분리는 어머니의 난자 형성 과정 중 감수 1분열에서 발생했다. (○)
ㄷ. ㉠의 유전자형은 $bb+X^{AD}X^{ad}$가 되므로 a, b, D를 모두 갖는 생식세포가 형성될 수 없다. (X)

memo

Unit

05

생태계와 상호 작용

Part

01 해설

01 2017학년도 수능 9번

정답 : ㄱ, ㄴ

ㄱ. 개체군은 같은 종으로 구성된다. (○)

ㄴ. 개체군은 언제나 환경 저항을 받는다. (○)

ㄷ. ㉠의 면적을 S라고하면 ㉡의 면적은 $2S$이므로 각각 $\frac{200}{S}$, $\frac{100}{2S}$이므로 같지 않다. (X)

02 2020학년도 6월 평가원 20번

정답 : ㄱ, ㄴ, ㄷ

ㄱ. 구간 Ⅰ에서 그래프의 기울기는 A가 B보다 가파르므로
개체수는 B보다 A에서 더 많이 증가했다. (○)

ㄴ. 개체군에 환경 저항은 항상 작용한다. (○)

ㄷ. B의 개체수는 t_2일 때가 t_1일 때보다 많다. (○)

03 2020학년도 9월 평가원 11번

정답 : ㄴ, ㄷ

ㄱ. 서로 다른 종은 한 개체군을 이룰 수 없다. (X)

ㄴ. 개체군에 환경 저항은 항상 작용한다. (○)

ㄷ. t_1에서 t_2로 시간이 흐르면서 B의 개체수는 감소했고,
A의 개체수는 증가했으므로 B의 상대 밀도는 t_1에서가 t_2에서보다 크다. (○)

04 2020학년도 수능 20번 + 2024학년도 수능 6번

정답 : ㄴ, ㄹ, ㅂ

ㄱ. 뿌리혹박테리아는 생물적 요인에 해당한다. (X)

ㄴ. 곰팡이는 생물 군집에 속한다. (○)

ㄷ. 같은 종의 개미가 일을 분담하며 협력하는 것은 개체군 내의 상호작용에 해당한다. (X)

ㄹ. 기온은 비생물적 환경요인이고,
이것이 생물적 요인에 포함되는 나무의 생명 활동(나뭇잎의 색 변화)에 영향을 미쳤다. (○)

ㅁ. 나무의 생명 활동은 생물적 요인이고,
이것이 비생물적 환경 요인에 포함되는 토양 수분의 증발량에 영향을 미쳤다. ㉢에 해당한다. (X)

ㅂ. 빛의 세기는 비생물적 환경요인이고,
이것이 생물적 요인에 포함되는 참나무의 생장에 영향을 미쳤다. (○)

05 2020년 10월 교육청 17번

정답 : ㄱ, ㄷ

ㄱ. 개체군에 환경 저항은 항상 작용한다. (○)
ㄴ. (나)에서 A와 B 사이에는 경쟁 배타가 일어났고, 그 결과 B가 사라졌다. (X)
ㄷ. B에 대한 개체군의 최대 크기인 환경 수용력은 (가)에서가 (다)에서보다 작다. (○)

06 2017학년도 9월 평가원 18번

정답 : ㄱ, ㄴ

문제에서 밀도만 물어봤으니까 개체수만 잘 세면 된다.
A와 B에서의 개체수를 정리하면 다음과 같다.

A	
참나물	5
개망초	7
패랭이꽃	13
합	25

B	
참나물	10
개망초	10
패랭이꽃	10
합	30

ㄱ. A에서 참나물의 상대 밀도는 $\frac{5}{25} \times 100 = 20\%$이다. (○)
ㄴ. 같은 지역에서 둘의 개체 수가 같으니 개체군 밀도도 같다. (○)
ㄷ. 두 지역 모두 세 종이 관찰된다. (X)

07 2018학년도 9월 평가원 20번

정답 : ㄱ

A는 관목림, B는 양수림, C는 음수림이다.
→ ㄷ 오답

ㄱ. 호수에서 천이가 시작되므로 습성 천이이다. (○)
ㄴ. 관목림에서 우점종은 관목이다. (X)

08 2021학년도 6월 평가원 11번

정답 : ㄱ, ㄴ, ㄷ

상대 피도의 합은 100이므로 ㉠은 32이다.

→ ㄱ 정답

종 A~C의 상대 밀도(%)는 순서대로 44%, 18%, 38%이고,[1]

종 A~C의 상대 빈도(%)는 순서대로 40%, 20%, 40%이다.

중요치를 계산해보면 이 군집의 우점종은 C이다.

→ ㄴ, ㄷ 정답

09 2020년 7월 교육청 18번

정답 : ㄴ

상대 밀도가 18%, 20%이고, I과 II의 전체 개체수가 같으므로 개체수의 비도 9 : 10이다.

개체수가 9 : 10인 것은 I에서의 A와 B와 II에서의 A와 C이다.

그러나 상대 밀도의 값이 18%, 20%인 것은 I에서의 A와 B이다.

그러므로 ㉠은 A, ㉡은 B이다.

→ ㄱ 오답

ㄴ. 면적이 동일하고 개체수도 동일하므로 I과 II에서 같다. (○)

ㄷ. I에서 관찰되는 종도 많고 개체수의 비율이 더 균등하므로 I에서의 종 다양성이 더 높다. (X)

10 2021학년도 9월 평가원 9번

정답 : ㄱ, ㄴ, ㄷ

ㄱ. 단독 배양했을 때 A는 온도 T_2까지 서식할 수 있었지만,
혼합 배양했을 때 서식하는 온도의 범위가 줄어들었다. (○)

ㄴ. T_1~T_2 구간에서 A와 B 사이에서 경쟁이 일어났으므로 해당 현상은 경쟁 배타의 결과이다. (○)

ㄷ. A와 B는 서로 다른 종이므로 혼합 배양했을 때 구간 II에서 군집을 이룬다. (○)

11 2021학년도 수능 12번

정답 : ㄱ, ㄴ, ㄷ

(가)는 '기생'의 예이고, (나)는 '상리공생'의 예이다.

'기생'에서는 기생 생물이, '상리공생'에서는 두 생물종 모두가 이익을 얻는다.

→ ㄱ, ㄴ 정답

ㄷ. 두 생물종 모두 이익을 얻으므로 상리공생의 예에 해당한다. (○)

---

1) 개체 수 하나 차이로 그렇게 큰 차이가 나지 않으니 그냥 190, 80, 170으로 계산하자.

12 2021학년도 수능 20번

정답 : ㄱ, ㄷ

I의 식물 군집에서 종 A~C의 중요치는 순서대로 94%, 87%, 119%이다.
그러므로 I의 식물 군집에서 우점종은 C이다.
→ ㄱ 정답

ㄴ. 지역 I과 II는 면적이 동일하므로 두 지역에 대해서 개체군 밀도를 비교할 때는 개체수만 비교하면 된다.

I의 A는 개체수가 $100 \times \frac{30}{100} = 30$이고, II의 B는 개체수가 $120 \times \frac{25}{100} = 30$이다.

개체군 밀도는 서로 같다. (X)

ㄷ. 종의 수가 같은 두 지역에서 종의 비율이 상대적으로 더 고른 I에서 종 다양성이 더 높다. (○)

13 2021년 4월 교육청 12번

정답 : ㄴ, ㄷ

주어진 총 개체수와 상대 빈도의 합이 100이라는 것을 이용해 표를 전부 채울 수 있다.

ㄱ. (가)에서의 개체군 밀도는 $\frac{40}{2S}$, (나)에서의 개체군 밀도는 $\frac{25}{S}$이므로 (나)에서 더 크다. (X)

ㄴ. $\frac{31}{100} \times 100 = 31\%$이다. (○)

ㄷ. (가)에서는 30%, (나)에서는 33%이다. (○)

14 2022학년도 6월 평가원 13번 변형

정답 : ㄱ, ㄹ

ㄹ 선지 하나 추가했다.

ㄱ. I 시기 동안 분자는 증가하고 분모는 일정하므로 증가한다. (○)

ㄴ. C는 2차 소비자이다. (X)

ㄷ. A와 B사이에 경쟁이 일어나지 않는다. A와 B는 포식과 피식 관계를 이룬다. (X)

ㄹ. 종 B와 C는 포식과 피식 관계를 이룬다. (○)

15 2022학년도 6월 평가원 18번 변형

정답 : ㄱ, ㄴ

기존 문제가 너무 단순해서 조금 변형했다.
상대 밀도, 상대 빈도, 상대 피도의 합이 100임을 이용해 빈칸을 구할 수 있다.

ㄱ. 종 A의 중요치가 70으로 가장 높기 때문에, 이 군집에서 우점종은 A이다. (○)
ㄴ. 상대 피도가 가장 높은 종은 B이다. (○)
ㄷ. 상대 빈도는 D가 E보다 높다. (X)

16 2022학년도 9월 평가원 11번

정답 : ㄱ, ㄷ

문제가 길긴 한데 쉽다.

ㄱ. 생태적 지위가 비슷한 개체군들이 경쟁을 피하기 위해 생활 지위를 달리하는 현상은 분서에 해당한다. (○)
ㄴ. 서로 다른 종은 개체군을 이룰 수 없다. (X)
ㄷ. Ⅳ 시기에 A와 B 사이에 경쟁이 일어났고, 경쟁 배타의 결과로 A가 사라졌다. (○)

17 2022년 3월 교육청 18번

정답 : ㄱ, ㄴ, ㄷ

토끼풀의 빈도가 $\frac{3}{4}$이므로 D에는 더 이상 토끼풀이 관찰되지 않는다. 토끼풀의 개체 수는 5이며 질경이와 강아지풀의 밀도가 토끼풀 밀도의 2배이므로 질경이와 강아지풀의 개체 수는 D에 표현되지 않은 개체를 포함하여 각각 10이다. 토끼풀, 질경이, 강아지풀의 상대밀도는 각각 20%, 40%, 40%이며, 상대빈도는 30%, 30%, 40%이다.

ㄱ. D에 질경이가 있다. (○)
ㄴ. 토끼풀의 상대밀도는 20%이다. (○)
ㄷ. 질경이의 상대 밀도와 상대 빈도의 합은 강아지풀의 상대 밀도와 상대 빈도의 합보다 작다. 중요치가 가장 큰 종은 질경이므로 상대피도는 질경이가 강아지 풀보다 커야 한다. (○)

18 2022년 4월 교육청 17번

정답 : ㄴ, ㄷ

ㄱ. 해양 달팽이의 종수는 위도 L_2에서가 L_1에서보다 적다. (X)

ㄴ. 평균 해수면 온도가 높을수록 해양 달팽이의 종 수가 증가하는 것은 비생물적 요인이 생물에 영향을 미치는 예에 해당한다. (○)

ㄷ. 종 다양성이 높을수록 생태계가 안정적으로 유지된다. (○)

19 2023학년도 6월 평가원 14번

정답 : ㄴ

ㄱ. 같은 종의 기러기가 무리를 지어 이동할 때 리더를 따라 이동하는 것은 개체군 내의 상호 작용이므로 ㉡에 해당한다. (X)

ㄴ. 빛의 세기가 소나무의 생장에 영향을 미치는 것은 비생물적 요인이 생물적 요인에 영향을 미치는 것이므로 ㉢에 해당한다. (○)

ㄷ. 군집에는 비생물적 요인이 포함되지 않는다. (X)

20 20223학년도 6월 평가원 20번

정답 : ㄷ

기생충인 촌충과 숙주의 상호 작용은 기생인 (가)의 예이고, 두 종이 모두 이익을 얻는 상호 작용인 (나)는 상리 공생이다.

ㄱ. (가)는 기생이다. (X)

ㄴ. 경쟁을 하는 두 종은 모두 손해를 입으므로 ㉠은 '손해'이다. (X)

ㄷ. '꽃은 벌새에게 꿀을 제공하고, 벌새는 꽃의 수분을 돕는다.'에서 꽃을 가진 식물과 벌새가 모두 이익을 얻고 있으므로 상리 공생의 예에 해당한다. (○)

21 2023학년도 9월 평가원 3번

정답 : ㄴ, ㄷ

(가)는 생물 군집에 해당하는 식물이 비생물적 요인에 속하는 대기의 산소에 영향을 미치는 ㉢이고, (나)는 비생물적 요인에 해당하는 영양염류가 생물적 요인에 속하는 플랑크톤에 영향을 미치는 ㉡이며, (다)는 ㉠이다.

ㄱ. (가)는 ㉢이다. (X)

ㄴ. 영양염류에는 질산염, 인산염 등이 있고, 비생물적 요인에 해당한다. (○)

ㄷ. 생태적 지위가 비슷한 서로 다른 종의 새가 경쟁을 피해 활동 영역을 나누어 살아가는 분서는 서로 다른 개체군 사이의 상호 작용인 (다)의 예에 해당한다. (○)

22 2023학년도 9월 평가원 12번

정답 : ㄴ

B의 개체 수가 36, 상대 밀도가 30%이므로 상대 밀도가 20%인 A의 개체 수는 24이고, 개체 수가 12인 C의 상대 밀도는 10%이며, A~D의 상대 밀도를 모두 더한 값은 100%이므로 D의 상대 밀도는 40%이고, D의 개체 수는 ㉠=48이다.

빈도가 0.4인 A의 상대 빈도가 20%이므로 빈도가 0.7인 B의 상대빈도는 35%이고, A~D의 상대 빈도를 모두 더한 값은 100%이므로 D의 상대 빈도는 35%이고, D의 빈도는 0.7이다. A~D의 상대 피도를 모두 더한 값은 100%이므로 C의 상대 피도는 30%이다.

ㄱ. ㉠은 48이다. (X)
ㄴ. 지표를 덮고 있는 면적이 가장 작은 종은 상대 피도가 가장 작은 A이다. (○)
ㄷ. 중요치는 A가 56, B가 89, C가 50, D가 105이므로 우점종은 D이다. (X)

23 2023학년도 수능 20번

정답 : ㄴ, ㄷ

(가)는 포식과 피식, (나)는 경쟁, (다)는 상리공생이다.

ㄱ. 늑대와 말코손바닥사슴은 서로 다른 종이므로 한 개체군을 이루지 않는다. (X)
ㄴ. A의 시간에 따른 개체 수는 실제 환경에서 측정된 값이므로 구간 I을 비롯한 전 구간에서 환경 저항이 작용한다. (○)
ㄷ. A와 B는 각각 단독 배양하였을 때보다 혼합 배양하였을 때 환경 수용력이 더 크므로 두 종의 상호 작용은 상리공생이다. A와 B의 상호 작용은 (다)에 해당한다. (○)

24 2024학년도 6월 평가원 9번

정답 : ㄴ

기존 식물 군집이 있던 곳에 산불이 일어나 군집이 파괴된 후, 기존에 남아 있던 토양에서 시작하는 천이는 2차 천이이다. A는 양수림, B는 음수림이다.

ㄱ. ㉠에서 침엽수(양수)에 속하는 I, II가 활엽수(음수)에 속하는 III, IV보다 상대 밀도, 상대 빈도, 상대 피도에서 모두 상대적으로 높게 나타나므로 ㉠은 양수가 우점종인 양수림(A)이다. (X)
ㄴ. 이 지역에서 일어난 천이는 2차 천이이다. (○)
ㄷ. 식물 군집은 음수림에서 극상을 이룬다. (X)

25 2024학년도 9월 평가원 18번

정답 : ㄱ, ㄴ, ㄷ

A의 상대 밀도는 $\frac{96}{96+48+18+48+30} \times 100(\%) = 40(\%)$이므로 ㉡은 상대 밀도이다.

A의 상대 빈도는 $\frac{22}{22+20+10+16+12} \times 100 = 27.5$이므로 ㉠은 상대 빈도이다.

따라서 나머지 ㉢이 상대 피도가 된다.

각 생물 종의 상대 빈도(㉠), 상대 밀도(㉡), 상대 피도(㉢), 중요치(중요도)를 표로 나타내면 다음과 같다.

구분	A	B	C	D	E
상대 빈도(㉠)(%)	27.5	25	12.5(ⓐ)	20	15
상대 밀도(㉡)(%)	40	20	7.5	20	12.5
상대 피도(㉢)(%)	36	17	13	24	10
중요치	103.5	62	33	64	37.5

ㄱ. ⓐ는 12.5이다. (○)

ㄴ. 지표를 덮고 있는 면적이 가장 작은 종은 상대 피도(㉢)가 가장 작은 E이다. (○)

ㄷ. 우점종은 중요치가 가장 큰 A이다. (○)

26 2025학년도 6월 평가원 18번

정답 : ㄱ, ㄴ

지역	종	개체 수	**상대 밀도(%)**	상대 빈도(%)	상대 피도(%)	중요치
I	A	10	**50**	**20**	30	**100**
	B	5	**25**	40	25	90
	C	5	**25**	40	45	110
II	A	30	**60**	40	**25**	125
	B	15	**30**	30	**40**	**100**
	C	5	**10**	**30**	35	75

ㄱ. I에서 C의 상대 밀도는 25%이다. (○)

ㄴ. II에서 지표를 덮고 있는 면적이 가장 큰 종은 B이다. (○)

ㄷ. I에서 우점종은 C, II에서의 우점종은 A이다. (X)

27 2025학년도 9월 평가원 5번

정답 : ㄱ, ㄷ

ㄱ. 조작 변인은 ⓒ의 추가 여부이다. (○)
ㄴ. A에서 ㉠과 ㉡은 한 개체군을 이루지 않는다. (X)
ㄷ. B에서 ㉠과 ㉡ 사이에 경쟁 배타가 일어난 결과로 A만 남았다. (○)

28 2025학년도 수능 4번

정답 : ㄴ

ㄱ. 조작 변인은 접근을 차단하는 생물의 종이다. (X)
ㄴ. ⓒ에서 곤충에 새의 접근 허용이라는 환경 저항이 작용한다. (○)
ㄷ. 박쥐의 접근이 허용된 ⓑ에서가 새의 접근이 허용된 ⓒ에서보다 곤충 개체 수가 적으므로 곤충의 개체 수 감소에 미치는 영향은 박쥐가 새보다 크다. (X)

29 2025학년도 수능 6번

정답 : ㄱ, ㄴ

ㄱ. (가)는 텃세의 예이다. (○)
ㄴ. (나)의 상호작용은 ㉡에 해당한다. (○)
ㄷ. 거북이의 성별과 알의 관계는 ⓒ에 해당한다. (X)

30 2025학년도 수능 16번

정답 : ㄴ, ㄷ

표를 완성하면 다음과 같다.

구분	I	II	III	IV
빈도	0.39	0.32	0.22	0.07
개체 수	**60(ⓐ)**	36	18	6
상대 밀도(%)	**50**	**30**	**15**	**15**
상대 피도(%)	37	53	**5(ⓑ)**	5

ㄱ. 양수가 우세한 ㉠은 B이다. (X)
ㄴ. ⓐ+ⓑ=65이다. (○)
ㄷ. A에서 중요치가 가장 큰 종은 I이다. (○)

memo

Part

02 해설

01 18학년도 6월 평가원 11번

정답 : ㄴ, ㄷ

ㄱ. 초식 동물의 호흡량은 피식량에 포함된다. (X)

ㄴ. 순생산량의 비율은 총생산량에서 호흡량을 빼면 구할 수 있으므로 32.9이다. (○)

ㄷ. II의 총생산량을 100이라고 하면 I의 생장량은 12, II의 생장량은 8이다. (○)

02 2018학년도 수능 20번

정답 : ㄱ, ㄷ

A가 B보다 크므로 A가 총생산량, B가 호흡량이다.
또한 순생산량은 A와 B의 차로 구할 수 있다.
→ ㄱ 정답

ㄴ. 식물 군집은 음수림에서 극상을 이룬다. (X)

ㄷ. 구간II에서 분자는 증가하고 분모는 감소하므로 $\frac{B}{순생산량}$은 증가한다. (○)

03 2019학년도 6월 평가원 20번

정답 : ㄴ

총생산량은 순생산량보다 크므로 ㉠이 총생산량, ㉡이 순생산량이다.

ㄱ. 호흡량은 ㉠-㉡이다. 구간 II에서가 더 많다. (X)

ㄴ. 고사량은 순생산량에 포함된다. (○)

ㄷ. 생산자가 광합성을 통해 생산한 유기물의 총량은 총생산량이다. (X)

04 2019학년도 수능 20번

정답 : ㄱ

천이 과정에서 양수림이 음수림보다 먼저 출현하므로 A가 양수림, B가 음수림이다.

ㄱ. 산불이 난 뒤의 천이 과정은 2차 천이에 해당한다. (○)

ㄴ. 식물 군집은 음수림에서 극상을 이룬다. (X)

ㄷ. 생장량은 순생산량에 포함되므로 더 클 수 없다. (X)

05 2021학년도 수능 5번

정답 : ㄱ, ㄷ

간단한 자료해석 문항이다.

ㄱ. 순생산량은 총생산량에서 호흡량을 제외한 것이다. (○)
ㄴ. 주어진 그래프를 보면 틀린 설명임을 알 수 있다. (X)
ㄷ. 온도가 식물 군집에 영향을 미치므로 비생물적 요인이 생물에 영향을 미치는 예에 해당한다. (○)

06 2021년 3월 교육청 11번

정답 : ㄴ

양수림이 음수림보다 먼저 출현하므로 ㉠이 양수림, ㉡이 음수림이다.
→ ㄱ 오답

ㄴ. 호흡량은 (총생산량 - 순생산량)이다. 그래프에서 Ⅰ에서 호흡량이 증가함을 확인할 수 있다. (○)
ㄷ. 총생산량에 대한 설명이다. (X)

07 2020년 3월 교육청 18번

정답 : ㄱ, ㄷ

ㄱ. 뿌리혹박테리아는 질소 고정 세균이므로 ㉠(질소 고정)에 관여한다. (○)
ㄴ. 암모늄 이온이 질산 이온으로 전환되는 것은 질산화 작용이다. (X)
ㄷ. 식물은 암모늄 이온 또는 질산 이온을 이용해 단백질을 합성한다. (○)

08 2021년 4월 교육청 20번

정답 : ㄴ, ㄷ

ⓑ가 질산화 작용을 통해 ⓐ가 되므로 ⓐ는 질산 이온, ⓑ는 암모늄 이온이다.
(가)는 탈질산화 작용, (나)는 질소 고정임을 알 수 있다.
→ ㄱ 오답

ㄴ. 질산 이온이 질소로 전환되는 것은 탈질산화 작용이다. (○)
ㄷ. 뿌리혹박테리아는 질소 고정에 관여한다 (○)

09 2021년 7월 교육청 9번

정답 : ㄱ, ㄷ

(가)는 질소 고정, (나)는 질산화 작용, (다)는 세포 호흡을 나타낸 것이다.
→ ㄴ 오답

ㄱ. 뿌리혹박테리아에 의해 질소 고정이 일어난다. (○)
ㄷ. 세포 호흡에는 효소가 관여한다. (○)

10 2022학년도 수능 12번

정답 : ㄴ

㉠은 탈질산화 세균, ㉡은 질소 고정 세균이다.

ㄱ. (가)는 탈질산화 작용에 대한 설명이다. (X)
ㄴ. 질산화 세균은 암모늄 이온을 질산 이온으로 전환한다. (○)
ㄷ. 세균은 생물이므로 생물적 요인에 해당한다. (X)

11 2018년 3월 교육청 10번

정답 : ㄱ, ㄴ, ㄷ

A의 에너지가 1000, 2차 소비자의 에너지가 20임을 구할 수 있다.
B의 에너지 효율이 10%이므로 B의 에너지는 100이다.

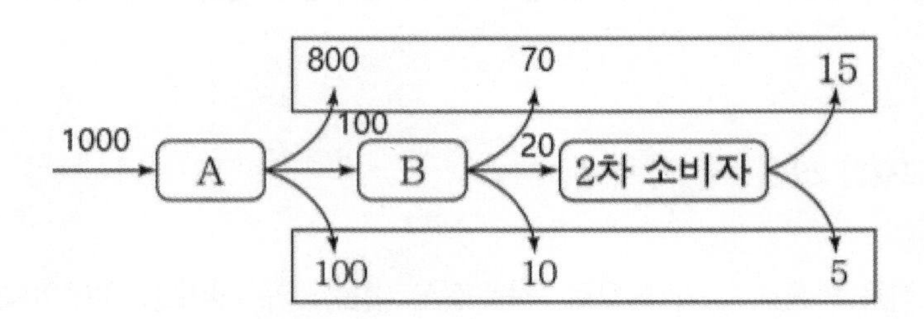

ㄱ. A는 빛에너지를 이용하므로 생산자이다. (○)
ㄴ. ㉠=800, ㉡=70이다. (○)
ㄷ. 2차 소비자의 에너지 효율은 20%이다. (○)

12 2019년 10월 교육청 18번

정답 : ㄴ, ㄷ

A가 받는 에너지가 20, C가 받는 에너지가 0.4임은 간단하게 구할 수 있다.
A에서 B로 전달되는 에너지양은 B에서 C로 전달되는 에너지양의 5배이므로 B가 받는 에너지는 2이다.

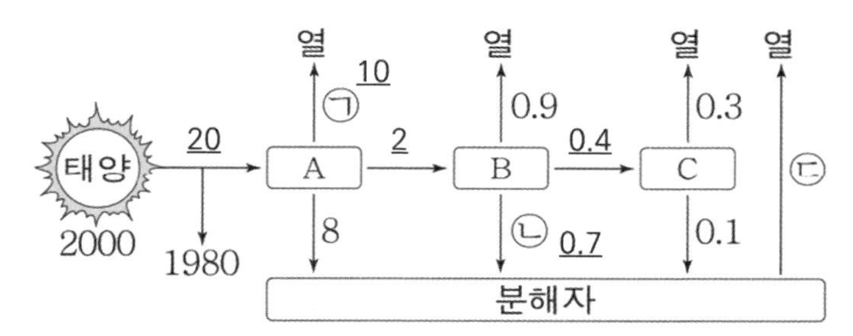

ㄱ. ㉠=10, ㉡=0.7, ㉢=8.8이다. (X)
ㄴ. A는 생산자로, 빛에너지를 화학 에너지로 전환한다. (○)
ㄷ. 상위 영양단계로 유기물이 이동한다. (○)

13 2017학년도 수능 20번

정답 : ㄷ

에너지양이나 효율 둘 중 하나를 몰라도 풀 수 있는데 굳이 둘 다 알려준 이유는 모르겠다.

ㄱ. C는 1차 소비자이다. (X)
ㄴ. A의 에너지 효율은 20%, C의 에너지 효율은 10%이다. (X)
ㄷ. 상위 영양 단계로 갈수록 에너지는 감소한다. (○)

14 2019학년도 수능 18번

정답 : ㄱ

ㄱ. 구간 I에서 종 수는 일정하지만, 전체 개체 수는 증가하므로 개체 수가 증가하는 종이 있다. (○)
ㄴ. 종 다양성은 구간 II에서가 구간 I에서보다 높기 때문에
 전체 개체 수에서 각 종이 차지하는 비율은 구간 II에서가 더 균등하다. (X)
ㄷ. 동일한 생물 종 안에서 형질이 각 개체 간에 다르게 나타나는 것은 유전적 다양성이다. (X)

15 2020학년도 6월 평가원 18번

정답 : ㄴ, ㄷ

(나)에서 1차 소비자의 에너지 효율은 10%이므로 ㉠은 100이다.
→ ㄴ 정답

ㄱ. A는 생산자이다. (X)
ㄷ. (가)에서 에너지 효율은 상위 영양 단계로 갈수록 10%, 15%, 20%로 증가한다. (○)

16 2020년 4월 교육청 14번

정답 : ㄱ

A는 II와 III 중 하나이다.

A가 III이면 C의 에너지 효율이 30%이므로 II는 B, I은 C이다.
A, B, C의 에너지가 각각 150, 15, 4.5이므로 모순이다.

그러므로 II는 A, III는 B, I는 C이다.
→ ㄱ 정답

ㄴ. ㉠은 15이다. (X)
ㄷ. 에너지 효율은 A가 10%, C가 20%이다. (X)

17 2022학년도 수능 18번

정답 : ㄱ, ㄴ

(가)는 II이고, (나)는 I이다.
→ ㄱ 정답

ㄴ. 개체군에 환경 저항은 항상 작용한다. (○)
ㄷ. 사슴의 개체 수는 포식자 외에도 식물 군집 등 다양한 요인에 의해 조절된다. (X)

18 2022학년도 수능 20번

정답 : ㄱ

ㄱ. ㉠이 서식하는 높이는 ㉤이 서식하는 높이보다 낮다. (○)
ㄴ. 서로 다른 종은 한 개체군을 이룰 수 없다. (X)
ㄷ. 새의 종 다양성은 높이가 다양한 나무가 고르게 분포하는 숲에서 더 높게 나타난다. (X)

19 2022년 3월 교육청 20번

정답 : ㄴ

A는 생산자, B는 1차 소비자, C는 2차 소비자이다. 에너지가 포함된 유기물이 B에서 C로 이동하며, A에서 B로 이동한 에너지양은 10이고, B에서 C로 이동한 에너지양은 2이다.

ㄱ. 곰팡이는 분해자이다. 생산자(A)에 속하지 않는다. (X)
ㄴ. B에서 C로 유기물이 이동한다. (○)
ㄷ. A에서 B로 이동한 에너지양은 B에서 C로 이동한 에너지 양보다 많다. (X)

20 2022년 7월 교육청 8번

정답 : ㄴ

ⓐ는 질소 고정 세균, ⓑ는 탈질소 세균이다.

ㄱ. 순위제는 개체군 내의 상호작용이다. (X)
ㄴ. ⓑ는 탈질소 세균이다. (○)
ㄷ. 질소 고정 세균에 의해 토양의 NH_4^+양이 증가하는 것은 ㉠에 해당한다. (X)

21 2022년 7월 교육청 13번

정답 : ㄱ, ㄷ

포식과 피식 관계에서는 피식자의 개체 수 변동 뒤에 포식자의 개체 수 변동이 따르므로 ㉠이 1차 소비자, ㉡이 2차 소비자이다.
(그래프의 왼쪽과 오른쪽 세로축에 ㉠과 ㉡의 단위가 나와 있는데, 영양 단계가 올라갈수록 에너지양이 줄어드는 것을 활용하여 ㉠과 ㉡을 판단할 수도 있다.)
문제에서 1차 소비자의 에너지 효율이 15%라고 했으므로 1차 소비자의 에너지양은 75가 되어야 한다. 따라서 C가 1차 소비자이다. 영양 단계가 올라갈수록 에너지양이 줄어들므로 B가 2차 소비자, A가 3차 소비자가 된다.

ㄱ. ㉡은 2차 소비자(B)이다. (○)
ㄴ. 개체군에 환경 저항은 항상 작용한다. (X)
ㄷ. 2차 소비자의 에너지 효율은 $\frac{15}{75} \times 100\% = 20\%$이다. (○))

22 2023학년도 9월 평가원 9번

정답 : ㄱ, ㄷ

'암모늄 이온이 질산이온으로 전환된다'는 질산화 작용이 갖는 특징이고, '세균이 관여한다'는 질산화 작용과 질소 고정 작용이 모두 갖는 특징이다.
특징 ㉠만 갖는 A는 질소 고정 작용이고, B는 질산화 작용이다.

ㄱ. B는 질산화 작용이다. (○)
ㄴ. ㉠은 '세균이 관여한다.', ㉡은 '암모늄 이온이 질산 이온으로 전환된다.'이다. (X)
ㄷ. 탈질산화 세균은 질산 이온이 질소 기체로 전환되어 대기로 돌아가는 탈질산화 작용에 관여한다. (○)

23 2023학년도 수능 12번

정답 : ㄷ

ㄱ. 산불에 의한 교란이 일어난 후 진행되는 천이는 2차 천이다. (X)
ㄴ. I 시기에 단위 면적당 생물량(생체량)이 일정하므로 순생산량과 호흡량은 같고, 호흡량은 0이 아니다. (X)
ㄷ. II 시기에 생산자의 총생산량은 순생산량보다 크다. (○)

24 2025학년도 9월 평가원 20번

정답 : ㄱ

ㄱ. II에서 생산자가 감소함에 따라 III에서 1차 소비자가 감소하고, 그 결과로 IV에서는 2차 소비자가 감소한다. (○)
ㄴ. t_2는 t_3에 비해 2차 소비자의 개체 수(분자)는 작고, 생산자의 개체 수(분모)는 크다. (X)
ㄷ. t_5에서 상위 영양 단계로 갈수록 각 영양 단계의 에너지양은 감소한다. (X)

25 2025학년도 수능 20번

정답 : ㄱ, ㄴ, ㄷ

A는 질소 고정, B는 탈질산화 작용이다.

ㄱ. B는 탈질산화 작용이다. (○)
ㄴ. 뿌리혹박테리아는 질소 고정 작용에 관여한다. (○)
ㄷ. 질산화 세균은 암모늄 이온(NH_4^+)가 질산 이온(NO_3^-)로 전환되는 과정에 관여한다. (○)

memo